HZ BOOKS

华 章 图 书

一本打开的书，一扇开启的门，
通向科学殿堂的阶梯，托起一流人才的基石。

www.hzbook.com

云计算与虚拟化技术丛书

Advanced Kubernetes Practices
2nd Edition

Kubernetes
进阶实战

第2版

马永亮 著

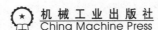

机械工业出版社
China Machine Press

图书在版编目（CIP）数据

Kubernetes 进阶实战 / 马永亮著 . --2 版 . -- 北京：机械工业出版社，2021.1（2021.10 重印）

（云计算与虚拟化技术丛书）

ISBN 978-7-111-67186-2

I. ① K⋯　II. ①马⋯　III. ① Linux 操作系统 – 程序设计　IV. ① TP316.85

中国版本图书馆 CIP 数据核字（2021）第 000037 号

Kubernetes 进阶实战　第 2 版

出版发行：机械工业出版社（北京市西城区百万庄大街 22 号　邮政编码：100037）	
责任编辑：高婧雅	责任校对：殷　虹
印　　刷：中国电影出版社印刷厂	版　　次：2021 年 10 月第 2 版第 3 次印刷
开　　本：186mm×240mm　1/16	印　　张：41.5
书　　号：ISBN 978-7-111-67186-2	定　　价：149.00 元

客服电话：（010）88361066　88379833　68326294　　投稿热线：（010）88379604

华章网站：www.hzbook.com　　读者信箱：hzjsj@hzbook.com

为什么要写这本书

　　异构的 IT 基础设施环境导致开发和部署的系统应用纷繁复杂，作为 IT 技术领域多年的应用者和实践者，我们曾期盼这种局面迎来"终结者"。该"终结者"不仅可以让开发人员从长期饱受困扰的程序移植问题中解脱出来，也可以让运维人员无须再手动解决运行环境中组件间的依赖关系等问题，从而让他们的核心职责分别回归到业务开发和保证系统稳定运行上。终于，以 Docker 为代表的应用容器技术为该难题的解决带来了一缕曙光，冉冉升起的容器编排之星 Kubernetes 则让该难题的解决几近尘埃落定，甚至连 IT 管理者心心念念多年的 DevOps 文化运动也借此找到了易于落地的实现方案。于是，系统运行割据多年的局面被打破，开始步入天下一统的时代。

　　Kubernetes 是 CNCF 旗下的第一个"毕业"项目，并荣获 2018 年 OSCON 最具影响力奖项。尽管距 Kubernetes 1.0 发布已有几年光景，但其影响力至今仍可以说是空前绝后。Kubernetes 可能是 IT 技术发展史上最为成功的开源项目，除了各类拥有 IT 信息系统的公司在使用或准备使用它之外，甚至在美国它逐渐成为武器系统和战斗机软件的基础设施。Linux 软件基金会的常务董事 Jim Zemlin 在 2017 年的 Google Cloud Next 大会上曾说过，Kubernetes 是"云时代的 Linux"。的确，Kubernetes 应该是开源世界里有史以来迭代最快的项目，俨然成为容器编排领域的事实标准，这样的迭代速度和影响力恐怕仅有 Linux 内核项目可堪与之匹敌。

　　目前，Kubernetes 仍保持着每年发布 4 个重要版本的节奏，每次版本更新都会引入数个新特性，这种快速迭代的机制在给用户不断带来惊喜的同时，也在学习和使用上给用户造成一些困扰：相关领域的参考书仍不丰富，而互联网上可以得到的文档并非源于同一个技术版本，且厘清脉络形成完整的知识框架的时间成本较大。因此笔者在教授课程以及进行生产实践之余便萌生了写一本 Kubernetes 入门与实践图书，把学习和使用经验总结并分享给更多有需要的技术同行的想法，以帮助大家缩短入门路径，降低时间成本。

然而，在写作过程中，Kubernetes 这种快速迭代的机制以及每每引入的新特性却在给笔者带来小惊喜之余，也使笔者感到沮丧：在一年多的写作时间里许多章节几易其稿，却依然无法确保涵盖即将成为核心功能的特性。这种沮丧感几度如影随形，直到自我安慰"基础的核心特性基本不会发生大的变动，只要能帮助读者弄清楚 Kubernetes 系统的基础架构及核心工作逻辑就算没有白费工夫"之后方才释去，于是便有了这本尽量多地包罗 Kubernetes 系统目前的主流特性及实践路径的入门之书、工具之书。

第 2 版与第 1 版的区别

2020 年 8 月 26 日，Kubernetes v1.19 正式发布，这是 2020 年于 v1.18 之后发布的第二个新版本。相对于 2018 年发布的 v1.12 来说，这两个版本的 Kubernetes 进行了不少改进并引入了诸多新的特性，不少组件与工具的功能有了较大变动。于是，本书第 2 版基于 v1.18 和 v1.19 的大多数新特性进行了相应的修改和升级，例如增加了 kubectl 插件、Kustomize、CNI、CSI 及新版本调度框架等内容。

在本书第 1 版（2019 年 1 月）出版后，笔者收到了许多热心读者的反馈意见，部分读者强烈建议深入讲解 Service 和 Ingress 相关的话题。因此在本书第 2 版中，笔者扩充了对这两个话题的讲解，分别用一章进行阐述。另外，相对于第 1 版，第 2 版在各知识点的讲解顺序及内容编排上也进行了大幅度的调整，不少章节甚至进行了大范围的重写。但如何深入理解 Kubernetes 及其各组件的原理性知识，以及如何将其应用于实践仍是本书贯穿始终的主旨。

本书特色

本书致力于帮助容器编排技术的初级、中级读者循序渐进地理解和使用 Kubernetes 系统，因此在编写时充分考虑了初学者进入一个新的知识领域时不知从何入手的茫然局面，以由浅入深、由点到面的方式讲解每一个知识细节。对于每个知识点，不仅介绍其概念和用法，还分析了为什么要有这个概念，实现方式是什么，背后的逻辑为何等，使读者不仅知其然，还知其所以然。

本书不仅可以带领读者入门，更是一本可以随时动手加以验证的实践手册，而且部分重要的内容还专门按步骤讲解具体的实操案例，帮助读者在实践中加深对概念的理解。本书几乎涵盖了应用 Kubernetes 系统的主流知识点，甚至可以作为考取 CKA 认证证书的配套参考书。

读者对象

- ❏ 云原生程序开发工程师
- ❏ 云计算运维工程师
- ❏ 云计算架构师
- ❏ 计划考取 CKA 认证证书的读者
- ❏ 其他对容器编排感兴趣的人员

如何阅读本书

阅读本书前，读者需要具有 Docker 容器技术的基础知识。本书分为 5 大部分，共 16 章。

第一部分为**系统基础**（第 1 ~ 2 章），介绍 Kubernetes 系统基础概念及基本应用。第 1 章介绍容器编排系统出现的背景，以及 Kubernetes 系统的功能、特性、核心概念、系统组件及应用模型。第 2 章讲解 Kubernetes 的部署模式，包括 kubeadm 部署工具的部署方式及部署过程，并给出了使用直接命令式操作管理资源对象的方法，以帮助读者快速入门。

第二部分为**核心资源**（第 3 ~ 8 章），介绍各种核心资源及应用。第 3 章介绍资源管理模型以及命令式和声明式管理接口，并通过命令对比说明两种操作方式的不同。第 4 章介绍 Pod 资源的常用配置、生命周期、存储状态和就绪状态检测，以及计算资源的需求与限制等。第 5 章主要介绍存储卷类型及常见存储卷的使用方式，PV 和 PVC 出现的原因与应用，以及存储类资源的应用与存储卷的动态供给。第 6 章介绍使用 ConfigMap 和 Secret 资源为容器应用提供配置及敏感信息的方式。第 7 章讲解 Service 资源，分别介绍了 Service 类型、功用及其实现，并深入分析了各种类型 Service 的实现方式。第 8 章介绍 Pod 控制器资源类型，重点讲解了控制无状态应用的 ReplicaSet、Deployment、StatefulSet 和 DaemonSet 控制器，并介绍了 Job 和 CronJob 控制器。

第三部分为**安全**（第 9 ~ 10 章），介绍安全相关的话题，主要涉及认证、授权、准入控制、网络模型及网络策略等。第 9 章重点讲解认证方式、ServiceAccount 和 TLS 认证、授权插件类型及 RBAC，并在最后介绍了 LimitRange、ResourceQuota 和 PodSecurityPolicy 这 3 种类型的准入控制器及相关的资源类型。第 10 章主要介绍网络插件基础及 Flannel 的 3 种后端实现及其应用，Calico 网络插件 IPIP 和 BGP 模型的实现，以及网络策略的实现及应用。

第四部分为**进阶**（第 11 ~ 13 章），主要介绍调度框架和调度插件、资源扩展和路由网关等高级话题。第 11 章介绍 Pod 资源的经典调度策略、新式的调度框架及调度插件，包括节点亲和、Pod 资源亲和及基于污点与容忍度的调度等话题。第 12 章介绍系统资源的扩展方式，包括自定义资源类型、自定义资源对象、自定义 API 及控制器、Master 节点的高可用等话题。第 13 章介绍 Ingress 资源及其实现、Ingress Nginx 配置与应用案例，以及基于 Contour 的高级应用发布机制，例如蓝绿部署、流量迁移、流量镜像、超时和重试等。

第五部分为**必备生态组件**（第 14 ~ 16 章），重点介绍 Kubernetes 上用于支撑核心功能的关键附加组件。第 14 章讲解大规模应用部署管理工具 Kustomize 与 Helm 的基础及应用案例。第 15 章介绍资源指标、自定义指标、Prometheus 监控系统及 HPA 控制器的应用。第 16 章介绍如何为 Kubernetes 系统提供统一日志收集及管理工具栈 EFK。

有一定 Kubernetes 使用经验的读者可以挑选感兴趣的章节直接阅读。对于初学者，建议从基础部分逐章阅读，但构建在 Kubernetes 系统之上的应用多数都要以读者熟悉相关领域的知识为基础，如果某些内容很难理解，通常是由于缺乏相关知识所致，建议读者通过其他资料补足基础后再阅读。编撰本书的主要意图是为初级和中级读者提供一本循序渐进的实操手册，但任何读者都可以把它作为一本案头工具书随时查阅。

排版约定

本书所有的命令都附带了或长或短的命令提示符"#"和"$"或"~#"或"~$"，较长的命令使用了"\"作为续行符，且命令及其输出使用了无铺灰背景色的代码体。

附带代码

本书相关的配置清单等都放在 https://github.com/ikubernetes/ 的仓库中，实践时可直接克隆到本地实验环境中使用。

勘误和支持

虽然笔者从事培训及技术研究工作已十余年，但考虑到排版印刷后不可更改，整个写作过程几乎是战战兢兢、如履薄冰，讲解每一个关键话题时，都大量调阅资料并反复斟酌，尽量清晰、准确地加以描述，同时试图避免因自己的理解偏差而误导读者。尽管如此，由于笔者的水平有限，加之写作时间仓促，书中难免存在不妥之处，恳请读者批评指正。如果你有更多的宝贵意见，可以通过邮箱 mage@magedu.com 联系我，期待得到读者的真挚反馈。另外，本书的勘误将会发布在笔者的公众号（iKubernetes）或本书专用的 GitHub 主页（https://github.com/ikubernetes）上，欢迎读者朋友关注并留言讨论。

参考资料

本书名为《Kubernetes 进阶实战》（第 2 版），但对于具有不同知识基础和结构的读者来说，仅凭一本书的内容根本不足以获取所需的全部信息，大家还可以通过以下途径获取关于 Kubernetes 系统的更多资料，笔者在本书写作期间也从这些参考资料中获得了很大帮助。

- ❏ Kubernetes Documentation 和 Kubernetes API Reference：这是提供 Kubernetes 领域相关知识的最全面、最深入和最准确的参考材料。
- ❏ *Kubernetes in Action*：本书的谋篇布局及写作理念与此书不谋而合，因此对许多概念的理解和验证也以此书为素材，写作时有多处概念的描述借鉴了此书的内容。
- ❏ Red Hat OpenShift Documentation：这是 Red Hat 公司的产品文档规范，权威、细致且条理清晰，是不可多得的参考材料。
- ❏ The New Stack 的技术文章及调研报告：该站点有了解 Kubernetes 系统技术细节和行业应用现状与趋势的不可多得的优秀资源。
- ❏ Bitnami 及 Heptio 站点上的博客文章：它们提供了深入了解和学习 Kubernetes 系统某个特定技术细节的可靠资料。

另外，本书借鉴了网络上的一些技术文章和参考文档。在这里一并向这些图书和文章的作者表示深深的谢意！

致谢

Kubernetes 社区创造性的劳动成果和辛苦付出，才让我们有了学习、使用如此优秀的开源系统的可能性，这也是本书得以构建的基石。

感谢我的同事们在我写作期间给予的支持和理解，是他们让我有了可以放心写作的时间和精力。感谢本书第 1 版的热心读者的真诚建议和积极反馈，他们提出的宝贵意见为本书第 2 版的写作提供了参考方向或素材。

感谢参加了我的课程（马哥教育）的学员朋友们，大家的学习热情及工作中源源不断的反馈信息与需求在不同程度上帮助我一直保持对技术的追求和热忱，教学相长在此得到了充分体现。

感谢机械工业出版社华章公司的编辑高婧雅女士对本书写作的悉心指导，以及对我本人的包容和理解。

最后要特别感谢我的家人，我为写作这本书牺牲了很多陪伴他们的时间，是他们在生活中的关怀和鼓励才使我能够踏踏实实地完成本书。

马永亮

目　录 *Contents*

第一部分 *Part 1*

系统基础

Kubernetes 系统基础

近十几年来，IT 领域新技术、新概念层出不穷，例如云计算、DevOps、微服务、容器和云原生等，直有"乱花渐欲迷人眼"之势。另外，出于业务的需要，IT 应用模型也在不断变革，例如开发模式从瀑布式到敏捷再到精益，甚至是与 QA 和 Operations 统一的 DevOps，应用程序架构从单体模型到分层模型再到微服务，部署及打包方式从面向物理机到虚拟机再到容器，应用程序的基础架构从自建机房到托管再到云计算等，这些变革使得 IT 技术应用效率大大提升，同时实现了以更低的成本交付更高质量的产品。

一方面，尤其是以 Docker 为代表的容器技术的出现，终结了 DevOps 中交付和部署环节因环境、配置及程序本身的不同而造成的动辄几种甚至十几种部署配置的困境，将它们统一在了容器镜像之上。如今，越来越多的企业或组织开始选择以镜像文件作为交付载体。容器镜像之内直接包含了应用程序及其依赖的系统环境、库、基础程序等，从而能够在容器引擎上直接运行。于是，IT 运维工程师无须再关注开发应用程序的编程语言、环境配置等，甚至连业务逻辑本身也不必过多关注，而只需要掌握容器管理的单一工具链即可。

另一方面，这些新技术虽然降低了部署的复杂度，但以容器格式运行的应用程序间的协同以及大规模容器应用的治理却成为一个新的亟待解决的问题，这种需求在微服务架构中表现得尤为明显。微服务通过将传统的巨大单体应用拆分为众多目标单一的小型应用以解耦程序的核心功能，各微服务可独立部署和扩展。随之而来的问题便是如何为应用程序提供一个一致的环境，并合理、高效地将各微服务实例及副本编排运行在一组主机之上，这也正是以 Kubernetes 为代表的容器编排工具出现的原因。本章将在概述容器技术之后讲解 Kubernetes 编排系统的核心概念、关键组件及基础运行逻辑。

1.1　容器与容器编排系统

容器技术由来已久，却直到几十年后因 dotCloud 公司（后更名为 Docker）于 Docker 项目中发明的"容器镜像"技术创造性地解决了应用打包的难题才焕发出新的生命力并以"应用容器"的面目风靡于世，Docker 的名字更是响彻寰宇，它催生出或改变了一大批诸如容器编排、服务网格和云原生等技术，深刻影响了云计算领域的技术方向。

1.1.1　Docker 容器技术

概括起来，Docker 容器技术有 3 个核心概念：容器、镜像和镜像仓库（Docker Registry）。如果把容器类比为动态的、有生命周期的进程，则镜像就像是静态的可执行程序及其运行环境的打包文件，而镜像仓库则可想象成应用程序分发仓库，事先存储了制作好的各类镜像文件。

运行 Docker 守护进程（daemon）的主机称为 Docker 主机，它提供了容器引擎并负责管理本地容器的生命周期，而容器的创建则要基于本地存储的 Docker 镜像进行，当本地缺失所需的镜像时，由守护进程负责到 Docker Registry 获取。Docker 命令行客户端（名为docker）通过 Docker 守护进程提供的 API 与其交互，用于容器和镜像等的对象管理操作。Docker 各组件间的逻辑架构及交互关系如图 1-1 所示。

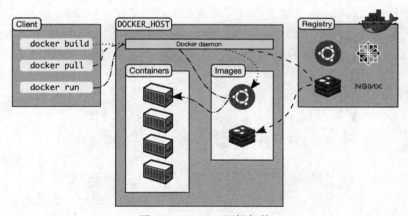

图 1-1　Docker 逻辑架构

任何拥有 Docker 运行时引擎的主机都能够根据同一个镜像创建并启动运行环境完全一致的容器，在容器中添加新数据或修改现有数据的结果都存储在由容器附加在镜像之上的可写顶层中。因此，同一 Docker 主机上的多个容器可以共享同一基础镜像，但各有自己的数据状态。Docker 使用 aufs、devicemapper、overlay2 等存储驱动程序来管理镜像层和可写容器层的内容，尽管每种存储驱动程序实现的管理方式不尽相同，但它们都使用可堆叠的镜像层和写时复制（CoW）策略。

删除容器会同时删除其创建的可写顶层，这将会导致容器生成的状态数据全部丢失。Docker 支持使用存储卷（volume）技术来绕过存储驱动程序，将数据存储在宿主机可达的存储空间上以实现跨容器生命周期的数据持久性，也支持使用卷驱动器（Docker 引擎存储卷插件）将数据直接存储在远程系统上，如图 1-2 所示。

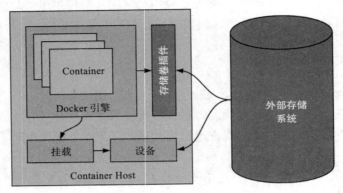

图 1-2　Docker 存储卷

拥有独立网络名称空间的各容器应用间通信将依赖于名称空间中可使用设备及相关的 IP 地址、路由和 iptables 规则等网络配置。Linux 内核支持多种类型的虚拟网络设备，例如 Veth、Bridge、802.q VLAN device 和 TAP 等，并支持按需创建虚拟网络设备并组合出多样化的功能和网络拓扑。Docker 借助虚拟网络设备、网络驱动、IPAM（IP 地址分配）、路由和 iptables 等实现了桥接模式、主机模式、容器模式和无网络等几种单主机网络模型。图 1-3 显示了 Docker 默认的桥接网络拓扑。

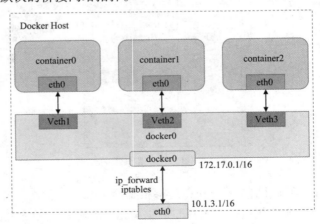

图 1-3　Docker 默认的桥接网络拓扑

对于跨主机的容器间互联互通需求，Docker 默认通过端口映射（DNAT）进行，这需要将容器端口暴露给宿主机，且将服务端的容器地址设置为对客户端不可见。然而，生产环境中部署、运行分布式应用对于构建跨主机容器网络几乎是必然需求。目前，封包（Overlay Network）和路由（routing network）是常见的跨主机容器间通信的解决方案，前一种类型中常见的协议有 VXLAN、IPIP 隧道和 GRE 等。2015 年 3 月，Docker 收购了 SDN 初创公司 SocketPlane，并由此创建了 CNM（Container Network Model）及其由 Docker 中剥离出来的单独网络实现 libnetwork，该实现使用驱动程序 / 插件模型支持许多基础网络技术，如 IP VLAN、MAC VLAN、Overlay、Bridge 和 Host 等。

1.1.2　OCI 与容器运行时

OCI（Open Container Initiative，开放工业标准）的容器运行时规范设定的标准定义了容器运行状态的描述，以及运行时需要提供的容器管理功能，例如创建、删除和查看等操作。容器运行时规范不受上层结构绑定，不受限于任何特定操作系统、硬件、CPU 架构或公有云等，从而允许任何人遵循该标准开发应用容器技术。OCI 项目启动后，Docker 公司将 2014 年开源的 libcontainer 项目移交至 OCI 组织并进化为 runC 项目，成为第一个且目前接受度最广泛的遵循 OCI 规范的容器运行时实现。

为了兼容 OCI 规范，Docker 项目自身也做了架构调整，自 1.11.0 版本起，Docker 引擎由一个单一组件拆分成了 Docker Engine（docker-daemon）、containerd、containerd-shim 和 runC 等 4 个独立的项目，并把 containerd 捐赠给了 CNCF。

containerd 是一个守护进程，它几乎囊括了容器运行时所需要的容器创建、启动、停止、中止、信号处理和删除，以及镜像管理（镜像和元信息等）等所有功能，并通过 gRPC 向上层调用者公开其 API，可被兼容的任何上层系统调用，例如 Docker Engine 或 Kubernetes 等容器编排系统，并由该类系统负责镜像构建、存储卷管理和日志等其他功能。

然而，containerd 只是一个高级别的容器运行时，并不负责具体的容器管理功能，它还需要向下调用类似 runC 一类的低级别容器运行时实现此类任务。containerd 又为其自身和低级别的运行时（默认为 runC）之间添加了一个名为 containerd-shim 的中间层，以支持多种不同的 OCI 运行时，并能够将容器运行为无守护进程模式。这意味着，每启动一个容器，containerd 都会创建一个新的 containerd-shim 进程来启动一个 runC 进程，并能够在容器启动后结束该 runC 进程。Docker 项目组件架构与运行容器的方式如图 1-4 所示。

近年来，出于各种设计目标的容器运行时项目越来越多，较主流的有 CRI-O、Podman 和 Kata Containers 等。CRI-O 是一款类似于 containerd 的高级运行时，在底层同样需要调用低级运行时负责具体的容器管理任务，支持与 OCI 兼容的运行时（目前使用 runC）。它为 Kubernetes CRI（容器运行时接口）提供了轻量级的容器运行方案，核心目标是在 kubelet 和 OCI 运行时之间提供一个黏合层，支持从 Kubernetes 直接运行容器（无须再依赖任何其他代码或工具），以取代有着较长集成链路的 Docker 容器引擎。

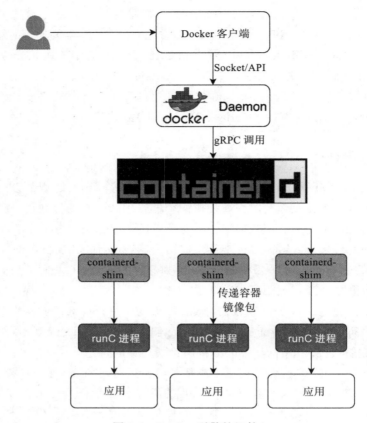

图 1-4 Docker 引擎的组件

> 🎯 **提示** 关于更多 Kubernetes CRI 和 kubelet 相关的话题，本书后续会有相应的介绍。

由 Red Hat 主要推动和维护的 Podman 项目则是另一款兼容 OCI 规范的高级容器运行时，它起初是 CRI-O 项目的一部分，后来单独分离成为 libpod 项目，Podman 是相关的命令行管理工具。Podman 在管理容器时使用无守护进程模型，它直接通过 runC 容器运行时进程（而非守护程序）与镜像 Registry、容器和镜像存储以及 Linux 内核直接交互。它支持管理容器的整个生态系统，包括 Pod（Kubernetes 引入的组件，由关系紧密的容器组成的容器集）、容器、容器镜像，以及使用 libpod 库的存储卷。Podman 用于构建镜像的功能则交由 Buildah 项目完成，支持基于 Dockerfile 构建镜像的 podman build 命令仅包含该项目的一个子集，使用 bash 脚本构建镜像是该项目更大的亮点。镜像 Registry 也有一个专用的项目 Skopeo，支持 Docker 镜像和 OCI 镜像的签名、存储及拉取操作。

Podman 的命令格式与 Docker 命令几乎完全兼容，用户可直接迁移 Docker 命令行至 Podman 上。

与最初的 Docker 项目一样，CoreOS 开发的 rkt 同时提供了高级容器运行时和低级容器运行时的功能。例如，它支持构建容器镜像、于本地存储库中获取和管理镜像，并通过命令将之启动为容器等。不过，它没有守护进程和远程可用的 API。为了同 Docker 竞争，rkt 还创建了应用程序容器（appc）标准以替代 OCI，但未获得广泛采用。其他常见的容器运行时还有 frakti 和 LXC 等。

Docker 和 rkt 都是经典容器技术的实现，同一主机上的各容器共享内核，轻量、快速，但也因隔离性差、内核版本绑定（容器应用受限于容器引擎宿主机的内核版本）以及不支持异构的硬件平台等原因为人诟病。所以，基于虚拟化或者独立内核的安全容器项目悄然兴起，2017 年底，由 Intel Clear Container 和 Hyper.sh RunV 项目合并而来的 Kata Containers 就是代表之一。Kata Containers 在专用的精简内核中运行容器，提供网络、I/O 和内存的隔离，并可以通过虚拟化 VT 扩展进行硬件强制隔离，因而更像一个传统的、精简版的或轻量化的虚拟机，如图 1-5 所示。但 Kata Containers 又是一个容器技术，支持 OCI 规范和 Kubernetes CRI 接口，并能够提供与标准 Linux 容器一致的性能。Kata Containers 致力于通过轻量级虚拟机来构建安全的容器运行时，因而也更适用于多租户公有云，以及对项目隔离有着较高标准的私有云场景。

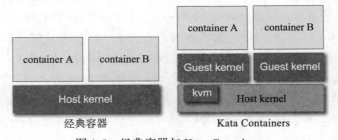

图 1-5　经典容器与 Kata Containers

1.1.3　为什么需要容器编排系统

Docker 本身非常适合管理单个容器，若运行的是构建于有限几个或十几个容器上的应用程序，则可以仅在 Docker 引擎上自主运行，部署和管理这些容器并不会遇到太大的困难。然而，对于包含成百上千个容器的企业级应用程序来说，这种管理将变得极其复杂，甚至无法实现。

容器编排是指自动化容器应用的部署、管理、扩展和联网的一系列管控操作，能够控制和自动化许多任务，包括调度和部署容器、在容器之间分配资源、扩缩容器应用规模、在主机不可用或资源不足时将容器从一台主机迁移到其他主机、负载均衡以及监视容器和主机的运行状况等。

容器编排系统用于完成容器编排相关的任务。以 Kubernetes、Mesos 和 Docker Swarm 等为代表的这类工具通常需要用户在 YAML 或 JSON 格式的配置清单中描述应用程序的配置,以指示编排系统在何处检索容器镜像(私有仓库或者某外部仓库)、如何在容器之间建立网络、在何处存储日志以及如何挂载存储卷等。确定调度目标后,编排工具将根据预定规范管理容器的生命周期。

概括来说,容器编排系统能够为用户提供如下关键能力。

- ❑ 集群管理与基础设施抽象:将多个虚拟机或物理机构建成协同运行的集群,并将这些硬件基础设施抽象为一个统一的资源池。
- ❑ 资源分配和优化:基于配置清单中指定的资源需求与现实可用的资源量,利用成熟的调度算法合理调度工作负载。
- ❑ 应用部署:支持跨主机自动部署容器化应用,支持多版本并存、滚动更新和回滚等机制。
- ❑ 应用伸缩:支持应用实例规模的自动或手动伸缩。
- ❑ 应用隔离:支持为租户、项目或应用进行访问隔离。
- ❑ 服务可用性:利用状态监测和应用重构等机制确保服务始终健康运行。

Kubernetes、Mesos 和 Docker Swarm 一度作为竞争对手在容器编排领域三分天下,但这一切在 2017 年发生了根本性的变化,因为在这一年发生了几个在容器生态发展史上具有里程碑式意义的重要事件。一是 AWS、Azure 和 Alibaba Cloud 都相继在其原有容器服务上新增了对 Kubernetes 的支持,甚至 Docker 官方也在 2017 年 10 月宣布同时支持 Swarm 和 Kubernetes 编排系统。二是 rkt 容器派系的 CoreOS 舍弃掉自己的调度工具 Fleet,将商用平台 Tectonic 的重心转移至 Kubernetes。三是 Mesos 也于 2017 年 9 月宣布了对 Kubernetes 的支持,其平台用户可以安装、扩展和升级多个生产级的 Kubernetes 集群。四是 Rancher Labs 推出了 2.0 版本的容器管理平台并宣布将全部业务集中于 Kubernetes,放弃了其多年内置的容器编排系统 Cattle。这种局面显然意味着 Kubernetes 已经成为容器编排领域事实上的标准。后来,Twitter、CNCF、阿里巴巴、微软、思科等公司与组织纷纷支持 Kubernetes。

以上种种迹象表明,Kubernetes 已成为广受认可的基础设施领域工业标准,其近两三年的发展状态也不断验证着 Urs Hölzle 曾经的断言:无论是公有云、私有云抑或混合云,Kubernetes 将作为一个为任何应用、任何环境提供容器管理的框架而无处不在。

1.2 Kubernetes 基础

微服务的出现与发展促进了容器化技术的广泛应用,以 Docker 为代表的容器技术定义了新的标准化交付方式，而以 Kubernetes 为代表的容器编排系统则为规模化、容器化的微服务应用的落地提供了坚实基础和根本保障。Kubernetes 是一种可自动实施 Linux 容器编排的开源平台，支持在物理机和虚拟机集群上调度和运行容器，为用户提供了一个极为便捷、有效的容器管理平台，可帮助用户省去应用容器化过程中许多需要手动进行的部署和扩展操作。

Kubernetes（希腊语，意为"舵手"或"飞行员"）又称 k8s，或者简称为 kube，由 Joe Beda、Brendan Burns 和 Craig McLuckie 创立，而后 Google 的其他几位工程师（包括 Brian Grant 和 Tim Hockin 等）加盟共同研发，并由 Google 在 2014 年首次对外发布。Google 是最早研发 Linux 容器技术的企业之一（创建 CGroups），目前，Google 每周会基于内部平台 Borg 启用超过 20 亿个容器，而 Kubernetes 的研发和设计都深受该内部平台的影响，事实上，Kubernetes 的许多顶级贡献者之前也是 Borg 系统的开发者。

1.2.1　Kubernetes 集群概述

Kubernetes 是一个跨多主机的容器编排平台，它使用共享网络将多个主机（物理服务器或虚拟机）构建成统一的集群。其中，一个或少量几个主机运行为 Master（主节点），作为控制中心负责管理整个集群系统，余下的所有主机运行为 Worker Node（工作节点），这些工作节点使用本地和外部资源接收请求并以 Pod（容器集）形式运行工作负载。图 1-6 为 Kubernetes 集群工作模式示意图。

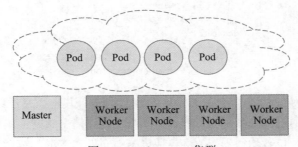

图 1-6　Kubernetes 集群

❑ Master 是集群的网关和中枢，负责诸如为用户和客户端暴露 API、确保各资源对象不断地逼近或符合用户期望的状态、以最优方式调度工作负载，以及编排其他组件之间的通信等任务，它是各类客户端访问集群的唯一入口，肩负 Kubernetes 系统上大多数集中式管控逻辑。单个 Master 节点即可完成其所有功能，但出于冗余及负载均衡等目的，生产环境中通常需要协同部署多个此类主机。Master 节点类似于蜂群中的蜂王。

❑ Worker Node（以下简称 Node）负责接收来自 Master 的工作指令并相应创建或销毁 Pod 对象，以及调整网络规则以合理完成路由和转发流量等任务，是 Kubernetes 集群的工作节点。理论上讲，Node 可以是任何形式的计算设备，负责提供 CPU、内存和存储等计算和存储资源，不过 Master 会统一将其抽象为 Node 对象进行管理。Node 类似于蜂群中的工蜂，在生产环境中，通常数量众多。

概括来说，Kubernetes 将所有工作节点的资源集结在一起形成一台更加强大的"服务器"，其计算和存储接口通过 Master 之上的 API 服务暴露，再由 Master 通过调度算法将客户端通过 API 提交的工作负载运行请求自动指派至某特定的工作节点以 **Pod 对象**的形式运行，且 Master 会自动处理因工作节点的添加、故障或移除等变动对 Pod 的影响，用户无须关心其应用究竟运行于何处。

由此可见，Kubernetes 程序自身更像是构建在底层主机组成的集群之上的"云操作系统"或"云原生应用操作系统"，而容器是运行其上的进程，但 Kubernetes 要通过更高级的抽象 Pod 来运行容器，以便于处理那些具有"超亲密"关系的容器化进程，这些进程必须运行于底层的同一主机之上。因此，Pod 类似于单机操作系统上的"进程组"，它包含一到多个容器，却是 Kubernetes 上的最小调度单元，因而同一 Pod 内的容器必须运行于同一工作节点之上，如图 1-7 所示。

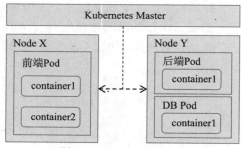

图 1-7　Kubernetes Pod

不过，Kubernetes 的功能并不限于简单的容器调度，其本质是"以应用为中心"的现代应用基础设施，它通过管理各种基础支撑类服务（例如消息队列、集群存储系统、服务发现、数据处理框架以及负载均衡器等）将各种传统中间件"下沉"至自身内部，并经由声明式 API 向上层应用暴露这些基础设施能力。Kubernetes 实际上是一个 Platform for Platform 类型的项目，其根本目的在于方便基础设施工程师（或称为"容器团队"等）构建其他的平台系统，例如 Service Mesh、PaaS 或 Serverless 等。

有了这种声明式基础设施的支撑，在开发基于 Kubernetes 的云原生应用时，程序员可更好地集中精力于应用程序的业务本身而无须为程序中需要集成基础设施的能力而困扰。在运行应用时，用户也只需要通过 API 声明应用程序的终态，例如为 Nginx 应用运行 6 个实例、为 myapp 实例执行滚动更新等，Kubernetes 自己便能完成后续的所有任务，包括确保应用本身的运行终态以及应用所依赖的所有底层基础设施能力的终态，比如路由策略、访问策略和存储需求等。

提示　声明式（declarative）编程和命令式（imperative）编程是两种相对的高级编程概念：前者着重于最终结果，如何达成结果则要依赖于给定语言的基础组件能力，程序员只需要指定做什么而非如何去做；后者称为过程式编程更合适，它需要由程序员指定做事情的具体步骤，更注重如何达成结果的过程。声明式编程常用于数据库和配置管理软件中，关系型数据库的 SQL 语言便是最典型的代表之一，而 Kubernetes 中声明式 API 的核心依赖是控制器组件。

　　Kubernetes 在其 RESTful 风格的 API 中以资源形式抽象出多种概念以描述应用程序及其周边组件，这些程序及组件被统称为 **API 对象**，它们有特定的类型，例如 Node、Namespace、Pod、Service 和 Deployment 等。每个 API 对象都使用"名称"作为其唯一标识符，出于名称隔离与复用以及资源隔离的目的，Kubernetes 使用"名称空间"为名称提供了作用域，并将大多数资源类型归属到名称空间级别。

　　运行应用的请求需要以配置清单（manifest）格式提交给 Kubernetes API 进行，大多数资源对象包含元数据（例如标签和注释）、所需状态（也称为期望状态或终态）和观察状态（也称为当前状态）等信息。Kubernetes 支持 JSON 或 YAML 编码的配置清单，由 API 服务器通过 HTTP/HTTPS 协议接收配置清单并存储于 etcd 中，查询请求的结果也将以 JSON 序列化格式返回，同时支持更高效的 Protobuf 格式。下面是用于描述 API 对象的常用配置清单的框架，其意义将在后面的章节予以介绍。

```
apiVersion: …          # 资源对象所属的API群组及版本
kind: …                # 资源类型
metadata:              # 资源对象的原数据
   …
spec:                  # 所需状态
   …
```

　　上述配置清单是基于 Kubernetes API 声明式编程接口的配置代码，读者需要掌握 API 资源类型的定义格式与使用方式后才能灵活使用，难度系数较高。为了平缓初学者的入门曲线，Kubernetes 也支持在命令行工具 kubectl 中以命令式语句提交运行请求。

1.2.2　Kubernetes 集群架构

　　Kubernetes 属于典型的 Server-Client 形式的二层架构，在程序级别，Master 主要由 API Server（kube-apiserver）、Controller-Manager（kube-controller-manager）和 Scheduler（kube-scheduler）这 3 个组件，以及一个用于集群状态存储的 etcd 存储服务组成，它们构成整个集群的控制平面；而每个 Node 节点则主要包含 kubelet、kube-proxy 及容器运行时（Docker 是最为常用的实现）3 个组件，它们承载运行各类应用容器。各组件如图 1-8 中的粗体部分组件所示。

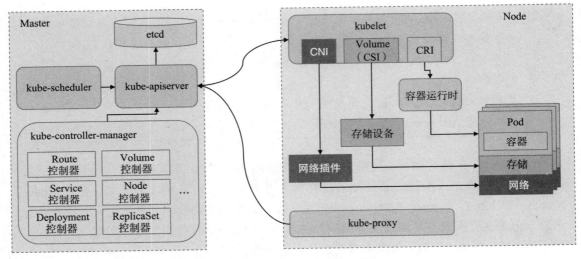

图 1-8 Kubernetes 系统组件

1. Master 组件

Master 组件是集群的"脑力"输出者，它维护有 Kubernetes 的所有对象记录，负责持续管理对象状态并响应集群中各种资源对象的管理操作，以及确保各资源对象的实际状态与所需状态相匹配。控制平面的各组件支持以单副本形式运行于单一主机，也能够将每个组件以多副本方式同时运行于多个主机上，提高服务可用级别。控制平面各组件及其主要功能如下。

（1）API Server

API Server 是 Kubernetes 控制平面的前端，支持不同类型应用的生命周期编排，包括部署、缩放和滚动更新等。它还是整个集群的网关接口，由 kube-apiserver 守护程序运行为服务，通过 HTTP/HTTPS 协议将 RESTful API 公开给用户，是发往集群的所有 REST 操作命令的接入点，用于接收、校验以及响应所有的 REST 请求，并将结果状态持久存储于集群状态存储系统（etcd）中。

（2）集群状态存储

Kubernetes 集群的所有状态信息都需要持久存储于存储系统 etcd 中。etcd 是由 CoreOS 基于 Raft 协议开发的分布式键值存储，可用于服务发现、共享配置以及一致性保障（如数据库主节点选择、分布式锁等）。显然，在生产环境中应该以 etcd 集群的方式运行以确保其服务可用性，并需要制定周密的备份策略以确保数据安全可靠。

etcd 还为其存储的数据提供了监听（watch）机制，用于监视和推送变更。API Server 是 Kubernetes 集群中唯一能够与 etcd 通信的组件，它封装了这种监听机制，并借此同其他各组件高效协同。

（3）控制器管理器

控制器负责实现用户通过 API Server 提交的终态声明，它通过一系列操作步骤驱动 API 对象的当前状态逼近或等同于期望状态。Kubernetes 提供了驱动 Node、Pod、Server、Endpoint、ServiceAccount 和 Token 等数十种类型 API 对象的控制器。从逻辑上讲，每个控制器都是一个单独的进程，但是为了降低复杂性，它们被统一编译进单个二进制程序文件 kube-controller-manager（即控制器管理器），并以单个进程运行。

（4）调度器

Kubernetes 系统上的调度是指为 API Server 接收到的每一个 Pod 创建请求，并在集群中为其匹配出一个最佳工作节点。kube-scheduler 是默认调度器程序，它在匹配工作节点时的考量因素包括硬件、软件与策略约束，亲和力与反亲和力规范以及数据的局部性等特征。

2. Node 组件

Node 组件是集群的"体力"输出者，因而一个集群通常会有多个 Node 以提供足够的承载力来运行容器化应用和其他工作负载。每个 Node 会定期向 Master 报告自身的状态变动，并接受 Master 的管理。

（1）kubelet

kubelet 是 Kubernetes 中最重要的组件之一，是运行于每个 Node 之上的"节点代理"服务，负责接收并执行 Master 发来的指令，以及管理当前 Node 上 Pod 对象的容器等任务。它支持从 API Server 以配置清单形式接收 Pod 资源定义，或者从指定的本地目录中加载静态 Pod 配置清单，并通过容器运行时创建、启动和监视容器。

kubelet 会持续监视当前节点上各 Pod 的健康状态，包括基于用户自定义的探针进行存活状态探测，并在任何 Pod 出现问题时将其重建为新实例。它还内置了一个 HTTP 服务器，监听 TCP 协议的 10248 和 10250 端口：10248 端口通过 /healthz 响应对 kubelet 程序自身的健康状态进行检测；10250 端口用于暴露 kubelet API，以验证、接收并响应 API Server 的通信请求。

（2）容器运行时环境

Pod 是一组容器组成的集合并包含这些容器的管理机制，它并未额外定义进程的边界或其他更多抽象，因此真正负责运行容器的依然是底层的容器运行时。kubelet 通过 CRI（容器运行时接口）可支持多种类型的 OCI 容器运行时，例如 docker、containerd、CRI-O、runC、fraki 和 Kata Containers 等。

（3）kube-proxy

kube-proxy 也是需要运行于集群中每个节点之上的服务进程，它把 API Server 上的 Service 资源对象转换为当前节点上的 iptables 或（与）ipvs 规则，这些规则能够将那些发往该 Service 对象 ClusterIP 的流量分发至它后端的 Pod 端点之上。kube-proxy 是 Kubernetes 的核心网络组件，它本质上更像是 Pod 的代理及负载均衡器，负责确保集群中 Node、Service 和 Pod 对象之间的有效通信。

3. 核心附件

附件（add-ons）用于扩展 Kubernetes 的基本功能，它们通常运行于 Kubernetes 集群自身之上，可根据重要程度将其划分为必要和可选两个类别。网络插件是必要附件，管理员需要从众多解决方案中根据需要及项目特性选择，常用的有 Flannel、Calico、Canal、Cilium 和 Weave Net 等。KubeDNS 通常也是必要附件之一，而 Web UI（Dashboard）、容器资源监控系统、集群日志系统和 Ingress Controller 等是常用附件。

- ❑ CoreDNS：Kubernetes 使用定制的 DNS 应用程序实现名称解析和服务发现功能，它自 1.11 版本起默认使用 CoreDNS——一种灵活、可扩展的 DNS 服务器；之前的版本中用到的是 kube-dns 项目，SkyDNS 则是更早一代的解决方案。
- ❑ Dashboard：基于 Web 的用户接口，用于可视化 Kubernetes 集群。Dashboard 可用于获取集群中资源对象的详细信息，例如集群中的 Node、Namespace、Volume、ClusterRole 和 Job 等，也可以创建或者修改这些资源对象。
- ❑ 容器资源监控系统：监控系统是分布式应用的重要基础设施，Kubernetes 常用的指标监控附件有 Metrics-Server、kube-state-metrics 和 Prometheus 等。
- ❑ 集群日志系统：日志系统是构建可观测分布式应用的另一个关键性基础设施，用于向监控系统的历史事件补充更详细的信息，帮助管理员发现和定位问题；Kubernetes 常用的集中式日志系统是由 ElasticSearch、Fluentd 和 Kibana（称之为 EFK）组合提供的整体解决方案。
- ❑ Ingress Controller：Ingress 资源是 Kubernetes 将集群外部 HTTP/HTTPS 流量引入到集群内部专用的资源类型，它仅用于控制流量的规则和配置的集合，其自身并不能进行"流量穿透"，要通过 Ingress 控制器发挥作用；目前，此类的常用项目有 Nginx、Traefik、Envoy、Gloo、kong 及 HAProxy 等。

在这些附件中，CoreDNS、监控系统、日志系统和 Ingress 控制器基础支撑类服务是可由集群管理的基础设施，而 Dashboard 则是提高用户效率和体验的可视化工具，类似的项目还有 polaris 和 octant 等。

1.3 应用的运行与互联互通

如前所述，首先将部署于集群操作系统 Kubernetes 之上的应用定义为 Pod 的 API 对象描述，提交给 API Server 后经调度器从可用的工作节点中匹配出一个最佳选择，而后由相应工作节点上的 kubelet 代理程序根据其定义进行 Pod 创建、运行和状态监控等操作。位于同一网络中的各 Pod 实例可直接互相通信，但"用后即弃"的 Pod 自身的 IP 地址显然无法作为可持续使用的访问入口。Service 资源用于为 Pod 提供固定访问端点，并基于该端点将流量调度至一组 Pod 实例之上。

1.3.1　Pod 与 Service

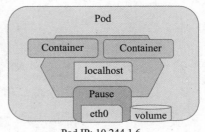

Pod 本质上是共享 Network、IPC 和 UTS 名称空间以及存储资源的容器集合，如图 1-9 所示。我们可以把每个 Pod 对象想象成一个逻辑主机，它类似于现实世界中的物理主机或虚拟机，而运行于同一个 Pod 对象中多个进程则类似于物理机或虚拟机上独立运行的进程，不同的是，Pod 中各进程运行于彼此隔离的容器中，并于各容器间共享网络和存储两种关键资源。

图 1-9　Pod 及其组成关系

同一 Pod 内部的各容器具有"超亲密"关系，它们共享网络协议栈、网络设备、路由、IP 地址和端口等网络资源，可以基于本地回环接口 lo 互相通信。每个 Pod 上还可附加一组"存储卷"（volume）资源，它们同样可由内部所有容器使用而实现数据共享。持久类型的存储卷还能够确保在容器终止后被重启，甚至容器被删除后数据也不会丢失。

同时，这些以 Pod 形式运行于 Kubernetes 之上的应用通常以服务类程序居多，其客户端可能来自集群之外，例如现实中的用户，也可能是当前集群中其他 Pod 中的应用，如图 1-10 所示。Kubernetes 集群的网络模型要求其各 Pod 对象的 IP 地址位于同一网络平面内（同一 IP 网段），各 Pod 间可使用真实 IP 地址直接进行通信而无须 NAT 功能介入，无论它们运行于集群内的哪个工作节点之上，这些 Pod 对象就像是运行于同一局域网中的多个主机上。

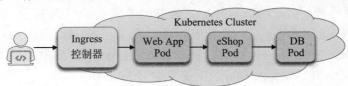

图 1-10　Pod 及其客户端

Pod 对象拥有生命周期，它会在自身故障或所在的工作节点故障时被替换为一个新的实例，其 IP 地址通常也会随之改变，这就给集群中的 Pod 应用间依赖关系的维护带来了麻烦：前端 Pod 应用（依赖方）无法基于固定地址持续跟踪后端 Pod 应用（被依赖方）。为此，Kubernetes 设计了有着稳定可靠 IP 地址的 Service 资源，作为一组提供了相同服务的 Pod 对象的访问入口，由客户端 Pod 向目标 Pod 所属的 Service 对象的 IP 地址发起访问请求，并由相关的 Service 对象调度并代理至后端的 Pod 对象。

Service 是由基于匹配规则在集群中挑选出的一组 Pod 对象的集合、访问这组 Pod 集合的固定 IP 地址，以及对请求进行调度的方法等功能所构成的一种 API 资源类型，是 Pod 资源的代理和负载均衡器。Service 匹配 Pod 对象的规则可用"标签选择器"进行体现，并根据标签来过滤符合条件的资源对象，如图 1-11 所示。标签是附加在 Kubernetes API 资源对象之上的具有辨识性的分类标识符，使用键值型数据表达，通常仅对用户具有特定意义。

一个对象可以拥有多个标签，一个标签也可以附加于多个对象（通常是同一类对象）之上。

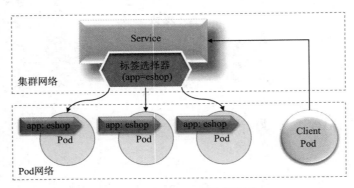

图 1-11　Kubernetes 资源标签

每个节点上运行的 kube-proxy 组件负责管理各 Pod 与 Service 之间的网络连接，它并非 Kubernetes 内置的代理服务器，而是一个基于出站流量的负载均衡器组件。针对每个 Service，kube-proxy 都会在当前节点上转换并添加相应 iptables DNAT 规则或 ipvs 规则，从而将目标地址为某 Service 对象的 ClusterIP 的流量调度至该 Service 根据标签选择器匹配出的 Pod 对象之上。

即使 Service 有着固定的 IP 地址可用作服务访问入口，但现实中用户更容易记忆和使用的还是服务的名称，Kubernetes 使用定制的 DNS 服务为这类需求提供了自动的服务注册和服务发现功能。CoreDNS 附件会为集群中的每个 Service 对象（包括 DNS 服务自身）生成唯一的 DNS 名称标识，以及相应的 DNS 资源记录，服务的 DNS 名称遵循标准的 svc.namespace.svc.cluster-domain 格式。例如 CoreDNS 自身的服务名称为 kube-dns.kube-system.svc.cluster.local.，则它的 ClusterIP 通常是 10.96.0.10。

除非出于管理目的有意调整，Service 资源的名称和 ClusterIP 在其整个生命周期内都不会发生变动。kubelet 会在创建 Pod 容器时，自动在 /etc/resolv.conf 文件中配置 Pod 容器使用集群上 CoreDNS 服务的 ClusterIP 作为 DNS 服务器，因而各 Pod 可针对任何 Service 的名称直接请求相应的服务。换句话说，Pod 可通过 kube-dns.kube-system.svc.cluster.local. 来访问集群 DNS 服务。

1.3.2　Pod 控制器

Pod 有着生命周期，且非正常终止的 Pod 对象本身不具有"自愈"功能，若 kubelet 在 Pod 监视周期中发现故障，将重启或创建新的 Pod 实例来取代故障的实例以完成 Pod 实例恢复。但因 kubelet 程序或工作节点故障时导致的 Pod 实例故障却无从恢复。另外，因资源耗尽或节点故障导致的回收操作也会删除相关的 Pod 实例。因而，我们需要借助专用于管控 Pod 对象的控制器资源来构建能够跨越工作节点生命周期的 Pod 实例，例如 Deployment

或 StatefulSet 等控制器。

控制器是支撑 Kubernetes 声明式 API 的关键组件，它持续监视对 API Server 上的 API 对象的添加、更新和删除等更改操作，并在发生此类事件时执行目标对象相应的业务逻辑，从而将客户端的管理指令转为对象管理所需要的真正的操作过程。简单来说，一个具体的控制器对象是一个控制循环程序，它在单个 API 对象上创建一个控制循环以确保该对象的状态符合预期。不同类型的 Pod 控制器在不同维度完成符合应用需求的管理模式，例如 Deployment 控制器资源可基于 "Pod 模板" 创建 Pod 实例，并确保实例数目精确反映期望的数量；另外，控制器还支持应用规模中 Pod 实例的自动扩容、缩容、滚动更新和回滚，以及创建工作节点故障时的重建等运维管理操作。图 1-12 中的 Deployment 就是这类控制器的代表实现，是目前最常用的用于管理无状态应用的 Pod 控制器。

Deployment 控制器的定义通常由期望的副本数量、Pod 模板和标签选择器组成，它会根据标签选择器对 Pod 对象的标签进行匹配检查，所有满足选择条件的 Pod 对象都将受控于当前控制器并计入其副本总数，以确保此数目能精确反映期望的副本数。

然而，在接收到的请求流量负载显著低于或接近已有 Pod 副本的整体承载能力时，用户需要手动修改 Deployment 控制器中的期望副本数量以实现应用规模的扩容或缩容。不过，当集群中部署了 Metrics Server 或 Prometheus 一类的资源指标监控附件时，用户还可以使用 Horizontal Pod Autoscaler（HPA）根据 Pod 对象的 CPU 等资源占用率计算出合适的 Pod 副本数量，并自动修改 Pod 控制器中期望的副本数以实现应用规模的动态伸缩，提高集群资源利用率，如图 1-13 所示。

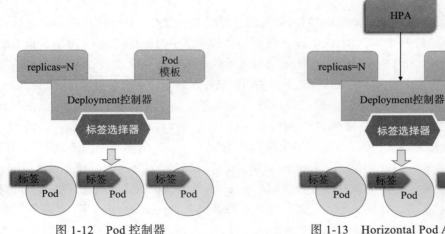

图 1-12　Pod 控制器　　　　图 1-13　Horizontal Pod Autoscaler

另外，StatefulSet 控制器专用于管理有状态应用的 Pod 实例，其他常用的 Pod 控制器还有 ReplicaSet、DaemonSet、Job 和 CronJob 等，分别用于不同控制模型的工作负载，后面章节会详细介绍。

1.3.3 Kubernetes 网络基础

根据 1.3.1 节的介绍可以总结出，Kubernetes 的网络中存在 4 种主要类型的通信：同一 Pod 内的容器间通信、各 Pod 彼此间通信、Pod 与 Service 间的通信以及集群外部的流量与 Service 间的通信。Kubernetes 对 Pod 和 Service 资源对象分别使用了专用网络，Service 的网络则由 Kubernetes 集群自行管理，但集群自身并未实现任何形式的 Pod 网络，仍要借助于兼容 CNI（容器网络接口）规范网络插件配置实现，如图 1-14 所示。这些插件必须满足以下需求：

❑ 所有 Pod 间均可不经 NAT 机制而直接通信；

❑ 所有节点均可不经 NAT 机制直接与所有容器通信；

❑ 所有 Pod 对象都位于同一平面网络中，而且可以使用 Pod 自身的地址直接通信。

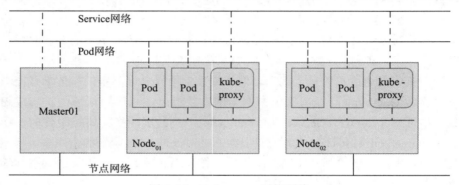

图 1-14　Kubernetes 网络环境

Pod 网络及其 IP 由 Kubernetes 的网络插件负责配置和管理，具体使用的网络地址可在管理配置网络插件时指定，例如 Flannel 网络插件默认使用 10.244.0.0/16 网络，而 Calico 默认使用 192.168.0.0/16 网络。对比来说，Service 的地址却是一个虚拟 IP 地址，它不会被添加在任何网络接口设备上，而是由 kube-proxy 配置在每个工作节点上的 iptables 或 ipvs 规则中以进行流量分发，这些规则的作用域也仅限于当前节点自身，因此每个节点上的 kube-proxy 都会为每个 Service 创建相应的规则。

Service IP 也称为 Cluster IP，专用于集群内通信，一般使用不同于 Pod 网络的专用地址段，例如 10.96.0.0/12 网络，各 Service 对象的 IP 地址在此范围内由系统创建 Service 对象时动态分配。集群内的 Pod 对象可直接用 Cluster IP 作为目标服务的地址，就像 Pod 对象直接提供了某种服务。如图 1-15 中，Client Pod 提供相应 Service 的访问等，但集群网络属于私有网络地址，仅能服务集群内部的流量。

概括来说，Kubernetes 集群上会存在 3 个分别用于节点、Pod 和 Service 的不同网络，3 种网络在工作节点之上实现交汇，由节点内核中的路由组件以及 iptables/netfilter 和 ipvs 等完成网络间的报文转发，例如 Pod 与 Service，Node 与 Service 之间等的流量，如图 1-14 所示。

❑ 节点网络：各主机（Master 和 Node）自身所属的网络，相关 IP 地址配置在节点的网络接口，用于各主机之间的通信，例如 Master 与各 Node 间的通信。此地址配置在 Kubernetes 集群构建之前，它并不能由 Kubernetes 管理，需要管理员在集群构建之前就自行确定其地址配置及管理方式。

☐ Pod 网络：Pod 对象所属的网络，相关地址配置在 Pod 网络接口，用于各 Pod 间的通信。Pod 网络是一种虚拟网络，需要通过传统的 kubenet 网络插件或新式的 CNI 网络插件实现，常见的实现机制有 Overlay 和 Underlay 两种。常见的解决方案有十多种，相关插件可以以系统守护进程方式运行于 Kubernetes 集群之外，也可以托管在 Kubernetes 之上的 DaemonSet 控制器，需在构建 Kubernetes 集群时由管理员选择和部署。

☐ Service 网络：一个虚拟网络，相关地址不会配置在任何主机或 Pod 的网络接口之上，而是通过 Node 上的 kube-proxy 配置为节点的 iptables 或 ipvs 规则，进而将发往此地址的所有流量调度至 Service 后端的各 Pod 对象之上；Service 网络在 Kubernetes 集群创建时予以指定，而各 Service 的地址则在用户创建 Service 时予以动态配置。

而 Kubernetes 集群上的服务大致可分为两种：API Server 和服务类应用，它们的客户端要么来自集群内的其他 Pod，要么来自集群外部的用户或应用程序。前一种通信通常发生在 Pod 网络和 Service 网络之上的东西向流量；而后一种通信，尤其是访问运行于 Pod 中的服务类应用的南北向流量，则需要先经由集群边界进入集群内部的网络中，即由节点网络到达 Service 网络和 Pod 网络。Kubernetes 上 NodePort 和 LoadBalancer 类型的 Service，以及 Ingress 都可为集群引入外部流量。

访问 API Server 时，人类用户一般借助命令行工具 kubectl 或图形 UI（例如 Kubernetes Dashboard）实现，也可通过编程接口实现，包括 RESTful API。访问 Pod 中的应用时，具体访问方式取决于 Pod 中的应用程序，例如，对于运行 Nginx 容器的 Pod 来说，最常用的工具自然是 HTTP 协议客户端或客户端库，如图 1-15 所示。

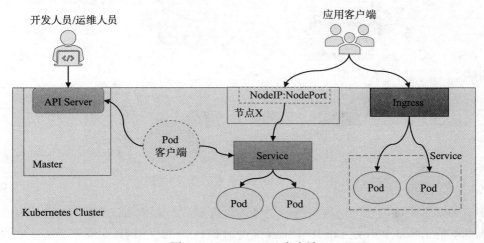

图 1-15　Kubernetes 客户端

管理员（开发人员或运维人员）使用 Kubernetes 集群的常见操作包括通过控制器创建 Pod，在 Pod 的基础上创建 Service 供第二类客户端访问，更新 Pod 中的应用版本（更新和回滚）以及对应用规模进行扩容或缩容等，另外还有集群附件管理、存储卷管理、网络及网络策略管理、资源管理和安全管理等，这些内容将在后面的章节中展开。显然，这一切的前提是构建出一个可用的 Kubernetes 集群，下一章将着重讲述。

1.3.4 部署并访问应用

Docker 容器技术使得部署应用程序从传统的安装、配置、启动应用程序的方式转为在容器引擎上基于镜像创建和运行容器，而 Kubernetes 又让创建和运行容器的操作不必再关注其位置，并赋予了它一定程度上动态扩缩容及自愈的能力，从而让用户从主机、系统及应用程序的维护工作中解脱出来。

用到某应用程序时，用户只需要向 API Server 请求创建一个 Pod 控制器对象，由控制器根据配置的 Pod 模板向 API Server 请求创建出一定数量的 Pod 实例，每个实例由 Master 之上的调度器指派给选定的工作节点，并由目标工作节点上的 kubelet 调用本地容器运行时创建并运行容器化应用。同时，用户还需要额外创建一个具体的 Service 对象以便为这些 Pod 对象建立一个固定的访问入口，从而使得其客户端能通过 ClusterIP 进行访问，或借助 CoreDNS 提供的服务发现及名称解析功能，通过 Service 的 DNS 格式的名称进行访问。应用程序简单的部署示例示意图如图 1-16 所示。

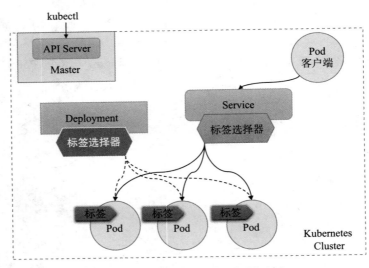

图 1-16 应用程序简单的部署示例

集群外部客户端需要等边界路由器先将访问流量引入集群内部后，才能进行内部的服务请求和响应，NodePort 或 LoadBalancer 类型的 Service 以及 Ingress 资源都是常见的解决方案。不同的是，Service 在协议栈的 TCP 层完成调度，而 Ingress 则是基于 HTTP/HTTPS 协议的边缘路由。

　　kubectl 是最常用的集群管理工具之一，它是 API Server 的客户端程序，通过子命令实现集群及相关资源对象的管理操作，并支持直接命令式、命令式配置清单及声明式配置清单三种操作方式，特性丰富且功能强大。而需作为集群附件额外部署的 Dashboard 则提供了基于 Web 界面的图形客户端，它是一个通用目的管理工具，与 Kubernetes 紧密集成，支持多级别用户授权，能在一定程度上替代 kubectl 的大多数操作。

1.4　简析 Kubernetes 生态系统

　　Kubernetes 的主要优势在于，它提供了一个便捷有效的平台，让用户可以在物理机和虚拟机集群上调度与运行容器。进一步来说，Kubernetes 是一个支持弹性运行的分布式系统框架，是一种支撑其他平台的平台型基础设施，可以帮助用户在生产环境中依托容器实施的基础架构。Kubernetes 的本质在于实现操作任务自动化，包括应用扩展、故障转移和部署模式等，因而它能代替用户执行大部分烦琐的操作任务，减轻用户负担，降低出错的概率。

　　简言之，Kubernetes 整合并抽象了底层的硬件和系统环境等基础设施，对外提供了一个统一的资源池供终端用户通过 API 进行调用。Kubernetes 具有以下几个重要特性。

　　（1）自动装箱

　　构建于容器之上，基于资源依赖及其他约束自动完成容器部署且不影响其可用性，并在同一节点通过调度机制混合运行关键型应用和非关键型应用的工作负载，以提升资源利用率。

　　（2）自我修复（自愈）

　　支持容器故障后自动重启、节点故障后重新调度容器到其他可用节点、健康状态检查失败后关闭容器并重新创建等自我修复机制。

　　（3）水平扩展

　　支持通过简单命令或 UI 手动水平扩展，以及基于 CPU 等资源负载率的自动水平扩展机制。

　　（4）服务发现和负载均衡

　　Kubernetes 通过其附加组件之一的 KubeDNS（或 CoreDNS）为系统内置了服务发现功能，它会为每个 Service 配置 DNS 名称，并允许集群内的客户端直接使用此名称发出访问请求，而 Service 通过 iptables 或 ipvs 内置了负载均衡机制。

　　（5）自动发布和回滚

　　Kubernetes 支持"灰度"更新应用程序或其配置信息，它会监控更新过程中应用程序的健康状态，以确保不会在同一时刻杀掉所有实例，而此过程中一旦有故障发生，它会立即自动执行回滚操作。

（6）密钥和配置管理

Kubernetes 的 ConfigMap 实现了配置数据与 Docker 镜像解耦，需要时，仅对配置做出变更而无须重新构建 Docker 镜像，这为应用开发部署提供了很大的灵活性。此外，对于应用所依赖的一些敏感数据，如用户名和密码、令牌、密钥等信息，Kubernetes 专门提供了 Secret 对象使依赖解耦，既便利了应用的快速开发和交付，又提供了一定程度上的安全保障。

（7）存储编排

Kubernetes 支持 Pod 对象按需自动挂载不同类型存储系统，这包括节点本地存储、公有云服务商的云存储（如 AWS 和 GCP 等），以及网络存储系统，例如 NFS、iSCSI、Gluster、Ceph、Cinder 和 Flocker 等。

（8）批量处理执行

除了服务型应用，Kubernetes 还支持批处理作业、CI（持续集成），以及容器故障后恢复。

另一方面，以应用为中心的 Kubernetes 本身并未直接提供一套完整的"开箱即用"的应用管理体系，需要基础设施工程师基于云原生社区和生态的实际需求手动构建。换句话说，在典型的生产应用场景中，Kubernetes 还需要同网络、存储、遥测（监控和日志）、镜像仓库、负载均衡器、CI/CD 工具链及其他服务整合，以提供完整且 API 风格统一的基础设施平台，如图 1-17 所示。

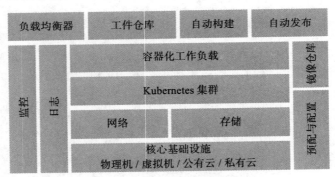

图 1-17　完整的容器编排系统

下面对容器编排系统中的要素进行简单介绍。

❑ Docker Registry 和工件仓库：通过 Harbor 工件仓库、Docker Registry 等项目实现。

❑ 网络：借助 Flannel、Calico 或 WeaveNet 等项目实现。

❑ 遥测：借助 Prometheus 和 EFK 栈（或者由 Promtail、Loki 和 Grafana 组成的 PLG 栈）等项目实现。

❑ 容器化工作负载：借助 Kubernetes 内置的工作负载控制器资源，甚至由社区扩展而来的各种 Operator 完成应用的自动化编排，包括自愈和自动扩缩容等；而便捷的应用打包则要借助 Helm 或 Kustomize 等项目完成。

❑ 基于容器编排系统的 CI/CD：借助 Jenkins、Tekton、Flagger 或 Kepton 等项目，甚至遵循 GitOps 规范实现应用交付、发布和部署等。

本书后面的章节将逐步说明 Kubernetes 中的大多数关键特性、自身相关实现或者第三方项目实现及其实践操作。

1.5　本章小结

本章介绍了 Kubernetes 的历史、功用、特性及相关的核心概念和术语，并简单描述了其架构及各关键组件，以及集群网络中的常见通信方式，涵盖以下方面。

❑ Kubernetes 集群主要由 Master 和 Node 两类节点组成。

❑ Master 主要包含 apiserver、controller-manager、scheduler 和 etcd 这几个组件，其中 apiserver 是整个集群的网关。

❑ Node 主要由 kubelet、kube-proxy 和容器引擎等组件构成，kubelet 是工作在 Kubernetes 集群节点之上的代理组件。

❑ 完整的 Kubernetes 集群还需要部署 KubeDNS、HeapSter（或 Prometheus）、Dashboard 和 Ingress Controller 等几个附加组件。

❑ Kubernetes 的网络中主要有 4 种类型的通信：同一 Pod 内的容器间通信、各 Pod 彼此间通信、Pod 与 Service 间的通信以及集群外部的流量同 Service 之间的通信。

Chapter 2 第 2 章

Kubernetes 快速入门

快速学习、了解 Kubernetes 系统的办法之一就是部署一个测试集群，并尝试测试它的容器编排功能。本章会带领读者部署一个 Kubernetes 集群，学习 CLI 工具 kubectl 的基本用法，随后在简单介绍核心资源对象后，将尝试使用 kubectl 命令创建 Deployment 和 Service 资源部署并暴露一个 Web 应用，以便读者快速了解 Kubernetes 系统上运行应用程序的核心要素，并初步尝试使用 Pod、Deployment 和 Service 等核心资源对象。

2.1 利用 kubeadm 部署 Kubernetes 集群

Kubernetes 系统可运行于多种平台之上，包括虚拟机、裸服务器或 PC 主机等，例如本地物理服务器、独立运行的虚拟机或托管的云端虚拟机等。若仅用于快速了解或开发的目的，读者可直接在单个主机之上部署伪分布式的 Kubernetes 集群，将集群所有组件部署运行于单台主机，著名的 minikube 项目可帮助用户快速构建此类环境。若要学习使用 Kubernetes 集群的完整功能，则应该构建真正的分布式集群环境，将 Master 和 Node 的相关组件分别部署在多台主机上，主机的具体数量按实际需求确定。

作为一个典型的分布式项目，Kubernetes 集群的部署一直是初学者难以逾越的"天堑"。幸运的是，如今已然有多样化的集群部署工具可供选择，例如 kubeadm、kops、kubespray 和 kind 等，也有用户会选择使用 Kubernetes 的二次发行版，常见的如 Rancher、Tectonic 和 OpenShift 等。较简单的方式是，基于 kubeadm 一类的部署工具运行两条命令即可拉起一个真正的分布式集群；而基于二进制程序包从零开始手动构建集群环境则是相对困难的选择，它一般是熟悉使用 Kubernetes 系统以后的另一种常见选择。本节主要介绍如何利用 kubeadm 部署 Kubernetes 集群。

2.1.1　kubeadm 部署工具

　　kubeadm 是 Kubernetes 社区提供的集群构建工具，它负责构建一个最小化可用集群并执行启动等必要的基本步骤，简单来讲，kubeadm 是 Kubernetes 集群全生命周期管理工具，可用于实现集群的部署、升级 / 降级及卸载等，如图 2-1 所示。在部署操作中，kubeadm 仅关心如何初始化并拉起一个集群，其职责仅限于图 2-1 中的 Layer2 和 Layer3 中的部分附件，至于准备基础设施的 Layer1 和包含其他附件的 Layer3 则不在其职责之内。

图 2-1　kubeadm 功能示意图[⊖]

　　换句话说，kubeadm 专注于在现有基础架构上引导 Kubernetes 集群启动并执行一系列基本的维护任务，其功能未涉及底层基础环境的构建，也不会管理如图 2-1 中的每一个附件，而仅仅是为集群添加最为要紧的核心附件 CoreDNS 和 kube-proxy。余下的其他附件，例如 Kubernetes Dashboard、监控系统和日志系统等必要的附加组件则不在 kubeadm 考虑范围内，这些附加组件由管理员按需自行部署。

　　kubeadm 的核心工具是 kubeadm init 和 kubeadm join，前者用于创建新的控制平面节点（见图 2-2），后者则用于将节点快速连接到指定的控制平面，它们是创建 Kubernetes 集群最佳实践的“快速路径”。

　　此外，kubeadm token 命令负责可管理集群构建后节点加入集群时使用的认证令牌，以供新节点基于预共享密钥在首次联系 API Server 时进行身份认证。而删除集群构建过程中生成的文件并重置回初始状态，则是 kubeadm reset 命令的功能。其他几个可用的工具包括 kubeadm config 和 kubeadm upgrade 等。这些工具随 Kubernetes 1.13 版发布时已正式进入

　　⊖　图片来源：https://asksendai.com/

GA 阶段，其命令接口的使用、底层实现、配置文件模式、次要版本升级以及 etcd 存储系统部署设定等已成熟到可创建一致的 Kubernetes 集群，并能够支持多种多样的部署选项。

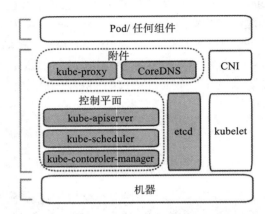

图 2-2　kubeadm init 负责管理的控制平面组件

概括来说，使用 kubeadm 部署 Kubernetes 集群有以下几个方面的优势。

- □ 简单易用：kubeadm 可完成集群的部署、升级和卸载操作，并且对新手用户非常友好。
- □ 适用领域广泛：支持将集群部署于裸机、VMware、AWS、Azure、GCE 及更多环境的主机上，且部署过程基本一致。
- □ 富有弹性：支持阶段式部署，管理员可分多个独立步骤完成部署操作。
- □ 生产环境可用：kubeadm 遵循最佳实践的方式部署 Kubernetes 集群，它强制启用 RBAC，设定 Master 的各组件间以及 API Server 与 kubelet 之间进行认证和安全通信，并锁定了 kubelet API 等。

kubeadm 并不仅仅是一键安装类的解决方案，它还有着更宏大的目标，旨在成为一个更大解决方案的一部分，试图为集群创建和运营构建一个声明式的 API 驱动模型，它把集群本身视为不可变组件，而升级操作等同于全新部署或就地更新。目前，kubeadm 已经成为越来越多的组织或企业部署测试或生产环境时的选择。

2.1.2　集群组件运行模式

第 1 章中曾经讲到，Kubernetes 集群主要由 Master 和 Node 两类节点组成：Master 节点主要运行 etcd、kube-apiserver、kube-controller-manager 和 kube-scheduler 这 4 个组件，而各 Node 节点则分别运行 kubelet 和 kube-proxy 等组件，以及容器的运行时引擎。事实上，这些组件自身也是应用程序，除了 kubelet 和 Docker 等容器引擎之外，其他几个组件同样可以运行为容器。原因在于，kubelet 运行在各 Node 之上，负责操作 Docker 这类运行时引擎，并管理容器网络和存储卷等宿主机级别的功能，而将 kubelet 运行于容器中显然难以完成其中的部分功能，例如管理宿主机的文件系统或 Pod 的存储卷等。

以集群的组件是否以容器方式运行，以及是否运行为自托管模式为标准，Kubernetes 集群可部署为 3 种运行模式。

1）独立组件模式：Master 各组件和 Node 各组件直接以守护进程方式运行于节点之上，以二进制程序部署的集群隶属于此种类型，如图 2-3 所示。

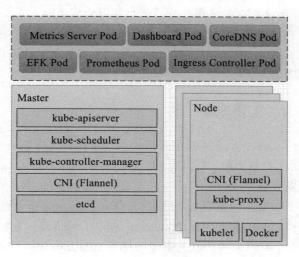

图 2-3　独立组件模式

2）静态 Pod 模式：控制平面的各组件以静态 Pod 对象形式运行在 Master 主机之上，而 Node 主机上的 kubelet 和 Docker 运行为系统级守护进程，kube-proxy 托管于集群上的 DaemonSet 控制器，如图 2-4 所示。

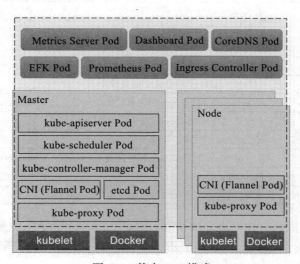

图 2-4　静态 Pod 模式

3）自托管（self-hosted）模式：类似于第二种模式，但控制平面的各组件运行为 Pod 对象（非静态），并且这些 Pod 对象同样托管运行在集群之上，且同样受控于 DaemonSet 类型的控制器。

使用 kubeadm 部署的 Kubernetes 集群可运行为第二种或第三种模式，默认为静态 Pod 对象模式，当需要使用自托管模式时，可使用 kubeadm init 命令的 --features-gates=selfHosting 选项激活。在独立组件模式进行集群的构建时，需要把各组件运行在系统的独立守护进程中，其间需要用到的证书及 Token 等认证信息也都需要手动生成，过程烦琐且极易出错；若有必要，建议使用 GitHub 上的适当的项目辅助进行，例如通过 Ansible Playbook 进行自动部署等。

2.1.3 kubeadm init 工作流程

kubeadm 拉起一个 Kubernetes 集群主要需要两个步骤：先在第一个 Master 主机上运行 kubeadm init 命令初始化控制平面，待其完成后，在其他主机上运行 kubeadm join 命令逐一加入控制平面，进而成为集群成员。

初始化一个控制平面需要一系列复杂的过程，kubeadm init 命令将其分割成多个阶段逐一实现，例如环境预检（preflight）、启动 kubelet（kubelet-start）、为集群生成所需 CA 及数字证书（cert）等 10 多个阶段，各阶段的描述可参考 kubeadm init --help 命令提供的配置信息。各阶段的简要说明如表 2-1 所示。

表 2-1 kubeadm init 命令分割的各阶段

阶段名称	主要功用
preflight	初始化前的环境检查
kubelet-start	生成 kubelet 配置并启动或重启 kubelet 以便于以静态 Pod 运行各组件
certs	创建集群用到的各数字证书，供 CA、apiserver、front-proxy 和 etcd 等使用
kubeconfig	分别为控制平面的各组件以及集群管理员生成 kubeconfig 文件
control-plane	分别为 apiserver、controller-manager 和 scheduler 生成静态 Pod 配置清单
etcd	为本地 etcd 生成静态 Pod 配置清单
upload-config	将 kubeadm 和 kubelet 的配置存储为集群上的 ConfigMap 资源对象
upload-certs	上传证书为 kubeadm-certs
mark-control-plane	将主机标记为控制平面，即 Master 节点
bootstrap-token	生成将 Node 节点加入控制平面的引导令牌（Bootstrap Token）
kubelet-finalize	TLS Bootstrap 步骤完成之后，更新与 kubelet 有关的配置
addon	为集群添加核心附件 CoreDNS 和 kube-proxy

表 2-1 中的各阶段还可由 kubeadm init phase [PHASE] 命令来分步执行，或在必要时仅运行指定的阶段，例如 kubeadm init phase preflight 仅负责执行环境预检操作。此外，kubeadm init 命令还支持众多选项设置其工作特性。

具体来说，针对表 2-1 中的各个阶段，kubeadm init 命令通过以下过程拉起 Kubernetes 的控制平面节点。

1）执行由众多步骤组成的环境预检操作，以确保节点配置能够满足运行为 Master 主机的条件。其中，有些错误仅触发警告，有些错误则被判定为严重问题且必须纠正后才能继续。这些预检操作可能包括如下内容：

❑ 探测并确定可用的 CRI 套接字以确定容器运行时环境；

❑ 校验 Kubernetes 和 kubeadm 的版本；

❑ 检查 TCP 端口 6443、10259 和 10257 的可用性；

❑ 检查 /etc/kubernetes/manifests 目录下是否存在 kube-apiserver.yaml、kube-controller-manager.yaml、kube-scheduler.yaml 和 etcd.yaml 配置清单；

❑ 检查 crictl 是否存在且可执行；

❑ 校验内核参数 net.bridge.bridge-nf-call-iptables 和 net.ipv4.ip_forward 的值是否满足需求；

❑ 检查 Swap 设备是否处于启用状态；

❑ 检查 ip、iptables、mount、nsenter、ebtables、ethtool、socat、tc 和 touch 等可执行程序是否存在；

❑ 验证 kubelet 的版本号以及服务是否处于启用（enable）和活动（active）状态；

❑ 验证 TCP 端口 10250、2379 和 2380 是否可用，以及 /var/lib/etcd 目录是否存在与是否为空。

以上步骤出现任何一个严重错误都会导致 kubeadm init 命令执行过程提前中止，较为常见的严重错误有未禁用 Swap 设备、内核参数设定不当、kubeadm 和 kubelet 版本不匹配等。希望忽略特定类型的错误时，可以为该命令使用 --ignore-preflight-errors 选项进行指定。

2）生成自签名的 CA，并为各组件生成必要的数字证书和私钥，相关文件存储在由 --cert-dir 选项指定的目录下，默认路径为 /etc/kubernetes/pki，相关的 CA 和证书如图 2-5 所示。指定目录路径下事先存在 CA 证书和私钥时，表示用户期望使用现有的 CA，因而命令将不再执行相关的设定，而直接使用该目录下的 CA。

3）Kubernetes 集群的各个组件以 API Server 为中心完成彼此间的协作，这些组件间通信时的身份认证和安全通信一般借助第 2 步中生成的数字证书完成，但它们需要将相关的认证信息转换格式，并保存于 kubeconfig 配置文件中以便组件调用。kubeadm 在 kubeconfig 步骤中生成如下 4 个 kubeconfig 文件。

❑ admin.conf：由命令行客户端 kubectl 使用的配置文件，相应的用户（CN）会被识别为集群管理员。

❑ controller-manager.conf：kube-controller-manager 专用的 kubeconfig 配置文件。

❑ kubelet.conf：当前节点上 kubelet 专用的 kubeconfig 配置文件。

❑ scheduler.conf：kube-scheduler 专用的 kubeconfig 配置文件。

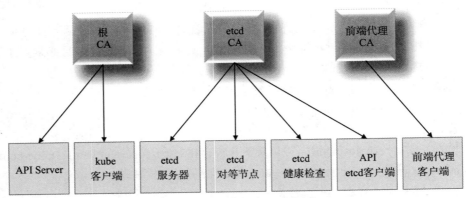

图 2-5 Kubernetes CA 和证书

4）control-plane 阶段用于为 API Server、Controller Manager 和 Scheduler 生成静态 Pod 配置清单，而 etcd 阶段则为本地 etcd 存储生成静态 Pod 配置清单，它们都会保存于 /etc/kubernetes/manifests 目录中。当前主机上的 kubelet 服务会监视该目录中的配置清单的创建、变动和删除等状态变动，并根据变动完成 Pod 创建、更新或删除操作。因此，这两个阶段创建生成的各配置清单将会启动 Master 组件的相关 Pod，且 kubeadm 成功对 localhost:6443/healthz 这个 URL 进行健康状态检查后才会进行后续的步骤。

5）等到控制平面的各组件成功启动后，会进入 upload-config 阶段。这个阶段会将 kubeadm 和 kubeconfig 的配置存储为 kube-system 名称空间中的 ConfigMap 资源对象。而 upload-certs 阶段需要显式地由 --upload-certs 选项激活，它会将 kubeadm 的证书存储在 Secret 资源对象中，以供后加入的其他 Master 节点使用。

6）mark-control-plane 阶段负责为当前主机打上 node-role.kubernetes.io/master=，将其标记为 Master，并为该主机设置 node-role.kubernetes.io/master:NoSchedule 污点，以防止其他工作负载 Pod 运行在当前主机上。

7）bootstrap-token 阶段会生成引导令牌，其他 Node 主机需要使用该令牌在加入集群时与控制平面建立双向信任。换句话说，只要持有 Bootstrap Token，任何节点都可使用 kubeadm join 命令加入该集群。该令牌也可由 kubeadm token 命令进行查看、创建和删除等管理操作。

8）kubelet-finalize 阶段进行一些必要的配置，以允许节点通过 Bootstrap Token 或 TLS Bootstrap 机制加入集群中。这类配置包括：生成 ConfigMap，设置 RBAC 以允许节点加入集群时能获取到必要的信息，允许 Bootstrap Token 访问 CSR 签署 API，以及能够自动签署 CSR 请求等。

9）最后一个阶段则是为集群添加必要的基本附件，如 CoreDNS 和 kube-proxy，它们都以 Pod 形式托管运行在当前集群之上。

上述过程的简要执行流程如图2-6所示。基于二进制程序包以手动方式部署Kubernetes集群时，这些步骤和流程都需要逐步调试实现，使得许多人或望而生畏或浅尝辄止。

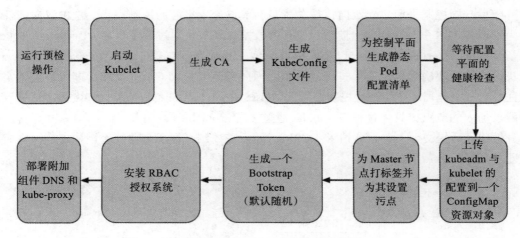

图 2-6　kubeadm init 工作流程示意图

2.1.4　kubeadm join 工作流程

由 kubeadm init 命令为构建的目标集群初始化第一个控制平面节点之后即可在其他各主机上使用 kubeadm join 命令将其加入集群中。根据用户的设定，新加入的主机可以成为新的 Master 主机（Master HA 模式中的其他节点），也可以成为 Worker 主机（工作节点）。

kubeadm join 命令也需要进行环境预检操作，以确定所在节点满足可加入集群中的前提条件，这类关键检测的步骤包括：

❑ 探测并确定可用的 CRI 套接字以确定容器运行时环境；
❑ 检查 /etc/kubernetes/manifests 目录下是否存在且是否为空；
❑ 检查 /etc/kubernetes 目录下 kubelet.conf 和 bootstrap-kubelet.conf 文件是否存在；
❑ 检查 crictl 是否存在且可执行；
❑ 校验内核参数 net.bridge.bridge-nf-call-iptables 和 net.ipv4.ip_forward 的值是否满足需求；
❑ 检查 Swap 设备是否处于启用状态；
❑ 检查 ip、iptables、mount、nsenter、ebtables、ethtool、socat、tc 和 touch 等可执行程序是否存在；
❑ 验证 kubelet 的版本号以及服务是否处于启用和活动状态；
❑ 检查 TCP 端口 10250 的可用性；
❑ 检查文件 /etc/kubernetes/pki/ca.crt 是否存在。

以上步骤出现任何一个严重错误都会导致 kubeadm join 命令执行过程的中止，较为常见的严重错误有未禁用 Swap 设备和内核参数设定不当等，不过 --ignore-preflight-errors 选项允许用户指定要忽略的错误选项。

随后，同控制平面建立双向信任关系是新节点加入集群的关键一步，这种双向信任可分为发现和 TLS 引导程序两个阶段。发现阶段是让新节点通过共享令牌（Bootstrap Token）向指定的 API Server 发送请求以获取集群信息，Bootstrap Token 可让节点确定 API Server 的身份，但无法确保信息传输过程的安全，因此还需要借助 CA 密钥哈希进行数据真实性验证。TLS 引导程序阶段是让控制平面借助 TLS Bootstrap 机制为新节点签发数字证书以信任请求加入的节点，具体过程是 kubelet 通过 TLS Bootstrap 使用共享令牌向 API Server 进行身份验证后提交证书并签署请求（CSR），随后在控制平面上自动签署该请求从而生成数字证书，如图 2-7 所示。

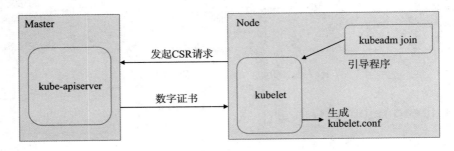

图 2-7　kubeadm TLS Bootstrap

> 💡提示　发现阶段也可使用 kubeconfig 格式的引导配置文件进行，该配置文件可位于本地文件系统，也可通过 URL 获取。

接下来的过程会因新加入节点的不同角色而有所区别。kubeadm 将为加入集群主机的工作节点基于接收到的数字证书生成 kubelet.conf 配置文件，这样 kubelet 程序便能够以该配置文件接入到集群当中并进行安全通信，再由 kube-proxy 的 DaemonSet 控制器为此节点启动 kube-proxy Pod，至此，该过程完成。

若加入的是其他 Master 主机，kubeadm join 则会进行以下步骤。

1）从集群下载控制平面节点之间共享的数字证书，该证书在配置第一个 Master 的 kubeadm init 命令中的 upload-certs 阶段生成。

2）运行 kubeadm init 命令类型的预检操作，而后为新的控制平面各组件生成静态 Pod 配置清单、证书和 kubeconfig 后，再由 kubelet 启动相应的静态 Pod。

3）更新 kubelet 的配置信息并由其完成 TLS Bootstrap。

4）为本地运行的 etcd 生成配置清单，由 kubelet 启动相应的静态 Pod 并将其添加为现有的 etcd 集群成员。

5）将该节点的相关信息上传至 kube-system 名称空间中的 ConfigMap 对象的 kubeadm-config 中。

6）为该节点添加控制平面专用标签 node-role.kubernetes.io/master='' 和污点 node-role.kubernetes.io/master:NoSchedule。

在不同的节点上重复运行本节中描述的步骤，即可多次新增 Master 或 Node 主机到集群中。

2.1.5　kubeadm 配置文件

初始化集群的 kubeadm init 命令也可通过 --config 选项让配置文件接收配置信息，它支持 InitConfiguration、ClusterConfiguration、KubeProxyConfiguration 和 KubeletConfiguration 这 4 种配置类型，而且仅 InitConfiguration 或 ClusterConfiguration 其中之一为强制要求提供的配置信息。

- ❑ InitConfiguration 提供运行时配置，用于配置 Bootstrap Token 及节点自身特有的设置，例如节点名称等。
- ❑ ClusterConfiguration 定义集群配置，主要包括 etcd、networking、kubernetesVersion、controlPlaneEndpoint、apiserer、controllerManager、scheduler、imageRepository 和 clusterName 等。
- ❑ KubeProxyConfiguration 定义要传递给 kube-proxy 的自定义配置。
- ❑ KubeletConfiguration 指定要传递给 kubelet 的自定义配置。

下面给出了一个完整的 ClusterConfiguration 的配置框架及各字段的简要说明，为了节省篇幅，省略了 controllerManager 和 scheduler 中也可以额外配置的存储卷。

```
apiVersion: kubeadm.k8s.io/v1beta2
kind: ClusterConfiguration
etcd:
  local:                                      # 堆叠式 etcd 拓扑，与 external 字段互斥
    imageRepository: "k8s.gcr.io"             # 获取 etcd 容器镜像仓库
    imageTag: "3.4.3"                         # etcd 容器镜像的标签
    dataDir: "/var/lib/etcd"                  # 数据目录
    extraArgs:                                # 额外参数，例如监听的 URL 和端口，可省略
      listen-client-urls: https://172.29.9.1:2379
    serverCertSANs:                           # 服务器证书的 Subject 列表
    - "k8s-master01.ilinux.io"
    peerCertSANs:                             # 集群成员内部通信的对等证书 Subject 列表
    - "172.29.9.1"
  # external:                                 # 外部 etcd 集群拓扑，与 local 互斥
    # endpoints:                              # 外部 etcd 集群的成员端点列表
    # - "10.100.0.1:2379"
    # - "10.100.0.2:2379"
```

```
    # caFile: "/etcd/kubernetes/pki/etcd/etcd-ca.crt" # CA 的证书
    # certFile: "/etcd/kubernetes/pki/etcd/etcd.crt"  # 客户端证书
    # keyFile: "/etcd/kubernetes/pki/etcd/etcd.key"   # 证书配对的私钥
networking:                          # 网络定义
  serviceSubnet: "10.96.0.0/12"      # Service 网络地址
  podSubnet: "10.100.0.0/24"         # Pod 网络地址
  dnsDomain: "cluster.local"         # 集群域名后缀
kubernetesVersion: "v1.19.0"         # Kubernetes 自身的版本
controlPlaneEndpoint: "k8s-api.ilinux.io:6443"      # 控制平面端点
apiServer:                           # 配置 API Server
  extraArgs:                         # 额外指定的参数
    authorization-mode: "Node,RBAC"  # 支持的授权机制
    cluster-signing-cert-file: /etc/kubernetes/pki/ca.crt  # 激活内置签名者
    cluster-signing-key-file: /etc/kubernetes/pki/ca.key
  extraVolumes:                      # 用到的存储卷，可省略
  - name: "some-volume"
    hostPath: "/etc/some-path"
    mountPath: "/etc/some-pod-path"
    readOnly: false
    pathType: File
  certSANs:                          # API Server 服务器端证书的 Subject 列表
  - "k8s-master01.ilinux.io"
  timeoutForControlPlane: 4m0s
controllerManager:                   # 控制器管理器相关的配置
  extraArgs:
    "node-cidr-mask-size": "24"      # 为节点分别配置 podCIDR 时使用的掩码长度
    scheduler:                       # 调度器相关的配置
  extraArgs:
    address: "127.0.0.1"             # 监听的地址
certificatesDir: "/etc/kubernetes/pki"    # 证书文件目录
imageRepository: "k8s.gcr.io"        # k8s 集群组件镜像文件仓库
useHyperKubeImage: false             # 是否使用 HyperKubeImage
clusterName: "example-cluster"       # 集群名称
: pod-with-
```

若默认值符合配置期望，上面这些 ClusterConfiguration 的配置参数中的大多数字段都可以省略，而且通过 kubeadm config print init-defaults 命令也能打印出默认使用的配置信息。

2.2 部署分布式 Kubernetes 集群

本节会尝试带领读者一起在本地独立的主机环境（独立管理的虚拟机或物理服务器）上搭建一个完整意义上的多节点、分布式 Kubernetes 集群。该集群能够完全模拟出真实生产环境的使用需求，并为本书后续章节中的示例提供基础实验环境。

2.2.1 准备基础环境

截至目前，kubeadm 可以支持在 Ubuntu 16.04+、Debian 9+、CentOS 7 与 RHEL 7、

Fedora 25+、HypriotOS v1.0.1+ 和 Container Linux 等系统环境上构建 Kubernetes 集群。部署的基础环境要求还包括每个独立的主机应该有 2GB 以上的内存及 2 个以上的 CPU 核心，有唯一的主机名、MAC 地址和产品标识（product_uuid），禁用了 Swap 设备且各主机彼此间具有完整意义上的网络连通性。

🔖 **注**
意 当前版本（随 Kubernetes v1.19 发行）的 kubeadm 与较新 Linux 发行版系统环境上的 nftables 兼容性不好，用户需要事先将 nftables 转为传统的 iptables 模式，这类 Linux 发行版包括 Debian 10、Ubuntu 19.04 和 Fedora 29 和 RHEL 8 等。具体部署方法请参考相关文档。

部署 Kubernetes 集群的基本前提是准备好所需要的机器，本节的示例中会用到 4 个主机，如表 2-2 所示，其中 k8s-master01 是控制平面节点，另外 3 个是工作节点。

表 2-2　Kubernetes 集群的主机环境

IP 地址	主机名	角色
172.29.9.1	k8s-master01, k8s-master01.ilinux.io	master
172.29.9.11	k8s-node01，k8s-node01.ilinux.io	node
172.29.9.12	k8s-node02，k8s-node02.ilinux.io	node
172.29.9.13	k8s-node03，k8s-node03.ilinux.io	node

下面讲解具体的基础环境的准备工作。

1. 基础系统环境设置

Kubernetes 项目目前仍然处于快速迭代阶段，对 Kubernetes 的后续版本来说，示例中环境要求和配置方式可能会存在某些变动，因此读者测试使用的版本若与示例不同，具体特性的变动需要进一步参考 Kubernetes 的 ChangeLog 或其他相关文档中的说明。为了便于读者确认各配置和功能的可用性，本书示例中使用的操作系统、容器引擎、etcd 及 Kubernetes 的相关版本如下。

❑ 操作系统：Ubuntu 18.04 x86_64。

❑ 容器运行时引擎：Docker 19.03.ce。

❑ Kubernetes：v1.19。

时间同步服务与名称解析服务是规模化网络环境的基础设施，Kubernetes 集群的正确运行同样依赖于这些基础设施，例如各节点时间通过网络时间服务保持同步，通过 DNS 服务进行各主机名称解析等。为简单起见，本示例中的时间同步服务直接基于系统的默认配置：从互联网的时间服务获取，主机名称解析则由 hosts 文件进行。

（1）主机时间同步

如果各主机可直接访问互联网，则直接启动各主机上的 chronyd 服务即可。否则需要使用本地网络中的时间服务器，例如可以把 Master 配置为 chrony server，而后其他节点均从 Master 同步时间。

```
~$ sudo systemctl start chronyd.service
~$sudo systemctl enable chronyd.service
```

（2）各节点防火墙设定

各 Node 运行的 kube-proxy 组件要借助 iptables 或 ipvs 构建 Service 资源对象，该资源对象是 Kubernetes 的核心资源类型之一。出于简化问题复杂度之需，这里事先关闭所有主机之上的 iptables 相关的服务。

```
~$ sudo ufw disable  && sudo ufw status
```

（3）禁用 Swap 设备

系统内存资源吃紧时，Swap 能在一定程度上起到缓解作用，但 Swap 是磁盘上的空间，性能与内存相差很多，进而会影响 Kubernetes 调度和编排应用程序运行的效果，因而需要将其禁用。

```
~$ sudo swapoff -a
```

> **注意** 永久禁用 Swap 设备需要修改 /etc/fstab 配置文件，注释所有文件系统类型为 swap 的配置行。

（4）确保 MAC 地址及 product_id 的唯一性

一般来讲，网络接口卡会拥有唯一的 MAC 地址，但是在大规模虚拟化环境中，有些虚拟机的 MAC 地址可能会重复。Kubernetes 使用这些信息来唯一标识集群中的节点，因此非唯一的 MAC 地址或 product_id 可能会导致安装失败。建议用户在部署或模板化生成主机及操作系统时直接规避这些问题，或借助 Ansible 这类编排工具收集并对比排查此类问题。

2. 配置容器运行引擎

kubelet 基于 CRI 插件体系支持 Docker、containerd、frakti 和 CRI-O 等多种类型的容器引擎，而自 1.14.0 版本起，kubeadm 将通过监测已知的 UNIX Domain Sock 自动检测 Linux 系统上的容器引擎。若同时检测到 Docker 和 containerd，则优先选择 Docker，因为 Docker 自 18.09 版本起附带了 containerd，并且两者都可以被检测到。如果同时检测到其他两个或多个容器运行引擎时，kubeadm 将返回一个错误信息并退出。本示例将使用目前应用最为广泛的 Docker-CE 引擎。

1）更新 apt 索引信息后安装必要的程序包。

```
~$ sudo apt update
~$ sudo apt install  apt-transport-https  ca-certificates  \
    curl  gnupg-agent  software-properties-common
```

2）添加 Docker 官方的 GPG 证书，以验证程序包签名，代码如下。

```
~$ curl -fsSL https://download.docker.com/linux/ubuntu/gpg | sudo apt-key add -
```

3）为 apt 添加稳定版本的 Docker-CE 仓库。

```
~$ sudo add-apt-repository \
   "deb [arch=amd64] https://download.docker.com/linux/ubuntu \
   $(lsb_release -cs) stable"
```

 为了提升程序包下载速度，建议读者使用 Docker-CE 在国内的镜像仓库，例如将上述链接 https://download.docker.com/linux/ubuntu 替换为 https://mirrors.aliyun.com/docker-ce/linux/ubuntu，即可使用阿里云的镜像。

4）更新 apt 索引后安装 docker-ce。

```
~$ sudo apt update
~$ sudo apt install docker-ce docker-ce-cli containerd.io
```

5）配置 Docker。编辑配置文件 /etc/docker/daemon.json，并确保存在如下配置内容。

```
{
  "exec-opts": ["native.cgroupdriver=systemd"],
  "log-driver": "json-file",
  "log-opts": {
    "max-size": "100m"
  },
  "storage-driver": "overlay2"
}
```

6）启动 Docker 服务，并设置服务可随系统引导启动。

```
~$ sudo systemctl  daemon-reload
~$ sudo systemctl  start docker.service
~$ sudo systemctl  enable docker.service
```

 国内访问 DockerHub 下载镜像的速度较缓慢，建议使用国内的镜像对其进行加速，例如 https://registry.docker-cn.com。另外，中国科技大学也提供了公共可用的镜像加速服务，其 URL 为 https://docker.mirrors.ustc.edu.cn，将其定义在 daemon.json 中重启 Docker 即可使用。

3. 安装 kubeadm、kubelet 和 kubectl

kubeadm 不会自行安装或者管理 kubelet 和 kubectl，所以需要用户确保它们与通过 kubeadm 安装的控制平面的版本相匹配，否则可能存在版本偏差的风险，从而导致一些预料之外的错误和问题。

Google 提供的 kubeadm、kubelet 和 kubectl 程序包的仓库托管在 Google 站点的服务器主机上，访问起来略有不便。幸运的是，目前国内的阿里云镜像站（http://mirrors.aliyun.com）及 Azure 镜像站（http://mirror.azure.cn/）等为此项目提供了镜像服务，用户可自行选择其中一种。下面的安装步骤是基于阿里云镜像服务进行的。

1）更新 apt 索引信息后安装必要的程序包：

```
~$ sudo apt update && apt install -y apt-transport-https
```

2）添加 Kubernetes 官方程序密钥：

```
~$ sudo curl https://mirrors.aliyun.com/kubernetes/apt/doc/apt-key.gpg | apt-key add -
```

3）在配置文件 /etc/apt/sources.list.d/kubernetes.list 中添加如下内容，为 apt 添加 Kubernetes 程序包仓库：

```
deb https://mirrors.aliyun.com/kubernetes/apt/ kubernetes-xenial main
```

4）更新程序包索引并安装程序包：

```
~$ sudo apt update
~$ sudo apt install -y kubelet kubeadm kubectl
```

> 提示　若期望安装指定版本的 kubelet、kubeadm 和 kubectl 程序包，则需要为每个程序包单独指定发布的版本号（各程序包的版本号应该相同），格式为 PKG_NAME-VERSION-RELEASE。例如，对 1.18.8 版本来说，需要使用的命令为 apt install -y kubelet=1.18.8-00 kubeadm=1.18.8-00 kubectl=1.18.8-00。

需要再次说明的是，不同版本的 Kubernetes 在功能特性、支持的 API 群组及版本方面存在不小的差异。本书的大部分内容以长达一年支持周期的 1.19 版本为基础，同时兼顾 1.18 版本。读者在基于本书的内容进行应用实践时，建议先采用 1.18 或 1.19 版本的 Kubernetes，以免因版本变动导致的差异引起测试错误，待使用熟练后再尝试新版本的新特性。

2.2.2　单控制平面集群

多数情况下，两个及以上独立运行的 Node 主机即可测试分布式集群的核心功能，因此其数量可按需定义，但两个主机是模拟分布式环境的最低需求。本节将使用 kubeadm 部署由 1 个 Master 主机和 3 个 Node 主机组成的 Kubernetes 集群，用到的各主机分别是 k8s-master01、k8s-node01、k8s-node02 和 k8s-node3，各主机和网络规划等如图 2-8 所示。

分布式系统环境中的多主机通信通常基于主机名称进行，需要为主机提供固定的访问入口，而 IP 地址存在变化的可能，因此一般要有专用的 DNS 服务负责解析各节点主机名。为了降低系统的复杂度，这里将采用 hosts 文件进行主机名称解析，因此需要编辑 Master

和各 Node 上的 /etc/hosts 文件，确保其内容类似如下所示。

```
172.29.9.1     k8s-master01.ilinux.io k8s-master01 k8s-api.ilinux.io
172.29.9.11    k8s-node01.ilinux.io k8s-node01
172.29.9.12    k8s-node02.ilinux.io k8s-node02
172.29.9.13    k8s-node03.ilinux.io k8s-node03
```

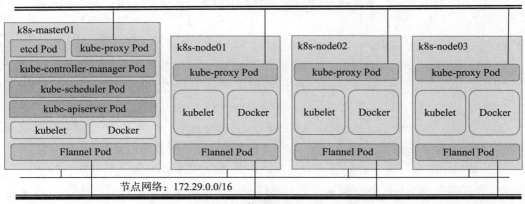

图 2-8　Kubernetes 集群部署目标示意图

1. 初始化控制平面

kubeadm init 初始化的控制平面组件 kube-apiserver、kube-controller-manager 和 kube-scheduler，以及集群状态存储系统 etcd 均以静态 Pod 方式运行，相关镜像的默认获取仓库位于 gcr.io 站点。因某些原因，该站点上的服务通常需要借助国内的镜像服务完成，诸如 gcr.azk8s.cn/google_containers 和 registry.aliyuncs.com/google_containers 等。然而，这些镜像站点上的镜像同步很可能会晚于 gcr.io 站点一定的时长，迫切需要较新版本的读者可能需要借助其他途径完成镜像下载才能执行下面的初始化步骤。

kubeadm init 命令可从命令行选项读取简单配置参数，它也支持使用配置文件进行精细化配置设定。下面给出以命令行选项方式进行初始化的常用命令格式，并在 k8s-master01 主机上运行。

```
~$ sudo kubeadm init \
    --image-repository registry.aliyuncs.com/google_containers \
    --kubernetes-version v1.19.0 \
    --control-plane-endpoint k8s-api.ilinux.io \
    --apiserver-advertise-address 172.29.9.1 \
    --pod-network-cidr 10.244.0.0/16 \
    --token-ttl 0
```

上面命令的选项及参数设置决定了集群运行环境的众多特性设定，这些设定对于此后在集群中部署、运行应用程序至关重要。

- ❑ --image-repository：指定要使用的镜像仓库，默认为 gcr.io。
- ❑ --kubernetes-version：Kubernetes 程序组件的版本号，它必须与安装的 kubelet 程序包的版本号相同。
- ❑ --control-plane-endpoint：控制平面的固定访问端点，可以是 IP 地址或 DNS 名称，作为集群管理员与集群组件的 kubeconfig 配置文件的 API Server 的访问地址。单控制平面部署时可以不使用该选项。
- ❑ --pod-network-cidr：Pod 网络的地址范围，其值为 CIDR 格式的网络地址，通常 Flannel 网络插件的默认值为 10.244.0.0/16，Project Calico 插件的默认值为 192.168.0.0/16。
- ❑ --service-cidr：Service 的网络地址范围，其值为 CIDR 格式的网络地址，默认为 10.96.0.0/12。通常，仅 Flannel 一类的网络插件需要手动指定该地址。
- ❑ --apiserver-advertise-address：API Server 通告给其他组件的 IP 地址，一般为 Master 节点用于集群内通信的 IP 地址，0.0.0.0 表示节点上所有可用地址。
- ❑ --token-ttl：共享令牌的过期时长，默认为 24 小时，0 表示永不过期。为防止不安全存储等原因导致的令牌泄露危及集群安全，建议为其设定过期时长。

🎯 提示　更多参数请参考 kubeadm 的文档，链接地址为 https://kubernetes.io/docs/reference/setup-tools/kubeadm/kubeadm-init/；我们也可以把关键的配置信息以 kubeadm init 配置文件形式提供，将上述各选项转为 ClusterConfiguration 的配置，并由 kubeadm init 命令的 --config 选项加载即可。

---

kubeadm init 命令的执行请参考 2.1.3 节。上面命令执行结果的最后一部分如下所示，本示例特将需要注意的部分以粗体格式予以标识，它们是后续步骤的重要提示信息。

```
# 下面是成功完成第一个控制平面节点初始化的提示信息及后续需要完成的步骤
Your Kubernetes control-plane has initialized successfully!
# 为了完成初始化操作，管理员需要额外手动完成几个必要的步骤
To start using your cluster, you need to run the following as a regular user:
# 第1个步骤提示：Kubernetes集群管理员认证到Kubernetes
# 集群时使用的kubeconfig配置文件
  mkdir -p $HOME/.kube
  sudo cp -i /etc/kubernetes/admin.conf $HOME/.kube/config
  sudo chown $(id -u):$(id -g) $HOME/.kube/config
# 第2个步骤提示：为Kubernetes集群部署一个网络插件，具体选用的插件取决于管理员
You should now deploy a pod network to the cluster.
Run "kubectl apply -f [podnetwork].yaml" with one of the options listed at:
  https://kubernetes.io/docs/concepts/cluster-administration/addons/
# 第3个步骤提示：向集群添加其他控制平面节点；但本节会略过此步骤，具体执行过程将
# 在12.4节详细说明
You can now join any number of control-plane nodes by copying certificate authorities
and service account keys on each node and then running the following as root:
```

```
# 在部署好kubeadm等程序包的其他控制平面节点上，以root用户的身份运行类似如下命令，
# 命令中的hash信息对于不同的部署环境来说各不相同
  kubeadm join k8s-api.ilinux.io:6443 --token dnacv7.b15203rny85vendw \
    --discovery-token-ca-cert-hash  sha256:61ea08553de1cbe76a3f8b14322cd276c57cbe
    bd5369bc362700426e21d70fb8 \
    --control-plane
# 第4个步骤提示：向集群添加工作节点
Then you can join any number of worker nodes by running the following on each as root:
# 在部署好kubeadm等程序包的各工作节点上以root用户运行类似如下命令
kubeadm join k8s-api.ilinux.io:6443 --token dnacv7.b15203rny85vendw \
    --discovery-token-ca-cert-hash sha256:61ea08553de1cbe76a3f8b14322cd276c57cbe
    bd5369bc362700426e21d70fb8
```

在上面给出的命令显示结果中，控制平面已然成功完成初始化，但后面还给出了需要进一步操作的 4 个步骤：配置命令行工具 kubectl、选定并部署一个网络插件、添加其他控制平面，以及添加工作节点。为了便于读者识别，这里把需要执行的操作以加粗字体进行标示。不过，如果暂时不打算构建高可用的控制平面，第 3 个步骤可以忽略。下面先完成其他 3 步操作，以配置出一个单控制平面的 Kubernetes 集群。

2. 配置命令行工具 kubectl

kubectl 是 Kubernetes 集群的最常用命令行工具，默认情况下它会搜索当前用户主目录（保存于环境变量 HOME 中的值）中名为 .kube 的隐藏目录，定位其中名为 config 的配置文件以读取必要的配置，包括要接入 Kubernetes 集群以及用于集群认证的证书或令牌等信息。使用 kubeadm init 命令初始化控制平面时会自动生成一个用于管理员权限的配置文件 /etc/kubernetes/admin.conf，将它复制为常用用户的 $HOME/.kube/config 文件便可以集群管理员身份进行访问。在 k8s-master01 主机以普通用户身份运行如下命令。

```
~$ mkdir -p $HOME/.kube
~$ sudo cp -i /etc/kubernetes/admin.conf $HOME/.kube/config
~$ sudo chown $(id -u):$(id -g) $HOME/.kube/config
```

接下来可通过 kubectl get nodes 命令获取集群节点相关的状态信息。例如，下面命令输出结果的 NotReady（未就绪）状态是因为集群中尚未部署网络插件所致。

```
~$ kubectl get nodes
NAME                    STATUS      ROLES     AGE    VERSION
k8s-master01.ilinux.io  NotReady    master    3m29s     v1.19.0
```

用户可在任何能够通过 k8s-api.ilinux.io 与 API Server 通信的主机上安装 kubectl，并为其复制或生成 kubeconfig 文件以访问控制平面，包括后面章节中部署的每个工作节点。

3. 部署 Flannel 网络插件

较为流行的为 Kubernetes 提供 Pod 网络的插件有 Flannel、Calico 和 WeaveNet 等。相较来说，Flannel 以其简单、模式丰富、易部署、易使用等特性颇受用户欢迎。类似于 CoreDNS 和 kube-proxy，Flannel 同样可运行为 Kubernetes 的集群附件，由 DaemonSet 控

制器为每个节点（包括 Master）运行一个相应的 Pod 实例。Flannel 代码托管在 GitHub 上，其 README.md 文件中给出了部署命令，如图 2-9 所示。

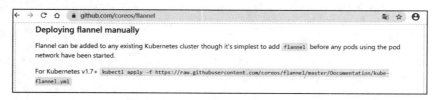

图 2-9　Flannel 的部署命令

Kubernetes 资源对象的创建一般要基于 JSON 或 YAML 格式的配置清单进行，图 2-9 中的 kube-flannel.yaml 便属于这类配置文件。本书后面的章节会讲解多种资源对象及其定义格式，此处只需要按提示运行相关的命令即可。

```
~$ kubectl apply -f https://raw.githubusercontent.com/coreos/flannel/master/
Documentation/kube-flannel.yml
```

在当前节点获取到 Flannel 的 Docker 镜像并启动 Pod 资源对象后，该命令才算真正运行完成，当前节点也会随之转为 Ready（就绪）状态。

```
~$ kubectl get nodes
NAME                    STATUS   ROLES    AGE     VERSION
k8s-master01.ilinux.io  Ready    master   12m     v1.19.0
```

 kubectl get pods -n kube-system | grep flannel 命令的结果显示 Pod 的状态为 Running 时，表示网络插件 Flannel 部署完成。

4. 添加工作节点

在准备好基础环境的主机上运行 kubeadm join 命令便可将其加入集群中，该命令需要借助共享令牌进行首次与控制平面通信时的认证操作，相关的令牌信息及完成的命令由初始化控制平面的命令结果给出。例如，在 k8s-node01 上运行如下命令将其加入集群中。

```
~$ sudo kubeadm join k8s-api.ilinux.io:6443 --token dnacv7.b15203rny85vendw \
>     --discovery-token-ca-cert-hash sha256:61ea08553de1cbe76a3f8b14322cd276c57c
bebd5369bc362700426e21d70fb8
```

为满足后续 Master 与 Node 组件间的双向 TLS 认证的需求，kubeadm join 命令发起的 TLS Bootstrap 在节点上生成私钥及证书签署请求，并提交给控制平面的 CA，由其自动进行签署。随后，当前节点上的 kubelet 组件的相关私钥及证书文件在命令执行结束后就会自动生成，它们默认保存于 /var/lib/kubelet/pki 目录中，然后以之创建一个 kubeconfig 格式的配置文件 /etc/kubernetes/kubelet.conf，供 kubelet 进程与 API Server 安全通信时使用。

等命令运行完成后，可根据命令结果的提示在 k8s-master01 使用 kubectl get nodes 命令验证集群节点状态，包括各节点的名称、状态（就绪与否）、角色（是否为 Master 节点）、加入集群的时长以及程序版本等信息。

```
~$ kubectl get nodes
NAME                    STATUS      ROLES     AGE    VERSION
k8s-master01.ilinux.io  Ready       master    24m    v1.19.0
k8s-node01.ilinux.io    Ready       <none>    39s    v1.19.0
```

随后，分别在 k8s-node02 和 k8s-node03 上重复上面的步骤便可将它们也加入集群中，将来集群需要进一步扩容时，其添加过程与此处类似。当本节部署示例中设定的 3 个节点全部添加到集群中并启动后，再次获取节点信息的命令结果应该类似如下命令结果所示。

```
~$ kubectl get nodes
NAME                    STATUS     ROLES     AGE       VERSION
k8s-master01.ilinux.io  Ready      master    16m       v1.19.0
k8s-node01.ilinux.io    Ready      <none>    2m49s     v1.19.0
k8s-node02.ilinux.io    Ready      <none>    110s      v1.19.0
k8s-node03.ilinux.io    Ready      <none>    70s       v1.19.0
```

需要提醒读者的是，若是在 kubeadm init 命令初始化控制平面时未将 token 设置为永不过期，则过期后再次使用 token 时需要通过 kubeadm token 命令手动重新生成。

另外，功能完整的 Kubernetes 集群应当具备的附加组件还包括 Dashboard、Ingress Controller、Logging 和 Prometheus 等，后续章节中的某些概念将会依赖这些组件，读者可选择在用到时再进行部署。

2.3 kubectl 命令与资源管理

Kubernetes API 是管理各种资源对象的唯一入口，它提供了一个 RESTful 风格的 CRUD（Create、Read、Update 和 Delete）接口用于查询和修改集群状态，并将结果存储在集群状态存储系统 etcd 中。事实上，API Server 也是用于更新 etcd 中资源对象状态的唯一途径，Kubernetes 的其他所有组件和客户端都要通过它完成查询或修改操作，如图 2-10 所示。从这个角度来讲，它们都算得上是 API Server 的客户端。

任何 RESTful 风格 API 的核心概念都是“资源”，资源可以根据其特性分组，每个组是同一类型资源的集合，即仅包含一种类型的资源，并且各资源间不存在顺序的概念，集合本身也是资源。对应于 Kubernetes 中，Pod、Deployment 和 Service 等都是所谓的资源类型，它们由相应类型的对象集合而成。

kubectl 的核心功能在于通过 API Server 操作 Kubernetes 的各种资源对象，它支持 3 种操作方式，其中直接命令式使用最为简便，是了解 Kubernetes 集群管理的有效途径。

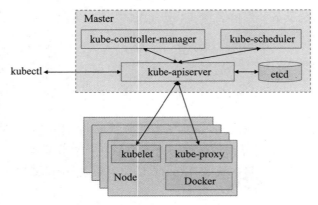

图 2-10 API Server 及其部分客户端

2.3.1 资源管理的操作

Kubernetes API 资源管理的操作可简单归结为增、删、改、查这 4 种，kubectl 提供了一系列子命令用于执行此类任务，例如 create、delete、patch、apply、replace、edit、get 等。其中，有些命令必须基于资源清单进行，例如 apply 和 replace 命令，有些命令既可基于清单文件进行，也可实时作用于活动资源之上，例如 create、get、patch 和 delete 等。

kubectl 命令能够读取任何以 .yaml、.yml 或 .json 为后缀的文件（可称为配置清单或配置文件，后文将不加区别地使用这两个术语）。在实践中，用户既可以为每个资源使用专用的清单文件，也可以将多个相关的资源（例如属于同一个应用或微服务）组织在同一个清单文件中。但在 YAML 格式的清单文件中，多个资源彼此间要使用"---"符号作为单独的一行进行资源分割，多个资源将以清单文件中定义的次序由 create、apply 等子命令调用。

kubectl 的多数子命令支持使用 -f 选项指定使用的清单文件路径或 URL，甚至直接指定存储有清单文件的目录，而该选项在同一命令中也可重复使用多次。若指定的目录路径存在子目录，也可按需同时使用 -R 选项以递归获取子目录中的配置清单。

支持在资源对象上使用标签和注解是 Kubernetes 的一大特色，它为资源管理机制增色不少，类似于 delete 和 get 之类的命令都能基于标签挑选目标对象，有些资源甚至必须依赖标签才能正常工作，例如 Service 和 Deployment 等资源类型。子命令 label 用于管理资源标签，而管理资源注解的子命令是 annotate。

就地更新（修改）现有的资源也是一种常见操作。apply 命令通过比较资源在清单文件中的版本及前一次的版本执行更新操作，而不对未定义的属性产生额外作用。edit 命令相当于先使用 get 命令获取资源配置，由用户通过交互式编辑器修改后再自动使用 apply 命令将其应用。patch 命令基于 JSON 补丁、JSON 合并补丁及策略合并补丁对资源进行就地更新操作。

提示　为利用 apply 命令的优势，建议用户使用 apply 命令或 create --save-config 命令创建资源。

2.3.2　kubectl 的命令格式

如前所述，kubectl 是最常用的客户端工具之一，它提供了基于命令行访问 Kubernetes API 的简洁方式，支持对各种类型资源的 CRUD 操作，能够满足针对 Kubernetes 系统的绝大部分的操作需求。例如，需要创建资源对象时，kubectl 能够将资源清单内容以 POST 方式提交至 API Server 并接收其响应。本节将描述 kubectl 的基本功能和常用选项。

提示　Kubernetes 项目为 kubectl 提供了适配各平台的程序管理器格式的程序包，例如 rpm 包、deb 包和 exe 程序等，用户根据平台类型的不同获取相匹配的版本安装即可。

kubectl 特性丰富且功能强大，是 Kubernetes 管理员最常用的集群管理工具。其最基本的语法格式为 kubectl [command] [TYPE] [NAME] [flags]，其中各部分的简要说明如下。

- ❏ command：对资源执行相应操作的子命令，例如 get、create、delete、run 等；常用的核心子命令如表 2-3 所示。
- ❏ TYPE：要操作的资源类型，例如 pods、services 等；类型名称大小写敏感，但支持使用单数、复数或简写格式。
- ❏ NAME：要操作的资源对象名称，大小写敏感；省略时，则表示指定 TYPE 的所有资源对象；同一类型的资源名称可于 TYPE 后同时给出多个，也可以直接使用 TYPE/NAME 的格式来为每个资源对象分别指定类型。
- ❏ flags：命令行选项，例如 -s 或 --server 等；另外，get 等命令在输出时还有一个常用的标志 -o <format> 用于指定输出格式，如表 2-3 表示。

表 2-3　kubectl 的子命令列表

命　令	命令类别	功能说明
create	基础命令（初级）	通过文件或标准输入创建资源
expose		基于 RC、Service、Deployment 或 Pod 创建 Service 资源
run		在集群以 Pod 形式运行指定的镜像
set		设置目标资源对象的特定属性
get	基础命令（中级）	显示一个或多个资源
explain		打印指定资源的内置文档
edit		编辑资源
delete		基于文件名、stdin、资源或名字，以及资源和选择器删除资源

（续）

命　令	命令类别	功能说明
rollout	部署命令	管理资源的滚动更新
scale		伸缩 Deployment、ReplicaSet、RC 或 Job 的规模
autoscale		对 Deployment、ReplicaSet 或 RC 进行自动伸缩
certificate	集群管理命令	配置数字证书资源
cluster-info		打印集群信息
top		打印资源（CPU/Memory/Storage）使用率
cordon		将指定 node 设定为"不可用"（unschedulable）状态
uncordon		将指定 node 设定为"可用"（schedulable）状态
drain		"排空" Node 上的 Pod 以进入"维护"模式
taint		为 Node 声明污点及标准行为
describe	排错及调试命令	显示指定的资源或资源组的详细信息
logs		显示一个 Pod 内某容器的日志
attach		附加终端至一个运行中的容器
exec		在容器中执行指定命令
port-forward		将本地的一个或多个端口转发至指定的 Pod
proxy		创建能够访问 Kubernetes API Server 的代理
cp		在容器间复制文件或目录
auth		打印授权信息
diff	高级命令	对比当前版本与即将应用的新版本的不同
apply		基于文件或 stdin 将配置应用于资源
patch		使用策略合并补丁更新资源字段
replace		基于文件或 stdin 替换一个资源
wait		等待一个或多个资源上的指定境况（condition）
convert		为不同的 API 版本转换配置文件
kustomize		基于目录或 URL 构建 kustomization 目标
label	设置命令	更新指定资源的 label
annotate		更新资源的 annotation
completion		输出指定的 shell（例如 bash）的补全码
version	其他命令	打印 Kubernetes 服务端和客户端的版本信息
api-versions		以 group/version 格式打印服务器支持的 API 版本信息
api-resources		打印 API 支持的资源类型
config		配置 kubeconfig 文件的内容
plugin		运行命令行插件
alpha		仍处于 Alpha 阶段的子命令

同时，kubectl get 命令能够支持多种不同的输出格式（见表 2-4），一些高级命令的格式甚至为用户提供了非常灵活的自定义输出机制，例如 jsonpath、go-tempate 和 custom-columns 等。

表 2-4　kubectl get 命令的常用输出格式

输出格式	格式说明
-o wide	以纯文本格式显示资源的附加信息
-o name	仅打印资源的名称
-o yaml	以 YAML 格式化输出 API 对象信息
-o json	以 JSON 格式化输出 API 对象信息
-o jsonpath	以自定义 JSONPath 模板格式输出 API 对象信息
-o go-template	以自定义的 Go 模板格式输出 API 对象信息
-o custom-columns	自定义要输出的字段

此外，kubectl 还有许多通用选项，这个可以使用 kubectl options 命令获取。其中比较常用的选项如下所示。

- ❑ -s 或 --server：指定 API Server 的地址和端口。
- ❑ --kubeconfig：使用的 kubeconfig 配置文件路径，默认为 ~/.kube/config。
- ❑ -n 或 --namespace：命令执行的目标名称空间。

2.3.3　kubectl 命令常用操作示例

为了便于读者快速了解 kubectl 命令及 Kubernetes API 资源管理的基本操作，这里给出几个使用示例以说明其基本使用方法，更多的使用方法会在后面章节随着需要再展开说明。

1. 创建资源对象

Kubernetes 系统的大部分资源都隶属于名称空间级别，默认的名称空间为 default，若需要获取指定 Namespace 对象中的资源对象的信息，则需要使用 -n 或 --namespace 指明其名称。直接通过 kubectl 命令及相关的选项创建资源对象的方式即直接命令式操作。例如，在下面的命令中，第一条命令创建了名为 dev 的 Namespace 对象，后两条命令在 dev 名称空间中分别创建了名为 demoapp 的 Deployment 控制器资源对象和名为 demoapp 的 Service 资源对象。

```
~$ kubectl create namespace dev
~$ kubectl create deployment demoapp --image="ikubernetes/demoapp:v1.0" -n dev
~$ kubectl create service clusterip demoapp --tcp=80 -n dev
```

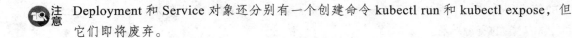 Deployment 和 Service 对象还分别有一个创建命令 kubectl run 和 kubectl expose，但它们即将废弃。

若要直接运行一个自主式 Pod 对象，也可使用 kubectl run 命令实现。例如下面第一条命令创建了一个名为 demoapp 的 Pod 对象，内部容器由指定的镜像运行，而第二条命令创

建的 Pod 对象则在前台改为运行由用户指定的命令，且退出后将被自动删除。

```
~$ kubectl run demoapp --image="ikubernetes/dmeoapp:v1.0"
~$ kubectl run demoapp-$RANDOM --image="ikubernetes/demoapp:v1.0" --rm -it \
--command -- /bin/sh
```

另外，我们也可以根据资源清单创建资源对象，即采用"命令式对象配置文件"管理方式。例如，假设存在定义了 Deployment 对象的 deployment-demoapp.yaml 文件，以及定义了 Service 对象的 service-demoapp.yaml 文件，使用 kubectl create 命令即可进行基于命令式对象配置文件的创建操作：

```
~$ kubectl create -f deployment-demoapp.yaml -f service-demoapp.yaml
```

甚至还可以将创建交由 kubectl 自行确定，用户只需要声明期望的状态，这种方式称为声明式对象配置。仍以 deployment-demoapp.yaml 和 service-demoapp.yaml 文件为例，使用 kubectl apply 命令即可实现声明式配置：

```
~$ kubectl apply -f deployment-demoapp.yaml -f service-demoapp.yaml
```

2.4 节主要描述第一种资源管理方式，第二种和第三种方式将在后面的章节中展开讲述。

2. 查看资源对象

运行着实际负载的 Kubernetes 系统上通常会存在多种资源对象，用户可分类列出感兴趣的资源对象及其相关的状态信息，kubectl get 正是完成此类功能的命令。例如下面的命令能够列出系统上所有的 Namespace 资源对象。

```
~$ kubectl get namespaces
```

我们也可以一次查看多个资源类别下的资源对象，例如，列出默认名称空间内的所有 Pod 和 Service 对象，并输出额外信息。可以使用如下形式的 kubectl get 命令实现。

```
~$ kubectl get pods,services -o wide
```

使用类似如下命令列出 kube-namespace 名称空间中拥有 k8s-app 标签名称的所有 Pod 对象。

```
~$ kubectl get pods -l k8s-app -n kube-system
```

如表 2-4 所示，kubectl get 命令支持多种不同的输出格式，例如 wide、yaml、json、custom-columns、jsonpath 和 go-template 等，每一种格式都以不同的输出格式打印资源对象的信息。例如，下面的命令能够取出 kube-system 名称空间中带有 k8s-app=kube-dns 标签的 Pod 对象的资源名称。

```
~$ kubectl get pods -l  k8s-app=kube-dns -n kube-system -o jsonpath="{.items[0].
metadata.name}"
```

3. 打印资源对象的详细信息

每个资源对象都有用户期望的状态（Spec）和现有的实际状态（Status）两种状态信息，kubectl get -o {yaml|josn} 可分别以 YAML 或 JSON 格式打印资源对象的规范，而 kubectl describe 命令则能够打印出指定资源对象的详细描述信息。

例如，查看 kube-system 名称空间中 API Server 相关 Pod 对象的资源配置清单（期望的状态）及当前的状态信息，并输出为 YAML 格式：

```
~$ kubectl get pods kube-apiserver-k8s-master01.ilinux.io -o yaml -n kube-system
```

而 kubectl describe 命令还能显示当前对象相关的其他资源对象，如 Event 或 Controller 等。例如，查看 kube-system 名称空间中拥有标签 component=kube-apiserver 的 Pod 对象的详细描述信息，可以使用下面的命令：

```
~$ kubectl describe pods -l component=kube-apiserver -n kube-system
```

这两个命令都支持以 TYPE NAME 或 TYPE/NAME 的格式指定具体的资源对象，例如 pods kube-apiserver-master.ilinux.io 或 pods/kube-apiserver-master.ilinux.io，以了解特定资源对象的详细属性信息及状态信息。

4. 打印容器中的日志信息

通常一个应用容器中仅会运行一个进程（及其子进程），该进程作为 1 号进程接收并处理信号，同时负责将日志直接输出至容器终端中，因此容器日志信息的获取一般要通过容器控制台进行。kubectl logs 命令可打印 Pod 对象内指定容器的日志信息，命令格式为 kubectl logs [-f] [-p] (POD | TYPE/NAME) [-c CONTAINER] [options]。若 Pod 对象内仅有一个容器，则 -c 选项及容器名可选。例如，下面的命令先取出 kube-system 名称空间中带有指定标签的一个 Pod 对象，而第二条命令则能够查看该 Pod 对象的日志。

```
~$ DNS_POD=$(kubectl get pods -l  k8s-app=kube-dns -n kube-system \
      -o jsonpath="{.items[0].metadata.name}")
~$ kubectl logs $DNS_POD -n kube-system
```

为上面的命令添加 -f 选项，还能用于持续监控指定容器中的日志输出，其行为类似于使用了 -f 选项的 tail 命令。

5. 在容器中执行命令

容器的隔离属性使得对其内部信息的获取变得不再直观，这在用户需要了解容器内进程的运行特性、文件系统上的文件及路径布局等信息时需要穿透其隔离边界进行。kubectl exec 命令便是在指定的容器运行其他应用程序的命令，例如在 kube-system 名称空间中的 Pod 对象 kube-apiserver-master.ilinux.io 上的唯一容器中运行 ps 命令：

```
~$ kubectl exec kube-apiserver-master.ilinux.io -n kube-system -- ps
```

类似于 logs 命令，若 Pod 对象中存在多个容器，需要以 -c 选项指定容器后才能运行指定的命令，而指定的命令程序也必须在容器中存在才能成功运行。

6. 删除资源对象

kubectl delete 命令能够删除指定的资源对象，例如下面的命令可删除 default 名称空间中名为 demoapp-svc 的 Service 资源对象：

```
~$ kubectl delete services demoapp-svc
```

而下面的命令可删除 kube-system 名称空间中带有 k8s-app=kube-proxy 标签的所有 Pod 对象（危险操作，切勿在生产集群中测试执行）：

```
~$ kubectl delete pods -l k8s-app=kube-proxy -n kube-system
```

若要删除指定名称空间中的所有某类对象，可以使用类似 kubectl delete TYPE --all -n NS 格式的命令。例如，下面的命令可删除 kube-public 名称空间中的所有 Pod 对象：

```
~$ kubectl delete pods --all -n kube-public
```

另外，有些资源类型支持优雅删除的机制，它们有着默认的删除宽限期，例如 Pod 资源的默认宽限期为 30 秒，但用户可在命令中使用 --grace-period 选项或 --now 选项来覆盖默认的宽限期。下面的命令就用于强制删除指定的 Pod 对象，但这种删除操作可能会导致相关容器无法终止并退出。

```
~$ kubectl delete pods demoapp --force --grace-period=0
```

需要特别说明的是，对于受控于控制器的对象来说，仅删除受控对象自身，其控制器可能会重建出类似的对象，例如 Deployment 控制器下的 Pod 对象被删除时即会被重建。

2.3.4 kubectl 插件

kubectl 插件是指能够由 kubectl 调用的外部独立应用程序，这类应用程序都以 kubectl-$plugin_name 格式命名，表现为 kubectl 的名字是 $plugin_name 的子命令。例如，应用程序 /usr/bin/kubectl-whoami 就是 whoami 插件，我们可以使用 kubectl whoami 的格式来运行它。因此，可为 kubectl 插件添加新的可用子命令，丰富 kubectl 的功能。

插件程序能够从 kubectl 继承环境信息，但 kubectl 的插件机制并不会在该程序及调用的外部程序之间传递任何信息，它仅仅提供了调用外部程序的一个统一接口，于是我们可以使用任何熟悉的脚本语言或编程语言来开发 kubectl 插件，但最终的脚本或程序文件需要以"kubectl-"为名称前缀。而安装插件的过程，也不过是将插件程序的可执行文件移动到系统的 PATH 环境变量上，指向任一路径即可。事实上，kubectl plugin list 命令可遍历 PATH 环境变量指向的每一个路径，搜索并列出每一个以"kubectl-"为前缀的可执行程序文件路径。

Kubernetes SIG CLI 社区还提供了一个插件管理器——Krew，它能够帮助用户打包、分发、查找、安装和管理 kubectl 插件，项目地址为 https://krew.sigs.k8s.io/。Krew 以跨平台的方式打包和分发插件，因此单一打包格式即能适配主流的系统平台（Linux、Windows 或 macOS 等）。为了便于插件分发，Krew 还维护有一个插件索引，以方便用户发现主流的可用插件。

　　Krew 自身也表现为 kubectl 的一个插件，需要以手动方式独立安装。下面的脚本（krew-install.sh）能自动完成 Krew 插件的安装，该脚本仅适用于类 UNIX 系统平台，并以 bash 解释器运行，其他平台上的部署方式请参考 Krew 项目的官方文档。

```
#!/bin/bash
set -x; cd "$(mktemp -d)"

curl -fSLO "https://github.com/kubernetes-sigs/krew/releases/latest/download/
krew.{tar.gz,yaml}"
tar zxvf krew.tar.gz
KREW=./krew-"$(uname | tr '[:upper:]' '[:lower:]')_amd64"

"$KREW" install --manifest=krew.yaml --archive=krew.tar.gz
"$KREW" update
```

　　Krew 默认以用户主目录下的隐藏目录 .krew 为工作目录，由 Krew 安装的插件都位于 $HOME/.krew/bin 路径下，因此脚本执行完成后，会通过如下信息提示用户将该路径添加到 PATH 环境变量，并重启 shell 进程。

```
WARNING: To be able to run kubectl plugins, you need to add
the following to your ~/.bash_profile or ~/.bashrc:
    export PATH="${PATH}:${HOME}/.krew/bin"
and restart your shell.
```

　　于是，我们编辑 $HOME/.bash_profile 文件，将 export 一行命令添加其中，并重启当前 shell 解释器。

```
~$ echo 'export PATH="${PATH}:${HOME}/.krew/bin"' >> $HOME/.bash_profile
~$ exec $SHELL
```

　　设定完成后，kubectl krew 子命令便能执行 Krew 插件管理器的相关功能，例如查找和安装所需要的插件，它拥有 help、list、search、info、install、upgrade 和 uninstall 等二级子命令。下面的命令搜索 Krew 索引中包含字符串 who 的插件。

```
~$ kubectl krew search who
NAME       DESCRIPTION                                        INSTALLED
who-can    Shows who has RBAC permissions to access Kubern...    no
whoami     Show the subject that's currently authenticated...    no
```

　　插件的简要描述能够通过 info 子命令打印。例如，下面的命令打印了 whoami 插件的相关描述，该插件能够返回当前 kubectl 客户端将以哪个主体（subject）身份请求认证的信息。

```
~$ kubectl krew info whoami
```

```
NAME: whoami
……
DESCRIPTION:
 This plugin show the subject that's currently authenticated as.
……
```

安装插件则需要使用 install 命令，命令格式为 install PLUGIN_NAME。仍然以 whoami 插件为例，使用如下命令即能完成该插件的安装。

```
~$ kubectl krew install whoami
```

whoami 插件功能非常简单，它没有更多的选项可以使用，因此，kubectl whoami 便能返回当前 kubectl 客户端会以哪种身份凭证认证到 API Server。下面命令的结果显示：当前客户端基于 kubeconfig 配置文件（kubecfg）加载 X509 数字证书格式的身份凭据（certauth），并由 API Server 认证为管理员（admin）。

```
~$ kubectl whoami
kubecfg:certauth:admin
```

Krew 索引中的各插件几乎都从更便捷、更丰富或更完整等角度进一步完善了 kubectl 功能。例如 status 能够以更加简便、直观的方式返回资源的简要状态，ctx 以更便捷的方式完成 kubeconfig 中的 context 切换等。本书后面的章节也会用到其中的部分插件，包括 whoami、rbac-view、ns、ctx 等，这里一并直接安装它们。

```
~$ kubectl krew install whoami rbac-view ns ctx
```

2.4 命令式应用编排

本节使用示例镜像 ikubernetes/demoapp:v1.0 演示容器应用编排的基础操作：应用部署、访问、查看，服务暴露和应用扩缩容等。一般说来，Kubernetes 之上应用程序的基础管理操作由如下几个部分组成。

1）通过合用的控制器类的资源（例如 Deployment 或 ReplicationController）创建并管控 Pod 对象以运行特定的应用程序：无状态（stateless）应用的部署和控制通常使用 Deployment 控制器，而有状态应用则需要使用 StatefulSet 控制器或扩展的 Operator。

2）为 Pod 对象创建 Service 对象，以便向客户端提供固定的访问端点，并能够借助 KubeDNS 进行服务发现。

3）随时按需获取各资源对象的简要或详细信息，以了解其运行状态。

4）如有需要，对支持扩缩容的应用按需进行扩容或缩容；或者，为支持 HPA 的控制器组件（例如 Deployment 或 ReplicationController）创建 HPA 资源对象，以实现 Pod 副本数目的自动伸缩。

5）应用程序的镜像出现新版本时，对其执行更新操作，若相应的控制器支持，修改指定的控制器资源中 Pod 模板的容器镜像为指定的新版本即可自动触发更新过程。

　　本节中的操作示例仅演示的部分功能，即应用部署、访问、查看，以及服务暴露。应用的扩缩容、升级及回滚等操作会在后面章节中详细介绍。

 以下操作命令均可在任何部署了 kubectl 并能正常访问 Kubernetes 集群的主机上执行，包括集群外的主机。复制 Master 主机上的 /etc/kubernetes/admin.conf 至相关用户主目录下的 .kube/config 文件即可正常执行，具体方法请参考 kubeadm init 命令结果中的提示。

2.4.1　应用编排

　　在 Kubernetes 集群上自主运行的 Pod 对象在非计划内终止后，其生命周期也随之终结，用户需要再次手动创建类似的 Pod 对象才能确保其再次可用。对于 Pod 数量众多的场景，尤其是对微服务业务来说，用户必将疲于应付此类需求。自动化应用编排是 Kubernetes 的核心价值之一，将应用托管给控制器编排才是发挥 Kubernetes 作用的根本所在。

1. 创建 Deployment 控制器对象

　　kubectl create deployment 能够以“命令式命令”直接创建 Deployment 控制器对象，经该对象编排的 Pod 对象将由该命令生成的 Pod 模板自动创建，但需要用户以 --image 选项指定要使用的容器镜像。该命令的 --dry-run={none|client|server} 选项可用于测试运行，并不真正执行资源对象的创建过程，因而可用于在真正运行之前测试其是否能成功创建出指定的 Deployment 资源。例如，下面的命令会创建一个名为 demoapp 的 Deployment 控制器对象，它使用镜像 ikubernetes/demoapp:v1.0 创建 Pod 对象，但仅用于测试，运行后即退出。

```
~$ kubectl create deployment demoapp --image="ikubernetes/demoapp:v1.0" --dry-run=client
deployment.apps/demoapp created (dry run)
```

　　确认测试命令无误后，可在移除 --dry-run 选项后再次执行命令以完成资源对象的创建。

```
~$ kubectl create deployment demoapp --image="ikubernetes/demoapp:v1.0"
deployment.apps/demoapp created
```

　　该命令创建的 Deployment/demoapp 对象会借助指定的镜像生成一个 Pod，并自动为其添加 app=demoapp 标签，而控制器对象自身也将使用该标签作为标签选择器。镜像 ikubernetes/demoapp:v1.0 中定义的容器主进程为默认监听于 80 端口的 Web 应用程序 demoapp。命令执行完成后，其运行效果示意图如图 2-11 所示，default 名称空间中的 Deployment/demoapp 对象基于默认的标签选择器编排根据指定的镜像文件创建的一个 Pod 对象。

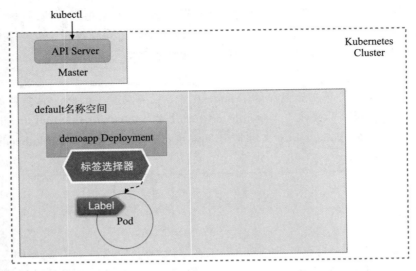

图 2-11 Deployment 对象 demoapp 及其创建的 Pod 对象

资源对象创建完成后，通常需要了解其当前状态是否正常，以及是否符合用户期望的目标状态，相关的操作一般使用 kubectl get、kubectl describe 等命令进行。

2. 打印资源对象的相关信息

如前所述，kubectl get 命令可用于获取各种资源对象的相关信息，它能显示对象类型特有格式的简要信息，也能打印出 YAML 或 JSON 格式的详细信息，还能使用 Go 模板自定义要显示的属性及信息等。例如，下面是查看前面创建的 Deployment 对象的相关运行状态的命令及其输出结果：

```
~$ kubectl get deployments/demoapp
NAME          READY      UP-TO-DATE      AVAILABLE      AGE
demoapp       1/1        1               1              1m7s
```

get 命令的默认输出格式是以指定的字段返回资源对象的简要信息，例如上面命令结果中的 NAME 和 READY 等，不同资源类型的输出结果也会有所区别。在上面显示 Deployment 资源简要信息的命令执行结果中，各字段基本可以做到见名知义。

- ❑ NAME：Deployment 资源对象的名称。
- ❑ READY：以类似 m/n 格式返回两个数字，m 代表就绪的 Pod 数量，n 表示期望的总的 Pod 数量。
- ❑ UP-TO-DATE：更新到最新版本定义的 Pod 对象副本数量，在控制器的滚动更新模式下，它表示已经完成版本更新的 Pod 对象副本数量。
- ❑ AVAILABLE：当前处于可用状态的 Pod 对象副本数量，即可正常提供服务的副本数。
- ❑ AGE：该资源的存在时长。

> 提示 Deployment 资源对象是通过 ReplicaSet 控制器对象作为中间层实例完成对 Pod 对象的控制，各 Pod 的名称也是由 ReplicaSet 对象名称后跟几个随机字符构成。

Deployment/demoapp 创建的唯一 Pod 对象运行正常与否、该对象被调度至哪个节点运行，以及当前是否就绪等也是用户在创建完成后应该关注的重点信息。由控制器创建的 Pod 对象的名称通常是以其隶属的 ReplicaSet 对象的名称为前缀，以随机字符为后缀，例如下面命令以 app=demoapp 为标签选择器打印筛选出的 Pod 对象的相关信息。

```
~$ kubectl get pods -l app=demoapp -o wide
NAME                      READY  STATUS   RESTARTS  AGE  IP         NODE …
demoapp-6c5d545684-4t9kr  1/1    Running  0         7m   10.244.2.4 k8s-node02.ilinux.io…
```

在上面命令的执行结果中，每个字段代表 Pod 资源对象一个方面的属性，下面仅说明几个主要字段的功用。

- ❑ READY：m/n 格式，m 表示 Pod 中就绪状态的容器数量，n 表示 Pod 中总的容器数量。
- ❑ STATUS：Pod 的当前状态，其值可能是 Pending、Running、Succeeded、Failed 和 Unknown 等其中之一，并存在某些类型的中间状态（容器状态）。
- ❑ RESTARTS：Pod 对象可能会因容器进程崩溃、超出资源限额等故障而被重启，此字段记录了它重启的次数。
- ❑ IP：Pod 的 IP 地址，通常由网络插件自动分配。
- ❑ NODE：该 Pod 对象绑定的 Node，目标 Node 由 Scheduler 负责挑选。

确认 Pod 对象转为 Running 状态后，即可在集群中任一节点（或其他 Pod 对象）直接访问容器化应用的服务，如图 2-12 中节点 Node X 上的客户端程序 Client，或集群上运行在 Pod 中的客户端程序。

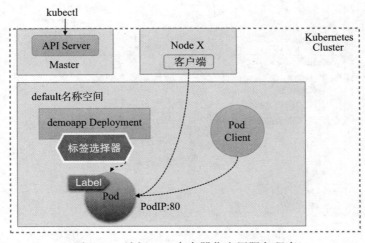

图 2-12　访问 Pod 中容器化应用服务程序

接下来，我们可在集群中任意一个节点上使用 curl 命令对地址为 10.244.1.5 的 Pod 对象 demoapp-6c5d545684-4t9kr 的 80 端口发起服务请求。例如，将下面的命令运行在 k8s-node03 节点上。

```
~$ POD_IP=$(kubectl get pods -l app=demoapp -o jsonpath={.items[0].status.podIP})
~$ curl http://${POD_IP}/
iKubernetes demoapp v1.0 !! ClientIP: 172.29.9.13, ServerName: demoapp-…,
ServerIP: 10.244.1.5!
```

2.4.2　部署 Service 对象

简单来说，Service 对象就是一组 Pod 的逻辑组合，它通过称为 ClusterIP 的地址和服务端口接收客户端请求，并将这些请求代理至使用标签选择器来过滤一个符合条件的 Pod 对象。

kubectl create service 命令可创建 Service 对象以将应用程序 "暴露" 于网络中，它使用的标签选择器为 app=SVC_NAME。例如，下面的命令使用 app=demoapp 为标签选择器创建了 Service/demoapp 资源对象。

```
~$ kubectl create service nodeport demoapp --tcp=80
service/demoapp created
```

在上面的命令中，nodeport 是指 Service 对象的类型，它会在集群中各节点上随机选择一个节点端口（hostPort）为该 Service 对象接入集群外部的访问流量，集群内部流量则由 Service 资源通过 ClusterIP 直接接入。命令选项 --tcp=<port>[:<targetPort>] 用于指定 Servcie 端口及容器上要暴露的端口，省略容器端口时表示与 Service 端口相同。创建完成后，default 名称空间中的对象及其通信示意图如图 2-13 所示。

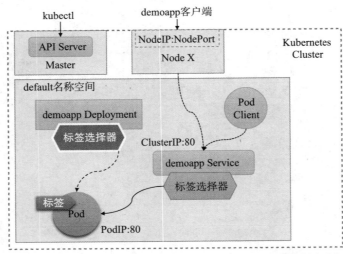

图 2-13　Service 对象在 Pod 对象前端添加了一个固定访问层

我们仍然可以在集群节点上或者通过任意一个 Pod 对象来模拟集群内部客户端对 Service/demoapp 的访问，为了便于测试，Kubernetes 为各 Service 对象自动生成 DNS 记录及相应的名称解析功能。下面，在同一集群中的 Pod 对象中通过客户端程序发起访问测试来模拟图 2-12 中源自 Pod 对象 Client 的访问请求。

首先，使用 kubectl run 命令创建一个自主式 Pod 对象并直接接入其交互式接口，如下面命令的 -it 组合选项即用于交互式打开并保持其 shell 命令行接口。

```
~$ kubectl run client-pod --image="ikubernetes/admin-toolbox:v1.0" --rm -it
--command -- /bin/sh
[root@client-pod /]#
```

接下来，在 client-pod 中测试 Service 对象的名称解析功能，如下面命令中的 demoapp 是指 Service 对象名称，而 default 是该 Service 所属的名称空间，svc 代表 Service 资源，而 cluster.local 是集群域名。其中的 svc.cluster.local 通常可以省略，如果客户端与目标 Service 对象在同一名称空间中，则名称空间也可省略。

```
[root@client-pod /]# nslookup -query=A demoapp.default.svc.cluster.local
Server:        10.96.0.10
Address:       10.96.0.10#53

Name:   demoapp.default.svc.cluster.local
Address: 10.102.6.223
```

随后，可在 client-pod 通过 crul 命令对此前创建的 Service 对象的名称发起访问请求，下面的命令使用了短格式的服务名称。

```
[root@client-pod /]# curl http://demoapp.default
iKubernetes demoapp v1.0 !! ClientIP: 10.244.3.2, ServerName: demoapp-…,
ServerIP: 10.244.1.5!
```

类似于列出 Deployment 控制器及 Pod 资源对象的方式，kubectl get services 命令能够列出 Service 对象的相关信息，例如下面的命令显示了 Service 对象 demoapp 的简要状态信息。

```
~$ kubectl get service/demoapp
NAME       TYPE        CLUSTER-IP      EXTERNAL-IP       PORT(S)        AGE
demoapp    NodePort    10.102.6.223    <none>            80:32687/TCP   58s
```

其中，PORT(s) 字段中表明，集群中各工作节点会捕获发往本地的目标端口为 32687 的流量，并将其代理至当前 Service 对象的 80 端口，于是，集群外部的用户可以使用当前集群中任一节点的此端口来请求 Service 对象上的服务。CLUSTER-IP 字段为当前 Service 的 IP 地址，它是一个虚拟 IP，并没有配置在集群中任何主机的任何接口之上，但每个 Node 上的 kube-proxy 都会为 CLUSTER-IP 所在的网络创建用于转发的 iptables 或 ipvs 规则。此时，用户可于集群外部任一浏览器请求 Kubernetes 集群任意一个节点的相关端口来进行访问测试。

2.4.3 扩容与缩容

前面示例中创建的 Deployment 对象 demoapp 仅创建了一个 Pod 对象，其所能够承载的访问请求数量受限于这个 Pod 对象的服务能力。请求流量上升到接近或超出其承载上限之前，用户可以通过 Kubernetes 的应用"扩容"（scaling up）机制来增加 Pod 副本数量，从而提升其服务容量。相应地，"缩容"是指缩减 Pod 副本数量，只不过这通常缘于与扩容操作相反的原因。

kubectl scale 命令就是专用于变动控制器应用规模的命令，它支持对 Deployment、ReplicaSet、StatefulSet 等类型资源对象的扩容和缩容操作。例如，如果要将 Deployment/demoapp 中的 Pod 副本数量扩展为 3 个，可以使用如下命令完成。

```
~$ kubectl scale deployment/demoapp --replicas=3
deployment.apps/demoapp scaled
```

而后列出由 demoapp 创建的 Pod 副本，便可确认其扩展操作的完成状态。如下命令显示出其 Pod 副本数量已经扩增至 3 个，其中包括此前的 demoapp-6c5d545684-4t9kr。

```
~$ kubectl get pods -l app=demoapp
NAME                       READY    STATUS     RESTARTS    AGE
demoapp-6c5d545684-4t9kr   1/1      Running    0           115m
demoapp-6c5d545684-6tth5   1/1      Running    0           32s
demoapp-6c5d545684-z4tgh   1/1      Running    0           32s
```

Service 对象内置的负载均衡机制可在其后端副本数量不止一个时自动进行流量分发，它还会自动监控关联到的 Pod 的健康状态，以确保仅将请求流量分发至可用的后端 Pod 对象。因此，Deployment 对象 demoapp 规模扩展完成后，default 名称空间中的资源对象及其关联关系就变成了如图 2-14 所示的情形。

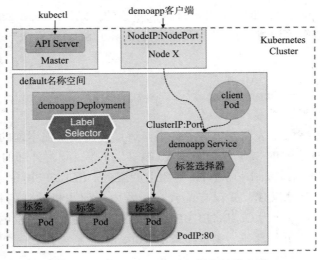

图 2-14 Deployment 对象规模扩增完成

而后由 kubectl describe deployment 命令打印 Deployment 对象 demoapp 的详细信息，了解其应用规模的变动及当前 Pod 副本的状态等相关信息。由命令结果可以看出，其 Pod 副本数量的各项指标都已经转换为新的目标数量，而其事件信息中也有相应事件显示其扩增操作已成功完成。

```
~$ kubectl describe deployment/demoapp
Name:                demoapp
......
Replicas:            3 desired | 3 updated | 3 total | 3 available | 0 unavailable
......
NewReplicaSet:    demoapp-6c5d545684 (3/3 replicas created)
Events:
  Type    Reason           Age     From                    Message
  ----    ------           ----    ----                    -------
  Normal  ScalingReplicaSet 2m16s  deployment-controller   Scaled up replica set
  demoapp-6c5d545684 to 3
```

Service 对象 demoapp 的标签选择器动态纳入的新 Pod 副本也将成为该 Service 对象可用的代理后端，所有流量会被调度至其后端的所有 Pod 对象之上，如图 2-13 所示。每个能够接收流量的后端称为一个端点，它通常表现为相应主机或容器上可接收特定流量的访问入口（套接字），如下面命令结果中的 Endpoints 字段所示。

```
~$ kubectl describe service/demoapp
Name:                demoapp
......
IP:                  10.102.6.223
Port:                80  80/TCP
TargetPort:          80/TCP
NodePort:            80  32687/TCP
Endpoints:           10.244.1.5:80,10.244.2.5:80,10.244.3.3:80
......
```

我们可以通过任何客户端对 Service/demoapp 的服务发起访问请求进行测试，这次我们在集群外的主机 172.29.0.1 上通过 NodePort 对该服务发起持续访问，以测试 Service 对象的流量调度机制是否能够正常工作。由命令的响应结果显示，Service/demoapp 已然将请求调度至 3 个不同的后端 Pod 之上 。

```
~$ while true; do curl http://172.29.9.12:32687/; sleep 0.2; done
……, ServerName: demoapp-6c5d545684-z4tgh, ServerIP: 10.244.3.3!
……, ServerName: demoapp-6c5d545684-6tth5, ServerIP: 10.244.2.5!
……, ServerName: demoapp-6c5d545684-4t9kr, ServerIP: 10.244.1.5!
```

应用规模缩容的方式和扩容相似，只不过是将 Pod 副本的数量调至比原来小的数字。例如，将 demoapp 的 Pod 副本缩减至 2 个，可以使用类似如下命令进行。

```
~$ kubectl scale deployment/demoapp --replicas=2
deployment.apps/demoapp scaled
```

　　缩容完成后，Service/demoapp 的后端端点数量也会随之动态变动。至此，功能基本完整的容器化应用在 Kubernetes 上已经部署完成，即便是部署一个略复杂的分层应用，也只需要通过合适的镜像以类似的方式就能完成。

2.4.4　修改与删除对象

　　成功创建于 Kubernetes 之上的资源对象也称为活动对象（live object），其配置规范（live object configuration）由 API Server 保存在集群状态存储系统 etcd 中。kubectl edit 命令可调用默认编辑器对活动对象的可配置属性进行编辑。例如，若需要将此前创建的 Service/demoapp 对象的类型修改为 ClusterIP，可以使用 kubectl edit service demoapp 命令打开编辑界面后，通过将 type 属性的值修改为 ClusterIP 使其实时生效。

> 🎯**提示**　不同资源类型的资源规范相差很大，而且未必所有字段都支持运行时修改。

　　有些命令是 kubectl edit 命令某一部分功能的二次封装，例如 kubectl scale 命令不过是专用于修改资源对象的 replicas 属性值而已，而 kubectl set image 通常用于修改工作负载型控制器资源规范中 Pod 模板的容器镜像，这两个命令同样直接作用于活动对象。

　　不再有价值的活动对象可使用 kubectl delete 命令予以删除。例如，下面的命令能够删除 service/demoapp 资源对象：

```
~$ kubectl delete service/demoapp
service "demoapp" deleted
```

　　有时候需要清空某一类型下的所有对象，此时只需要将上面命令对象名称换成 --all 选项便能实现。例如，删除 dafault 名称空间中所有的 Deployment 控制器：

```
~$ kubectl delete deployment --all
deployment.apps "demoapp" deleted
```

　　需要注意的是，受控于控制器的 Pod 对象在删除后会被重建，因而删除此类对象需要直接删除其控制器对象。默认情况下，删除 Deployment 一类的工作负载型控制器资源会级联删除相关的所有 Pod 对象，若要禁用该功能，需要在删除命令中使用 --cascade=false 选项。

　　显然，直接命令式管理资源对象存在较大的局限性，它们在设置资源对象属性方面提供的配置能力相当有限，而且有不少资源并不支持通过命令操作进行创建。例如，用户无法创建带有多个容器的 Pod 对象，也无法为 Pod 对象创建存储卷。因此，资源对象的更有效管理方式是使用保存有对象配置信息的配置清单。

2.5　本章小结

本章着重介绍了 Kubernetes 集群的部署工具 kubeadm，以及集群的部署方式，并基于 3 个核心资源抽象 Pod、Deployment 和 Service 讲解了如何在集群中部署、暴露、访问及扩缩容容器化应用。

- ❑ kubeadm 是由 Kubernetes 原生提供的集群部署工具，支持高可用控制平面；kubeadm init 可快速拉起一个控制平面，而 kubeadm join 则用于将节点加入集群之中。
- ❑ Pod 是运行容器化应用及调度的原子单元，同一个 Pod 中可同时运行多个容器，这些容器共享 Mount、UTS 及 Network 等 Linux 内核名称空间，并能够访问同一组存储卷。
- ❑ Deployment 是最常用的无状态应用控制器，它支持应用的扩缩容、滚动更新等操作，为容器化应用赋予了极具弹性的功能。
- ❑ Service 为弹性变动且存在生命周期的 Pod 对象提供了一个固定的访问接口，用于服务发现和服务访问。
- ❑ kubectl 是 Kubernetes API Server 最常用的客户端程序之一，它功能强大、特性丰富，几乎能完成除了安装部署之外的所有管理操作。

第二部分 *Part 2*

核 心 资 源

Kubernetes 资源管理

作为一款"以应用为中心"的基础设施项目，Kubernetes 的核心目标是让应用变成基础设施中的核心，让基础设施围绕应用构建和发挥作用，而"声明式 API"与"控制器"提供了将底层基础设施能力和运维能力接入 Kubernetes 的重要手段。简单来说，Kubernetes API 主要由资源类型和控制器两部分组成，资源通常是声明为 JSON 或 YAML 格式并写入集群的对象，而控制器则在集群将资源存储完成后自动创建并启动。Kubernetes 把应用及辅助应用容器化和编排的各种组件均抽象成了 API 资源，本章将着重描述声明式 API 中应用及周期组件的基础管理方式。

3.1 资源对象与 API 群组

Kubernetes 系统的 API Server 基于 HTTP/HTTPS 协议接收并响应客户端的操作请求，它提供了一种"基于资源"的 RESTful 风格的编程接口，把集群各种组件都抽象成标准的 RESTful 资源，并支持通过标准的 HTTP 方法、以 JSON 为数据序列化方案进行资源管理操作。

资源可以分为若干个集合，每个集合只包含单一类型的资源，并且各资源间无序。当然，资源也可以不属于任何集合，称为单身资源。事实上，集合本身也是资源，它可以部署于全局级别，位于 API 的顶层，也可以包含在某个资源中，表现为"子集合"。集合、资源、子集合及子资源间的关系如图 3-1 所示。

Kubernetes 遵循 RESTful 架构风格组织及管理其 API 资源对象，支持通过标准的 HTTP 方法（POST、PUT、PATCH、DELETE 和 GET）对资源进行增、删、改、查等管理操作。不过，在 Kubernetes 系统的语境中，"资源"用于表示"对象"的集合或类型，例如

Pod 资源可用于描述所有 Pod 类型的对象，但**本书将不加区别地使用资源、对象和资源对象，并把它们统统理解为资源类型生成的实例——对象**。

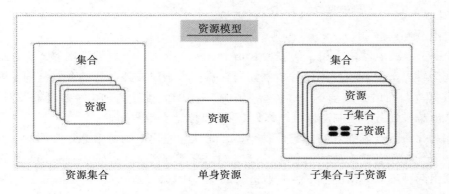

图 3-1　集合、资源、子集合及子资源

3.1.1　Kubernetes 的资源对象

以资源的主要功能作为分类标准，Kubernetes 的 API 对象大体可分为**工作负载**、**发现与负载均衡**、**配置与存储**、**集群**和**元数据**几个类别。它们基本都是围绕一个核心目的而设计：如何更好地运行和丰富 Pod 资源，从而为容器化应用提供更灵活和更完善的操作与管理组件，如图 3-2 所示。

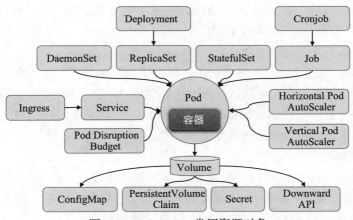

图 3-2　Kubernetes 常用资源对象

工作负载型资源用于确保 Pod 资源对象更好地运行容器化应用。具有同一种负载的各 Pod 对象需要以负载均衡的方式服务于各请求，而各种容器化应用需要彼此发现以完成工作协同。Pod 资源具有生命周期，存储型资源能够为重构的 Pod 对象提供持久化数据存储机制，配置型资源能够让共享同一配置的 Pod 资源从中统一获取配置改动信息。这些资源作为"配置中心"为管理容器化应用的配置文件提供了极为便捷的管理机制。集群型资源为管理集群本身的工作特性提供了配置接口,而元数据型资源用于配置集群内部其他资源的行为。

1. 工作负载型资源

Pod 用于承载容器化应用,代表着 Kubernetes 之上工作负载的表现形式。它负责运行容器,并为容器解决环境性的依赖,例如向容器注入临时或持久化的存储空间、配置信息或密钥数据等。而诸如滚动更新、扩容和缩容一类的编排任务则由"控制器"对象负责,专用于 Pod 编排任务的控制器也可统称为 Pod 控制器。

应用程序分为**无状态**和**有状态**两种类型,无状态应用中的每个 Pod 实例均可被其他同类实例所取代,但有状态应用的每个 Pod 实例均有其独特性,必须单独标识和管理,因而它们分别由两种不同类型的 Pod 控制器进行管理。例如,ReplicationController、ReplicaSet 和 Deployment 负责管理无状态应用,StatefulSet 则用于管控有状态类应用。还有些应用较为独特,有些需要在集群中的每个节点上运行单个 Pod 资源,负责收集日志或运行系统服务等任务,该类编排操作由 DaemonSet 控制器对象进行,而需要在正常完成后退出故无须始终处于运行状态任务的编排工作则隶属 Job 控制器对象。CronJob 控制器对象还能为 Job 型的任务提供定期执行机制。

- ❑ ReplicationController:用于确保每个 Pod 副本在任一时刻均能满足目标数量,即它用于保证每个容器或容器组总是运行并可访问;它是上一代的无状态 Pod 应用控制器,建议读者使用新型控制器 Deployment 和 ReplicaSet 来取代它。
- ❑ ReplicaSet:新一代 ReplicationController,它与 ReplicationController 唯一不同之处在于支持的标签选择器不同,ReplicationController 只支持"等值选择器",而 ReplicaSet 还支持基于集合的选择器。
- ❑ Deployment:用于管理无状态的持久化应用,例如 HTTP 服务等;它用于为 Pod 和 ReplicaSet 提供声明式更新,是构建在 ReplicaSet 之上的、更为高级的控制器。
- ❑ StatefulSet:用于管理有状态的持久化应用,例如数据库服务程序;与 Deployment 的不同之处在于,StatefulSet 会为每个 Pod 创建一个独有的持久性标识符,并会确保各 Pod 间的顺序性。
- ❑ DaemonSet:用于确保每个节点都运行了某 Pod 的一个副本,包括后来新增的节点;而节点移除将导致 Pod 回收;DaemonSet 常用于运行各类系统级守护进程,例如 kube-proxy 和 Flannel 网络插件,以及日志收集和临近系统的 Agent 应用,例如 fluentd、Logstash、Prometheus 的 Node Exporter 等。
- ❑ Job:用于管理运行完成后即可终止的应用,例如批处理作业任务;Job 创建一个或多个 Pod,并确保其符合目标数量,直到应用完成而终止。

2. 发现与负载均衡

Service 是 Kubernetes 标准的资源类型之一，用于为工作负载实例提供固定的访问入口及负载均衡服务，它把每个可用后端实例定义为 Endpoint 资源对象，通过 IP 地址和端口等属性映射至 Pod 实例或相应的服务端点。Ingress 资源则为工作负载提供 7 层（HTTP/HTTPS）代理及负载均衡功能。

3. 配置与存储

Docker 容器分层联合挂载的方式决定了其系统文件无法在容器内部存储持久化数据，因而容器引擎引入外部存储卷的方式来解决此类问题，相应地，Kubernetes 支持在 Pod 级别附加 Volume 资源对象为容器添加可用的外部存储。Kubernetes 支持众多类型的存储设备或存储系统，例如 GlusterFS、Ceph RBD 和 Flocker 等，还可通过 FlexVolume 及 CSI（Container Storage Interface）存储接口扩展支持更多类型的存储系统。

另外，基于镜像运行容器应用时，其配置信息在镜像制作时以硬编码的方式置入，所以很难为不同的环境定制所需的配置。Docker 使用环境变量等作为解决方案，但需要在容器启动时将配置作为变量值传入，且无法在运行时修改。Kubernetes 的 ConfigMap 资源能够以环境变量或存储卷的方式接入 Pod 资源的容器中，并可被多个同类的 Pod 共享引用，从而做到"一次修改，多处生效"。不过，这种方式不适用于存储敏感数据，例如证书、私钥和密码等，那是另一个资源类型 Secret 的功能。

4. 集群型资源

Kubernetes 还存在一些用于定义集群自身配置信息的资源类型，它们不属于任何名称空间且仅应该由集群管理员操作。常用的集群型资源有如下几种。

- ❏ Namespace：名称空间，为资源对象的名称提供了限定条件或作用范围，它为使用同一集群的多个团队或项目提供了逻辑上的隔离机制，降低或消除了资源对象名称冲突的可能性。
- ❏ Node：Kubernetes 并不能直接管理其工作节点，但它会把由管理员添加进来的任何形式（物理机或虚拟机等）的工作节点映射为一个 Node 资源对象，因而节点名称（标识符）在集群中必须唯一。
- ❏ Role：角色，隶属于名称空间，代表名称空间级别由规则组成的权限集合，可被 RoleBinding 引用。
- ❏ ClusterRole：集群角色，隶属于集群而非名称空间，代表集群级别的、由规则组成的权限集合，可被 RoleBinding 和 ClusterRoleBinding 引用。
- ❏ RoleBinding：用于将 Role 中的许可权限绑定在一个或一组用户之上，从而完成用户授权，它隶属于且仅能作用于名称空间级别。
- ❏ ClusterRoleBinding：将 ClusterRole 中定义的许可权限绑定在一个或一组用户之上，通过引用全局名称空间中的 ClusterRole 将集群级别的权限授予指定用户。

5. 元数据型资源

此类资源对象用于为集群内部的其他资源对象配置其行为或特性，例如 HPA 资源对象可用于控制自动伸缩工作负载类型资源对象的规模，Pod 模板提供了创建 Pod 对象的预制模板，而 LimitRange 可为名称空间内的 Pod 应用设置其 CPU 和内存等系统级资源的数量限制等。

提示　一个应用通常需要多个资源的支撑，例如用 Deployment 资源编排应用实例（Pod）、用 ConfigMap 和 Secret 资源保存应用配置、用 Service 或 Ingress 资源暴露服务、用 Volume 资源提供持久化存储等。

本书后面篇幅的主体部分将展开介绍这些资源类型，它们是将容器化应用托管运行于 Kubernetes 集群的重要工具组件。

3.1.2　资源及其在 API 中的组织形式

资源对象代表了系统上的持久类实体，而 Kubernetes 用这些持久实体来表达集群的状态，包括容器化的应用程序正运行于哪些节点，每个应用程序有哪些资源可用，以及每个应用程序各自的行为策略，例如重启、升级及容错策略等。一个对象可能会由多个资源组合而成，用户可对这些资源执行增、删、改、查等管理操作。Kubernetes 通常使用标准的 RESTful 术语来描述 API 概念。

1）资源类型是指在 URL 中使用的名称，例如 pods、namespaces 和 services 等，其 URL 格式为 GROUP/VERSION/RESOURCE，例如 apps/v1/deployments。

2）每个资源类型都有一个对应的 JSON 表示格式，称为一个"种类"；客户端创建对象时，一般需要以 JSON 规范提交对象的配置信息。

3）Kind 代表资源对象所属的类型，例如 Namespace、Deployment、Service 及 Pod 等，而这些资源类型又大体可以分为 3 个类别。

❑ 对象类：对象表示 Kubernetes 系统上的持久化实体，一个对象可能包含多个资源，客户端可以对其执行多种操作；Namespace、Deployment、Service 及 Pod 等都属于这个类别。

❑ 列表类：通常是指同一类型资源的集合，例如 PodLists 和 NodeLists 等。

❑ 简单类：常用于在对象上执行某种特殊操作，或管理非持久化的实体，例如 / binding 或 /status 等。

Kubernetes 绝大多数的 API 资源都属于"**对象**"型类别，代表集群中某个抽象组件的实例。有一小部分的 API 资源类型为"**虚拟**"类型，用于表达一类"操作"。所有的对象型资源都拥有一个独有的名称标识以完成幂等的创建及获取操作，但虚拟型资源无须获取或不依赖于幂等性时也可以不使用专用标识符。

　　有些资源类型的作用域为集群级别，操作权限归属于集群管理员，例如 Namespace 和 PersistentVolume 等，但绝大多数资源类型都隶属名称空间级别，可由用户使用，例如 Pod、Deployment 和 Service 等。名称空间级别资源的 URL 路径中含有其所属空间的名称，当这些资源对象在名称空间被删除时，其 URL 路径中的名称也会被一并删除，并且访问这些资源对象也将受控于其所属的名称空间级别的授权审查。

　　Kubernetes 把 API 分割为多个逻辑组合以便于扩展和管理，每个组合称为一个 API 群组，支持单独启用或禁用，并能够再次分解。API Server 支持为不同群组使用不同的版本，允许各组以不同的速度演进，而且支持同一群组同时存在不同的版本，例如 autoscaling/v1、autoscaling/v2beta2 和 autoscaling/v2beta1 等，因此能够在不同的群组中定义同名的资源类型，从而能在稳定版本的群组及新的实验群组中同时存在不同特性的同一个资源类型。在当前集群中，API Server 所支持的 API 群组及相关版本信息可通过 kubectl api-versions 命令获取，如下命令结果中显示的多数 API 群组会在后续章节配置资源清单时反复用到。

```
~$ kubectl api-versions
admissionregistration.k8s.io/v1
admissionregistration.k8s.io/v1beta1
apiextensions.k8s.io/v1
apiextensions.k8s.io/v1beta1
apiregistration.k8s.io/v1
apiregistration.k8s.io/v1beta1
apps/v1
authentication.k8s.io/v1
authentication.k8s.io/v1beta1
authorization.k8s.io/v1
authorization.k8s.io/v1beta1
autoscaling/v1
autoscaling/v2beta1
autoscaling/v2beta2
batch/v1
batch/v1beta1
certificates.k8s.io/v1beta1
coordination.k8s.io/v1
coordination.k8s.io/v1beta1
discovery.k8s.io/v1beta1
events.k8s.io/v1beta1
extensions/v1beta1
networking.k8s.io/v1
networking.k8s.io/v1beta1
node.k8s.io/v1beta1
policy/v1beta1
rbac.authorization.k8s.io/v1
rbac.authorization.k8s.io/v1beta1
scheduling.k8s.io/v1
scheduling.k8s.io/v1beta1
```

```
storage.k8s.io/v1
storage.k8s.io/v1beta1
v1
```

 提示　随着 API 的发展，Kubernetes 会定期进行 API 重组或升级，并弃用过期的版本，因而不同版本的 Kubernetes 所支持的 API 群组以及资源类型的归属可能会有所不同。API弃用策略请参考文档 https://kubernetes.io/docs/reference/using-api/deprecation-policy/。

Kubernetes 将 RESTful 风格的 API 以层级结构组织在一起，每个 API 群组表现为一个以 /apis 为根路径的 RESTful 路径，例如 /apis/apps/v1，不过名称为 core 的核心群组有一个专用的简化路径：/api/v1。目前，常用的 API 群组可归为如下两类。

1）核心群组：RESTful 路径为 /api/v1，在资源的配置信息 apiVersion 字段中引用时可以不指定路径，而仅给出版本，例如 apiVersion: v1，如上面的命令 kubectl api-versions 结果中最后一个群组所示。

2）命名的群组：RESTful 路径为 /apis/$GROUP_NAME/$VERSION，例如 /apis/apps/v1，在 apiVersion 字段中引用它时需要移除 /apis 前缀，例如 apiVersion: apps/v1 等。

名称空间级别的每一个资源类型在 API 的 URL 路径表示都可简单抽象为形如 /apis/<group>/<version>/namespaces/<namespace>/<kind-plural> 的路径。例如 default 名称空间中，Deployment 类型的路径为 /apis/apps/v1/namespaces/default/deployments，通过此路径可获取到 default 名称空间中所有 Deployment 对象的列表。

```
~$ kubectl get --raw /apis/apps/v1/namespaces/default/deployments | jq .
{
  "kind": "DeploymentList",
  "apiVersion": "apps/v1",
  "metadata": {
    "selfLink": "/apis/apps/v1/namespaces/default/deployments",
    "resourceVersion": "454758"
  },
  "items": []
}
```

另外，Kubernetes 还支持由用户自定义资源类型，目前常用的方式有 3 种：一是修改 Kubernetes 源代码自定义类型；二是创建一个自定义的 API Server，并将其聚合至集群中；三是使用 CRD（Custom Resource Definition，自定义资源），它们都可用于 API 群组扩展。

3.1.3　访问 Kubernetes RESTful API

为安全起见，kubeadm 部署的 API Server 通常仅支持双向 SSL/TLS 认证的 HTTPS 通信，客户端需要事先在服务器端认证才能与之建立通信。在临时测试的场景中，用户也可以借助 kubectl proxy 命令在本地主机上为 API Server 启动一个代理网关，从而在本地支持

HTTP 协议，即使用 curl 命令向该代理发起请求便能模拟资源对象的请求和响应过程。代理网关的工作逻辑如图 3-3 所示。

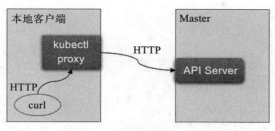

图 3-3　kubectl 在本地代理 API Server

例如，下面的命令中，kubectl 命令在本地回环接口上的 8080 端口启动了 API Server 的一个代理网关：

```
~$ kubectl proxy --port=8080
Starting to serve on 127.0.0.1:8080
```

而后可在该主机的另一终端使用 curl 一类的客户端工具对此套接字地址发起访问请求，例如下面的命令请求获取集群上的 NamespaceList 资源对象，以列出集群上所有的 Namespace 对象：

```
~$ curl localhost:8080/api/v1/namespaces/
{
  "kind": "NamespaceList",
  "apiVersion": "v1",
  ......
}
```

我们也可以使用 JSON 的命令行处理器的 jq 命令对响应的 JSON 数据流进行内容过滤，例如下面的命令仅显示相关 NamespaceList 对象中的各成员对象的名称：

```
~$ curl -s localhost:8080/api/v1/namespaces/ | jq .items[].metadata.name
"default"
"kube-public"
"kube-system"
```

给出特定的 Namespace 资源对象的名称便能直接获取到相应的资源信息，以 kube-system 名称空间为例：

```
~$ curl -s localhost:8080/api/v1/namespaces/kube-system
{
  "kind": "Namespace",
  "apiVersion": "v1",
  "metadata": {
    "name": "kube-system",
    "selfLink": "/api/v1/namespaces/kube-system",
```

```
    "uid": " 9db2a2a3-c0bc-4501-bc42-8cd5815abdac ",
    "resourceVersion": "4",
    "creationTimestamp": " 2020-05-16T06:23:03Z "
  },
  "spec": {
    "finalizers": [
      "kubernetes"
    ]
  },
  "status": {
    "phase": "Active"
  }
```

上述命令响应的结果中展现了 Kubernetes 大多数资源对象的资源配置格式，它是一个 JSON 序列化的数据结构，具有 kind、apiVersion、metadata、spec 和 status 这 5 个一级字段，各字段的意义和功能将在下一节中重点介绍。

3.2 对象类资源配置规范

创建 Kubernetes 对象时，必须提供描述该对象期望状态的规范以及相关的基本信息，例如对象名称、标签和注解等元数据，并以 JSON 格式提交给 API Server。在大多数情况下，用户以 YAML 格式的配置清单定义对象的相关信息，并由 kubectl 在发起 API 请求时将其自动转换为 JSON 格式。

API Server 接收和返回的所有 JSON 对象都遵循同一个模式，即它们都具有 kind 和 apiVersion 字段，分别用于标识对象所属的资源类型、API 群组及相关的版本，可合称为类型元数据（TypeMeta）。同时，大多数的对象或列表类型的资源还会有 metadata、spec 和 status 这 3 个嵌套型的字段。其中 metadata 字段为资源提供元数据信息，例如名称、隶属的名称空间和标签等，因而也称为对象元数据（ObjectMeta）；spec 字段则是由用户负责声明对象期望状态的字段，不同资源类型的期望状态描述方式各不相同，因此其嵌套支持的字段也不尽相同；而 status 字段则记录活动对象的当前状态信息，也称为观察状态，它由 Kubernetes 系统自行维护，对用户来说为只读字段，不需要在配置清单中提供，而是在查询集群中的对象时由 API Server 在响应中返回。

每个资源类型代表一种特定格式的数据结构，它接收并返回该格式的对象数据，同时，一个对象也可嵌套多个独立的"小"对象，并支持每个小对象的单独管理操作。例如对 Pod 类型的资源来说，用户可创建、更新或删除 Pod 对象，而每个 Pod 对象的 metadata、spec 和 status 字段的值又是各自独立的对象型数据，所以它们可被单独操作。需要注意的是，status 对象由 Kubernetes 系统单独进行自动更新，且不支持用户手动操作。

3.2.1　定义资源对象

相较于使用 curl 命令直接向 API 发起请求来说，kubectl 命令或其他 UI 工具（例如 Dashboard）更为便捷和高效。例如，kubectl get TYPE/NAME -o yaml 命令能获取到任何一个对象的 YAML 格式的配置清单，也可使用 kubectl get TYPE/NAME -o json 命令获取 JSON 格式的配置清单。例如，下面的命令能够打印出 Namespace 对象 kube-system 的详细数据：

```
~$ kubectl get namespace kube-system -o yaml
apiVersion: v1
kind: Namespace
metadata:
  creationTimestamp: "2020-05-16T06:23:03Z"
  name: kube-system
  resourceVersion: "4"
  selfLink: /api/v1/namespaces/kube-system
  uid: 9db2a2a3-c0bc-4501-bc42-8cd5815abdac
spec:
  finalizers:
  - kubernetes
status:
  phase: Active
```

除了极少数的资源外，Kubernetes 系统上的绝大多数资源都是由用户创建。用户只需要定义出声明式的对象配置清单，而后由相应的控制器通过控制循环来确保对象的运行状态与用户定义的期望状态无限接近或等同。承载对象定义的配置文件称为配置清单（manifest），虽然可直接以 JSON 格式描述对象，但更常见的还是以 .yaml 或 .yml 结尾的 YAML 文件。除了 status 字段，该类文件的格式类似 kubectl get 命令获取到的 YAML 或 JSON 形式的输出结果。例如，下面就是一个创建 Namespace 资源时提供的资源配置清单示例，它仅提供了几个必要的字段。

```
apiVersion: v1
kind: Namespace
metadata:
  name: dev
spec:
  finalizers:
  - kubernetes
```

把上面配置清单中的内容保存到文件中，使用 kubectl create -f /PATH/TO/FILE 命令即可将其提交至集群。创建完成后打印其 YAML 或 JSON 格式的结果时可以看到 Kubernetes 自动补全了未定义的字段，并提供了相应的数据，这部分功能由第 9 章讲到的准入控制器实现。事实上，Kubernetes 的大多数资源都能够以相同的方式创建和查看，而且它们几乎都遵循类似的组织结构。下面的命令显示了第 2 章中使用 kubectl run 命令创建的 Deployment

资源对象 demoapp 的状态信息。

```
~]$ kubectl get deployment demoapp -o yaml
apiVersion: extensions/v1beta1
kind: Deployment
metadata:
......
  name: demoapp
spec:
  replicas: 3
  selector:
    matchLabels:
      run: demoapp
  ......
status:
  ......
```

为了节省篇幅，上面的输出结果中省去了大部分的内容，仅保留了其主体结构。命令结果显示出，它同样遵循 Kubernetes API 标准的资源组织格式，由 apiVersion、kind、metadata、spec 和 status 这 5 个核心字段组成。事实上，对大多数资源来说，apiVersion、kind 和 metadata 字段的功能基本相同，spec 则是资源的期望状态，而资源之所以存在不同类型，是因为它们在该字段内的嵌套属性存在显著差别。

3.2.2　对象元数据

metadata 字段内嵌多个字段以定义对象的元数据，这些字段大体可分为必要字段和可选字段两类。名称空间级别的资源的必选字段如下。

- □ namespace：当前对象隶属的名称空间，默认值为 default。
- □ name：当前对象的名称标识，同一名称空间下同一类型的对象名称必须唯一。
- □ uid：当前对象的唯一标识符，其唯一性仅发生在特定的时间段和名称空间中，主要用于区别拥有同样名字的"已删除"和"重新创建"的同一个名称的对象。

可选字段通常是指那些或由 Kubernetes 系统自行维护和设置，或存在默认值，或本身允许使用空值等一类的字段。常用的可选字段有如下几个。

- □ labels：该资源对象的标签，键值型数据，常被用作标签选择器的挑选条件。
- □ annotations：非标识目的的元数据，键值格式，但不可作为标签选择器的挑选条件，其意义或解释方式一般由客户端自行定义。
- □ resourceVersion：对象的内部版本标识符，用于让客户端确定对象变动与否。
- □ generation：用于标识当前对象目标状态的代别。
- □ creationTimestamp：当前对象创建时的时间戳。
- □ deletionTimestamp：当前对象删除时的时间戳。

配置清单中未在 metadata 字段中明确定义的可选嵌套字段，会由一系列的 finalizer 组件予以自动填充。而当用户需要强制对资源创建的目标资源对象进行校验或者修改时，则要使用 initializer 组件完成，例如，为每个待创建的 Pod 对象添加一个 Sidecar 容器。另外，不同的资源类型也会存在一些其专有的嵌套字段，例如 ConfigMap 资源还支持使用 clusterName 等。

3.2.3　资源的期望状态

Kubernetes API 中定义的大部分资源都有 spec 和 status 两个字段：前一个是声明式 API 风格的期望状态，由用户负责定义而由系统读取；后一个是系统写入的实际观测到的状态，可被用户读取，以了解 API 对象的实际状况。控制器是 Kubernetes 的核心组件之一，负责将用户通过 spec 字段声明的 API 对象状态"真实"反映到集群之上，尤其是创建和更新操作，并持续确保系统观测到并写入 status 的实际状态符合用户期望的状态。

例如，Deployment 是负责编排无状态应用的声明式控制器，当创建一个具体的 Deployment 对象时，需要在其 spec 字段中指定期望运行的 Pod 副本数量、匹配 Pod 对象的标签选择器以及创建 Pod 的模板等。Deployment 控制器读取该对象的 spec 字段中的定义，过滤出符合标签选择器的所有 Pod 对象，并对比该类 Pod 对象的总数与用户期望的副本数量，进行"多退少补"操作，多出的 Pod 会被删除，少的将根据 Pod 模板进行创建，而后将结果保存于 Deployment 对象的 status 字段中。随后，Deployment 控制器在其控制循环中持续监控 status 字段与 spec 的差异，任何不同都将由控制器启动相应操作进行对齐。

然而，出于不同目的分别设计的 API 资源功能不尽相同，它们的期望状态也会有所不同，因而不同资源类型的 spec 字段的定义格式也必然各不相同，具体使用时需要参照 Kubernetes API 参考手册进行了解，核心资源对象的常用配置字段将会在本书后面章节进行讲解。

3.2.4　获取资源配置清单格式文档

在定义资源配置清单时，尽管 apiVersion、kind 和 metadata 有据可循，但 spec 字段对不同的资源来说千差万别，用户难以事先全部掌握，这就不得不参考 Kubernetes API 文档了解各字段的详细使用说明。Kubernetes 的设计和开发人员显然也考虑到了这点，他们直接在系统中内置了这些文档，并提供了具体的打印命令 kubectl explain，该命令将根据给出的对象类型或相应的嵌套字段来显示相关下一级文档。例如，下面的命令能够打印出 Pod 资源的一级字段及其使用格式。

```
~$ kubectl explain pods
```

每个对象的 spec 字段的文档通常会包含 KIND、VERSION、RESOURCE、DESCRIPTION 和 FIELDS 几个小节，其中 FIELDS 一节中给出了可嵌套使用的字段、数据类型及功能描述。各字段的数据类型遵循 JSON 规范，包括数值型、字符串、布尔型、数组或列表、对象和空值等，其中数值型还可分为整型、分数（Fraction）和指数（Exponent）3 种。其中对象类型的字段还可以嵌套其他字段，且每个对象的文档也支持单独打印。例如，查看 Pod 资源内嵌的 Spec 对象支持嵌套使用的二级字段，可使用类似如下命令。

```
~$ kubectl explain pods.spec
KIND:      Pod
VERSION:   v1
RESOURCE: spec <Object>

DESCRIPTION:
     Specification of the desired behavior of the pod. ……

     PodSpec is a description of a pod.

FIELDS:
……
   containers   <[]Object> -required-
     List of containers belonging to the pod. Containers cannot currently be
     added or removed. There must be at least one container in a Pod. Cannot be updated.
……
```

上面命令结果显示，containers 字段的数据类型是对象列表（[]Object），也是一个必选字段（带有 -required- 标记）。任何值为对象类型数据的字段都会嵌套一到多个下一级字段，例如 Pod 对象中的每个容器也是对象型数据，它同样包含嵌套字段，但 Kubernetes 不支持单独创建容器对象，而是容器对象必须包含在 Pod 对象的上下文中。容器的配置文档可通过三级字段获取，命令及其结果示例如下：

```
~$ kubectl explain pods.spec.containers
KIND:      Pod
VERSION:   v1
RESOURCE: containers <[]Object>

DESCRIPTION:
     List of containers belonging to the pod. Containers cannot currently be added
     or removed. There must be at least one container in a Pod. Cannot be updated.

     A single application container that you want to run within a pod.

FIELDS:
   args <[]string>
     Arguments to the entrypoint. The docker image's CMD is used if this is not
     provided. ……

     ……
```

内置文档大大降低了用户手动创建资源配置清单的难度，explain 也的确是用户的常用命令之一。更便捷的配置方式，是以同类型的现有活动对象的清单为模板生成目标资源的配置文件。以活动对象生成配置模板的命令格式为 kubectl get TYPE NAME -o yaml

--export，其中 --export 选项用于省略输出由系统生成的信息，主要是指那些应该由系统生成并写入的 Status 字段的信息。例如，下面的命令能够基于现有的 Deployment 资源对象 demoapp 生成配置模板 deploy-demo.yaml 文件，随后修改该文件中的核心定义即可定义出新的控制器资源：

```
~$ kubectl get deployment demoapp -o yaml --export > deploy-demo.yaml
```

通过资源清单文件管理资源对象较之直接通过命令行进行操作有着诸多优势：命令行的操作方式仅支持部分资源对象的部分属性，而资源清单支持配置资源的所有属性字段，且配置清单文件还能够进行版本追踪和配置复审等高级功能。本书后续章节中的大部分资源管理操作都会借助于资源配置文件进行。

注
意　kubectl get 命令的 --export 选项在 Kubernetes v1.18 版本中正式废弃，但在此前的版本中依然可用。

3.2.5　资源对象管理方式

Kubernetes 的 API Server 遵循声明式编程范式而设计，侧重于构建程序逻辑而无须描述其实现流程，用户只需要设定期望的状态，系统即能依赖相应的控制器自行确定需要执行的操作，以确保达到用户期望的状态。事实上，声明式 API 和控制器模式也是 Kubernetes 的编排等功能赖以实现的根本。

另一种对应的类型称为命令式编程的范式，代码侧重于通过创建一种告诉计算机如何执行操作的算法或步骤来更改程序状态的语句，它与硬件的工作方式密切相关，通常代码将使用条件语句、循环和类继承等控制结构。为了便于用户使用，kubectl 命令也支持命令式的编排功能，用户直接通过命令及其选项就能完成对象管理操作，前面用到的 run、expose、delete 和 get 等命令都属于此类，它们在执行时需要用户告诉系统要做的事情的具体步骤。例如，使用 run 命令创建一个有着 3 个 Pod 对象副本的 Deployment 对象或通过 delete 命令删除一个名为 demoapp 的 Service 对象等。

kubectl 的命令也可大体分为 3 类：命令式命令（imperative command）、命令式对象配置（imperative object configuration）和声明式对象配置（declarative object configuration）。

（1）命令式命令

命令式命令是指将实施于目标对象的操作以选项及选项参数的方式提供给 kubectl 命令，并直接操作 Kubernetes 集群中的活动对象，因而无法提供之前配置的历史记录。这是在集群中运行"一次性"任务的最简单方法。常用的命令式命令如下。

❏ 创建对象：run、expose、autoscale 和 create <objecttype> [<subtype>] <instancename>。

❏ 更新对象：scale、annotate、label、set <field>、edit 和 patch。

❑ 删除对象：delete <type>/<name>。

❑ 查看对象：get、describe 和 logs。

命令式命令简单易用，但无法实现代码复用、修改复审及审计日志等功能。配置跟踪和配置复用的功能要依赖由配置清单承载的"对象配置"，如此用户才能够像管理代码文件一样来管理这类配置清单。写好配置清单并非易事，需要用户深入学习 Kubernetes API，理解并掌握常用对象的常用字段的使用方法，这也是熟练使用 Kubernetes 系统的基础。

配置清单本质上是一个 JSON 或 YAML 格式的文本文件，由资源对象的配置信息组成，支持使用 Git 等进行版本控制。而用户能够以资源清单为基础，在 Kubernetes 系统上选择以命令式或声明式进行资源对象管理，如图 3-4 所示。

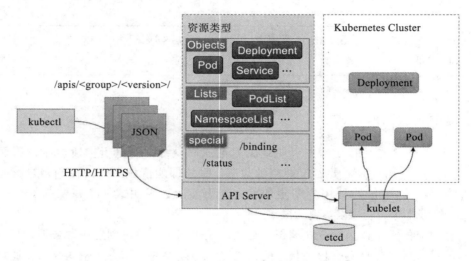

图 3-4　基于资源配置清单管理对象

（2）命令式对象配置

命令式对象配置管理方式包括 create、delete、get 和 replace 等命令。与命令式命令不同，它通过资源配置清单读取要管理的目标资源对象，通用格式为 kubectl create|delete|replace|get -f <filename|url>，其中的 filename 和 url 分别是指以本地文件路径或 URL 来指定配置清单文件。命令式对象配置的管理操作直接作用于活动对象，因而即使修改配置清单中极小的一部分内容，在使用 replace 命令进行对象更新时也将会导致整个对象被完全替换。所以，混合使用命令式命令进行清单文件带外修改时，必然导致用户丢失活动对象的当前状态。

（3）声明式对象配置

声明式对象配置并不直接指明要进行的对象管理操作，而是提供配置清单文件给 Kubernetes 系统，并委托系统来跟踪活动对象的状态变动。资源对象的创建、删除及修改操作全部通过唯一的命令 kubectl apply 完成，且每次操作时，提供给命令的配置信息都将保存在对象的注解信息（kubectl.kubernetes.io/last-applied-configuration）中，它通过对比检查活动对象的当前状态、注解中的配置信息及资源清单中的配置信息进行变更合并，从而实现仅修改变动字段的高级补丁机制。

　　声明式对象配置支持针对目录进行操作，通过在目录中存储多个对象配置文件，然后由 apply 命令递归地创建、更新或删除这些对象，它保留对活动对象所做的更改操作，但并不会将更改合并回对象配置文件中。另外，kubectl diff 命令提供了预览要更改的配置的方法。

- ❑ 创建：kubectl apply -f <directory>/。
- ❑ 更新：kubectl apply -f <directory>/，可以先使用 kubectl diff -f <directory>/ 命令预览。
- ❑ 删除：kubectl apply -f <directory/> --prune -l your=label，建议使用命令式的方法 kubectl delete -f <filename>。
- ❑ 查看：命令式的方法 kubectl get -f <filename|url> -o yaml。

　　命令式对象配置相较于声明式对象配置来说，其缺点还在于同一目录下的配置文件必须同时进行同一种操作，例如要么都创建，要么都更新等，而且其他用户的更新也必须一并反映在配置文件中，否则将在下一次的变动中被覆盖。但声明式对象配置并无此要求或限制，它仅作用于自己声明的各对象，事先不存在的对象会被创建，而已存在对象则会被保留或者修改以吻合声明中的定义，具体操作取决于活动对象的当前状态与用户声明状态的对比结果。

　　声明式对象配置是优先推荐用户使用的管理机制，但对于新手来说，命令式命令的配置方式更易于上手，对系统有所了解后也易于切换为配置清单管理方式。因此，仅推荐高级用户使用声明式配置，建议同时使用版本控制系统存储期望的状态和跨对象的历史信息。

3.3　名称空间

　　由多个独立的团队或项目共享使用的 Kubernetes 集群或许会运行大量彼此无关的工作负载，即便使用需求相对较小，部署的对象数量也可能很快变得难以管理，进而降低操作响应速度并增加发生危险错误的可能性。Kubernetes 使用"名称空间"来帮助降低这种复杂性：通过一个抽象组件将存在关联关系的对象组织成一个逻辑单元进行统一管控，可用于对集群中的任意对象组进行分类、筛选和管理。

 Kubernetes 的名称空间不同于 Linux 系统的名称空间，它们是各自独立的概念。另外，Kubernetes 名称空间并不能实现 Pod 间的通信隔离，它仅用于限制资源对象名称的作用域。

3.3.1 名称空间的作用

名称空间的核心功能在于限制集群上对象名称的作用域：同一类型的资源对象名称在同一个名称空间中必须唯一，但不同名称空间却可为同一类型的资源使用相同的名称。对于某些场景，这种功能有着非常实用的价值，例如名称空间可用于分隔不同应用程序的生命周期环境（例如开发、预发和生产等），从而能够在每个环境中维护具有相同名称的同一类型的资源对象。名称空间本身并不具有网络隔离和访问限制等功能，但它可以作为网络访问控制策略（NetworkPolicy）、授权策略（RBAC）、资源限制策略（ResourceQuota）和Pod安全策略（PodSecurityPolicy）等管理逻辑的承载组件，这也是支撑集群"多租户"机制的基础组件。

Kubernetes API 使用 Namespace 资源类型来表示名称空间，它自身是集群级别（或称为全局级别）的资源，不能嵌套于其他名称空间，但 Kubernetes 的绝大多数资源类型都隶属于名称空间级别，例如 Pod、Service、Deployment 和 StatefulSet 等。而集群级别的资源类型除了 Namespace 外还有 Node 和 PersistentVolume 等，它们的名称标识作用域为集群全局。

默认情况下，Kubernetes 集群会内置如下 4 个名称空间，其中第 4 个名称空间是为 kubelet 引入租约机制后才新增的。

❑ default：创建名称空间级别的资源对象，但未指定从属的名称空间时将默认使用 defaut 名称空间。

❑ kube-public：用于为集群上的所有用户（包括匿名用户）提供一个公共可用的名称空间，保留给集群使用，以防某些资源在整个集群中公开可见；该名称空间的公共属性仅是约定，并非强制要求。

❑ kube-system：用于部署与 Kubernetes 系统自身相关的组件，例如 kube-proxy、CNI 网络插件，甚至是 kube-apiserver、kube-controller-manager 和 kube-scheduler 等控制平面组件的静态 Pod 等；不建议在该名称空间中运行与系统无关的工作负载。

❑ kube-node-lease：目前是专用于放置 kubelet lease 对象的名称空间，这些对象对于 Kubernetes 系统自身健康运行至关重要；因而同样不建议在该名称空间中运行与系统无关的工作负载。

kubectl get namespaces 命令可以查看系统上的 namespaces 资源：

```
~$ kubectl get namespaces
NAME             STATUS   AGE
default          Active   2d
kube-node-lease  Active   2d
kube-public      Active   2d
kube-system      Active   2d
```

对于那些隶属名称空间级别的资源，通过 API 对其进行管理操作时必须明确指定名称空间，kubectl 命令经常使用的选项 -n 或 --namespace 就用于此目的。例如，下面用于查看 kube-system 下的所有 Pod 资源的命令：

```
~$ kubectl get pods -n kube-system
```

细心的读者可以看到内置各名称空间下的资源可能各不相同，但有时也可具有相同名称的同类型资源，这正是 Namespace 资源名称隔离功能的具体体现。

3.3.2　管理 Namespace 资源

Kubernetes Namespace 资源的管理支持 3 种方式，用户可按需选择最适合的一种。本节将以 Namespace 对象为例详细说明这 3 种操作方式的用法。不过，出于版本控制等目的，建议读者在非测试场景中使用命令式对象配置或声明式对象配置的管理机制。

1. 命令式命令

命令式命令的管理通常是针对集群上的活动对象直接进行，用户或管理员针对指定的资源运行 create、get、describe、edit 和 delete 命令即能完成资源的创建、查看、编辑和删除等基础管理操作。以 Namespace 资源为例，创建名称空间要使用 kubectl create namespace 命令，例如，下面的命令创建了名为 myns 的名称空间。

```
~$ kubectl create namespace myns
namespace/myns created
```

 注意　Namespace 资源的名称仅能由字母、数字、连接线、下划线等字符组成。

get 命令默认显示资源对象简要状态信息，而使用 -o yaml 或 -o json 选项。get 命令能够返回资源对象的元数据、期望的状态及当前状态等信息，这些其实是 Kubernetes 保存的当前 API 对象的完整规范定义，只不过 status 是由系统自己填充的。以 Namespace 对象 myns 为例的命令及结果如下所示。

```
~$ kubectl get namespaces myns -o yaml
apiVersion: v1
kind: Namespace
metadata:
  creationTimestamp: "2020-07-12T04:54:10Z"
  name: myns
  resourceVersion: "690155"
  selfLink: /api/v1/namespaces/myns
  uid: 289acccc-73b7-42da-9eb3-d7e8080256be
spec:
  finalizers:
  - kubernetes
status:
  phase: Active
```

get 命令也能够借助 --custom-columns 选项自定义要显示的字段，例如下面的命令只显示了 myns 名称空间的简要信息中的 Name 字段。

```
~$ kubectl get namespaces/myns -o custom-columns=NAME:metadata.name
NAME
myns
```

若要打印活动对象的详细信息，则需要用到 kubectl describe 命令，该命令可根据资源清单、资源名或卷标等方式过滤输出符合条件的资源对象的信息。命令格式为 kubectl describe TYPE/NAME。例如，显示 myns 名称空间的详细信息，可使用类似如下命令。

```
~$ kubectl describe namespace myns
Name:          myns
Labels:        <none>
Annotations:   <none>
Status:        Active

No resource quota.

No LimitRange resource.
```

对于 Namespace 资源来说，describe 命令能够返回活动对象的名称、标签、注解、状态、资源配额（Resource Quota）和资源限制范围（Limit Range）等信息。不同资源类型的详细描述各不相同，但这些详情对于了解目标资源对象的状态或进行错误排查等操作来说至关重要。资源配额用于跟踪名称空间中资源的总体使用情况，以及让管理员定义名称空间可以消耗的硬资源上限，而限制范围用于定义单个实体可以在 Namespace 中消耗的资源量的最小及最大约束，后面的章节对这两个概念将有详细描述。

对于活动对象，并非其每个属性值都支持修改，例如 Namespace 对象的 metadata.name 字段就不支持修改，除非删除并重建它。对于那些支持修改的属性，可以使用 kubectl edit TYPE NAME 命令进行编辑，该命令会首先使用 get 命令获取目标对象的配置清单并保存在临时文件中，打开默认编辑器（由 EDITOR 或 KUBE_EDITOR 环境变量定义）进行编辑，在保存后提交（声明式操作命令 apply）到系统之上。例如下面的命令可打开 myns 名称空间的配置的编辑界面，不过，名称空间资源并无太多可直接编辑的配置，因此一般很少会有修改需求，但也有些类型的资源（例如 Service 和 Deployment 等）的编辑操作很常见。

```
~$ kubectl edit namespaces myns
```

不再需要的名称空间可以使用 kubectl delete 命令予以删除，但删除名称空间会级联清除其内部部署的所有资源，因而它是一个便捷、强大但又非常危险的命令。在删除之前列出其内部所有资源并再三确认各资源是否仍被需要应该被视作一个常规步骤。管理员切不可对 Kubernetes 内置的名称空间进行删除操作，当然，对于不再包含任何资源的自定义名称空间，通常可以安全删除。

```
~$ kubectl get all -n myns
No resources found in myns namespace.
~$ kubectl delete namespaces myns
namespace "myns" deleted
```

表 3-1 给出了几个常用的删除命令格式。

表 3-1　结合名称空间使用的删除命令

命令格式	功　能
kubectl delete TYPE RESOURCE -n NS	删除指定名称空间内的指定资源
kubectl delete TYPE --all -n NS	删除指定名称空间内的指定类型的所有资源
kubectl delete all --all -n NS	删除指定名称空间内的所有类型的所有资源

2. 命令式对象配置

命令式对象配置管理机制，是将资源操作命令作用于资源对象的配置清单进行的管理操作，常用的命令有 create、delete、replace、get 和 describe 等。与前一节命令式命令的格式不同，这些命令都要使用 -f FILENAME 选项从配置清单中读取资源对象的相关信息，这也是将它称为命令式对象配置的主要原因。

绝大多数 API 资源对象的配置格式都遵循 3.2 节中描述的资源对象配置规范，主要由 apiVersin、kind、metadata 和 spec 这 4 个一级字段组成，其中，spec 是定义期望状态的核心所在。Namespace 资源对象的配置格式文档可通过 kubectl explain namespaces 命令得到。下面的配置清单定义了一个名为 demo 的 Namespace 对象：

```
apiVersion: v1
kind: Namespace
metadata:
  name: demo
spec:
  finalizers:
  - kubernetes
```

Namespace 对象仅支持在 spec 中定义期望使用的终结器（finalizer，也称为垃圾收集器），用于让监测者在删除名称空间时清除相关的资源，它是个可选字段，且目前仅支持使用 kubernetes 作为其属性值。在 Namespace 对象上指定了不存在的终结器时并不影响创建操作，但删除该 Namespace 对象的操作将会被"卡住"，即删除操作将一直停留在 Terminating 状态。

 提示　如果读者熟悉 JSON，也可直接将清单文件定义为 JSON 格式；YAML 格式的清单文件本身也是由 API Server 事先将其转换为 JSON 格式而后才进行应用。

把上面的配置清单保存于以 .yaml 或 .yml 结尾的文本格式的文件中，例如 ns-demo.

yaml，使用 kubectl [COMMAND] -f /PATH/TO/YAML_FILE 命令就能够使用命令式对象配置进行资源对象创建，下面是相应的命令及响应结果。

```
$ kubectl create -f ns-demo.yaml
namespace/demo created
```

命令的返回信息表示 Namespace 对象 demo 得以成功创建。事实上，create 命令中的 -f 选项也支持使用目录路径或 URL，而且目标路径为目录时，还支持使用 -R 选项进行子目录递归。另外，--record 选项可以把命令本身记录为目标对象的注解信息 kubernetes.io/change-cause，而 --save-config 选项则能够把提供给命令的资源对象配置信息保存于对象的注解信息 kubectl.kubernetes.io/last-applied-configuration 中，后一个选项的功能与声明式对象配置命令 apply 的功能相近。

对于命令式对象配置来说，查看对象的配置或状态依然要通过 get 或 describe 命令进行，但要以 -f FILENAME 选项从指定配置清单中的 metadata.name 字段获取目标资源对象。

```
~$ kubectl get -f ns-demo.yaml
NAME    STATUS    AGE
demo    Active    4s
```

kubectl replace 命令提供了一种替换式对象更新机制，它删除了配置清单中目标资源的名称对应的现存对象，并基于配置清单重新创建了一个同名的该类型对象，因此这是一种破坏性更新（disruptive update）机制。同时为命令使用 --force[=true] 选项可实现立即执行删除操作而无视宽限期（grace-period）的定义。该命令仅支持更新操作，若目标对象不存在时，则会报错并终止。例如，以前面创建的 Namespace 对象 demo 为例，删除其指定的终结器，首先需要将其 spec.finalizers 字段的值修改为空值，如下所示。

```
apiVersion: v1
kind: Namespace
metadata:
  name: demo
spec:
  finalizers:
```

将上面的配置清单保存于指定的配置清单，例如 ns-demo-v2.yaml，而后使用下面的命令即可完成替换操作，即删除 demo 之后进行重新创建。我们已经知道，删除名称空间时会删除其内部的所有资源，因此这种修改操作的破坏性毋庸置疑，务必要谨慎使用。实践中，Namespace 对象几乎不存在修改的需求，该操作仅是用于描述 replace 命令的用法。

```
~$ kubectl replace --force -f ns-demo-v2.yaml
namespace "demo" deleted
namespace/demo replaced
```

命令式对象配置的删除操作同样使用 delete 命令，它同样基于配置清单获取目标对象的资源类型及名称标识，而后针对相应的对象执行删除操作。例如，如下命令可删除前面创建的 demo 名称空间。再次提醒，删除名称空间将级联删除其内部的所有资源。

```
$ kubectl delete -f ns-demo.yaml
namespace "demo" deleted
```

有时候，名称空间的正常删除操作可能会莫名卡在 Terminating 状态。常用的解决方案是获取并保存目标 Namespace 对象的 JSON 格式的配置清单，将 spec.finalizers 字段的值置空，而后手动终止相应的名称空间对象即可。以 demo 为例，首先获取其当前配置：

```
~$ kubectl get namespaces/demo -o json > ns-demo-term.json
```

编辑 ns-demo-term.json 文件，将其中的 spec.finalizers 的配置部分修改为如下所示：

```
......
  "spec": {
    "finalizers": [
    ]
  },
......
```

而后运行如下命令手动终止 demo 名称空间：

```
~$ kubectl replace --raw "/api/v1/namespaces/demo/finalize" -f ns-demo-term.json
```

3. 声明式对象配置

在命令式对象配置管理机制中，若同时指定了多个资源，则这些资源必须进行同一种操作（不可以有的进行创建，而另外一些进行更新等），而且更新操作的 replace 命令通过完全替换现有活动对象进行资源更新操作，对于生产环境来说，这并非理想的选择。声明式对象配置操作在管理资源对象时会把配置信息保存在目标对象的注解中，并通过比较活动对象的当前配置、前一次管理操作时保存于注解中的配置，以及当前命令提供配置生成更新补丁从而完成活动对象的补丁式更新操作。

例如，创建前面 ns-demo.yaml 中定义的名称空间，可以直接使用如下命令进行：

```
~$ kubectl apply -f ns-demo.yaml
namespace/demo created
```

若 apply 的目标对象于集群中已然存在，且活动对象的当前配置、上一次管理操作时保存于注解中的存储，以及当前配置清单中的配置存在不同之外，则执行的是更新操作。否则，活动对象将保持不变。例如，将前面 ns-demo-v2.yaml 文件定义的配置 apply 到集群中实现更新操作的命令如下。

```
~$ kubectl apply -f ns-demo-v2.yaml
namespace/demo configured
```

命令结果显示资源重新配置完成并已经生效。事实上，此类操作也完全能够使用 patch 命令直接进行补丁操作。而资源对象的删除操作依然可使用 apply 命令，但要同时使用 --prune 选项，命令的格式为 kubectl apply -f <directory/> --prune -l <labels>。需要注意的是，此命令异常"凶险",因为它将基于标签选择器过滤出所有符合条件的对象,并检查由 -f 指定的目录中是否存在某配置文件定义的相应资源对象,那些不存在相应定义的资源对象将被删除。因此,需要删除资源对象时,依然建议使用命令式对象配置的命令 kubectl delete 进行,这样的命令格式操作目标明确且不易出现偏差。

3.4　节点资源

　　Kubernetes 把工作节点也抽象成了名为 Node 的 API 资源,但在现实中,工作节点是指需要运行 kubelet、kube-proxy 和以 docker 或 containerd 为代表的容器运行时这 3 个关键组件的物理服务器或虚拟机,其核心任务在于以 Pod 形式运行工作负载,而这些工作负载将消耗节点上的计算资源(CPU 和内存),必要时还会占用一定的存储资源。显然,在创建一个 Node 资源对象时,Kubernetes 内部无法真正构建出这个主机设备来,而是仅创建了一个资源对象来代表该主机,真正的主机设备需要由集群外部的云服务商创建或由管理员手动创建。

3.4.1　节点心跳与节点租约

　　节点控制器负责 Node 对象生命周期中的多个管理任务,包括节点注册到集群时的 CIDR 分配、与服务器交互以维护可用节点列表,以及监控节点的健康状态等。对于每一个 Node 对象,节点控制器都会根据其元数据字段 metadata.name 执行健康状态检查,以验证节点是否可用。可用的节点意味着它已经运行 kubelet、kube-proxy 和容器运行时,满足了运行 Pod 的基本条件。对于那些不可用的节点,Kubernetes 将持续对其进行健康状态检测,直到变为可用节点或由管理员手动删除相应的 Node 对象为止。

　　kubelet 是运行于节点之上的主代理程序,它负责从 API Server 接收并执行由自身承载的 Pod 管理任务,并需要向 Master 上报自身运行状态(心跳消息)以维持集群正常运行。在 Kubernetes 1.13 版本之前,节点心跳通过 NodeStatus 信息每 10 秒发送一次。如果在参数 node-monitor-grace-period 指定的时长内(默认为 40 秒)没有收到心跳信息,节点控制器将把相应节点标记为 NotReady,而如果在参数 pod-eviction-timeout 指定的时长内仍然没有收到节点的心跳信息,则节点控制器将开始从该节点驱逐 Pod 对象。

　　考虑到节点之上维持的容器镜像和存储卷等信息,NodeStatus 信息在节点上有着较多镜像和存储卷的场景中可能会变得较大,进而也必将影响到 etcd 的存储效率,因此 Kubernetes 1.13 版本引入了与 NodeStatus 协同工作的更加轻便且可扩展的心跳指示器——节点租约(node lease)。每个节点的 kubelet 负责在专用的名称空间 kube-node-lease 中创建一个与节点同名的 Lease 对象以表示心跳信息,该资源隶属于名为 coordination.k8s.io 的新内置 API 群组。

```
~$ kubectl get leases -n kube-node-lease
NAME                      HOLDER                    AGE
k8s-master01.ilinux.io    k8s-master01.ilinux.io    3d
k8s-master02.ilinux.io    k8s-master02.ilinux.io    3d
k8s-master03.ilinux.io    k8s-master03.ilinux.io    3d
k8s-node01.ilinux.io      k8s-node01.ilinux.io      3d
k8s-node02.ilinux.io      k8s-node02.ilinux.io      3d
k8s-node03.ilinux.io      k8s-node03.ilinux.io      3d
```

节点租约与 NodeStatus 协同工作的逻辑如下：

❑ Kubelet 定期更新自己的 Lease 对象，默认为 10 秒钟；

❑ Kubelet 定期（默认为 10 秒）计算一次 NodeStatus，但并不直接上报给 Master；

❑ 仅 NodeStatus 发生变动，或者已经超过了由参数 node-status-update-period 指定的时长（默认为 5 分钟）时，kubelet 将发送 NodeStatus 心跳给 Master。

无论是 NodeStatus 还是 Lease 对象的更新，都会被节点控制器视为给定的 kubelet 健康状态信息，但承载节点信息的 NodeStatus 的平均频次被大大降低，从而显著降低了 etcd 存储数据的压力，有效改善了系统性能。

3.4.2　节点状态

节点状态信息可使用 kubectl describe nodes [NODE] 命令予以打印，它通常包括节点地址（Addresses）、系统属性（System Info）、租约（Lease）、污点（Taints）、不可调度性（Unschedulable）、状况（Conditions）、系统容量（Capacity）、已分资源量（Allocated resources）、可分配容量（Allocatable）和 Pod 的可用地址池（PodCIDR 和 PodCIDRs）等。

节点地址包括节点 IP 地址和主机名，其中节点地址包括 InternalIP 和 ExternalIP，前者用于集群内部通信，后者是能够从集群外部路由并访问的 IP 地址。Pod 可用地址池则是指为当前节点中运行的 Pod 对象分配 IP 地址的 CIDR 格式的网络，若存在多个可用 CIDR 网络，则将其保存在 PodCIDRs 属性中。系统信息用于描述主机 ID、主机操作系统及标识（UUID）、内核版本、平台架构、kubelet 程序版本、kube-proxy 程序版本和容器运行时及版本等节点通用信息，它们由 kubelet 从其所在的节点收集而来。

系统容量用于描述节点上的总体可用资源：CPU、临时存储（指节点本地可被容器作为存储卷使用的存储空间）、大内存页、内存空间，以及可以调度到节点上的 Pod 对象的最大数量等，可分配容量则描述这些资源剩余总量。为了便于同 Kubernetes 上的"资源"区分开来，CPU 和内存通常被称为计算资源，而临时存储空间则被称为存储资源。

```
Capacity:
  cpu:                 2
  ephemeral-storage:   39043456Ki
  hugepages-1Gi:       0
  hugepages-2Mi:       0
  memory:              1941648Ki
```

```
  pods:                 110
Allocatable:
  cpu:                  2
  ephemeral-storage:    35982448991
  hugepages-1Gi:        0
  hugepages-2Mi:        0
  memory:               1839248Ki
  pods:                 110
```

已分配资源量用于描述当前节点上 CPU、内存和临时存储资源的已分配比例。Kubernetes 系统上的每个 Pod 在创建时可分别声明其计算资源及存储资源的需求量（request）和限制量（limit），需求量表示运行时一个 Pod 必须确保的某项最小资源，而限制量表示该 Pod 能够申请占用的某项资源的上限。在已分配资源量中，Requests 代表所有 Pod 对象声明的资源需求量之和所占节点资源的比例，而 Limits 则表示所有 Pod 对象声明的资源限制量之和所占节点资源的比例。

```
Allocated resources:
  (Total limits may be over 100 percent, i.e., overcommitted.)
  Resource           Requests         Limits
  --------           --------         ------
  cpu                100m (5%)        100m (5%)
  memory             50Mi (2%)        50Mi (2%)
  ephemeral-storage  0 (0%)           0 (0%)
```

Kubernetes 调度器负责确保每个节点上所有 Pod 对象的总容量需求不会超过节点拥有容量，它计算已有的资源占用量时包括所有由 Scheduler 调度以及 kubelet 自身启动的 Pod 对象，但不包括由容器运行时自行启动的容器，也不包括容器外运行的任何进程。若需要为非 Pod 进程显式保留资源，需要使用 --system-reserved 和 --reserved-cpus 等选项进行定义。

Conditions 字段则用于描述节点当前所处的"境况"或者"条件"，每个条件都需要用布尔型值来表达其满足与否的状态，可用条件及其意义如表 3-2 所示。

表 3-2　节点 Conditions 字段说明

节点状况	状况表示的意义
OutOfDisk	True 表示节点的空闲磁盘空间已经不足以支撑新增 Pod，否则为 False
Ready	Ture 表示节点健康且准备好接收 Pod，False 表示不健康且无法接收 Pod，Unknown 表示在最近的 40 秒内未收到节点的 NodeStatus
MemotryPressure	True 表示内存资源存在压力，可用空间不足，否则为 False
PIDPressure	True 表示进程数量存在压力，即进程过多，否则为 False
DiskPressure	True 表示磁盘存在压力，即磁盘可用量低，否则为 False
NetworkUnavailable	True 表示网络配置不正确，否则为 False

一旦 Ready 条件的值不为 True 的时长超过 kube-controller-manager 程序的 --pod-eviction-timeout 选项指定的值（默认为 5 分钟），则该节点上的所有 Pod 对象都将被节点控制器计算

删除。不过，当 kubelet 无法同 Master 通信时，必然无法接收到删除 Pod 对象的指令，但调度器可能已经将这些 Pod 的替代实例指派到了其他健康的节点之上运行。

3.4.3　手动管理 Node 资源与节点

借助 kubconfig 配置文件连接并认证到 API Server 后，kubelet 默认会主动将自身注册到 API Server，创建 Node 对象，并报告自身的 CPU 资源和内存资源的容量。若管理员希望手动创建 Node 对象，则应该将 --register-node 选项的值设定为 False，同时需要手动设置节点的 CPU、内存和临时存储等资源的容量。

下面的配置清单定义了名为 temp-node.ilinux.io 的 Node 对象，定义中仅给出了 Pod 可用地址池，并未明确定义节点的容量及其他属性值。

```
apiVersion: v1
kind: Node
metadata:
  name: temp-node.ilinux.io
spec:
  podCIDR: 10.244.6.0/24
  podCIDRs: [10.244.6.0/24]
```

使用命令式对象配置或声明式对象配置即可把该资源创建于集群之上，那些未明确定义的字段通常会以默认值填充。命令及响应结果如下所示：

```
~$ kubectl create -f node-demo.yaml
node/temp-node.ilinux.io created
```

随后可运行 get 命令打印该 Node 对象的状态信息，若主机名 temp-node.ilinux.io 无法正常解析，或解析结果对应的地址不可达，则其 STATUS 为 Unknow，且 1 分钟之后变为 NotReady。

```
~$ kubectl get nodes/temp-node.ilinux.io
NAME                   STATUS     ROLES    AGE    VERSION
temp-node.ilinux.io    Unknown    <none>   11s
```

通过 describe 命令打印出的详细描述信息可以看出，该节点并不存在 Capacity 和 Allocable 状态信息，Conditions 中的各条件均为 Unknown，未设置 Lease 对象，且 System Info 的各属性值亦为空值。限于篇幅，下面的命令只给出部分结果。

```
~ $ kubectl describe node/temp-node.ilinux.io
……
Lease:
  HolderIdentity:    <unset>
  AcquireTime:       <unset>
  RenewTime:         <unset>
……
```

管理员随后部署一个名为 temp-node.ilinux.io 的工作节点，该名称可被集群正确解析到该节点的 IP 地址，关闭 kubelet 的自动注册功能，将其连接、认证到 API Server 之上即可将该工作节点以手动创建 Node 对象的方式加入集群中。若不打算加入对应的工作节点，就需要在测试完成之后将对象删除，以避免节点控制器持续对其进行健康状态监测。

```
~$ kubectl delete node/temp-node.ilinux.io
node "temp-node.ilinux.io" deleted
```

考虑到系统维护或硬件升级等原因，管理员有时候需要手动重启或下线某个工作节点，安全的操作步骤是先手动禁止调度器继续向该节点调度新的 Pod 对象以封锁（cordon）该节点，但封锁操作并不会影响节点上现有的 Pod 对象，接下来还需要正常逐出该节点上运行着的工作负载以"排空"（drain）该节点。

封锁节点的命令是 kubectl cordon，它专用于 Node 对象，因此命令中无须指明资源类型。例如，下面的命令可封锁 k8s-node03 节点。被封锁的节点的状态会在 Ready 后多一个 SchedulingDisabled。

```
~$ kubectl cordon k8s-node03.ilinux.io
node/k8s-node03.ilinux.io cordoned
~$ kubectl get nodes/k8s-node03.ilinux.io
NAME                     STATUS                  ROLES    AGE    VERSION
k8s-node03.ilinux.io     Ready,SchedulingDisabled    <none>   24d    v1.17.3
```

> 🛈 **注意**　封锁工作节点对 DaemonSet 控制器创建的 Pod 对象无效。

排空节点的目的是确保正常终止 Pod 对象，因此容器应该处理 SIGTERM 信号以关闭与客户端的活动连接，并干净彻底地提交或回滚数据库事务等，随后才能安全地由其他工作节点启动的同类实例所替代。

```
~$ kubectl drain nodes/k8s-node03.ilinux.io
node/k8s-node03.ilinux.io already cordoned
node/k8s-node03.ilinux.io drained
```

由命令结果可以看出，排空命令自身也会先封锁目标节点而后再进行排空操作，即完成封锁和排空两个步骤，故而不必事先进行单独的封锁操作。不过，仅期望封锁工作节点时，cordon 命令显然更适用。随后，无论是运行 cordon 还是 drain 命令，若期望工作节点回归正常工作状态，都需要使用 uncordo 命令对节点进行解封。

```
~$ kubectl uncordon nodes/k8s-node03.ilinux.io
node/k8s-node03.ilinux.io uncordoned
```

需要注意的是，drain 默认只能排空受控制器（如 Deployment、DaemonSet 或 StatefulSet 等）管理的 Pod 对象，而不受控于控制器的 Pod（例如静态 Pod）则会阻止命令的运行。如果要忽略这种阻止操作，可以为 drain 附加 --force 选项，以清理系统级 Pod 对象。

3.5　标签与标签选择器

标签是 Kubernetes 极具特色的功能之一。它是附加在 Kubernetes 任何资源对象之上的键值型数据，常用于标签选择器的匹配度检查，从而完成资源筛选。Kubernetes 系统的部分基础功能的实现也要依赖标签和标签选择器，例如 Service 筛选并关联后端 Pod 对象，由 ReplicaSet、StatefulSet 和 DaemonSet 等控制器过滤并关联后端 Pod 对象等，从而提升用户的资源管理效率。

3.5.1　资源标签

标签可在资源创建时直接指定，也可随时按需添加在活动对象上。一个对象可拥有不止一个标签，而同一个标签也可添加至多个对象之上。在实践中，可以为资源附加多个不同维度的标签以实现灵活的资源分组管理功能，例如版本标签、环境标签、分层架构标签等，用于交叉标识同一个资源所属的不同版本、环境及架构层级等。下面是较为常用的标签。

- ❑ 版本标签："release" : "stable"，"release" : "canary"，"release" : "beta"。
- ❑ 环境标签："environment" : "dev"，"environment" : "qa"，"environment" : "prod"。
- ❑ 应用标签："app" : "ui"，"app" : "as"，"app" : "pc"，"app" : "sc"。
- ❑ 架构层级标签："tier" : "frontend"，"tier" : "backend"，"tier" : "cache"。
- ❑ 分区标签："partition" : "customerA"，"partition" : "customerB"。
- ❑ 品控级别标签："track" : "daily"，"track" : "weekly"。

标签中的键名称通常由"键前缀"和"键名"组成，其格式形如 KEY_PREFIX/KEY_NAME，键前缀为可选部分。键名至多能使用 63 个字符，支持字母、数字、连接号（-）、下划线（_）、点号（.）等字符，且只能以字母或数字开头。而键前缀必须为 DNS 子域名格式，且不能超过 253 个字符。省略键前缀时，键将被视为用户的私有数据。由 Kubernetes 系统组件或第三方组件自动为用户资源添加的键必须使用键前缀，kubernetes.io/ 和 k8s.io/ 前缀预留给了 Kubernetes 的核心组件使用，例如 Node 对象上常用的 kubernetes.io/os、kubernetes.io/arch 和 kubernetes.io/hostname 等。

标签的键值必须不能多于 63 个字符，键值要么为空，要么以字母或数字开头及结尾，且中间只能使用字母、数字、连接号（-）、下划线（_）或点号（.）等字符。

⏻提示　在实践中，建议键名及键值能做到"见名知义"且尽可能保持简单。

创建资源时，可直接在其 metadata 中嵌套使用 labels 字段定义要附加的标签项。例如在下面的 Namespace 资源配置清单文件中，示例 ns-with-labels.yaml 中使用了两个标签，env=dev 和 app=eshop。

```
apiVersion: v1
kind: Namespace
metadata:
  name: eshop
  labels:
    app: eshop
    env: dev
spec:
  finalizers:
  - kubernetes
```

根据该配置清单创建出定义的 Namespace 对象之后，即可在 kubectl get namespaces 命令中使用 --show-labels 选项，以额外显示对象的标签信息。

```
~$ kubectl apply -f ns-with-labels.yaml
namespace/eshop created
~$ kubectl get namespaces eshop --show-labels
NAME    STATUS    AGE    LABELS
demoapp Active    11s    app=eshop,env=dev
```

标签较多时，在 kubectl get 命令上使用 -L key1,key2,⋯选项可指定有特定键的标签信息。例如，仅显示 eshop 名称空间上的 env 和 app 标签：

```
~$ kubectl get namespaces eshop -L env,app
NAME      STATUS   AGE    ENV   APP
eshop     Active   89s    dev   eshop
```

kubectl label 命令可直接管理活动对象的标签，以按需进行添加或修改等操作。例如为 eshop 名称空间添加 release=beta 标签：

```
~$ kubectl label namespaces/eshop release=beta
namespace/eshop labeled
```

不过，对于已经附带了指定键名的标签，使用 kubectl label 为其设定新的键值时需同时使用 --overwrite 命令，以强制覆盖原有键值。例如，将 eshop 名称空间的 release 标签值修改为 canary：

```
~$ kubectl label namespaces/eshop release=canary --overwrite
namespace/eshop labeled
```

删除活动对象上的标签时同样要使用 kubectl label 命令，但仅需要指定标签名称并紧跟一个减号"-"，例如，下面的命令首先删除 eshop 名称空间中的 env 标签，而后显示其现有的所有标签：

```
~$ kubectl label namespaces/eshop env-
namespace/eshop labeled
~$ kubectl get namespaces eshop --show-labels
NAME      STATUS   AGE      LABELS
eshop     Active   6m46s    app=eshop,release=beta
```

　　用户若期望对某标签下的资源集合执行某类操作，例如查看或删除等，需要先使用标签选择器挑选出符合条件的资源对象。

3.5.2　标签选择器

　　标签选择器用于表达标签的查询条件或选择标准，目前 Kubernetes API 支持两个选择器：基于等值关系（equality-based）的标签选项器与基于集合关系（set-based）的标签选择器。同时，在指定多个选择器时需要以逗号分隔，各选择器之间遵循逻辑"与"，即必须要满足所有条件，而且空值的选择器将不选择任何对象。

　　基于等值关系的标签选择器的可用操作符有 =、== 和 !=，其中前两个意义相同，都表示"等值"关系，最后一个表示"不等"。例如 env=dev 和 env!=prod 都是基于等值关系的选择器。基于集合的标签选择器则根据标签名的一组值进行筛选，它支持 in、notin 和 exists 这 3 种操作符，例如 tier in (frontend,backend) 表示所有包含 tier 标签且其值为 frontend 或 backend 的资源对象。

　　kubectl get 命令的"-l"选项能够指定使用标签选择器筛选目标资源，例如，如下命令显示标签 release 的值不等于 beta，且标签 app 的值等于 eshop 的所有名称空间：

```
~$ kubectl get namespaces -l 'release!=beta,app=eshop' -L app,release
NAME      STATUS      AGE     APP     RELEASE
eshop     Active      60m     eshop   canary
```

　　基于集合关系的标签选择器用于基于一组值进行过滤，它支持 in、notin 和 exists 3 种操作符，各操作符的使用格式及意义如下。

- ❑ KEY in (VALUE1,VALUE2,…)：指定键名的值存在于给定的列表中即满足条件。
- ❑ KEY notin (VALUE1,VALUE2,…)：指定键名的值不存在于给定列表中即满足条件。
- ❑ KEY：所有存在此键名标签的资源。
- ❑ !KEY：所有不存在此键名标签的资源。

　　例如，下面的命令可以过滤出标签键名 release 的值为 beta 或 canary 的所有 Namespace 对象：

```
~$ kubectl get namespaces -l 'release in (beta,canary)' -L release
NAME      STATUS      AGE     RELEASE
eshop     Active      63m     canary
```

　　再如，下面的命令可以列出集群中拥有 node-role.kubernetes.io 标签的各 Node 对象：

```
~$ kubectl get nodes -l 'node-role.kubernetes.io/master' -L kubernetes.io/hostname
NAME                    STATUS    ROLES    AGE    VERSION    HOSTNAME
k8s-master01.ilinux.io  Ready     master   25d    v1.17.3    k8s-master01.ilinux.io
k8s-master02.ilinux.io  Ready     master   25d    v1.17.3    k8s-master02.ilinux.io
k8s-master03.ilinux.io  Ready     master   25d    v1.17.3    k8s-master03.ilinux.io
```

注意 为了避免叹号（!）被 shell 解释器解析，必须要为此类表达式使用单引号。

此外，Kubernetes 的诸多资源对象必须以标签选择器的方式关联到 Pod 资源对象，例如 Service 资源在 spec 字段中嵌套使用 selector 字段定义标签选择器，而 Deployment 与 StatefulSet 等资源在 selector 字段中通过 matchLabels 和 matchExpressions 构造复杂的标签选择机制。

- matchLabels：直接给定键值对指定标签选择器。
- matchExpressions：基于表达式指定的标签选择器列表，每个选择器形如 {key: KEY_NAME, operator: OPERATOR, values: [VALUE1,VALUE2,…]}，选择器列表间为"逻辑与"关系；使用 In 或 NotIn 操作符时，其 values 必须为非空的字符串列表，而使用 Exists 或 DostNotExist 时，其 values 必须为空。

下面的资源清单片段是一个示例，它同时定义了两类标签选择器。

```
selector:
  matchLabels:
    component: redis
  matchExpressions:
    - {key: tier, operator: In, values: [cache]}
    - {key: environment, operator: Exists, values:}
```

标签赋予了 Kubernetes 灵活操作资源对象的能力，它也是 Service 和 Deployment 等核心资源类型得以实现的基本前提。

3.6 资源注解

除了标签之外，Kubernetes 的 API 对象还支持使用资源注解（annotations）。类似于标签，注解也是键值型数据，不过它不能用作标签，也不能用于挑选 API 对象。资源注解的核心目的是为资源提供"元数据"信息，但注解的值不受字符数量的限制，它可大可小，可以是结构化或非结构化形式，也支持在标签中禁用其他字符。

资源注解可由用户手动添加，也可由工具程序自动附加并使用。在 Kubernetes 的新版本（Alpha 或 Beta 阶段）中计划为某资源引入新字段时常以注解方式提供，以避免字段名称变更、增删等变动给用户带去困扰，一旦确定使用这些新增字段，则将其引入资源规范中并淘汰相关的注解信息。另外，为资源添加注解也可让其他用户快速了解资源的相关信息，例如创建者身份等。以下为常用的场景案例。

- 由声明式配置（例如 apply 命令）管理的字段：将这些字段定义为注解，有助于识别由服务器或客户端设定的默认值、系统自动生成的字段以及由自动伸缩系统生成的字段。

❑ 构建、发行或镜像相关的信息，例如时间戳、发行 ID、Git 分支、PR 号码、镜像哈希及仓库地址等。

❑ 指向日志、监控、分析或审计仓库的指针。

❑ 由客户端库或工具程序生成的用于调试目的的信息：例如名称、版本、构建信息等。

❑ 用户或工具程序的来源地信息，例如来自其他生态系统组件的相关对象的 URL。

❑ 轻量化滚动升级工具的元数据，例如 config 及 checkpoints。

❑ 相关人员的电话号码等联系信息，或指向类似信息的可寻址的目录条目，例如网站站点。

kubectl get -o yaml 和 kubectl describe 命令均能显示资源的注解信息。例如，下面的命令打印出了节点对象 k8s-master01.ilinux.io 的注解信息：

```
~ $ kubectl get nodes k8s-master01.ilinux.io -o yaml
apiVersion: v1
kind: Node
metadata:
  annotations:
    flannel.alpha.coreos.com/backend-data: '{"VtepMAC":"da:49:da:c7:8c:a1"}'
    flannel.alpha.coreos.com/backend-type: vxlan
    flannel.alpha.coreos.com/kube-subnet-manager: "true"
    flannel.alpha.coreos.com/public-ip: 172.29.9.1
    kubeadm.alpha.kubernetes.io/cri-socket: /var/run/dockershim.sock
    node.alpha.kubernetes.io/ttl: "0"
    volumes.kubernetes.io/controller-managed-attach-detach: "true"
  creationTimestamp: "2020-02-16T06:23:03Z"
......
```

annotations 可在资源创建时由 metadata.annotations 字段指定，也可随时按需在活动的资源上使用 kubectl annotate 命令进行添加。例如，可以使用下面的命令为 eshop 名称空间添加注解：

```
~$ kubectl annotate namespaces/eshop ilinux.io/created-by='cluster admin'
namespace/eshop annotated
```

删除活动对象上的注解时同样要使用 kubectl annotate 命令，但仅需指定注解键名并紧跟一个减号 "–" 即可。例如，下面的命令会删除 eshop 名称空间中的 ilinux.io/created-by 注解：

```
~$ kubectl annotate namespaces/eshop ilinux.io/created-by-
namespace/eshop annotated
```

有些应用程序还支持通过注解信息进行高级配置，例如 ingress-nginx 提供了众多专用的注解，以允许用户向应用注入指定的高级配置。在下面配置清单中的 Ingress 资源示例中，注解 nginx.org/server-snippets 还使用了多行值的格式。

```
apiVersion: networking.k8s.io/v1beta1
kind: Ingress
```

```
metadata:
  name: cafe-ingress-with-annotations
  annotations:
    nginx.org/proxy-connect-timeout: "30s"
    nginx.org/proxy-read-timeout: "20s"
    nginx.org/client-max-body-size: "4m"
    nginx.org/server-snippets: |
      location / {
        return 302 /somewhere;
      }
spec:
  rules:
  ......
```

Nginx 的 Ingress Controller 对应的 Pod 对象在读取 Ingress 配置清单时会将注解中给定的配置转换为 Nginx 程序的配置信息，并由相应的进程加载使用。

3.7 本章小结

本章介绍了 Kubernetes 系统上常用的资源对象类型及其管理方式，在说明 kubectl 命令行工具的基础用法后，又借助 Namespace 资源对象简单说明了其使用方式。

- ❑ Kubernetes 提供了 RESTful 风格的 API，它将各类组件均抽象为"资源"，并通过属性赋值完成实例化；各资源的实际管理操作，例如创建和更新等，则由其对应的控制器完成。
- ❑ Kubernetes API 支持的资源类型众多，包括 Node、Namespace、Pod、Service、Deployment、ConfigMap 等上百种；标准格式的资源配置大多由 kind、apiVersion、metadata、spec 和 status 等一级属性字段组成，其中 spec 是由用户定义的期望状态，而 status 则是由系统维护的当前状态。
- ❑ Kubernetes API 主要提供的是声明式对象配置接口，但它也支持命令式命令及命令式对象配置的管理方式；kubectl 命令功能众多，它通过子命令完成不同的任务，例如 create、delete、edit、replace、apply 等。
- ❑ Namespace 用于为 Kubernetes 提供"虚拟集群"，它也是标准的 API 资源类型，但属于集群级别。
- ❑ 工作节点同样被抽象成了 API 资源，但节点控制器无法真正创建出 Node 对象对应的设备，需要由外部云服务商提供，或由管理员手动提供。
- ❑ 标签和注解是资源的两个非常重要的特性，前者供标签选择器进行资源筛选，后者用于为资源提供元数据信息。

## 第 4 章

应用部署、运行与管理

Kubernetes 是分布式运行于多个主机之上、负责运行及管理应用程序的"云操作系统"或"云原生应用操作系统",它将 Pod 作为运行应用的最小化组件和基础调度单元。因而 Pod 是 Kubernetes 资源对象模型中可由用户创建或部署的最小化应用组件,而大多数其他 API 资源基本都是负责支撑和扩展 Pod 功能的组件。因此,本章将重点介绍如何部署、运行并管理 Kubernetes 之上的 Pod 对象。

4.1 应用容器与 Pod 资源

封装了应用容器的 Pod 资源代表运行在 Kubernetes 系统之上的进程或进程组,它可由单个容器或少量具有强耦合关系并共享资源的容器组成,用于抽象、组织和管理集群之上的应用进程。本节重点解析 Pod 内部组织和管理容器的方式。

4.1.1 Pod 资源基础

现代应用容器技术用来运行单个进程(包括子进程),它在容器中 PID 名称空间中的进程号为 1,可直接接收并处理信号,因而该进程终止也将导致容器终止并退出。这种设计使得容器与内部进程具有共同的生命周期,更容易发现和判定故障,也更利于对单个应用程序按需求进行扩容和缩容。单进程容器可将应用日志直接送往标准输出(STDOUT)和标准错误(STDERR),有利于让容器引擎及容器编排工具获取、存储和管理。因此,一个容器中仅应该运行一个进程是应用容器"立身之本",这也是 Docker 及 Kubernetes 使用容器的标准方式。

凡事有利就有弊，单进程模型的应用容器显然不利于有 IPC 通信等需求的多个具有强耦合关系的进程间的协同，除非在组织这类容器时人为地让它们运行于同一内核之上共享 IPC 名称空间。于是，跨多个主机运行的容器编排系统需要能够描述这种容器间的强耦合关系，并确保它们始终能够被调度至集群中的同一个节点之上，Kubernetes 为应对这种需求发明了 Pod 这一抽象概念，并将其设计为顶级 API 对象，是集群的"一等公民"。

事实上，任何人都能够配置容器运行时工具（例如 Docker CLI）来控制容器组内各容器之间的共享级别：首先创建一个基础容器作为父容器，而后使用必要的命令选项来创建与父容器共享指定环境的新容器，并管理好这些容器的生命周期即可。Kubernetes 使用名为 pause 的容器作为 Pod 中所有容器的父容器来支撑这种构想，因而也被称为 Pod 的基础架构容器，如图 4-1 所示。若用户为 Pod 启用了 PID 名称空间共享功能，pause 容器还能够作为同一 Pod 的各容器的 1 号 PID 进程以回收僵尸进程。不过，Kubernetes 默认不会为 Pod 内的各容器共享 PID 名称空间，它依赖于用户的显式设定。

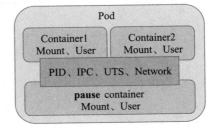

图 4-1 Pod 内的容器共享 PID、Network、IPC 和 UTS 名称空间

Pod 除了是一组共享特定名称空间的容器的集合之外，其设计还隐藏了容器运行时复杂的命令行选项以及管理容器实例、存储卷及其他资源的复杂性，也隐藏了不同容器运行时彼此间的差异。从而让最终用户只需要掌握 Pod 资源配置格式便能够创建并运行容器，且无须关心具体的运行时就能够平滑地在不同的 OCI 容器运行时之间迁移容器。

同一 Pod 中，这些共享 PID、IPC、Network 和 UTS 名称空间的容器彼此间可通过 IPC 通信，共享使用主机名和网络接口、IP 地址、端口和路由等各种网络资源，因而各容器进程能够通过 lo 网络接口通信且不能使用相同的网络套接字地址。尽管可以把 Pod 类比为物理机或虚拟机，但一个 Pod 内通常仅应该运行具有强耦合关系的容器，否则除了 pause 以外，只应该存在单个容器，或者只存在单个主容器和一个以上的辅助类容器（例如服务网格中的 Sidecar 容器等），这也更符合单进程应用容器的设计初衷。

例如，对于典型的传统三层应用来说，处理业务的服务器应用和数据库管理系统就应该分别组织在不同的 Pod 中，毕竟二者之间虽然存在通信需求，但并不存在强耦合关系。更重要的是，因为运行于不同的 Pod 中，这两个应用的 Pod 有可能被调度至不同的工作节点之上，从而能更好地利用分布于集群中的计算资源和存储资源。再者，考虑到服务器应用和数据库系统各自需要应对的请求量和业务处理压力，它们在容量设计上也会存在不同需求，运行于各自的 Pod 中更有利于独立扩容和缩容操作。究竟哪些容器应该组织在同一个 Pod 中，以及如何组织，我们将在下一节详细描述。

Pod 本身并不能自愈，因工作节点故障或计算资源吃紧、管理需求以及 Pod 自身故障等，集群中的每个 Pod 都存在被删除的可能性，Kubernetes 可使用 kubelet 和控制器件来

"复活"这种被弃用的 Pod 对象，并进行其他管理工作。因此，我们一般不应该手动创建这些"裸"Pod，而要通过控制器对象，并借助于"Pod 模板"来创建和管理。另外，重建或者重新调度"复活"的 Pod 对象虽然与原 Pod 具有相同的名称，然则二者并非完全等同，极有可能被分配了一个新的 IP 地址，再考虑到 Pod 应用的水平伸缩导致的同一应用的 Pod 对象的规模变动，因而便有了 Service 资源这个中间层结合 KubeDNS 进行服务发现。再者，跨工作节点生命周期实现 Pod 应用数据持久化存储的能力，则要依赖另一种称为 Volume 的资源来实现。后面的几章会分别介绍控制器、Service 和 Volume 的相关话题。

4.1.2　容器设计模式

软件工程领域，设计模式是对软件设计中普遍存在或反复出现的各种问题而提出的通用解决方案。对于使用容器和微服务的云原生应用程序，同样存在实现类似功能的设计模式，它们被称为微服务设计模式或容器设计模式。这些设计模式蕴含着最佳实践，它们能简化开发并有效增强基于容器和微服务的分布式系统的可靠性。

Google 的 Brendan Burns 和 David Oppenheimer 在论文 *Design patterns for container-based distributed systems* 描述了基于容器的分布式系统中出现的 3 类设计模式：①单容器模式；②由强耦合容器协同共生的单节点模式（例如 Pod），即单节点多容器模式；③基于特定部署单元（Pod）实现分布式算法的多节点模式。这些容器设计模式也代表了它们可以在 Kubernetes 运行的模式，即于 Pod 中组织容器的机制。

1. 单容器模式

单容器模式就是指将应用程序封装为应用容器运行，这也是我们开始容器技术之旅的方式。需要特别强调的一点是，该模式需要遵循简单和单一原则，每个容器仅承载一种工作负载，因而在同一个容器中同时运行 Web 服务器和日志收集代理程序便违反了该设计原则。

传统的容器管理接口极为有限，尽管它暴露的 run、pause 和 stop 这 3 个管理接口相当有用，但是更丰富的接口将为开发者及运维人员赋予更多的管理能力。现代的编程语言几乎普遍支持 HTTP Web 服务和 JSON 数据格式，因而云应用程序开发人员可以在应用程序的核心功能之外轻松定义一个基于 HTTP 的管理 API，并通过特定的 URL 端点予以暴露。

2. 单节点多容器模式

单节点多容器模式是指跨容器的设计模式，其目的是在单个主机之上同时运行多个共生关系的容器，因而容器管理系统需要将它们作为一个原子单位进行统一调度。Kubernetes 编排系统设计的 Pod 概念就是这个设计模式的实现之一。

若多个容器间存在强耦合关系，它们具有完全相同的生命周期，或者必须运行于同一节点之上时，通常应该将它们置于同一个 Pod 中，较常见的情况是为主容器并行运行一个助理式管理进程。单节点多容器模式的常见实现有 Sidecar（边车）、适配器（Adapter）、大使（Ambassador）、初始化（Initializer）容器模式等。

（1）Sidecar 模式

Sidecar 模式是多容器系统设计的最常用模式，它由一个主应用程序（通常是 Web 应用程序）以及一个辅助容器（Sidecar 容器）组成，该辅助容器用于为主容器提供辅助服务以增强主容器的功能，是主应用程序是必不可少的一部分，但却不一定非得存在于应用程序本身内部。Sidecar 模式如图 4-2 所示。

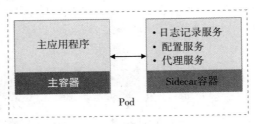

图 4-2 Sidecar 模式

最常见的 Sidecar 容器是日志记录服务、数据同步服务、配置服务和代理服务等。对于主容器应用的每个实例，Sidecar 的实例都被部署并托管在它旁边，主容器与 Sidecar 容器具有相同的生命周期，毕竟主容器未运行时，运行 Sidecar 容器并无实际意义。尽管完全可以将 Sidecar 容器集成到主容器内部，但是使用不同的容器来进行处理不同功能还是存在较多的优势：

❑ 辅助应用的运行时环境和编程语言与主应用程序无关，因而无须为每种编程语言分别开发一个辅助工具；

❑ 二者可基于 IPC、lo 接口或共享存储进行数据交换，不存在明显的通信延迟；

❑ 容器镜像是发布的基本单位，将主应用与辅助应用划分为两个容器使得其可由不同团队开发和维护，从而变得方便及高效，单独测试及集成测试也变得可能；

❑ 容器限制了故障边界，使得系统整体可以优雅降级，例如 Sidecar 容器异常时，主容器仍可继续提供服务；

❑ 容器是部署的基本单元，每个功能模块均可独立部署及回滚。

事实上，这些优势对于其他模型来说同样存在。

（2）大使模式

云原生应用程序需要诸如断路、路由、计量和监视等功能，以及具有进行与网络相关的配置更新的功能，但更新旧有的应用程序或现有代码库以添加这些功能可能很困难，甚至难以实现，进程外代理便成了一种有效的解决方案。大使模式（见图 4-3）本质上就是这么一类代理程序，它代表主容器发送网络请求至外部环境中，因此可以将其视作与客户端（主容器应用）位于同一位置的"外交官"。

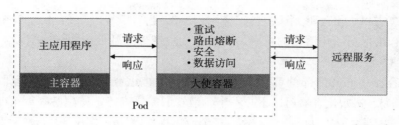

图 4-3　大使模式

　　大使模式的最佳用例之一是提供对数据库的访问。实践中，开发环境、测试环境和生产环境中的主应用程序可能需要分别连接到不同的数据库服务。尽管使用环境变量可配置主容器应用完成此类功能，但更好的方案是让应用程序始终通过 localhost 连接至大使容器，而如何正确连接到目标数据的责任则由大使容器完成。另外，需要以智能客户端连接至外部的分布式数据库时（例如 Redis Cluster 等），也可以使用大使来扮演此类的客户端程序。

　　代理会增加网络开销并导致一定的延迟，因而对延迟敏感的应用应该仔细权衡模式的得失。

　　（3）适配器模式

　　适配器模式（见图 4-4）用于为主应用程序提供一致的接口，实现了模块重用，支持标准化和规范化主容器应用程序的输出以便于外部服务进行聚合。相比较来说，大使模式为内部容器提供了简化统一的外部服务视图，适配器模式则刚好反过来，它通过标准化容器的输出和接口，为外界展示了一个简化的应用视图。

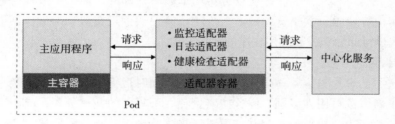

图 4-4　适配器模式

　　一个实际的例子就是借助于适配器容器确保系统内的所有容器提供统一的监控接口。如今应用通过各种各样的方式暴露不尽相同的指标格式（例如 JMX 和 Statsd 等），而通过一个固定的监控接口暴露指标将有助于分布式应用的监控工具收集、聚合及可视化等功能。尽管目前一些监控解决方案支持与多种类型的后端通信，但这种在监控系统内部置入与特定应用程序相关的代码却有违代码解耦及整洁性。

　　（4）初始化容器模式

　　初始化容器模式（见图 4-5）负责以不同于主容器的生命周期来完成那些必要的初始化任务，包括在文件系统上设置必要的特殊权限、数据库模式设置或为主应用程序提供初始数据等。但这些初始化逻辑无法包含在应用程序的镜像文件中，或者出于安全原因，应用程序镜像没有执行初始化活动的权限，再或者用户期望能延迟应用程序启动，直到外部环境满足其启动条件为止。

初始化容器将 Pod 内部的容器分成了两组：初始化容器和应用程序容器（主容器和 Sidecar 容器等），初始化容器可以不止一个，但它们需要以特定的顺序串行运行，并需要在启动应用程序容器之前成功终止。不过，多个应用程序容器一般需要并行启动和运行。

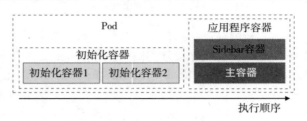

图 4-5　初始化容器模式

就 Kubernetes 来说，除了初始化容器之外，还有一些其他可用的初始化技术，例如 admission controllers、admission webhooks 和 PodPresets 等。

3. 多节点模式

多节点模式就是将分布式应用的每个任务实例分布于多个节点，分别以单节点模式运行，并以更高级的形式进行彼此通信和协同的更高级模式。典型的分布式应用程序具有许多以协调方式并行执行的任务，这些任务可能依赖于外部的协调机制来确保各任务实例互不冲突，以避免导致争抢共享资源或者意外干扰其他实例正在执行的工作。下面描述了几种以容器方式运行的分布式云应用程序的设计模式。

（1）领导者选举模式

领导者选举的思想是，若一个分布式应用支持同时运行某一任务的多个无差别、完全对等实例以提高服务可用性级别，但这些实例存在可写入的共享资源，或者支持将复杂计算分割为多个并行执行的任务实例并需要对结果进行聚合时，就需要选举一个实例来充当领导者以对其他下属任务实例的操作进行协调。运行相同的代码的每个实例都可能被选举为领导者，因而必须确保选举流程正确进行，以防止两个或更多实例同时接管领导者角色。一个系统也可能并行运行多个选举流程，例如每个数据分片子集需要分别选举各自的领导者等。图 4-6 为领导者选举模式示意图。

以 etcd、ZooKeeper 和 Consul 为代表的主流选举服务或存储系统业已相当成熟，但配套用于选举的代码库对特定业务领域的程序员来说通常难以掌握和正确使用，且因编程语言而限制了适用范围，于是通过为每个分布式应用程序的每个任务实例外挂一个选举容器协同进行领导者选举便成了不错的解决方案。这些能够提供选举能力的容器可以由分布式协同领域的专业人员提供，相关代码编译一次之后该容器即可由各类编程语言的开发者所复用。

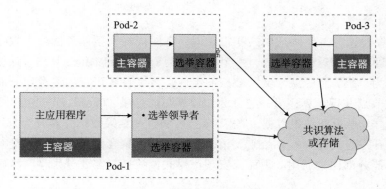

图 4-6　领导者选举模式

（2）工作队列模式

分布式应用程序的各组件间存在大量的事件传递需求，当某应用组件需要将信息广播至大量订阅者时，可能需要与多个独立开发的，可能使用了不同平台、编程语言和通信协议的应用程序或服务通信，并且无须订阅者实时响应地通信，此时工作队列模式将是较为适用的解决方案。它具有解耦子系统、提高伸缩能力和可靠性、支持延迟事件处理、简化异构组件间的集成等优势。图 4-7 为工作队列模式示意图。

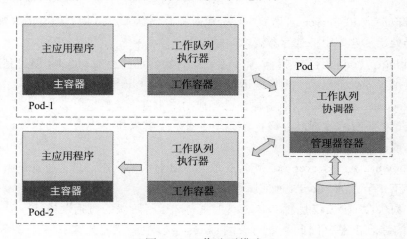

图 4-7　工作队列模式

类似领导者选举模式，工作队列模式也受益于容器技术。工作队列已被深入研究并且有许多框架进行了实现，但这些框架同样受限于编程语言或存在实现不完整的问题。容器实现的接口支持开发人员便捷地创建出一个通用队列的容器，而后创建另一个支持接受输入数据并将其转换为目标数据格式的容器作为可重用框架容器，以便能够让主应用程序轻松使用工作队列。

（3）分散／聚集

分散／聚集模式与工作队列模式非常相似，它同样将大型任务拆分为较小的任务，区别是容器会立即将响应返回给用户，一个很好的例子是 MapReduce 算法。该模式需要两类组件：一个称为"根"节点或"父"节点的组件，将来自客户端的请求切分成多个小任务并分散到多个节点并行计算；另一类称为"计算"节点或"叶子"节点，每个节点负责运行一部分任务分片并返回结果数据，"根"节点收集这些结果数据并聚合为有意义的数据返回给客户端。开发这类分布式系统需要请求扇出、结果聚合以及与客户端交互等大量的模板代码，但大部分都比较通用。因而要实现该模式，我们只需要分别将两类组件各自构建为容器即可。

4.1.3　Pod 的生命周期

Pod 对象从创建开始至终止退出之间的时间称为其生命周期，这段时间里的某个时间点，Pod 会处于某个特定的运行阶段或相位（phase），以概括描述其在生命周期中所处的位置。Kubernetes 为 Pod 资源严格定义了 5 种相位，并将特定 Pod 对象的当前相位存储在其内部的子对象 PodStatus 的 phase 字段上，因而它总是应该处于其生命进程中以下几个相位之一。

❑ Pending：API Server 创建了 Pod 资源对象并已存入 etcd 中，但它尚未被调度完成，或仍处于从仓库中下载容器镜像的过程中。

❑ Running：Pod 已经被调度至某节点，所有容器都已经被 kubelet 创建完成，且至少有一个容器处于启动、重启或运行过程中。

❑ Succeeded：Pod 中的所有容器都已经成功终止且不会再重启。

❑ Failed：所有容器都已经终止，但至少有一个容器终止失败，即容器以非 0 状态码退出或已经被系统终止。

❑ Unknown：API Server 无法正常获取到 Pod 对象的状态信息，通常是由于其无法与所在工作节点的 kubelet 通信所致。

需要注意的是，阶段仅是对 Pod 对象生命周期运行阶段的概括性描述，而非 Pod 或内部容器状态的综合汇总，因此 Pod 对象的 status 字段中的状态值未必一定是可用的相位，它也有可能是 Pod 的某个错误状态，例如 CrashLoopBackOff 或 Error 等。

Pod 资源的核心职责是运行和维护称为主容器的应用程序容器，在其整个生命周期之中的多种可选行为也是围绕更好地实现该功能而进行，如图 4-8 所示。其中，初始化容器（init container）是常用的 Pod 环境初始化方式，健康状态检测（startupProbe、livenessProbe 和 readinessProbe）为编排工具提供了监测容器运行状态的编程接口，而事件钩子（preStop 和 postStart）则赋予了应用容器读取来自编排工具上自定义事件的机制。尽管健康状态检测也可归入较为重要的操作环节，但这其中仅创建和运行主容器是必要任务，其他都可根据需要在创建 Pod 对象时按需定义。

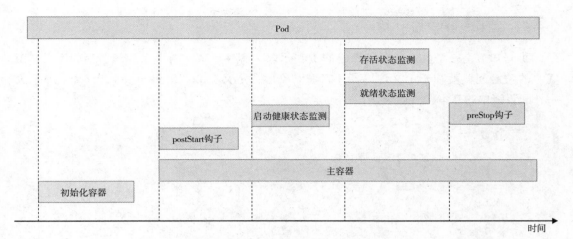

图 4-8　Pod 的生命周期

若用户给出了上述全部定义，则一个 Pod 对象生命周期的运行步骤如下。

1）在启动包括初始化容器在内的任何容器之前先创建 pause 基础容器，它初始化 Pod 环境并为后续加入的容器提供共享的名称空间。

2）按顺序以串行方式运行用户定义的各个初始化容器进行 Pod 环境初始化；任何一个初始化容器运行失败都将导致 Pod 创建失败，并按其 restartPolicy 的策略进行处理，默认为重启。

3）待所有初始化容器成功完成后，启动应用程序容器，多容器 Pod 环境中，此步骤会并行启动所有应用容器，例如主容器和 Sidecar 容器，它们各自按其定义展开其生命周期；本步骤及后面的几个步骤都将以主容器为例进行说明；容器启动的那一刻会同时运行主容器上定义的 PostStart 钩子事件，该步骤失败将导致相关容器被重启。

4）运行容器启动健康状态监测（startupProbe），判定容器是否启动成功；该步骤失败，同样参照 restartPolicy 定义的策略进行处理；未定义时，默认状态为 Success。

5）容器启动成功后，定期进行存活状态监测（liveness）和就绪状态监测（readiness）；存活状态监测失败将导致容器重启，而就绪状态监测失败会使得该容器从其所属的 Service 对象的可用端点列表中移除。

6）终止 Pod 对象时，会先运行 preStop 钩子事件，并在宽限期（terminationGrace-PeriodSeconds）结束后终止主容器，宽限期默认为 30 秒。

4.2　在 Pod 中运行应用

Pod 资源中可同时存在初始化容器、应用容器和临时容器 3 种类型的容器，不过创建并运行一个具体的 Pod 对象时，仅有应用容器是必选项，并且可以仅为其定义单个容器。本节重点说明如何在 Pod 中简单使用应用容器。

4.2.1 使用单容器 Pod 资源

我们知道，一个 Pod 对象的核心职责在于以主容器形式运行单个应用，因而定义 API 资源的关键配置就在于定义该容器，它以对象形式定义在 Pod 对象的 spec.containers 字段中，配置清单的基本格式如下：

```
apiVersion: v1
kind: Pod
metadata:
  name: ⋯                    # Pod 的标识名，在名称空间中必须唯一
  namespace: ⋯               # 该 Pod 所属的名称空间，省略时使用默认名称空间，例如 default
spec:
  containers:                # 定义容器，它是一个列表对象，可包括多个容器的定义，至少得有一个
  - name: ⋯                  # 容器名称，必选字段，在当前 Pod 中必须唯一
    image: ⋯                 # 创建容器时使用的镜像
    imagePullPolicy: ⋯       # 容器镜像下载策略，可选字段
```

image 虽为可选字段，这只是为方便更高级别的管理类资源（例如 Deployment 等）能覆盖它以实现某种高级管理功能而设置，对于非控制器管理的自主式 Pod（或称为裸 Pod）来说并不能省略该字段。下面是一个 Pod 资源清单示例文件，它仅指定了运行一个由 ikubernetes/demoapp:v1.0 镜像启动的主容器 demo，该 Pod 对象位于 default 名称空间。

```
apiVersion: v1
kind: Pod
metadata:
  name: pod-demo
  namespace: default
spec:
  containers:
  - name: demo
    image: ikubernetes/demoapp:v1.0
    imagePullPolicy: IfNotPresent
```

把上面的内容保存于配置文件中，例如 pod-demo.yaml，随后即可使用 kubectl apply 或 kubectl create 命令进行资源对象创建，下面是相应的命令及响应结果。

```
~$ kubectl apply -f pod-demo.yaml
pod/pod-demo created
```

该 Pod 对象由调度器绑定至特定工作节点后，由相应的 kubelet 负责创建和维护，实时状态也将同步给 API Server 并由其存储至 etcd 中。Pod 创建并尝试启动的过程中，可能会经历 Pending、ContainerCreating、Running 等多种不同的状态，若 Pod 可正常启动，则 kubectl get pods/POD 命令输出字段中的状态（STATUS）则显示为 Running，如下面的命令及结果所示，使用默认的名称空间时，其中的 -n 选项及参数 default 可以省略。

```
~$ kubectl get pods/pod-demo -n default
NAME READY   STATUS RESTARTS  AGE
pod-demo 1/1    Running  0       5m
```

随后即可对 Pod 中运行着的主容器的服务发起访问请求。镜像 demoapp 默认运行了一个 Web 服务程序，该服务监听 TCP 协议的 80 端口，镜像可通过 "/"、/hostname、/user-agent、/livez、/readyz 和 /configs 等路径服务于客户端的请求。例如，下面的命令先获取到 Pod 的 IP 地址，而后对其支持的 Web 资源路径 / 和 /user-agent 分别发出了一个访问请求：

```
~$ demoIP=$(kubectl get pods/pod-demo -o jsonpath={.status.podIP})
~ $ curl -s http://$demoIP
iKubernetes demoapp v1.0 ! ClientIP: 10.244.0.0, ServerName: pod-demo, ServerIP:
10.244.2.3!
~$ curl -s http://$demoIP/user-agent
User-Agent: curl/7.58.0
```

Kubernetes 系统支持用户自定义容器镜像文件的获取策略，例如在网络资源较为紧张时可以禁止从仓库中获取镜像文件，或者不允许使用工作节点本地镜像等。容器的 imagePullPolicy 字段用于为其指定镜像获取策略，它的可用值包括如下几个。

❑ Always：每次启动 Pod 时都要从指定的仓库下载镜像。

❑ IfNotPresent：仅本地镜像缺失时方才从目标仓库 wp 下载镜像。

❑ Never：禁止从仓库下载镜像，仅使用本地镜像。

对于标签为 latest 的镜像文件，其默认的镜像获取策略为 Always，其他标签的镜像，默认策略则为 IfNotPresent。需要注意的是，从私有仓库中下载镜像时通常需要事先到 Registry 服务器认证后才能进行。认证过程要么需要在相关节点上交互式执行 docker login 命令，要么将认证信息定义为专有的 Secret 资源，并配置 Pod 通过 imagePullSecretes 字段调用此认证信息完成。第 9 章会介绍此功能及其实现。

删除 Pod 对象则使用 kubectl delete 命令。

❑ 命令式命令：kubectl delete pods/NAME。

❑ 命令式对象配置：kubectl delete -f FILENAME。

若删除后 Pod 一直处于 Terminating 状态，则可再一次执行删除命令，并同时使用 --force 和 --grace-period=0 选项进行强制删除。

4.2.2 获取 Pod 与容器状态详情

资源创建或运行过程中偶尔会因故出现异常，此时用户需要充分获取相关的状态及配置信息以便确定问题所在。另外，在对资源对象进行创建或修改完成后，也需要通过其详细的状态信息来了解操作成功与否。kubectl 有多个子命令，用于从不同角度显示对象的状态信息，这些信息有助于用户了解对象的运行状态、属性详情等。

❑ kubectl describe：显示资源的详情，包括运行状态、事件等信息，但不同的资源类型输出内容不尽相同。

❑ kubectl logs：查看 Pod 对象中容器输出到控制台的日志信息；当 Pod 中运行有多个容器时，需要使用选项 -c 指定容器名称。

❑ kubectl exec：在 Pod 对象某容器内运行指定的程序，其功能类似于 docker exec 命令，可用于了解容器各方面的相关信息或执行必需的设定操作等，具体功能取决于容器内可用的程序。

下面通过具体的示例来说明这 3 个命令的使用方式及命令结果中重要字段的意义。

1. 打印 Pod 对象的状态

kubectl describe pods/NAME -n NAMESPACE 命令可打印 Pod 对象的详细描述信息，包括 events 和 controllers 等关系的子对象等，它会输出许多字段，不同的需求场景中，用户可能会关注不同维度的输出，但 Priority、Status、Containers 和 Events 等字段通常是重点关注的目标字段，各级别的多数输出字段基本都可以见名知义。

另外，也可以通过 kubectl get pods/POD -o yaml|json 命令的 status 字段来了解 Pod 的状态详情，它保存有 Pod 对象的当前状态。如下命令显示了 pod-demo 的状态信息，结果输出做了尽可能的省略。

```
~$ kubectl get pods/pod-demo -o yaml
status:
  conditions:
  - lastProbeTime: null
    lastTransitionTime: "2020-08-16T03:36:48Z"
    message: 'containers with unready status: [demo]'
    reason: ContainersNotReady
    status: "False"
    type: ContainersReady
    ……
  containerStatuses:          # 容器级别的状态信息
  - containerID: docker://……
    image: ikubernetes/demoapp:v1.0
    imageID: docker-pullable://ikubernetes/demoapp@sha256:……
    lastState: {}             # 前一次的状态
    name: demo
    ready: true               # 是否已经就绪
    restartCount: 0           # 重启次数
    started: true
    state:                    # 当前状态
      running:
        startedAt: "2020-08-16T03:36:48Z"    # 启动时间
  hostIP: 172.29.9.12         # 节点IP
  phase: Running              # Pod当前的相位
  podIP: 10.244.2.3           # Pod的主IP地址
  podIPs:                     # Pod上的所有IP地址
  - ip: 10.244.2.3
  qosClass: BestEffort        # QoS类别
```

上面的命令结果中，conditions 字段是一个称为 PodConditions 的数组，它记录了 Pod 所处的"境况"或者"条件"，其中的每个数组元素都可能由如下 6 个字段组成。

❑ lastProbeTime：上次进行 Pod 探测时的时间戳。

❑ lastTransitionTime：Pod 上次发生状态转换的时间戳。

❑ message：上次状态转换相关的易读格式信息。

❑ reason：上次状态转换原因，用驼峰格式的单个单词表示。

❑ status：是否为状态信息，可取值有 True、False 和 Unknown。

❑ type ：境况的类型或名称，有 4 个固定值；PodScheduled 表示已经与节点绑定；Ready 表示已经就绪，可服务客户端请求；Initialized 表示所有的初始化容器都已经成功启动；ContainersReady 则表示所有容器均已就绪。

另外，containerStatuses 字段描述了 Pod 中各容器的相关状态信息，包括容器 ID、镜像和镜像 ID、上一次的状态、名称、启动与否、就绪与否、重启次数和状态等。随着系统的运行，该 Pod 对象的状态可能会因各种原因发生变动，例如程序自身 bug 导致的故障、工作节点资源耗尽引起的驱逐等，用户可根据需要随时请求查看这些信息，甚至将其纳入监控系统中进行实时监控和告警。

2. 查看容器日志

规范化组织的应用容器一般仅运行单个应用程序，其日志信息均通过标准输出和标准错误输出直接打印至控制台，kubectl logs POD [-c CONTAINER] 命令可直接获取并打印这些日志，不过，若 Pod 对象中仅运行有一个容器，则可以省略 -c 选项及容器名称。例如，下面的命令打印了 pod-demo 中唯一的主容器的控制台日志：

```
~$ kubectl logs pod-demo
* Running on http://0.0.0.0:80/ (Press CTRL+C to quit)
172.29.9.1 - - [16/Aug/2020 03:54:42] "GET / HTTP/1.1" 200 -
172.29.9.11 - - [16/Aug/2020 03:54:50] "GET / HTTP/1.1" 200 -
```

需要注意的是，日志查看命令仅能用于打印存在于 Kubernetes 系统上的 Pod 中容器的日志，对于已经删除的 Pod 对象，其容器日志信息将无从获取。日志信息是用于辅助用户获取容器中应用程序运行状态的最有效途径之一，也是重要的排错手段，因此通常要使用集中式的日志服务器统一收集存储各 Pod 对象中容器的日志信息。

3. 在容器中额外运行其他程序

运行着非交互式进程的容器中缺省运行的唯一进程及其子进程启动后，容器即进入独立、隔离的运行状态。对容器内各种详情的了解需要穿透容器边界进入其中运行其他应用程序进行，kubectl exec 可以让用户在 Pod 的某容器中运行用户所需要的任何存在于容器中的程序。在 kubectl logs 获取的信息不够全面时，此命令可以通过在 Pod 中运行其他指定的命令（前提是容器中存在此程序）来辅助用户获取更多信息。一个更便捷的使用接口是直接交互式运行容器中的某 shell 程序。例如，直接查看 Pod 中的容器运行的进程：

```
~$ kubectl exec pod-demo -- ps aux
PID   USER      TIME  COMMAND
   1 root      0:01 python3 /usr/local/bin/demo.py
   8 root      0:00 ps aux
```

 注意 如果 Pod 对象中运行时有多个容器，运行程序时还需要使用 -c <container_name> 选项指定运行程序的容器名称。

有时候需要打开容器的交互式 shell 接口以方便多次执行命令，为 kubectl exec 命令额外使用 -it 选项，并指定运行镜像中可用的 shell 程序就能进入交互式接口。如下示例中，命令后的斜体部分表示在容器的交互式接口中执行的命令。

```
~$ kubectl -it exec pod-demo /bin/sh
[root@pod-demo /]# hostname
pod-demo
[root@pod-demo /]# netstat -tnl
Active Internet connections (only servers)
Proto Recv-Q Send-Q Local Address       Foreign Address      State
tcp    0      0 0.0.0.0:80            0.0.0.0:*             LISTEN
```

上述 3 个命令输出的信息对于了解应用运行状态，以及获取资源详细信息进行故障排除等有着非常重要的提示作用，因而也是 Kubernetes 用户最为常用命令。

4.2.3　自定义容器应用与参数

容器镜像启动容器时运行的默认应用程序由其 Dockerfile 文件中的 ENTRYPOINT 指令进行定义，传递给程序的参数则通过 CMD 指令设定，ETRYPOINT 指令不存在时，CMD 可同时指定程序及其参数。例如，要了解镜像 ikubernetes/demoapp:v1.0 中定义的 ENTRYPOINT 和 CMD，可以在任何存在此镜像的节点上执行类似如下命令来获取：

```
~# docker inspect ikubernetes/demoapp:v1.0 -f {{.Config.Entrypoint}}
[/bin/sh -c python3 /usr/local/bin/demo.py]
~# docker inspect ikubernetes/demoapp:v1.0 -f {{.Config.Cmd}}
[]
```

Pod 配置中，spec.containers[].command 字段可在容器上指定非镜像默认运行的应用程序，且可同时使用 spec.containers[].args 字段进行参数传递，它们将覆盖镜像中默认定义的参数。若定义了 args 字段，该字段值将作为参数传递给镜像中默认指定运行的应用程序；而仅定义了 command 字段时，其值将覆盖镜像中定义的程序及参数。下面的资源配置清单保存在 pod-demo-with-cmd-and-args.yaml 文件中，它把镜像 ikubernetes/demoapp:v1.0 的默认应用程序修改为 /bin/sh -c，参数定义为 python3 /usr/local/bin/demo.py -p 8080，其中的 -p 选项可修改服务监听的端口为指定的自定义端口。

```
apiVersion: v1
kind: Pod
metadata:
  name: pod-demo-with-cmd-and-args
  namespace: default
spec:
  containers:
  - name: demo
    image: ikubernetes/demoapp:v1.0
    imagePullPolicy: IfNotPresent
    command: ['/bin/sh','-c']
    args: ['python3 /usr/local/bin/demo.py -p 8080']
```

下面将上述清单中定义的 Pod 对象创建到集群上，验证其监听的端口是否从默认的 80 变为了指定的 8080：

```
~$ kubectl create -f pod-demo-with-cmd-and-args.yaml
pod/pod-demo-with-cmd-and-args created
~$ kubectl exec pod-demo-with-cmd-and-args -- netstat -tnl
Active Internet connections (only servers)
Proto Recv-Q Send-Q Local Address      Foreign Address      State
tcp        0      0 0.0.0.0:8080        0.0.0.0:*            LISTEN
```

自定义 args 参数，也是向容器中应用程序传递配置信息的常用方式之一，对于非云原生的应用程序，这几乎是最简单的配置方式了。另一个常用配置方式是使用环境变量。

4.2.4　容器环境变量

非容器化的传统管理方式中，复杂应用程序的配置信息多数由配置文件进行指定，用户借助简单的文本编辑器完成配置管理。然而，对于容器隔离出的环境中的应用程序，用户就不得不穿透容器边界在容器内进行配置编辑并进行重载，复杂且低效。于是，由环境变量在容器启动时传递配置信息就成了一种受到青睐的方式。

🎦 注意　这种方式需要应用程序支持通过环境变量进行配置，否则用户要在制作 Docker 镜像时通过 entrypoint 脚本完成环境变量到程序配置文件的同步。

向 Pod 对象中容器环境变量传递数据的方法有两种：env 和 envFrom，这里重点介绍第一种方式，第二种方式将在介绍 ConfigMap 和 Secret 资源时进行说明。

通过环境变量的配置容器化应用时，需要在容器配置段中嵌套使用 env 字段，它的值是一个由环境变量构成的列表。每个环境变量通常由 name 和 value 字段构成。

❑ name <string>：环境变量的名称，必选字段。
❑ value <string>：传递给环境变量的值，通过 $(VAR_NAME) 引用，逃逸格式为 $$(VAR_

NAME) 默认值为空。

示例中使用镜像 demoapp 中的应用服务器支持通过 HOST 与 PORT 环境变量分别获取监听的地址和端口，它们的默认值分别为 0.0.0.0 和 80，下面的配置保存在清单文件 pod-using-env.yaml 中，它分别为 HOST 和 PORT 两个环境变量传递了一个不同的值，以改变容器监听的地址和端口。

```
apiVersion: v1
kind: Pod
metadata:
  name: pod-using-env
  namespace: default
spec:
  containers:
  - name: demo
    image: ikubernetes/demoapp:v1.0
    imagePullPolicy: IfNotPresent
    env:
    - name: HOST
      value: "127.0.0.1"
    - name: PORT
      value: "8080"
```

下面将清单文件中定义的 Pod 对象创建至集群中，并查看应用程序监听的地址和端口来验证配置结果：

```
~$ kubectl apply -f pod-using-env.yaml
pod/pod-using-env created
~$ kubectl exec pod-using-env -- netstat -tnl
Active Internet connections (only servers)
Proto Recv-Q Send-Q Local Address       Foreign Address      State
tcp        0      0 127.0.0.1:8080       0.0.0.0:*            LISTEN
```

无论它们是否真正被用到，传递给容器的环境变量都会直接注入容器的 shell 环境中，使用 printenv 一类的命令就能在容器中获取到所有环境变量的列表。另外，Kubernetes 上负责向容器传递配置的是 ConfigMap 资源，这将在后续章节中展开介绍。

4.2.5 Pod 的创建与删除过程

Pod 是 Kubernetes 的基础单元，理解它的创建过程对于了解系统运作大有裨益。图 4-9 描述了一个 Pod 资源对象的典型创建过程。

1）用户通过 kubectl 或其他 API 客户端提交 Pod Spec 给 API Server。

2）API Server 尝试着将 Pod 对象的相关信息存入 etcd 中，待写入操作执行完成，API Server 即会返回确认信息至客户端。

3）Scheduler（调度器）通过其 watcher 监测到 API Server 创建了新的 Pod 对象，于是

为该 Pod 对象挑选一个工作节点并将结果信息更新至 API Server。

4）调度结果信息由 API Server 更新至 etcd 存储系统，并同步给 Scheduler。

5）相应节点的 kubelet 监测到由调度器绑定于本节点的 Pod 后会读取其配置信息，并由本地容器运行时创建相应的容器启动 Pod 对象后将结果回存至 API Server。

6）API Server 将 kubelet 发来的 Pod 状态信息存入 etcd 系统，并将确认信息发送至相应的 kubelet。

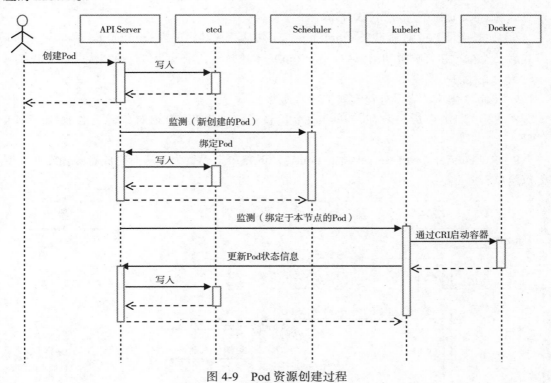

图 4-9　Pod 资源创建过程

另一方面，Pod 可能曾用于处理生产数据或向用户提供服务等，Kubernetes 可删除宽限期确保终止操作能够以平滑方式优雅完成，从而用户也可以在正常提交删除操作后获知何时开始终止并最终完成。删除时，用户提交请求后系统即会进行强制删除操作的宽限期倒计时，并将 TERM 信号发送给 Pod 对象中每个容器的主进程。宽限期倒计时结束后，这些进程将收到强制终止的 KILL 信号，Pod 对象也随即由 API Server 删除。如果在等待进程终止的过程中 kubelet 或容器管理器发生了重启，则终止操作会重新获得一个满额的删除宽限期并重新执行删除操作。

Pod 的终止过程如图 4-10 所示。

如图 4-10 所示，一个典型的 Pod 对象终止流程如下。

1）用户发送删除 Pod 对象的命令。

2）API 服务器中的 Pod 对象会随着时间的推移而更新，在宽限期内（默认为 30 秒），Pod 被视为 dead。

3）将 Pod 标记为 Terminating 状态。

4）（与第 3 步同时运行）kubelet 在监控到 Pod 对象转为 Terminating 状态的同时启动 Pod 关闭过程。

5）（与第 3 步同时运行）端点控制器监控到 Pod 对象的关闭行为时将其从所有匹配到此端点的 Service 资源的端点列表中移除。

6）如果当前 Pod 对象定义了 preStop 钩子句柄，在其标记为 terminating 后即会以同步方式启动执行；如若宽限期结束后，preStop 仍未执行完，则重新执行第 2 步并额外获取一个时长为 2 秒的小宽限期。

7）Pod 对象中的容器进程收到 TERM 信号。

8）宽限期结束后，若存在任何一个仍在运行的进程，Pod 对象即会收到 SIGKILL 信号。

9）Kubelet 请求 API Server 将此 Pod 资源的宽限期设置为 0 从而完成删除操作，它变得对用户不再可见。

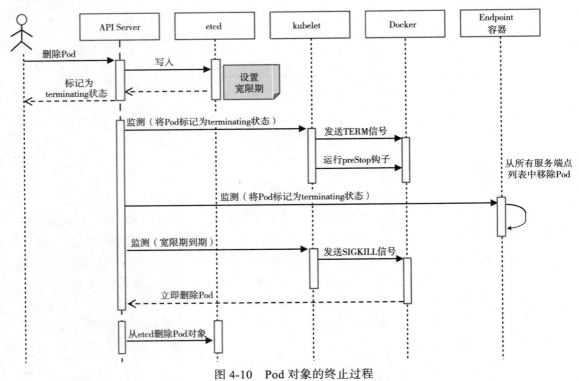

图 4-10 Pod 对象的终止过程

默认情况下，所有删除操作的宽限期都是 30 秒，不过 kubectl delete 命令可以使用

--grace-period=<seconds> 选项自定义其时长，使用 0 值则表示直接强制删除指定的资源，不过此时需要同时为命令使用 --force 选项。

4.3　暴露容器服务

Pod 对象的 IP 地址仅在集群内可达，它们无法直接接收来自集群外部客户端的请求流量，尽管它们的服务可达性不受工作节点边界的约束，但依然受制于集群边界。不考虑通过 Service 资源进行服务暴露的情况下，服务于集群外部的客户端的常用方式有两种：一种是在其运行的节点上进行端口映射，由节点 IP 和选定的协议端口向 Pod 内的应用容器进行 DNAT 转发；另一种是让 Pod 共享其所在的工作节点的网络名称空间，应用进程将直接监听工作节点 IP 地址和协议端口。

4.3.1　其他容器端口映射

其他 Kubernetes 系统的网络模型中，各 Pod 的 IP 地址处于同一网络平面，无论是否为容器指定了要暴露的端口都不会影响集群中其他节点之上的 Pod 客户端对其进行访问，这意味着，任何在非本地回环接口 lo 上监听的端口都可直接通过 Pod 网络被请求。从这个角度来说，容器端口只是信息性数据，它仅为集群用户提供了一个快速了解相关 Pod 对象的可访问端口的途径，但显式指定容器的服务端口可额外为其赋予一个名称以方便按名称调用。定义容器端口的 ports 字段的值是一个列表，由一到多个端口对象组成，它的常用嵌套字段有如下几个。

❑ containerPort <integer>：必选字段，指定在 Pod 对象的 IP 地址上暴露的容器端口，有效范围为 (0,65536)；使用时，需要指定为容器应用程序需要监听的端口。

❑ name <string>：当前端口的名称标识，必须符合 IANA_SVC_NAME 规范且在当前 Pod 内要具有唯一性；此端口名可被 Service 资源按名调用。

❑ protocol <string>：端口相关的协议，其值仅支持 TCP、SCTP 或 UDP 三者之一，默认为 TCP。

需要借助于 Pod 所在节点将容器服务暴露至集群外部时，还需要使用 hostIP 与 hostPort 两个字段来指定占用的工作节点地址和端口。如图 4-11 所示的 Pod A 与 Pod C 可分别通过各自所在节点上指定的 hostIP 和 hostPort 服务于客户端请求。

❑ hostPort <integer>：主机端口，它将接收到的请求通过 NAT 机制转发至由 container-Port 字段指定的容器端口。

❑ hostIP <string>：主机端口要绑定的主机 IP，默认为主机之上所有可用的 IP 地址；该字段通常使用默认值。

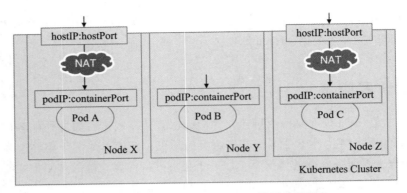

图 4-11 通过 hostIP 和 hostPort 暴露容器服务

下面的资源配置清单示例（pod-using-hostport.yaml）中定义的 demo 容器指定了要暴露容器上 TCP 协议的 80 端口，并将之命名为 http，该容器可通过工作节点的 10080 端口接入集群外部客户端的请求。

```
apiVersion: v1
kind: Pod
metadata:
  name: pod-using-hostport
  namespace: default
spec:
  containers:
  - name: demo
    image: ikubernetes/demoapp:v1.0
    imagePullPolicy: IfNotPresent
    ports:
    - name: http
      containerPort: 80
      protocol: TCP
      hostPort: 10080
```

在集群中创建配置清单中定义的 Pod 对象后，需获取其被调度至的目标节点，例如下面第二个命令结果中的 k8s-node02.ilinux.io/172.29.9.12，而后从集群外部向该节点的 10080 端口发起 Web 请求进行访问测试：

```
~$ kubectl apply -f pod-using-hostport.yaml
pod/pod-using-hostport
~$ kubectl describe pods/ pod-using-hostport | grep "^Node:"
Node:          k8s-node02.ilinux.io/172.29.9.12
~$ curl 172.29.9.12:10080
iKubernetes demoapp v1.0 !! ClientIP: 172.29.0.1, ServerName: pod-using-hostport,
ServerIP: 10.244.2.9!
```

注意，hostPort 与 NodePort 类型的 Service 对象暴露端口的方式不同，NodePort 是通过所有节点暴露容器服务，而 hostPort 则能经由 Pod 对象所在节点的 IP 地址进行。但 Pod

对象绑定的工作节点都由调度器根据其调度机制确定，除非人为地指示调度器将其绑定到指定的工作节点，否则多数情况下其目标节点都难以预测。

4.3.2　配置 Pod 使用节点网络

同一个 Pod 对象的各容器运行于一个独立、隔离的 Network、UTS 和 IPC 名称空间中，共享同一个网络协议栈及相关的网络设备，但也有些特殊的 Pod 对象需要运行于所在节点的名称空间中，执行系统级的管理任务（例如查看和操作节点的网络资源甚至是网络设备等），或借助节点网络资源向集群外客户端提供服务等，如图 4-12 中的右图所示。

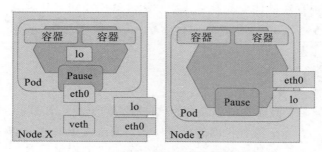

图 4-12　Pod 对象的网络名称空间

由 kubeadm 部署的 Kubernetes 集群中的 kube-apiserver、kube-controller-manager、kube-scheduler，以及 kube-proxy 和 kube-flannel 等通常都是第二种类型的 Pod 对象。网络名称空间是 Pod 级别的属性，用户配置的 Pod 对象，仅需要设置其 spec.hostNetwork 的属性为 true 即可创建共享节点网络名称空间的 Pod 对象，如下面保存在 pod-using-hostnetwork.yaml 文件中的配置清单所示。

```
apiVersion: v1
kind: Pod
metadata:
  name: pod-using-hostnetwork
  namespace: default
spec:
  containers:
  - name: demo
    image: ikubernetes/demoapp:v1.0
    imagePullPolicy: IfNotPresent
  hostNetwork: true
```

将上面配置清单中定义的 pod-using-hostnetwork 创建于集群上，并查看主机名称或网络接口的相关属性信息以验证它是否能共享使用工作节点的网络名称空间。

```
~$ kubectl apply -f pod-using-hostnetwork.yaml
pod/pod-using-hostnetwork created
```

```
~$ kubectl exec -it pod-using-hostnetwork -- hostname
k8s-node01.ilinux.io
```

上面第二个命令的结果显示出的主机名称，表示该 Pod 已然共享了其所在节点的 UTS 名称空间，以及 Network 和 IPC 名称空间。这意味着，Pod 对象中运行容器化应用可在其所在的工作节点的 IP 地址之上监听，这可以通过直接向 k8s-node01.ilinux.io 节点发起请求来验证。

```
~$ curl k8s-node01.ilinux.io
iKubernetes demoapp v1.0 !! ClientIP: 172.29.9.1, ServerName: k8s-node01.ilinux.
io, ServerIP: 172.29.9.11!
```

与容器端口映射存在的同样问题是，用户无法事先预知 Pod 对象会调度至哪个节点，除非事先指示调度器将 Pod 绑定至固定的目标节点之上。

4.4 容器安全上下文

我们知道，尽管容器技术提供了强大的软件级别的资源隔离功能，但共享内核机制导致其遭受到内部攻击，击破这种隔离的可能性还是要远大于由 Hypervisor 隔离的虚拟机，更不用说物理级的隔离。容器运行时通常为管理员提供了许多与安全相关的可配置选项，例如可使用的系统调用集与是否可运行为特权模式（具有访问主机设备的权限）等，管理员需要根据这些选项与容器的实际运行需求来精心组织和设定容器的运行时选项以降低安全风险。

Kubernetes 为安全运行 Pod 及容器运行设计了安全上下文机制，该机制允许用户和管理员定义 Pod 或容器的特权与访问控制，以配置容器与主机以及主机之上的其他容器间的隔离级别。安全上下文就是一组用来决定容器是如何创建和运行的约束条件，这些条件代表创建和运行容器时使用的运行时参数。需要提升容器权限时，用户通常只应授予容器执行其工作所需的访问权限，以"最小权限法则"来抑制容器对基础架构及其他容器产生的负面影响。

Kubernetes 支持用户在 Pod 及容器级别配置安全上下文，并允许管理员通过 Pod 安全策略在集群全局级别限制用户在创建和运行 Pod 时可设定的安全上下文。本节仅描述 Pod 和容器级别的配置，Pod 安全策略的话题将在第 9 章展开。

Pod 和容器的安全上下文设置包括以下几个方面。

□ 自主访问控制（DAC）：传统 UNIX 的访问控制机制，它允许对象（OS 级别，例如文件等）的所有者基于 UID 和 GID 设定对象的访问权限。

□ Linux 功能：Linux 为突破系统上传统的两级用户（root 和普通用户）授权模型，而将内核管理权限打散成多个不同维度或级别的权限子集，每个子集称为一种"功能"或"能力"，例如 CAP_NET_ADMIN、CAP_SYS_TIME、CAP_SYS_PTRACE 和

CAP_SYS_ADMIN 等，从而允许进程仅具有一部分内核管理功能就能完成必要的管理任务。

❑ seccomp：全称为 secure computing mode，是 Linux 内核的安全模型，用于为默认可发起的任何系统调用进程施加控制机制，人为地禁止它能够发起的系统调用，有效降低了程序被劫持时的危害级别。

❑ AppArmor：全称为 Application Armor，意为"应用盔甲"，是 Linux 内核的一个安全模块，通过加载到内核的配置文件来定义对程序的约束与控制。

❑ SELinux：全称为 Security-Enhanced Linux，意为安全加强的 Linux，是 Linux 内核的一个安全模块，提供了包括强制访问控制在内的访问控制安全策略机制。

❑ Privileged 模式：即特权模式容器，该模式下容器中的 root 用户拥有所有的内核功能，即具有真正的管理员权限，它能看到主机上的所有设备，能够挂载文件系统，甚至可以在容器中运行容器；容器默认运行于非特权（unprivileged）模式。

❑ AllowPrivilegeEscalation：控制是否允许特权升级，即进程是否能够获取比父进程更多的特权；运行于特权模式或具有 CAP_SYS_ADMIN 能力的容器默认允许特权升级。

这些安全上下文相关的特性多数嵌套定义在 Pod 或容器的 securityContext 字段中，而且有些特性对应的嵌套字段还不止一个。而 seccomp 和 AppArmor 的安全上下文则需要以资源注解的方式进行定义，而且仅能由管理员在集群级别进行 Pod 安全策略配置。

4.4.1 配置格式速览

安全上下文可分别设置 Pod 级别和容器级别，前者的配置将应用到其内部的所有容器之上，而后者的配置则仅在当前容器生效。但有些参数并不适合通用设定，例如特权模式、特权升级、只读根文件系统和内核能力等，它们只可用于容器之上。但也有参数仅可用于 Pod 级别进行通用设定，例如设置内核参数的 sysctl 和设置存储卷新件文件默认属组的 fsgroup 等。下面以 Pod 资源的配置格式给出了这些配置选项，以便于读者快速预览和了解安全上下文的用法。

```
apiVersion: v1
kind: Pod
metadata: {…}
spec:
  securityContext:              # Pod 级别的安全上下文，对内部所有容器均有效
    runAsUser <integer>         # 以指定的用户身份运行容器进程，默认由镜像中的 USER 指定
    runAsGroup <integer>        # 以指定的用户组运行容器进程，默认使用的组随容器运行时设定
    supplementalGroups  <[]integer>   # 为容器中 1 号进程的用户添加的附加组
    fsGroup <integer>           # 为容器中的 1 号进程附加一个专用组，其功能类似于 sgid
    runAsNonRoot <boolean>      # 是否以非 root 身份运行
    seLinuxOptions <Object>     # SELinux 的相关配置
```

```
    sysctls   <[]Object>           # 应用到当前 Pod 名称空间级别的 sysctl 参数设置列表
    windowsOptions <Object>        # Windows 容器专用的设置
  containers:
  - name: …
    image: …
    securityContext:               # 容器级别的安全上下文, 仅在当前容器生效
      runAsUser <integer>          # 以指定的用户身份运行容器进程
      runAsGroup <integer>         # 以指定的用户组运行容器进程
      runAsNonRoot <boolean>       # 是否以非 root 身份运行
      allowPrivilegeEscalation <boolean> # 是否允许特权升级
      capabilities <Object>        # 为当前容器添加 (add) 或删除 (drop) 内核能力
        add  <[]string>            # 添加由列表定义的各内核能力
        drop  <[]string>           # 移除由列表定义的各内核能力
      privileged <boolean>         # 是否运行为特权容器
      procMount <string>           # 设置容器的 procMount 类型, 默认为 DefaultProcMount;
      readOnlyRootFilesystem <boolean> # 是否将根文件系统设置为只读模式
      seLinuxOptions <Object>      # SELinux 的相关配置
      windowsOptions <Object>      # Windows 容器专用的设置
```

Kubernetes 默认以非特权模式创建并运行容器, 同时禁用了其他与管理功能相关的内核能力, 但未额外设定其他上下文参数。

4.4.2 管理容器进程的运行身份

制作 Docker 镜像时, Dockerfile 支持以 USER 指令明确指定运行应用进程时的用户身份。对于未通过 USER 指令显式定义运行身份的镜像, 创建和启动容器时, 其进程的默认用户身份为容器中的 root 用户和 root 组, 该用户有着其他一些附加的系统用户组, 例如 sys、daemon、wheel 和 bin 等。然而, 有些应用程序的进程需要以特定的专用用户身份运行, 或者以指定的用户身份运行时才能获得更好的安全特性, 这种需求可以在 Pod 或容器级别的安全上下文中使用 runAsUser 得以解决, 必要时可同时使用 runAsGroup 设置进程的组身份。

下面的资源清单 (securitycontext-runasuer-demo.yaml) 配置以 1001 这个 UID 和 GID 的身份来运行容器中的 demoapp 应用, 考虑到非特权用户默认无法使用 1024 以下的端口号, 文件中通过环境变量改变了应用监听的端口。

```
apiVersion: v1
kind: Pod
metadata:
  name: securitycontext-runasuser-demo
  namespace: default
spec:
  containers:
  - name: demo
    image: ikubernetes/demoapp:v1.0
    imagePullPolicy: IfNotPresent
```

```
      env:
      - name: PORT
        value: "8080"
      securityContext:
        runAsUser: 1001
        runAsGroup: 1001
```

下面的命令先将配置清单中定义的 Pod 对象 securitycontext-runasuser-demo 创建到集群上，随后的两条命令验证了容器用户身份确为配置中预设的 UID 和 GID。

```
~$ kubectl apply -f securitycontext-runasuser-demo.yaml
pod/securitycontext-runasuser-demo created
~$ kubectl exec securitycontext-runasuser-demo -- id
uid=1001 gid=1001
$ kubectl exec securitycontext-runasuser-demo -- ps aux
PID    USER      TIME   COMMAND
 1     1001      0:00   python3 /usr/local/bin/demo.py
```

若有必要，我们还可在上面的配置清单中的安全上下文定义中，同时使用 supplement-Groups 选项定义主进程用户的其他附加用户组，这对于有着复杂权限模型的应用是一个非常有用的选项。

另外，若运行容器时使用的镜像文件中已经使用 USER 指令指定了非 root 用户的运行身份，我们也可以在安全上下文中使用 runAsNonRoot 参数定义容器必须使用指定的非 root 用户身份运行，而无须使用 runAsUser 参数额外指定用户。

4.4.3　管理容器的内核功能

传统 UNIX 仅实现了特权和非特权两类进程，前者是指以 0 号 UID 身份运行的进程，而后者则是从属非 0 号 UID 用户的进程。Linux 内核从 2.2 版开始将附加于超级用户的权限分割为多个独立单元，这些单元是线程级别的，它们可配置在每个线程之上，为其赋予特定的管理能力。Linux 内核常用的功能包括但不限于如下这些。

❑ CAP_CHOWN：改变文件的 UID 和 GID。

❑ CAP_MKNOD：借助系统调用 mknod() 创建设备文件。

❑ CAP_NET_ADMIN：网络管理相关的操作，可用于管理网络接口、netfilter 上的 iptables 规则、路由表、透明代理、TOS、清空驱动统计数据、设置混杂模式和启用多播功能等。

❑ CAP_NET_BIND_SERVICE：绑定小于 1024 的特权端口，但该功能在重新映射用户后可能会失效。

❑ CAP_NET_RAW：使用 RAW 或 PACKET 类型的套接字，并可绑定任何地址进行透明代理。

❑ CAP_SYS_ADMIN：支持内核上的很大一部分管理功能。

❑ CAP_SYS_BOOT：重启系统。

❑ CAP_SYS_CHROOT：使用 chroot() 进行根文件系统切换，并能够调用 setns() 修改 Mount 名称空间。

❑ CAP_SYS_MODULE：装载内核模块。

❑ CAP_SYS_TIME：设定系统时钟和硬件时钟。

❑ CAP_SYSLOG：调用 syslog() 执行日志相关的特权操作等。

系统管理员可以通过 get 命令获取程序文件上的内核功能，并可使用 setcap 命令为程序文件设定内核功能或取消（-r 选项）其已有的内核功能。而为 Kubernetes 上运行的进程设定内核功能则需要在 Pod 容器上的安全上下文中嵌套 capabilities 字段，添加和移除内核能力还需要分别在下一级嵌套中使用 add 或 drop 字段。这两个字段可接受以内核能力名称为列表项，但引用各内核能力名称时需移除 CAP_ 前缀，例如可使用 NET_ADMIN 和 NET_BIND_SERVICE 这样的功能名称。

下面的配置清单（securitycontext-capabilities-demo.yaml）中定义的 Pod 对象的 demo 容器，在安全上下文中启用了内核功能 NET_ADMIN，并禁用了 CHOWN。demo 容器的镜像未定义 USER 指令，它将默认以 root 用户的身份运行容器应用。

```
apiVersion: v1
kind: Pod
metadata:
  name: securitycontext-capabilities-demo
  namespace: default
spec:
  containers:
  - name: demo
    image: ikubernetes/demoapp:v1.0
    imagePullPolicy: IfNotPresent
    command: ["/bin/sh","-c"]
    args: ["/sbin/iptables -t nat -A PREROUTING -p tcp --dport 8080 -j
REDIRECT --to-port 80 && /usr/bin/python3 /usr/local/bin/demo.py"]
    securityContext:
      capabilities:
        add: ['NET_ADMIN']
        drop: ['CHOWN']
```

容器中的 root 用户将默认映射为系统上的普通用户，它实际上并不具有管理网络接口、iptables 规则和路由表等相关的权限，但内核功能 NET_ADMIN 可以为其开放此类权限。但容器中的 root 用户默认就具有修改容器文件系统上的文件从属关系的能力，而禁用 CHOWN 功能则关闭了这种操作权限。下面创建该 Pod 对象并运行在集群上，来验证清单中的配置。

```
~ $ kubectl apply -f securitycontext-capabilities-demo.yaml
pod/securitycontext-capabilities-demo created
```

　　而后，检查 Pod 网络名称空间中 netfilter 之上的规则，清单中的 iptables 命令添加的规则位于 NAT 表的 PREROUTING 链上。下面的命令结果表示 iptables 命令已然生成的规则，NET_ADMIN 功能启用成功。

```
$ kubectl exec securitycontext-capabilities-demo -- iptables -t nat -nL PREROUTING
Chain PREROUTING (policy ACCEPT)
target     prot  opt   source        destination
REDIRECT   tcp   --    0.0.0.0/0     0.0.0.0/0      tcp dpt:8080 redir ports 80
```

　　接着，下面用于检查 demo 容器中的 root 用户是否能够修改容器文件系统上文件的属主和属组的命令结果表示，其 CHOWN 功能已然成功关闭。

```
$ kubectl exec securitycontext-capabilities-demo -- chown 200.200 /etc/hosts
chown: /etc/hosts: Operation not permitted
command terminated with exit code 1
```

　　内核的各项功能均可按其原本的意义在容器的安全上下文中按需打开或关闭，但 SYS_ADMIN 功能拥有内核中的许多管理权限，实在太过强大，出于安全方面的考虑，用户应该基于最小权限法则组合使用内核功能完成容器运行。

4.4.4　特权模式容器

　　相较于内核功能，SYS_ADMIN 赋予了进程很大一部分的系统级管理功能，特权（privileged）容器几乎将宿主机内核的完整权限全部开放给了容器进程，它提供的是远超 SYS_ADMIN 的授权，包括写操作到 /proc 和 /sys 目录以及管理硬件设备等，因而仅应该用到基础架构类的系统级管理容器之上。例如，使用 kubeadm 部署的集群中，kube-proxy 中的容器就运行于特权模式。

 提示　我们可以将特权容器理解为拥有宿主机 root 用户权限的容器，这显然严重违背了容器的隔离原则。

　　下面的第一个命令从 kube-system 名称空间中取出一个 kube-proxy 相关的 Pod 对象名称，第二个命令则用于打印该 Pod 对象的配置清单，限于篇幅，这里仅列出了其中一部分内容：

```
~$ pod-name=$(kubectl get pods -l k8s-app=kube-proxy -n kube-system \
        -o jsonpath={.items[0].metadata.name})
~$ kubectl get pods $pod-name -n kube-system -o yaml
#从命令结果中截取的启动容器应用的命令及传递的参数
containers:
  - command:
    - /usr/local/bin/kube-proxy
    - --config=/var/lib/kube-proxy/config.conf
```

```
 - --hostname-override=$(NODE_NAME)
image: ……
imagePullPolicy: IfNotPresent
name: kube-proxy
resources: {}
securityContext:
  privileged: true
```

上面保留的命令结果的最后两行是定义特权容器的格式，唯一用到的 privileged 字段只能嵌套在容器的安全上下文中，它使用布尔型值，true 表示启用特权容器机制。

4.4.5 在 Pod 上使用 sysctl

Linux 系统上的 sysctl 接口允许在运行时修改内核参数，管理员可通过 /proc/sys/ 下的虚拟文件系统接口来修改或查询这些与内核、网络、虚拟内存或设备等各子系统相关的参数。Kubernetes 也允许在 Pod 上独立安全地设置支持名称空间级别的内核参数，它们默认处于启用状态，而节点级别内核参数则被认为是不安全的，它们默认处于禁用状态。

截至目前，仅 kernel.shm_rmid_forced、net.ipv4.ip_local_port_range 和 net.ipv4.tcp_syncookies 这 3 个内核参数被 Kubernetes 视为安全参数，它们可在 Pod 安全上下文的 sysctl 参数内嵌套使用，而余下的绝大多数的内核参数都是非安全参数，需要管理员手动在每个节点上通过 kubelet 选项逐个启用后才能配置到 Pod 上。例如，在各工作节点上编辑 /etc/default/kubelet 文件，添加如下内容以允许在 Pod 上使用指定的两个非安全的内核参数，并重启 kubelet 服务使之生效。

```
KUBELET_EXTRA_ARGS='--allowed-unsafe-sysctls=net.core.somaxconn,net.ipv4.ip_
unprivileged_port_start'
```

net.core.somaxconn 参数定义了系统级别入站连接队列最大长度，默认值是 128；而 net.ipv4.ip_unprivileged_port_start 参数定义的是非特权用户可以使用的内核端口起始值，默认为 1024，它限制了非特权用户所能够使用的端口范围。

下面配置清单（securitycontext-sysctls-demo.yaml）中定义的 Pod 对象在安全上下文中通过 sysctls 字段嵌套使用了一个安全的内核参数 kernel.shm_rmid_forced，以及一个已经启用的非安全内核参数 net.ipv4.ip_unprivileged_port_start，它将该非安全内核参数的值设置为 0 来允许非特权用户使用 1024 以内端口的权限。

```
apiVersion: v1
kind: Pod
metadata:
  name: securitycontext-sysctls-demo
  namespace: default
spec:
  securityContext:
    sysctls:
```

```
      - name: kernel.shm_rmid_forced
        value: "0"
      - name: net.ipv4.ip_unprivileged_port_start
        value: "0"
  containers:
  - name: demo
    image: ikubernetes/demoapp:v1.0
    imagePullPolicy: IfNotPresent
    securityContext:
      runAsUser: 1001
      runAsGroup: 1001
```

尽管上面配置清单设定了以非特权用户 1001 的身份运行容器应用，但受上面内核参数的影响，非管理员用户也具有了监听 80 端口的权限，因而不会遇到无法监听特权端口的情形。下面将配置清单中定义的资源创建在集群之上，来验证设定的结果。

```
~$ kubectl apply -f securitycontext-sysctls-demo.yaml
pod/securitycontext-sysctls-demo created
```

下面的命令结果显示，以普通用户身份运行的 demo 容器成功监听了 TCP 协议的 80 端口。

```
~ $ kubectl exec securitycontext-sysctls-demo -- netstat -tnlp
Active Internet connections (only servers)
Proto Recv-Q Send-Q Local Address    Foreign Address    State    PID/Program name
tcp        0      0 0.0.0.0:80        0.0.0.0:*          LISTEN   1/python3
```

需要提醒读者朋友注意的是，在 Pod 对象之上启用非安全内核参数，其配置结果可能会存在无法预料的结果，在正式使用之前一定要经过充分测试。例如，在某一 Pod 之上同时配置启用前面示例的两个非安全内核参数可能存在生效结果异常的情况，感兴趣的朋友可自行测试。

本节中介绍了设置 Pod 与容器安全上下文配置方法及几种常用使用方式。从示例中我们可以看出，设置特权容器和添加内核功能等，以及在 Pod 上共享宿主机的 Network 和 PID 名称空间等，对于多项目或多团队共享的 Kubernetes 集群存在着不小的安全隐患，这就要求管理员应该在集群级别使用 Pod 安全策略（PodSecurityPolicy），来精心管控这些与安全相关配置的运用能力。

4.5　容器应用的管理接口

以镜像格式打包并托管运行于编排系统之上的容器就像是一个黑盒子，但任何为运行于云原生环境而开发的应用程序都应该为运行时环境提供监测自身运行状态的 API，并支持通过生命周期管理 API 接收平台的管理事件，这是以统一方式自动化容器更新及生命周期的基本要求和先决条件。

4.5.1 健康状态监测接口

监测容器自身运行的 API 包括分别用于健康状态检测、指标、分布式跟踪和日志等实现类型，如图 4-13 所示。即便没有完全实现，至少容器化应用也应该提供用于健康状态检测（liveness 和 readiness）的 API，以便编排系统能更准确地判定应用程序的运行状态。

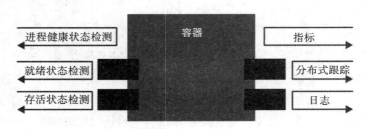

图 4-13　容器的可观测性 API

Kubelet 仅能在控制循环中根据容器主进程的运行状态来判断其健康与否，主进程以非 0 状态码退出代表处于不健康状态，其他均为正常状态。然而，有些异常场景中，仍处于运行状态的进程内部的业务处理机制可能已然处于僵死状态或陷入死循环等，无法正常处理业务请求，对于这种状态的判断便要依赖应用自身专用于健康状态监测的接口。

存活状态（liveness）检测用于定期检测容器是否正常运行，就绪状态（readiness）检测用于定期检测容器是否可以接收流量，它们能够通过减少运维问题和提高服务质量来使服务更健壮和更具弹性。Kubernetes 在 Pod 内部的容器资源上提供了 livenessProbe 和 readinessProbe 两个字段，分别让用户自定义容器应用的存活状态和就绪状态检测。对于合格的云原生应用，它们可调用容器应用自身定义的相应 API 完成，而对于不具该类 API 的传统应用程序，用户也可精心设置一个更能反映其相应状态的系统命令或服务请求完成该功能。

- ❑ 存活状态检测：用于判定容器是否处于"运行"状态；若此类检测未通过，kubelet 将杀死容器并根据其 restartPolicy 决定是否将其重启；未定义存活性检测的容器的默认状态为 Success。
- ❑ 就绪状态检测：用于判断容器是否准备就绪并可对外提供服务；未通过该检测时，端点控制器（例如 Service 对象）会将其 IP 地址从所有匹配到此 Pod 对象的 Service 对象的端点列表中移除；检测通过之后，会再次将其 IP 添加至端点列表中；未定义就绪状态检测的容器的默认状态为 Success。

容器探测是 Pod 对象生命周期中的一项重要日常任务，它由 kubelet 周期性执行。kubelet 可在活动容器上分别执行由用户定义的启动状态检测（startupProbe）、存活状态检测（livenessProbe）和就绪状态检测（readinessProbe），定义在容器上的存活状态和就绪状态操作称为检测探针，它要通过容器的句柄（handler）进行定义。Kubernetes 定义了用于容器探测的 3 种句柄。

❑ ExecAction：通过在容器中执行一个命令并根据其返回的状态码进行的诊断操作称
　为 Exec 探测，状态码为 0 表示成功，否则即为不健康状态。

❑ TCPSocketAction：通过与容器的某 TCP 端口尝试建立连接进行诊断，端口能够成
　功打开即为正常状态，否则为不健康状态。

❑ HTTPGetAction：通过向容器 IP 地址的某指定端口的指定 path 发起 http GET 请求
　进行诊断，响应码为 2xx 或 3xx 即为成功，否则为失败。

上面的每种探测方式都可能存在 3 种返回结果：Success（成功）、Failure（失败）或
Unknown（未知），仅第一种结果表示成功通过检测。

另外，Kubernetes 自 v1.16 版本起还支持启动状态（startup）检测。将传统模式开发的
大型应用程序迁移至容器编排平台运行时，可能需要相当长的时间进行启动后的初始化，
但其初始过程是否正确完成的检测机制和探测参数都可能有别于存活状态检测，例如需要
更长的间隔周期和更高的错误阈值等。该类检测的结果处理机制与存活状态检测相同，检
测失败时 kubelet 将杀死容器并根据其 restartPolicy 决定是否将其重启，而未定义时的默认
状态为 Success。需要注意的是，一旦定义了启动检测探针，则必须等启动检测成功完成之
后，存活探针和就绪探针才可启动。

4.5.2　容器存活状态检测

有些应用程序因存在缺陷（例如多线程导致的应用程序死锁等）会在长时间持续运行后
逐渐转为不可用状态，并且仅能通过重启操作恢复，Kubernetes 的容器存活性探测机制可
发现诸如此类的问题，并依据探测结果结合重启策略触发后续的行为。存活性探测是隶属
于容器级别的配置，kubelet 可基于它判定何时需要重启容器。目前，Kubernetes 在容器上
支持的存活探针有 3 种类型：ExecAction、TCPSocketAction 和 HTTPGetAction。

1. 存活探针配置格式

Pod 配置格式中，spec.containers.livenessProbe 字段用于定义此类检测，配置格式如下
所示。但一个容器之上仅能定义一种类型的探针，即 exec、httpGet 和 tcpSocket 三者互斥，
它们不可在一个容器同时使用。

```
spec:
  containers:
  - name: …
    image: …
    livenessProbe:
      exec <Object>                      # 命令式探针
      httpGet <Object>                   # http GET 类型的探针
      tcpSocket <Object>                 # tcp Socket 类型的探针
      initialDelaySeconds <integer>      # 发起初次探测请求的延后时长
```

periodSeconds <integer>	# 请求周期
timeoutSeconds <integer>	# 超时时长
successThreshold <integer>	# 成功阈值
failureThreshold <integer>	# 失败阈值

探针之外的其他字段用于定义探测操作的行为方式，用户没有明确定义这些属性字段时，它们会使用各自的默认值，各字段的详细说明如下。

❑ initialDelaySeconds <integer>：首次发出存活探测请求的延迟时长，即容器启动多久之后开始第一次探测操作，显示为 delay 属性；默认为 0 秒，即容器启动后便立刻进行探测；该参数值应该大于容器的最大初始化时长，以避免程序永远无法启动。

❑ timeoutSeconds <integer>：存活探测的超时时长，显示为 timeout 属性，默认为 1 秒，最小值也为 1 秒；应该为此参数设置一个合理值，以避免因应用负载较大时的响应延迟导致 Pod 被重启。

❑ periodSeconds <integer>：存活探测的频度，显示为 period 属性，默认为 10 秒，最小值为 1 秒；需要注意的是，过高的频率会给 Pod 对象带来较大的额外开销，而过低的频率又会使得对错误反应不及时。

❑ successThreshold <integer>：处于失败状态时，探测操作至少连续多少次的成功才被认为通过检测，显示为 #success 属性，仅可取值为 1。

❑ failureThreshold：处于成功状态时，探测操作至少连续多少次的失败才被视为检测不通过，显示为 #failure 属性，默认值为 3，最小值为 1；尽量设置宽容一些的失败计数，能有效避免一些场景中的服务级联失败。

使用 kubectl describe 命令查看配置了存活性探测的 Pod 对象的详细信息时，其相关容器中会输出类似如下一行内容，它给出了探测方式及其额外的配置属性 delay、timeout、period、success 和 failure 及其各自的相关属性值。

```
Liveness:  …… delay=0s timeout=1s period=10s #success=1 #failure=3
```

2. exec 探针

exec 类型的探针通过在目标容器中执行由用户自定义的命令来判定容器的健康状态，命令状态返回值为 0 表示"成功"通过检测，其余值均为"失败"状态。spec.containers.livenessProbe.exec 字段只有一个可用属性 command，用于指定要执行的命令。

demoapp 应用程序通过 /livez 输出内置的存活状态检测接口，服务正常时，它以 200 响应码返回 OK，否则为 5xx 响应码，我们可基于 exec 探针使用 HTTP 客户端向该 path 发起请求，并根据命令的结果状态来判定容器健康与否。系统刚启动时，对该路径的请求将会延迟大约不到 5 秒的时长，且默认响应值为 OK。它还支持由用户按需向该路径发起 POST 请求，并向参数 livez 传值来自定义其响应内容。下面是定义在资源清单文件 liveness-exec-demo.yaml 中的示例。

```
apiVersion: v1
kind: Pod
metadata:
  name: liveness-exec-demo
  namespace: default
spec:
  containers:
  - name: demo
    image: ikubernetes/demoapp:v1.0
    imagePullPolicy: IfNotPresent
    livenessProbe:
      exec:
        command: ['/bin/sh', '-c', '[ "$(curl -s 127.0.0.1/livez)" == "OK" ]']
      initialDelaySeconds: 5
      periodSeconds: 5
```

该配置清单中定义的 Pod 对象为 demo 容器定义了 exec 探针，它通过在容器本地执行测试命令来比较 curl -s 127.0.0.1/livez 的返回值是否为 OK 以判定容器的存活状态。命令成功执行则表示容器正常运行，否则 3 次检测失败之后则将其判定为检测失败。首次检测在容器启动 5 秒之后进行，请求间隔也是 5 秒。

```
~$ kubectl apply -f liveness-exec-demo.yaml
pod/liveness-exec-demo created
```

创建完成后，Pod 中的容器 demo 会正常运行，存活检测探针也不会遇到检测错误而导致容器重启。若要测试存活状态检测的效果，可以手动将 /livez 的响应内容修改为 OK 之外的其他值，例如 FAIL。

```
~$ kubectl exec liveness-exec-demo -- curl -s -X POST -d 'livez=FAIL' 127.0.0.1/livez
```

而后经过 1 个检测周期，可通过 Pod 对象的描述信息来获取相关的事件状态，例如，由下面命令结果中的事件可知，容器因健康状态检测失败而被重启。

```
~$ kubectl describe pods/liveness-exec-demo
……
Events:
Warning  Unhealthy  17s (x3 over 27s)  kubelet, k8s-node03.ilinux.io Liveness
probe failed:
Normal  Killing  17s  kubelet, k8s-node03.ilinux.io Container
demo failed liveness probe, will be restarted
```

另外，下面输出信息中的 Containers 一段中还清晰显示了容器健康状态检测及状态变化的相关信息：容器当前处于 Running 状态，但前一次是为 Terminated，原因是退出码为 137 的错误信息，它表示进程是被外部信号所终止。137 事实上由两部分数字之和生成：128+signum，其中 signum 是导致进程终止的信号的数字标识，9 表示 SIGKILL，这意味着进程是被强行终止的。

```
Containers:
  demo:
    ......
    State:          Running
      Started:      Thu, 29 Aug 2020 14:30:02 +0800
    Last State:     Terminated
      Reason:       Error
      Exit Code:    137
      Started:      Thu, 29 Aug 2020 14:22:20 +0800
      Finished:     Thu, 29 Aug 2020 14:30:02 +0800
    Ready:          True
    Restart Count:  1
......
```

待容器重启完成后，/livez 的响应内容会重置镜像中默认定义的 OK，因而其存活状态检测不会再遇到错误，这模拟了一种典型的通过"重启"应用而解决问题的场景。需要特别说明的是，exec 指定的命令运行在容器中，会消耗容器的可用计算资源配额，另外考虑到探测操作的效率等因素，探测操作的命令应该尽可能简单和轻量。

3. HTTP 探针

HTTP 探针是基于 HTTP 协议的探测（HTTPGetAction），通过向目标容器发起一个 GET 请求，并根据其响应码进行结果判定，2xx 或 3xx 类的响应码表示检测通过。HTTP 探针可用配置字段有如下几个。

❑ host <string>：请求的主机地址，默认为 Pod IP；也可以在 httpHeaders 使用"Host:"来定义。

❑ port <string>：请求的端口，必选字段。

❑ httpHeaders <[]Object>：自定义的请求报文头部。

❑ path <string>：请求的 HTTP 资源路径，即 URL path。

❑ scheme：建立连接使用的协议，仅可为 HTTP 或 HTTPS，默认为 HTTP。

下面是一个定义在资源清单文件 liveness-httpget-demo.yaml 中的示例，它使用 HTTP 探针直接对 /livez 发起访问请求，并根据其响应码来判定检测结果。

```
apiVersion: v1
kind: Pod
metadata:
  name: liveness-httpget-demo
  namespace: default
spec:
  containers:
  - name: demo
    image: ikubernetes/demoapp:v1.0
    imagePullPolicy: IfNotPresent
    livenessProbe:
      httpGet:
```

```
      path: '/livez'
      port: 80
      scheme: HTTP
  initialDelaySeconds: 5
```

上面清单文件中定义的 httpGet 测试中，请求的资源路径为 /livez，地址默认为 Pod IP，端口使用了容器中定义的端口名称 http，这也是明确为容器指明要暴露的端口的用途之一。下面测试其效果，首先创建此 Pod 对象：

```
~ $ kubectl apply -f liveness-httpget-demo.yaml
pod/liveness-httpget-demo created
```

首次检测为延迟 5 秒，这刚好超过了 demoapp 的 /livez 接口默认会延迟响应的时长。镜像中定义的默认响应是以 200 状态码响应、以 OK 为响应结果，存活状态检测会成功完成。为了测试存活状态检测的效果，同样可以手动将 /livez 的响应内容修改为 OK 之外的其他值，例如 FAIL。

```
~$ kubectl exec liveness-httpget-demo -- curl -s -X POST -d 'livez=FAIL'
127.0.0.1/livez
```

而后经过至少 1 个检测周期后，可通过 Pod 对象的描述信息来获取相关的事件状态，例如，由下面命令的结果中的事件可知，容器因健康状态检测失败而被重启。

```
~ $ kubectl describe pods/liveness-httpget-demo
......
Warning  Unhealthy  7s (x3 over 27s)  kubelet, k8s-node01.ilinux.io  Liveness
probe failed: HTTP probe failed with statuscode: 520
  Normal   Killing    7s                kubelet, k8s-node01.ilinux.io  Container demo
failed liveness probe, will be restarted
```

一般来说，HTTP 探针应该针对专用的 URL 路径进行，例如前面示例中特别为其准备的 /livez，此 URL 路径对应的 Web 资源也应该以轻量化的方式在内部对应用程序的各关键组件进行全面检测，以确保它们可正常向客户端提供完整的服务。

需要注意的是，这种检测方式仅对分层架构中的当前一层有效，例如，它能检测应用程序工作正常与否的状态，但重启操作却无法解决其后端服务（例如数据库或缓存服务）导致的故障。此时，容器可能会被反复重启，直到后端服务恢复正常。其他两种检测方式也存在类似的问题。

4. TCP 探针

TCP 探针是基于 TCP 协议进行存活性探测（TCPSocketAction），通过向容器的特定端口发起 TCP 请求并尝试建立连接进行结果判定，连接建立成功即为通过检测。相比较来说，它比基于 HTTP 协议的探测要更高效、更节约资源，但精准度略低，毕竟连接建立成功未必意味着页面资源可用。

spec.containers.livenessProbe.tcpSocket 字段用于定义此类检测，它主要有以下两个可

用字段：

1）host <string>：请求连接的目标 IP 地址，默认为 Pod 自身的 IP；

2）port <string>：请求连接的目标端口，必选字段，可以名称调用容器上显式定义的端口。

下面是一个定义在资源清单文件 liveness-tcpsocket-demo.yaml 中的示例，它向 Pod 对象的 TCP 协议的 80 端口发起连接请求，并根据连接建立的状态判定测试结果。为了能在容器中通过 iptables 阻止接收对 80 端口的请求以验证 TCP 检测失败，下面的配置还在容器上启用了特殊的内核权限 NET_ADMIN。

```
apiVersion: v1
kind: Pod
metadata:
  name: liveness-tcpsocket-demo
  namespace: default
spec:
  containers:
  - name: demo
    image: ikubernetes/demoapp:v1.0
    imagePullPolicy: IfNotPresent
    ports:
    - name: http
      containerPort: 80
    securityContext:
      capabilities:
        add:
        - NET_ADMIN
    livenessProbe:
      tcpSocket:
        port: http
      periodSeconds: 5
      initialDelaySeconds: 20
```

按照配置，将该清单中的 Pod 对象创建在集群之上，20 秒之后即会进行首次的 tcpSocket 检测。

```
~$ kubectl apply -f liveness-tcpsocket-demo.yaml
pod/liveness-tcpsocket-demo created
```

容器应用 demoapp 启动后即监听于 TCP 协议的 80 端口，tcpSocket 检测也就可以成功执行。为了测试效果，可使用下面的命令在 Pod 的 Network 名称空间中设置 iptables 规则以阻止对 80 端口的请求：

```
~$ kubectl exec liveness-tcpsocket-demo -- iptables -A INPUT -p tcp --dport 80 -j REJECT
```

而后经过至少 1 个检测周期后，可通过 Pod 对象的描述信息来获取相关的事件状态，例如，由下面命令的结果中的事件可知，容器因健康状态检测失败而被重启。

```
~ $ kubectl describe pods/liveness-httpget-demo
......
Events:
......
Warning  Unhealthy  3s (x3 over 23s)  kubelet, k8s-node03.ilinux.io  Liveness
probe failed: dial tcp 10.244.3.19:80: i/o timeout
    Normal    Killing    3s        kubelet, k8s-node03.ilinux.io  Container demo
    failed liveness probe, will be restarted
```

不过，重启容器并不会导致 Pod 资源的重建操作，网络名称空间的设定附加在 pause 容器之上，因而添加的 iptables 规则在应用重启后依然存在，它是一个无法通过重启而解决的问题。若需要手消除该问题，删除添加至 Pod 中的 iptables 规则即可。

4.5.3 Pod 的重启策略

Pod 对象的应用容器因程序崩溃、启动状态检测失败、存活状态检测失败或容器申请超出限制的资源等原因都可能导致其被终止，此时是否应该重启则取决于 Pod 上的 restartPolicy（重启策略）字段的定义，该字段支持以下取值。

1）Always：无论因何原因、以何种方式终止，kubelet 都将重启该 Pod，此为默认设定。

2）OnFailure：仅在 Pod 对象以非 0 方式退出时才将其重启。

3）Never：不再重启该 Pod。

需要注意的是，restartPolicy 适用于 Pod 对象中的所有容器，而且它仅用于控制在同一个节点上重新启动 Pod 对象的相关容器。首次需要重启的容器，其重启操作会立即进行，而再次重启操作将由 kubelet 延迟一段时间后进行，反复的重启操作的延迟时长依次为 10 秒、20 秒、40 秒、80 秒、160 秒和 300 秒，300 秒是最大延迟时长。

事实上，一旦绑定到一个节点，Pod 对象将永远不会被重新绑定到另一个节点，它要么被重启，要么被终止，直到节点故障、被删除或被驱逐。

4.5.4 容器就绪状态检测

Pod 对象启动后，应用程序通常需要一段时间完成其初始化过程，例如加载配置或数据、缓存初始化等，甚至有些程序需要运行某类预热过程等，因此通常应该避免在 Pod 对象启动后立即让其处理客户端请求，而是需要等待容器初始化工作执行完成并转为"就绪"状态，尤其是存在其他提供相同服务的 Pod 对象的场景更是如此。

与存活探针不同的是，就绪状态检测是用来判断容器应用就绪与否的周期性（默认周期为 10 秒钟）操作，它用于检测容器是否已经初始化完成并可服务客户端请求。与存活探针触发的操作不同，检测失败时，就绪探针不会杀死或重启容器来确保其健康状态，而仅仅是通知其尚未就绪，并触发依赖其就绪状态的其他操作（例如从 Service 对象中移除此

Pod 对象），以确保不会有客户端请求接入此 Pod 对象。

就绪探针也支持 Exec、HTTP GET 和 TCP Socket 这 3 种探测方式，且它们各自的定义机制与存活探针相同。因而，将容器定义中的 livenessProbe 字段名替换为 readinessProbe，并略做适应性修改即可定义出就绪性检测的配置来，甚至有些场景中的就绪探针与存活探针的配置可以完全相同。

demoapp 应用程序通过 /readyz 暴露了专用于就绪状态检测的接口，它于程序启动约 15 秒后能够以 200 状态码响应、以 OK 为响应结果，也支持用户使用 POST 请求方法通过 readyz 参数传递自定义的响应内容，不过所有非 OK 的响应内容都被响应以 5xx 的状态码。一个简单的示例如下面的配置清单（readiness-httpget-demo.yaml）所示。

```
apiVersion: v1
kind: Pod
metadata:
  name: readiness-httpget-demo
  namespace: default
spec:
  containers:
  - name: demo
    image: ikubernetes/demoapp:v1.0
    imagePullPolicy: IfNotPresent
    readinessProbe:
      httpGet:
        path: '/readyz'
        port: 80
        scheme: HTTP
      initialDelaySeconds: 15
      timeoutSeconds: 2
      periodSeconds: 5
      failureThreshold: 3
  restartPolicy: Always
```

下面来测试该 Pod 就绪探针的作用。按照配置，将 Pod 对象创建在集群上约 15 秒后启动首次探测，在该探测结果成功返回之前，Pod 将一直处于未就绪状态：

```
~ $ kubectl apply -f readiness-httpget-demo.yaml
pod/readiness-httpget-demo created
```

接着运行 kubectl get -w 命令监视其资源变动信息，由如下命令结果可知，尽管 Pod 对象处于 Running 状态，但直到就绪检测命令执行成功后 Pod 资源才转为"就绪"。

```
~$ kubectl get pods/readiness-httpget-demo -w
NAME                      READY   STATUS    RESTARTS   AGE
readiness-httpget-demo    0/1     Running   0          10s
readiness-httpget-demo    1/1     Running   0          20s
```

Pod 运行过程中的某一时刻，无论因何原因导致的就绪状态检测的连续失败都会使得该 Pod 从就绪状态转变为"未就绪"，并且会从各个通过标签选择器关联至该 Pod 对象的

Service 后端端点列表中删除。为了测试就绪状态检测效果，下面修改 /readyz 响应以非 OK 内容。

```
~$ kubectl exec readiness-httpget-demo -- curl -s -XPOST -d 'readyz=FAIL'
127.0.0.1/readyz
```

而后在至少 1 个检测周期之后，通过该 Pod 的描述信息可以看到就绪检测失败相关的事件描述，命令及结果如下所示：

```
~$ kubectl describe pods/readiness-httpget-demo
……
Warning  Unhealthy  4s (x11 over 54s)  kubelet, k8s-node03.ilinux.io  Readiness
probe failed: HTTP probe failed with statuscode: 521
```

这里要特别提醒读者的是，未定义就绪性检测的 Pod 对象在进入 Running 状态后将立即"就绪"，这在容器需要时间进行初始化的场景中可能会导致客户请求失败。因此，生产实践中，必须为关键性 Pod 资源中的容器定义就绪探针。

4.5.5　容器生命周期

许多编程语言框架都实现了生命周期管理的概念，其主要用于指定平台如何与它创建的组件在启动之后或停止之前进行交互。实现这类功能很重要，毕竟有时我们可能需要在 Pod 上执行一些操作，例如测试同一个或多个依赖项的连接性，以及在销毁 Pod 之前进行一些清理活动等。容器应用生命周期管理是指它可从平台接收管理事件并执行相应的操作，以便于平台能够更好地管理容器的生命周期机制，因而也称为容器生命周期管理 API。

图 4-14 为容器生命周期接口工作示意图。

图 4-14　容器生命周期接口

容器需要处理来自平台的最重要事件是 SIGTERM 信号，任何需要"干净"关闭进程的应用程序都需要捕捉该信号进行必要处理，例如释放文件锁、关闭数据库连接和网络连接等，而后尽快终止进程，以避免宽限期过后强制关闭信号 SIGKILL 的介入。SIGKILL 信号是由底层操作系统接收的，而非应用进程，一旦检测到该信号，内核将停止为相应进程提供内核资源，并终止进程正在使用的所有 CPU 线程，类似于直接切断了进程的电源。

但是，容器应用很可能是功能复杂的分布式应用程序的一个组件，仅依赖信号终止进程很可能不足以完成所有的必要操作。因此，容器还需要支持 postStart 和 preStop 事件，前者常用于为程序启动前进行预热，后者则一般在"干净"地关闭应用之前释放占用的资源。

生命周期钩子函数 lifecycle hook 是编程语言（例如 Angular）中常用的生命周期管理组件，它实现了程序运行周期中的关键时刻的可见性，并赋予用户为此采取某种行动的能力。类似地，容器生命周期钩子使它能够感知自身生命周期管理中的事件，并在相应时刻到来时运行由用户指定的处理程序代码。Kubernetes 同样为容器提供了 postStart 和 preStop 两种生命周期钩子。

❑ postStart：在容器创建完成后立即运行的钩子句柄（handler），该钩子定义的事件执行完成后容器才能真正完成启动过程，如图 4-15 中的左图所示；不过 Kubernetes 无法确保它一定会在容器的主应用程序（由 ENTRYPOINT 定义）之前运行。

❑ preStop：在容器终止操作执行之前立即运行的钩子句柄，它以同步方式调用，因此在其完成之前会阻塞删除容器的操作；这意味着该钩子定义的事件成功执行并退出，容器终止操作才能真正完成，如图 4-15 中的右图所示。

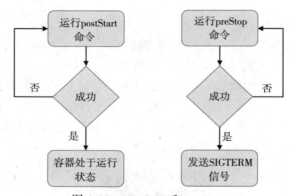

图 4-15　postStart 和 preStop

钩子句柄的实现方式类似于容器探针句柄的类型，同样有 exec、httpGet 和 tcpSocket 这 3 种，它们各自的配置格式和工作逻辑也完全相同，exec 在容器中执行用户定义的一个或多个命令，httpGet 在容器中向指定的本地 URL 发起 HTTP 连接请求，而 tcpSocket 则试图与指定的端口建立 TCP 连接。

postStart 和 preStop 句柄定义在容器的 lifecycle 字段中，其内部一次仅支持嵌套使用一种句柄类型。下面的配置清单（lifecycle-demo.yaml）示例中同时使用了 postStart 和 preStop 钩子处理相应的事件。

```
apiVersion: v1
kind: Pod
metadata:
  name: lifecycle-demo
```

```
      namespace: default
spec:
  containers:
  - name: demo
    image: ikubernetes/demoapp:v1.0
    imagePullPolicy: IfNotPresent
    securityContext:
      capabilities:
        add:
        - NET_ADMIN
    livenessProbe:
      httpGet:
        path: '/livez'
        port: 80
        scheme: HTTP
      initialDelaySeconds: 5
    lifecycle:
      postStart:
        exec:
          command: ['/bin/sh','-c','iptables -t nat -A PREROUTING -p tcp
          --dport 8080 -j REDIRECT --to-ports 80']
      preStop:
        exec:
          command: ['/bin/sh','-c','while killall python3; do sleep 1; done']
  restartPolicy: Always
```

示例中的 demo 容器通过 postStart 执行 iptables 命令设置端口重定向规则，将发往该 Pod IP 的 8080 端口的所有请求重定向至 80 端口，从而让容器应用能够同时从 8080 端口接收请求。demo 容器又借助 preStop 执行 killall 命令，它假设该命令能够更优雅地终止基于 Python3 运行的容器应用 demoapp。将清单中的 Pod 对象创建于集群中便可展开后续的测试：

```
~$ kubectl apply -f lifecycle-demo.yaml
pod/lifecycle-demo created
```

而后可获取容器内网络名称空间中 PREROUTING 链上的 iptables 规则，验证 postStart 钩子事件的执行结果：

```
~$ kubectl exec lifecycle-demo -- iptables -t nat -nL PREROUTING
Chain PREROUTING (policy ACCEPT)
target     prot opt   source        destination
REDIRECT   tcp  --  0.0.0.0/0      0.0.0.0/0       tcp dpt:8080 redir ports 80
```

上面的配置清单中有意同时添加了 httpGet 类型的存活探针，我们可以人为地将探针检测结果置为失败状态，以促使 kubelet 重启 demo 容器验证 preStop 钩子事件的执行。不过，该示例中给出的操作是终止容器应用，那么容器成功重启即验证了相应脚本的运行完成。

4.6 多容器 Pod

容器设计模式中的单节点多容器模型中，初始化容器和 Sidecar 容器是目前使用较多的模式，尤其是服务网格的发展极大促进了 Sidecar 容器的应用。

4.6.1 初始化容器

初始化是很多编程语言普遍关注的问题，甚至有些编程语言直接支持模式构造来生成初始化程序，这些用于进行初始化的程序结构称为初始化器或初始化列表。初始化代码要首先运行，且只能运行一次，它们常用于验证前提条件、基于默认值或传入的参数初始化对象实例的字段等。Pod 中的初始化容器（Init Container）功能与此类似，它们为那些有先决条件的应用容器完成必要的初始设置，例如设置特殊权限、生成必要的 iptables 规则、设置数据库模式，以及获取最新的必要数据等。

有很多场景都需要在应用容器启动之前进行部分初始化操作，例如等待其他关联组件服务可用、基于环境变量或配置模板为应用程序生成配置文件、从配置中心获取配置等。初始化容器的典型应用需求有如下几种。

- ❏ 用于运行需要管理权限的工具程序，例如 iptables 命令等，出于安全等方面的原因，应用容器不适合拥有运行这类程序的权限。
- ❏ 提供主容器镜像中不具备的工具程序或自定义代码。
- ❏ 为容器镜像的构建和部署人员提供了分离、独立工作的途径，部署人员使用专用的初始化容器完成特殊的部署逻辑，从而使得他们不必协同起来制作单个镜像文件。
- ❏ 初始化容器和应用容器处于不同的文件系统视图中，因此可分别安全地使用敏感数据，例如 Secrets 资源等。
- ❏ 初始化容器要先于应用容器串行启动并运行完成，因此可用于延后应用容器的启动直至其依赖的条件得以满足。

Pod 对象中的所有初始化容器必须按定义的顺序串行运行，直到它们全部成功结束才能启动应用容器，因而初始化容器通常很小，以便它们能够以轻量的方式快速运行。某初始化容器运行失败将会导致整个 Pod 重新启动（重启策略为 Never 时例外），初始化容器也必将再次运行，因此需要确保所有初始化容器的操作具有幂等性，以避免无法预知的副作用。

Pod 资源的 spec.initContainers 字段以列表形式定义可用的初始化容器，其嵌套可用字段类似于 spec.containers。下面的资源清单（init-container-demo.yaml）在 Pod 对象上定义了一个名为 iptables-init 的初始化容器示例。

```
apiVersion: v1
kind: Pod
metadata:
```

```
  name: init-container-demo
  namespace: default
spec:
  initContainers:    # 定义初始化容器
  - name: iptables-init
    image: ikubernetes/admin-box:latest
    imagePullPolicy: IfNotPresent
    command: ['/bin/sh','-c']
    args: ['iptables -t nat -A PREROUTING -p tcp --dport 8080 -j REDIRECT
    --to-port 80']
    securityContext:
      capabilities:
        add:
        - NET_ADMIN
  containers:
  - name: demo
    image: ikubernetes/demoapp:v1.0
    imagePullPolicy: IfNotPresent
    ports:
    - name: http
      containerPort: 80
```

示例中，应用容器 demo 默认监听 TCP 协议的 80 端口，但我们又期望该 Pod 能够在
TCP 协议的 8080 端口通过端口重定向方式为客户端提供服务，因此需要在其网络名称空间
中添加一条相应的 iptables 规则。但是，添加该规则的 iptables 命令依赖于内核中的网络管
理权限，出于安全原因，我们并不期望应用容器拥有该权限，因而使用了拥有网络管理权
限的初始化容器来完成此功能。下面先把配置清单中定义的资源创建于集群之上：

```
~$ kubectl apply -f init-container-demo.yaml
pod/init-container-demo created
```

随后，在 Pod 对象 init-container-demo 的描述信息中的初始化容器信息段可以看到如下
内容，它表明初始化容器启动后大约 1 秒内执行完成返回 0 状态码并成功退出。

```
Command:
  /bin/sh
  -c
Args:
  iptables -t nat -A PREROUTING -p tcp --dport 8080 -j REDIRECT --to-port 80
State:          Terminated
  Reason:       Completed
  Exit Code:    0
  Started:      Sun, 30 Aug 2020 11:44:28 +0800
  Finished:     Sun, 30 Aug 2020 11:44:29 +0800
Ready:          True
Restart Count:  0
```

这表明，向 Pod 网络名称空间中添加 iptables 规则的操作已经完成，我们可通过应用

容器来请求查看这些规则，但因缺少网络管理权限，该查看请求会被拒绝：

```
~$ kubectl exec init-container-demo -- iptables -t nat -vnL
iptables v1.8.3 (legacy): can't initialize iptables table `nat': Permission
denied (you must be root)
Perhaps iptables or your kernel needs to be upgraded.
command terminated with exit code 3
```

另一方面，应用容器中的服务却可以正常通过 Pod IP 的 8080 端口接收并响应，如下面的命令及执行结果所示：

```
~$ podIP=$(kubectl get pods/init-container-demo -o jsonpath={.status.podIP})
~$ curl http://${podIP}:8080
iKubernetes demoapp v1.0 !! ClientIP: 10.244.0.0, ServerName: init-container-
demo, …
```

由此可见，初始化容器及容器的 preStop 钩子都能完成特定的初始化操作，但 preStop 必须在应用容器内部完成，它依赖的条件（例如管理权限）也必须为应用容器所有，这无疑会为应用容器引入安全等方面的风险。另外，考虑到应用容器镜像内部未必存在执行初始化操作的命令或程序库，使用初始化容器也就成了不二之选。

4.6.2 Sidecar 容器

Sidecar 容器是 Pod 中与主容器松散耦合的实用程序容器，遵循容器设计模式，并以单独容器进程运行，负责运行应用的非核心功能，以扩展、增强主容器。Sidecar 模式最著名的用例是充当服务网格中的微服务的代理应用（例如 Istio 中的数据控制平面 Envoy），其他典型使用场景包括日志传送器、监视代理和数据加载器等。

下面的配置清单（sidecar-container-demo.yaml）中定义了两个容器：一个是运行 demoapp 的主容器 demo，一个运行 envoy 代理的 Sidecar 容器 proxy。

```
apiVersion: v1
kind: Pod
metadata:
  name: sidecar-container-demo
  namespace: default
spec:
  containers:
  - name: proxy
    image: envoyproxy/envoy-alpine:v1.13.1
    command: ['/bin/sh','-c']
    args: ['sleep 3 && envoy -c /etc/envoy/envoy.yaml']
    lifecycle:
      postStart:
        exec:
          command: ['/bin/sh','-c','wget -O /etc/envoy/envoy.yaml https://
            raw.githubusercontent.com/iKubernetes/Kubernetes_Advanced_Practical_2rd/
```

```
        master/chapter4/envoy.yaml']
- name: demo
  image: ikubernetes/demoapp:v1.0
  imagePullPolicy: IfNotPresent
  env:
  - name: HOST
    value: "127.0.0.1"
  - name: PORT
    value: "8080"
```

Envoy 程序是服务网格领域著名的数据平面实现，它在 Istio 服务网格中以 Sidecar 的模式同每一个微服务应用程序单独组成一个 Pod，负责代理该微服务应用的所有通信事件，并为其提供限流、熔断、超时、重试等多种高级功能。这里我们将 demoapp 视作一个微服务应用，配置 Envoy 为其代理并调度入站（Ingress）流量，因而在示例中 demo 容器基于环境变量被配置为监听 127.0.0.1 地址上一个特定的 8080 端口，而 proxy 容器将监听 Pod 所有 IP 地址上的 80 端口，以接收客户端请求。proxy 容器上的 postStart 事件用于为 Envoy 代理下载一个适用的配置文件，以便将 proxy 接收到的所有请求均代理至 demo 容器。

下面说明整个测试过程。先将配置清单中定义的对象创建到集群之上。

```
~$ kubectl apply -f sidecar-container-demo.yaml
pod/sidecar-container-demo created
```

随后，等待 Pod 中的两个容器成功启动且都转为就绪状态，可通过各 Pod 内端口监听的状态来确认服务已然正常运行。下面命令的结果表示，Envoy 已经正常运行并监听了 TCP 协议的 80 端口和 9901 端口（Envoy 的内置管理接口）。

```
$ kubectl exec sidecar-container-demo -c proxy -- netstat -tnlp
Active Internet connections (only servers)
Proto Recv-Q Send-Q Local Address      Foreign Address      State      PID/Program name
tcp      0      0 0.0.0.0:9901         0.0.0.0:*            LISTEN     1/envoy
tcp      0      0 0.0.0.0:80           0.0.0.0:*            LISTEN     1/envoy
tcp      0      0 127.0.0.1:8080       0.0.0.0:*            LISTEN     -
```

接下来，我们向 Pod 的 80 端口发起 HTTP 请求，若它能以 demoapp 的页面响应，则表示代理已然成功运行，甚至可以根据响应头部来判断其是否有代理服务 Envoy 发来的代理响应，如下面的命令及结果所示。

```
~$ podIP=$(kubectl get pods/sidecar-container-demo -o jsonpath={.status.podIP})
$ curl http://$podIP
iKubernetes demoapp v1.0 !! ClientIP: 127.0.0.1, ServerName: sidecar-container-
demo, ……
~$ curl -I http://$podIP
HTTP/1.1 200 OK
content-type: text/html; charset=utf-8
content-length: 108
server: envoy
```

```
date: Sun, 22 May 2020 06:43:04 GMT
x-envoy-upstream-service-time: 3
```

虽然 Sidecar 容器可以称得上是 Pod 中的常规容器，但直到 v1.18 版本，Kubernetes 才将其添加作为内置功能。在此之前，Pod 中的各应用程序彼此间没有区别，用户无从预测和控制容器的启动及关闭顺序，但多数场景都要求 Sidecar 容器必须要先于普通应用容器启动以做一些准备工作，例如分发证书、创建存储卷或获取一些数据等，且它们需要晚于其他应用容器终止。Kubernetes 从 v1.18 版本开始支持用户在生命周期字段中将容器标记为 Sidecar，这类容器全部转为就绪状态后，普通应用容器方可启动。因而，这个新特性根据生命周期将 Pod 的容器重新划分成了初始化容器、Sidecar 容器和应用容器 3 类。

所有的 Sidecar 容器都是应用容器，唯一不同之处是，需要手动为 Sidecar 容器在 lifecycle 字段中嵌套定义 type 类型的值为 Sidecar。配置格式如下所示：

```
spec:
  containers:
  - name: proxy
    image: envoyproxy/envoy-alpine:v1.13.1
    lifecycle:
      type: Sidecar
    ......
  - name: demo
    image: ikubernetes/demoapp:v1.0
    ......
```

另外，可能也有一些场景需要 Sidecar 容器启动晚于普通应用容器，这种特殊的应用需求，目前可通过 OpernKruise 项目中的 SidecarSet 提供的 PostSidecar 模型来解决。将来，该项目或许支持以 DAG 的方式来灵活编排容器的启动顺序。

4.7 资源需求与资源限制

容器在运行时具有多个维度，例如内存占用、CPU 占用和其他资源的消耗等。每个容器都应该声明其资源需求，并将该信息传递给管理平台。这些资源需求信息会在 CPU、内存、网络、磁盘等维度对平台执行调度、自动扩展和容量管理等方面影响编排工具的决策。

4.7.1 资源需求与限制

在 Kubernetes 上，可由容器或 Pod 请求与消费的"资源"主要是指 CPU 和内存（RAM），它可统称为计算资源，另一种资源是事关可用存储卷空间的存储资源。本节主要描述计算资源的需求与限制，存储资源的话题将在第 9 章进行说明。

相比较而言，CPU 属于可压缩型资源，即资源额度可按需弹性变化，而内存（当前）则是不可压缩型资源，对其执行压缩操作可能会导致某种程度的问题，例如进程崩溃等。

目前，资源隔离仍属于容器级别，CPU 和内存资源的配置主要在 Pod 对象中的容器上进行，并且每个资源存在如图 4-16 所示的需求和限制两种类型。为了表述方便，人们通常把资源配置称作 Pod 资源的需求和限制，只不过它是指 Pod 内所有容器上的某种类型资源的请求与限制总和。

- ❏ 资源需求：定义需要系统预留给该容器使用的资源最小可用值，容器运行时可能用不到这些额度的资源，但用到时必须确保有相应数量的资源可用。
- ❏ 资源限制：定义该容器可以申请使用的资源最大可用值，超出该额度的资源使用请求将被拒绝；显然，该限制需要大于等于 requests 的值，但系统在某项资源紧张时，会从容器回收超出 request 值的那部分。

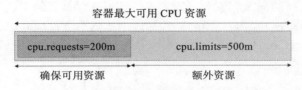

图 4-16　容器资源需求及资源限制示意图

在 Kubernetes 系统上，1 个单位的 CPU 相当于虚拟机上的 1 颗虚拟 CPU（vCPU）或物理机上的一个超线程（Hyperthread，或称为一个逻辑 CPU），它支持分数计量方式，一个核心（1 core）相当于 1000 个微核心（millicores，以下简称为 m），因此 500m 相当于是 0.5 个核心，即 1/2 个核心。内存的计量方式与日常使用方式相同，默认单位是字节，也可以使用 E、P、T、G、M 和 K 为单位后缀，或 Ei、Pi、Ti、Gi、Mi 和 Ki 形式的单位后缀。

4.7.2　容器资源需求

下面的配置清单示例（resource-requests-demo.yaml）中的自主式 Pod 要求为 stress 容器确保 128MiB 的内存及 1/5 个 CPU 核心（200m）资源可用。Pod 运行 stress-ng 镜像启动一个进程（-m 1）进行内存性能压力测试，满载测试时 stress 容器也会尽可能多地占用 CPU 资源，另外再启动一个专用的 CPU 压力测试进程（-c 1）。stress-ng 是一个多功能系统压力测试具，master/worker 模型，master 为主进程，负载生成和控制子进程，worker 是负责执行各类特定测试的子进程，例如测试 CPU 的子进程，以及测试 RAM 的子进程等。

```
apiVersion: v1
kind: Pod
metadata:
  name: stress-pod
spec:
  containers:
  - name: stress
    image: ikubernetes/stress-ng
```

```
            command: ["/usr/bin/stress-ng", "-m 1", "-c 1", "-metrics-brief"]
            resources:
              requests:
                memory: "128Mi"
                cpu: "200m"
```

上面的配置清单中，stress 容器请求使用的 CPU 资源大小为 200m，这意味着一个 CPU 核心足以确保其以期望的最快方式运行。另外，配置清单中期望使用的内存大小为 128MiB，不过其运行时未必真的会用到这么多。考虑到内存为非压缩型资源，当超出时存在因 OOM 被杀死的可能性，于是请求值是其理想中使用的内存空间上限。

接下来创建并运行此 Pod 对象以对其资源限制效果进行检查。因为显示结果涉及资源占用比例等，因此同样的测试配置对不同的系统环境来说，其结果也会有所不同，作者为测试资源需求和资源限制功能而使用的系统环境中，每个节点的可用 CPU 核心数为 8，物理内存空间为 16GB。

```
~$ kubectl create -f resource-requests-demo.yaml
```

而后在 Pod 资源的容器内运行 top 命令，观察 CPU 及内存资源占用状态，如下所示。其中 {stress-ng-vm} 是执行内存压测的子进程，它默认使用 256MB 的内存空间，{stress-ng-cpu} 是执行 CPU 压测的专用子进程。

```
~$ kubectl exec stress-pod -- top
Mem: 2884676K used, 13531796K free, 27700K shrd, 2108K buff, 1701456K cached
CPU: 25% usr   0% sys   0% nic  74% idle   0% io   0% irq   0% sirq
Load average: 0.57 0.60 0.71 3/435 15
PID  PPID USER   STAT    VSZ %VSZ CPU %CPU COMMAND
9    8    root   R      262m   2%   6  13% {stress-ng-vm} /usr/bin/stress-ng
7    1    root   R      6888   0%   3  13% {stress-ng-cpu} /usr/bin/stress-ng
1    0    root   S      6244   0%   1   0% /usr/bin/stress-ng -c 1 -m 1 --met
......
```

top 命令的输出结果显示，每个测试进程的 CPU 占用率为 13%（实际 12.5%），{stress-ng-vm} 的内存占用量为 262MB（VSZ），此两项资源占用量都远超其请求的用量，原因是 stress-ng 会在可用范围内尽量多地占用相关的资源。两个测试线程分布于两个 CPU 核心，以满载的方式运行，系统共有 8 个核心，因此其使用率为 25%（2/8）。另外，节点上的内存资源充裕，所以，尽管容器的内存用量远超 128MB，但它依然可以运行。一旦资源紧张时，节点仅保证该容器有 1/5 个 CPU 核心（其需求中的定义）可用。在有着 8 个核心的节点上来说，它的占用率为 2.5%，于是每个进程占比为 1.25%，多占用的资源会被压缩。内存为非可压缩型资源，该 Pod 对象在内存资源紧张时可能会因 OOM 被杀死。

对于压缩型的资源 CPU 来说，若未定义容器的资源请求用量，以确保其最小可用资源量，该 Pod 占用的 CPU 资源可能会被其他 Pod 对象压缩至极低的水平，甚至到该 Pod 对象无法被调度运行的境地。而对于非压缩型内存资源来说，资源紧缺情形下可能导致相关的容器进程被杀死。因此，在 Kubernetes 系统上运行关键型业务相关的 Pod 时，必须要使用 requests 属性为容器明确定义资源需求。当然，我们也可以为 Pod 对象定义较高的优先级来改变这种局面。

集群中的每个节点都拥有定量的 CPU 和内存资源，调度器将 Pod 绑定至节点时，仅计算资源余量可满足该 Pod 对象需求量的节点才能作为该 Pod 运行的可用目标节点。也就是说，Kubernetes 的调度器会根据容器的 requests 属性定义的资源需求量来判定哪些节点可接收并运行相关的 Pod 对象，而对于一个节点的资源来说，每运行一个 Pod 对象，该 Pod 对象上所有容器 requests 属性定义的请求量都要给予预留，直到节点资源被绑定的所有 Pod 对象瓜分完毕为止。

4.7.3　容器资源限制

容器为保证其可用的最少资源量，并不限制可用资源上限，因此对应用程序自身 Bug 等多种原因导致的系统资源被长时间占用无计可施，这就需要通过资源限制功能为容器定义资源的最大可用量。一旦定义资源限制，分配资源时，可压缩型资源 CPU 的控制阀可自由调节，容器进程也就无法获得超出其 CPU 配额的可用值。但是，若进程申请使用超出 limits 属性定义的内存资源时，该进程将可能被杀死。不过，该进程随后仍可能会被其控制进程重启，例如，当 Pod 对象的重启策略为 Always 或 OnFailure 时，或者容器进程存在有监视和管理功能的父进程等。

下面的配置清单文件（resource-limits-demo.yaml）中定义使用 simmemleak 镜像运行一个 Pod 对象，它模拟内存泄漏操作不断地申请使用内存资源，直到超出 limits 属性中 memory 字段设定的值而被杀死。

```
apiVersion: v1
kind: Pod
metadata:
  name: memleak-pod
  labels:
    app: memleak
spec:
  containers:
  - name: simmemleak
    image: ikubernetes/simmemleak
    imagePullPolicy: IfNotPresent
    resources:
      requests:
        memory: "64Mi"
        cpu: "1"
      limits:
        memory: "64Mi"
        cpu: "1"
```

下面将配置清单中定义的 Pod 对象创建到集群中，测试资源限制的实施效果。

```
~$ kubectl apply -f resource-limits-demo.yaml
pod/memleak-pod created
```

Pod 资源的默认重启策略为 Always，于是在 simmemleak 容器因内存资源达到硬限制而被终止后会立即重启，因此用户很难观察到其因 OOM 而被杀死的相关信息。不过，多次因内存资源耗尽而重启会触发 Kubernetes 系统的重启延迟机制（退避算法），即每次重启的时间间隔会不断地拉长，因而用户看到 Pod 对象的相关状态通常为 CrashLoopBackOff。

```
~$ kubectl get pods -l app=memleak
NAME            READY      STATUS            RESTARTS    AGE
memleak-pod     0/1        CrashLoopBackOff  1           24s
```

Pod 对象的重启策略在 4.5.3 节介绍过，这里不再赘述。我们可通过 Pod 对象的详细描述了解其相关状态，例如下面的命令及部分结果所示。

```
~]$ kubectl describe pods memleak-pod
Name:            memleak-pod
......
Last State:      Terminated
    Reason:          OOMKilled
    Exit Code:       137
    Started:         Mon, 31 Aug 2020 12:42:50 +0800
    Finished:        Mon, 31 Aug 2020 12:42:50 +0800
    Ready:           False
    Restart Count: 3
......
```

上面的命令结果中，OOMKilled 表示容器因内存耗尽而被终止，因此为 limits 属性中的 memory 设置一个合理值至关重要。与资源需求不同的是，资源限制并不影响 Pod 对象的调度结果，即一个节点上的所有 Pod 对象的资源限制数量之和可以大于节点拥有的资源量，即支持资源的过载使用（overcommitted）。不过，这么一来，一旦内存资源耗尽，几乎必然地会有容器因 OOMKilled 而终止。

另外需要说明的是，Kubernetes 仅会确保 Pod 对象获得它们请求的 CPU 时间额度，它们能否取得额外（throttled）的 CPU 时间，则取决于其他正在运行作业的 CPU 资源占用情况。例如对于总数为 1000m 的 CPU 资源来说，容器 A 请求使用 200m，容器 B 请求使用 500m，在不超出它们各自最大限额的前下，则余下的 300m 在双方都需要时会以 2∶5（200m∶500m）的方式进行配置。

4.7.4 容器可见资源

细心的读者可能已经发现，在容器中运行 top 等命令观察资源可用量信息时，容器可用资源受限于 requests 和 limits 属性中的定义，但容器中可见的资源量依然是节点级别的可用总量。例如，为前面定义的 stress-pod 添加如下 limits 属性定义。

```
limits:
    memory: "512Mi"
    cpu: "400m"
```

重新创建 stress-pod 对象，并在其容器内分别列出容器可见的内存和 CPU 资源总量，命令及结果如下所示。

```
~$ kubectl exec stress-pod -- cat /proc/meminfo | grep ^MemTotal
MemTotal:       16416472 kB
$ kubectl exec stress-pod -- cat /proc/cpuinfo | grep -c ^processor
8
```

命令结果中显示其可用内存资源总量为 16416472 kB（16GB），CPU 核心数为 8 个，这是节点级的资源数量，而非由容器的 limits 属性所定义的 512MiB 和 400m。其实，这不仅让查看命令的显示结果看起来有些奇怪，也会给有些容器应用的配置带来不小的负面影响。

较为典型的是在 Pod 中运行 Java 应用程序时，若未使用 -Xmx 选项指定 JVM 的堆内存可用总量，则会默认设置为主机内存总量的一个空间比例（例如 30%），这会导致容器中的应用程序申请内存资源时很快达到上限，而转为 OOMKilled 状态。另外，即便使用了 -Xmx 选项设置其堆内存上限，但该设置对非堆内存的可用空间不产生任何限制作用，仍然存在达到容器内存资源上限的可能性。

另一个典型代表是在 Pod 中运行 Nginx 应用时，其配置参数 worker_processes 的值设置为 auto，则会创建与可见 CPU 核心数量等同的 worker 进程数，若容器的 CPU 可用资源量远小于节点所需资源量时，这种设置在较大的访问负荷下会产生严重的资源竞争，并且会带来更多的内存资源消耗。一种较为妥当的解决方案是使用 Downward API 将 limits 定义的资源量暴露给容器，这将在后面的章节中予以介绍。

4.7.5　Pod 服务质量类别

前面曾提到，Kubernetes 允许节点的 Pod 对象过载使用资源，这意味着节点无法同时满足绑定其上的所有 Pod 对象以资源满载的方式运行。因而在内存资源紧缺的情况下，应该以何种次序终止哪些 Pod 对象就变成了问题。事实上，Kubernetes 无法自行对此做出决策，它需要借助于 Pod 对象的服务质量和优先级等完成判定。根据 Pod 对象的 requests 和 limits 属性，Kubernetes 把 Pod 对象归类到 BestEffort、Burstable 和 Guaranteed 这 3 个服务质量类别（Quality of Service，QoS）类别下。

❑ Guaranteed：Pod 对象为其每个容器都设置了 CPU 资源需求和资源限制，且二者具有相同值；同时为每个容器都设置了内存资需求和内存限制，且二者具有相同值。这类 Pod 对象具有最高级别服务质量。

❑ Burstable：至少有一个容器设置了 CPU 或内存资源的 requests 属性，但不满足

Guaranteed 类别的设定要求，这类 Pod 对象具有中等级别服务质量。

❑ BestEffort：不为任何一个容器设置 requests 或 limits 属性，这类 Pod 对象可获得的服务质量为最低级别。

一旦内存资源紧缺，BestEffort 类别的容器将首当其冲地被终止，因为系统不为其提供任何级别的资源保证，但换来的好处是，它们能够做到尽可能多地占用资源。若此时系统上已然不存任何 BestEffort 类别的容器，则接下来将轮到 Burstable 类别的 Pod 被终止。Guaranteed 类别的容器拥有最高优先级，它们不会被杀死，除非其内存资源需求超限，或者 OOM 时没有其他更低优先级的 Pod 对象存在。

每个运行状态的容器都有其 OOM 评分，评分越高越优先被杀死。OOM 评分主要根据两个维度进行计算：由服务质量类别继承而来的默认分值，以及容器的可用内存资源比例，而同等类别的 Pod 对象的默认分值相同。下面的代码片段取自 pkg/kubelet/qos/policy.go 源码文件，它们定义的是各种类别的 Pod 对象的 OOM 调节（Adjust）分值，即默认分值。其中，Guaranteed 类别 Pod 资源的 Adjust 分值为 –998，而 BestEffort 类别的默认分值为 1000，Burstable 类别的 Pod 资源的 Adjust 分值经由相应的算法计算得出。

```
const (
    PodInfraOOMAdj        int = -998
    KubeletOOMScoreAdj     int = -999
    DockerOOMScoreAdj      int = -999
    KubeProxyOOMScoreAdj   int = -999
    guaranteedOOMScoreAdj int = -998
    besteffortOOMScoreAdj int = 1000
)
```

因此，同等级别优先级的 Pod 资源在 OOM 时，与自身的 requests 属性相比，其内存占用比例最大的 Pod 对象将先被杀死。例如，图 4-17 中的同属于 Burstable 类别的 Pod A 将先于 Pod B 被杀死，虽然其内存用量小，但与自身的 requests 值相比，它的占用比例为 95%，要大于 Pod B 的 80%。

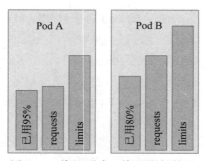

图 4-17 资源需求、资源限额情况

需要特别说明的是，OOM 是内存耗尽时的处理机制，与可压缩型资源 CPU 无关，因此 CPU 资源的需求无法得到保证时，Pod 对象仅仅是暂时获取不到相应的资源来运行而已。

4.8　综合应用案例

　　下面的配置清单（all-in-one.yaml）中定义的 Pod 对象 all-in-one 将前面的用到的大多数配置整合在一起：它有一个初始化容器和两个应用容器，其中 sidecar-proxy 为 Sidecar 容器，负责为主容器 demo 代理服务客户端请求。

```yaml
apiVersion: v1
kind: Pod
metadata:
  name: all-in-one
  namespace: default
spec:
  initContainers:
  - name: iptables-init
    image: ikubernetes/admin-box:latest
    imagePullPolicy: IfNotPresent
    command: ['/bin/sh','-c']
    args: ['iptables -t nat -A PREROUTING -p tcp --dport 8080 -j REDIRECT
    --to-port 80']
    securityContext:
      capabilities:
        add:
        - NET_ADMIN
  containers:
  - name: sidecar-proxy
    image: envoyproxy/envoy-alpine:v1.13.1
    command: ['/bin/sh','-c']
    args: ['sleep 3 && envoy -c /etc/envoy/envoy.yaml']
    lifecycle:
      postStart:
        exec:
          command: ['/bin/sh','-c','wget -O /etc/envoy/envoy.yaml https://
          raw.githubusercontent.com/iKubernetes/Kubernetes_Advanced_
          Practical_2rd/master/chapter4/envoy.yaml']
    livenessProbe:
      tcpSocket:
        port: 80
      initialDelaySeconds: 5
    readinessProbe:
      tcpSocket:
        port: 80
      initialDelaySeconds: 5
  - name: demo
    image: ikubernetes/demoapp:v1.0
    imagePullPolicy: IfNotPresent
```

```
        env:
        - name: PORT
          value: '8080'
        livenessProbe:
          httpGet:
            path: '/livez'
            port: 8080
          initialDelaySeconds: 5
        readinessProbe:
          httpGet:
            path: '/readyz'
            port: 8080
          initialDelaySeconds: 15
        securityContext:
          runAsUser: 1001
          runAsGroup: 1001
        resources:
          requests:
            cpu: 0.5
            memory: "64Mi"
          limits:
            cpu: 2
            memory: "1024Mi"
  securityContext:
    supplementalGroups: [1002, 1003]
    fsGroup: 2000
```

配置清单的 Pod 对象的各容器中，主容器 demo 在 Pod 的 IP 地址上监听 TCP 协议的 8080 端口，以接收并响应 HTTP 请求；Sidecar 容器 sidecar-proxy 监听 TCP 协议的 80 端口，接收 HTTP 请求并将其代理至 demo 容器的 8080 端口；初始化容器在 Pod 的 Network 名称空间中添加了一条 iptables 重定向规则，该规则负责把所有发往 Pod IP 上 8080 端口的请求重定向至 80 端口，因而 demo 容器仅能从 127.0.0.1 的 8080 端口接收到请求。读者朋友可将清单中的 Pod 对象创建到集群上，并逐一测试其各项配置的效果。

4.9 本章小结

本章介绍了 Pod 资源的基础概念、分布式系统的设计模式、Pod 的基础管理操作、如何定义和管理容器，详细讲解了 Pod 安全上下文、生命周期中的事件、容器的存活性探测和就绪性探测机制等话题。

❑ Pod 就是联系紧密的一组容器，它们共享 Network、UTS 和 IPC 名称空间及存储卷资源。

❑ 容器设计模式有单容器模式、单节点多容器模式和多节点模式，它们还可再次细分。

❑ Pod 的核心目标在于运行容器，容器常见的定制配置包括暴露端口及传递环境变量等。

❑ 容器安全上下文是控制 Pod 和容器特权与访问控制功能的接口，包括设定运行者身份、内核功能、特权容器和内核参数等。

❑ 以"黑盒子（容器）"模式运行的应用需要支持健康状态检测、指标、日志和跟踪等只读式 API，以及 preStop 和 postStart 等读写 API。

❑ 资源需求和资源限制用于定义容器运行时的约束条件，它可以确保让节点为容器保留一定的资源，以及限制容器可用的资源上限。

存储卷与数据持久化

以 Docker 为代表的容器运行时通常都支持配置容器使用"存储卷"将数据持久存储于容器自身文件系统之外的存储空间中，这些存储空间可来自宿主机文件系统或网络存储系统。相应地，Kubernetes 也支持类似的存储卷功能以实现短生命周期的容器应用数据的持久化，不过，其存储卷绑定于 Pod 对象而非容器级别，并可共享给内部的所有容器使用。本章主要介绍 Kubernetes 系统之上的主流存储卷类型及其应用。

5.1 存储卷基础

Pod 本身有生命周期，其应用容器及生成的数据自身均无法独立于该生命周期之外持久存在，并且同一 Pod 中的容器可共享 PID、Network、IPC 和 UTS 名称空间，但 Mount 和 USER 名称空间却各自独立，因而跨容器的进程彼此间默认无法基于共享的存储空间交换文件或数据。因而，借助特定的存储机制甚至是独立于 Pod 生命周期的存储设备完成数据持久化也是必然之需。

5.1.1 存储卷概述

简单来说，存储卷是定义在 Pod 资源之上可被其内部的所有容器挂载的共享目录，该目录关联至宿主机或某外部的存储设备之上的存储空间，可由 Pod 内的多个容器同时挂载使用。Pod 存储卷独立于容器自身的文件系统，因而也独立于容器的生命周期，它存储的数据可于容器重启或重建后继续使用。图 5-1 展示了 Pod 容器与存储卷之间的关系。

图 5-1 Pod、容器与存储卷

每个工作节点基于本地内存或目录向 Pod 提供存储空间，也能够使用借助驱动程序挂载的网络文件系统或附加的块设备，例如使用挂载至本地某路径上的 NFS 文件系统等。Kubernetes 系统具体支持的存储卷类型要取决于存储卷插件的内置定义，如图 5-2 所示，不过 Kubernetes 也支持管理员基于扩展接口配置使用第三方存储。另外，Kubernetes 甚至还支持一些有着特殊功用的存储卷，例如将外部信息投射至 Pod 之中的 ConfigMap、Secret 和 Downward API 等。

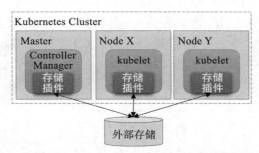

图 5-2 存储卷插件是容器使用外部存储的关键组件

存储卷并非 Kubernetes 上一种独立的 API 资源类型，它隶属于 Pod 资源，且与所属的特定 Pod 对象有着相同的生命周期，因而通过 API Server 管理声明了存储卷资源的 Pod 对象时也会相应触发存储卷的管理操作。在具体的执行过程中，首选由调度器将该 Pod 对象绑到一个工作节点之上，若该 Pod 定义存储卷尚未被挂载，Controller Manager 中的 AD 控制器（Attach/Detach Controller）会先借助相应的存储卷插件把远程的存储设备附加到该目标节点，而由内置在 kubelet 中的 Pod 管理器（Pod Manager）触发本地的存储卷操作实现，它借助存储卷管理器（Volume Manager）调用存储卷插件进行关联并驱动相应存储服务，并完成设备的挂载、格式化和卸载等操作。存储卷独立于 Pod 对象中容器的生命周期，从而使得容器重启或更新之后数据依然可用，但删除 Pod 对象时也必将删除其存储卷。

Kubernetes 系统内置了多种类型的存储卷插件，因而能够直接支持多种类型存储系统（即存储服务方），例如 CephFS、NFS、RBD、iscsi 和 vSphereVolume 等。定义 Pod 资源时，用户可在其 spec.volumes 字段中嵌套配置选定的存储卷插件，并结合相应的存储服务来使用特定类型的存储卷，甚至使用 CS 或 flexVolume 存储卷插件来扩展支持更多的存储服务系统。

对 Pod 对象来说，卷类型主要是为关联适配的存储系统时提供相关的配置参数。例如，关联节点本地的存储目录与关联 GlusterFS 存储系统所需要的配置参数差异巨大，因此指定了存储卷类型也就限定了其关联到的后端存储设备。目前，Kubernetes 支持的存储卷可简单归为以下类别，它们也各自有着不少的实现插件。

1）临时存储卷：emptyDir。

2）本地存储卷：hostPath 和 local。

3）网络存储卷：

❑ 云存储——awsElasticBlockStore、gcePersistentDisk、azureDisk 和 azureFile。

❑ 网络文件系统——NFS、GlusterFS、CephFS 和 Cinder。

❑ 网络块设备——iscsi、FC、RBD 和 vSphereVolume。

❑ 网络存储平台——Quobyte、PortworxVolume、StorageOS 和 ScaleIO。

4）特殊存储卷：Secret、ConfigMap、DownwardAPI 和 Projected。

5）扩展支持第三方存储的存储接口（Out-of-Tree 卷插件）：CSI 和 FlexVolume。

通常，这些 Kubernetes 内置提供的存储卷插件可归类为 In-Tree 类型，它们同 Kubernetes 源代码一同发布和迭代，而由存储服务商借助于 CSI 或 FlexVolume 接口扩展的独立于 Kubernetes 代码的存储卷插件则统称为 Out-Of-Tree 类型，集群管理员也可根据需要创建自定义的扩展插件，目前 CSI 是较为推荐的扩展接口，如图 5-3 所示。

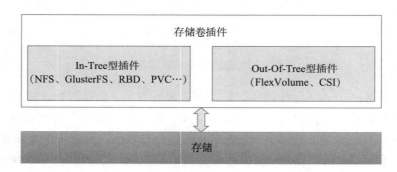

图 5-3　存储卷插件类型

尽管网络存储基本都具有持久存储能力，但它们都要求 Pod 资源清单的编写人员了解可用的真实网络存储的基础结构，并且能够准确配置用到的每一种存储服务。例如，要创建基于 Ceph RBD 的存储卷，用户必须要了解 Ceph 集群服务器（尤其是 Monitor 服务器）的地址，并且能够理解接入 Ceph 集群的必要配置及其意义。

5.1.2　配置 Pod 存储卷

在 Pod 中定义使用存储卷的配置由两部分组成：一部分通过 .spec.volumes 字段定义在

Pod 之上的存储卷列表，它经由特定的存储卷插件并结合特定的存储系统的访问接口进行定义；另一部分是嵌套定义在容器的 volumeMounts 字段上的存储卷挂载列表，它只能挂载当前 Pod 对象中定义的存储卷。不过，定义了存储卷的 Pod 内的容器也可以选择不挂载任何存储卷。

```
spec:
  volumes:
  - name <string>   # 存储卷名称标识，仅可使用 DNS 标签格式的字符，在当前 Pod 中必须唯一
      VOL_TYPE <Object>              # 存储卷插件及具体的目标存储系统的相关配置
  containers:
  - name: …
    image: …
    volumeMounts:
    - name <string>             # 要挂载的存储卷的名称，必须匹配存储卷列表中某项的定义
      mountPath <string>        # 容器文件系统上的挂载点路径
      readOnly <boolean>        # 是否挂载为只读模式，默认为"否"
      subPath <string>          # 挂载存储卷上的一个子目录至指定的挂载点
      subPathExpr <string>      # 挂载由指定模式匹配到的存储卷的文件或目录至挂载点
      mountPropagation <string> # 挂载卷的传播模式
```

Pod 配置清单中的 .spec.volumes 字段的值是一个对象列表，每个列表项定义一个存储卷，它由存储卷名称（.spec.volumes.name <String>）和存储卷对象（.spec.volumes.VOL_TYPE <Object>）组成，其中 VOL_TYPE 是使用的存储卷类型名称，它的内嵌字段随类型的不同而不同，具体参数需要参阅 Pod 上各存储卷插件的相关文档说明。

定义好的存储卷可由当前 Pod 资源内的各容器进行挂载。Pod 中仅有一个容器时，使用存储卷的目的通常在于数据持久化，以免重启时导致数据丢失，而只有多个容器挂载同一个存储卷时，"共享"才有了具体的意义。挂载卷的传播模式（mountPropagation）就是用于配置容器将其挂载卷上的数据变动传播给同一 Pod 中的其他容器，甚至是传播给同一个节点上的其他 Pod 的一个特性，该字段的可用值包括如下几项。

❏ None：该挂载卷不支持传播机制，当前容器不向其他容器或 Pod 传播自己的挂载操作，也不会感知主机后续在该挂载卷或其任何子目录上执行的挂载变动；此为默认值。

❏ HostToContainer：主机向容器的单向传播，即当前容器能感知主机后续对该挂载卷或其任何子目录上执行的挂载变动。

❏ Bidirectional：主机和容器间的双向传播，当前容器创建的存储卷挂载操作会传播给主机及使用了同一存储卷的所有 Pod 的所有容器，也能感知主机上后续对该挂载卷或其任何子目录上执行的挂载变动；该行为存在破坏主机操作系统的危险，因而仅可用于特权模式下的容器中。

除了配置参数的不同，各类型存储卷的大体使用格式基本相似，本章后面的篇幅会首先介绍在 Pod 中直接使用存储卷，而后介绍如何基于 PV 和 PVC 完成数据持久化。

5.2 临时存储卷

Kubernetes 支持的存储卷类型中，emptyDir 存储卷的生命周期与其所属的 Pod 对象相同，它无法脱离 Pod 对象的生命周期提供数据存储功能，因此通常仅用于数据缓存或临时存储。不过，基于 emptyDir 构建的 gitRepo 存储卷可以在 Pod 对象的生命周期起始时，从相应的 Git 仓库中克隆相应的数据文件到底层的 emptyDir 中，也就使得它具有了一定意义上的持久性。

5.2.1 emptyDir 存储卷

emptyDir 存储卷可以理解为 Pod 对象上的一个临时目录，类似于 Docker 上的 "Docker 挂载卷"，在 Pod 对象启动时即被创建，而在 Pod 对象被移除时一并被删除。因此，emptyDir 存储卷只能用于某些特殊场景中，例如同一 Pod 内的多个容器间的文件共享，或作为容器数据的临时存储目录用于数据缓存系统等。

emptyDir 存储卷嵌套定义在 .spec.volumes.emptyDir 字段中，可用字段主要有两个。

❑ medium：此目录所在的存储介质的类型，可用值为 default 或 Memory，默认为 default，表示使用节点的默认存储介质；Memory 表示使用基于 RAM 的临时文件系统 tmpfs，总体可用空间受限于内存，但性能非常好，通常用于为容器中的应用提供缓存存储。

❑ sizeLimit：当前存储卷的空间限额，默认值为 nil，表示不限制；不过，在 medium 字段值为 Memory 时，建议务必定义此限额。

下面是一个使用了 emptyDir 存储卷的简单示例，它保存在 volumes-emptydir-demo.yaml 配置文件中。

```
apiVersion: v1
kind: Pod
metadata:
  name: volumes-emptydir-demo
  namespace: default
spec:
  initContainers:
  - name: config-file-downloader
    image: ikubernetes/admin-box
    imagePullPolicy: IfNotPresent
    command: ['/bin/sh','-c','wget -O /data/envoy.yaml https://raw.
githubusercontent.com/iKubernetes/Kubernetes_Advanced_Practical_2rd/
master/chapter4/envoy.yaml']
    volumeMounts:
    - name: config-file-store
      mountPath: /data
  containers:
  - name: envoy
```

```
    image: envoyproxy/envoy-alpine:v1.13.1
    command: ['/bin/sh','-c']
    args: ['envoy -c /etc/envoy/envoy.yaml']
    volumeMounts:
    - name: config-file-store
      mountPath: /etc/envoy
      readOnly: true
  volumes:
  - name: config-file-store
    emptyDir:
      medium: Memory
      sizeLimit: 16Mi
```

在该示例清单中，为 Pod 对象定义了一个名为 config-file-store 的、基于 emptyDir 存储插件的存储卷。初始化容器将该存储卷挂载至 /data 目录后，下载 envoy.yaml 配置文件并保存于该挂载点目录下。主容器将该存储卷挂载至 /etc/envoy 目录，再通过自定义命令让容器应用在启动时加载的配置文件 /etc/envoy/envoy.yaml 上，如图 5-4 所示。

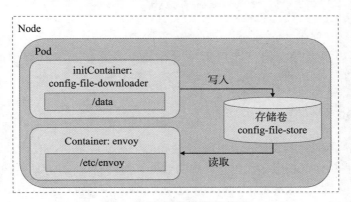

图 5-4 存储卷使用示意图

Pod 资源的详细信息中会显示存储卷的相关状态，包括其是否创建成功（Events 字段中输出）、相关的类型及参数（Volumes 字段中输出），以及容器中的挂载状态等信息（Containers 字段中输出）。如下面的命令结果所示。

```
~$ kubectl describe pods volumes-emptydir-demo
......
Init Containers:
  config-file-downloader:
  ......
    Mounts:
      /data from config-file-store (rw)
  ......
Containers:
  envoy:
    Mounts:
```

```
        /etc/envoy from config-file-store (ro)
  ......
Volumes:
  config-file-store:
    Type:      EmptyDir (a temporary directory that shares a pod's lifetime)
    Medium:    Memory
    SizeLimit: 16Mi
......
```

为 Envoy 下载的配置文件中定义了一个监听所有可用 IP 地址上 TCP 80 端口的 Ingress 侦听器，以及一个监听所有可用 IP 地址上 TCP 的 9901 端口的 Admin 接口，这与 Envoy 镜像中默认配置文件中的定义均有不同。下面命令的结果显示它吻合自定义配置文件的内容。

```
~$ kubectl exec volumes-emptydir-demo -- netstat -tnl
Active Internet connections (only servers)
Proto Recv-Q Send-Q Local Address           Foreign Address         State
tcp        0      0 0.0.0.0:80              0.0.0.0:*               LISTEN
tcp        0      0 0.0.0.0:9901            0.0.0.0:*               LISTEN
~$ podIP=$(kubectl get pods/volumes-emptydir-demo -o jsonpath={.status.podIP})
~$ curl $podIP:9901/listeners
listener_0::0.0.0.0:80
```

emptyDir 卷简单易用，但仅能用于临时存储。另外存在一些类型的存储卷构建在 emptyDir 之上，并额外提供了它所没有功能，例如将于下一节介绍的 gitRepo 存储卷。

5.2.2　gitRepo 存储卷

gitRepo 存储卷可以看作是 emptyDir 存储卷的一种实际应用，使用该存储卷的 Pod 资源可以通过挂载目录访问指定的代码仓库中的数据。使用 gitRepo 存储卷的 Pod 资源在创建时，会首先创建一个空目录（emptyDir）并克隆（clone）一份指定的 Git 仓库中的数据至该目录，而后再创建容器并挂载该存储卷。

定义 gitRepo 类型的存储卷时，其可嵌套使用字段有如下 3 个。

❑ repository <string>：Git 仓库的 URL，必选字段。

❑ directory <string>：目标目录名称，但名称中不能包含 ".." 字符；"." 表示将仓库中的数据直接克隆至存储卷映射的目录中，其他字符则表示将数据克隆至存储卷上以用户指定的字符串为名称的子目录中。

❑ revision <string>：特定 revision 的提交哈希码。

注意　使用 gitRepo 存储卷的 Pod 资源运行的工作节点上必须安装有 Git 程序，否则克隆仓库的操作将无法完成。

下面的配置清单示例（volumes-gitrepo-demo.yaml）中的 Pod 资源在创建时，会先创

建一个空目录，将指定的 Git 仓库 https://github.com/iKubernetes/Kubernetes_Advanced_Practical_2rd.git 中的数据克隆一份直接保存在此目录中，而后将此目录创建为存储卷 html，再由容器 nginx 将此存储卷挂载到 /usr/share/nginx/html 目录上。

```
apiVersion: v1
kind: Pod
metadata:
  name: volumes-gitrepo-demo
spec:
  containers:
  - name: nginx
    image: nginx:alpine
    volumeMounts:
    - name: html
      mountPath: /usr/share/nginx/html
  volumes:
  - name: html
    gitRepo:
      repository:
      https://github.com/iKubernetes/Kubernetes_Advanced_Practical_2rd.git
      directory: .
      revision: "master"
```

访问此 Pod 资源中的 nginx 服务，即可看到它来自 Git 仓库中的页面资源。不过，gitRepo 存储卷在其创建完成后不会再与指定的仓库执行同步操作，这意味着在 Pod 资源运行期间，如果仓库中的数据发生了变化，gitRepo 存储卷不会同步到这些内容。当然，此时可以为 Pod 资源创建一个 Sidecar 容器来执行此类的同步操作，尤其是数据来源于私有仓库时，通过 Sidecar 容器完成认证等必要步骤后再进行克隆操作就更为必要。

gitRepo 存储卷构建于 emptyDir 之上，其生命周期与 Pod 资源一样，故使用中不应在此类存储卷中保存由容器生成的重要数据。另外，gitRepo 存储插件即将废弃，建议在初始化容器或 Sidecar 容器中运行 git 命令来完成相应的功能。

5.3　hostPath 存储卷

hostPath 存储卷插件是将工作节点上某文件系统的目录或文件关联到 Pod 上的一种存储卷类型，其数据具有同工作节点生命周期一样的持久性。hostPath 存储卷使用的是工作节点本地的存储空间，所以仅适用于特定情况下的存储卷使用需求，例如将工作节点上的文件系统关联为 Pod 的存储卷，从而让容器访问节点文件系统上的数据，或者排布分布式存储系统的存储设备等。hostPath 存储卷在运行有管理任务的系统级 Pod 资源，以及 Pod 资源需要访问节点上的文件时尤为有用。

配置 hostPath 存储卷的嵌套字段有两个：一个用于指定工作节点上的目录路径的必选

字段 path；另一个用于指定节点之上存储类型的 type。hostPath 支持使用的节点存储类型有如下几种。

- ❑ DirectoryOrCreate：指定的路径不存在时，自动将其创建为 0755 权限的空目录，属主和属组均为 kubelet。
- ❑ Directory：事先必须存在的目录路径。
- ❑ FileOrCreate：指定的路径不存在时，自动将其创建为 0644 权限的空文件，属主和属组均为 kubelet。
- ❑ File：事先必须存在的文件路径。
- ❑ Socket：事先必须存在的 Socket 文件路径。
- ❑ CharDevice：事先必须存在的字符设备文件路径。
- ❑ BlockDevice：事先必须存在的块设备文件路径。
- ❑ ""：空字符串，默认配置，在关联 hostPath 存储卷之前不进行任何检查。

这类 Pod 对象通常受控于 DaemonSet 类型的 Pod 控制器，它运行在集群中的每个工作节点上，负责收集工作节点上系统级的相关数据，因此使用 hostPath 存储卷也理所应当。然而，基于同一个模板创建 Pod 对象仍可能会因节点上文件的不同而存在着不同的行为，而且在节点上创建的文件或目录默认仅 root 用户可写，若期望容器内的进程拥有写权限，则需要将该容器运行于特权模式，不过这存在潜在的安全风险。

下面是定义在配置清单 volumes-hostpath-demo.yaml 中的 Pod 对象，容器中的 filebeat 进程负责收集工作节点及容器相关的日志信息并发往 Redis 服务器，它使用了 3 个 hostPath 类型的存储卷，第一个指向了宿主机的日志文件目录 /var/logs，后面两个则与宿主机上的 Docker 运行时环境有关。

```
apiVersion: v1
kind: Pod
metadata:
  name: vol-hostpath-pod
spec:
  containers:
  - name: filebeat
    image: ikubernetes/filebeat:5.6.7-alpine
    env:
    - name: REDIS_HOST
      value: redis.ilinux.io:6379
    - name: LOG_LEVEL
      value: info
    volumeMounts:
    - name: varlog
      mountPath: /var/log
    - name: socket
      mountPath: /var/run/docker.sock
    - name: varlibdockercontainers
```

```
        mountPath: /var/lib/docker/containers
        readOnly: true
  terminationGracePeriodSeconds: 30
  volumes:
  - name: varlog
    hostPath:
      path: /var/log
  - name: varlibdockercontainers
    hostPath:
      path: /var/lib/docker/containers
  - name: socket
    hostPath:
      path: /var/run/docker.sock
```

上面配置清单中 Pod 对象的正确运行要依赖于 REDIS_HOST 和 LOG_LEVEL 环境变量，它们分别用于定义日志缓冲队列服务和日志级别。如果有可用的 Redis 服务器，我们就可通过环境变量 REDIS_HOST 将其对应的主机名或 IP 地址传递给 Pod 对象，待 Pod 对象准备好之后即可通过 Redis 服务器查看到由该 Pod 发送的日志信息。测试时，我们仅需要给 REDIS_HOST 环境变量传递一个任意值（例如清单中的 redis.ilinux.io）便可直接创建 Pod 对象，只不过该 Pod 中容器的日志会报出无法解析指定主机名的错误，但这并不影响存储卷的配置和使用。

 提示 在 Filebeat 的应用架构中，这些日志信息可能会由 Logstash 收集后发往集中式日志存储系统 Elasticsearch，并通过 Kibana 进行展示。

对于由 Deployment 或 StatefulSet 等一类控制器管控的、使用了 hostPath 存储卷的 Pod 对象来说，需要注意在基于资源可用状态的调度器调度 Pod 对象时，并不支持参考目标节点之上 hostPath 类型的存储卷，在 Pod 对象被重新调度至其他节点时，容器进程此前创建的文件或目录则大多不会存在。一个常用的解决办法是通过在 Pod 对象上使用 nodeSelector 或者 nodeAffinity 赋予该 Pod 对象指定要绑定到的具体节点来影响调度器的决策，但即便如此，管理员仍然不得不手动管理涉及的多个节点之上的目录，低效且易错。因此，hostPath 存储卷虽然能持久保存数据，但对于由调度器按需调度的应用来说并不适用。

5.4 网络存储卷

如前所述，Kubernetes 内置了多种类型的网络存储卷插件，它们支持的存储服务包括传统的 NAS 或 SAN 设备（例如 NFS、iscsi 和 FC 等）、分布式存储（例如 GlusterFS、CephFS 和 RBD 等）、云存储（例如 gcePersistentDisk、azureDisk、Cinder 和 awsElasticBlockStore 等）以及构建在各类存储系统之上的抽象管理层（例如 flocker、portworxVolume 和

vSphereVolume 等）。这类服务通常都是独立运行的存储系统，因相应的存储卷可以支持超越节点生命周期的数据持久性。

5.4.1 NFS 存储卷

NFS 即网络文件系统（Network File System），它是一种分布式文件系统协议，最初是由 Sun Microsystems 公司开发的类 UNIX 操作系统之上的经典网络存储方案，其功能旨在允许客户端主机可以像访问本地存储一样通过网络访问服务器端文件。作为一种由内核原生支持的网络文件系统，具有 Linux 系统使用经验的读者多数都应该有 NFS 使用经验。

Kubernetes 的 NFS 存储卷用于关联某事先存在的 NFS 服务器上导出的存储空间到 Pod 对象中以供容器使用，该类型的存储卷在 Pod 对象终止后仅是被卸载而非被删除。而且，NFS 是文件系统级共享服务，它支持同时存在的多路挂载请求，可由多个 Pod 对象同时关联使用。定义 NFS 存储卷时支持嵌套使用以下几个字段。

- ❑ server <string>：NFS 服务器的 IP 地址或主机名，必选字段。
- ❑ path <string>：NFS 服务器导出（共享）的文件系统路径，必选字段。
- ❑ readOnly <boolean>：是否以只读方式挂载，默认为 false。

下面的配置清单示例中以 Redis 为例来说明 NFS 存储卷的功能与用法。Redis 是一个著名的高性能键值存储系统，应用非常广泛。它基于内存存储运行，数据持久化存储的需求通过周期性地将数据同步到主机磁盘之上完成，因此将 Redis 抽象为 Pod 对象部署运行于 Kubernetes 系统之上时，需要考虑节点级或网络级的持久化存储卷的支持，本示例就是以 NFS 存储卷为例，为 Redis 进程提供跨 Pod 对象生命周期的数据持久化功能。

```
apiVersion: v1
kind: Pod
metadata:
  name: volumes-nfs-demo
  labels:
    app: redis
spec:
  containers:
  - name: redis
    image: redis:alpine
    ports:
    - containerPort: 6379
      name: redisport
    securityContext:
      runAsUser: 999
    volumeMounts:
    - mountPath: /data
      name: redisdata
  volumes:
  - name: redisdata
```

```
nfs:    # NFS 存储卷插件
  server: nfs.ilinux.io
  path: /data/redis
  readOnly: false
```

上面的示例定义在名为 volumes-nfs-demo.yaml 资源清单文件中，容器镜像文件 redis:alpine 默认会以 redis 用户（UID 是 999）运行 redis-server 进程，并将数据持久保存在容器文件系统上的 /data 目录中，因而需要确保 UID 为 999 的用户有权限读写该目录。与此对应，NFS 服务器上用于该 Pod 对象的存储卷的导出目录（本示例中为 /data/redis 目录）也需要确保让 UID 为 999 的用户拥有读写权限，因而需要在 nfs.ilinux.io 服务器上创建该用户，将该用户设置为 /data/redis 目录的属主，或通过 facl 设置该用户拥有读写权限。

以 Ubuntu Server18.04 为例，在一个专用的主机（nfs.ilinux.io）上以 root 用户设定所需的 NFS 服务器的步骤如下。

1）安装 NFS Server 程序包，Ubuntu 18.04 上的程序包名为 nfs-kernel-server。

```
~# apt -y install nfs-kernel-server
```

2）设定基础环境，包括用户、数据目录及相应授权。

```
~# mkdir /data/redis
~# useradd -u 999 redis
~# chown redis /data/redis
```

3）编辑 /etc/exports 配置文件，填入类似如下内容：

```
/data/redis    172.29.0.0/16(rw,no_root_squash) 10.244.0.0/16(rw,no_root_squash)
```

4）启动 NFS 服务器：

```
~# systemctl start nfs-server
```

5）在各工作节点安装 NFS 服务客户端程序包，Ubuntu 18.04 上的程序包名为 nfs-common。

```
~# apt install -y nfs-common
```

待上述步骤执行完成后，切换回 Kubernetes 集群可运行 kubectl 命令的主机之上，运行命令创建配置清单中的 Pod 对象：

```
~$ kubectl apply -f volumes-nfs-demo.yaml
pod/volumes-nfs-demo created
```

资源创建完成后，可通过其命令客户端 redis-cli 创建测试数据，并手动触发其与存储系统同步，下面加粗部分的字体为要执行的 Redis 命令。

```
~$ kubectl exec -it volumes-nfs-demo -- redis-cli
127.0.0.1:6379> set mykey "hello ilinux.io"
OK
127.0.0.1:6379> get mykey
"hello ilinux.io"
```

```
127.0.0.1:6379> BGSAVE
Background saving started
127.0.0.1:6379> exit
```

为了测试其数据持久化效果，下面先删除此前创建的 Pod 对象 vol-nfs-pod，而后待重建该 Pod 对象后检测数据是否依然能够访问。

```
~$ kubectl delete pods/volumes-nfs-demo
pod "volumes-nfs-demo" deleted
~$ kubectl apply -f volumes-nfs-demo.yaml
pod/volumes-nfs-demo created
```

待其重建完成后，通过再次创建的 Pod 资源的详细描述信息可以观察到它挂载使用 NFS 存储卷的相关状态，也可通过下面的命令来检查 redis-server 中是否还保存有此前存储的数据。

```
~$ kubectl exec -it volumes-nfs-demo -- redis-cli
127.0.0.1:6379> get mykey
"hello ilinux.io"
127.0.0.1:6379>
```

上面的命令结果显示出此前创建的键 mykey 及其数据在 Pod 对象删除并重建后依然存在，这表明删除 Pod 对象后，其关联的外部存储设备及数据并不会被一同删除，因而才具有了跨 Pod 生命周期的数据持久性。若需要在删除 Pod 后清除具有持久存储功能的存储设备上的数据，则需要用户或管理员通过存储系统的管理接口手动进行。

5.4.2　RBD 存储卷

Ceph 是一个专注于分布式的、弹性可扩展的、高可靠的、性能优异的存储系统平台，同时支持提供块设备、文件系统和对象存储 3 种存储接口。它是个高度可配置的系统，并提供了一个命令行界面用于监视和控制其存储集群。Kubernetes 支持通过 RBD 卷插件和 CephFS 卷插件，基于 Ceph 存储系统为 Pod 提供存储卷。要配置 Pod 对象使用 RBD 存储卷，需要事先满足以下前提条件。

❏ 存在某可用的 Ceph RBD 存储集群，否则需要创建一个。

❏ 在 Ceph RBD 集群中创建一个能满足 Pod 资源数据存储需要的存储映像。

❏ 在 Kubernetes 集群内的各节点上安装 Ceph 客户端程序包（ceph-common）。

定义 RBD 类型的存储卷时需要指定要连接的目标服务器和认证信息等配置，它们依赖如下几个可用的嵌套字段。

❏ monitors <[]string>：Ceph 存储监视器，逗号分隔的字符串列表；必选字段。

❏ image <string>：rados image（映像）的名称，必选字段。

❏ pool <string>：Ceph 存储池名称，默认为 rbd。

❏ user <string>：Ceph 用户名，默认为 admin。

- ❑ keyring \<string\>：用户认证到 Ceph 集群时使用的 keyring 文件路径，默认为 /etc/ceph/keyring。
- ❑ secretRef \<Object\>：用户认证到 Ceph 集群时使用的保存有相应认证信息的 Secret 资源对象，该字段会覆盖由 keyring 字段提供的密钥信息。
- ❑ readOnly \<boolean\>：是否以只读方式访问。
- ❑ fsType：要挂载的存储卷的文件系统类型，至少应该是节点操作系统支持的文件系统，例如 Ext4、xfs、NTFS 等，默认为 Ext4。

下面提供的 RBD 存储卷插件使用示例定义在 volumes-rbd-demo.yaml 配置清单文件中，它使用 kube 用户认证到 Ceph 集群中，并关联 RDB 存储池 kube 中的存储映像 redis-img1 为 Pod 对象 volumes-rbd-demo 的存储卷，由容器进程挂载至 /data 目录进行数据存取。

```
apiVersion: v1
kind: Pod
metadata:
  name: volumes-rbd-demo
spec:
  containers:
  - name: redis
    image: redis:alpine
    ports:
    - containerPort: 6379
      name: redisport
    volumeMounts:
    - mountPath: /data
      name: redis-rbd-vol
  volumes:
  - name: redis-rbd-vol
    rbd:
      monitors:
      - '172.29.200.1:6789'
      - '172.29.200.2:6789'
      - '172.29.200.3:6789'
      pool: kube
      image: redis-img1
      fsType: xfs
      readOnly: false
      user: kube
      keyring: /etc/ceph/ceph.client.kube.keyring
```

RBD 存储卷插件依赖 Ceph 存储集群作为存储系统，这里假设其监视器（MON）的地址为 172.29.200.1、172.29.200.2 和 172.29.200.3，集群上的存储池 kube 中需要有事先创建好的存储映像 redis-img1。客户端访问集群时要事先认证到 Ceph 集群并获得相应授权才能进行后续的访问操作，该示例使用了用户的 keyring 文件。该示例实现的逻辑架构如图 5-5 所示。

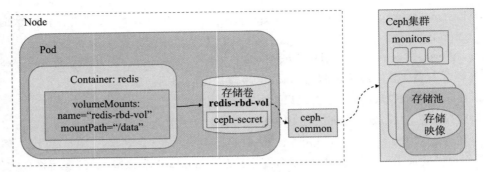

图 5-5 RBD 存储卷

为了完成示例中定义的资源的测试，需要事先完成如下几个步骤。

1）在 Ceph 集群上的 kube 存储池中创建用作 Pod 存储卷的 RBD 映像文件，并设置映像特性。

```
~# rbd create --pool kube --size 1G redis-img1
~# rbd feature disable -p kube redis-img1 object-map fast-diff deep-flatten
```

2）在 Ceph 集群上创建存储卷客户端账号并进行合理授权。

```
~# ceph auth get-or-create client.kube mon 'allow r' \
    osd 'allow class-read object_prefix rbd_children, allow rwx pool=kube' \
    -o /etc/ceph/ceph.client.kube.keyring
```

3）在 Kubernetes 集群的各工作节点上执行如下命令安装 Ceph 客户端库。

```
~# wget -q -O - https://mirrors.aliyun.com/ceph/keys/release.asc | apt-key add -
~# echo deb https://mirrors.aliyun.com/ceph/debian-nautilus/ $(lsb_release -sc) main \
    | tee /etc/apt/sources.list.d/ceph.list
~# apt update && apt install ceph-common
```

4）在 Ceph 集群某节点上执行如下命令，以复制 Ceph 集群的配置文件及客户端认证使用的 keyring 文件到 Kubernetes 集群的各工作节点之上。

```
~# for kubehost in k8s-node01 k8s-node02 k8s-node03; do \
    scp -p /etc/ceph/{ceph.conf,ceph.client.kube.keyring} ${kubehost}:/etc/ceph/;
done
```

待完成如上必要的准备步骤后，便可执行如下命令将前面定义在 volumes-rbd-demo.yaml 中的 Pod 资源创建在 Kubernetes 集群上进行测试。

```
~$ kubectl apply -f volumes-rbd-demo.yaml
pod/volumes-rbd-demo created
```

随后从集群上的 Pod 对象 volumes-rbd-demo 的详细描述中获取存储的相关状态信息，确保其创建操作得以成功执行。下面是相关的存储卷信息示例。

```
Volumes:
```

```
redis-rbd-vol:
  Type:   RBD (a Rados Block Device mount on the host that shares a pod's lifetime)
  CephMonitors:   [172.29.200.1:6789 172.29.200.2:6789 172.29.200.3:6789]
  RBDImage:       redis-img1
  FSType:         xfs
  RBDPool:        kube
  RadosUser:      kube
  Keyring:        /etc/ceph/ceph.client.kube.keyring
  SecretRef:      nil
  ReadOnly:       false
```

删除 Pod 对象仅会解除它对 RBD 映像的引用而非级联删除它，因而 RBD 映像及数据将依然存在，除非管理员手动进行删除。我们可使用类似前一节测试 Redis 数据持久性的方式来测试本示例中的容器数据的持久能力，这里不再给出具体步骤。另外，实践中，应该把认证到 Ceph 集群上的用户的认证信息存储为 Kubernetes 集群上的 Secret 资源，并通过 secretRef 字段进行指定，而非像该示例中那样，直接使用 keyring 字段引用相应用户的 keyring 文件。

5.4.3　CephFS 存储卷

CephFS（Ceph 文件系统）是在分布式对象存储 RADOS 之上构建的 POSIX 兼容的文件系统，它致力于为各种应用程序提供多用途、高可用和高性能的文件存储。CephFS 将文件元数据和文件数据分别存储在各自专用的 RADOS 存储池中，其中 MDS 通过元数据子树分区等支持高吞吐量的工作负载，而数据则由客户端直接相关的存储池直接进行读写操作，其扩展能跟随底层 RADOS 存储的大小进行线性扩展。Kubernetes 的 CephFS 存储卷插件以 CephFS 为存储方案为 Pod 提供存储卷，因而可受益于 CephFS 的存储扩展和性能优势。

CephFS 存储卷插件嵌套定义于 Pod 资源的 spec.volumes.cephfs 字段中，它支持通过如下字段的定义接入到存储预配服务中。

❑ monitors <[]string>：Ceph 存储监视器，为逗号分隔的字符串列表；必选字段。

❑ user <string>：Ceph 集群用户名，默认为 admin。

❑ secretFile <string>：用户认证到 Ceph 集群时使用的 Base64 格式的密钥文件（非 keyring 文件），默认为 /etc/ceph/user.secret。

❑ secretRef <Object>：用户认证到 Ceph 集群过程中加载其密钥时使用的 Kubernetes Secret 资源对象。

❑ path <string>：挂载的文件系统路径，默认为 CephFS 文件系统的根（/），可以使用 CephFS 文件系统上的子路径，例如 /kube/namespaces/default/redis1 等。

❑ readOnly <boolean>：是否挂载为只读模式，默认为 false。

下面提供的 CephFS 存储卷插件使用示例定义在 volumes-cephfs-demo.yaml 配置清单文件中，它使用 fsclient 用户认证到 Ceph 集群中，并关联 CephFS 上的子路径 /kube/

namespaces/default/redis1，作为 Pod 对象 volumes-cephfs-demo 的存储卷，并由容器进程挂载至 /data 目录进行数据存取。

```
apiVersion: v1
kind: Pod
metadata:
  name: volumes-cephfs-demo
spec:
  containers:
  - name: redis
    image: redis:alpine
    volumeMounts:
    - mountPath: "/data"
      name: redis-cephfs-vol
  volumes:
  - name: redis-cephfs-vol
    cephfs:
      monitors:
      - 172.29.200.1:6789
      - 172.29.200.2:6789
      - 172.29.200.3:6789
      path: /kube/namespaces/default/redis1
      user: fsclient
      secretFile: "/etc/ceph/fsclient.key"
      readOnly: false
```

Kubernetes 集群上需要启用了 CephFS，并提供了满足条件的用户账号及授权才能使用 CephFS 存储卷插件。客户端访问集群时需要事先认证到 Ceph 集群并获得相应授权才能进行后续的访问操作，该示例使用了保存在 /etc/ceph/fsclient.key 文件中的 CephFS 专用用户认证信息。要完成示例清单中定义的资源的测试，需要事先完成如下几个步骤。

1）将授权访问 CephFS 的用户 fsclient 的 Secret 文件 fsclient.key 复制到 Kubernetes 集群的各工作节点，以便 kubelet 可加载并使用它。在生成 fsclient.key 的 Ceph 节点上执行如下命令以复制必要的文件。

```
~# for kubehost in k8s-node01 k8s-node02 k8s-node03; do \
    scp -p /etc/ceph/fsclient.key /etc/ceph/ceph.conf ${kubehost}:/etc/ceph/; done
```

2）在 Kubernetes 集群的各工作节点上执行如下命令，以安装 Ceph 客户端库。

```
~# wget -q -O - https://mirrors.aliyun.com/ceph/keys/release.asc | apt-key add -
~# echo deb https://mirrors.aliyun.com/ceph/debian-nautilus/ $(lsb_release -sc) main \
    | tee /etc/apt/sources.list.d/ceph.list
~# apt update && apt install ceph-common
```

 提示 若已经在 Kubernetes 集群的各节点上安装过 ceph-common，则无须重复执行该步骤。

3）在 Kubernetes 的某工作节点上手动挂载 CephFS，以创建由 Pod 对象使用的数据目录。

```
~# mount -t ceph ceph01:6789:/ /mnt -o name=fsclient,secretfile=/etc/ceph/
fsclient.key
~# mkdir -p /mnt/kube/namespaces/default/redis1
```

上述准备步骤执行完成后即可运行如下命令创建清单 volumes-cephfs-demo.yaml 中定义的 Pod 资源，并进行测试：

```
~$ kubectl apply -f volumes-cephfs-demo.yaml
pod/volumes-cephfs-demo created
```

随后通过 Pod 对象 volumes-cephfs-demo 的详细描述了解其创建及运行状态，若一切无误，则相应的存储卷会显示出类似如下的描述信息：

```
Volumes:
  redis-cephfs-vol:
    Type:         CephFS (a CephFS mount on the host that shares a pod's lifetime)
    Monitors:     [172.29.200.1:6789 172.29.200.2:6789 172.29.200.3:6789]
    Path:         /kube/namespaces/default/redis1
    User:         fsclient
    SecretFile:   /etc/ceph/fsclient.key
    SecretRef:    nil
    ReadOnly:     false
```

删除 Pod 对象仅会卸载其挂载的 CephFS 文件系统（或子目录），因而文件系统（或目录）及相关数据将依然存在，除非管理员手动进行删除。我们可使用类似 5.4.1 节中测试 Redis 数据持久性的方式来测试本示例中的容器数据的持久性，这里不再给出具体步骤。另外在实践中，应该把认证到 CephFS 文件系统上的用户的认证信息存储为 Kubernetes 集群上的 Secret 资源，并通过 secretRef 字段进行指定，而非像该示例中那样，直接使用 secretFile 字段引用相应用户密钥信息文件。

5.4.4　GlusterFS 存储卷

GlusterFS（Gluster File System）是一个开源的分布式文件系统，是水平扩展存储解决方案 Gluster 的核心，它具有强大的横向扩展能力，通过扩展能够支持 PB 级的存储容量和数千个客户端。GlusterFS 借助 TCP/IP 或 InfiniBand RDMA 网络将物理分布的存储资源聚集在一起，使用单一全局命名空间来管理数据，它基于可堆叠的用户空间设计，可为各种不同的数据负载提供优异的性能，是另一种流行的分布式存储解决方案。Kubernetes 的 GlusterFS 存储卷插件依赖于 GlusterFS 存储集群作为存储方案。要配置 Pod 资源使用 GlusterFS 存储卷，需要事先满足以下前提条件：

1）存在某可用的 GlusterFS 存储集群，否则要创建一个。

2）在 GlusterFS 集群中创建一个能满足 Pod 资源数据存储需要的卷。

3）在 Kubernetes 集群内的各节点上安装 GlusterFS 客户端程序包（glusterfs 和 glusterfs-fuse）。

GlusterFS 存储卷嵌套定义在 Pod 资源的 spec.volumes.glusterfs 字段中，它常用的配置字段有如下几个。

❑ endpoints <string>：Endpoints 资源的名称，此资源需要事先存在，用于提供 Gluster 集群的部分节点信息作为其访问入口；必选字段。

❑ path <string>：用到的 GlusterFS 集群的卷路径，例如 kube-redis；必选字段。

❑ readOnly <boolean>：是否为只读卷。

下面提供的 GlusterFS 存储卷插件使用示例定义在 volumes-glusterfs-demo.yaml 配置清单文件中，它通过 glusterfs-endpoints 资源中定义的 GlusterFS 集群节点信息接入集群，并以 kube-redis 卷作为 Pod 资源的存储卷。glusterfs-endpoints 资源需要在 Kubernetes 集群中事先创建，而 kube-redis 则需要先于 Gluster 集群创建。

```
apiVersion: v1
kind: Pod
metadata:
  name: volumes-glusterfs-demo
  labels:
    app: redis
spec:
  containers:
  - name: redis
    image: redis:alpine
    ports:
    - containerPort: 6379
      name: redisport
    volumeMounts:
    - mountPath: /data
      name: redisdata
  volumes:
    - name: redisdata
      glusterfs:
        endpoints: glusterfs-endpoints
        path: kube-redis
        readOnly: false
```

用于访问 Gluster 集群的相关节点信息要事先保存在某特定的 Endpoint 资源中，例如上面示例中调用的 glusterfs-endpoints。此类的 Endpoint 资源依赖用户根据实际需求手动创建，例如，下面保存在 glusterfs-endpoints.yaml 文件中的资源示例定义了 3 个接入相关的 Gluster 存储集群的节点：gfs01.ilinux.io、gfs02.ilinux.io 和 gfs03.ilinux.io，其中的端口信息仅为满足 Endpoint 资源的必选字段要求，因此其值可以随意填写。

```
apiVersion: v1
kind: Endpoints
```

```
metadata:
  name: glusterfs-endpoints
subsets:
  - addresses:
    - ip: gfs01.ilinux.io
    ports:
    - port: 24007
      name: glusterd
  - addresses:
    - ip: gfs02.ilinux.io
    ports:
    - port: 24007
      name: glusterd
  - addresses:
    - ip: gfs03.ilinux.io
    ports:
    - port: 24007
      name: glusterd
```

　　准备好必要的存储供给条件后，先创建 Endpoint 资源 glusterfs-endpoints，之后创建 Pod 资源 vol-glusterfs-pod，即可测试其数据持久存储的效果。感兴趣的读者可自行完成测试过程，这里不再给出具体的实现步骤。

5.5　持久存储卷

　　通过 5.4 节网络存储卷及使用示例可知，用户必须要清晰了解用到的网络存储系统的访问细节才能完成存储卷相关的配置任务，例如 RBD 存储卷插件配置中的监视器（monitor）、存储池（pool）、存储映像（image）和密钥环（keyring）等来自于 Ceph 存储系统中的概念，这就要求用户对该类存储系统有着一定的了解才能够顺利使用。这与 Kubernetes 向用户和开发隐藏底层架构的目标有所背离，最好对存储资源的使用也能像计算资源一样，用户和开发人员既无须了解 Pod 资源究竟运行在哪个节点，也不用了解存储系统是什么设备、位于何处以及如何访问。

　　PV（PersistentVolume）与 PVC（PersistentVolumeClaim ⊖）就是在用户与存储服务之间添加的一个中间层，管理员事先根据 PV 支持的存储卷插件及适配的存储方案（目标存储系统）细节定义好可以支撑存储卷的底层存储空间，而后由用户通过 PVC 声明要使用的存储特性来绑定符合条件的最佳 PV 定义存储卷，从而实现存储系统的使用与管理职能的解耦，大大简化了用户使用存储的方式。

　　PV 和 PVC 的生命周期由 Controller Manager 中专用的 PV 控制器（PV Controller）独

　　⊖　PersistentVolumeClaim 首字母大写表示 PVC 这种资源类型，而首字母小写是 Pod 上的对应的存储卷插件的固定名称格式。

立管理，这种机制的存储卷不再依附并受限于 Pod 对象的生命周期，从而实现了用户和集群管理员的职责相分离，也充分体现出 Kubernetes 把简单留给用户，把复杂留给自己的管理理念。

5.5.1 PV 与 PVC 基础

PV 是由集群管理员于全局级别配置的预挂载存储空间，它通过支持的存储卷插件及给定的配置参数关联至某个存储系统上可用数据存储的一段空间，这段存储空间可能是 Ceph 存储系统上的一个存储映像、一个文件系统（CephFS）或其子目录，也可能是 NFS 存储系统上的一个导出目录等。PV 将存储系统之上的存储空间抽象为 Kubernetes 系统全局级别的 API 资源，由集群管理员负责管理和维护。

将 PV 提供的存储空间用于 Pod 对象的存储卷时，用户需要事先使用 PVC 在名称空间级别声明所需要的存储空间大小及访问模式并提交给 Kubernetes API Server，接下来由 PV 控制器负责查找与之匹配的 PV 资源并完成绑定。随后，用户在 Pod 资源中使用 persistentVolumeClaim 类型的存储卷插件指明要使用的 PVC 对象的名称即可使用其绑定到的 PV 所指向的存储空间，如图 5-6 所示。

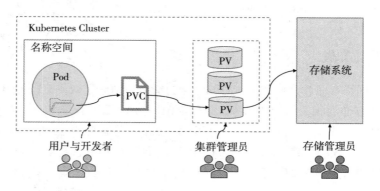

图 5-6 Pod 存储卷、PVC、PV 及存储设备的调用关系

由此可见，尽管 PVC 及 PV 将存储资源管理与使用的职责分离至用户和集群管理员两类不同的人群之上，简化了用户对存储资源的使用机制，但也对二者之间的协同能力提出了要求。管理员需要精心预测和规划集群用户的存储使用需求，提前创建出多种规格的 PV，以便于在用户声明 PVC 后能够由 PV 控制器在集群中找寻到合适的甚至是最佳匹配的 PV 进行绑定。

不难揣测，这种通过管理员手动创建 PV 来满足 PVC 需求的静态预配（static provisioning）存在着不少的问题。

第一，集群管理员难以预测出用户的真实需求，很容易导致某些类型的 PVC 无法匹配到 PV 而被挂起，直到管理员参与到问题的解决过程中。

第二，那些能够匹配到 PV 的 PVC 也很有可能存在资源利用率不佳的状况，例如一个声明使用 5G 存储空间的 PVC 绑定到一个 20GB 的 PV 之上。

更好的解决方案是一种称为动态预配、按需创建 PV 的机制。集群管理员要做的仅是事先借助存储类（StorageClass）的 API 资源创建出一到多个 "PV 模板"，并在模板中定义好基于某个存储系统创建 PV 所依赖的存储组件（例如 Ceph RBD 存储映像或 CephfFS 文件系统等）时需要用到的配置参数。创建 PVC 时，用户需要为其指定要使用 PV 模板（StorageClass 资源），而后 PV 控制器会自动连接相应存储类上定义的目标存储系统的管理接口，请求创建匹配该 PVC 需求的存储组件，并将该存储组件创建为 Kubernetes 集群上可由该 PVC 绑定的 PV 资源。

需要说明的是，静态预配的 PV 可能属于某存储类，也可能没有存储类，这取决于管理员的设定。但动态 PV 预配依赖存储类的辅助，PVC 必须向一个事先存在的存储类发起动态分配 PV 的请求，没有指定存储类的 PVC 不支持使用动态预配 PV 的方式。

PV 和 PVC 是一对一的关系：一个 PVC 仅能绑定一个 PV，而一个 PV 在某一时刻也仅可被一个 PVC 所绑定。为了能够让用户更精细地表达存储需求，PV 资源对象的定义支持存储容量、存储类、卷模型和访问模式等属性维度的约束。相应地，PVC 资源能够从访问模式、数据源、存储资源容量需求和限制、标签选择器、存储类名称、卷模型和卷名称等多个不同的维度向 PV 资源发起匹配请求并完成筛选。

5.5.2　PV 的生命周期

从较为高级的实现上来讲，Kubernetes 系统与存储相关的组件主要有存储卷插件、存储卷管理器、PV/PVC 控制器和 AD 控制器（Attach/Detach Controller）这 4 种，如图 5-7 所示。

图 5-7　存储架构概览

❑ 存储卷插件：Kubernetes 存储卷功能的基础设施，是存储任务相关操作的执行方；它是存储相关的扩展接口，用于对接各类存储设备。

❑ 存储卷管理器：kubelet 内置管理器组件之一，用于在当前节点上执行存储设备的挂载（mount）、卸载（unmount）和格式化（format）等操作；另外，存储卷管理器也可执行节点级别设备的附加（attach）及拆除（detach）操作。

❑ PV 控制器：负责 PV 及 PVC 的绑定和生命周期管理，并根据需求进行存储卷的预配和删除操作；

❑ AD 控制器：专用于存储设备的附加和拆除操作的组件，能够将存储设备关联（attach）至目标节点或从目标节点之上剥离（detach）。

这 4 个组件中，存储卷插件是其他 3 个组件的基础库，换句话说，PV 控制器、AD 控制器和存储卷管理器均构建于存储卷插件之上，以提供不同维度管理功能的接口，具体的实现逻辑均由存储卷插件完成。

除了创建、删除 PV 对象，以及完成 PV 和 PVC 的状态迁移等生命周期管理之外，PV 控制器还要负责绑定 PVC 与 PV 对象，而且 PVC 只能在绑定到 PV 之后方可由 Pod 作为存储卷使用。创建后未能正确关联到存储设备的 PV 将处于 Pending 状态，直到成功关联后转为 Available 状态。而后一旦该 PV 被某个 PVC 请求并成功绑定，其状态也就顺应转为 Bound，直到相应的 PVC 删除后而自动解除绑定，PV 才会再次发生状态转换，此时的状态为（Released），随后 PV 的去向将由其"回收策略"（reclaim policy）所决定，具体如下。

1）Retain（保留）：删除 PVC 后将保留其绑定的 PV 及存储的数据，但会把该 PV 置为 Released 状态，它不可再被其他 PVC 所绑定，且需要由管理员手动进行后续的回收操作：首先删除 PV，接着手动清理其关联的外部存储组件上的数据，最后手动删除该存储组件或者基于该组件重新创建 PV。

2）Delete（删除）：对于支持该回收策略的卷插件，删除一个 PVC 将同时删除其绑定的 PV 资源以及该 PV 关联的外部存储组件；动态的 PV 回收策略继承自 StorageClass 资源，默认为 Delete。多数情况下，管理员都需要根据用户的期望修改此默认策略，以免导致数据非计划内的删除。

3）Recycle（回收）：对于支持该回收策略的卷插件，删除 PVC 时，其绑定的 PV 所关联的外部存储组件上的数据会被清空，随后，该 PV 将转为 Available 状态，可再次接受其他 PVC 的绑定请求。不过，该策略已被废弃。

相应地，创建后的 PVC 也将处于 Pending 状态，仅在遇到条件匹配、状态为 Available 的 PV，且 PVC 请求绑定成功才会转为 Bound 状态。PV 和 PVC 的状态迁移如图 5-8 所示。总结起来，PV 和 PVC 的生命周期存在以几个关键阶段。

1）存储预配（provision）：存储预配是指为 PVC 准备 PV 的途径，Kubernetes 支持静态和动态两种 PV 预配方式，前者是指由管理员以手动方式创建 PV 的操作，而后者则是由 PVC 基于 StorageClass 定义的模板，按需请求创建 PV 的机制。

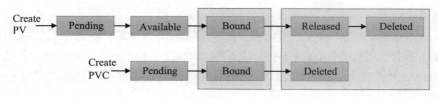

图 5-8　PV 与 PVC 状态迁移

2）存储绑定：用户基于一系列存储需求和访问模式定义好 PVC 后，PV 控制器即会为其查找匹配的 PV，完成关联后它们二者同时转为已绑定状态，而且动态预配的 PV 与 PVC 之间存在强关联关系。无法找到可满足条件的 PV 的 PVC 将一直处于 Pending 状态，直到有符合条件的 PV 出现并完成绑定为止。

3）存储使用：Pod 资源基于 persistenVolumeClaim 存储卷插件的定义，可将选定的 PVC 关联为存储卷并用于内部容器应用的数据存取。

4）存储回收：存储卷的使用目标完成之后，删除 PVC 对象可使得此前绑定的 PV 资源进入 Released 状态，并由 PV 控制器根据 PV 回收策略对 PV 作出相应的处置。目前，可用的回收策略有 Retaine、Delete 和 Recycle 这 3 种。

如前所述，处于绑定状态的 PVC 删除后，相应的 PV 将转为 Released 状态，之后的处理机制依赖于其回收策略。而处于绑定状态的 PV 将会导致相应的 PVC 转为 Lost 状态，而无法再由 Pod 正常使用，除非 PVC 再绑定至其他 Available 状态的 PV 之上，但应用是否能正常运行，则取决于对此前数据的依赖度。另一方面，为了避免使用中的存储卷被移除而导致数据丢失，Kubernetes 自 1.9 版引入了 "PVC 保护机制"，其目的在于，用户删除了仍被某 Pod 对象使用中的 PVC 时，Kubernetes 不会立即移除该 PVC，而是会推迟到它不再被任何 Pod 对象使用后方才真正执行删除操作。处于保护阶段的 PVC 资源的 status 字段值为 Termination，并且其 Finalizers 字段值中包含有 kubernetes.io/pvc-protection。

5.5.3　静态 PV 资源

PersistentVolume 是隶属于 Kubernetes 核心 API 群组中的标准资源类型，它的目标在于通过存储卷插件机制，将支持的外部存储系统上的存储组件定义为可被 PVC 声明所绑定的资源对象。但 PV 资源隶属于 Kubernetes 集群级别，因而它只能由集群管理员进行创建。这种由管理员手动定义和创建的 PV 被人们习惯地称为静态 PV 资源。

PV 支持的存储卷插件类型是 Pod 对象支持的存储卷插件类型的一个子集，它仅涵盖 Pod 支持的网络存储卷类别中的所有存储插件以及 local 卷插件。除了存储卷插件之外，PersistentVolume 资源规范 Spec 字段主要支持嵌套以下几个通用字段，它们用于定义 PV 的容量、访问模式和回收策略等属性。

❑ capacity <map[string]string>：指定 PV 的容量；目前，Capacity 仅支持存储容量设定，

将来应该还可以指定 IOPS 和吞吐量（throughput）。

❏ accessModes <[]string>：指定当前 PV 支持的访问模式；存储系统支持的存取能力大体可分为 ReadWriteOnce（单路读写）、ReadOnlyMany（多路只读）和 ReadWrite-Many（多路读写）3 种类型，某个特定的存储系统可能会支持其中的部分或全部的能力。

❏ persistentVolumeReclaimPolicy <string>：PV 空间被释放时的处理机制；可用类型仅为 Retain(默认)、Recycle 或 Delete。目前，仅 NFS 和 hostPath 支持 Recycle 策略，也仅有部分存储系统支持 Delete 策略。

❏ volumeMode <string>：该 PV 的卷模型，用于指定此存储卷被格式化为文件系统使用还是直接使用裸格式的块设备；默认值为 Filesystem，仅块设备接口的存储系统支持该功能。

❏ storageClassName <string>：当前 PV 所属的 StorageClass 资源的名称，指定的存储类需要事先存在；默认为空值，即不属于任何存储类。

❏ mountOptions <string>：挂载选项组成的列表，例如 ro、soft 和 hard 等。

❏ nodeAffinity <Object>：节点亲和性，用于限制能够访问该 PV 的节点，进而会影响与该 PV 关联的 PVC 的 Pod 的调度结果。

需要注意的是，PV 的访问模式用于反映它关联的存储系统所支持的某个或全部存取能力，例如 NFS 存储系统支持以上 3 种存取能力，于是 NFS PV 可以仅支持 ReadWriteOnce 访问模式。需要注意的是，PV 在某个特定时刻仅可基于一种模式进行存取，哪怕它同时支持多种模式。

1. NFS PV 示例

下面的配置示例来自于 pv-nfs-demo.yaml 资源清单，它定义了一个使用 NFS 存储系统的 PV 资源，它将空间大小限制为 5GB，并支持多路的读写操作。

```
apiVersion: v1
kind: PersistentVolume
metadata:
  name: pv-nfs-demo
spec:
  capacity:
    storage: 5Gi
  volumeMode: Filesystem
  accessModes:
    - ReadWriteMany
  persistentVolumeReclaimPolicy: Retain
  mountOptions:
    - hard
    - nfsvers=4.1
  nfs:
```

```
      path:  "/data/redis002"
      server: nfs.ilinux.io
```

在 NFS 服务器 nfs.ilinux.io 上导出 /data/redis002 目录后，便可使用如下命令创建该 PV 资源。

```
~$ kubectl apply -f pv-nfs-demo.yaml
persistentvolume/pv-nfs-demo created
```

若能够正确关联到指定的后端存储，该 PV 对象的状态将显示为 Available，否则其状态为 Pending，直至能够正确完成存储资源关联或者被删除。我们同样可使用 describe 命令来获取 PV 资源的详细描述信息。

```
~$ kubectl describe pv/pv-nfs-demo
Name:           pv-nfs-demo
......
Status:         Available
......
Source:
    Type:       NFS (an NFS mount that lasts the lifetime of a pod)
    Server:     nfs.ilinux.io
    Path:       /data/redis002
    ReadOnly:   false
Events:         <none>
```

描述信息中的 Available 表明该 PV 已经可以接受 PVC 的绑定请求，并在绑定完成后转变其状态至 Bound。

2. RBD PV 示例

下面是另一个 PV 资源的配置清单（pv-rbd-demo.yaml），它使用了 RBD 存储后端，空间大小等同于指定的 RBD 存储映像的大小（这里为 2GB），并限定支持的访问模式为 RWO，回收策略为 Retain。除此之外，该 PV 资源还拥有一个名为 usedof 的资源标签，该标签可被 PVC 的标签选择器作为筛选 PV 资源的标准之一。

```
apiVersion: v1
kind: PersistentVolume
metadata:
  name: pv-rbd-demo
  labels:
    usedof: redisdata
spec:
  capacity:
    storage: 2Gi
  accessModes:
    - ReadWriteOnce
  rbd:
    monitors:
```

```
        - ceph01.ilinux.io
        - ceph02.ilinux.io
        - ceph03.ilinux.io
      pool: kube
      image: pv-test
      user: kube
      keyring: /etc/ceph/ceph.client.kube.keyring
      fsType: xfs
      readOnly: false
  persistentVolumeReclaimPolicy: Retain
```

将 RBD 卷插件内嵌字段相关属性值设定为 Ceph 存储系统的实际的环境，包括监视器地址、存储池、存储映像、用户名和认证信息（keyring 或 secretRef）等。测试时，请事先部署好 Ceph 集群，参考 5.4.2 节中设定专用用户账号和 Kubernetes 集群工作节点的方式，准备好基础环境，并在 Ceph 集群的管理节点运行如下命令创建用到的存储映像：

```
~$ rbd create pv-test --size 2G --pool kube
~$ rbd feature disable -p kube pv-test object-map fast-diff deep-flatten
```

待所有准备工作就绪后，即可运行如下命令创建示例清单中定义的 PV 资源 pv-rbd-demo：

```
$ kubectl apply -f pv-rbd-demo.yaml
persistentvolume/pv-rbd-demo created
```

我们同样可以使用 describe 命令了解 pv-rbd-demo 的详细描述，若处于 Pending 状态则需要详细检查存储卷插件的定义是否能吻合存储系统的真实环境。

5.5.4　PVC 资源

PersistentVolumeClaim ⊖ 也是 Kubernetes 系统上标准的 API 资源类型之一，它位于核心 API 群组，属于名称空间级别。用户提交新建的 PVC 资源最初处于 Pending 状态，由 PV 控制器找寻最佳匹配的 PV 并完成二者绑定后，两者都将转入 Bound 状态，随后 Pod 对象便可基于 persistentVolumeClaim 存储卷插件配置使用该 PVC 对应的持久存储卷。

定义 PVC 时，用户可通过访问模式（accessModes）、数据源（dataSource）、存储资源空间需求和限制（resources）、存储类、标签选择器、卷模型和卷名称等匹配标准来筛选集群上的 PV 资源，其中，resources 和 accessModes 是最重要的筛选标准。PVC 的 Spec 字段的可嵌套字段有如下几个。

❏ accessModes <[]string>：PVC 的访问模式；它同样支持 RWO、RWX 和 ROX 这 3 种模式。

❏ dataSrouces <Object>：用于从指定的数据源恢复该 PVC 卷，它目前支持的数据源

⊖　首字母大写表示 PVC 这种资源，而首字母小写则代表 Pod 上对应的存储卷插件的固定名称格式。

包括一个现存的卷快照对象（snapshot.storage.k8s.io/VolumeSnapshot）、一个既有的
PVC 对象（PersistentVolumeClaim）或一个既有的用于数据转存的自定义资源对象
（resource/object）。

❑ resources <Object>：声明使用的存储空间的最小值和最大值；目前，PVC 的资源限
定仅支持空间大小一个维度。

❑ selector <Object>：筛选 PV 时额外使用的标签选择器（matchLabels）或匹配条件表
达式（matchExpressions）。

❑ storageClassName <string>：该 PVC 资源隶属的存储类资源名称；指定了存储类资
源的 PVC 仅能在同一个存储类下筛选 PV 资源，否则就只能从所有不具有存储类的
PV 中进行筛选。

❑ volumeMode <string>：卷模型，用于指定此卷可被用作文件系统还是裸格式的块设
备；默认值为 Filesystem。

❑ volumeName <string>：直接指定要绑定的 PV 资源的名称。

下面通过匹配前一节中创建的 PV 资源的两个具体示例来说明 PVC 资源的配置方法，
两个 PV 资源目前的状态如下所示，它仅截取了命令结果中的一部分。

```
~$kubectl get pv
NAME          CAPACITY   ACCESS MODES   RECLAIM POLICY   STATUS      CLAIM
pv-nfs-demo   5Gi        RWX            Retain           Available
pv-rbd-demo   2Gi        RWO            Retain           Available
```

1. NFS PVC 示例

下面的配置清单（pvc-demo-0001.yaml）定义了一个名为 pvc-nfs-demo 的 PVC 资源示
例，它仅定义了期望的存储空间范围、访问模式和卷模式以筛选集群上的 PV 资源。

```
apiVersion: v1
kind: PersistentVolumeClaim
metadata:
  name: pvc-demo-0001
  namespace: default
spec:
  accessModes: ["ReadWriteMany"]
  volumeMode: Filesystem
  resources:
    requests:
      storage: 3Gi
    limits:
      storage: 10Gi
```

显然，此前创建的两个 PV 资源中，pv-nfs-demo 能够完全满足该 PVC 的筛选条件，因
而创建示例清单中的资源后，它能够迅速绑定至 PV 之上，如下面的创建和资源查看命令结
果所示。

```
~$ kubectl apply -f pvc-demo-0001.yaml
persistentvolumeclaim/pvc-demo-0001 created
~$ kubectl get pvc pvc-nfs-0001
NAME    STATUS  VOLUME  CAPACITY  ACCESS MODES  STORAGECLASS  AGE
pvc-demo-0001  Bound  pv-nfs-demo  5Gi    RWX                        3s
```

被 PVC 资源 pvc-demo-0001 绑定的 PV 资源 pv-nfs-demo 的状态也将从 Available 转为 Bound，如下面的命令结果所示。

```
~$ kubectl get pv/pv-nfs-demo -o jsonpath={.status.phase}
Bound
```

集群上的 PV 资源数量很多时，用户可通过指定多维度的过滤条件来缩小 PV 资源的筛选范围，以获取到最佳匹配。

2. RBD PVC 示例

下面这个定义在 pvc-demo-0002.yaml 中的配置清单定义了一个 PVC 资源，除了期望的访问模式、卷模型和存储空间容量边界之外，它使用了标签选择器来匹配 PV 资源的标签。

```
apiVersion: v1
kind: PersistentVolumeClaim
metadata:
  name: pvc-demo-0002
  namespace: default
spec:
  accessModes: ["ReadWriteOnce"]
  volumeMode: Filesystem
  resources:
    requests:
      storage: 2Gi
    limits:
      storage: 5Gi
  selector:
    matchLabels:
      usedof: "redisdata"
```

配置清单中的资源 PVC/pvc-demo-0002 特地为绑定此前创建的资源 PV/pv-rbd-demo 而创建，其筛选条件可由该 PV 完全满足，因而创建配置清单中的 PVC/pvc-demo-0002 资源后会即刻绑定于 PV/pv-rbd-demo 之上，如下面命令的结果所示。

```
~$ kubectl apply -f pvc-demo-0002.yaml
persistentvolumeclaim/pvc-demo-0002 created
~$ kubectl get pvc/pvc-demo-0002
NAME    STATUS  VOLUME  CAPACITY  ACCESS MODES  STORAGECLASS  AGE
pvc-demo-0002  Bound  pv-rbd-demo  2Gi    RWO                       10s
```

删除一个 PVC 将导致其绑定的 PV 资源转入 Released 状态，并由相应的回收策略完成资源回收。反过来，直接删除一个仍由某 PVC 绑定的 PV 资源，会由 PVC 保护机制延迟该删除操作至相关的 PVC 资源被删除。

5.5.5　在 Pod 中使用 PVC

需要特别说明的是，PVC 资源隶属名称空间级别，它仅可被同一名称空间中的 Pod 对象通过 persistentVolumeClaim 插件所引用并作为存储卷使用，该存储卷插件可嵌套使用如下两个字段。

❑ claimName：要调用的 PVC 存储卷的名称，PVC 卷要与 Pod 在同一名称空间中。

❑ readOnly：是否强制将存储卷挂载为只读模式，默认为 false。

下面的配置清单（volumes-pvc-demo.yaml）定义了一个 Pod 资源，该配置清单将 5.5.2 节中直接使用 RBD 存储的 Pod 资源改为了调用指定的 PVC 存储卷。

```
apiVersion: v1
kind: Pod
metadata:
  name: volumes-pvc-demo
  namespace: default
spec:
  containers:
  - name: redis
    image: redis:alpine
    imagePullPolicy: IfNotPresent
    ports:
    - containerPort: 6379
      name: redisport
    volumeMounts:
    - mountPath: /data
      name: redis-rbd-vol
  volumes:
  - name: redis-rbd-vol
    persistentVolumeClaim:
      claimName: pvc-demo-0002
```

示例清单中的 Pod 资源创建完成后，我们即可通过类似于此前 5.5.2 节示例中的方式完成数据持久性测试，这里不再给出具体的测试步骤。

5.5.6　存储类

存储类也是 Kubernetes 系统上的 API 资源类型之一，它位于 storage.k8s.io 群组中。存储类通常由集群管理员为管理 PV 资源之便而按需创建的存储资源类别（逻辑组），例如可将存储系统按照其性能高低或者综合服务质量级别分类（见图 5-9）、依照备份策略分类，甚至直接按管理员自定义的标准分类等。存储类也是 PVC 筛选 PV 时的过滤条件之一，这意味着 PVC 仅能在其隶属的存储类之下找寻匹配的 PV 资源。不过，Kubernetes 系统自身无法理解"类别"到底意味着什么,它仅仅把存储类中的信息当作 PV 资源的特性描述使用。

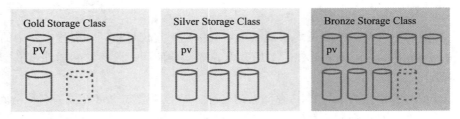

图 5-9 基于综合服务质量的存储系统分类

存储类的最重要功能之一便是对 PV 资源动态预配机制的支持,它可被视作动态 PV 资源的创建模板,能够让集群管理员从维护 PVC 和 PV 资源之间的耦合关系的束缚中解脱出来。需要用到具有持久化功能的存储卷资源时,用户只需要向满足其存储特性要求的存储类声明一个 PVC 资源,存储类将会根据该声明创建恰好匹配其需求的 PV 对象。

1. StorageClass 资源

StorageClass 资源的期望状态直接与 apiVersion、kind 和 metadata 定义在同一级别而无须嵌套在 spec 字段中,它支持使用的字段包括如下几个。

❑ allowVolumeExpansion <boolean>:是否支持存储卷空间扩展功能。

❑ allowedTopologies <[]Object>:定义可以动态配置存储卷的节点拓扑,仅启用了卷调度功能的服务器才会用到该字段;每个卷插件都有自己支持的拓扑规范,空的拓扑选择器表示无拓扑限制。

❑ provisioner <string>:必选字段,用于指定存储服务方(provisioner,或称为预配器),存储类要基于该字段值来判定要使用的存储插件,以便适配到目标存储系统;Kubernetes 内置支持许多的 provisioner,它们的名字都以 kubernetes.io/ 为前缀,例如 kubernetes.io/glusterfs 等。

❑ parameters <map[string]string>:定义连接至指定的 provisioner 类别下的某特定存储时需要使用的各相关参数;不同 provisioner 的可用参数各不相同。

❑ reclaimPolicy <string>:由当前存储类动态创建的 PV 资源的默认回收策略,可用值为 Delete(默认)和 Retain 两个;但那些静态 PV 的回收策略则取决于它们自身的定义。

❑ volumeBindingMode <string>:定义如何为 PVC 完成预配和绑定,默认值为 Volume-BindingImmediate;该字段仅在启用了存储卷调度功能时才能生效。

❑ mountOptions <[]string>:由当前类动态创建的 PV 资源的默认挂载选项列表。

下面是一个定义在 storageclass-rbd-demo.yaml 配置文件中的 StorageClass 资源清单,它定义了一个以 Ceph 存储系统的 RBD 接口为后端存储的 StorageClass 资源 fast-rbd,因此，其存储预配标识为 kubernetes.io/rbd。

```
apiVersion: storage.k8s.io/v1
kind: StorageClass
metadata:
  name: fast-rbd
provisioner: kubernetes.io/rbd
parameters:
  monitors: ceph01.ilinux.io:6789,ceph02.ilinux.io:6789
  adminId: admin
  adminSecretName: ceph-admin-secret
  adminSecretNamespace: kube-system
  pool: kube
  userId: kube
  userSecretName: ceph-kube-secret
  userSecretNamespace: kube-system
  fsType: ext4
  imageFormat: "2"
  imageFeatures: "layering"
reclaimPolicy: Retain
```

不同的 provisioner 的 parameters 字段中可嵌套使用的字段各有不同，上面示例中 Ceph RBD 存储服务可使用的各字段及意义如下。

❑ monitors <string>：Ceph 存储系统的监视器访问接口，多个套接字间以逗号分隔。

❑ adminId <string>：有权限在指定的存储池中创建 image 的管理员用户名，默认为 admin。

❑ adminSecretName <string>：存储有管理员账号认证密钥的 Secret 资源名称。

❑ adminSecretNamespace <string>：管理员账号相关的 Secret 资源所在的名称空间。

❑ pool <string>：Ceph 存储系统的 RBD 存储池名称，默认为 rbd。

❑ userId <string>：用于映射 RBD 镜像的 Ceph 用户账号，默认同 adminId 字段。

❑ userSecretName <string>：存储有用户账号认证密钥的 Secret 资源名称。

❑ userSecretNamespace <string>：用户账号相关的 Secret 资源所在的名称空间。

❑ fsType <string>：存储映像格式化的文件系统类型，默认为 ext4。

❑ imageFormat <string>：存储映像的格式，其可用值仅有 "1" 和 "2"，默认值为 "2"。

❑ imageFeatures <string>："2" 格式的存储映像支持的特性，目前仅支持 layering，默认为空值，并且不支持任何功能。

 提示　存储类接入其他存储系统时使用的参数请参考 https://kubernetes.io/docs/concepts/storage/storage-classes/。

与 Pod 或 PV 资源上的 RBD 卷插件配置格式不同的是,StorageClass 上的 RBD 供给者参数不支持使用 keyring 直接认证到 Ceph,它仅能引用 Secret 资源中存储的认证密钥完成认证操作。因而,我们需要先将 Ceph 用户 admin 和 kube 的认证密钥分别创建为 Secret 资源对象。

1)在 Ceph 管理节点上分别获取 admin 和 kube 的认证密钥,不同 Ceph 集群上的输出结果应该有所不同:

```
~$ ceph auth get-key client.admin
AQAl+Ite/2/cBBAA8yRfa6p1VwLKcywcEMS7YA==
~$ ceph auth get-key client.kube
AQB9+4teoywxFxAAr2d63xPmV3Yl/E2ohfgOxA=
```

2)在 Kubernetes 集群管理客户端上使用 kubectl 命令分别将二者创建为 Secret 资源,在具体测试操作中,需要将其中的密钥分别替换为前一步中的命令输出结果:

```
~$ kubectl create secret generic ceph-admin-secret --type="kubernetes.io/rbd" \
    --from-literal=key='AQAl+Ite/2/cBBAA8yRfa6p1VwLKcywcEMS7YA==' \
    --namespace=kube-system
~$ kubectl create secret generic ceph-kube-secret --type="kubernetes.io/rbd" \
    --from-literal=key='AQB9+4teoywxFxAAr2d63xPmV3Yl/E2ohfgOxA==' \
    --namespace=kube-system
```

示例中使用的账号及存储池的管理方式请参考 5.4 节和 5.5 节给出的步骤。待相关 Secret 资源准备完成后,将示例清单中的 StorageClass 资源创建在集群上,即可由 PVC 或 PV 资源将其作为存储类。

```
~$ kubectl apply -f storageclass-rbd-demo.yaml
storageclass.storage.k8s.io/fast-rbd created
```

我们还可以使用 kubectl get sc/NAME 命令打印存储类的相关信息,或者使用 kubectl describe sc NAME 命令获取详细描述来进一步了解其状态。

2. PV 动态预配

动态 PV 预配功能的使用有两个前提条件:支持动态 PV 创建功能的卷插件,以及一个使用了对应于该存储卷插件的后端存储系统的 StorageClass 资源。不过,Kubernetes 并非内置支持所有的存储卷插件的 PV 动态预配功能,具体信息如图 5-10 所示。

RBD 存储卷插件,结合 5.5.4 节中定义关联至 Ceph RBD 存储系统接口的存储类资源 fast-rbd 就能实现 PV 的动态预配功能,用户于该存储类中创建 PVC 资源后,运行于 kube-controller-manager 守护进程中的 PV 控制器会根据 fast-rbd 存储类的定义接入 Ceph 存储系

Volume Plugin	Internal Provisioner
AWSElasticBlockStore	✓
AzureFile	✓
AzureDisk	✓
CephFS	-
Cinder	✓
FC	-
FlexVolume	-
Flocker	✓
GCEPersistentDisk	✓
Glusterfs	✓
iSCSI	-
Quobyte	✓
NFS	-
RBD	✓
VsphereVolume	✓
PortworxVolume	✓
ScaleIO	✓
StorageOS	✓
Local	-

图 5-10 各存储插件对动态预配方式的支持状况

统创建出相应的存储映像，并在自动创建一个关联至该存储映像的 PV 资源后，将其绑定至 PVC 资源。

动态 PV 预配的过程中，PVC 控制器会调用相关存储系统的管理接口 API 或专用的客户端工具来完成后端存储系统上的存储组件管理。以 Ceph RBD 为例，PV 控制器会以存储类参数 adminId 中指定的用户身份调用 rbd 命令创建存储映像。然而，以 kubeadm 部署且运行为静态 Pod 资源的 kube-controller-manager 容器并未自行附带此类工具，如 ceph-common 程序包。常见的解决方案有 3 种：在 Kubernetes 系统上部署 kubernetes-incubator/external-storage 中的 rbd-provisioner，从而以外置的方式提供相关工具程序，或基于 CSI 卷插件使用 ceph-csi 项目来支持更加丰富的卷功能，或定制 kube-controller-manager 的容器镜像，为其安装 ceph-common 程序包。本节将给出第三种方式的实现过程。

提示　若以二进制程序包部署 Kubernetes 集群，则直接在 Master 节点安装 ceph-common 就能解决问题。

首先，我们使用如下的 Dockerfile 文件，并基于现有 kube-controller-manager 镜像文件为其额外安装 ceph-common 程序包，随后重新打包为容器镜像。

```
ARG KUBE_VERSION="v1.19.0"

FROM registry.aliyuncs.com/google_containers/kube-controller-manager:${KUBE_VERSION}

RUN apt update && apt install -y wget  gnupg lsb-release

ARG CEPH_VERSION="octopus"
RUN wget -q -O - https://mirrors.aliyun.com/ceph/keys/release.asc | apt-key
add - && \
    echo deb https://mirrors.aliyun.com/ceph/debian-${CEPH_VERSION}/ $(lsb_
    release -sc) main > /etc/apt/sources.list.d/ceph.list && \
    apt update && \
    apt install -y ceph-common ceph-fuse

RUN rm -rf /var/lib/apt/lists/* /var/cache/apt/archives/*
```

将上面的内容保存于某专用目录下（例如 kube-controller-manager）的名为 Dockerfile 的文件中，而后使用如下命令将其打包为镜像即可。其中，构建时参数 KUBE_VERSION 和 CEPH_VERSION 可分别修改为适用的版本。

```
~$ cd kube-controller-manager
~$ docker image build . --build-args KUBE_VERSION= "v1.19.0" \
    --build-args CEPH_VERSION= "octopus" \
    -t ikubernetes/kube-controller-manager:v1.19.0
```

而后，将该镜像分发至各 Master 节点，并分别修改它们的 /etc/kubernetes/manifests/ kube-controller-manager.yaml 配置清单中的容器镜像为定制的镜像 ikubernetes/kube-controller-manager:v1.19.0，待 Controller Manager 相关的 Pod 自动重启后即可进行动态 PV 的创建测试。下面是定义于 pvc-dyn-rbd-demo.yaml 配置清单中的 PVC 资源，它向存储类 fast-rbd 声明了需要的存储空间及访问模式。

```
apiVersion: v1
kind: PersistentVolumeClaim
metadata:
  name: pvc-dyn-rbd-demo
  namespace: default
spec:
  accessModes: ["ReadWriteOnce"]
  volumeMode: Filesystem
  resources:
    requests:
      storage: 3Gi
    limits:
      storage: 10Gi
  storageClassName: fast-rbd
```

将示例清单中的 PVC 资源创建至 Kubernetes 集群之上，便会触发 PV 控制器在指定的存储类中自动创建匹配的 PV 资源。

```
~$ kubectl apply -f pvc-dyn-rbd-demo.yaml
persistentvolumeclaim/pvc-dyn-rbd-demo created
```

下面的命令显示出该 PVC 资源已经绑定到了一个名为 pvc-6c4b09cd-a74b-4b53-b106-7b16a98cf8ce 的 PV 之上。

```
~$ kubectl get pvc/pvc-dyn-rbd-demo -o jsonpath={.spec.volumeName}
pvc-6c4b09cd-a74b-4b53-b106-7b16a98cf8ce
```

如下命令输出的该 PV 的详细描述之中，Annotations 中的 kubernetes.io/createdby: rbd-dynamic-provisioner 表示它是由 rbd-dynamic-provisioner 动态创建，而 Source 段中的信息更能印证这种结论。

```
~$ kubectl describe pv pvc-6c4b09cd-a74b-4b53-b106-7b16a98cf8ce
Name:           pvc-6c4b09cd-a74b-4b53-b106-7b16a98cf8ce
Labels:         <none>
Annotations:    kubernetes.io/createdby: rbd-dynamic-provisioner
                pv.kubernetes.io/bound-by-controller: yes
                pv.kubernetes.io/provisioned-by: kubernetes.io/rbd
Finalizers:     [kubernetes.io/pv-protection]
StorageClass:   fast-rbd
Status:         Bound
Claim:          default/pvc-sc-rbd-demo
Reclaim Policy: Delete      # 回收策略
```

```
Access Modes:      RWO                # 访问模式
VolumeMode:        Filesystem         # 卷模式
Capacity:          3Gi                # 卷空间容量
Node Affinity:     <none>
Message:
Source:  # 数据源标识
    Type:          RBD (a Rados Block Device mount on the host that shares a
    pod's lifetime)
    CephMonitors:  [ceph01.ilinux.io:6789 ceph02.ilinux.io:6789 ceph03.ilinux.
    io:6789]
    RBDImage:      kubernetes-dynamic-pvc-9a016d53-df1b-4118-9cf4-545ac058441e
    FSType:        ext4
    RBDPool:       kube
    RadosUser:     kube
    Keyring:       /etc/ceph/keyring
    SecretRef:     &SecretReference{Name:ceph-kube-secret,Namespace:kube-system,}
    ReadOnly:      false
Events:            <none>
```

上面命令结果中显示出，该 PV 的容量、访问模式和卷模式均符合 PVC 所声明的要求，并且能够通过下面的命令验证相关的存储映像已经存在于 Ceph 存储集群之上：

```
~$ rbd ls -p kube
kubernetes-dynamic-pvc-9a016d53-df1b-4118-9cf4-545ac058441e
```

另外，该 PV 继承自存储类 fast-rbd 中的回收策略为 Delete，这也是存储类默认使用的回收策略，因此，删除其绑定的 PVC 对象也将删除该 PV 对象。对于多数持久存储场景而言，这可能是存在着一定风险的策略，建议定义存储类时手动修改该策略。感兴趣的读者可自行测试这种级联删除的效果。

5.6　容器存储接口 CSI

存储卷管理器通过调用存储卷插件实现当前节点上存储卷相关的附加、分离、挂载 / 卸载等操作，对于未被 Kubernetes 内置（In-Tree）的卷插件所支持的存储系统或服务来说，扩展定义新的卷插件是解决问题的唯一途径。但将存储供应商提供的第三方存储代码打包到 Kubernetes 的核心代码可能会导致可靠性及安全性方面的问题，因而这就需要一种简单、便捷的、外置于 Kubernetes 代码树（Out-Of-Tree）的扩展方式，FlexVolume 和 CSI（容器存储接口）就是这样的存储卷插件，换句话说，它们自身是内置的存储卷插件，但实现的却是第三方存储卷的扩展接口。

5.6.1　CSI 基础

FlexVolume 是 Kubernetes 自 v1.8 版本进入 GA（高可用）阶段的一种存储插件扩展方式，它要求将外部插件的二进制文件部署在预先配置的路径中（例如 /usr/libexec/

kubernetes/kubelet-plugins/volume/exec/），并设定系统环境满足其正常运行所需要的全部依赖关系。事实上，一个 FlexVolume 类型的插件就是一款可被 kubelet 驱动的可执行文件，它实现了特定存储的挂载、卸载等存储插件接口，而对该类插件的调用相当于请求运行该程序文件，并要求返回 JSON 格式的响应内容。

而自 Kubernetes 的 v1.13 版进入 GA 阶段的 CSI 是一种更加开放的存储卷插件接口标准，它独立于 Kubernetes，由 CSI 社区制定，可被 Mesos 和 CloudFoundry 等编排系统共同支持，而且能够以容器化形式部署，更加符合云原生的要义。除了允许第三方供应商外置实现存储插件之外，CSI 支持使用存储类、PV 和 PVC 等组件，因而它们与内置的存储卷插件具有一脉相承的功能和特性。

第三方需要提供的 CSI 组件主要是两个 CSI 存储卷驱动程序，一个是节点插件（Identity+Node），用于同 kubelet 交互实现存储卷的挂载和卸载等功能，另一个是自定义控制器（Identity+Controller），负责处理来自 API Server 的存储卷管理请求，例如创建和删除等，它的功能类似于控制器管理器中的 PV 控制器，如图 5-11 中实线的圆角方框所示。

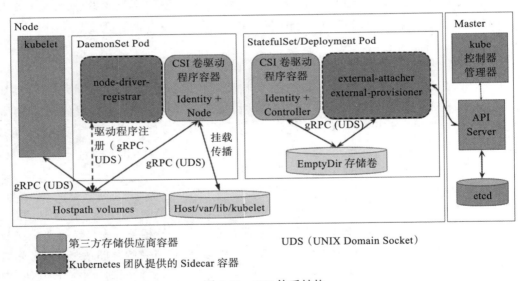

图 5-11　CSI 体系结构

> 💡**提示** 关于 DaemonSet、Deployment、StatefulSet 控制器资源，自定义资源类型 CRD 与自定义资源 CR，以及自定义控制器的概念将会在后续章节中展开说明。

kubelet 对存储卷的挂载和卸载操作将通过 UNIX Socket 调用在同一主机上运行的外部 CSI 卷驱动程序完成。初始化外部 CSI 卷驱动程序时，kubelet 必须调用 CSI 方法 NodeGetInfo 才能将 Kubernetes 的节点名称映射为 CSI 的节点标识（NodeID）。于是，为了降低部署外部容器化的 CSI 卷驱动程序时的复杂度，Kubernetes 团队提供了一个以 Sidecar 容器运行的应用——Kubernetes CSI Helper，以辅助自动完成 UNIX Sock 套接字注册及 NodeID 的初始化，如图 5-11 中的 node-driver-registrar 容器所示。

不受 Kubernetes 信任的第三方卷驱动程序运行为独立的容器，它无法直接同控制器管理器通信，而是要借助于 Kubernetes API Server 进行；换句话说，CSI 存储卷驱动需要注册监视（watch）API Server 上的特定资源并针对存储卷管理器面向其存储卷的请求执行预配、删除、附加和分离等操作。同样为了降低外部容器化 CSI 卷驱动及控制器程序部署的复杂度，Kubernetes 团队提供了一到多个以 Sidecar 容器运行的代理应用 Kubernetes to CSI 来负责监视 Kubernetes API，并触发针对 CSI 卷驱动程序容器的相应操作，如图 5-11 中的 external-attacher 和 external-privisioner 等，它们各自的简要功能如下所示。

❑ external-privisioner：CSI 存储卷的创建和删除。

❑ external-attacher：CSI 存储卷的附加和分离。

❑ external-resizer：CSI 存储卷的容量调整（扩缩容）。

❑ external-snapshotter：CSI 存储卷的快照管理（创建和删除等）。

尽管 Kubernetes 并未指定 CSI 卷驱动程序的打包标准，但它提供了以下建议，以简化容器化 CSI 卷驱动程序的部署。

1）创建一个独立 CSI 卷驱动容器镜像，由其实现存储卷插件的标准行为，并在运行时通过 UNIX Socket 公开其 API。

2）将控制器级别的各辅助容器（external-privisioner 和 external-attacher 等）以 Sidecar 的形式同带有自定义控制器功能的 CSI 卷驱动程序容器运行在同一个 Pod 中，而后借助 StatefulSet 或 Deployment 控制器资源确保各辅助容器可正常运行相应数目的实例副本，将负责各容器间通信的 UNIX Socket 存储到共享的 emptyDir 存储卷上。

3）将节点上需要的辅助容器 node-driver-registrar 以 Sidecar 的形式与运行 CSI 卷驱动程序的容器运行在同一 Pod 中，而后借助 DaemonSet 控制器资源确保辅助容器可在每个节点上运行一个实例。

下一节将以 Longhorn 存储系统为例简单说明 CSI 卷插件解决方案的部署及简单使用方式。

5.6.2 Longhorn 存储系统

Longhorn 是由 Rancher 实验室创建的一款云原生的、轻量级、可靠且易用的开源分布式块存储系统，后来由 CNCF 孵化。它借助 CSI 存储卷插件以外置的存储解决方案形式运行。Longhorn 遵循微服务的原则，利用容器将小型独立组件构建为分布式块存储，并使用编排工具来协调这些组件，从而形成弹性分布式系统。部署到 Kubernetes 集群上之后，Longhorn 会自动将集群中所有节点上可用的本地存储（默认为 /var/lib/longhorn/ 目录所在

的设备）聚集为存储集群，而后利用这些存储管理分布式、带有复制功能的块存储，且支持
快照及数据备份操作。

　　面向现代云环境设计的存储系统的控制器随着待编排存储卷数量的急速增加也变得高
度复杂。为了摆脱这种困境，Longhorn 充分利用了近年来关于如何编排大量容器的关键技
术，采用微服务的设计模式，将大型复杂的存储控制器切分为每个存储卷一个专用的、小
型存储控制器，而后借助现代编排工具来管理这些控制器，从而将每个 CSI 卷构建为一个
独立的微服务。如图 5-12 所示的存储架构中，3 个 Pod 分别使用了一个 Longhorn 存储卷，
每个卷有一个专用的控制器（Engine）资源和两个副本（Replica）资源，它们都是为了便于
描述其应用而由 Longhorn 引入的自定义资源类型。

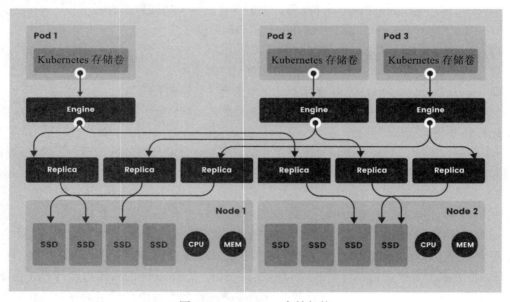

图 5-12　Longhorn 存储架构

　　Engine 容器仅负责单个存储卷的管理，其生命周期与存储卷相同，因而它并非真正的
CSI 插件级别的卷控制器或节点插件。Longhorn 上负责处理来自 Kubernetes CSI 卷插件的
API 调用，以及完成存储卷管理的组件是 Longhorn Manager（node-driver-registrar），它是
一个容器化应用且受 DaemonSet 控制器资源编排，在 Kubernetes 集群的每个节点上运行一
个副本。Longhorn Manager 持续监视 Kubernetes API 上与 Longhorn 存储卷相关的资源变
动，一旦发现新的资源创建，它负责在该卷附加的节点（即 Pod 被 Kubernetes 调度器绑定
的目标节点）上创建一个 Engine 资源对象，并在副本相关的每个目标节点上相应创建一个
Replica 资源对象。

　　Kubernetes 集群内部通过 CSI 插件接口调用 Longhorn 插件以管理相关类型的存储卷，
而 Longhorn 存储插件则基于 Longhorn API 与 Longhorn Manager 进行通信，卷管理之外

的其他功能则要依赖 Longhorn UI 完成，例如快照、备份、节点和磁盘的管理等。另外，Longhorn 的块设备存储卷的实现建立在 iSCSI 协议之上，因而需要调用 Longhorn 存储卷的 Pod 所在节点必须部署了相关的程序包，例如 open-iscsi 或 iscsiadm 等。

目前版本（v1.0.1）的 Longhorn 要求运行于 v.1.13 或更高版本的 Docker 环境下，以及 v.1.4 或更高版本的 Kubernetes 之上，并且要求各节点部署了 open-iscsi [⊖]、curl、findmnt、grep、awk、blkid 和 lsblk 等程序包。基础环境准备完成后，我们使用类似如下的命令即能完成 Longhorn 应用的部署。

```
~$ kubectl apply -f \
    https://raw.githubusercontent.com/longhorn/longhorn/master/deploy/longhorn.yaml
```

该部署清单会在默认的 longhorn-system 名称空间下部署 csi-attacher、csi-provisioner、csi-resizer、engine-image-ei、longhorn-csi-plugin 和 longhorn-manager 等应用相关的 Pod 对象，待这些 Pod 对象成功转为 Running 状态之后即可测试使用 Longhorn CSI 插件。

该部署清单还会默认创建如下面资源清单中定义的名为 longhorn 的 StorageClass 资源，它以部署好的 Longhorn 为后端存储系统，支持存储卷动态预配机制。我们也能够以类似的方式定义基于该存储系统的、使用了不同配置的其他 StorageClass 资源，例如仅有一个副本以用于测试场景或对数据可靠性要求并非特别高的应用等。

```
kind: StorageClass                              # 资源类型
apiVersion: storage.k8s.io/v1                   # API 群组及版本
metadata:
  name: longhorn
provisioner: driver.longhorn.io                 # 存储供给驱动
allowVolumeExpansion: true                      # 是否支持存储卷弹性扩缩容
parameters:
  numberOfReplicas: "3"                         # 副本数量
  staleReplicaTimeout: "2880"                   # 过期副本超时时长
  fromBackup: ""
```

随后，我们随时可以按需创建基于该存储类的 PVC 资源来使用 Longhorn 存储系统上的持久存储卷提供的存储空间。下面的示例资源清单（pvc-dyn-longhorn-demo.yaml）便定义了一个基于 Longhorn 存储类的 PVC，它请求使用 2GB 的空间。

```
apiVersion: v1
kind: PersistentVolumeClaim
metadata:
  name: pvc-dyn-longhorn-demo
  namespace: default
spec:
  accessModes: ["ReadWriteOnce"]
  volumeMode: Filesystem
```

⊖　Debian 相关的发行版上的包名为 open-iscsi，RedHat 相关的发行版上的包名为 iscsi-initiator-utils。

```
    resources:
      requests:
        storage: 2Gi
    storageClassName: longhorn
```

如前所述，Longhorn 存储设备支持动态预配，于是以默认创建的存储类 Longhorn 为模板的 PVC 在无满足其请求条件的 PV 时，可由控制器自动创建出适配的 PV 卷来。下面两条命令及结果也反映了这种预配机制。

```
~$ kubectl apply -f pvc-dyn-longhorn-demo.yaml
persistentvolumeclaim/pvc-dyn-longhorn-demo created
~$ kubectl get pvc/pvc-dyn-longhorn-demo
NAME                          STATUS    VOLUME                                        CAPACITY…
pvc-dyn-longhorn-demo         Bound     pvc-c67415ae-560b-49c7-8515-3467f4160794      2Gi…
```

对于每个存储卷，Longhorn 存储系统都会使用自定义的 Volumes 类型资源对象维持及跟踪其运行状态，每个 Volumes 资源都会有一个 Engines 资源对象作为其存储控制器，如下面的两个命令及结果所示。

```
~$ kubectl get volumes -n longhorn-system
NAME                                          AGE
pvc-c67415ae-560b-49c7-8515-3467f4160794      90s
~$ kubectl get engines -n longhorn-system
NAME                                                     AGE
pvc-c67415ae-560b-49c7-8515-3467f4160794-e-eb822204      2m10s
```

Engines 资源对象的详细描述或资源规范中的 spec 和 status 字段记录有当前资源的详细信息，包括关联的副本、purge 状态、恢复状态和快照信息等，为了节约篇幅，下面的命令仅给出了部分运行结果。

```
~$ kubectl describe engines pvc-c67415ae-560b-49c7-8515-3467f4160794-e-eb822204 \
          -n longhorn-system
......
Spec:
  Backup Volume:
  Desire State:        stopped
  Disable Frontend:    false
  Engine Image:        longhornio/longhorn-engine:v1.0.1
  Frontend:            blockdev
  Log Requested:       false
  Node ID:                          # 绑定的节点，它必须与调用了该存储卷的Pod运行于同一节点
  Replica Address Map:              # 关联的存储卷副本
    pvc-c67415ae-560b-49c7-8515-3467f4160794-r-4e2755e3:    10.244.3.58:10000
    pvc-c67415ae-560b-49c7-8515-3467f4160794-r-ba483050:    10.244.2.53:10000
    pvc-c67415ae-560b-49c7-8515-3467f4160794-r-daccc0db:    10.244.1.61:10000
  Volume Name:  pvc-c67415ae-560b-49c7-8515-3467f4160794
  Volume Size:  2147483648
```

Replicas 也是 Longhorn 提供的一个独立资源类型，每个资源对象对应着一个存储卷副

本，如下面的命令结果所示。

```
~$ kubectl get replicas -n longhorn-system
NAME                                                      AGE
pvc-c67415ae-560b-49c7-8515-3467f4160794-r-4e2755e3       2m36s
pvc-c67415ae-560b-49c7-8515-3467f4160794-r-ba483050       2m36s
pvc-c67415ae-560b-49c7-8515-3467f4160794-r-daccc0db       2m36s
```

基于 Longhorn 存储卷的 PVC 被 Pod 引用后，Pod 所在的节点便是该存储卷 Engine 对象运行所在的节点，Engine 的状态也才会由 Stopped 转为 Running。示例清单 volumes-pvc-longhorn-demo.yaml 定义了一个调用 pvc/pvc-dyn-longhorn-demo 资源的 Pod 资源，因而该 Pod 所在的节点便是该 PVC 后端 PV 相关的 Engine 绑定的节点，如下面 3 个命令及其结果所示。

```
~$ kubectl apply -f volumes-pvc-longhorn-demo.yaml
pod/volumes-pvc-longhorn-demo created
~$ kubectl get pods/volumes-pvc-longhorn-demo -o jsonpath='{.spec.nodeName}'
k8s-node03.ilinux.io
~$ kubectl get engines/pvc-c67415ae-560b-49c7-8515-3467f4160794-e-eb822204 \
    -n longhorn-system -o jsonpath='{.spec.nodeID}'
k8s-node03.ilinux.io
```

由以上 Longhorn 存储系统的部署及测试结果可知，该存储系统不依赖于任何外部存储设备，仅基于 Kubernetes 集群工作节点本地的存储即能正常提供存储卷服务，且支持动态预配等功能。但应用于生产环境时，还是有许多步骤需要优化，例如将数据存储与操作系统等分离到不同的磁盘设备，是否可以考虑关闭底层的 RAID 设备等，具体请参考 Longhorn 文档中的最佳实践。

为了便于通过 Kubernetes 集群外部的浏览器访问该用户接口，我们需要把相关的 Service 对象的类型修改为 NodePort。

```
~$ kubectl patch svc/longhorn-frontend -p '{"spec":{"type":"NodePort"}}' -n
longhorn-system
service/longhorn-frontend patched
~$ kubectl get svc/longhorn-frontend -n longhorn-system -o jsonpath='{.spec.
ports[0].nodePort}'
30180
```

随后，我们经由任意一个节点的 IP 地址节点端口（例如上面命令中自动分配而来的 30180）即可访问该 UI，如图 5-13 所示。节点、存储卷、备份和系统设置导航标签各自给出了相关功能的配置入口，感兴趣的读者可自行探索其使用细节。

需要注意的是，考虑到该 UI 并没有内嵌用户认证机制，如此将其发布到集群外部可能会带来安全风险，解决办法请参考第 13 章相关的内容。另外，从以上基于 Longhorn 存储系统的 CSI 插件存储卷的使用方式来看，它与 Kubernetes 内置支持的 PV 存储卷在使用上并无本质区别。

图 5-13　Longhorn UI

5.7　本章小结

本章主要讲解了 Kubernetes 的存储卷及其功用，并通过应用示例给出了部署存储卷类型的使用方法。

- ❑ 临时存储卷 emptyDir 和 gitRepo 的生命周期同 Pod 对象，但 gitRepo 能够通过引用外部 Git 仓库的数据实现数据持久化。
- ❑ 节点存储卷 hostPath 和 local 提供了节点级别的数据持久能力。
- ❑ 网络存储卷 NFS、GlusterFS 和 RBD 等是企业内部较为常用的独立部署的持久存储系统。
- ❑ PV 和 PVC 可将存储管理与存储使用解耦为消费者模型。
- ❑ 基于 StorageClass 可以实现 PV 的动态预配，GlusterFS 和 Ceph RBD 以及云端存储 AWS EBS 等都可实现此类功能。
- ❑ CSI 是由 CNCF 社区维护的开源容器存储接口标准，目前在 Kubernetes 上得到了广泛应用，著名的存储解决方案 Longhorn 就是该类插件的代表之一。

第 6 章 *Chapter 6*

应用配置

ConfigMap 和 Secret 是 Kubernetes 系统上两种特殊类型的存储卷，前者用于为容器中的应用提供配置数据以定制程序的行为，而敏感的配置信息，例如密钥、证书等则通常由后者来配置。ConfigMap 和 Secret 将相应的配置信息保存于资源对象中，而后在 Pod 对象上以存储卷的形式将其挂载并加载相关的配置，降低了配置与镜像文件的耦合关系。本章主要讲解 ConfigMap 与 Secret 存储卷的用法。

6.1 容器化应用配置

应用程序是可执行程序文件，它含有指令列表，CPU 通过执行这些指令完成代码运行。例如，Linux 工程师最常用的命令之一 cat 对应于 /usr/bin/cat 程序文件，该文件含有按特定目的组织的机器指令列表，用于在屏幕上显示指定文件的内容。大多数应用程序的行为都可以支持命令行选项及参数、环境变量或配置文件这一类的"配置工件"来按需定制，以灵活满足不同的使用需求。实践中，人们通常都不会以默认的配置参数运行应用程序，而是需要根据特定的环境或具体目标定制其运行特性，复杂的服务类应用程序尤其如此，例如 Nginx、Tomcat 或 Envoy 等，而且通过配置文件定义其配置通常是服务类应用首选甚至是唯一的途径。

6.1.1 容器化应用配置的常见方式

容器镜像一般由多个只读层叠加组成，构建完成后无法进行修改，另一方面，"黑盒化"运行的容器使用隔离的专用文件系统，那么，如何为容器化应用提供配置信息呢？传统实践中，通常有这么几种途径。

- ❏ 启动容器时直接向应用程序传递参数。
- ❏ 将定义好的配置文件硬编码（嵌入）于镜像文件中。
- ❏ 通过环境变量传递配置数据。
- ❏ 基于存储卷传送配置文件。

1. 命令行参数

Dockerfile 中的 ENTRYPOINT 和 CMD 指令用于指定容器启动时要运行的程序及其相关的参数。其中，CMD 指令以列表形式指定要运行的程序及其相关的参数，若同时存在 ENTRYPOINT 指令，则 CMD 指令中的列表所有元素均被视作由 ENTRYPOINT 指定程序的命令行参数。另外，在基于某镜像创建容器时，可以通过向 ENTRYPOINT 中的程序传递额外的自定义参数，甚至还可以修改要运行的应用程序本向。例如，使用 docker run 命令创建并启动容器的格式为：

```
docker run [OPTIONS] IMAGE [COMMAND] [ARG...]
```

其中的 [COMMAND] 即为自定义运行的程序，[ARG] 则是传递给程序的参数。若定义相关的镜像文件时使用了 ENTRYPOINT 指令，则 [COMMAND] 和 [ARG] 都会被当作命令行参数传递给 ENTRYPOINT 指令中指定的程序，除非为 docker run 命令额外使用 --entrypoint 选项覆盖 ENTRYPOINT 指令而指定运行其他程序。使用详情请参考 Docker 的相关教程。

在 Kubernetes 系统上创建 Pod 资源时，也能够向容器化应用传递命令行参数，甚至指定运行其他应用程序，相关的字段分别为 pods.spec.containers[].command 和 pods.spec.containers[].args，该话题在 Pod 资源的相关话题中已有过介绍。

2. 将配置文件嵌入镜像文件

所谓将配置文件嵌入镜像文件，是指用户在 Dockerfile 中使用 COPY 指令把定义好的配置文件复制到镜像文件系统上的目标位置，或者使用 RUN 指令调用 sed 或 echo 一类的命令修改配置文件，从而达到为容器化应用提供自定义配置文件之目的。

这种方式的优势在于简单易用，用户无须任何额外的设定就能启动符合需求的容器。但配置文件相关的任何额外的修改需求都不得不通过重新构建镜像文件来实现，路径长且效率低。

3. 通过环境变量向容器注入配置信息

通过环境变量为镜像提供配置信息是最常见的容器应用配置方式之一，例如使用 MySQL 官方提供的镜像文件启动 MySQL 容器时使用的 MYSQL_ROOT_PASSWORD 环境变量，它用于为 MySQL 服务器的 root 用户设置登录密码。

在基于此类镜像启动容器时，通过 docker run 命令的 -e 选项向环境变量传值即能实现应用配置，命令的使用格式为 docker run -e SETTING1=foo -e SETTING2=bar ... <image name>。非云原生的应用程序容器化时通常会借助 entrypoint 启动脚本以在启动时获取到这些环境变量，并在启动容器应用之前，通过 sed 或 echo 等一类命令将变量值替换到配置文件中。

一般说来，容器的 entrypoint 启动脚本应该为这些环境变量提供默认值，以便在用户未为环境变量传值时也能基于此类必需环境变量的镜像启动容器。使用环境变量这种配置方式的优势在于配置信息的动态化供给，不过有些应用程序的配置也可能会复杂到难以通过键值格式的环境变量完成。

我们也可以让容器的 entrypoint 启动脚本通过网络中的键值存储系统获取配置参数，常用的该类存储系统有 Consul 或 etcd 等，它们能够支持多级嵌套的数据结构，因而能够提供较之环境变量更为复杂的配置信息。不过，这种方式为容器化应用引入了额外的依赖条件。

Kubernetes 系统支持在为 Pod 资源配置容器时使用 spec.containers.env 为容器的环境变量传值从而完成应用的配置，我们在第 4 章中已经对该话题进行了说明并给出了使用示例。

4. 通过存储卷向容器注入配置信息

Docker 存储卷能够将宿主机之上的任何文件或目录映射进容器文件系统上，因此，可以事先将配置文件放置于宿主机之上的某特定路径中，而后在启动容器时进行加载。这种方式灵活易用，但也依赖于用户事先将配置数据提供在宿主机上的特定路径。而且在多主机模型中，若容器存在被调度至任一主机运行的可能性时，用户还需要将配置共享在任一宿主机以确保容器能正确获取到它们。

Kubernetes 系统把配置信息保存于标准的 API 资源 ConfigMap 和 Secret 中，Pod 资源可通过抽象化的同名存储卷插件将相关的资源对象关联为存储卷，而后引用该存储卷上的数据赋值给环境变量，或者由容器直接挂载作为配置文件使用。ConfigMap 和 Secret 资源是 Kubernetes 系统上的"一等公民"，也是配置 Pod 中容器应用最常用的方式。

6.1.2　容器环境变量

在运行时配置 Docker 容器中应用程序的第二种方式是在容器启动时向其传递环境变量。Docker 原生的应用程序应该使用很小的配置文件，并且每一项参数都可由环境变量或命令行选项覆盖，从而能够在运行时完成任意的按需配置。然而，目前只有极少一部分应用程序是为容器环境原生设计，毕竟为容器原生重构应用程序工程浩大，且旷日持久。好在有利用容器启动脚本为应用程序预设运行环境的方法可用，通行的做法是在制作 Docker 镜像时，为 ENTRYPOINT 指令定义一个脚本，它能够在启动容器时将环境变量替换至应用程序的配置文件中，而后由此脚本启动相应的应用程序。基于这类镜像运行容器时，即可通过向环境变量传值的方式来配置应用程序。

在 Kubernetes 中使用此类镜像启动容器时，也可以在 Pod 资源或 pod 模板资源的中定义，通过为容器配置段使用 env 参数来定义使用的环境变量列表。事实上，即便容器中的应用本身不处理环境变量，也一样可以向容器传递环境变量，只不过它不被使用罢了。

通过环境变量配置容器化应用时，需要在容器配置段中嵌套使用 env 字段，它的值是一个由环境变量构建的列表。每个环境变量通常由 name 和 value（或 valueFrom）字段构成。

❑ name <string>：环境变量的名称，必选字段。

❑ value <string>：环境变量的值，通过 $(VAR_NAME) 引用，逃逸格式为 $$(VAR_NAME) 默认值为空。

❑ valueFrom <Object>：环境变量值的引用源，例如当前 Pod 资源的名称、名称空间、标签等，不能与非空值的 value 字段同时使用，即环境变量的值要么源于 value 字段，要么源于 valueFrom 字段，二者不可同时提供数据。

valueFrom 字段可引用的值有多种来源，包括当前 Pod 资源的属性值，容器相关的系统资源配置、ConfigMap 对象中的 Key 以及 Secret 对象中的 Key，它们分别要使用不同的嵌套字段进行定义。

❑ fieldRef <Object>：当前 Pod 资源的指定字段，目前支持使用的字段包括 metadata.name、metadata.namespace、metadata.labels、metadata.annotations、spec.nodeName、spec.serviceAccountName、status.hostIP 和 status.podIP 等。

❑ configMapKeyRef <Object>：ConfigMap 对象中的特定 Key。

❑ secretKeyRef <Object>：Secret 对象中的特定 Key。

❑ resourceFieldRef <Object>：当前容器的特定系统资源的最小值（配额）或最大值（限额），目前支持的引用包括 limits.cpu、limits.memory、limits.ephemeral-storage、requests.cpu、requests.memory 和 requests.ephemeral-storage。

下面是定义在资源清单文件 env-demo.yaml 中的 Pod 资源，它配置容器通过环境变量引用当前 Pod 资源及其所在的节点的相关属性值。fieldRef 字段的值是一个对象，它一般由 apiVersion（创建当前 Pod 资源的 API 版本）或 fieldPath 嵌套字段所定义。事实上，这正是 5.7 节讲述的 downwardAPI 的一种应用示例。

```
apiVersion: v1
kind: Pod
metadata:
  name: env-demo
  labels:
    purpose: demonstrate-environment-variables
spec:
  containers:
  - name: env-demo-container
    image: busybox
    command: ["httpd"]
    args: ["-f"]
    env:
```

```
        - name: HELLO_WORLD
          value: just a demo
        - name: MY_NODE_NAME
          valueFrom:
            fieldRef:
              fieldPath: spec.nodeName
        - name: MY_NODE_IP
          valueFrom:
            fieldRef:
              fieldPath: status.hostIP
        - name: MY_POD_NAMESPACE
          valueFrom:
            fieldRef:
              fieldPath: metadata.namespace
  restartPolicy: OnFailure
```

创建上面资源清单中定义的 Pod 对象 env-demo，而后打印它的环境变量列表，命令及其结果如下。

```
~]$ kubectl exec env-demo printenv
PATH=/usr/local/sbin:/usr/local/bin:/usr/sbin:/usr/bin:/sbin:/bin
HOSTNAME=env-demo
MY_NODE_NAME=k8s-node02.ilinux.io
MY_NODE_IP=172.16.0.67
MY_POD_NAMESPACE=default
HELLO_WORLD=just a demo
……
```

容器的启动脚本或应用程序调用或处理这些环境变量，即可实现容器化应用的配置。相较于命令行参数的方式来说，使用环境变量的配置方式清晰、易懂，尤其对首次使用相关容器的用户来说能快速了解容器的配置方式。不过，这两种配置方式有着一个共同的缺陷：无法在容器应用运行过程中更新环境变量从而达到更新应用的目的。这通常意味着用户不得不为 production、development 和 stage 等不同的环境分别配置 Pod 资源。好在，用户还有 ConfigMap 资源可用。

6.2　应用程序配置管理与 ConfigMap 资源

ConfigMap 资源用于在运行时将配置文件、命令行参数、环境变量、端口号以及其他配置工件绑定至 Pod 的容器和系统组件。Kubernetes 借助于 ConfigMap 对象实现了将配置文件从容器镜像中解耦，从而增强了工作负载的可移植性，使配置更易于更改和管理，并防止将配置数据硬编码到 Pod 配置清单中。但 ConfigMap 资源用于存储和共享非敏感、未加密的配置信息，若要在集群中使用敏感信息，则必须使用 Secret 资源。

简单来说，一个 ConfigMap 对象就是一系列配置数据的集合，这些数据可注入到 Pod 的容器当中为容器应用所使用，注入的途径有直接挂载存储卷和传递为环境变量两种。

ConfigMap 支持存储诸如单个属性一类的细粒度的信息，也可用于存储粗粒度的信息，例如将整个配置文件保存在 ConfigMap 对象之中。

6.2.1 创建 ConfigMap 对象

ConfigMap 是 Kubernetes 标准的 API 资源类型，它隶属名称空间级别，支持命令式命令、命令式对象配置及声明式对象配置 3 种管理接口。命令式命令的创建操作可通过 kubectl create configmap 进行，它支持基于目录、文件或字面量（literal）值获取配置数据完成 ConfigMap 对象的创建。该命令的语法格式如下所示。

```
kubectl create configmap <map-name> <data-source>
```

命令中的 <data-source> 就是可以通过直接给定的键值、文件或目录（内部的一到多个文件）来获取的配置数据来源，但无论是哪一种数据供给方式，配置数据都要转换为键值类型，其中的键由用户在命令行给出或是文件类型数据源的文件名，且仅能由字母、数字、连接号和点号组成，而值则是字面量值或文件数据源的内容。

1. 字面量值数据源

为 kubectl create configmap 命令使用 --from-literal 选项可在命令行直接给出键值对来创建 ConfigMap 对象，重复使用此选项则可以一次传递多个键值对。命令格式如下：

```
kubectl create configmap configmap_name --from-literal=key-1=value-1 …
```

例如，下面的命令创建 demoapp-config 时传递了两个键值对，一个是 demoapp.host=0.0.0.0，一个是 demoapp.port=8080。

```
$ kubectl create configmap demoapp-config --from-literal=demoapp.host='0.0.0.0' \
    --from-literal=demoapp.port='8080' --namespace='default'
```

ConfigMap 对象仅是 Kubernetes API 存储中的数据，并没有与之相关联的其他组件存在，因而无须 status 字段来区分期望的状态（desired state）和当前状态（current state）。我们从下面的 get configmap 命令中输出的 demoapp-config 对象 YAML 格式信息可以看出，ConfigMap 资源没有 spec 和 status 字段，而是直接使用 data 字段嵌套键值数据。

```
~$ kubectl get configmaps demoapp-config -o yaml
apiVersion: v1
data:
  demoapp.host: 0.0.0.0
  demoapp.port: "8080"
kind: ConfigMap
metadata:
  creationTimestamp: "2020-08-13T06:18:30Z"
  managedFields:
  ……
  name: demoapp-config
```

```
namespace: default
resourceVersion: "2660869"
selfLink: /api/v1/namespaces/default/configmaps/demoapp-config
uid: e86036cc-e677-4529-87ce-64f58e72ecc7
```

显然，若要基于配置清单创建 ConfigMap 资源时，仅需要指定 apiVersion、kind、metadata 和 data 这 4 个字段，以类似上面的格式定义出相应的资源即可。

2. 文件数据源

ConfigMap 资源也可用于为应用程序提供大段配置，这些大段配置通常保存于一到多个文本编码的文件中，可由 kubectl create configmap 命令通过 --from-file 选项一次加载一个配置文件的内容为指定键的值，多个文件的加载可重复使用 --from-file 选项完成。命令格式如下，省略键名时，将默认使用指定的目标文件的基名。

```
kubectl create configmap <configmap_name> \
    --from-file[=<key-name>]=<path-to-file>
```

例如，下面的命令可以把事先准备好的 Nginx 配置文件模板保存于 ConfigMap 对象 nginx-confs 中，其中一个直接使用 myserver.conf 文件名作为键名，而另一个 myserver-status.cfg 对应的键名则自定义为 status.cfg。

```
~$ kubectl create configmap nginx-confs --from-file=./nginx-conf.d/myserver.conf \
    --from-file=status.cfg=./nginx-conf.d/myserver-status.cfg --namespace='default'
```

我们可以从 nginx-confs 对象的配置清单来了解各键名及其相应的键值。

```
~ $ kubectl get configmap nginx-confs -o yaml
apiVersion: v1
data:
  status.cfg: |                      # "|"是键名及多行键值的分割符，多行键值要进行固定缩进
    location /nginx-status {         # 该缩进范围内的文本块即为多行键值
        stub_status on;
        access_log off;
    }
  myserver.conf: |
    server {
        listen 8080;
        server_name www.ik8s.io;

        include /etc/nginx/conf.d/myserver-*.cfg;

        location / {
            root /usr/share/nginx/html;
        }
    }
kind: ConfigMap
......
```

通过这种方式创建的 ConfigMap 资源可以直接以键值形式收纳应用程序的完整配

置信息，各个文件的内容以键值的形式保存于专用的键名称之下。当需要配置清单保留ConfigMap 资源的定义，而键数据又较为复杂时，也需要以类似上面命令输出结果中的格式，将配置文件内容直接定义在配置清单当中。

3. 目录数据源

对于配置文件较多且又无须自定义键名称的场景，可以直接在 kubectl create configmap 命令的 --from-file 选项上附加一个目录路径就能将该目录下的所有文件创建于同一 ConfigMap 资源中，各文件名为即为键名。命令格式如下。

```
kubectl create configmap <configmap_name> --from-file=<path-to-directory>
```

下面的命令把 nginx-conf.d 目录下的所有文件都保存于 nginx-config-files 对象中，从命令格式也不难揣测出，我们无法再为各文件内容自定义其键名称。

```
~$ kubectl create configmap nginx-config-files --from-file=./nginx-conf.d/
```

此目录中包含 myserver.conf、status.cfg 和 gzip.cfg 这 3 个配置文件，它们会被分别存储为 3 个键值数据，如下面的命令及其结果所示。

```
~$ kubectl describe configmap nginx-config-files
Name:           nginx-config-files
Namespace:      default
Labels:         <none>
Annotations:    <none>

Data
====
myserver-gzip.cfg:      # 键值数据1，describe命令的输出中键和值使用 "----" 分割符
----
gzip on;
......

myserver.conf:          # 键值数据2
----
server {
    ......
}

myserver-status.cfg:    # 键值数据3
----
location /nginx-status {
    stub_status on;
    access_log off;
}

Events:  <none>
```

注意，describe 命令和 get -o yaml 命令都可显示由文件创建而成的键与值，但二者使

用的键和值之间的分隔符不同。另外需要说明的是，基于字面量值和基于文件创建的方式也可以混合使用。例如下面的命令创建 demoapp-confs 对象时，使用 --from-file 选项加载 demoapp-conf.d 目录下的所有文件（共有 envoy.yaml 和 eds.conf 两个），又同时使用了两次 --from-literal 选项分别以字面量值的方式定义了两个键值数据。

```
~$ kubectl create configmap demoapp-confs --from-file=./demoapp-conf.d/ \
    --from-literal=demoapp.host='0.0.0.0' --from-literal=demoapp.port='8080'
```

该对象共有 4 个数据条目，它们分别是来自于 demoapp-conf.d 目录下的 envoy.yaml 和 eds.conf，以及命令行直接给出的 demoapp.host 和 demoapp.port，这可以从下面命令的结果中得以验证。

```
~$ kubectl get configmaps/demoapp-confs
NAME            DATA    AGE
demoapp-confs   4       12s
```

4. ConfigMap 资源配置清单

基于配置文件创建 ConfigMap 资源时，它所使用的字段包括通常的 apiVersion、kind 和 metadata 字段，以及用于存储数据的关键字段 data。例如下面的示例所示。

```
apiVersion: v1
kind: ConfigMap
metadata:
  name: configmap-demo
  namespace: default
data:
  host: 0.0.0.0
  port: "10080"
  app.config: |
    threads = 4
    connections = 1024
```

若键值来自文件内容，使用配置文件创建 ConfigMap 资源的便捷性远不如直接通过命令行进行创建，因此我们可先使用命令行加载文件或目录的方式进行创建，在创建完成后使用 get -o yaml 命令获取到相关信息后进行编辑留存。

6.2.2　通过环境变量引用 ConfigMap 键值

Pod 资源配置清单中，除了使用 value 字段直接给定变量值之外，容器环境变量的赋值还支持通过在 valueFrom 字段中嵌套 configMapKeyRef 来引用 ConfigMap 对象的键值，它的具体使用格式如下。

```
env:
- name <string>              # 要赋值的环境变量名
```

```
    valueFrom:                # 定义变量值引用
      configMapKeyRef:        # 变量值来自 ConfigMap 对象的某个指定键的值
        key <string>          # 键名称
        name <string>         # ConfigMap 对象的名称
        optional <boolean>    # 指定的 ConfigMap 对象或者指定的键名称是否为可选
```

这种方式赋值的环境变量的使用方式与直接赋值的环境变量并无区别，它们都可用于容器的启动脚本或直接传递给容器应用等。

下面是保存于配置文件 configmaps-env-demo.yaml 的资源定义示例，它包含了两个资源，彼此间使用 "---" 相分隔。第一个资源是名为 demoapp-config 的 ConfigMap 对象，它包含了两个键值数据；第二个资源是名为 configmaps-env-demo 的 Pod 对象，它在环境变量 PORT 和 HOST 中分别引用了 demoapp-config 对象中的 demoapp.port 和 demoapp.host 的键的值。

```
apiVersion: v1
kind: ConfigMap
metadata:
  name: demoapp-config
  namespace: default
data:
  demoapp.port: "8080"
  demoapp.host: 0.0.0.0
---
apiVersion: v1
kind: Pod
metadata:
  name: configmaps-env-demo
  namespace: default
spec:
  containers:
  - image: ikubernetes/demoapp:v1.0
    name: demoapp
    env:
    - name: PORT
      valueFrom:
        configMapKeyRef:
          name: demoapp-config
          key: demoapp.port
          optional: false
    - name: HOST
      valueFrom:
        configMapKeyRef:
          name: demoapp-config
          key: demoapp.host
          optional: true
```

demoapp 支持通过环境变量 HOST 和 PORT 为其指定监听的地址与端口。将上面配置文件中的资源创建完成后，我们便可以来验证 Pod 资源监听的端口等配置信息是否为 demoapp-config 对象中定义的内容，如下面的命令及结果所示。

```
~$ kubectl apply -f configmaps-env-demo.yaml
configmap/demoapp-config created
pod/configmaps-env-demo created
~$ kubectl exec configmaps-env-demo -- netstat -tnl
Active Internet connections (only servers)
Proto Recv-Q Send-Q Local Address        Foreign Address      State
tcp    0      0 0.0.0.0:8080             0.0.0.0:*             LISTEN
```

需要注意的是，被引用的 ConfigMap 资源必须事先存在，否则将无法在 Pod 对象中启动引用了 ConfigMap 对象的容器，但未引用或不存在 ConfigMap 资源的容器将不受影响。另外，ConfigMap 是名称空间级别的资源，它必须与引用它的 Pod 资源在同一空间内。

> 🎯 **提示**　在容器清单中的 command 或 args 字段中引用环境变量要使用 $(VAR_NAME) 的格式。

若 ConfigMap 资源中存在较多的键值数据，而且其大部分甚至是全部键值数据都需要由容器进行引用时，为容器逐一配置相应的环境变量将是一件颇为劳心费神之事，而且极易出错。对此，Pod 资源支持在容器中使用 envFrom 字段直接将 ConfigMap 资源中的所有键值一次性地导入。

```
envFrom:
- prefix <string>        # 为引用的ConfigMap对象中的所有变量添加一个前缀名
  configMapRef:          # 定义引用的ConfigMap对象
    name <string>        # ConfigMap对象的名称
    optional <boolean>   # 该ConfigMap对象是否为可选
```

envFrom 字段值是对象列表，用于同时从多个 ConfigMap 对象导入键值数据。为了避免从多个 ConfigMap 引用键值数据时产生键名冲突，可以为每个引用中将被导入的键使用 prefix 字段指定一个特定的前缀，例如 HTCFG_ 一类的字符串，于是 ConfigMap 对象中的 PORT 键名将成为容器中名为 HTCFG_PORT 的变量。

> 🔍 **注意**　如果键名中使用了连字符 "-"，转换为变量名的过程会自动将其替换为下划线 "_"。

例如，把上面示例中的配置清单转为如下形式的定义（configmap-envfrom-demo.yaml 配置文件）后，引用 ConfigMap 进行配置的效果并无不同。

```
apiVersion: v1
kind: ConfigMap
metadata:
```

```
    name: demoapp-config-for-envfrom
    namespace: default
data:
  PORT: "8090"
  HOST: 0.0.0.0
---
apiVersion: v1
kind: Pod
metadata:
  name: configmaps-envfrom-demo
  namespace: default
spec:
  containers:
  - image: ikubernetes/demoapp:v1.0
    name: demoapp
    envFrom:
    - configMapRef:
        name: demoapp-config-for-envfrom
        optional: false
```

由 envFrom 从 ConfigMap 对象一次性引入环境变量时无法自定义每个环境变量的名称，因此，ConfigMap 对象中的键名称必须要与容器中的应用程序引用的变量名保持一致。待 Pod 资源创建完成后，可通过查看其环境变量验证其导入的结果。

```
~$ kubectl apply -f configmaps-envfrom-demo.yaml
configmap/demoapp-config-for-envfrom created
pod/configmaps-envfrom-demo created
~$ kubectl exec configmaps-envfrom-demo -- printenv | grep -E '^(PORT|HOST)\b'
HOST=0.0.0.0
PORT=8090
```

值得提醒的是，从 ConfigMap 对象导入环境变量时若省略了可选的 prefix 字段，各变量名将直接引用 ConfigMap 资源中的键名。若不存在键名冲突的可能性，例如从单个 ConfigMap 对象导入变量或在 ConfigMap 对象中定义键名时已添加了特定前缀时，省略前缀的定义既不会导致键名冲突，又能保持变量的简洁。

6.2.3 ConfigMap 存储卷

使用环境变量导入 ConfigMap 对象中来源于较长的内容文件的键值会导致占据过多的内存空间，而考虑此类数据通常用于为容器应用提供配置文件，将其内容直接以文件格式进行引用是为了更好地选择。Pod 资源的 configMap 存储卷插件专用于以存储卷形式引用 ConfigMap 对象，其键值数据是容器中的 ConfigMap 存储卷挂载点路径或直接指向的配置文件。

1. 挂载整个存储卷

基于 ConfigMap 存储卷插件关联至 Pod 资源上的 ConfigMap 对象可由内部的容器挂

载为一个目录，该 ConfigMap 对象的每个键名将转为容器挂载点路径下的一个文件名，键值则映射为相应文件的内容。显然，挂载点路径应该以容器加载配置文件的目录为其名称，每个键名也应该有意设计为对应容器应用加载的配置文件名称。

在 Pod 资源上以存储卷方式引用 ConfigMap 对象的方法非常简单，仅需要指明存储卷名称及要引用的 ConfigMap 对象名称即可。下面是在配置文件 configmaps-volume-demo.yaml 中定义的 Pod 资源，它引用了前面创建的 ConfigMap 对象 nginx-config-files，并由 nginx-server 容器挂载至 Nginx 加载配置文件模块的目录 /etc/nginx/conf.d 之下。

```
apiVersion: v1
kind: Pod
metadata:
  name: configmaps-volume-demo
  namespace: default
spec:
  containers:
  - image: nginx:alpine
    name: nginx-server
    volumeMounts:
    - name: ngxconfs
      mountPath: /etc/nginx/conf.d/
      readOnly: true
  volumes:
  - name: ngxconfs
    configMap:
      name: nginx-config-files
      optional: false
```

此 Pod 资源引用的 nginx-config-files 中包含 3 个配置文件，其中 myserver.conf 定义了一个虚拟主机 www.ik8s.io，并通过 include 指令包含 /etc/nginx/conf.d/ 目录下以 myserver-为前缀、以 .cfg 为后缀的所有配置文件，例如在 nginx-config-files 中包含的 myserver-status.cfg 和 myserver-gzip.cfg，如图 6-1 所示。

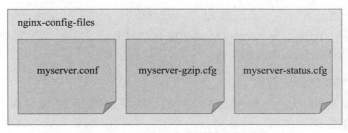

图 6-1　ConfigMap 存储卷中的文件

创建此 Pod 资源后，在 Kubernetes 集群中的某节点直接向 Pod IP 的 8080 端口发起访问请求，即可验证由 nginx-config-files 资源提供的配置信息是否生效，例如通过 /nginx-status 访问其内置的 stub status。

```
~$  POD_IP=$(kubectl get pods configmaps-volume-demo -o go-template={{.status.
podIP}})
~$ curl http://${POD_IP}:8080/nginx-status
Active connections: 1
server accepts handled requests
 1 1 1
Reading: 0 Writing: 1 Waiting: 0
```

当然，我们也可以直接于 Pod 资源 configmaps-volume-demo 之上的相应容器中执行命令来确认文件是否存在于挂载点目录中：

```
~$ kubectl exec configmaps-volume-demo -- ls /etc/nginx/conf.d/
myserver-gzip.cfg
myserver-status.cfg
myserver.conf
```

我们还可以在容器中运行其他命令来进一步测试由 ConfigMap 对象提供的配置信息是否已生效，以示例中的 Nginx 为例，我们可运行如下的配置测试与打印命令进行配置信息的生效确认。

```
~$ kubectl exec  configmaps-volume-demo -- nginx -T
······
# configuration file /etc/nginx/conf.d/myserver.conf:
server {
    listen 8080;
    server_name www.ik8s.io;

    ······
}

# configuration file /etc/nginx/conf.d/myserver-gzip.cfg:
······

# configuration file /etc/nginx/conf.d/myserver-status.cfg:
······
```

由上面两个命令的结果可见，nginx-config-files 中的 3 个文件都被添加到了容器中，并且实现了由容器应用 Nginx 加载并生效。

2. 挂载存储卷中的部分键值

有些应用场景中，用户很可能期望仅向容器中的挂载点暴露 Pod 资源关联的 ConfigMap 对象上的部署键值，这在通过一个 ConfigMap 对象为单个 Pod 资源中的多个容器分别提供配置时尤其常见。例如前面曾创建了一个名为 demoapp-confs 的 ConfigMap 对象，它包含有 4 个键值，其中的 envoy.yaml 和 eds.conf 可为 envoy 代理提供配置文件，而 demoapp.port 能够为 demoapp（通过环境变量）定义监听的端口。下面配置清单示例定义的 Pod 资源中定义了两个容器，envoy 和 demoapp，demoapp-confs 为 envoy 容器提供两个配置文件，为 demoapp 容器提供了一个配置参数。

```
apiVersion: v1
kind: Pod
metadata:
  name: configmaps-volume-demo2
  namespace: default
spec:
  containers:
  - name: proxy
    image: envoyproxy/envoy-alpine:v1.14.1
    volumeMounts:
    - name: appconfs
      mountPath: /etc/envoy
      readOnly: true
  - name: demo
    image: ikubernetes/demoapp:v1.0
    imagePullPolicy: IfNotPresent
    env:
    - name: PORT
      valueFrom:
        configMapKeyRef:
          name: demoapp-confs
          key: demoapp.port
          optional: false
  volumes:
  - name: appconfs
    configMap:      # 存储卷插件类型
      name: demoapp-confs
      items:        # 要暴露的键值数据
      - key: envoy.yaml
        path: envoy.yaml
        mode: 0644
      - key: lds.conf
        path: lds.conf
        mode: 0644
      optional: false
```

configMap 卷插件中的 items 字段的值是一个对象列表，可嵌套使用 3 个字段来组合指定要引用的特定键。

- ❑ key <string>：要引用的键名称，必选字段。
- ❑ path <string>：对应的键在挂载点目录中映射的文件名称，它可不同于键名称，必选字段。
- ❑ mode <integer>：文件的权限模型，可用范围为 0 ~ 0777。

上面的配置示例（configmap-volume-demo2.yaml）中，把 envoy.yaml 和 eds.conf 两个键名分别映射为 /etc/envoy 目录下的两个与键同名的文件，且均使用 0644 的权限。

3. 独立挂载存储卷中的单个键值

前面的两种方式中，无论是装载 ConfigMap 对象中的所有还是部分文件，挂载点目录下原有的文件都会被隐藏。对于期望将 ConfigMap 对象提供的配置文件补充在挂载点目录下的需求来说，这种方式显然难以如愿。以 Nginx 应用为例，基于 nginx:alpine 启动的容器的 /etc/nginx/conf.d 目录中原本就存在一些文件（例如 default.conf 等），有时候我们需要把 nginx-config-files 这个 ConfigMap 对象中的全部或部分文件装载进此目录中而不影响其原有的文件。

事实上，此种需求可以通过在容器上的 volumeMounts 字段中使用 subPath 字段来解决，该字段用于支持从存储卷挂载单个文件或单个目录而非整个存储卷。例如，下面的示例就单独挂载了两个文件在 /etc/nginx/conf.d 目录中，但保留了目录下原有的文件。

```
apiVersion: v1
kind: Pod
metadata:
  name: configmaps-volume-demo3
  namespace: default
spec:
  containers:
  - image: nginx:alpine
    name: nginx-server
    volumeMounts:
    - name: ngxconfs
      mountPath: /etc/nginx/conf.d/myserver.conf
      subPath: myserver.conf
      readOnly: true
    - name: ngxconfs
      mountPath: /etc/nginx/conf.d/myserver-gzip.cfg
      subPath: myserver-gzip.cfg
      readOnly: true
  volumes:
  - name: ngxconfs
    configMap:
      name: nginx-config-files
```

基于上述配置创建了 Pod 资源后，即可通过命令验证 /etc/nginx/conf.d 目录中原有文件确实能够得以保留，如下面的命令及其结果所示。

```
~$ kubectl exec configmaps-volume-demo3 -- ls /etc/nginx/conf.d/
default.conf
myserver-gzip.cfg
myserver.conf
```

接下来也可将该 Pod 资源创建于集群上，验证 myserver 主机的配置，正常情况下，它应该启动了页面压缩功能，但因未装载 myserver-status.cfg 配置而不支持内置的 status 页面，感兴趣的读者可自行完成测试。

6.2.4　容器应用重载新配置

相较于环境变量来说，使用 ConfigMap 资源为容器应用提供配置的优势之一在于支持容器应用动态更新其配置：用户直接更新 ConfigMap 对象，而后由相关 Pod 对象的容器应用重载其配置文件即可。

细心的读者或许已经发现，挂载有 ConfigMap 存储卷的容器上，挂载点目录中的文件都是符号链接，它们指向了挂载点目录中名为 ..data 隐藏属性的子目录，而 ..data 自身也是一个符号链接，它指向了名字形如 ..2020_05_15_03_34_10.435155001 这样的以挂载操作时的时间戳命名的临时隐藏目录，该目录才是存储卷的真正挂载点。例如，查看 Pod 对象 configmaps-volume-demo 的容器中的挂载点目录下的文件列表，它将显示出类似如下结果。

```
~ $ kubectl exec -it configmaps-volume-demo -- ls -lA /etc/nginx/conf.d
total 0
drwxr-xr-x    2 root    root    79 Apr 14 03:34 ..2020_05_15_03_34_10.435155001
lrwxrwxrwx    1 root    root    31 Apr 14 03:34 ..data ->
..2020_05_15_03_34_10.435155001
lrwxrwxrwx    1 root    root    24 Apr 14 03:34 myserver-gzip.cfg -> ..data/
myserver-gzip.cfg
lrwxrwxrwx    1 root    root    26 Apr 14 03:34 myserver-status.cfg -> ..data/
myserver-status.cfg
lrwxrwxrwx    1 root    root    20 Apr 14 03:34 myserver.conf -> ..data/myserver.
conf
```

这种两级符号链接设定的好处在于，当引用的 ConfigMap 对象中的数据发生改变时，它将被重新挂载至一个以当前时间戳命名的新的临时目录下，而后将 ..data 指向这个新的挂载点便达到了同时更新存储卷上所有文件数据的目的。例如，使用 kubectl edit cm 命令直接在 ConfigMap 对象 nginx-config-files 中的 myserver-status.cfg 配置段增加 "allow 127.0.0.0/8;" 和 "deny all;" 两行，稍等片刻之后再次查看 configmap-volume-demo 中容器挂载点目录中的文件列表，结果是其挂载点已经指向新的位置，例如下面的命令及其结果所示。

```
~$ kubectl edit configmaps/nginx-config-files -n default
......
data:
  ......
  myserver-status.cfg: |
    location /nginx-status {
        stub_status on;
        access_log off;
        allow 127.0.0.0/8;
        deny all;
    }
......
~ $ kubectl exec -it configmaps-volume-demo -- ls -lA /etc/nginx/conf.d
total 0
```

```
drwxr-xr-x   2 root   root   79 Apr 14 03:45 ..2020_05_15_03_45_25.239510550
lrwxrwxrwx   1 root   root   31 Apr 14 03:45 ..data ->
..2020_05_15_03_45_25.239510550
lrwxrwxrwx   1 root   root   24 Apr 14 03:34 myserver-gzip.cfg -> ..data/
myserver-gzip.cfg
lrwxrwxrwx   1 root   root   26 Apr 14 03:34 myserver-status.cfg -> ..data/
myserver-status.cfg
lrwxrwxrwx   1 root   root   20 Apr 14 03:34 myserver.conf -> ..data/myserver.
conf
```

ConfigMap 对象中的数据更新同步至应用容器后并不能直接触发生效新配置，还需要在容器上执行应用重载操作。例如 Nginx 可通过其 nginx -s reload 命令完成配置文件重载，如下面的命令所示。

```
~$ kubectl exec configmaps-volume-demo -- nginx -s reload
2020/05/15 03:52:50 [notice] 32#32: signal process started
```

新增的两行配置信息对 /nginx-status 这个 URL 施加了访问控制机制，它仅允许来自本地回环接口上的访问请求，因而此容器之外访问 /nginx-status 页面的请求将会被拒绝。

对于不支持配置文件重载操作的容器应用来说，仅那些在 ConfigMap 对象更新后创建的 Pod 资源中的容器会应用到新配置，因此手动重启旧有的容器之前会存在配置不一致的问题。即使对于支持重载操作的应用来说，由于新的配置信息并非同步推送进所有容器中，而且在各容器中进行的手动重载操作也未必能同时进行，因此在更新时，短时间内仍然会存在配置不一致的现象。还有，以单个文件形式独立挂载 ConfigMap 存储卷中的容器并未采用两级链接的方式进行文件映射，因此存储卷无法确保所有挂载的文件可以被同时更新至容器中。为了确保配置信息的一致性，目前这种类型的挂载不支持文件更新操作。

有些云原生应用支持配置更新时的自动重载功能，例如 Envoy 支持基于 XDS 协议订阅文件系统上的配置文件，并在该类配置文件更新时间戳发生变动时自动重载配置。然而，采用联合挂载多层叠加且进行写时复制的容器隔离文件系统来说，这种时间戳的更新未必能够触发内核中的通知机制，也就难以触发应用程序的自动重载功能。总结起来，在 Pod 资源中调用 ConfigMap 对象时要注意以下几个问题。

❑ 以存储卷方式引用的 ConfigMap 对象必须先于 Pod 对象存在，除非在 Pod 对象中把它们统统标记为 optional，否则将会导致 Pod 无法正常启动；同样，即使 ConfigMap 对象存在，但引用的键名不存在时，也会导致同样的错误。

❑ 以环境变量方式引用的 ConfigMap 对象的键不存在时会被忽略，Pod 对象可以正常启动，但错误引用的信息会以 InvalidVariableNames 事件记录于日志中。

❑ ConfigMap 对象是名称空间级的资源，能够引用它的 Pod 对象必须位于同一名称空间。

❑ Kubelet 仅支持那些由 API Server 管理的 Pod 资源来引用 ConfigMap 对象，因而那些由 kubelet 在节点上通过 --manifest-url 或 --config 选项加载配置清单创建的静态

Pod，以及由用户直接通过 kubelet 的 RESTful API 创建的 Pod 对象。

ConfigMap 无法替代配置文件，它仅在 Kubernetes 系统上代表对应用程序配置文件的引用，我们可以将它类比为在 Linux 主机上表示 /etc 目录及内部文件的一种方法。

6.3　Secret 资源：向容器注入配置信息

出于增强可移植性的需求，我们应该从容器镜像中解耦的不仅有配置数据，还有默认口令（例如 Redis 或 MySQL 服务的访问口令）、用于 SSL 通信时的数字证书和私钥、用于认证的令牌和 ssh key 等，但这些敏感数据不宜存储于 ConfigMap 资源中，而是要使用另一种称为 Secret 的资源类型。将敏感数据存储在 Secret 中比明文存储在 ConfigMap 或 Pod 配置清单中更加安全。借助 Secret，我们可以控制敏感数据的使用方式，并降低将数据暴露给未经授权用户的风险。

Secret 对象存储数据的机制及使用方式都类似于 ConfigMap 对象，它们以键值方式存储数据，在 Pod 资源中通过环境变量或存储卷进行数据访问。不同的地方在于，Secret 对象仅会被分发至调用了该对象的 Pod 资源所在的工作节点，且仅支持由节点将其临时存储于内存中。另外，Secret 对象的数据存储及打印格式为 Base64 编码的字符串而非明文字符，用户在创建 Secret 对象时需要事先手动完成数据的格式转换。但在容器中以环境变量或存储卷的方式访问时，它们会被自动解码为明文数据。

 注意 Base64 编码并非加密机制，其编码的数据可使用 base64 --decode 一类的命令进行解码。

Secret 对象以非加密格式存储于 etcd 中，管理员必须精心管控对 etcd 服务的访问以确保敏感数据的机密性，包括借助于 TLS 协议确保 etcd 集群节点间以及 API Server 间的加密通信和双向身份认证等。此外还要精心组织 Kubernetes API Server 服务的访问认证和授权，因为拥有创建 Pod 资源的用户都可以使用 Secret 资源并能够通过 Pod 对象中的容器访问其数据。

目前，Secret 资源主要有两种用途：一是作为存储卷注入 Pod 对象上，供容器应用程序使用；二是用于 kubelet 为 Pod 里的容器拉取镜像时向私有仓库提供认证信息。不过，后面使用 ServiceAccount 资源自建的 Secret 对象是一种更安全的方式。

6.3.1　创建 Secret 资源

类似于 Config Map 资源，创建 Secret 对象时也支持使用诸如字面量值、文件或目录等数据源，而根据其存储格式及用途的不同，Secret 对象还会划分为如下 3 种类别。

❑ generic：基于本地文件、目录或字面量值创建的 Secret，一般用来存储密码、密钥、信息、证书等数据。

❑ docker-registry：用于认证到 Docker Registry 的 Secret，以使用私有容器镜像。

❑ tls：基于指定的公钥 / 私钥对创建 TLS Secret，专用于 TLS 通信中；指定公钥和私钥必须事先存在，公钥证书必须采用 PEM 编码，且应该与指定的私钥相匹配。

这些类别也体现在 kubectl create secret generic|docker-registry|tls 命令之中，每个类别代表一个子命令，并分别有着各自专用的命令行选项。

1. 通用 Secret

通用类型的 Secret 资源用于保存除用于 TLS 通信之外的证书和私钥，以及专用于认证到 Docker 注册表服务之外的敏感信息，包括访问服务的用户名和口令、SSH 密钥、OAuth 令牌、CephX 协议的认证密钥等。

使用 Secret 为容器中运行的服务提供用于认证的用户名和口令是一种较为常见的应用场景，以 MySQL 或 PostgreSQL 代表的开源关系型数据库系统的镜像就支持通过环境变量来设置管理员用户的默认密码。此类 Secret 对象可以直接使用 kubectl create secret generic <SECRET_NAME> --from-literal=key=value 命令，以给定的字面量值直接进行创建，通常用户名要使用 username 为键名，而密码则要使用 password 为键名。例如下面的命令，以 root/iLinux 分别为用户名和密码创建了一个名为 mysql-root-authn 的 Secret 对象：

```
~$ kubectl create secret generic mysql-root-authn --from-literal=username=root \
    --from-literal=password=iLinux
```

由下面获取 Secret 对象资源规范的命令及其输出结果可以看出：未指定类型时，以 generic 子命令创建的 Secret 对象是 Opaque 类型，其键值数据会以 Base64 编码格式保存和打印。

```
~$ kubectl get secrets/mysql-root-authn -o yaml
apiVersion: v1
data:
  password: aUxpbnV4
  username: cm9vdA==
kind: Secret
metadata:
  name: mysql-root-authn
  namespace: default
  ......
type: Opaque
```

但 Kubernetes 系统 Secret 对象的 Base64 编码数据并非加密格式，许多相关的工具程序可轻松完成解码，例如将上面命令结果中的 password 字段的值可交由下面所示的 Base64 命令进行解码。

```
~$ echo aUxpbnV4 | base64 -d
iLinux
```

将用户名和密码用于 Basic 认证时，需要在创建命令中额外使用 --type 选项明确定义 Secret 对象的类型，该选项值固定为 "kubernetes.io/basic-auth"，并要求用户名和密码各自的键名必须为 username 和 password，如下面 Secret 对象的创建和显示命令结果所示。

```
~$ kubectl create secret generic web-basic-authn --from-literal=username=ops \
    --from-literal=password=iK8S --type="kubernetes.io/basic-auth"
~$ kubectl get secrets/web-basic-authn
NAME                     TYPE                    DATA    AGE
web-basic-authn          kubernetes.io/basic-auth   2       1m
```

有些应用场景仅需要在 Secret 中保存密钥信息即可，用户名能够以明文的形式由客户端直接提供而无须保存于 Secret 对象中。例如，在 Pod 或 PV 资源上使用的 RBD 存储卷插件以 CephX 协议认证到 Ceph 存储集群时，使用内嵌的 user 字段指定用户名，以 secretRef 字段引用保存有密钥的 Secret 对象，且创建该类型的 Secret 对象需要明确指定类型为 kubernetes.io/rbd，如下面的命令所示。

```
$ kubectl create secret generic ceph-kube-secret --type="kubernetes.io/rbd" \
  --from-literal=key='AQB9+4teoywxFxAAr2d63xPmV3Yl/E2ohfgOxA=='
```

对于文件中的敏感数据，可以在命令上使用 --from-file 选项以直接将该文件作为数据源，例如创建用于 SSH 认证的 Secret 对象时就可以直接从认证的私钥文件加载认证信息，其键名需要使用 ssh-privatekey，而类型标识为 kubernetes.io/ssh-auth。下面的命令先创建出一对用于测试的认证密钥，而后将其私钥创建为 Secret 对象。

```
~$ ssh-keygen -t rsa -P "" -f  ${HOME}/.ssh/id_rsa
~$ kubectl create secret generic ssh-key-secret
    --from-file=ssh-privatekey=${HOME}/.ssh/id_rsa \
    --type="kubernetes.io/ssh-auth"
```

Kubernetes 系统上还有一种专用于保存 ServiceAccount ⊖认证令牌的 Secret 对象，它存储有 Kubernetes 集群的私有 CA 的证书（ca.crt）以及当前 Service 账号的名称空间和认证令牌。该类资源以 kubernetes.io/service-account-token 为类型标识，并附加专用资源注解 kubernetes.io/service-account.name 和 kubernetes.io/service-account.uid 来指定所属的 ServiceAccount 账号名称及 ID 信息。kube-system 名称空间中默认存在许多该类型的 Secret 对象，下面的第一个命令先获取到以 node-controller 开头的 Secret 资源（ServiceAccount/node-controller 资源的专用 Secret）的名称，而后第二个命令以 YAML 格式打印该资源的详细规范。下面命令用于打印 kube-system 名称空间下的 Secret/node-controller 资源对象的信息。

```
~$ secret_name=$(kubectl get secrets -n kube-system | awk '/^node-controller/
{print $1}')
~ $ kubectl get secrets $secret_name -o yaml -n kube-system
```

⊖　服务账号，一般由 Pod 中的容器应用程序认证并访问 API Server 时使用。

```
apiVersion: v1
data:
  ca.crt: ……
  namespace: a3ViZS1zeXN0ZW0=
  token: ……
kind: Secret
metadata:
  annotations:
    kubernetes.io/service-account.name: node-controller
    kubernetes.io/service-account.uid: 54dedc06-09db-4024-b756-e4e64ed1a1cf
  name: node-controller-token-6wlvm
  namespace: kube-system
  ……
type: kubernetes.io/service-account-token
```

还有一种专用于 Kubernetes 集群自动引导（bootstrap）过程的 Secret 类型，最早由 kubeam 引入，类型标识为 bootstrap.kubernetes.io/token，它需要由 auth-extra-groups、description、token-id 和 token-secret 等专用键名来指定所需的数据。由 kubeadm 部署的集群上，会在 kube-system 名称空间中默认生成一个以 bootstrap-token 为前缀的该类 Secret 对象。

```
~$ bs_name=$(kubectl get secrets -n kube-system | awk '/^bootstrap-token/{print $1}')
~$ kubectl get secret $bs_name -o yaml -n kube-system
apiVersion: v1
data:
  auth-extra-groups: ……
  description: ……
  token-id: ZG5hY3Y3
  token-secret: YjE1MjAzcm55ODV2ZW5kdw==
  usage-bootstrap-authentication: dHJ1ZQ==
  usage-bootstrap-signing: dHJ1ZQ==
kind: Secret
metadata:
  name: bootstrap-token-dnacv7
  namespace: kube-system
  ……
type: bootstrap.kubernetes.io/token
```

以配置清单创建以上各种类型的通用 Secret 对象，除 Opaque 外，都需要使用 type 字段明确指定类型，并在 data 字段中嵌套使用符合要求的字段指定所需要数据。

2. TLS Secret

为 TLS 通信场景提供专用数字证书和私钥信息的 Secret 对象有其专用的 TLS 子命令，以及专用的选项 --cert 和 --key。例如，为运行于 Pod 中的 Nginx 应用创建 SSL 虚拟主机之时，需要事先通过 Secret 对象向相应容器注入服务证书和配对的私钥信息，以供 nginx 进程加载使用。出于测试的目的，我们先使用类似如下命令生成私钥和自签证书。

```
~$ openssl rand -writerand $HOME/.rnd
~$ (umask 077; openssl genrsa -out nginx.key 2048)
```

```
~$ openssl req -new -x509 -key nginx.key -out nginx.crt \
    -subj /C=CN/ST=Beijing/L=Beijing/O=DevOps/CN=www.ilinux.io
```

而后即可使用如下命令将这两个文件创建为 secret 对象。需要注意的是，无论用户提供的证书和私钥文件使用什么名称，它们一律会分别转换为以 tls.key（私钥）和 tls.crt（证书）为其键名。

```
~$ kubectl create secret tls nginx-ssl-secret --key=./nginx.key --cert=./nginx.crt
secret "nginx-ssl-secret" created
```

该类型的 Secret 对象的类型标识符为 kubernetes.io/tls，例如下面命令结果所示。

```
~$ kubectl get secret nginx-ssl-secret -o yaml
apiVersion: v1
data:
  tls.crt: ……
  tls.key: ……
kind: Secret
metadata:
  name: nginx-ssl-secret
  namespace: default
  ……
type: kubernetes.io/tls
```

3. Docker Registry Secret

当 Pod 配置清单中定义容器时指定要使用的镜像来自私有仓库时，需要先认证到目标 Registry 以下载指定的镜像，pod.spec.imagePullSecrets 字段指定认证 Registry 时使用的、保存有相关认证信息的 Secret 对象，以辅助 kubelet 从需要认证的私有镜像仓库获取镜像。该字段的值是一个列表对象，它支持指定多个不同的 Secret 对象以认证到不同的 Resgistry，这在多容器 Pod 中尤为有用。

创建这种专用于认证到镜像 Registry 的 Secret 对象有其专用的 docker-registry 子命令。通常，认证到 Registry 的过程需要向 kubelet 提供 Registry 服务器地址、用户名和密码，以及用户的 E-mail 信息，因此 docker-registry 子命令需要同时使用以下 4 个选项。

❑ --docker-server：Docker Registry 服务器的地址，默认为 https://index.docker.io/v1/。

❑ --docker-user：请求 Registry 服务时使用的用户名。

❑ --docker-password：请求访问 Registry 服务的用户密码。

❑ --docker-email：请求访问 Registry 服务的用户 E-mail。

这 4 个选项指定的内容分别对应使用 docker login 命令进行交互式认证时所使用的认证信息，下面的命令创建了名为 local-registry 的 docker-registry Secret 对象。

```
~$ kubectl create secret docker-registry local-registry --docker-username=Ops \
    --docker-password=Opspass --docker-email=ops@ilinux.io
```

该类 secret 对象打印的类型信息为 kubernetes.io/dockerconfigjson，如下面的命令结果所示。

```
~$ kubectl get secrets local-registry
NAME               TYPE                            DATA    AGE
local-registry     kubernetes.io/dockerconfigjson  1       7s
```

另外，创建 docker-registry Secret 对象时依赖的认证信息也可使用 --from-file 选项从 dockercfg 配置文件（例如 ~/.dockercfg）或 JSON 格式的 Docker 配置文件（例如 ~/.docker/config.json）中加载，但前者的类型标识为 kubernetes.io/dockercfg，后者的类型则与前面使用字面量值的创建方式相同。

在 Pod 资源上使用 docker-registry Secret 对象的方法有两种。一种方法是使用 spec.imagePullSecrets 字段直接引用；另一种是将 docker-registry Secret 对象添加到某特定的 ServiceAccount 对象之上，而后配置 Pod 资源通过 spec.serviceAccountName 来引用该服务账号。第二种方法的实现我们放在 ServiceAccount 资源的相关话题中进行介绍，这里先以下面的示例说明第一种方法的用法。

```
apiVersion: v1
kind: Pod
metadata:
  name: secret-imagepull-demo
  namespace: default
spec:
  imagePullSecrets:
  - name: local-registry
  containers:
  - image: registry.ilinux.io/dev/myimage
    name: demoapp
```

上面的配置清单仅是一个示例，付诸运行时，需要由读者将引用的 Secret 对象中的内容及清单资源的镜像等修改为实际可用的信息。

当运行的多数容器镜像均来自私有仓库时，为每个 Pod 资源在 imagePullSecrets 显式定义一或多个引用的 Secret 对象实在不是一个好主意，我们应该将 docker-registry Secret 对象的引用定义在一个特定的 ServiceAccount 之上，而后由各相关的 Pod 资源进行引用才是更好的选择。

4. Secret 资源清单

Secret 资源是标准的 Kubernetes API 资源类型之一，但它仅是存储于 API Server 上的数据定义，无须区别期望状态与现实状态，无须使用 spec 和 status 字段。除了 apiVersion、kind 和 metadata 字段，它可用的其他字段如下。

❑ data <map[string]string>：key:value 格式的数据，通常是敏感信息，数据格式需是以 Base64 格式编码的字符串，因此需要用户事先完成编码。另外，不同类型的 Secret 资源要求使用的嵌套字段（键名）也不尽相同，甚至 ServiceAccount 专用类型的 Secret 对象还要求使用专用的注解信息。

❏ stringData <map[string]string>：以明文格式（非 Base64 编码）定义的键值数据。无须用户事先对数据进行 Base64 编码，而是在创建为 Secret 对象时自动进行编码并保存于 data 字段中。stringData 字段中的明文不会被 API Server 输出，但使用 kubectl apply 命令进行创建的 Secret 对象，其注解信息可能会直接输出这些信息。

❏ type <string>：仅为了便于编程处理 Secret 数据而提供的类型标识。

下面是保存于配置文件 secrets-demo.yaml 中的 Secret 资源定义示例，它使用 stringData 提供了明文格式的键 – 值数据，从而免去了事先手动编码的麻烦。

```
apiVersion: v1
kind: Secret
metadata:
  name: secrets-demo
stringData:
  username: redis
  password: redisp@ss
type: Opaque
```

为保存于配置清单文件中的敏感信息创建 Secret 对象时，用户需要先将敏感信息读出并转换为 Base64 编码格式，再将其创建为清单文件，过程烦琐，反而不如命令式创建来得便捷。不过，如果存在多次创建或者重构之需，将其保存为配置清单也是情势所需。

6.3.2　使用 Secret 资源

类似于 Pod 资源使用 ConfigMap 对象的方式，Secret 对象可以注入为容器环境变量，也能够通过 Secret 卷插件定义为存储卷并由容器挂载使用。但是，容器应用通常会在发生错误时将所有环境变量保存于日志信息中，甚至有些应用在启动时会将运行环境打印到日志中。另外，容器应用调用第三方程序为子进程时，这些子进程能够继承并使用父进程的所有环境变量。这都有可能导致敏感信息泄露，因而通常仅在必要的情况下才使用环境变量引用 Secret 对象中的数据。

1. 环境变量

Pod 资源以环境变量方式消费 Secret 对象也存在两种途径：① 一对一地将指定键的值传递给指定的环境变量；② 将 Secret 对象上的全部键名和键值一次性全部映射为容器的环境变量。前者在容器上使用 env.valueFrom 字段进行定义，而后者则直接使用 envFrom 字段，如下面给出的详细配置格式所示。

```
containers:
- name: …
  image: …
  env:
  - name: <string>                    # 变量名，其值来自某 Secret 对象上的指定键的值
```

```
    valueFrom:                    # 键值引用
      secretKeyRef:
        name: <string>            # 引用的 Secret 对象的名称，需要与该 Pod 位于同一名称空间
        key: <string>             # 引用的 Secret 对象上的键，其值将传递给环境变量
        optional: <boolean>       # 是否为可选引用
  envFrom:                        # 整体引用指定的 Secret 对象的全部键名和键值
  - prefix: <string>              # 将所有键名引用为环境变量时统一添加的前缀
    secretRef:
      name: <string>              # 引用的 Secret 对象名称
      optional: <boolean>         # 是否为可选引用
```

下面 Pod 资源配置清单（secrets-env-demo.yaml）示例中，容器 mariadb 运行时初始化 root 用户的密码，引用自此前创建的 Secret 对象 mysql-root-authn 中的 password 键的值。

```
apiVersion: v1
kind: Pod
metadata:
  name: secrets-env-demo
  namespace: default
spec:
  containers:
  - name: mariadb
    image: mariadb
    imagePullPolicy: IfNotPresent
    env:
    - name: MYSQL_ROOT_PASSWORD
      valueFrom:
        secretKeyRef:
          name: mysql-root-authn
          key: password
```

mariadb 的镜像并不支持从某个文件中加载管理员 root 用户的初始密码，这里也就只能使用环境变量赋值的方式来引用 Secret 对象中的敏感数据。下面完成测试步骤，首先将清单中的 Pod 对象创建在集群上：

```
~$ kubectl apply -f secrets-env-demo.yaml
pod/secrets-env-demo created
```

而后使用保存在 mysql-root-authn 对象中的 password 字段的值 iLinux 作为密码进行数据库访问，如下面命令所示。

```
~$ kubectl exec -it secrets-env-demo -- mysql -uroot -piLinux
Welcome to the MariaDB monitor.  Commands end with ; or \g.
Your MariaDB connection id is 8
Server version: 10.4.12-MariaDB-1:10.4.12+maria~bionic mariadb.org binary
distribution

Copyright (c) 2000, 2018, Oracle, MariaDB Corporation Ab and others.
```

```
Type 'help;' or '\h' for help. Type '\c' to clear the current input statement.

MariaDB [(none)]>
```

命令结果表明使用 MySQL 客户端工具以 root 用户和 iLinux 密码认证到容器 mariadb 的操作成功完成，经由环境变量向容器传递 Secret 对象中保存的敏感信息得以顺利实现。

2. Secret 存储卷

Pod 资源上的 Secret 存储卷插件的使用方式同 ConfigMap 存储卷插件非常相似，除了其类型及引用标识要替换为 secret 及 secretName 之外，几乎完全类似于 ConfigMap 存储卷，包括支持使用挂载整个存储卷、只挂载存储卷中指定键值以及独立挂载存储卷中的键等使用方式。

下面是定义在配置清单文件 secrets-volume-demo.yaml 中的 Secret 资源使用示例，它将 nginx-ssl-secret 对象关联为 Pod 对象上名为 nginxcert 的存储卷，而后由容器 ngxservrer 挂载至 /etc/nginx/certs 目录下。

```
apiVersion: v1
kind: Pod
metadata:
  name: secrets-volume-demo
  namespace: default
spec:
  containers:
  - image: nginx:alpine
    name: ngxserver
    volumeMounts:
    - name: nginxcerts
      mountPath: /etc/nginx/certs/
      readOnly: true
    - name: nginxconfs
      mountPath: /etc/nginx/conf.d/
      readOnly: true
  volumes:
  - name: nginxcerts
    secret:
      secretName: nginx-ssl-secret
  - name: nginxconfs
    configMap:
      name: nginx-sslvhosts-confs
      optional: false
```

ConfigMap 对象 nginx-sslvhosts-confs 中存储有证书文件 tls.cert 和私钥文件 tls.key，这些文件是可调用容器通过挂载 nginx-ssl-secret 在 /etc/nginx/certs/ 目录下生成的，并根据证书与私钥文件定义了一个 SSL 类型的虚拟主机。并且，所有发往 80 端口的流量都会被重定向至 SSL 虚拟主机。其中的关键配置部分如下所示。

```
server {
    listen 443 ssl;
    server_name www.ik8s.io;

    ssl_certificate /etc/nginx/certs/tls.crt;
    ssl_certificate_key /etc/nginx/certs/tls.key;
    ssl_session_timeout 5m;
    ssl_protocols TLSv1 TLSv1.1 TLSv1.2;
    ssl_ciphers ECDHE-RSA-AES128-GCM-SHA256:HIGH:!aNULL:!MD5:!RC4:!DHE;
    ssl_prefer_server_ciphers on;

    location / {
        root /usr/share/nginx/html;
    }
}

server {
    listen 80;
    server_name www.ilinux.io;
    return 301 https://$host$request_uri;
}
```

我们知道，由 Pod 资源引用的所有 ConfigMap 和 Secret 对象必须事先存在，除非它们被显式标记为 optional: true。因此，在创建该 Pod 对象之前，我们需要事先生成其引用的 ConfigMap 对象 nginx-sslvhosts-confs，相关的所有配置文件保存在 nginx-ssl-conf.d/ 目录下，因而直接运行如下命令即可完成创建。

```
~$ kubectl create configmap nginx-sslvhosts-confs --from-file=./nginx-ssl-conf.d/
```

而后，将上面资源清单文件中定义的 Pod 资源创建于集群之上，待其正常启动后可查看容器挂载点目录中的文件，以确认其挂载是否成功完成，或直接向 Pod 中的 Nginx 服务发起访问请求进行验证。

```
~$ kubectl apply -f secrets-volume-demo.yaml
pod/secrets-volume-demo created
```

而后，使用 openssl s_cleint 命令向该 Pod 对象的 IP 地址发起 TLS 访问请求，确认其证书是否为前面自签生成的测试证书。

```
~$ podIP=$(kubectl get pods secrets-volume-demo -o jsonpath={.status.podIP})
~$ openssl s_client -connect $podIP:443 -state
```

不过，这里的测试请求使用了 IP 地址而非证书中的主体名称 www.ilinux.io，因而证书的验证会失败，但我们只需关注证书内容即可，尤其是证书链中显示的信息。若能成功证明响应中的证书来自 nginx-ssl-secret 对象中保存的自签证书，也就意味着通过存储卷方式向容器提供敏感信息的操作成功了。

6.4　应用 Downward API 存储卷配置信息

除了通过 ConfigMap 和 Secret 对象向容器注入配置信息之外，应用程序有时候还需要基于所运行的外在系统环境信息设定自身的运行特性。例如 nginx 进程可根据节点的 CPU 核心数量自动设定要启动的 worker 进程数，JVM 虚拟机可根据节点内存资源自动设定其堆内存大小等。这种功能有点类似于编程中的反射机制，它旨在让对象加载与自身相关的重要环境信息并据此做出运行决策。

Kubernetes 的 Downward API 支持通过环境变量与文件（downwardAPI 卷插件）将 Pod 及节点环境相关的部分元数据和状态数据注入容器中，它们的使用方式同 ConfigMaps 和 Secrets 类似，用于完成将外部信息传递给 Pod 中容器的应用程序。然而，Downward API 并不会将所有可用的元数据统统注入容器中，而是由用户在配置 Pod 对象自行选择需要注入容器中的元数据。可选择注入的信息包括 Pod 对象的 IP、主机名、标签、注解、UID、请求的 CPU 与内存资源量及其限额，甚至是 Pod 所在的节点名称和节点 IP 等。Downward API 的数据注入方式如图 6-2 所示。

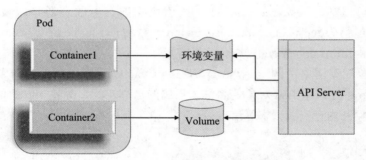

图 6-2　Downward API 的数据注入方式

但是与 ConfigMap 和 Secret 这两个标准的 API 资源类型不同的是，Downward API 自身便是一种附属于 API Server 之上 API，在 Pod 资源的定义中可直接进行引用而无须事先进行任何资源定义。

6.4.1　环境变量式元数据注入

类似于 ConfigMap 或 Secret 资源，容器能够在环境变量 valueFrom 字段中嵌套 fieldRef 或 resourceFieldRef 字段来引用其所属 Pod 对象的元数据信息。不过，通常只有常量类型的属性才能够通过环境变量注入容器中，毕竟进程启动完成后无法再向其告知变量值的变动，于是环境变量也就不支持中途的更新操作。在容器规范中，可在环境变量中配置 valueFrom 字段内嵌 fieldRef 字段引用的信息包括如下这些。

❑ metadata.name：Pod 对象的名称。

❑ metadata.namespace：Pod 对象隶属的名称空间。

❑ metadata.uid：Pod 对象的 UID。

❑ metadata.labels['<KEY>']：Pod 对象标签中的指定键的值，例如 metadata.labels['mylabel']，仅 Kubernetes 1.9 及之后的版本才支持。

❑ metadata.annotations['<KEY>']：Pod 对象注解信息中的指定键的值，仅 Kubernetes 1.9 及之后的版本才支持。

容器上的计算资源需求和资源限制相关的信息，以及临时存储资源需求和资源限制相关的信息可通过容器规范中的 resourceFieldRef 字段引用，相关字段包括 requests.cpu、limits.cpu、requests.memory 和 limits.memory 等。另外，可通过环境变量引用的信息有如下几个。

❑ status.podIP：Pod 对象的 IP 地址。

❑ spec.serviceAccountName：Pod 对象使用的 ServiceAccount 资源名称。

❑ spec.nodeName：节点名称。

❑ status.hostIP：节点 IP 地址。

另外，还可以通过 resourceFieldRef 字段引用当前容器的资源请求及资源限额的定义，因此它们包括 requests.cpu、requests.memory、requests.ephemeral-storage、limits.cpu、limits.memory 和 limits.ephemeral-storage 这 6 项。

下面的资源配置清单示例（downwardAPI-env.yaml）中定义的 Pod 对象通过环境变量向容器 demoapp 中注入了 Pod 对象的名称、隶属的名称空间、标签 app 的值以及容器自身的 CPU 资源限额和内存资源请求等信息。

```yaml
apiVersion: v1
kind: Pod
metadata:
  name: downwardapi-env-demo
  labels:
    app: demoapp
spec:
  containers:
    - name: demoapp
      image: ikubernetes/demoapp:v1.0
      command: [ "/bin/sh", "-c", "env" ]
      resources:
        requests:
          memory: "32Mi"
          cpu: "250m"
        limits:
          memory: "64Mi"
          cpu: "500m"
      env:
        - name: THIS_POD_NAME
```

```
              valueFrom:
                fieldRef:
                  fieldPath: metadata.name
            - name: THIS_POD_NAMESPACE
              valueFrom:
                fieldRef:
                  fieldPath: metadata.namespace
            - name: THIS_APP_LABEL
              valueFrom:
                fieldRef:
                  fieldPath: metadata.labels['app']
            - name: THIS_CPU_LIMIT
              valueFrom:
                resourceFieldRef:
                  resource: limits.cpu
            - name: THIS_MEM_REQUEST
              valueFrom:
                resourceFieldRef:
                  resource: requests.memory
                  divisor: 1Mi
      restartPolicy: Never
```

该 Pod 对象创建并启动后向控制台打印所有的环境变量即终止运行，它仅用于测试通过环境变量注入信息到容器的使用效果。我们先根据下面的命令创建出配置清单中定义的 Pod 资源 Pod/downwardapi-env-demo。

```
~$ kubectl apply -f downwardapi-env-demo.yaml
pod/downwardapi-env-demo created
```

等该 Pod 对象的状态转为 Completed 之后即可通过控制台日志获取注入的环境变量，如下面的命令及结果所示。

```
~$ kubectl logs downwardapi-env-demo | grep "^THIS_"
THIS_CPU_LIMIT=1
THIS_APP_LABEL=demoapp
THIS_MEM_REQUEST=32
THIS_POD_NAME=downwardapi-env-demo
THIS_POD_NAMESPACE=default
```

示例最后一个环境变量的定义中还额外指定了一个 divisor 字段，它用于为引用的值指定一个除数，以对引用的数据进行单位换算。CPU 资源的 divisor 字段默认值为 1，它表示为 1 个核心，相除的结果不足 1 个单位时则向上圆整（例如 0.25 向上圆整的结果为 1），它的另一个可用单位为 1m，即表示 1 个微核心。内存资源的 divisor 字段默认值也是 1，不过它意指 1 个字节，此时 32MiB 的内存资源则要换算为 33554432 予以输出。其他可用的单位还有 1KiB、1MiB、1GiB 等，于是在将 divisor 字段的值设置为 1MiB 时，32MiB 的内存资源换算的结果即为 32。

> **注意** 未给容器定义资源请求及资源限额时，通过 downwardAPI 引用的值则默认为节点的可分配 CPU 及内存资源量。

6.4.2 存储卷式元数据注入

downwardAPI 存储卷能够以文件方式向容器中注入元数据，将配置的字段数据映射为文件并可通过容器中的挂载点访问。事实上，6.4.1 节中通过环境变量方式注入的元数据信息也都可以使用存储卷方式进行信息暴露，但除此之外，我们还能够在 downwardAPI 存储卷中使用 fieldRef 引用下面两个数据源。

❑ metadata.labels：Pod 对象的所有标签信息，每行一个，格式为 label-key="escaped-label-value"。

❑ metadata.annotations：Pod 对象的所有注解信息，每行一个，格式为 annotation-key="escaped-annotation-value"。

下面的资源配置清单示例（downwardapi-volumes-demo.yaml）中定义的 Pod 资源通过 downwardAPI 存储卷向容器 demoapp 中注入了 Pod 对象隶属的名称空间、标签、注解以及容器自身的 CPU 资源限额和内存资源请求等信息。存储卷在容器中的挂载点为 /etc/podinfo 目录，因而注入的每一项信息均会映射为此路径下的一个文件。

```
kind: Pod
apiVersion: v1
metadata:
  name: downwardapi-volume-demo
  labels:
    zone: zone1
    rack: rack100
    app: demoapp
  annotations:
    region: ease-cn
spec:
  containers:
  - name: demoapp
    image: ikubernetes/demoapp:v1.0
    resources:
      requests:
        memory: "32Mi"
        cpu: "250m"
      limits:
        memory: "64Mi"
        cpu: "500m"
    volumeMounts:
    - name: podinfo
      mountPath: /etc/podinfo
```

```
              readOnly: false
      volumes:
      - name: podinfo
        downwardAPI:
          defaultMode: 420
          items:
          - fieldRef:
              fieldPath: metadata.namespace
            path: pod_namespace
          - fieldRef:
              fieldPath: metadata.labels
            path: pod_labels
          - fieldRef:
              fieldPath: metadata.annotations
            path: pod_annotations
          - resourceFieldRef:
              containerName: demoapp
              resource: limits.cpu
            path: "cpu_limit"
          - resourceFieldRef:
              containerName: demoapp
              resource: requests.memory
              divisor: "1Mi"
            path: "mem_request"
```

创建资源配置清单中定义的 Pod 对象后即可测试访问由 downwardAPI 存储卷映射的文件 pod_namespace、pod_labels、pod_annotations、limits_cpu 和 mem_request 等。

```
~$ kubectl apply -f downwardapi-volume-demo.yaml
pod/downwardapi-volume-demo created
```

待 Pod 对象正常运行后即可测试访问上述的映射文件，例如访问 /etc/podinfo/pod_labels 文件以查看 Pod 对象的标签列表：

```
~$ kubectl exec downwardapi-volume-demo -- cat /etc/podinfo/pod_labels
app="demoapp"
rack="rack100"
zone="zone1"
```

如命令结果所示，Pod 对象的标签信息每行一个地映射于自定义的路径 /etc/podinfo/pod_labels 文件中，类似地，注解信息也以这种方式进行处理。如前面的章节所述，标签和注解支持运行时修改，其改动的结果也会实时映射进 downwardAPI 生成的文件中。例如，为 downwardapi-volume-demo 对象添加新的标签：

```
~$ kubectl label pods/downwardapi-volume-demo release="Canary"
pod/downwardapi-volume-demo labeled
```

而后再次查看容器内的 pod_labels 文件的内容，由如下的命令结果可知新的标签已经能够通过相关的文件获取到。

```
~$ kubectl exec downwardapi-volume-demo -- cat /etc/podinfo/pod_labels
app="demoapp"
rack="rack100"
release="Canary"
zone="zone1"
```

downwardAPI 存储卷为 Kubernetes 上运行容器化应用提供了获取外部环境信息的有效途径，这对那些非云原生应用在不进行代码重构的前提下获取环境信息，以进行自身配置等操作时尤为有用。事实上，5.6 节中 Longhorn 存储系统在其 Longhorn Manager 相关的资源清单中就使用了 downwardAPI。

6.5　本章小结

本章的核心目标在于说明 Kubernetes 平台上进行容器应用配置的常用方式，重点讲解了 ConfigMap 和 Secret 资源，以及 downwardAPI。本章主要介绍了以下话题。

❑ 通过字面量值、文件或目录数据源创建 ConfigMap 资源，并通过环境变量或存储卷的方式引用 ConfigMap 对象中的配置信息。

❑ 基于字面量值或文件数据源创建各种类型的 Secret 资源，并通过环境变量或存储卷的方式引用 Secret 对象中的敏感数据。

❑ downwardAPI 允许用户向 API Server 中保存 Pod 信息并反射至 Pod 内部的容器中，而后可由容器应用据此做出配置决策。

第 7 章　*Chapter 7*

Service 与服务发现

运行于 Pod 中的容器化应用绝大多数是服务类的守护进程，例如 envoy 和 demoapp 等，它们受控于控制器资源对象，在自愿或非自愿中断后只能由重构的、具有同样功能的新 Pod 对象所取代，属非可再生类组件。在 Kubernetes 应用编排的动态、弹性管理模型下，Service 资源用于为此类 Pod 对象提供一个固定、统一的访问接口及负载均衡能力，并支持新一代 DNS 系统的服务发现功能，解决了客户端发现并访问容器化应用的难题。

然而，Service 对象的 IP 地址都仅在 Kubernetes 集群内可达，它们无法接入集群外部的访问流量。在解决此类问题时，除了可以在单一节点上做端口（hostPort）暴露及让 Pod 资源共享使用工作节点的网络名称空间（hostNetwork）之外，更推荐用户使用 NodePort 或 LoadBalancer 类型的 Service 资源，或者是有七层负载均衡能力的 Ingress 资源。

7.1　Service 资源及其实现模型

Service 是 Kubernetes 的核心资源类型之一，通常被看作微服务的一种实现。它事实上是一种抽象：通过规则定义出由多个 Pod 对象组合而成的逻辑集合，以及访问这组 Pod 的策略。Service 关联 Pod 资源的规则要借助标签选择器完成。

7.1.1　Service 资源概述

作为一款容器编排系统，托管在 Kubernetes 之上、以 Pod 形式运行的应用进程的生命周期通常受控于 Deployment 或 StatefulSet 一类的控制器，由于节点故障或驱离等原因导致 Pod 对象中断后，会由控制器自动创建的新对象所取代，而扩缩容或更新操作更是会带来 Pod 对象的群体变动。因为编排系统需要确保服务在编排操作导致的应用 Pod 动态变动的过程中始终可访问，所以 Kubernetes 提出了满足这一关键需求的解决方案，即核心资源类型——Service。

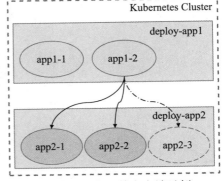

图 7-1　Pod 及其客户端示例

例如图 7-1 中 app1 的 Pod 作为客户端访问 app2 相关的 Pod 应用时，IP 的变动或应用规模的缩减会导致客户端访问错误，而 Pod 规模的扩容又会使客户端无法有效使用新增的 Pod 对象，影响达成规模扩展的目的。

Service 资源基于标签选择器把筛选出的一组 Pod 对象定义成一个逻辑组合，并通过自己的 IP 地址和端口将请求分发给该组内的 Pod 对象，如图 7-2 所示。Service 向客户端隐藏了真实的处理用户请求的 Pod 资源，使得客户端的请求看上去是由 Service 直接处理并进行响应。

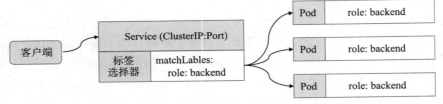

图 7-2　Kubernetes Service 资源模型示意图

Service 对象的 IP 地址（可称为 ClusterIP 或 ServiceIP）是虚拟 IP 地址，由 Kubernetes 系统在 Service 对象创建时在专用网络（Service Network）地址中自动分配或由用户手动指定，并且在 Service 对象的生命周期中保持不变。Service 基于端口过滤到达其 IP 地址的客户端请求，并根据定义将请求转发至其后端的 Pod 对象的相应端口之上，因此这种代理机制也称为"端口代理"或四层代理，工作于 TCP/IP 协议栈的传输层。

Service 对象会通过 API Server 持续监视（watch）标签选择器匹配到的后端 Pod 对象，并实时跟踪这些 Pod 对象的变动情况，例如 IP 地址变动以及 Pod 对象的增加或删除等。不过，Service 并不直接连接至 Pod 对象，它们之间还有一个中间层——Endpoints 资源对象，该资源对象是一个由 IP 地址和端口组成的列表，这些 IP 地址和端口则来自由 Service 的标签选择器匹配到的 Pod 对象。这也是很多场景中会使用" Service 的后端端点"这一术语的原因。默认情况下，创建 Service 资源对象时，其关联的 Endpoints 对象会被自动创建。

7.1.2　kube-proxy 代理模型

本质上来讲，一个 Service 对象对应于工作节点内核之中的一组 iptables 或 / 和 ipvs 规则，这些规则能够将到达 Service 对象的 ClusterIP 的流量调度转发至相应 Endpoint 对象指向的 IP 地址和端口之上。内核中的 iptables 或 ipvs 规则的作用域仅为其所在工作节点的一个主机，因而生效于集群范围内的 Service 对象就需要在每个工作节点上都生成相关规则，从而确保任一节点上发往该 Service 对象请求的流量都能被正确转发。

每个工作节点的 kube-proxy 组件通过 API Server 持续监控着各 Service 及其关联的 Pod 对象，并将 Service 对象的创建或变动实时反映至当前工作节点上相应的 iptables 或 ipvs 规则上。客户端、Service 及 Pod 对象的关系如图 7-3 所示。

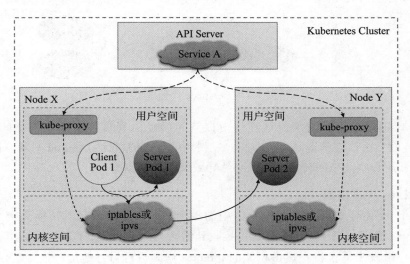

图 7-3　客户端、Service 及 Pod 对象间的关系

> 💡 **提示**　Netfilter 是 Linux 内核中用于管理网络报文的框架，它具有网络地址转换（NAT）、报文改动和报文过滤等防火墙功能，用户可借助用户空间的 iptables 等工具按需自由定制规则使用其各项功能。ipvs 是借助于 Netfilter 实现的网络请求报文调度框架，支持 rr、wrr、lc、wlc、sh、sed 和 nq 等 10 余种调度算法，用户空间的命令行工具是 ipvsadm，用于管理工作于 ipvs 之上的调度规则。

Service 对象的 ClusterIP 事实上是用于生成 iptables 或 ipvs 规则时使用的 IP 地址，它仅用于实现 Kubernetes 集群网络内部通信，且仅能够以规则中定义的转发服务的请求作为目标地址予以响应，这也是它之所以被称作虚拟 IP 的原因之一。kube-proxy 把请求代理至相应端点的方式有 3 种：userspace、iptables 和 ipvs。

1. userspace 代理模型

此处的 userspace 是指 Linux 操作系统的用户空间。在这种模型中，kube-proxy 负责跟踪 API Server 上 Service 和 Endpoints 对象的变动（创建或移除），并据此调整 Service 资源的定义。对于每个 Service 对象，它会随机打开一个本地端口（运行于用户空间的 kube-proxy 进程负责监听），任何到达此代理端口的连接请求都将被代理至当前 Service 资源后端的各 Pod 对象，至于哪个 Pod 对象会被选中则取决于当前 Service 资源的调度方式，默认调度算法是轮询（round-robin）。userspace 代理模型工作逻辑如图 7-4 所示。另外，此类 Service 对象还会创建 iptables 规则以捕获任何到达 ClusterIP 和端口的流量。在 Kubernetes 1.1 版本之前，userspace 是默认的代理模型。

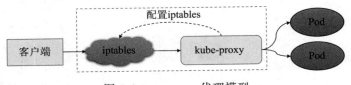

图 7-4　userspace 代理模型

在这种代理模型中，请求流量到达内核空间后经由套接字送往用户空间中的 kube-proxy 进程，而后由该进程送回内核空间，发往调度分配的目标后端 Pod 对象。因请求报文在内核空间和用户空间来回转发，所以必然导致模型效率不高。

2. iptables 代理模型

创建 Service 对象的操作会触发集群中的每个 kube-proxy 并将其转换为定义在所属节点上的 iptables 规则，用于转发工作接口接收到的、与此 Service 资源 ClusterIP 和端口相关的流量。客户端发来请求将直接由相关的 iptables 规则进行目标地址转换（DNAT）后根据算法调度并转发至集群内的 Pod 对象之上，而无须再经由 kube-proxy 进程进行处理，因而称为 iptables 代理模型，如图 7-5 所示。对于每个 Endpoints 对象，Service 资源会为其创建 iptables 规则并指向其 iptables 地址和端口，而流量转发到多个 Endpoint 对象之上的默认调度机制是随机算法。iptables 代理模型由 Kubernetes v1.1 版本引入，并于 v1.2 版本成为默认的类型。

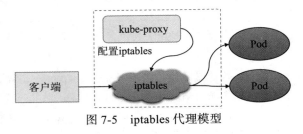

图 7-5　iptables 代理模型

在 iptables 代理模型中，Service 的服务发现和负载均衡功能都使用 iptables 规则实现，而无须将流量在用户空间和内核空间来回切换，因此更为高效和可靠，但是性能一般，而且受规模影响较大，仅适用于少量 Service 规模的集群。

3. ipvs 代理模型

Kubernetes 自 v1.9 版本起引入 ipvs 代理模型，且自 v1.11 版本起成为默认设置。在此种模型中，kube-proxy 跟踪 API Server 上 Service 和 Endpoints 对象的变动，并据此来调用 netlink 接口创建或变更 ipvs（NAT）规则，如图 7-6 所示。它与 iptables 规则的不同之处仅在于客户端请求流量的调度功能由 ipvs 实现，余下的其他功能仍由 iptables 完成。

ipvs 代理模型中 Service 的服务发现和负载均衡功能均基于内核中的 ipvs 规则实现。类

似于 iptables，ipvs 也构建于内核中的
netfilter 之上，但它使用 hash 表作为底
层数据结构且工作于内核空间，因此具
有流量转发速度快、规则同步性能好的
特性，适用于存在大量 Service 资源且对
性能要求较高的场景。ipvs 代理模型支
持 rr、lc、dh、sh、sed 和 nq 等多种调度算法。

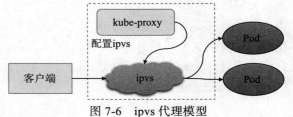

图 7-6 ipvs 代理模型

7.1.3 Service 资源类型

无论哪一种代理模型，Service 资源都可统一根据其工作逻辑分为 ClusterIP、NodePort、
LoadBalancer 和 ExternalName 这 4 种类型。

（1）ClusterIP

通过集群内部 IP 地址暴露服务，ClusterIP 地址仅在集群内部可达，因而无法被集群外
部的客户端访问。此为默认的 Service 类型。

（2）NodePort

NodePort 类型是对 ClusterIP 类型 Service 资源的扩展，它支持通过特定的节点端口
接入集群外部的请求流量，并分发给后端的 Server Pod 处理和响应。因此，这种类型的
Service 既可以被集群内部客户端通过 ClusterIP 直接访问，也可以通过套接字 <NodeIP>:
<NodePort> 与集群外部客户端进行通信，如图 7-7 所示。显然，若集群外部的请求报文首
先到的节点并非 Service 调度的目标 Server Pod 所在的节点，该请求必然因需要额外的转发
过程（跃点）和更多的处理步骤而产生更多延迟。

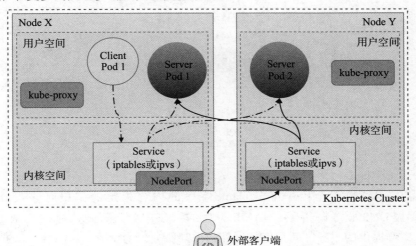

图 7-7 NodePort 类型的 Service

　　另外，集群外部客户端对 NodePort 发起的请求报文源地址并非集群内部地址，而请求报文又可能被收到报文的节点（例如图 7-7 中的 Y 节点）转发至集群中的另一个节点（例如图 7-7 中的 X 节点）上的 Pod 对象（例如图 7-7 中的 Server Pod 1），因此，为避免 X 节点直接将响应报文发送给外部客户端，Y 节点需要先将收到的报文的源地址转为请求报文的目标 IP（自身的节点 IP）后再进行后续处理过程。

　　（3）LoadBalancer

　　这种类型的 Service 依赖于部署在 IaaS 云计算服务之上并且能够调用其 API 接口创建软件负载均衡器的 Kubernetes 集群环境。LoadBalancer Service 构建在 NodePort 类型的基础上，通过云服务商提供的软负载均衡器将服务暴露到集群外部，因此它也会具有 NodePort 和 ClusterIP。简言之，创建 LoadBalancer 类型的 Service 对象时会在集群上创建一个 NodePort 类型的 Service，并额外触发 Kubernetes 调用底层的 IaaS 服务的 API 创建一个软件负载均衡器，而集群外部的请求流量会先路由至该负载均衡器，并由该负载均衡器调度至各节点上该 Service 对象的 NodePort，如图 7-8 所示。该 Service 类型的优势在于，它能够把来自集群外部客户端的请求调度至所有节点（或部分节点）的 NodePort 之上，而不是让客户端自行决定连接哪个节点，也避免了因客户端指定的节点故障而导致的服务不可用。

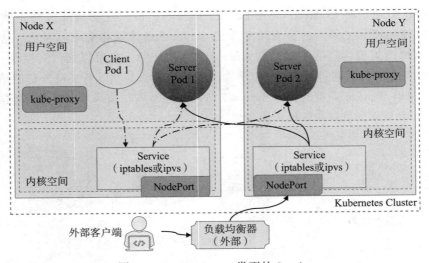

图 7-8　LoadBalancer 类型的 Service

　　（4）ExternalName

　　通过将 Service 映射至由 externalName 字段的内容指定的主机名来暴露服务，此主机名需要被 DNS 服务解析至 CNAME 类型的记录中。换言之，此种类型不是定义由 Kubernetes 集群提供的服务，而是把集群外部的某服务以 DNS CNAME 记录的方式映射到集群内，从而让集群内的 Pod 资源能够访问外部服务的一种实现方式，如图 7-9 所示。因此，这种类型的 Service 没有 ClusterIP 和 NodePort，没有标签选择器用于选择 Pod 资源，也不会有 Endpoints 存在。

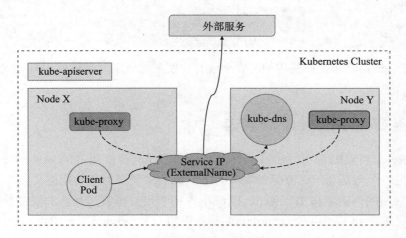

图 7-9　ExternalName 类型的 Service

总体来说，若需要将 Service 资源发布至集群外部，应该将其配置为 NodePort 或 Load-Balancer 类型，而若要把外部的服务发布于集群内部供 Pod 对象使用，则需要定义一个 ExternalName 类型的 Service 资源，只是这种类型的实现要依赖于 v1.7 及更高版本的 Kubernetes。

7.2　应用 Service 资源

Service 是 Kubernetes 核心 API 群组（core）中的标准资源类型之一，其管理操作的基本逻辑类似于 Namespace 和 ConfigMap 等资源，支持基于命令行和配置清单的管理方式。Service 资源配置规范中常用的字段及意义如下所示。

```
apiVersion: v1
kind: Service
metadata:
  name: …
  namespace: …
spec:
  type <string>                     # Service 类型，默认为 ClusterIP
  selector <map[string]string>      # 等值类型的标签选择器，内含"与"逻辑
  ports:                            # Service 的端口对象列表
  - name <string>                   # 端口名称
    protocol <string>               # 协议，目前仅支持 TCP、UDP 和 SCTP，默认为 TCP
    port <integer>                  # Service 的端口号
    targetPort  <string>            # 后端目标进程的端口号或名称，名称需由 Pod 规范定义
```

```
    nodePort <integer>       # 节点端口号，仅适用于 NodePort 和 LoadBalancer 类型
  clusterIP  <string>        # Service 的集群 IP，建议由系统自动分配
  externalTrafficPolicy  <string> # 外部流量策略处理方式，Local 表示由当前节点处理，
                             # Cluster 表示向集群范围内调度
  loadBalancerIP  <string>        # 外部负载均衡器使用的 IP 地址，仅适用于 LoadBlancer
  externalName <string>           # 外部服务名称，该名称将作为 Service 的 DNS CNAME 值
```

不同 Service 类型所支持使用的配置字段有着明显的区别，具体使用时应该根据计划使用的类型进行选择。

7.2.1　应用 ClusterIP Service 资源

创建 Service 对象的常用方法有两种：一是利用此前曾使用过的 kubectl create service 命令创建，另一个则是利用资源配置清单创建。Service 资源对象的期望状态定义在 spec 字段中，较为常用的内嵌字段为 selector 和 ports，用于定义标签选择器和服务端口。下面的配置清单是定义在 services-clusterip-demo.yaml 中的一个 Service 资源示例：

```
kind: Service
apiVersion: v1
metadata:
  name: demoapp-svc
  namespace: default
spec:
  selector:
    app: demoapp
  ports:
  - name: http          # 端口名称标识
    protocol: TCP       # 协议，支持 TCP、UDP 和 SCTP
    port: 80            # Service 自身的端口号
    targetPort: 80      # 目标端口号，即 Endpoint 上定义的端口号
```

Service 资源的 spec.selector 仅支持以映射（字典）格式定义的等值类型的标签选择器，例如上面示例中的 app: demoapp。定义服务端口的字段 spec.ports 的值则是一个对象列表，它主要定义 Service 对象自身的端口与目标后端端口的映射关系。我们可以将示例中的 Service 对象创建于集群中，通过其详细描述了解其特性，如下面的命令及结果所示。

```
~$ kubectl apply -f services-clusterip-demo.yaml
service/demoapp-svc created
~ $ kubectl describe services/demoapp-svc
Name:          demoapp-svc
Namespace:     default
Labels:        <none>
Annotations:   Selector:   app=demoapp
Type:          ClusterIP
IP:            10.97.72.1
Port:          http   80/TCP
```

```
TargetPort:          80/TCP
Endpoints:           <none>
Session Affinity:  None
Events:              <none>
```

上面命令中的结果显示，demoapp-svc 默认设定为 ClusterIP 类型，并得到一个自动分配的 IP 地址 10.97.72.1。创建 Service 对象的同时会创建一个与之同名且拥有相同标签选择器的 Endpoint 对象，若该标签选择器无法匹配到任何 Pod 对象的标签，则 Endpoint 对象无任何可用端点数据，于是 Service 对象的 Endpoints 字段值便成了 <none>。

我们知道，Service 对象自身只是 iptables 或 ipvs 规则，它并不能处理客户端的服务请求，而是需要把请求报文通过目标地址转换（DNAT）后转发至后端某个 Server Pod，这意味着没有可用的后端端点的 Service 对象是无法响应客户端任何服务请求的，如下面从集群节点上发起的请求命令结果所示。

```
mageedu@k8s-master01:~$ curl 10.97.72.1
curl: (7) Failed to connect to 10.97.72.1 port 80: Connection refused
```

下面使用命令式命令手动创建一个与该 Service 对象具有相同标签选择器的 Deployment 对象 demoapp，它默认会自动创建一个拥有标签 app: demoapp 的 Pod 对象。

```
~$ kubectl create deploy demoapp --image=ikubernetes/demoapp:v1.0
deployment.apps/demoapp created
~$ kubectl get pods -l app=demoapp
NAME                      READY   STATUS    RESTARTS   AGE
demoapp-6c5d545684-g85gl   1/1     Running   0          8s
```

Service 对象 demoapp-svc 通过 API Server 获知这种匹配变动后，会立即创建一个以该 Pod 对象的 IP 和端口为列表项的名为 demoapp-svc 的 Endpoints 对象，而该 Service 对象详细描述信息中的 Endpoint 字段便以此列表项为值，如下面的命令结果所示。

```
~$ kubectl get endpoints/demoapp-svc
NAME          ENDPOINTS        AGE
demoapp-svc   10.244.2.7:80    42s
~$ kubectl describe services/demoapp-svc | grep "^Endpoints"
Endpoints:          10.244.2.7:80
```

扩展 Deployment 对象 demoapp 的应用规模引起的变动也将立即反映到相关的 Endpoint 和 Service 对象之上，例如将 deployments/demoapp 对象的副本扩展至 3 个，再来验证 services/demoapp-svc 的端点信息，如下面的命令及结果所示。

```
~$ kubectl scale deployments/demoapp --replicas=3
deployment.apps/demoapp scaled
~$ kubectl get endpoints/demoapp-svc
NAME          ENDPOINTS                                    AGE
demoapp-svc   10.244.1.11:80,10.244.2.7:80,10.244.3.9:80   96s
~$ kubectl describe services/demoapp-svc | grep "^Endpoints"
Endpoints:          10.244.1.11:80,10.244.2.7:80,10.244.3.9:80
```

接下来可于集群中的某节点上再次向服务对象 demoapp-svc 发起访问请求以进行测试，多次的访问请求还可评估负载均衡算法的调度效果，如下面的命令及结果所示。

```
mageedu@k8s-master01:~$ while true; do curl -s 10.97.72.1/hostname; sleep .2; done
ServerName: demoapp-6c5d545684-89w4f
ServerName: demoapp-6c5d545684-zlm2w
ServerName: demoapp-6c5d545684-g85gl
ServerName: demoapp-6c5d545684-g85gl
```

kubeadm 部署的 Kubernetes 集群的 Service 代理模型默认为 iptables，它使用随机调度算法，因此 Service 会把客户端请求随机调度至其关联的某个后端 Pod 对象。请求取样次数越多，其调度效果也越接近算法的目标效果。

7.2.2 应用 NodePort Service 资源

部署 Kubernetes 集群系统时会预留一个端口范围，专用于分配给需要用到 NodePort 的 Service 对象，该端口范围默认为 30000 ～ 32767。与 Cluster 类型的 Service 资源的一个显著不同之处在于，NodePort 类型的 Service 资源需要显式定义 .spec.type 字段值为 NodePort，必要时还可以手动指定具体的节点端口号。例如下面的配置清单（services-nodeport-demo.yaml）中定义的 Service 资源对象 demoapp-nodeport-svc，它使用了 NodePort 类型，且人为指定了 32223 这个节点端口。

```
kind: Service
apiVersion: v1
metadata:
  name: demoapp-nodeport-svc
spec:
  type: NodePort
  selector:
    app: demoapp
  ports:
  - name: http
    protocol: TCP
    port: 80
    targetPort: 80
    nodePort: 32223
```

实践中，并不鼓励用户自定义节点端口，除非能事先确定它不会与某个现存的 Service 资源产生冲突。无论如何，只要没有特别需要，留给系统自动配置总是较好的选择。将配置清单中定义的 Service 对象 demoapp-nodeport-svc 创建于集群之上，以便通过详细描述了解其状态细节。

```
~$ kubectl apply -f services-nodeport-demo.yaml
service/demoapp-nodeport-svc created
~$ kubectl describe services demoapp-nodeport-svc
```

```
Name:                    demoapp-nodeport-svc
Namespace:               default
Labels:                  <none>
Annotations:             Selector:  app=demoapp
Type:                    NodePort
IP:                      10.97.227.67
Port:                    http  80/TCP
TargetPort:              80/TCP
NodePort:                http  32223/TCP
Endpoints:               10.244.1.11:80,10.244.2.7:80,10.244.3.9:80
Session Affinity:        None
External Traffic Policy: Cluster
Events:                  <none>
```

命令结果显示，该 Service 对象用于调度集群外部流量时使用默认的 Cluster 策略，该策略优先考虑负载均衡效果，哪怕目标 Pod 对象位于另外的节点之上而带来额外的网络跃点，因而针对该 NodePort 的请求将会被分散调度至该 Serivce 对象关联的所有端点之上。可以在集群外的某节点上对任一工作节点的 NodePort 端口发起 HTTP 请求以进行测试。以节点 k8s-node03.ilinux.io 为例，我们以如下命令向它的 IP 地址 172.29.9.13 的 32223 端口发起多次请求。

```
~$ while true; do curl -s 172.29.9.13:32223; sleep 1; done
…… ClientIP: 10.244.3.1, ServerName: demoapp-6c5d545684-89w4f, ServerIP: 10.244.3.9!
…… ClientIP: 10.244.3.0, ServerName: demoapp-6c5d545684-zlm2w, ServerIP: 10.244.1.11!
…… ClientIP: 10.244.3.0, ServerName: demoapp-6c5d545684-g85gl, ServerIP: 10.244.2.7!
```

上面命令的结果显示出外部客户端的请求被调度至该 Service 对象的每一个后端 Pod 之上，而这些 Pod 对象可能会分散于集群中的不同节点。命令结果还显示，请求报文的客户端 IP 地址是最先接收到请求报文的节点上用于集群内部通信的 IP 地址[⊖]，而非外部客户端地址，这也能够在 Pod 对象的应用访问日志中得到进一步验证，如下所示。

```
~$ kubectl logs demoapp-6c5d545684-g85gl | tail -n 1
10.244.3.0 - - [31/Aug/2020 02:30:00] "GET / HTTP/1.1" 200 -
```

出现这种现象的原因在 7.1.3 节解释过了。这样才能确保 Server Pod 的响应报文必须由最先接收到请求报文的节点进行响应，因此 NodePort 类型的 Service 对象会对请求报文同时进行源地址转换（SNAT）和目标地址转换（DNAT）操作。

另一个外部流量策略 Local 则仅会将流量调度至请求的目标节点本地运行的 Pod 对象之上，以减少网络跃点，降低网络延迟，但当请求报文指向的节点本地不存在目标 Service 相关的 Pod 对象时将直接丢弃该报文。下面先把 demoapp-nodeport-svc 的外部流量策略修改为 Local，而后再进行访问测试。简单起见，这里使用 kubectl patch 命令来修改 Service 对象的流量策略。

⊖　节点 k8s-node03 的 flannel.1 接口上的 10.244.3.0 或 cni0 接口上的 10.244.3.1。

```
~$ kubectl patch services/demoapp-nodeport-svc -p '{"spec": {"externalTrafficPolicy":
"Local"}}'
service/demoapp-nodeport-svc patched
```

-p 选项中指定的补丁是一个 JSON 格式的配置清单片段，它引用了 spec.externalTrafficPolicy 字段，并为其赋一个新的值。配置完成后，我们再次发起测试请求时会看到，请求都被调度给了目标节点本地运行的 Pod 对象。另外，Local 策略下无须在集群中转发流量至其他节点，也就不用再对请求报文进行源地址转换，Server Pod 所看到的客户端 IP 就是外部客户端的真实地址。

```
~$ while true; do curl -s 172.29.9.13:32223; sleep 1; done
…… ClientIP: 172.29.0.1, ServerName: demoapp-6c5d545684-89w4f, ServerIP: 10.244.3.9!
…… ClientIP: 172.29.0.1, ServerName: demoapp-6c5d545684-89w4f, ServerIP: 10.244.3.9!
…… ClientIP: 172.29.0.1, ServerName: demoapp-6c5d545684-89w4f, ServerIP: 10.244.3.9!
```

NodePort 类型的 Service 资源同样会被配置 ClusterIP，以确保集群内的客户端对该服务的访问请求可在集群范围的通信中完成。

7.2.3 应用 LoadBalancer Service 资源

NodePort 类型的 Service 资源虽然能够在集群外部访问，但外部客户端必须事先得知 NodePort 和集群中至少一个节点 IP 地址，一旦被选定的节点发生故障，客户端还得自行选择请求访问其他的节点，因而一个有着固定 IP 地址的固定接入端点将是更好的选择。此外，集群节点很可能是某 IaaS 云环境中仅具有私有 IP 地址的虚拟主机，这类地址对互联网客户端不可达，为此类节点接入流量也要依赖于集群外部具有公网 IP 地址的负载均衡器，由其负责接入并调度外部客户端的服务请求至集群节点相应的 NodePort 之上。

IaaS 云计算环境通常提供了 LBaaS（Load Balancer as a Service）服务，它允许租户动态地在自己的网络创建一个负载均衡设备。部署在此类环境之上的 Kubernetes 集群可借助于 CCM（Cloud Controller Manager）在创建 LoadBalancer 类型的 Service 资源时调用 IaaS 的相应 API，按需创建出一个软件负载均衡器。但 CCM 不会为那些非 LoadBalancer 类型的 Service 对象创建负载均衡器，而且当用户将 LoadBalancer 类型的 Service 调整为其他类型时也将删除此前创建的负载均衡器。

 注意　kubeadm 在部署 Kubernetes 集群时并不会默认部署 CCM，有需要的用户需要自行部署。

对于没有此类 API 可用的 Kubernetes 集群，管理员也可以为 NodePort 类型的 Service 手动部署一个外部的负载均衡器（推荐使用 HA 配置模型），并配置将请求流量调度至各节点的 NodePort 之上，这种方式的缺点是管理员需要手动维护从外部负载均衡器到内部服务的映射关系。

从实现方式上来说，LoadBalancer 类型的 Service 就是在 NodePort 类型的基础上请求外部管理系统的 API，并在 Kubernetes 集群外部额外创建一个负载均衡器，将流量调度至该 NodePort Service 之上。Kubernetes 以异步方式请求创建负载均衡器，并将有关配置保存在 Service 对象的 .status.loadBalancer 字段中。下面是定义在 services-loadbalancer-demo.yam 配置清单中的 LoadBalancer 类型 Service 资源，在最简单的配置模型中，用户仅需要修改 NodePort Service 服务定义中 type 字段的值为 LoadBalancer 即可。

```
kind: Service
apiVersion: v1
metadata:
  name: demoapp-loadbalancer-svc
spec:
  type: LoadBalancer
  selector:
    app: demoapp
  ports:
- name: http
    protocol: TCP
    port: 80
    targetPort: 80
```

Service 对象的 loadBalancerIP 负责承接外部发来的流量，该 IP 地址通常由云服务商系统动态配置，或者借助 .spec.loadBalancerIP 字段显式指定，但有些云服务商不支持用户设定该 IP 地址，这种情况下，即便提供了也会被忽略。外部负载均衡器的流量会直接调度至 Service 后端的 Pod 对象之上，而如何调度流量则取决于云服务商，有些环境可能还需要为 Service 资源的配置定义添加注解，必要时请自行参考云服务商文档说明。另外，LoadBalancer Service 还支持使用 .spec. loadBalancerSourceRanges 字段指定负载均衡器允许的客户端来源的地址范围。

7.2.4　外部 IP

若集群中部分或全部节点除了有用于集群通信的节点 IP 地址之外，还有可用于外部通信的 IP 地址，如图 7-10 中的 EIP-1 和 EIP-2，那么我们还可以在 Service 资源上启用 spec.externalIPs 字段来基于这些外部 IP 地址向外发布服务。所有路由到指定的外部 IP（externalIP）地址某端口的请求流量都可由该 Service 代理到后端 Pod 对象之上，如图 7-10 所示。从这个角度来说，请求流量到达外部 IP 与节点 IP 并没有本质区别，但外部 IP 却可能仅存在于一部分的集群节点之上，而且它不受 Kubernetes 集群管理，需要管理员手动介入其配置和回收等操作任务中。

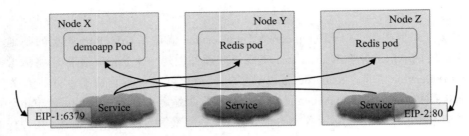

图 7-10 外部与流量转发

外部 IP 地址可结合 ClusterIP、NodePort 或 LoadBalancer 任一类型的 Service 资源使用，而到达外部 IP 的请求流量会直接由相关联的 Service 调度转发至相应的后端 Pod 对象进行处理。假设示例 Kubernetes 集群中的 k8s-node01 节点上拥有一个可被路由到的 IP 地址 172.29.9.26，我们期望能够将 demoapp 的服务通过该外部 IP 地址发布到集群外部，则可以使用下列配置清单（services-externalip-demo.yaml）中的 Service 资源实现。

```
kind: Service
apiVersion: v1
metadata:
  name: demoapp-externalip-svc
  namespace: default
spec:
  type: ClusterIP
  selector:
    app: demoapp
  ports:
  - name: http
    protocol: TCP
    port: 80
    targetPort: 80
  externalIPs:
  - 172.29.9.26
```

不难猜测，节点 k8s-node01 故障也必然导致该外部 IP 上公开的服务不再可达，除非该 IP 地址可以浮动到其他节点上。如今，大多数云服务商都支持浮动 IP 的功能，该 IP 地址可绑定在某个主机，并在其故障时通过某种触发机制自动迁移至其他主机。在不具有浮动 IP 功能的环境中进行测试之前，需要先在 k8s-node01 上（或根据规划的其他的节点上）手动配置 172.29.9.26 这个外部 IP 地址。而且，在模拟节点故障并手动将外部 IP 地址配置在其他节点进行浮动 IP 测试时，还需要清理之前的 ARP 地址缓存。感兴趣的读者可自行测试。

7.3 Service 与 Endpoint 资源

在信息技术领域，端点是指通过 LAN 或 WAN 连接的能够用于网络通信的硬件设备，它在广义上可以指代任何与网络连接的设备。在 Kubernetes 语境中，端点通常代表 Pod 或节点上能够建立网络通信的套接字，并由专用的资源类型 Endpoint 进行定义和跟踪。

7.3.1　Endpoint 与容器探针

Service 对象借助于 Endpoint 资源来跟踪其关联的后端端点，但 Endpoint 是 "二等公民"，Service 对象可根据标签选择器直接创建同名的 Endpoint 对象，不过用户几乎很少有直接使用该类型资源的需求。例如，创建下面配置清单中名为 services-readiness-demo 的 Service 对象时就会自动创建一个同名的 Endpoint 对象。

```
kind: Service
apiVersion: v1
metadata:
  name: services-readiness-demo
  namespace: default
spec:
  selector:
    app: demoapp-with-readiness
  ports:
  - name: http
    protocol: TCP
    port: 80
    targetPort: 80
---
apiVersion: apps/v1
kind: Deployment           # 定义 Deployment 对象，它使用 Pod 模板创建 Pod 对象
metadata:
  name: demoapp2
spec:
  replicas: 2              # 该 Deployment 对象要求满足的 Pod 对象数量
  selector:                # Deployment 对象的标签选择器，用于筛选 Pod 对象并完成计数
    matchLabels:
      app: demoapp-with-readiness
  template:                # 由 Deployment 对象使用的 Pod 模板，用于创建足额的 Pod 对象
    metadata:
      creationTimestamp: null
      labels:
        app: demoapp-with-readiness
    spec:
      containers:
      - image: ikubernetes/demoapp:v1.0
        name: demoapp
        imagePullPolicy: IfNotPresent
        readinessProbe:
          httpGet:         # 定义探针类型和探测方式
            path: '/readyz'
            port: 80
```

```
                    initialDelaySeconds: 15      # 初次检测延迟时长
                    periodSeconds: 10            # 检测周期
```

Endpoint 对象会根据就绪状态把同名 Service 对象标签选择器筛选出的后端端点的 IP 地址分别保存在 subsets.addresses 字段和 subsets.notReadyAddresses 字段中，它通过 API Server 持续、动态跟踪每个端点的状态变动，并即时反映到端点 IP 所属的字段。仅那些位于 subsets.addresses 字段的端点地址可由相关的 Service 用作后端端点。此外，相关 Service 对象标签选择器筛选出的 Pod 对象数量的变动也将会导致 Endpoint 对象上的端点数量变动。

上面配置清单中定义 Endpoint 对象 services-readiness-demo 会筛选出 Deployment 对象 demoapp2 创建的两个 Pod 对象，将它们的 IP 地址和服务端口创建为端点对象。但延迟 15 秒启动的容器探针会导致这两个 Pod 对象至少要在 15 秒以后才能转为"就绪"状态，这意味着在上面配置清单中的 Service 资源创建后至少 15 秒之内无可用后端端点，例如下面的资源创建和 Endpoint 资源监视命令结果中，在 20 秒之后，Endpoint 资源 services-readiness-demo 才得到第一个可用的后端端点 IP。

```
~$ kubectl apply -f services-readiness-demo.yaml
service/services-readiness-demo created
deployment.apps/demoapp2 created
~$ kubectl get endpoints/services-readiness-demo -w
NAME                             ENDPOINTS                          AGE
services-readiness-demo                                             6s
services-readiness-demo          10.244.1.15:80                     20s
services-readiness-demo          10.244.1.15:80,10.244.2.9:80       31s
```

因任何原因导致的后端端点就绪状态检测失败，都会触发 Endpoint 对象将该端点的 IP 地址从 subsets.addresses 字段移至 subsets.notReadyAddresses 字段。例如，我们使用如下命令人为地将地址 10.244.2.9 的 Pod 对象中的容器就绪状态检测设置为失败，以进行验证。

```
~$ curl -s -X POST -d 'readyz=FAIL' 10.244.2.9/readyz
```

等待至少 3 个检测周期共 30 秒之后，获取 Endpoint 对象 services-readiness-demo 的资源清单的命令将返回类似如下信息。

```
~$ kubectl get endpoints/services-readiness-demo -o yaml
......
subsets:
- addresses:
  - ip: 10.244.1.15
    nodeName: k8s-node01.ilinux.io
    targetRef:
      kind: Pod
      name: demoapp2-85595465d-dhbzs
      namespace: default
      resourceVersion: "321388"
      uid: 8d2a3bb6-c628-4558-917a-f8f6df9b8573
```

```
    notReadyAddresses:
    - ip: 10.244.2.9
      nodeName: k8s-node02.ilinux.io
      targetRef:
        kind: Pod
        name: demoapp2-85595465d-z7w5h
        namespace: default
        resourceVersion: "323328"
        uid: 380050ae-4e32-4724-af22-e079ab2ec02e
    ports:
    - name: http
      port: 80
      protocol: TCP
```

该故障端点重新转回就绪状态后，Endpoints 对象会将其移回 subsets.addresses 字段中。这种处理机制确保了 Service 对象不会将客户端请求流量调度给那些处于运行状态但服务未就绪（notReady）的端点。

7.3.2　自定义 Endpoint 资源

除了借助 Service 对象的标签选择器自动关联后端端点外，Kubernetes 也支持自定义 Endpoint 对象，用户可通过配置清单创建具有固定数量端点的 Endpoint 对象，而调用这类 Endpoint 对象的同名 Service 对象无须再使用标签选择器。Endpoint 资源的 API 规范如下。

```
apiVersion: v1
kind: Endpoint
metadata:                           # 对象元数据
  name:
  namespace:
subsets:                            # 端点对象的列表
- addresses:                        # 处于"就绪"状态的端点地址对象列表
  - hostname  <string>             # 端点主机名
    ip <string>                     # 端点的 IP 地址，必选字段
    nodeName <string>               # 节点主机名
    targetRef:                      # 提供了该端点的对象引用
      apiVersion <string>           # 被引用对象所属的 API 群组及版本
      kind <string>                 # 被引用对象的资源类型，多为 Pod
      name <string>                 # 对象名称
      namespace <string>            # 对象所属的名称空间
      fieldPath <string>            # 被引用的对象的字段，在未引用整个对象时使用，通常仅引用
                                    # 指定 Pod 对象中的单容器，例如 spec.containers[1]
      uid <string>                  # 对象的标识符
  notReadyAddresses:                # 处于"未就绪"状态的端点地址对象列表，格式与 address 相同
  ports:                            # 端口对象列表
  - name <string>                   # 端口名称
    port <integer>                  # 端口号，必选字段
    protocol <string>               # 协议类型，仅支持 UDP、TCP 和 SCTP，默认为 TCP
    appProtocol <string>            # 应用层协议
```

自定义 Endpoint 常将那些不是由编排程序编排的应用定义为 Kubernetes 系统的 Service 对象,从而让客户端像访问集群上的 Pod 应用一样请求外部服务。例如,假设要把 Kubernetes 集群外部一个可经由 172.29.9.51:3306 或 172.29.9.52:3306 任一端点访问的 MySQL 数据库服务引入集群中,便可使用如下清单中的配置完成。

```
apiVersion: v1
kind: Endpoints
metadata:
  name: mysql-external
  namespace: default
subsets:
- addresses:
  - ip: 172.29.9.51
  - ip: 172.29.9.52
  ports:
  - name: mysql
    port: 3306
    protocol: TCP
---
apiVersion: v1
kind: Service
metadata:
  name: mysql-external
  namespace: default
spec:
  type: ClusterIP
  ports:
  - name: mysql
    port: 3306
    targetPort: 3306
    protocol: TCP
```

显然,非经 Kubernetes 管理的端点,其就绪状态难以由 Endpoint 通过注册监视特定的 API 资源对象进行跟踪,因而用户需要手动维护这种调用关系的正确性。

Endpoint 资源提供了在 Kubernetes 集群上跟踪端点的简单途径,但对于有着大量端点的 Service 来说,将所有的网络端点信息都存储在单个 Endpoint 资源中,会对 Kubernetes 控制平面组件产生较大的负面影响,且每次端点资源变动也会导致大量的网络流量。EndpointSlice(端点切片)通过将一个服务相关的所有端点按固定大小(默认为 100 个)切割为多个分片,提供了一种更具伸缩性和可扩展性的端点替代方案。

EndpointSlice 由引用的端点资源组成,类似于 Endpoint,它可由用户手动创建,也可由 EndpointSlice 控制器根据用户在创建 Service 资源时指定的标签选择器筛选集群上的 Pod 对象自动创建。单个 EndpointSlice 资源默认不能超过 100 个端点,小于该数量时,EndpointSlice 与 Endpoint 存在 1 : 1 的映射关系且性能相同。EndpointSlice 控制器会尽可能地填满每一个 EndpointSlice 资源,但不会主动进行重新平衡,新增的端点会尝试添加到现有的 EndpointSlice 资源上，若超出现有任何 EndpointSlice 对象的可用的空余空间，则将创建新的 EndpointSlice，而非分散填充。

　　EndpointSlice 自 Kubernetes 1.17 版本开始升级为 Beta 版，隶属于 discovery.k8s.io 这一 API 群组。EndpointSlice 控制器会为每个 Endpoint 资源自动生成一个 EndpointSlice 资源。例如，下面的命令列出了 kube-system 名称空间中的所有 EndpointSlice 资源，kube-dns-mbdj5 来自于对 kube-dns 这一 Endpoint 资源的自动转换。

```
~$ kubectl get endpointslice -n kube-system
NAME            ADDRESSTYPE        PORTS          ENDPOINTS              AGE
kube-dns-mbdj5  IPv4               53,9153,53     10.244.0.6,10.244.0.7  13d
```

　　EndpointSlice 资源根据其关联的 Service 与端口划分成组，每个组隶属于同一个 Service。更具体的使用方式请参考 Kubernetes 的相关文档。

7.4　深入理解 Service 资源

　　本质上，Service 对象代表着由 kube-proxy 借助于自身的程序逻辑（userspace）、iptables 或 ipvs，甚至是某种形式的组合所构建出的流量代理和调度转发机制，每个 Service 对象的创建、更新与删除都会经由 kube-proxy 反映为程序配置、iptables 规则或 ipvs 规则的相应操作。

7.4.1　iptables 代理模型

　　如前所述，iptables 类型的 Service 对象本质上是由集群中每个节点上的 kube-proxy 进程将 Service 定义、转换且配置于节点内核上的 iptables 规则。每个 Service 的定义主要由 Service 流量匹配规则、流量调度规则和以每个后端 Endpoint 为单位的 DNAT 规则组成，这些规则负责完成 Service 资源的核心功能。此外，iptables 代理模型还会额外在 filter 表和 mangle 表上使用一些辅助类的规则。

1. ClusterIP Service

　　ClusterIP 类型 Service 资源的请求流量是指以某个特定 Service 对象的 ClusterIP（或称为 Service_IP）为目标地址，同时以 Service_Port 为目标端口的报文，它们可能源自 Kubernetes 集群中某个特定节点上的 Pod、独立容器（非托管至 Kubernetes 集群）或进程，也可能源自节点之外。通常，源自独立容器或节点外部的请求报文的源 IP 地址为 Pod 网络（例如 Flannel 默认的 10.244.0.0/16）之外的 IP 地址。

　　Cluster 类型 Service 对象的相关规则主要位于 KUBE-SERVICES、KUBE-MARQ-MASK 和 KUBE-POSTROUTING 这 3 个自定义链，以及那些以 KUBE-SVC 或 KUBE-SEP 为前缀的各个自定义链上，用于实现 Service 流量筛选、分发和目标地址转换（端点地址），以及为非源自 Pod 网络的请求报文进行源地址转换。各相关的规则链及调用关系如图 7-11 所示。

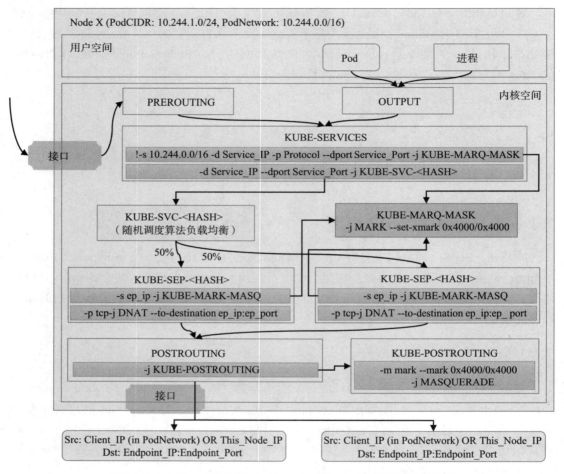

图 7-11　iptables 代理模型的 ClusterIP Service 请求报文处理目标

❑ KUBE-SERVICES：包含所有 ClusterIP 类型 Service 的流量匹配规则，由 PREROUTING 和 OUTPUT 两个内置链直接调用。每个 Service 对象包含两条规则定义，对于所有发往该 Service（目标 IP 为 Service_IP 且目标端口为 Service_Port）的请求报文：前一条规则用于为非源自 Pod 网络（！-s 10.244.0.0/16）中的请求报文打上特有的防火墙标记，而打标签的操作则要借助 KUBE-MARQ-MASK 自定义链中的规则，后一条规则负责将所有报文转至专用的以 KUBE-SVC 为名称前缀的自定义链，后缀是 Service 信息的 HASH 值。

❑ KUBE-MARQ-MASK：专用目的自定义链，所有转至该自定义链的报文都将被打上特有的防火墙标记（0x4000），以便于将特定类型的报文定义为单独的分类，进而在将该类报文转发到目标端点之前由 POSTROUTING 规则链进行源地址转换。

❑ KUBE-SVC-<HASH>：定义一个服务的流量调度规则，它通过随机调度算法将请求分发给该 Service 的所有后端端点，每个后端端点定义在以 KUBE-SEP 为前缀名称的自定义链上，后缀是端点信息的 hash 值。

❑ KUBE-SEP-<HASH>：定义一个端点相关的流量处理规则。它通常包含两条规则：前一条用于为那些源自该端点自身（-s ep_ip）的流量请求调用自定义链 KUBE-MARQ-MASK，打上特有的防火墙标记；后一条负责对发往该端点的所有流量进行目标 IP 地址和端口转换，新目标为该端点的 IP 和端口（-j DNAT --to-destination ep_ip:ep_port）。

❑ KUBE-POSTROUTING：专用的自定义链，由内置链 POSTROUTING 无条件调用，负责对带特有防火墙标记 0x4000 的请求报文进行源地址转换或地址伪装（MASQUERADE），新的源地址为报文离开协议栈时流经接口的主 IP 地址。

我们可通过实际存在的 Service 对象来验证这些设定，以 7.2.1 节创建的 demoapp-svc 为例，在集群中的任何一个工作节点上使用 iptables -t nat -vnL 或 iptables -t nat -S 命令打印与它相关的 iptables 规则。下面的命令打印了该 Service 对象用于流量匹配的相关规则，它定义在 KUBE-SERVICES 自定义链上。

```
root@k8s-node01:~# iptables -t nat -S KUBE-SERVICES | grep "default/demoapp-svc"
-A KUBE-SERVICES ! -s 10.244.0.0/16 -d 10.97.72.1/32 -p tcp -m comment --comment
"default/demoapp-svc:http cluster IP" -m tcp --dport 80 -j KUBE-MARK-MASQ
-A KUBE-SERVICES -d 10.97.72.1/32 -p tcp -m comment --comment "default/demoapp-
svc:http cluster IP" -m tcp --dport 80 -j KUBE-SVC-ZAGXFVDPX7HH4UMW
```

第一条规则用于将那些发往 demoapp-svc ⊖的、来自 10.244.0.0/16 网络之外的请求报文交由自定义链 KUBE-MARK-MASQ 上的规则添加专用标记 0x4000，该条规则如下所示。

```
root@k8s-node01:~# iptables -t nat -S KUBE-MARK-MASQ | grep "^-A"
-A KUBE-MARK-MASQ -j MARK --set-xmark 0x4000/0x4000
```

添加标记的处理并不会短路 iptables 规则链 KUBE-SERVICES 对流量的处理，因此所有发往 demoapp-svc 的流量还会继续由后一条规则指向的、以 KUBE-SVC 为名称前缀的自定义链 KUBE-SVC-ZAGXFVDPX7HH4UMW 中的规则处理。该自定义链专用于为 demoapp-svc 中的所有可用端点定义流量调度规则，它包含如下 3 条规则：

```
root@k8s-node01:~# iptables -t nat -S KUBE-SVC-ZAGXFVDPX7HH4UMW | grep "^-A"
-A KUBE-SVC-ZAGXFVDPX7HH4UMW -m comment --comment "default/demoapp-svc:http" -m
statistic --mode random --probability 0.33333333349 -j KUBE-SEP-HDIVJIPCJU2JBJVX
-A KUBE-SVC-ZAGXFVDPX7HH4UMW -m comment --comment "default/demoapp-svc:http" -m
statistic --mode random --probability 0.50000000000 -j KUBE-SEP-ZAFCYSF77K72PY72
-A KUBE-SVC-ZAGXFVDPX7HH4UMW -m comment --comment "default/demoapp-svc:http" -j
KUBE-SEP-FUO5ALUGHUE426HZ
```

⊖　目标地址为 dempapp-svc 的 ClusterIP，且目标端口为 80/TCP。

> 🔖注意 所有以 KUBE-SEP 和 KUBE-SVC 为前缀的自定义链的名称在重新创建 Service 或重启 Kubernetes 集群后都有可能发生改变，但它们的引用关系不变。

　　这 3 条规则的处理目标分别为 3 个以 KUBE-SEP 为名称前缀的自定义链，每个链上定义了一个端点的流量处理规则，因而意味着该 Service 对象共有 3 个 Endpoint 对象，所有流量将在这 3 个 Endpoint 之间随机（--mode random）分配。到达 KUBE-SVC-ZAGXFVDPX7HH4UMW 的流量将由这 3 条规则以"短路"方式进行匹配检查和处理，任何一条规则处理后都不会再匹配后续的其他规则。第一条规则将处理大约 1/3（--probability 0.33333333349）的流量，余下的所有流量（即由第一条规则处理后余下的 2/3）将由第二条规则处理一半（--probability 0.50000000000），再余下的所有流量都将由第三条规则处理，因此 3 个 Endpoint 将各自得到大约 1/3 的流量。

　　每个 Endpoint 专用的自定义链以 KUBE-SEP 为名称前缀，它包含某单点端点相关的流量处理规则。以专用 IP 地址为 10.244.1.11 的 Endpoint 对象为例，它对应于自定义链 KUBE-SEP-HZPGLN57HG6GZW4O，该链下包含两个 iptables 规则，如下面的命令结果所示：

```
root@k8s-node01:~#  iptables -t nat -S KUBE-SEP-HDIVJIPCJU2JBJVX | grep "^-A"
-A KUBE-SEP-HDIVJIPCJU2JBJVX -s 10.244.1.11/32 -m comment --comment "default/
demoapp-svc:http" -j KUBE-MARK-MASQ
-A KUBE-SEP-HDIVJIPCJU2JBJVX -p tcp -m comment --comment "default/demoapp-
svc:http" -m tcp -j DNAT --to-destination 10.244.1.11:80
```

　　Pod 对象也可能会向自己所属的 Service 对象发起访问请求，而且该请求经由 OUTPUT 链到达 KUBE-SERVICES 链后存在被调度回当前 Pod 对象的可能性。第一条规则就是为该类报文添加专有的流量标记。第二条规则将接收到的所有流量进行目标地址转换（DNAT），新的目标为 10.244.1.11:80，它对应 Kubernetes 集群上由 Service 对象 demoapp-svc 匹配到的一个特定 Pod 对象。

　　不难猜测，特定节点（例如前面示例中的 k8s-node01）接收到的请求报文的源地址为 Pod 网络中的 IP 地地址的，必然源自该节点或节点上的 Pod 对象。它们的 IP 地址位于该节点的 PodCIDR 之中，这些流量离开节点之前无须进行源地址转换，因而目标端点直接响应给客户端 IP 就能够正确到达请求方。而请求报文的源地址并非为 Pod 网络中的 IP 地址的，例如请求方为该节点上的某独立容器，则 Service 必须在其离开本节点之前，将请求报文的源地址转换为该节点上报文离开时要经由接口的 IP 地址（例如 cni0 上的 10.244.1.0），以确保响应报文可正确回送至该节点，并由该节点响应给相应的客户端，由内置链 POSTROUTING 所调用的自定义链 KUBE-POSTROUTING 上的规则便用于实现此类功能。

```
root@k8s-node01:~# iptables -t nat -S KUBE-POSTROUTING | grep "^-A"
-A KUBE-POSTROUTING -m comment --comment "kubernetes service traffic requiring
SNAT" -m mark --mark 0x4000/0x4000 -j MASQUERADE
```

由此可见，对于集群内部的后端端点来说，它们收到的请求报文的源地址，要么是 Pod 的 IP 地址，要么是节点 IP 地址，因而直接发送响应报文给请求方即可。但那些本身并非源自 Pod 或节点的请求的响应报文，还需要由节点自动执行一次目标地址转换，以便把报文送达真正的请求方。

> 🔔 **注意**　kube-proxy 也支持在 iptables 代理模型上使用 masquerade all，从而对通过 ClusterIP 地址访问的所有请求进行源地址转换，但在大多数场景中，这都不是必要的选择。

2. NodePort Service

相较于 ClusterIP 类型来说，所有发往 NodePort 类型的 Service 对象的请求流量的目标 IP 和端口分别是节点 IP 和 NodePort，这类报文无法由 KUBE-SERVICES 自定义链上那些基于 Service IP 和 Service Port 定义的流量匹配规则所匹配，但会由该自定义链上的最后一条规则转给 KUBE-NODEPORTS 自定义链。

```
root@k8s-node01:~# iptables -t nat -S KUBE-SERVICES | tail -n 1
-A KUBE-SERVICES -m comment --comment "kubernetes service nodeports; NOTE: this
must be the last rule in this chain" -m addrtype --dst-type LOCAL -j KUBE-
NODEPORTS
```

KUBE-NODEPORTS 链以类似 ClusterIP Service 拦截规则的方式定义了 NodePort Service 对象的拦截规则，其中每个 Service 对象包含两条规则定义。对于所有发往该 Service（目标 IP 为该 NodeIP，目标端口为 NodePort）的请求报文：前一条规则为发往该 Service 对象的所有请求报文，基于 KUBE-MARQ-MASK 自定义链中的规则打上特有的防火墙标记；后一条规则负责将这些报文转至专用的、以 KUBE-SVC 为前缀的自定义链。以前面创建的 demoapp-nodeport-svc 为例，它拥有以下两条 iptables 规则。

```
root@k8s-node01:~#  iptables -t nat -S KUBE-NODEPORTS | grep "default/demoapp-
nodeport-svc"
-A KUBE-NODEPORTS -p tcp -m comment --comment "default/demoapp-nodeport-svc:http"
-m tcp --dport 31398 -j KUBE-MARK-MASQ
-A KUBE-NODEPORTS -p tcp -m comment --comment "default/demoapp-nodeport-svc:http"
-m tcp --dport 31398 -j KUBE-SVC-HCTPASJ7WVWOBYLM
```

我们已经知道，Service 对象的专用自定义链定义了一组调度规则，以调度发往该 Service 对象匹配的所有后端端点的相关流量，而其中的每一个后端端点又有自己专用的自定义链，用于对请求报文进行目标地址转换。另外，NodePort 类型的 Service 为所有从 NodePort 进入的请求报文都打了特有防火墙标记，因此这些请求报文会按照 POSTROUTING 和 KUBE-POSTROUTING 链上的规则将源地址转换为该报文离开节点时所经由的接口的 IP 地址。这些处理步骤与 ClusterIP 类型的 Service 对象几乎完全相同。完整的处理流程如图 7-12 所示。

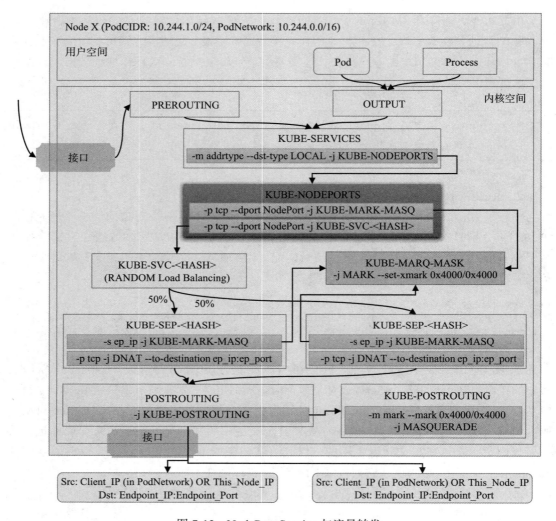

图 7-12　NodePort Service 与流量转发

对于集群内部的后端端点来说，它们收到的请求报文的源地址都是节点 IP 地址。以 Flannel 插件环境中 10.244.1.0/24 这个 Pod CIDR 为例，该 IP 地址可能是 flannel.1 接口上的 10.244.1.0/24，也可能是 cni0 上的 10.244.1.1/24。于是，后端端点会把报文响应给请求报文进入时的节点，再由该节点将目标地址转换为客户端 IP 后发送。

但是，对于将外部流量策略定义为 Local 的 NodePort Service 对象来说，由于流量报文不会在集群内跨节点转发，也就没有必要对请求报文进行 SNAT 操作，所以后端端点可以看到真实的客户端 IP。它的具体处理流程如图 7-13 所示。

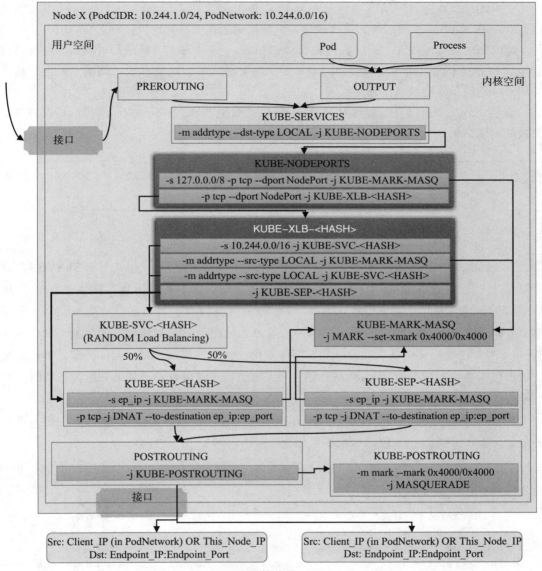

图 7-13　Local 流量策略的 NodePort Service

1）KUBE-SERVICES 链把目标地址指向当前节点的报文，并转给 KUBE-NODEPORTS 处理。

2）对于一个 Local 策略的 NodePort Service 来说，KUBE-NODEPORTS 会定义两条规则：前一条负则将源地址位于 127.0.0.0/8 网络的请求报文借助 KUBE-MARK-MASQ 打上 0x4000 防火墙标记；后一条则将报文转给该 Service 专用的 KUBE-XLB-<HASH> 自定义链。

3）KUBE-XLB-<HASH> 自定义链将源自 Pod 网络（10.244.0.0/16）的请求报文以类似 ClusterIP Service 使用的方式进行处理，只转换请求报文目标地址；将源自当前节点所处的本地网络中的请求报文，按照常规的 NodePort Service 使用的方式进行处理，并同时转换源地址和目标地址；而将其他类型的请求报文直接转交给指定的本地后端端点处理，这也体现了本地流量策略的真正意义。

显然，若某节点自身未运行 NodePort Service 后端 Pod，则本地策略类型的请求将得到失败的响应结果。

 提示 未配置外部 IP 地址的 LoadBalancer 类型的 Service 对象的工作方式与 NodePort 类型几乎完全相同，这里不再专门描述。

3. External IP

在 iptables 中，外部 IP 表现为一种专有的 Service 访问入口。在 KUBE-SERVICES 自定义链上，每个外部 IP 都有 3 条相关的 iptables 规则：第 1 条用于为发往该外部 IP 的服务端口的请求流量，借助 KUBE-MARK-MASQ 自定义链打上特有的防火墙标记 0x4000；第 2 条将这些请求流量中从非物理接口进入且源地址类型不是本地地址的流量，交由相应 Service 的专用自定义链进行流量分发；第 3 条用于将这些流量中目标地址类型是本地地址的请求报文，也交由相应 Service 的专用自定义链进行流量分发。具体的处理过程如图 7-14 所示。

以前面定义的 default/demoapp-externalip-svc 中使用的外部 IP 172.29.9.26 为例，下面的命令可以在 KUBE-SERVICES 获取到相应的专用规则。

```
root@k8s-node01:~# iptables -t nat -S KUBE-SERVICES | grep "172.29.9.26"
-A KUBE-SERVICES -d 172.29.9.26/32 -p tcp -m comment --comment "default/demoapp-
externalip-svc:http external IP" -m tcp --dport 80 -j KUBE-MARK-MASQ
-A KUBE-SERVICES -d 172.29.9.26/32 -p tcp -m comment --comment "default/demoapp-
externalip-svc:http external IP" -m tcp --dport 80 -m physdev ! --physdev-is-in
-m addrtype ! --src-type LOCAL -j KUBE-SVC-PX62EIGZ4HAB6Y56
-A KUBE-SERVICES -d 172.29.9.26/32 -p tcp -m comment --comment "default/demoapp-
externalip-svc:http external IP" -m tcp --dport 80 -m addrtype --dst-type LOCAL
-j KUBE-SVC-PX62EIGZ4HAB6Y56
```

由此可见，尽管外部 IP 需要结合 ClusterIP、NodePort 或 LoadBalancer 中任一类型的 Service 对象使用，但到达外部 IP 的服务请求流量却有着专用的拦截规则，请求报文也是交由相应 Service 的专用自定义链直接进行向后分发。

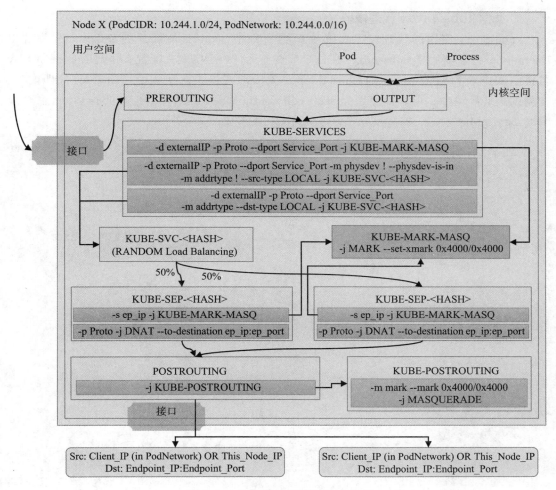

图 7-14　External IP 流量转发机制

7.4.2　ipvs 代理模型

　　由前一节的介绍可知，单个 Service 对象的 iptables 数量与后端端点的数量正相关，对于拥有较多 Service 对象和大规模 Pod 对象的 Kubernetes 集群，每个节点的内核上将充斥着大量的 iptables 规则。Service 对象的变动会导致所有节点刷新 netfilter 上的 iptables 规则，而且每次的 Service 请求也都将经历多次的规则匹配检测和处理过程，这会占用节点上相当比例的系统资源。因此，iptables 代理模型不适用于 Service 和 Pod 数量较多的集群。ipvs 代理模型通过将流量匹配和分发功能配置为少量 ipvs 规则，有效降低了对系统资源的占用，从而能够承载更大规模的 Kubernetes 集群。

1. 调整 kube-proxy 代理模型

kube-proxy 使用的代理模型定义在配置文件中，kubeadm 部署的 Kubernetes 集群以 DaemonSet 控制器编排 kube-proxy 在每个节点上运行一个实例，配置文件则以 kube-system 名称空间中名为 kube-proxy 的 ConfigMap 对象的形式提供，默认使用 iptables 代理模型。在测试集群环境中，可直接使用 kubectl edit configmaps/kube-proxy -n kube-system 命令编辑该 ConfigMap 对象，将代理模型修改为 ipvs，配置要点如下所示。

```
data:
  config.conf: |-
    apiVersion: kubeproxy.config.k8s.io/v1alpha1
    bindAddress: 0.0.0.0
    ......
    iptables:                       # iptables 配置细节
      masqueradeAll: false          # 是否将通过 ClusterIP 访问的流量全部进行 SNAT
      masqueradeBit: null
      minSyncPeriod: 0s
      syncPeriod: 0s
    ipvs:                           # ipvs 配置细节
      excludeCIDRs: null
      minSyncPeriod: 0s
      scheduler: ""                 # 调度算法，默认为 rr
      strictARP: false
      syncPeriod: 0s
      tcpFinTimeout: 0s
      tcpTimeout: 0s
      udpTimeout: 0s
    kind: KubeProxyConfiguration
    metricsBindAddress: ""
    mode: "ipvs"                    # 代理模型，空值代表是 iptables
    nodePortAddresses: null
    ......
```

配置完成后，以灰度模式手动逐个或分批次删除 kube-system 名称空间中 kube-proxy 旧版本的 Pod 实例，全部更新完成后便切换到了 ipvs 代理模型。或者，在测试环境中，可以直接使用如下命令一次性完成所有实例的强制更新。

```
~$ kubectl delete pods -l k8s-app=kube-proxy -n kube-system
```

> 🎯 提示 用于生产环境时，建议在部署 Kubernetes 集群时直接选定要使用的代理模型，或在集群部署完成后立即调整代理模型，而后再部署其他应用。

2. ipvs 代理模型下的 Service 资源

相较于 iptables 代理模型的复杂表示逻辑，ipvs 的代理逻辑也较为简单，它仅有两个关键配置要素。首先，kube-proxy 会在每个节点上创建一个名为 kube-ipvs0 的虚拟网络接口，并将集群上所有 Service 对象的 ClusterIP 和 ExternalIP 配置到该接口，使相应 IP 地址的流量都可被当前节点捕获。其次，kube-proxy 会为每个 Service 生成相关的 ipvs 虚拟服务器（Virtual Server）定义，该虚拟服务器的真实服务器（Real Server）是由相应 Service 对象的后端端点组成，到达虚拟服务器 VIP（虚拟 IP 地址）上的服务端口的请求流量由默认或指定的调度算法分发至相关的各真实服务器。

　　但 kube-proxy 对 ClusterIP 和 NodePort 类型 Service 对象的虚拟服务定义方式略有不同。对于每个 ClusterIP 类型的 Service，kube-proxy 仅针对 Service_IP 生成单个虚拟服务，协议和端口遵循 Service 的定义。以前面创建的 demoapp-svc 为例，它的 ClusterIP 是 10.97.72.1，它的虚拟服务定义如下，这些可以通过 ipvsadm -Ln 命令在集群中的任意一个节点上获取。

```
root@k8s-node01:~# ipvsadm -Ln | grep -A 3 "10.97.72.1"
TCP  10.97.72.1:80 rr
  -> 10.244.1.11:80          Masq    1       0         0
  -> 10.244.2.7:80           Masq    1       0         0
  -> 10.244.3.9:80           Masq    1       0         0
```

　　而对于 NodePort 类型 Service，kube-proxy 会针对 kube-ipvs0 上的 Service_IP:Service_Port，以及当前节点上的所有活动接口的主 IP 地址的 NodePort 各定义一个虚拟服务，下面的命令用于获取前面创建的 NodePort 类型 Service 对象的 demoapp-nodeport-svc 的相关虚拟服务的定义。

```
root@k8s-node01:~# ipvsadm -Ln | grep -E "31398|10.97.56.1"
TCP  172.29.9.11:31398 rr     # 节点IP
TCP  10.97.56.1:80 rr         # ClusterIP
TCP  10.244.1.0:31398 rr      # flannel.1接口IP
TCP  10.244.1.1:31398 rr      # cni0接口IP
TCP  127.0.0.1:31398 rr       # lo接口IP
TCP  172.17.0.1:31398 rr      # docker0接口IP
```

　　LoadBalancer 类型 Service 的配置方式与 NodePort 类型相似，这里不再单独说明。另外，对于每个 ExternalI，kube-proxy 也会根据每个 ExternalIP:Service_Port 的组合生成一个虚拟服务，下面的命令及结果显示出前面创建的外部 IP 地址 172.29.9.26 相关的虚拟服务。

```
root@k8s-node01:~# ipvsadm -Ln | grep "172.29.9.26"
TCP  172.29.9.26:80 rr
```

　　上述每种 Service 类型对应的所有虚拟服务内部同样都使用 NAT 模式进行请求代理，除了更加多样的调度算法选择外，它的转发性能并没有显著提升，不过因为避免了使用大量的 iptables 规则，所以系统资源开销显著降低。ipvs 仅实现了代理和调度机制，Service 资源中的报文过滤和源地址转换等功能，依旧要由 iptables 完成，但相应的规则数量较少且较为固定。

7.5 Kubernetes 服务发现

通常，稍有规模的系统架构都需要抽象出相当数量的服务，这些服务间可能存在复杂的依赖关系和通信模型，考虑到容器编排环境的动态特性，让客户端获知服务端的地址便成了难题之一。Kubernetes 系统上的 Service 为 Pod 中的服务类应用提供了一个固定的访问入口，但 Pod 客户端中的应用还需要借助服务发现机制获取特定服务的 IP 和端口。

7.5.1 服务发现概述

简单来说，服务发现就是服务或者应用之间互相定位的过程，它并非什么新概念，传统的单体应用动态性不强，更新和重新发布频度较低，通常以月甚至以年计，几乎无须进行自动伸缩，因此服务发现的概念无须显性强调。通常，传统的单体应用网络位置发生变化时，由 IT 运维人员手工更新一下相关的配置文件基本就能解决问题。但在遵循微服务架构设计理念的场景中，应用被拆分成众多小服务，各服务实例按需创建且变动频繁，配置信息基本无法事先写入配置文件中并及时跟踪反映动态变化，服务发现的重要性便随之凸显。

服务发现机制的基本实现，一般是事先部署好一个网络位置较为稳定的服务注册中心（也称为服务总线），由服务提供者（服务端）向注册中心注册自己的位置信息，并在变动后及时予以更新，相应地，服务消费方周期性地从注册中心获取服务提供者的最新位置信息，从而"发现"要访问的目标服务资源。复杂的服务发现机制还会让服务提供者提供其描述信息、状态信息及资源使用信息等，以供消费者实现更为复杂的服务选择逻辑。

实践中，根据其发现过程的实现方式，服务发现还可分为两种类型：客户端发现和服务端发现。

- ❑ 客户端发现：由客户端到服务注册中心发现其依赖的服务的相关信息，因此，它需要内置特定的服务发现程序和发现逻辑。
- ❑ 服务端发现：这种方式额外要用到一个称为中央路由器或服务均衡器的组件；服务消费者将请求发往中央路由器或者负载均衡器，由它们负责查询服务注册中心获取服务提供者的位置信息，并将服务消费者的请求转发给服务提供者。

由此可见，服务注册中心是服务发现得以落地的核心组件。事实上，DNS 可以算是最为原始的服务发现系统之一，但在服务的动态性很强的场景中，DNS 记录的传播速度可能会跟不上服务的变更速度，因此它并不适用于微服务环境。

在传统实践中，常见的服务注册中心是 ZooKeeper 和 etcd 等分布式键值存储系统，它们可提供基本的数据存储功能，但距离实现完整的服务发现机制还有大量的二次开发任务需要完成。而且，它们更注重数据一致性而不得不弱化可用性（分布式系统的 CAP 理论），这背离了微服务发现场景中更注重服务可用性的需求。

Netflix 的 Eureka 是专用于服务发现的分布式系统，遵从"存在少量的错误数据，总比完全不可用要好"的设计原则，服务发现和可用性是其核心目标，能够在多种故障期间保持服务发现和服务注册的功能。另一个同级别的实现是 Consul，它于服务发现的基础功能之外还提供了多数据中心的部署等一众出色的特性。Consul 是由 HashiCorp 公司提供的商业产品，同时提供了一个开源基础版本。

尽管传统的 DNS 系统不适于微服务环境中的服务发现，但 SkyDNS 项目结合古老的 DNS 技术和时髦的 Go 语言、Raft 算法，并构建于 etcd 存储系统之上，为 Kubernetes 系统实现了一种独特且实用的服务发现机制。Kubernetes 在 v1.3 版本引入的 KubeDNS 由 kubedns、dnsmasq 和 sidecar 这 3 个部分组合而成。第一个部分包含 kubedns 和 skydns 两个组件，前者负责将 Service 和 Endpoint 转换为 SkyDNS 可以理解的格式；第二部分用于增强解析功能；第三部分为前两者添加健康状态检查机制，因而我们可以把 KubeDNS 视为 SkyDNS 的增强版。

而另一个基于 DNS 较新的服务发现项目是由 CNCF（Cloud Native Computing Foundation）孵化的 CoreDNS，它基于 Go 语言开发，通过串接一组实现 DNS 功能的插件的插件链实现所有功能，也允许用户自行开发和添加必要的插件，但所有功能运行在单个容器之中。另外，CoreDNS 使用 Caddy 作为底层的 Web Server，可以支持以 UDP、TLS、gRPC 和 HTTPS 等方式对外提供 DNS 服务。自 Kubernetes 1.11 版本起，CoreDNS 取代 kubeDNS 成为默认的 DNS 附件。

7.5.2　基于环境变量的服务发现

创建 Pod 资源时，kubelet 会将其所属名称空间内的每个活动的 Service 对象以一系列环境变量的形式注入其中。它支持使用 Kubernetes Service 环境变量以及与 Docker 的 Link 兼容的变量。

（1）Kubernetes Service 环境变量

Kubernetes 为每个 Service 资源生成包括以下形式的环境变量在内的一系列环境变量，在同一名称空间中创建的 Pod 对象都会自动拥有这些变量：

❑ {SVCNAME}_SERVICE_HOST
❑ {SVCNAME}_SERVICE_PORT

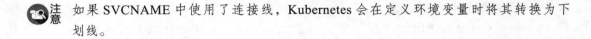 如果 SVCNAME 中使用了连接线，Kubernetes 会在定义环境变量时将其转换为下划线。

（2）Docker Link 形式的环境变量

Docker 使用 --link 选项实现容器连接时所设置的环境变量形式，具体使用方式请参考 Docker 的相关文档。在创建 Pod 对象时，Kubernetes 也会把与此形式兼容的一系列环境变量注入 Pod 对象中。

例如，在 Service 资源 demoapp-svc 创建后创建的 Pod 对象中查看可用的环境变量，其中以 DEMOAPP_SVC_SERVICE 开头的为 Kubernetes Service 环境变量，名称中不包含 SERVICE 字符串的环境变量为 Docker Link 形式的环境变量。下面的命令创建了一个临时 Pod 对象，并在其命令行列出与 demoapp-svc 的相关环境变量。

```
~$ kubectl run client-pod --image=ikubernetes/admin-toolbox:v1.0 -it --command
-- /bin/sh
[root@client-pod /]# printenv | grep DEMOAPP_SVC
DEMOAPP_SVC_SERVICE_PORT_HTTP=80
DEMOAPP_SVC_SERVICE_HOST=10.97.72.1
DEMOAPP_SVC_SERVICE_PORT=80
DEMOAPP_SVC_PORT=tcp://10.97.72.1:80
DEMOAPP_SVC_PORT_80_TCP_ADDR=10.97.72.1
DEMOAPP_SVC_PORT_80_TCP_PORT=80
DEMOAPP_SVC_PORT_80_TCP_PROTO=tcp
DEMOAPP_SVC_PORT_80_TCP=tcp://10.97.72.1:80
```

基于环境变量的服务发现功能简单、易用，但存在一定局限，例如只有那些与新建 Pod 对象在同一名称空间中且事先存在的 Service 对象的信息才会以环境变量形式注入，而那些不在同一名称空间，或者在 Pod 资源创建之后才创建的 Service 对象的相关环境变量则不会被添加。

7.5.3 基于 DNS 的服务发现

名称解析和服务发现是 Kubernetes 系统许多功能得以实现的基础服务，ClusterDNS 通常是集群安装完成后应该立即部署的附加组件。Kubernetes 集群上的每个 Service 资源对象在创建时都会被自动指派一个遵循 <service>.<ns>.svc.<zone> 格式的名称，并由 ClusterDNS 为该名称自动生成资源记录，service、ns 和 zone 分别代表服务的名称、名称空间的名称和集群的域名。例如 demoapp-svc 的 DNS 名称为 demoapp-svc.default.svc.cluster.local.，其中 cluster.local. 是未明确指定域名后缀的集群默认使用的域名。

无论使用 kubeDNS 还是 CoreDNS，它们提供的基于 DNS 的服务发现解决方案都会负责为该 DNS 名称解析相应的资源记录类型以实现服务发现。以拥有 ClusterIP 的多种 Service 资源类型（ClusterIP、NodePort 和 LoadBalancer）为例，每个 Service 对象都会具有以下 3 个类型的 DNS 资源记录。

1）根据 ClusterIP 的地址类型，为 IPv4 生成 A 记录，为 IPv6 生成 AAAA 记录。

❑ <service>.<ns>.svc.<zone>. <ttl> IN A <cluster-ip>

❑ <service>.<ns>.svc.<zone>. <ttl> IN AAAA <cluster-ip>

2）为每个定义了名称的端口生成一个 SRV 记录，未命名的端口号则不具有该记录。

❑ _<port>._<proto>.<service>.<ns>.svc.<zone>. <ttl> IN SRV <weight> <priority> <port-number> <service>.<ns>.svc.<zone>.

3）对于每个给定的 A 记录（例如 a.b.c.d）或 AAAA 记录（例如 a1a2a3a4:b1b2b3b4:c1c2c3c4:d1d2d3d4:e1e2e3e4:f1f2f3f4:g1g2g3g4:h1h2h3h4）都要生成 PTR 记录，它们各自的格式如下所示：

❑ <d>.<c>.<b>.<a>.in-addr.arpa. <ttl> IN PTR <service>.<ns>.svc.<zone>.

❑ h4.h3.h2.h1.g4.g3.g2.g1.f4.f3.f2.f1.e4.e3.e2.e1.d4.d3.d2.d1.c4.c3.c2.c1.b4.b3.b2.b1.a4.a3.a2.a1.ip6.arpa <ttl> IN PTR <service>.<ns>.svc.<zone>.

例如，前面在 default 名称空间中创建的 Service 对象 demoapp-svc 的地址为 10.97.72.1，且为 TCP 协议的 80 端口取名 http，对于默认的 cluster.local 域名来说，它会拥有如下 3 个 DNS 资源记录。

❑ A 记录：demoapp-svc.default.svc.cluster.local. 30 IN A 10.97.72.1

❑ SRV 记录：_http._tcp.demoapp-svc.default.svc.cluster.local. 30 IN SRV 0 100 80 demoapp-svc.default.svc.cluster.local.

❑ PTR 记录：1.72.97.10.in-addr.arpa. 30 IN PTR demoapp-svc.default.svc.cluster.local。

kubelet 会为创建的每一个容器在 /etc/resolv.conf 配置文件中生成 DNS 查询客户端依赖的必要配置，相关的配置信息源自 kubelet 的配置参数。各容器的 DNS 服务器由 clusterDNS 参数的值设定，它的取值为 kube-system 名称空间中的 Service 对象 kube-dns 的 ClusterIP，默认为 10.96.0.10，而 DNS 搜索域的值由 clusterDomain 参数的值设定，若部署 Kubernetes 集群时未特别指定，其值将为 cluster.local、svc.cluster.local 和 NAMESPACENAME.svc.cluster.local。下面的示例取自集群上一个随机选择的 Pod 中的容器。

```
nameserver 10.96.0.10
search default.svc.cluster.local svc.cluster.local cluster.local
options ndots:5
```

上述 search 参数中指定的 DNS 各搜索域，是以次序指定的几个域名后缀，它们各自的域名如下所示。

❑ <ns>.svc.<zone>：附带有特定名称空间的域名，例如 default.svc.cluster.local。

❑ svc.<zone>：附带了 Kubernetes 标识 Service 专用子域 svc 的域名，例如 svc.cluster.local。

❑ <zone>：集群本地域名，例如 cluster.local。

各容器能够直接向集群上的 ClusterDNS 发起服务名称和端口名称解析请求完成服务发现，各名称也支持短格式，由搜索域自动补全相关的后缀。我们可以在 Kubernetes 集群上通过任意一个有 nslookup 等 DNS 测试工具的容器进行测试。下面基于此前创建专用于测试的客户端 Pod 对象 client-pod 的交互式接口完成后续测试操作。

```
~$ kubectl exec -it client-pod -- /bin/sh
[root@client-pod /]#
```

接下来便可以进行名称解析测试。例如，下面的命令用于请求同一名称空间（default）中的服务名称 demoapp-svc 的解析结果，并获得了正确的返回值。

```
[root@client-pod /]# nslookup -query=A demoapp-svc
Server:         10.96.0.10
Address:        10.96.0.10#53

Name:   demoapp-svc.default.svc.cluster.local
Address: 10.97.72.1
```

ClusterDNS 解析 demoapp-svc 服务名称的搜索次序依次是 default.svc.cluster.local、svc.cluster.local 和 cluster.local，因此基于 DNS 的服务发现不受 Service 资源所在名称空间和创建时间的限制。上面的解析结果也正是默认的 default 名称空间中创建的 demoapp-svc 服务的 IP 地址。

SRV 记录中的端口名称的格式 _<port>._<proto>.<service>.<ns>.svc.<zone>，同样可使用短格式名称。下面的命令用于请求解析 demoapp-svc 上的 http 端口，它返回的结果为 80。

```
[root@client-pod ~]# nslookup -query=SRV _http._tcp.demoapp-svc
Server:         10.96.0.10
Address:        10.96.0.10#53

_http._tcp.demoapp-svc.default.svc.cluster.local      service = 0 100 80
demoapp-svc.default.svc.cluster.local.
```

请求解析其他名称空间中的 Service 对象名称时需要明确指定服务名称和名称空间，下面以 kube-dns.kube-system 为例进行解析请求。

```
[root@client-pod /]# nslookup -query=A kube-dns.kube-system
Server:         10.96.0.10
Address:        10.96.0.10#53

Name:   kube-dns.kube-system.svc.cluster.local
Address: 10.96.0.10
```

端口名称解析时同样需要指定 Service 名称及其所在的名称空间，下面的命令用于请求解析 kube-dns.kube-system 上的 metrics 端口，它返回了 9153 的端口号。

```
[root@client-pod /]# nslookup -query=SRV _metrics._tcp.kube-dns.kube-system
Server:         10.96.0.10
Address:        10.96.0.10#53

_metrics._tcp.kube-dns.kube-system.svc.cluster.local   service = 0 100 9153
kube-dns.kube-system.svc.cluster.local.
```

为了减少搜索次数，无论是否处于同一名称空间，客户端都可以直接使用 FQDN 格式的名称解析 Service 名称和端口名称，这也是在某应用的配置文件中引用其他服务时建议遵循的方式。

7.5.4　Pod 的 DNS 解析策略与配置

Kubernetes 还支持在单个 Pod 资源规范上自定义 DNS 解析策略和配置，它们分别使用 spec.dnsPolicy 和 spec.dnsConfig 进行定义，并组合生效。目前，Kubernetes 支持如下 DNS 解析策略，它们定义在 spec.dnsPolicy 字段上。

- ❑ Default：从运行所在的节点继承 DNS 名称解析相关的配置。
- ❑ ClusterFirst：在集群 DNS 服务器上解析集群域内的名称，其他域名的解析则交由从节点继承而来的上游名称服务器。
- ❑ ClusterFirstWithHostNet：专用于在设置了 hostNetwork 的 Pod 对象上使用的 ClusterFirst 策略，任何配置了 hostNetwork 的 Pod 对象都应该显式使用该策略。
- ❑ None：用于忽略 Kubernetes 集群的默认设定，而仅使用由 dnsConfig 自定义的配置。

Pod 资源的自定义 DNS 配置要通过嵌套在 spec.dnsConfig 字段中的如下几个字段进行，它们的最终生效结果要结合 dnsPolicy 的定义生成。

- ❑ nameservers <[]string>：DNS 名称服务器列表，它附加在由 dnsPolicy 生成的 DNS 名称服务器之后。
- ❑ searches <[]string>：DNS 名称解析时的搜索域，它附加在 dnsPolicy 生成的搜索域之后。
- ❑ options <[]Object>：DNS 解析选项列表，它将会同 dnsPolicy 生成的解析选项合并成最终生效的定义。

下面配置清单示例（pod-with-dnspolicy.yaml）中定义的 Pod 资源完全使用自定义的配置，它通过将 dnsPolicy 设置为 None 而拒绝从节点继承 DNS 配置信息，并在 dnsConfig 中自定义了要使用的 DNS 服务、搜索域和 DNS 选项。

```
apiVersion: v1
kind: Pod
metadata:
  name: pod-with-dnspolicy
  namespace: default
spec:
  containers:
  - name: demo
    image: ikubernetes/demoapp:v1.0
    imagePullPolicy: IfNotPresent
  dnsPolicy: None
  dnsConfig:
    nameservers:
    - 10.96.0.10
    - 223.5.5.5
    - 223.6.6.6
    searches:
```

```
    - svc.cluster.local
    - cluster.local
    - ilinux.io
    options:
    - name: ndots
      value: "5"
```

将上述配置清单中定义的 Pod 资源创建到集群之上，它最终会生成类似如下内容的 /etc/resolv.conf 配置文件。

```
nameserver 10.96.0.10
nameserver 223.5.5.5
nameserver 223.6.6.6
search svc.cluster.local cluster.local ilinux.io
options ndots:5
```

上面配置中的搜索域要求，即便是客户端与目标服务位于同一名称空间，也要求在短格式的服务名称上显式指定其所处的名称空间。感兴趣的读者可自行测试其效果。

7.5.5 配置 CoreDNS

CoreDNS 是高度模块化的 DNS 服务器，几乎全部功能均由可插拔的插件实现。CoreDNS 调用的插件及相关的配置定义在称为 Corefile 的配置文件中。CoreDNS 主要用于定义各服务器监听地址和端口、授权解析的区域以及加载的插件等，配置格式如下：

```
ZONE:[PORT] {
    [PLUGIN]...
}
```

参数说明如下。
- ❑ ZONE：定义该服务器授权解析的区域，它监听由 PORT 指定的端口。
- ❑ PLUGIN：定义要加载的插件，每个插件可能存在一系列属性，而每个属性还可能存在可配置的参数。

由 kubeadm 在部署 Kubernetes 集群时自动部署的 CoreDNS 的 Corefile 存储为 kube-system 名称空间中名为 coredns 的 ConfigMap 对象，定义了一个监听 53 号端口授权解析根区域的服务器，详细的配置信息及各插件的简单说明如下所示。

```
apiVersion: v1
kind: ConfigMap
metadata:
  name: coredns
  namespace: kube-system
data:
  Corefile: |
```

```
.:53 {
    errors    # 将错误日志发往标准输出 stdout
    health {
        lameduck 5s
    }       # 通过 http://localhost:8080/health 报告健康状态
    ready   # 待所有插件就绪后通过 8181 端口响应 "200 OK" 以报告就绪状态
    kubernetes cluster.local in-addr.arpa ip6.arpa {
        pods insecure
        fallthrough in-addr.arpa ip6.arpa
        ttl 30
    }       # Kubernetes 系统的本地区域及专用的名称解析配置
    prometheus :9153   # 通过 http://localhost:9153/metrics 输出指标数据
    forward . /etc/resolv.conf  # 非 Kubernetes 本地域名的解析转发逻辑
    cache 30       # 缓存时长
    loop           # 探测转发循环并终止其过程
    reload         # Corefile 内容改变时自动重载配置信息
    loadbalance    # A、AAAA 或 MX 记录的负载均衡器，使用 round-robin 算法
}
```

在该配置文件中，专用于 Kubernetes 系统上的名称解析服务由名为 kubernetes 的插件进行定义，该插件负责处理指定的权威区域中的所有查询，例如上面示例中的正向解析区域 cluster.local，以及反向解析区域 in-addr.arpa 和 ip6.arpa。该插件支持多个配置参数，例如 endpoint、tls、kubeconfig、namespaces、labels、pods、ttl 和 fallthrough 等，上面示例中用到的 3 个参数的功能如下。

1）pods POD-MODE：设置用于处理基于 Pod IP 地址的 A 记录的工作模式，以便在直接同 Pod 建立 SSL 通信时验证证书信息；默认值为 disabled，表示不处理 Pod 请求，总是响应 NXDOMAIN；在其他可用值中，insecure 表示直接响应 A 记录而无须向 Kubernetes 进行校验，目标在于兼容 kube-dns；而 verified 表示仅在指定的名称空间中存在一个与 A 记录中的 IP 地址相匹配的 Pod 对象时才会将结果响应给客户端。

2）fallthrough [ZONES...]：常规情况下，该插件的权威区域解析结果为 NXDOMAIN 时即为最终结果，而该参数允许将该响应的请求继续转给后续的其他插件处理；省略指定目标区域时表示生效于所有区域，否则，将仅生效于指定的区域。

3）ttl：自定义响应结果的可缓存时长，默认为 5 秒，可用值范围为 [0,3600]。

那些非由 kubernetes 插件所负责解析的本地匹配的名称，将由 forward 插件定义的方式转发给其他 DNS 服务器进行解析，示例中的配置表示将根区域的解析请求转发给主机配置文件 /etc/resolv.conf 中指定的 DNS 服务器进行。若要将请求直接转发给指定的 DNS 服务器，则将该文件路径替换为目标 DNS 服务器的 IP 地址即可，多个 IP 地址之间以空白字符分隔。例如，下面的配置示例表示将除了 ilinux.io 区域之外的其他请求转给 223.5.5.5 或 223.6.6.6 进行解析。

```
. {
    forward . 223.5.5.5 223.6.6.6 {
```

```
        except ilinux.io
    }
}
```

CoreDNS 的各插件与相关的配置属性、参数及详细使用方式请参考官方文档中的介绍：https://coredns.io/plugins/。

7.6　Headless Service 资源解析

我们已经知道，常规的 ClusterIP、NodePort 和 LoadBalancer 类型的 Service 对象可通过不同的入口来接收和分发客户端请求，且它们都拥有集群 IP 地址（ClusterIP）。然而，个别场景也可能不必或无须使用 Service 对象的负载均衡功能以及集群 IP 地址，而是借助 ClusterDNS 服务来代替实现这部分功能。Kubernetes 把这类不具有 ClusterIP 的 Service 资源形象地称为 Headless Service，该 Service 的请求流量无须 kube-proxy 处理，也不会有负载均衡和路由相关的 iptables 或 ipvs 规则。至于 ClusterDNS 如何自动配置 Headless Service，则取决于 Service 标签选择器的定义。

❑ 有标签选择器：由端点控制器自动创建与 Service 同名的 Endpoint 资源，而 ClusterDNS 则将 Service 名称的 A 记录直接解析为后端各端点的 IP 而非 ClusterIP。

❑ 无标签选择器：ClusterDNS 的配置分为两种情形，为 ExternalName 类型的服务（配置了 spec.externalName 字段）创建 CNAME 记录，而为与该 Service 同名的 Endpoint 对象上的每个端点创建一个 A 记录。

显然，ClusterDNS 对待无标签选择器的第二种情形的 Headless Service 与对待有标签选择器的 Headless Service 的方式相同，区别仅在于相应的 Endpoint 资源是否由端点控制器基于标签选择器自动创建。通常，我们把无标签选择器的第一种情形（使用 CNAME 记录）的 Headless Service 当作一种独立的 Service 类型使用，即 ExternalName Service，而将那些把 Service 名称使用 A 记录解析为端点 IP 地址的类型统一称为 Headless Service。

7.6.1　ExternalName Service

ExternalName Service 是一种特殊类型的 Service 资源，它不需要使用标签选择器关联任何 Pod 对象，也无须定义任何端口或 Endpoints，但必须要使用 spec.externalName 属性定义一个 CNAME 记录，用于返回真正提供服务的服务名称的别名。ClusterDNS 会为这种类型的 Service 资源自动生成 <service>.<ns>.svc.<zone>. <ttl> IN CNAME <extname>. 格式的 DNS 资源记录。

下面配置清单示例（externalname-redis-svc.yaml）中定义了一个名为 externalname-redis-svc 的 Service 资源，它使用 DNS CNAME 记录指向集群外部的 redis.ik8s.io 这一 FQDN。

```
kind: Service
apiVersion: v1
metadata:
  name: externalname-redis-svc
  namespace: default
spec:
  type: ExternalName
  externalName: redis.ik8s.io
  ports:
  - protocol: TCP
    port: 6379
    targetPort: 6379
    nodePort: 0
  selector: {}
```

待 Service 资源 externalname-redis-svc 创建完成后，各 Pod 对象即可通过短格式或 FQDN 格式的 Service 名称访问相应的服务。ClusterDNS 会把该名称以 CNAME 格式解析为 .spec.externalName 字段中的名称，而后通过 DNS 服务将其解析为相应主机的 IP 地址。我们可通过此前 Pod 对象 client-pod 对该名称进行解析测试。

```
~$ kubectl exec -it client -- /bin/sh
[root@client-pod /]#
```

未指定解析类型的，nslookup 命令会对解析得到的 CNAME 结果自动进行更进一步的解析。例如下面命令中，请求解析 externalname-redis-svc.default.svc.cluster.local 名称得到 CNAME 格式的结果 redis.ik8s.io 将被进一步解析为 A 记录格式的结果。

```
[root@client-pod /]# nslookup externalname-redis-svc
Server:        10.96.0.10
Address:       10.96.0.10#53

externalname-redis-svc.default.svc.cluster.local   canonical name = redis.ik8s.io.
Name:   redis.ik8s.io
Address: 1.2.3.4
```

ExternalName 用于通过 DNS 别名将外部服务发布到 Kubernetes 集群上，这类的 DNS 别名同本地服务的 DNS 名称具有相同的形式。因而 Pod 对象可像发现和访问集群内部服务一样来访问这些发布到集群之上的外部服务，这样隐藏了服务的位置信息，使得各工作负载能够以相同的方式调用本地和外部服务。等到了能够或者需要把该外部服务引入到 Kubernetes 集群上之时，管理员只需要修改相应 ExternalName Service 对象的类型为集群本地服务即可。

7.6.2　Headless Service

除了为每个 Service 资源对象在创建时自动指派一个遵循 <service>.<ns>.svc.<zone> 格式的 DNS 名称，ClusterDNS 还会为 Headless Service 中的每个端点指派一个遵循 <hostname>.

<service>.<ns>.svc.<zone> 格式的 DNS 名称，因此，每个 Headless Service 资源对象的名称都会由 ClusterDNS 自动生成以下几种类型的资源记录。

1）根据端点 IP 地址的类型，在 Service 名称上为每个 IPv4 地址的端点生成 A 记录，为 IPv6 地址的端点生成 AAAA 记录。

❑ <service>.<ns>.svc.<zone>. <ttl> IN A <endpoint-ip>

❑ <service>.<ns>.svc.<zone>. <ttl> IN AAAA <endpoint-ip>

2）根据端点 IP 地址的类型，在端点自身的 hostname 名称上为每个 IPv4 地址的端点生成 A 记录，为 IPv6 地址的端点生成 AAAA 记录。

❑ <hostname>.<service>.<ns>.svc.<zone>. <ttl> IN A <endpoint-ip>

❑ <hostname>.<service>.<ns>.svc.<zone>. <ttl> IN AAAA <endpoint-ip>

3）为每个定义了名称的端口生成一个 SRV 记录，未命名的端口号则不具有该记录。

❑ _<port>._<proto>.<service>.<ns>.svc.<zone>. <ttl> IN SRV <weight> <priority> <port-number> <service>.<ns>.svc.<zone>.

4）对于每个给定的每个端点的主机名称的 A 记录（例如 a.b.c.d）或 AAAA 记录（例如 a1a2a3a4:b1b2b3b4:c1c2c3c4:d1d2d3d4:e1e2e3e4:f1f2f3f4:g1g2g3g4:h1h2h3h4），都要生成 PTR 记录，它们各自的格式如下所示。

❑ <d>.<c>.<b>.<a>.in-addr.arpa. <ttl> IN PTR <hostname>.<service>.<ns>. svc.<zone>.

❑ h4.h3.h2.h1.g4.g3.g2.g1.f4.f3.f2.f1.e4.e3.e2.e1.d4.d3.d2.d1.c4.c3.c2.c1.b4.b3.b2.b1. a4.a3.a2.a1.ip6.arpa <ttl> IN PTR <hostname>.<service>.<ns>.svc.<zone>.

定义 Service 资源时，只需要将其 ClusterIP 字段的值显式设置为 None 即可将其定义为 Headless 类型。下面是一个 Headless Service 资源配置示例，它拥有标签选择器，因而能够自动创建同名的 Endpoint 资源。

```
kind: Service
apiVersion: v1
metadata:
  name: demoapp-headless-svc
spec:
  clusterIP: None
  selector:
    app: demoapp
  ports:
  - port: 80
    targetPort: 80
    name: http
```

将上面定义的 Headless Service 资源创建到集群上，我们从其资源详细描述中可以看出，demoapp-headless-svc 没有 ClusterIP，但因标签选择器能够匹配到 Pod 资源，因此它拥有端点记录。

```
~$ kubectl apply -f demoapp-headless-svc.yaml
service/demoapp-headless-svc created
~$ kubectl describe svc demoapp-headless-svc
Name:                 demoapp-headless-svc
Namespace:            default
Labels:               <none>
Annotations:          Selector:  app=demoapp
Type:                 ClusterIP
IP:                   None
Port:                 http  80/TCP
TargetPort:           80/TCP
Endpoints:            10.244.1.16:80,10.244.2.10:80,10.244.3.11:80
......
```

根据 Headless Service 的工作特性可知，它记录在 ClusterDNS 的 A 记录的相关解析结果是后端端点的 IP 地址，这就意味着客户端通过此 Service 资源的名称发现的是各 Pod 资源。下面依然通过 Pod 对象 client-pod 的交互式接口进行测试：

```
~$ kubectl exec -it client-pod -- /bin/sh
[root@client-pod /]# nslookup -query=A demoapp-headless-svc
Server:          10.96.0.10
Address:         10.96.0.10#53

Name:   demoapp-headless-svc.default.svc.cluster.local
Address: 10.244.3.11
Name:   demoapp-headless-svc.default.svc.cluster.local
Address: 10.244.1.16
Name:   demoapp-headless-svc.default.svc.cluster.local
Address: 10.244.2.10
```

其解析结果正是 Headless Service 通过标签选择器关联到的所有 Pod 资源的 IP 地址。于是，客户端向此 Service 对象发起的请求将直接接入 Pod 资源中的应用之上，而不再由 Service 资源进行代理转发，它每次接入的 Pod 资源是由 DNS 服务器接收到查询请求时以轮询方式返回的 IP 地址。

另一方面，每个 IP 地址的反向解析记录（PTR）对应的 FQDN 名称是相应端点所在主机的主机名称。对于 Kubernetes 上的容器来说，其所在主机的主机名是指 Pod 对象上的主机名称，它由 Pod 资源的 spec.hostname 字段和 spec.subdomain 组合定义，格式为 <hostname>.subdomain>.<service>.<ns>.svc.<zone>，其中的 <subdomain> 可省略。若此两者都未定义，则 <hostname> 值取自 IP 地址，IP 地址 a.b.c.d 对应的主机名为 a-b-c-d，如下面命令的解析结果所示。

```
[root@client-pod /]# nslookup -query=PTR 10.244.3.11
Server:          10.96.0.10
Address:         10.96.0.10#53
11.3.244.10.in-addr.arpa        name = 10-244-3-11.demoapp-headless-svc.default.
svc.cluster.local.
```

StatefulSet 控制器对象是 Headless Service 资源的一个典型应用场景，相关话题将会在第 8 章中详细描述。

7.7 本章小结

本章重点讲解了 Kubernetes 的 Service 资源基础概念、类型、实现机制及其发布方式等话题，并介绍了服务发现及 Headless Service。

- ❏ Service 资源通过标签选择器为一组任务负载创建一个统一的访问入口，它把客户端请求代理调度至后端各端点。
- ❏ Service 支持 userspace、iptables 和 ipvs 代理模型，iptables 模式更为成熟稳定，而 ipvs 则在有大规模 Service 的场景中有着更好的性能表现。
- ❏ ClusterIP 是最基础的 Service 类型，它仅适用于集群内通信，NodePort 和 LoadBalancer 能够将服务发布到集群外部；外部 IP 能够与这 3 种类型的 Service 组合使用，从而开放特定的 IP 接入外部流量。
- ❏ Endpoint 和 EndpointSlice 用于跟踪端点资源，并将端点信息提供给 Service 等。
- ❏ Headless Service 是没有 ClusterIP 的 Service 资源类型，它要么结合 externalName 以 CNAME 资源记录的形式映射至其他服务，要么以 A 记录或 AAAA 记录的形式解析至端点 IP 地址。

第 8 章 *Chapter 8*

应用编排与管理

部署、扩展、更新和回滚是应用维护的核心编排任务。传统的应用部署方案中，横向扩展（scale out）是应对单主机资源局限性时具有普适性的选择，以 Pod 形式托管在 Kubernetes 集群上运行的应用面临着同样的可用资源阈值问题，容器化应用的可用资源受限于用户定义的资源（CPU 和内存）限制或节点的资源边界，因此用户需要根据特定应用的单个 Pod 应用实例的访问支撑能力和实际的请求峰值来规划与设定合理的 Pod 实例数量。应用程序版本升级时的在线应用更新操作也在实践中形成了灰度更新、蓝绿部署和金丝雀部署等解决方案。但这类的编排任务由传统的人工或工具化编排进化到了由 ReplicaSet、Deployment 或 ReplicaSet 控制器实现的半自动化编排机制，而 HPA（Horizontal Pod Autoscaler）和 VPA（Vertical Pod Autoscaler）控制器更是让这类任务彻底走向完全自动化。本章着重于介绍无状态应用控制器 ReplicaSet 和 Deployment、系统应用控制器 DaemonSet、单次任务控制器 Job 和定时作业控制器 CronJob 等。

8.1 Kubernetes 控制器基础

我们可以把 API Server 想象成存储 Kubernetes 资源对象的数据库系统，它仅支持预置的数据存储方案，每个方案对应于一种资源类型，客户端将 API 创建的、符合数据存储方案的数据项称为资源对象。但这些基于数据方案创建并存储于 API Server 中的仅是对象的定义。例如，一个 Pod 对象的定义并不代表某个以容器形式运行的应用，它仅停留在"纸面上"，我们还需要某个程序以特定的步骤调用容器运行时接口，按照 Pod 对象的定义创建出具体的应用容器来。这一类负责把 API Server 上存储的对象定义实例化到集群上的程序就是控制器。控制器需要运行为守护进程：一方面，注册监视 API Server 上隶属该控制器类型的对象定义（spec）的变动，及时将变动反映到集群中的对象实例之上；另一方面，通过控制循环（control loop，也可称为控制回路）持续监视集群上由其负责管控的对象实例的实际状态，在因故障、更新或其他原因导致当前状态（Status）发生变化而与期望状态（spec）时，通过实时运行相应的程序代码尝试让对象的真实状态向期望状态迁移和逼近。图 8-1 展示了控制器与控制循环的交互。

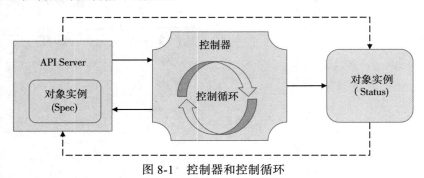

图 8-1　控制器和控制循环

8.1.1　控制器与 Pod 资源

从本质上讲，Kubernetes 的核心就是控制理论，控制器中实现的控制回路是一种闭环（反馈）控制系统，该类型的控制系统基于反馈回路将目标系统的当前状态与预定义的期望状态相比较，二者之间的差异作为误差信号产生一个控制输出作为控制器的输入，以减少或消除目标系统当前状态与期望状态的误差，如图 8-2 所示。这种控制循环在 Kubernetes 上也称为调谐循环（reconciliation loop）。

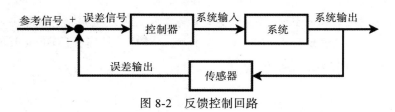

图 8-2　反馈控制回路

对 Kubernetes 来说，无论控制器的具体实现有多么简单或多么复杂，它基本都是通过定期重复执行如下 3 个步骤来完成控制任务。

1）从 API Server 读取资源对象的期望状态和当前状态。

2）比较二者的差异，而后运行控制器中的必要代码操作现实中的资源对象，将资源对象的真实状态修正为 Spec 中定义的期望状态，例如创建或删除 Pod 对象，以及发起一个云服务 API 请求等。

3）变动操作执行成功后，将结果状态存储在 API Server 上的目标资源对象的 status 字段中。

图 8-3 给出了 Kubernetes 控制循环工作示意图。

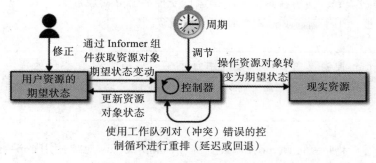

图 8-3　Kubernetes 的控制循环

　　任务繁重的 Kubernetes 集群上同时运行着数量巨大的控制循环，每个循环都有一组特定的任务要处理，为了避免 API Server 被请求淹没，需设定控制回路以较低的频率运行，默认每 5 分钟一次。同时，为了能及时触发由客户端提交的期望状态的更改，控制器向 API Server 注册监视受控资源对象，这些资源对象期望状态的任何变动都会由 Informer 组件通知给控制器立即执行而无须等到下一轮的控制循环。控制器使用工作队列将需要运行的控制循环进行排队，从而确保在受控对象众多或资源对象变动频繁的场景中尽量少地错过控制任务。

　　出于简化管理的目的，Kubernetes 将数十种内置的控制器程序整合成了名为 kube-controller-manager 的单个应用程序，并运行为独立的单体守护进程，它是控制平面的重要组件，也整个 Kubernetes 集群的控制中心。

提示　Kubernetes 可用的控制器有 attachdetach、bootstrapsigner、clusterrole-aggregation、cronjob、csrapproving、csrcleaner、csrsigning、daemonset、deployment、disruption、endpoint、garbagecollector、horizontalpodautoscaling、job、namespace、node、persistentvolume-binder、persistentvolume-expander、podgc、pvc-protection、replicaset、replicationcontroller、resourcequota、route、service、serviceaccount、serviceaccount-token、statefulset、tokencleaner 和 ttl 等数十种。

　　工作负载范畴的控制器资源类型包括 ReplicationController、ReplicaSet、Deployment、DaemonSet、StatefulSet、Job 和 CronJob 等，它们各自代表一种类型的 Pod 控制器资源，分别实现不同的应用编排机制。

　　几乎所有的工作负载型控制器资源对象都是通过持续性地监控集群中运行着的 Pod 资源对象来确保受其管控的资源严格符合用户期望的状态，例如确保资源副本的数量要精确符合期望等。通常，一个工作负载控制器资源通常应该包含 3 个基本的组成部分。

❑ 标签选择器：匹配并关联 Pod 对象，并据此完成受其管控的 Pod 对象的计数。
❑ 期望的副本数：期望在集群中精确运行受控的 Pod 对象数量。
❑ Pod 模板：用于新建 Pod 对象使用的模板资源。

> **注意** DaemonSet 控制器用于确保集群中每个工作节点或符合条件的每个节点上都运行着一个 Pod 副本，而非某个预设的精确数量值，因而不具有上面组成部分中的第二项。

例如，如图 8-4 所示的 Deployment 控制器 eshop-deploy 对象使用 app=eshop 为标签选择器，以过滤当前名称空间中的 Pod 对象，它期望能够匹配到的 Pod 对象副本数量精确为4 个。

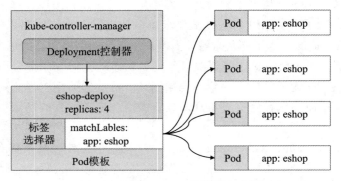

图 8-4　Deployment 控制器示意图

将 eshop-deploy 对象创建到集群上之后，Deployment 控制器将根据该对象的定义标签选择器过滤符合条件的 Pod 对象并对其进行计数，少于指定数量的缺失部分将由控制器通过 Pod 模板予以创建，而多出的副本也将由控制器请求终止及删除。

通常，对于那些以 Deployment、DaemonSet 或 StatefulSet 控制器编排的且需要长期运行的容器应用，其应用更新、回滚和扩缩容也是编排操作的核心任务。但这类任务所导致的 Pod 对象的变动势必会影响透过 Service 来访问应用服务的客户端，如图 8-5 所示。

显然，生产环境中的应用编排过程通常不能影响或过度影响当前正在获取服务的用户体验，达成该类目标也是应用程序控制器的核心功能之一，事实

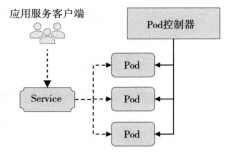

图 8-5　Service、Pod 和 Pod 控制器

上，Deployment 等甚至允许用户自定义更新策略来自定义应用升级过程。

8.1.2　Pod 模板资源

Pod 模板资源是 Kubernetes API 的常用资源类型，常用于为控制器指定自动创建 Pod 资源对象时所需的配置信息。内嵌于控制器的 Pod 模板的配置信息中不需要 apiVersion 和 kind 字段，除此之外的其他内容跟定义自主式 Pod 对象所支持的字段几乎完全相同，这包括 metadata 和 spec 及其内嵌的其他各字段。

工作负载控制器类的资源的 spec 字段通常都要内嵌 replicas、selector 和 template 字段，其中 template 便是用于定义 Pod 模板。下面是一个定义在 ReplicaSet 资源中的模板资源示例，它基于 ikubernetes/demoapp:v1.0 镜像简单定义了一个应用，并同时配置了存活探针和就绪探针。

```
apiVersion: apps/v1
kind: ReplicaSet
metadata:
  name: replicaset-demo
spec:
  minReadySeconds: 3
  replicas: 2
  selector:
    matchLabels:
      app: demoapp
      release: stable
  template:
    metadata:
      labels:
        app: demoapp
        release: stable
    spec:
      containers:
      - name: demoapp
        image: ikubernetes/demoapp:v1.0
        ports:
        - name: http
          containerPort: 80
        livenessProbe:
          httpGet:
            path: '/livez'
            port: 80
          initialDelaySeconds: 5
        readinessProbe:
          httpGet:
            path: '/readyz'
            port: 80
          initialDelaySeconds: 15
```

如上示例中，spec.template 字段在定义时仅给出了 metadata 和 spec 两个字段，它的使用方法与自主式 Pod 资源几乎完全相同。一个特别的建议是，生产环境中运行的 Pod 对象务必要添加存活探针和就绪探针，否则 Kubernetes 无法准确判定应用的存活状态和就绪状态，而只能把处于运行中的容器进程一律视为在健康运行，而健康运行的容器进程则一律视为就绪。显然，定义在 Pod 模板中的存储卷资源将由当前模板创建出的所有 Pod 实例共享使用，因此定义时务必要确保该存储卷允许多路客户端同时访问，以及多路写操作时的数据安全性。

应用编排是 Kubernetes 的核心功能，因而控制器资源及其使用的 Pod 模板也随之成为最常用的两种资源类型。

8.2 ReplicaSet 控制器

Kubernetes 较早期的版本中仅有 ReplicationController 一种类型的 Pod 控制器，后来又陆续引入了更多的控制器实现，这其中就包括用来取代 ReplicationController 的新一代实现 ReplicaSet。事实上，ReplicaSet 除了支持基于集合的标签选择器，以及它的滚动更新（RollingUpdate）机制要基于更高级的 Deployment 控制器实现之外，目前 ReplicaSet 的其余功能基本与 ReplicationController 相同。考虑到 Kubernetes 强烈推荐使用 ReplicaSet 控制器，且表示 ReplicationController 不久后即将废弃，因而本节重点介绍 ReplicaSet 控制器。

8.2.1 功能分析

ReplicaSet（简称 RS）是工作负载控制器类型的一种实现，隶属于名称空间级别，主要用于编排无状态应用，核心目标在于确保集群上运行有指定数量的、符合其标签选择器的 Pod 副本。ReplicaSet 规范由标签选择器、期望的副本数和 Pod 模板 3 个主要因素所定义，它在控制循环中持续监视同一名称空间中运行的 Pod 对象，并在每个循环中将标签选择器筛选出的 Pod 数量与期望的数量相比较，通过删除多余的 Pod 副本或借助于模板创建出新的 Pod 来确保该类 Pod 对象数量能始终吻合所期望的数量。

由此可见，标签选择器是 ReplicaSet 判断一个 Pod 对象是否处于其作用域的唯一标准，Pod 模板仅在补足缺失数量的 Pod 对象时使用，这意味着由其他 Pod 规范所创建的 Pod 对象也存在进入某个 ReplicaSet 作用域的可能性。因而，我们要精心设计同一名称空间中使用的标签选择器，以竭力避免它们以相同的条件出现在不同的控制器对象之上，这种原则同样交叉适用于其他类型的控制器对象。

ReplicaSet 规范中的副本数量、标签选择器，甚至是 Pod 模板都可以在对象创建后随时按需进行修改。降低期望的 Pod 副本数量会导致删除现有的 Pod 对象，而增加该数量值会促使 ReplicaSet 控制器根据模板创建出新的 Pod 对象。修改标签选择器会导致 ReplicaSet 在当前名称空间中匹配 Pod 标签，这可能会让它无法再匹配到现有 Pod 副本的标签，进而触发必要的删除或创建操作。另外，ReplicaSet 不会关注筛选到的现存 Pod 对象或者由其自身创建的 Pod 对象中的实际内容，因此 Pod 模板的改动也仅会对后来新建的 Pod 副本有影响。事实上，ReplicaSet 所支持的更新机制也正是建立在 Pod 模板更新后以"删除后的自动重建"机制之上。

总结起来，相较于手动创建和管理 Pod 对象来说，ReplicaSet 控制器能够实现以下功能。

- ❑ 确保 Pod 对象的数量精确反映期望期：ReplicaSet 对象需要确保由其控制运行的 Pod 副本数量精确吻合配置中定义的期望值，否则会自动补足所缺或终止所余。
- ❑ 确保 Pod 健康运行：探测到由其管控的 Pod 对象健康状态检查失败或因其所在的工作节点故障而不可用时，自动请求控制平面在其他工作节点创建缺失的 Pod 副本。
- ❑ 弹性伸缩：应用程序业务规模因各种原因时常存在明显波动，如波峰或波谷期间，可以通过改动 ReplicaSet 控制器规范中的副本数量动态调整相关 Pod 资源对象的数量，甚至是借助 HPA 控制器实现 Pod 资源规模的自动伸缩。

但 ReplicaSet 并非是用户使用无状态应用控制器的最终形态，Deployment 控制器基于 ReplicaSet 实现了滚动更新、自动回滚、金丝雀部署甚至是蓝绿部署等更为高级和自动化的任务编排功能，因而成为用户在编排无状态应用时更高级的选择。本节独立介绍 ReplicaSet 只是帮助读者更好地理解 Deployment 控制器的基础功能。

8.2.2　ReplicaSet 基础应用

ReplicaSet 由 kind、apiVersion、metadata、spec 和 status 这 5 个一级字段组成，它的基本配置框架如下面的配置规范所示。

```
apiVersion: apps/v1
kind: ReplicaSet
metadata:
  name: …
  namespace: …
spec:
  minReadySeconds <integer>  # Pod 就绪后多少秒内，任一容器无崩溃方可视为"就绪"
  replicas <integer> # 期望的 Pod 副本数，默认为 1
  selector:    # 标签选择器，必须匹配 template 字段中 Pod 模板中的标签
    matchExpressions <[]Object>    # 标签选择器表达式列表，多个列表项之间为"与"关系
    matchLabels <map[string]string> # map 格式的标签选择器
  template:    # Pod 模板对象
    metadata:  # Pod 对象元数据
      labels:  # 由模板创建出的 Pod 对象所拥有的标签，必须要能够匹配前面定义的标签选择器
      spec:    # Pod 规范，格式同自主式 Pod
      ……
```

ReplicaSet 规范中用于定义标签选择器的 selector 字段为必先字段，它支持 matchLabels 和 matchExpressions 两种表示格式。前者使用字符串映射格式，以 key: value 形式表达要

匹配的标签；后者支持复杂的表达式格式，支持基于"等值（运算符 = 和 !=）"和基于"集合"（运算符为 in 和 notin 等）的表示方法，同时定义二者时的内生逻辑为"与"关系。Pod 模板中定义的标签必须要能匹配到其所属 ReplicaSet 对象的标签选择器，否则，ReplicaSet 将因始终不具有足额的 Pod 副本数而无限创建下去，这相当于程序代码中无终止条件的死循环。另外，minReadySeconds 字段用于指定在 Pod 对象启动后的多长时间内其容器未发生崩溃等异常情况即被视为"就绪"，默认为值 0 秒，表示一旦就绪性探测成功，即被视作可用。

将"Pod 模板资源"一节中的示例保存于资源清单文件中，例如 replicaset-demo.yaml，而后即可使用类似如下命令将其创建到集群上来观察其运行特性。

```
~$ kubectl apply -f replicaset-demo.yaml
replicaset.apps/replicaset-demo created
```

ReplicaSet 对象的详细描述信息会输出对象的重点信息，例如标签选择器、Pod 状态、Pod 模板和相关的事件等。ReplicaSet 控制器会追踪作用域的各 Pod 的运行状态，并把它们归类到 Running、Waiting、Succeeded 和 Failed 这 4 种状态之中。default 名称空间中并未存在使用 app: replicaset-demo 这一标签的 Pod 对象，因此 replicaset-demo 需要根据指定的 Pod 模板创建出 replicas 字段指定数量的 Pod 实例，它们的名称以其所属的 ReplicaSet 对象的名称为前缀。如下的命令输出中可知，replicaset-demo 成功创建出的两个 Pod 实例均处于健康运行状态。

```
~$ kubectl describe replicasets/replicaset-demo
Name:         replicaset-demo
Namespace:    default
Selector:     app=demoapp,release=stable
Labels:       <none>
Annotations:  Replicas:  2 current / 2 desired
Pods Status:  2 Running / 0 Waiting / 0 Succeeded / 0 Failed
Pod Template:
  Labels:  app=replicaset-demo
  Containers:
   demoapp:
    Image:       ikubernetes/demoapp:v1.0
    Port:        80/TCP
    Host Port:   0/TCP
    Liveness:    http-get http://:80/livez delay=5s timeout=1s period=10s
#success=1 #failure=3
    Readiness:   http-get http://:80/readyz delay=15s timeout=1s period=10s
#success=1 #failure=3
    Environment:  <none>
    Mounts:       <none>
  Volumes:        <none>
Events:
  Type    Reason          Age    From              Message
  ----    ------          ----   ----              -------
```

```
    Normal  SuccessfulCreate  36s    replicaset-controller  Created pod: replicaset-
demo-z6bqt
    Normal  SuccessfulCreate  36s    replicaset-controller  Created pod: replicaset-
demo-vwb5g
```

我们也可以单独打印 ReplicaSet 对象的简要及扩展信息来了解其运行状态，例如期望的 Pod 副本数（DESIRED）、当前副本数（CURRENT）和就绪的副本数（READY），以及使用的镜像和标签选择器等，如下面的命令及结果所示。

```
~$ kubectl get replicasets/replicaset-demo -o wide
NAME  DESIRED  CURRENT  READY  AGE  CONTAINERS  IMAGES  SELECTOR
replicaset-demo  2    2    2    77s  demoapp  ……  app=demoapp,…
```

通常，就绪的副本数量与期望的副本数量相同便意味着该 ReplicaSet 控制器以符合期望的状态运行于集群之上，由其编排的容器应用可正常借助专用的 Service 对象向客户端提供服务。

经由 ReplicaSet 控制器创建与用户自主创建的 Pod 对象的功能并没有显著区别，但其自动调谐功能在很大程度上能为用户省去不少管理精力，这也是 Kubernetes 系统之上的应用程序变得拥有自愈能力的主要保障。

长期运行中的 Kubernetes 系统环境存在着不少导致 Pod 对象数目与期望值不符合的可能因素，例如作用域内 Pod 对象的意外删除、Pod 对象标签的变动、ReplicaSet 控制器的标签选择器变动，甚至是作用域内 Pod 对象所在的工作节点故障等。ReplicaSet 控制器的调谐循环能实时监控到这类异常，并及时启动调谐操作。

任何原因导致的标签选择器匹配 Pod 对象缺失，都会由 ReplicaSet 控制器自动补足，常见的该类场景包括发生在作用域内的 Pod 对象之上的意外删除、标签变动或所在的节点故障等。例如，我们可通过手动修改 replicaset-demo 标签选择器作用域内任一现有 Pod 对象标签，使得匹配失败，则该控制器的标签选择器会触发控制器的 Pod 对象副本缺失补足机制，其操作步骤如下。

步骤 1：获取 replicaset-demo 标签选择器作用域内的一个 Pod 对象：

```
~$ pod=$(kubectl get pods -l app=demoapp,release=stable -o jsonpath={.items[1].
metadata.name})
~$ echo $pod
replicaset-demo-z6bqt
```

步骤 2：删除该 Pod 对象的任意一个标签，例如 app，使其无法再匹配到 replicaset-demo 的标签选择器：

```
~$ kubectl label pod $pod app-
pod/replicaset-demo-z6bqt labeled
```

步骤 3：验证 replicaset-demo 是否将此前的 Pod 对象替换为了新建的 Pod 对象：

```
~$ kubectl get pods -l app=demoapp,release=stable
NAME            READY   STATUS   RESTARTS   AGE
```

```
replicaset-demo-fcrkl      0/1      Running    0        4s
replicaset-demo-vwb5g      1/1      Running    0        5m49s
```

步骤 4：可以看到此前的 Pod 对象依然存在，但它成为自主式 Pod 对象，而代表上级引用关系的 metadata.ownerReferences 字段变成空值，于是下面的命令便不再有返回值。

```
~$ kubectl get pods $pod -o jsonpath={.metadata.ownerReferences}
```

由此可见，通过修改 Pod 资源的标签即可将其从控制器的管控之下移出，若修改后的标签又能被其他控制器资源的标签选择器命中，则该 Pod 对象又成为隶属另一控制器的副本。若修改其标签后的 Pod 对象不再隶属于任何控制器，它就成了自主式 Pod。

另一方面，一旦被标签选择器匹配到的 Pod 对象数量因任何原因超出期望值，多余的部分也将被控制器自动删除。例如，我们可以为此前移出作用域的 Pod 对象重新添加 app 标签，让其能够再次匹配到 replicaset-demo 的标签选择器，这将触发控制器删除多余的 Pod 对象，如下面的命令结果所示。

```
~$ kubectl label pods $pod app=demoapp
pod/replicaset-demo-z6bqt labeled
~$ kubectl get pods -l app=demoapp,release=stable
NAME                      READY    STATUS        RESTARTS    AGE
replicaset-demo-fcrkl      1/1      Terminating   0           2m17s
replicaset-demo-vwb5g      1/1      Running       0           8m2s
replicaset-demo-z6bqt      1/1      Running       0           8m2s
```

测试结果表明，同一名称空间下的不同的控制器一定不能使用相同的标签选择器。节点自身故障而导致的 Pod 对象丢失，ReplicaSet 同样使用补足资源的方式进行处理，这里不再详细说明其过程，感兴趣的读者可直接关掉类似上面 Pod 对象运行所在的某一个节点来验证其处理过程。

ReplicaSet 资源的删除操作同其他标准的 API 资源一样使用 kubectl delete 命令即可完成，但删除 ReplicaSet 对象时默认会一并删除其作用域内的各 Pod 对象。偶尔，考虑到这些 Pod 资源未必由该 ReplicaSet 对象创建，或者即便由其创建也并非是其自身的组成部分时，也可以在删除命令上使用 --cascade=false 选项关闭级联删除功能，而保留相关的 Pod 对象。

8.2.3　应用更新与回滚

敏捷开发和 DevOps 文化日益盛行的今天，应用更新的周期不断地缩短，多的甚至可达一天数次。更新过程自身出现故障，或者更新完成后触发新版本应用程序各种未知问题，都需要回滚应用程序至更新前的版本。ReplicaSet 不会校验作用域内处于活动状态的 Pod 对象的内容，改动 Pod 模板的定义对已经创建完成的活动对象无效，但在用户手动删除其旧版本的 Pod 对象后能够自动以新代旧，实现控制器下的应用更新。通过修改 Pod 中某容器的镜像文件版本进行应用程序的版本升级是最常见的应用更新场景。

尽管 ReplicaSet 资源的 Pod 模板可随时按需修改，但它仅影响其后新建的 Pod 对象，对已有的 Pod 副本不产生作用，因此，ReplicaSet 自身并不会自动触发更新机制，它依赖于用户的手动触发机制。

 提示　Deployment 控制器是建立在 ReplicaSet 之上的，专用于支持声明式更新功能的更高级实现。

在配置清单 replicaset-demo.yaml 中定义的 replicaset-demo 资源中，修改 Pod 模板中的容器使用的镜像文件为更高的版本，例如下面示例性配置片段中的 ikubernetes/demoapp:v1.1，而后将变动的配置清单重新应用到集群上便可完成 ReplicaSet 控制器资源的更新。

```
containers:
- name: demoapp
  image: ikubernetes/demoapp:v1.1
  ports:
  - name: http
    containerPort: 80
```

将更新后的配置清单应用到集群之中，可以发现，现有各 Pod 对象中 demoapp 容器的镜像版本与 replicaset-demo 的 Pod 模板中的镜像版本存在差异。

```
~$ kubectl apply -f replicaset-demo.yaml
replicaset.apps/replicaset-demo configured
```

首先，我们可以使用如下命令获取活动对象 replicaset-demo 的 Pod 模板中定义的镜像文件及版本信息：

```
~$ kubectl get replicasets/replicaset-demo -o jsonpath={.spec.template.spec.
containers[0].image}
ikubernetes/demoapp:v1.1
```

接着，通过如下命令获取 replicaset-demo 控制下的所有 Pod 对象中的 demoapp 容器的镜像文件及版本信息：

```
$ kubectl get pods -l app=demoapp,release=stable \
-o jsonpath='{range .items[*]}[{.metadata.name}, {.spec.containers[0].image}]{"\
n"}{end}'
[replicaset-demo-vwb5g, ikubernetes/demoapp:v1.0]
[replicaset-demo-z6bqt, ikubernetes/demoapp:v1.0]
```

上面两个命令及返回结果证实了"更新 Pod 模板不会对现在的 Pod 对象产生实质影响"的结论。另一方面，Pod 中定义的容器及镜像的字段是不可变字段，我们无法在 Pod 创建完成后动态更新其容器镜像，因而接下来只有手动将 replicaset-demo 的现有 Pod 对象移出其标签选择器作用域（修改标签或删除 Pod 对象）来触发基于新的 Pod 模板新建 Pod 对象，以完成应用的版本更新。

1. 常见更新机制

常见的更新机制有如下两种。

1）**单批次替换**，一次性替换所有 Pod 对象（见图 8-6）：也称为重建式更新（recreate），是最为简单、高效的更新方式，但会导致相应的服务在一段时间内（至少一个 Pod 对象更新完成并就绪）完全不可用，因而一般不会用在对服务可用性有较高要求的生产环境中。

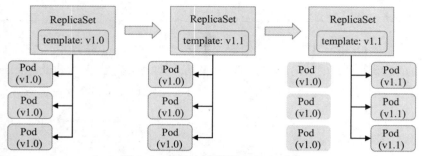

图 8-6　单批次更新所有 Pod 对象

2）**多批次替换**，一次仅替换一批 Pod 对象（见图 8-7）：也称为滚动更新，是一种略复杂的更新方式，需要根据实时业务量和 Pod 对象的总体承载力做好批次规划，而后待一批 Pod 对象就绪后再更新另一批，直到全部完成为止；该策略实现了不间断服务的目标，但更新过程中会出现不同的应用版本并存且同时提供服务的状况。

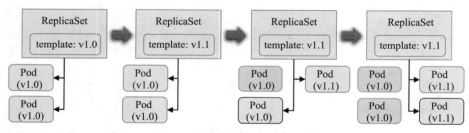

图 8-7　多批次更新 Pod 对象

接下来，我们在 replicaset-demo 之上分别进行更新测试来验证这两种方式的更新效果。我们先为 replicaset-demo 作用域内的各 Pod 对象创建一个 ClusterIP 类型的 Service 对象，以方便客户端在更新过程中进行请求测试，以下配置保存于 service-for-replicaset-demo. yaml 清单文件中。

```
apiVersion: v1
kind: Service
metadata:
  name: demoapp
  namespace: default
spec:
```

```
    type: ClusterIP
selector:
  app: demoapp
  release: stable
ports:
- name: http
  port: 80
  protocol: TCP
  targetPort: 80
```

接下来，将上面配置清单中的 Service 对象 demoapp 通过如下命令创建到集群之上，随后的应用测试将以之作为访问入口。

```
~$ kubectl apply -f service-for-replicaset-demo.yaml
service/demoapp created
```

2. 重建式更新测试

步骤 1：在管理节点上打开一个新的终端，创建一个临时的客户端 Pod 并发起持续性的请求测试，以验证单批次更新过程中是否会发生服务中断。

```
~$ kubectl run pod-$RANDOM --image=ikubernetes/admin-toolbox:v1.0 -it \
        --rm --command -- /bin/sh
[root@pod-28426 /]#
```

此时，在临时 Pod 的交互式接口中运行如下循环进行请求测试，立即可以看到 v1.0 版本的 demoapp 的响应结果；

```
[root@pod-28426 /]# while true; do curl --connect-timeout 1 \
        demoapp.default.svc; sleep 1; done
```

步骤 2：删除 replicaset-demo 作用域内的所有 Pod 对象，而后观察其更新结果。

```
~$ kubectl delete pods -l app=demoapp,release=stable
pod "replicaset-demo-vwb5g" deleted
pod "replicaset-demo-z6bqt" deleted
```

步骤 3：使用如下命令查看是否生成具有同样标签的新 Pod 对象。在如下命令结果中的任何一个新 Pod 对象就绪之前，curl 命令返回结果会出现一定数量的请求超时，这是单批次更新的必然结果；验证完成后，应该停止测试循环。

```
~$ kubectl get pods -l app=demoapp,release=stable
NAME                    READY   STATUS    RESTARTS   AGE
replicaset-demo-mjc5x   0/1     Running   0          10s
replicaset-demo-w5lxw   0/1     Running   0          10s
```

步骤 4：验证这些新的 Pod 对象中 demoapp 容器是否更新为指定的新镜像文件及版本。

```
~$ kubectl get pods -l app=demoapp,release=stable \
    -o jsonpath='{range .items[*]}[{.metadata.name}, {.spec.containers[0].
    image}]{"\n"}{end}'
```

```
[replicaset-demo-mjc5x, ikubernetes/demoapp:v1.1]
[replicaset-demo-w5lxw, ikubernetes/demoapp:v1.1]
```

事实上，修改 Pod 模板时，不仅能替换镜像文件的版本，甚至可以将其替换为其他应用程序的镜像，只不过此类需求并不多见。若同时改动的还有 Pod 模板中的其他字段，在新旧更替的过程中，它们也将随之被应用。

3. 滚动式更新测试

步骤 1：同前一节中的测试方式相似，我们需要在管理节点上打开一个新的终端，创建一个临时的客户端 Pod 以发起持续性的请求测试，以验证滚动更新过程中是否会发生服务中断。

```
~$ kubectl run pod-$RANDOM --image=ikubernetes/admin-toolbox:v1.0 -it \
        --rm --command -- /bin/sh
[root@pod-10196 /]#
```

此时，在临时 Pod 的交互式接口中运行如下循环进行请求测试，立即可以看到 v1.0 版本的 demoapp 的响应结果；

```
[root@pod-10196 /]# while true; do curl --connect-timeout 1 \
        demoapp.default.svc; sleep 1; done
```

步骤 2：更新 replicaset-demo 的 Pod 模板中 demoapp 容器使用 ikubernetes/demoapp:v1.2 镜像。本次，我们使用更便捷的 kubectl set image 命令。

```
~$ kubectl set image replicasets/replicaset-demo demoapp="ikubernetes/demoapp:v1.2"
replicaset.apps/replicaset-demo image updated
```

步骤 3：将 replicaset-demo 作用域的仅有的两个 Pod 对象分成两个批次进行更新。为了便于识别待删除对象，下面的命令获取现有的相关两个 Pod 对象的名称保存在数组中，并打印出相关的 Pod 对象名称。

```
~$ pods=($(kubectl get pods -l app=demoapp,release=stable  \
    -o jsonpath="{range .items[*]}{.metadata.name}{'\t'}{end}"))
~$ echo ${pods[@]}
replicaset-demo-l857r replicaset-demo-r9t8f
```

步骤 4：尝试删除一个 Pod 对象，以触发启动更新操作。随后，立即运行一个交互式的监视命令持续监视 replicaset-demo 作用域内各 Pod 对象的状态变动，可以看到旧版本 Pod 对象的删除及新 Pod 创建过程中的事件。

```
~$ kubectl delete pods ${pods[1]}
pod "replicaset-demo-r9t8f" deleted
~$ kubectl get pods -l app=demoapp,release=stable -w
NAME                      READY    STATUS         RESTARTS    AGE
replicaset-demo-l857r     1/1      Running        0           143m
replicaset-demo-r9t8f     1/1      Terminating    0           143m
replicaset-demo-zxsh7     0/1      Running        0           8s
replicaset-demo-zxsh7     1/1      Running        0           20s
```

在删除命令执行后的新建 Pod 对象 replicaset-demo-zxsh7 就绪之前，客户端持续发出访问请求的所有响应均应该来自未删除的旧版本 Pod 对象。新 Pod 就绪后才能由相应的 Service 对象 demoapp 识别为 Ready 状态的后端端点，并路由请求报文至该端点，此时响应报文来自一新一旧两个版本的 Pod 对象，下面的内容就截取自相关测试命令的返回结果。

```
iKubernetes demoapp v1.2 !!……, ServerName: replicaset-demo-zxsh7, ServerIP:
10.244.3.16!
iKubernetes demoapp v1.1 !!……, ServerName: replicaset-demo-l857r, ServerIP:
10.244.1.41!
```

步骤 5：再删除另一个旧版本的 Pod 对象，待替换的新 Pod 就绪后，测试命令的响应内容均来自于新版本的 Pod 对象，滚动更新也就全部完成了。

```
~$ kubectl delete pods ${pods[0]}
pod "replicaset-demo-l857r" deleted
```

由以上测试过程可知，滚动更新过程不会导致服务中断，唯一的问题在于两个版本有短暂的共存期，若两个版本使用了不同的数据库格式，则需要禁止新版本执行写操作，以免数据异常。必要时，用户还可以将 Pod 模板改回旧的版本进行应用的"降级"或"回滚"，它的操作过程与上述过程类似，不同之处仅是将镜像文件改为过去曾使用过的历史版本。

8.2.4　应用扩容与缩容

改动 ReplicaSet 控制器对象配置中期望的 Pod 副本数量（replicas 字段）会由控制器实时做出响应，从而实现应用规模的水平伸缩。replicas 的修改及应用方式同 Pod 模板，不过，kubectl 提供了一个专用的子命令 scale 用于实现应用规模的伸缩，它支持从资源清单文件中获取新的目标副本数量，也可以直接在命令行通过 --replicas 选项读取，例如将 replicaset-demo 控制器的 Pod 副本数量提升至 4 个：

```
~$ kubectl scale replicasets/replicaset-demo --replicas=4
replicaset.apps/replicaset-demo scaled
```

由下面显示的 rs-example 资源的状态可以看出，将其 Pod 资源副本扩展至 5 个的操作已经成功完成：

```
~$ kubectl get replicasets/replicaset-demo
NAME               DESIRED    CURRENT    READY    AGE
replicaset-demo    4          4          4        3h
```

ReplicaSet 缩容的方式与扩容方式相同，我们只需要明确指定目标副本数量即可。例如：

```
~$ kubectl scale replicasets/replicaset-demo --replicas=1
replicaset.apps/replicaset-demo scaled
~$ kubectl get replicasets/replicaset-demo
NAME               DESIRED    CURRENT    READY    AGE
replicaset-demo    1          1          1        3h
```

另外，kubectl scale 命令还支持在现有 Pod 副本数量符合指定值时才执行扩展操作，这仅需要为命令使用 --current-replicas 选项即可。例如，下面的命令表示如果 replicaset-demo 目前的 Pod 副本数量为 2，就将其扩展至 3 个：

```
~$ kubectl scale replicasets/replicaset-demo --current-replicas=2 --replicas=3
error: Expected replicas to be 2, was 1
```

但由于 replicaset-demo 控制器现存的副本数量是 1 个，上面的扩容操作不会真正执行，而是仅返回了错误提示。

8.2.5 高级更新策略

除联合使用多个 ReplicaSet 外，我们还能为应用更新功能模拟实现更加灵活和更易于维护的滚动更新、金丝雀部署和蓝绿部署等。

1. 滚动更新

ReplicaSet 上的应用更新也能够不改变现有资源（简称为 rs-old）的定义，而是借助创建一个有着新版本 Pod 模板的新 ReplicaSet 资源（简称为 rs-new）实现。新旧版本的 ReplicaSet 使用了不同的标签选择器，它们筛选相同的 Pod 标签，但至少会有一个标签匹配到不同的值，余下的标签各自匹配相同值，相关的 Service 对象的标签选择器会匹配这些拥有相同值的标签。

我们可以设计用 rs-old 和 rs-new 共同筛选 app、release 和 version 标签，其中 app 和 release 分别匹配相同值，例如 app=demoapp、release=stable，而 version 则匹配不同值，如 rs-old 匹配 version=v1.0，而 rs-new 匹配 version=v1.1。同时，Service 的标签选择器则筛选 app=demoapp 和 release=stable，以便能匹配到更新期间两个不同 ReplicaSet 作用域内不同版本的 Pod 对象。具体如图 8-8 所示。

rs-new 的初始副本数为 0，在更新过程中，我们以特定的分批（每个批次简称 1 个单位或步长）策略逐步增加 rs-new 的 replicas 字段值，并同步降低 rs-old 的 replicas 字段值，直到 rs-new 副本数为期望的数量，而 rs-old 的副本数为 0 时更新过程结束，如图 8-9 所示。

具体操作时，我们可以采取如下 3 种不同的策略进行整个滚动更新过程：

❑ 先于 rs-new 上增加 1 个单位的 Pod 副本，待全部就绪后再于 rs-old 上降低 1 个单位的副本数，待所有旧 Pod 成功终止后进行下一批次；

❑ 先于 rs-old 上降低 1 个单位的 Pod 副本，待所有旧 Pod 成功终止后再于 rs-new 上增加 1 个单位的副本数，再待所有新 Pod 对象就绪后进行下一批次；

❑ 以同步的方式进行，rs-new 上新增 1 个单位的 Pod 对象，与此同时，rs-old 上降低 1 个单位的副本数，等新 Pod 全部就绪且旧 Pod 全部成功终止后进行下一批次。

由此可见，第一和第三种策略会导致更新过程中，新旧两个 ReplicaSet 资源作用域内的 Pod 对象总和超出用户期望的副本数，而第二种和第三种策略会使得更新过程中 Service

的可用后端端点数缺少 1 个单位，但第三种策略能够更快地完成更新过程。因而，选择更新策略就存在两种重要的判断标准：一是 Kubernetes 集群资源是否可承载短时间内 Pod 数量的增加；另一个是支撑相应服务请求总量所依赖的 Pod 实例数。

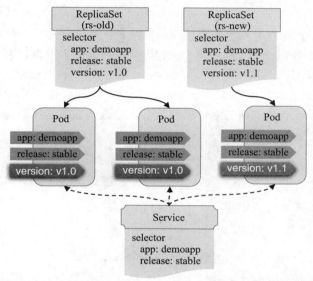

图 8-8　滚动更新策略中 Service 和 ReplicaSet 的标签选择器

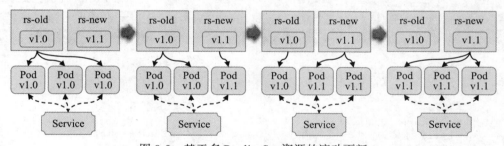

图 8-9　基于多 ReplicaSet 资源的滚动更新

　　无论采取哪种滚动策略，我们都可以让更新过程在完成第一批次后暂停一段时长，根据新版本发现的问题以及路由到新版本应用上的用户体验和反馈，来判断是继续完成余下批次的更新操作，还是撤回此前一个批次的更新操作。显然，这种方式能够降低更新过程中的风险，它通过放出的一只"金丝雀"（canary）避免了更大范围的更新故障。

　　另外，我们可保留最近一个范围内的副本数为 0 的旧版本的 ReplicaSet 资源于更新历史中，以便按需对比历史更新中所做的改动，随时按需以类似于"回滚"的更新策略应用至历史中的任一版本。但显然上述的这些操作步骤过于烦琐，以手动方式操作极易出错，幸运的是，更高级别的 Pod 控制器 Deployment 能自动实现滚动更新和回滚，并为用户提供了自定义更新策略的接口，这些内容我们将在 8.3 节中展开说明。

2. 蓝绿部署

滚动更新过程中，会存在两个不同版本的应用同时向客户端提供服务，且更新和回滚过程耗时较长。另一种更为妥帖的更新方式是，在旧版本 ReplicaSet 资源运行的同时直接创建一个全 Pod 副本的新版本 ReplicaSet，待所有的新 Pod 就绪后一次性地将客户端流量全部迁至新版本之上，这种更新策略也称为蓝绿部署（Blue-Green Deployment）。

显然，为了避免更新过程中新旧版本 ReplicaSet 资源的 Pod 完全并存时 Service 将流量发往不同版本的 Pod 对象，我们需要设定 Service 使用的标签选择器仅能匹配到其中一个版本的 Pod 对象。最简单的实现方式是让 Service 与 ReplicaSet 使用完全相同的标签选择器，但每次更新过程中，在新版本所有 Pod 就绪之后，修改其标签选择器与新版本的 ReplicaSet 的标签选择器相同，如图 8-10 所示。

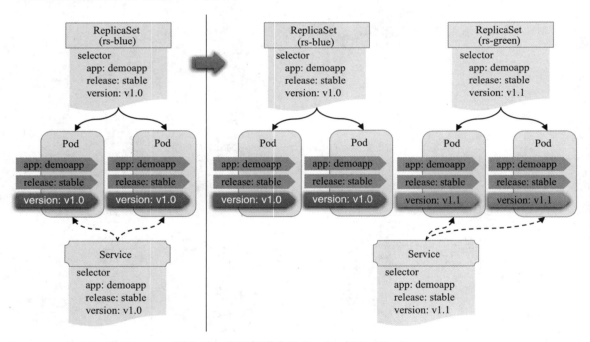

图 8-10　蓝绿部署中的 Service 与 ReplicaSet

Service 将所有客户端流量代理至新版本的 Pod 上运行一段时长之后，若确定运行正常，即可将旧版本 ReplicaSet 的副本数置零后保存到历史版本序列中。相较于滚动更新来说，蓝绿部署实现步骤要简单很多，用户完全能够以手动方式完成。

例如，下面的配置清单通过环境变量的方式定义了一个可复用的 ReplicaSet 资源规范，其中的 DEPLOY 代表部署类型 blue 或 green，而 VERSION 则用于表示 demoapp 的程序版本号，它保存在 replicaset-blue-green.yaml 文件中。

```
apiVersion: apps/v1
kind: ReplicaSet
metadata:
  name: rs-${DEPLOY}
spec:
  minReadySeconds: 3
  replicas: 2
  selector:
    matchLabels:
      app: demoapp
      ctr: rs-${DEPLOY}
      version: ${VERSION}
  template:
    metadata:
      labels:
        app: demoapp
        ctr: rs-${DEPLOY}
        version: ${VERSION}
    spec:
      containers:
      - name: demoapp
        image: ikubernetes/demoapp:${VERSION}
        ports:
        - name: http
          containerPort: 80
```

而下面的这个配置清单以类似的方式定义了一个方便复用的 Service 资源规范，其中的环境变量的作用与前一个配置清单中的环境变量相同，该配置保存在 service-blue-green.yaml 文件中。

```
apiVersion: v1
kind: Service
metadata:
  name: demoapp-svc
  namespace: default
spec:
  type: ClusterIP
  selector:
    app: demoapp
    ctr: rs-${DEPLOY}
    version: ${VERSION}
  ports:
  - name: http
    port: 80
    protocol: TCP
    targetPort: 80
```

为了测试蓝绿部署的效果，我们先将 replicaset-blue-green.yaml 配置清单中的 ReplicaSet 资源以 rs-blue 的名称部署为待更新的老版本，它使用 1.0 的 demoapp 镜像，创建的 Pod 对象名称均以 rs-blue 为前缀。

```
~$ DEPLOY='blue' VERSION='v1.0' envsubst < replicaset-blue-green.yaml | kubectl
apply -f -
replicaset.apps/rs-blue created
```

> 💡提示　envsubst 是一个 shell 命令，能够从标准输入接收文本，完成环境变量替换。

接下来，将 service-blue-green.yaml 配置清单中的 Service 资源 demoapp-svc 部署到集群上，它使用同 rs-blue 对象相同的标签选择器，等 rs-blue 作用域内的至少一个 Pod 就绪后即可接受客户端请求。

```
~$ DEPLOY='blue' VERSION='v1.0' envsubst < service-blue-green.yaml | kubectl
apply -f -
service/demoapp-svc created
```

随后，在新终端中启动一个用于测试的临时 Pod 对象，在其接口使用 curl 命令发起持续性访问请求。

```
~$ kubectl run pod-$RANDOM --image=ikubernetes/admin-toolbox:v1.0 -it \
    --rm --command -- /bin/sh
[root@pod-30411 /]#
[root@pod-30411 /]# while true; do curl --connect-timeout 1 demoapp-svc; sleep 1; done
```

待 rs-blue 期望的两个 Pod 对象均能正常提供服务后，即可假设需要更新到新的 demoapp 版本。此时，我们需要先基于 replicaset-blue-green.yaml 配置清单创建名为 rs-green 的新版本 ReplicaSet。

```
~$ DEPLOY='green' VERSION='v1.1' envsubst < replicaset-blue-green.yaml | kubectl
apply -f -
replicaset.apps/rs-green created
```

随后，等到 rs-green 的两个 Pod 均就绪后，将 Service 对象 demoapp-svc 的标签选择器修改为匹配新版本 ReplicaSet 对象 rs-green 作用域内的所有 Pod，可通过如下命令完成。

```
~$ DEPLOY='green' VERSION='v1.1' envsubst < service-blue-green.yaml | kubectl
apply -f -
service/demoapp-svc configured
```

这时，我们可以在专用于发起请求测试的终端上看到所有的响应报文均来自新版本的 Pod 中的容器应用 demoapp。最后，将 rs-blue 的 Pod 副本数设置为 0 即可。

```
~$ kubectl scale replicasets/rs-blue --replicas=0
replicaset.apps/rs-blue scaled
```

显然，由于蓝绿部署要求两个及以上版本应用的 Pod 同时在线，对于应用规模较大而集群资源较为紧张的场景就成为"不可能"任务，而滚动更新则不具有这方面的问题。下面我们将着力介绍可用于声明式更新功能的 Deployment 控制器。

8.3 Deployment 控制器

Deployment（简写为 deploy）是 Kubernetes 控制器的一种高级别实现，它构建于 ReplicaSet 控制器之上，如图 8-11 所示。它可用于为 Pod 和 ReplicaSet 资源提供声明式更新，并能够以自动方式实现 8.2 节中介绍的跨多个 ReplicaSet 对象的滚动更新功能。相比较来说，Pod 和 ReplicaSet 是较低级别的资源，以至于很少被直接使用。

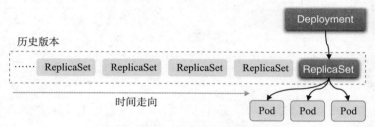

图 8-11 Deployment、ReplicaSet 和 Pod

Deployment 控制器资源的主要职责同样是为了保证 Pod 资源健康运行，其大部分功能通过调用 ReplicaSet 控制器实现，并增添了部分特性。

- ❑ 事件和状态查看：必要时可以查看 Deployment 对象的更新进度和状态。
- ❑ 版本记录：将 Deployment 对象的更新操作予以保存，以便后续可能执行的回滚操作使用。
- ❑ 回滚：更新操作启动后的任一时刻（包括完成后）发现问题，都可以通过回滚机制将应用返回到前一个或由用户指定的历史记录中的版本。
- ❑ 暂停和启动：更新过程中能够随时暂停和继续完成后面的步骤。
- ❑ 多种更新方案：一是 Recreate，即重建更新机制，单批次更新所有 Pod 对象；另一个是 RollingUpdate，即滚动更新机制，多批次逐步替换旧有的 Pod 至新的版本。

Deployment 资源的扩缩容机制与 ReplicaSet 相同，修改 .spec.replicas 即能实时触发其规模变动操作。另外，kubectl scale 是专用于扩展特定控制器类型的应用规模的命令，包括 Deployment、ReplicaSet 和 StatefulSet 等。

8.3.1 Deployment 基础应用

Deployment 是标准的 API 资源类型，它以 ReplicaSet 资源为基础资源进行应用编排，并能够自动实现策略式滚动更新或单批次重建式更新，因而它的 spec 字段中嵌套使用的字段包含了 ReplicaSet 控制器支持的所有字段，而 Deployment 也正是利用这些信息完成其二级资源 ReplicaSet 对象的创建。另外，Deployment 还支持几个专用于定义部署及相关策略的字段，具体使用说明如下。

```
apiVersion: apps/v1                         # API 群组及版本
kind: Deployment                            # 资源类型特有标识
metadata:
  name <string>                             # 资源名称，在作用域中要唯一
  namespace <string>                        # 名称空间；Deployment 隶属名称空间级别
spec:
  minReadySeconds <integer>                 # Pod 就绪后多少秒内任一容器无崩溃方可视为"就绪"
  replicas <integer>                        # 期望的 Pod 副本数，默认为 1
  selector <object>                         # 标签选择器，必须匹配 template 字段中 Pod 模板的标签
  template <object>                         # Pod 模板对象
  revisionHistoryLimit <integer>            # 滚动更新历史记录数量，默认为 10
  strategy <Object>                         # 滚动更新策略
    type <string>                           # 滚动更新类型，可用值有 Recreate 和 Rollingupdate
    rollingUpdate <Object>                  # 滚动更新参数，专用于 RollingUpdate 类型
      maxSurge <string>                     # 更新期间可比期望的 Pod 数量多出的数量或比例
      maxUnavailable <string>               # 更新期间可比期望的 Pod 数量缺少的数量或比例
  progressDeadlineSeconds <integer>         # 滚动更新故障超时时长，默认为 600 秒
  paused <boolean>                          # 是否暂停部署过程
```

若无须自定义更新策略等相关配置，除了资源类型之外，Deployment 资源的基础配置格式几乎与 ReplicaSet 完全相同。下面是一个配置清单示例，它定了一个名为 deployment-demo 的 Deployment 资源，为了便于复用，我们把镜像标签以环境变量 VERSION 进行标识。

```
apiVersion: apps/v1
kind: Deployment
metadata:
  name: deployment-demo
spec:
  replicas: 4
  selector:
    matchLabels:
      app: demoapp
      release: stable
  template:
    metadata:
      labels:
        app: demoapp
        release: stable
    spec:
      containers:
      - name: demoapp
        image: ikubernetes/demoapp:${VERSION}
        ports:
        - containerPort: 80
          name: http
        livenessProbe:
          httpGet:
            path: '/livez'
```

```
      port: 80
      initialDelaySeconds: 5
readinessProbe:
  httpGet:
    path: '/readyz'
    port: 80
    initialDelaySeconds: 15
```

同其他类型资源的创建方式类似，Deployment 资源规范同样使用 kubectl apply 或 kubectl create 命令进行创建，但为了真正、全面地体现 Deployment 的声明式配置功能，建议统一使用声明式的管理机制创建和更新 Deployment 资源。

```
~$ VERSION='v1.0' envsubst < deployment-demo.yaml | kubectl apply --record -f -
deployment.apps/deployment-demo created
```

kubectl get deployments 命令可以列出创建的 Deployment 对象的简要状态信息，下面命令结果显示出的字段中，UP-TO-DATE 表示已经满足期望状态的 Pod 副本数量，而 AVAILABLE 则表示当前处于就绪状态并已然可向客户端提供服务的副本数量。

```
~$ kubectl get deployments/deployment-demo
NAME              READY     UP-TO-DATE     AVAILABLE        AGE
deployment-demo   4/4       4              4                36s
```

Deployment 资源会由控制器自动创建下级 ReplicaSet 资源，并自动为其生成一个遵循 [DEPLOYMENT-NAME]-[POD-TEMPLATE-HASH-VALUE] 格式的名称，其中的 hash 值由 Deployment 控制器根据 Pod 模板计算生成。另外，Deployment 还会将用户定义在 Pod 模板上的标签应用到下级 ReplicaSet 资源之上，并附加一个 pod-template-hash 的标签，标签值即 Pod 模板的 hash 值。

```
~$ kubectl get replicasets -l app=demoapp,release=stable --show-labels
NAME                      DESIRED   CURRENT   READY   AGE      LABELS
deployment-demo-b479b6f9f  ……        app=demoapp,pod-template-hash=b479b6f9f,
release=stable
```

Pod 对象则使用同上级 ReplicaSet 资源一样的标签，包括 pod-template-hash，而各 Pod 对象的名称同样遵循 ReplicaSet 对象对 Pod 命名的格式，它以 ReplicaSet 对象的名称为前缀，后跟 5 位随机字符。下面使用 awk 过滤出了 get pods 命令结果中的以 deployment-demo 开头的所有 Pod 资源，并显示了它们的标签。

```
~$ kubectl get pods --show-labels | awk '/^deployment-demo-/{print $1,$NF}'
deployment-demo-b479b6f9f-5phpr app=demoapp,pod-template-hash=b479b6f9f,
release=stable
deployment-demo-b479b6f9f-kqk2r app=demoapp,pod-template-hash=b479b6f9f,
release=stable
deployment-demo-b479b6f9f-lbsp4 app=demoapp,pod-template-hash=b479b6f9f,
release=stable
deployment-demo-b479b6f9f-sbnbj app=demoapp,pod-template-hash=b479b6f9f,
release=stable
```

事实上，Deployment 及下级 ReplicaSet 真正使用的标签选择器也包含 pod-template-hash 标签，这正是确保 Deployment 通过多 ReplicaSet 资源进行滚动更新时，确保各 ReplicaSet 不会交叉引用同一组 Pod 对象的一种途径。

8.3.2 Deployment 更新策略

如前所述，ReplicaSet 控制器的应用更新需要手动分成多步并以特定的次序进行，过程繁杂且容易出错，而 Deployment 却只需要由用户指定在 Pod 模板中要改动的内容，例如容器镜像文件的版本，余下的步骤可交由 Deployment 控制器自动完成。未定义更新策略的 Deployment 资源，将以默认方式配置更新策略，资源详细描述能够输出更新策略的相关配置信息，下面以 deployment-demo 资源为例来了解默认的更新策略。

```
~$ kubectl describe deployments/deployment-demo
Name:                 deployment-demo
......
Annotations:          deployment.kubernetes.io/revision: 1
Selector:             app=demoapp,release=stable
Replicas:             4 desired | 4 updated | 4 total | 4 available | 0 unavailable
StrategyType:         RollingUpdate
MinReadySeconds:      0
RollingUpdateStrategy: 25% max unavailable, 25% max surge
......
OldReplicaSets:   <none>
NewReplicaSet:    deployment-demo-b479b6f9f (4/4 replicas created)
Events:
  ......
```

Deployment 控制器支持滚动更新（rolling updates）和重新创建（recreate）两种更新策略，默认使用滚动更新策略。重建式更新类同前文中 ReplicaSet 的第一种更新方式，即先删除现存的 Pod 对象，而后由控制器基于新模板重新创建出新版本资源对象。通常，只有当应用的新旧版本不兼容（例如依赖的后端数据库的格式不同且无法兼容）时才会使用 recreate 策略。但重建策略会导致应用在更新期间不可用，因而建议用户使用蓝绿部署的方式进行，除非系统资源不足以支撑蓝绿部署的实现。

Deployment 控制器的滚动更新操作并非在同一个 ReplicaSet 控制器对象下删除并创建 Pod 资源，而是将它们分置于两个不同的控制器之下，当前 ReplicaSet 对象的 Pod 副本数量不断减少的同时，新 ReplicaSet 对象的 Pod 对象数量不断增加，直到现有 ReplicaSet 对象的 Pod 副本数为 0，而新控制器的副本数量变得完全符合期望值，如图 8-9 所示。新旧版本之间区别彼此 Pod 对象的关键标签为 pod-template-hash。

多批次更新模式的默认间隔标准是前一批次的所有 Pod 对象均已就绪，方可启动后一批次的更新。而 Deployment 还提供了两个配置滚动更新批次的字段，以允许用户自定义更新过程的滚动速率，这两个字段分别用于定义滚动更新期间的 Pod 总数可向上或向下偏离期望值的幅度。

- ❑ spec.strategy.rollingUpdate.maxSurge：指定升级期间存在的总 Pod 对象数量最多可超出期望值的个数，其值可以是 0 或正整数，也可以是相对于期望值的一个百分比；例如，如果期望值为 10，maxSurge 属性值为 2，则表示 Pod 对象总数至多不能超过 12 个。
- ❑ spec.strategy.rollingUpdate.maxUnavailable：升级期间正常可用的 Pod 副本数（包括新旧版本）最多不能低于期望值的个数，其值可以是 0 或正整数，也可以是相对于期望值的一个百分比；默认值为 1，这意味着如果期望值是 10，则升级期间至少要有 9 个 Pod 对象处于正常提供服务的状态。

如 8.2.5 节中的描述，我们通过组织 maxSurge 和 maxUnavailable 两个属性协同工作，可组合定义出 3 种不同的策略完成多批次的应用更新。

- ❑ 先增新，后减旧：将 maxSurge 设定为小于等于期望值的正整数或相对于期望值的一个百分比，而 maxUnavailable 的值为 0。
- ❑ 先减旧，后增新：将 maxUnavailable 设定为小于等于期望值的正整数或相对于期望值的一个百分比，而 maxSurge 的值为 0。
- ❑ 同时增减（少减多增）：将 maxSurge 和 maxUnavailabe 字段的值同时设定为小于等于期望值的正整数或相对于期望值的一个百分比，二者可以使用不同值。

注意 maxSurge 和 maxUnavailable 属性的值不可同时为 0，否则 Pod 对象的副本数量在符合用户期望的数量后无法做出合理变动以进行滚动更新操作。

显然，deployment-demo 的详细描述显示出，Deployment 默认为滚动更新设置了同时增减的策略，增减的幅度为期望值的 25%，它通过两个批次的创建和 3 个批次的删除即能完成整个应用的更新，具体过程如图 8-12 所示。不过，若 Pod 对象的整体副本数小于 4 的话，就只能按一次 1 个 Pod 对象的方式进行。

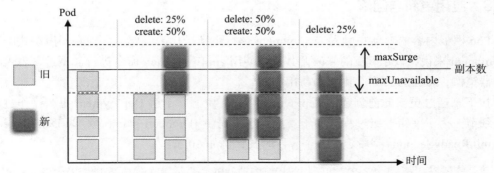

图 8-12　滚动策略默认配置中的 maxSurge 和 maxUnavailable

Deployment 还支持使用 spec.minReadySeconds 字段来控制滚动更新的速度，其默认值为 0，表示新建的 Pod 对象一旦"就绪"将立即被视作可用，随后即可开始下一轮更新过程。而为该字段指定一个正整数值能够定义新建的 Pod 对象至少要成功运行多久才会被视作可用，即就绪之后还要等待 minReadySeconds 指定的时长才能开始下一批次的更新。在一个批次内新建的所有 Pod 就绪后但转为可用状态前，更新操作会被阻塞，并且任何一个 Pod 就绪探测失败，都会导致滚动更新被终止。因此，为 minReadySeconds 赋予一个合理的正整数值，不仅能够减缓滚动更新的速度，还能够让 Deployment 提前发现一部分程序 Bug 导致的升级故障。

Deployment 可保留一部分滚动更新历史（修订记录）中旧版本的 ReplicaSet 对象，如图 8-13 所示。Deployment 资源可保存的历史版本数量由 spec.revisionHistoryLimit 属性进行定义。

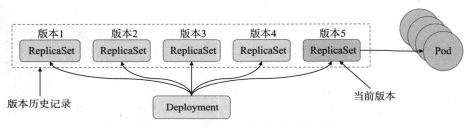

图 8-13　Deployment 的版本历史记录

> 注意　为了保存升级历史，需要在创建 Deployment 对象时为命令使用 --record 选项。

尽管滚动更新以节约系统资源著称，但它也存在着一些劣势。直接改动现有环境，会为系统引入不确定性风险，而且一旦在更新过程中遇到问题，回滚操作的过程会较为缓慢。有鉴于此，金丝雀部署可能是较为理想的实现方式。当然，如果不考虑系统资源的可用性，那么传统的蓝绿部署将是更好的选择。

8.3.3　应用更新与回滚

Pod 模板内容的变动是触发 Deployment 执行更新操作的必要条件。对于声明式配置的 Deployment 来说，Pod 模板的修改尤其适合使用 apply 和 patch 命令进行，不过，若仅是修改容器镜像，set image 命令则更为易用。

接下来通过更新此前创建的 deployment-demo 资源来了解 Deployment 更新操作过程的执行细节。为了使得升级过程更易于观测，这里先使用 kubectl patch 命令为 Deployment 的 spec.minReadySeconds 字段定义一个等待时长，例如 30 秒：

```
~$ kubectl patch deployments/deployment-demo -p '{"spec":{"minReadySeconds":30}}'
deployment.apps/deployment-demo patched
```

> **注意** 修改 Deployment 控制器的 minReadySeconds、replicas 和 strategy 等字段的值并不会触发 Pod 资源的更新操作，因为它们不属于 template 的内嵌字段，对现存的 Pod 对象不产生任何影响。

接下来，我们让 Pod 模板中的 demoapp 容器使用 ikubernetes/demoapp:v1.1 镜像文件，以触发 deployment-demo 启动滚动更新，下面先尝试使用 kubectl apply 命令完成更新操作：

```
~ $ VERSION='v1.1' envsubst < deployment-demo.yaml | kubectl apply --record -f -
deployment.apps/deployment-demo configured
```

kubectl rollout status 命令可用于打印滚动更新过程中的状态信息：

```
~$ kubectl rollout status deployments/deployment-demo
```

另外，我们还可以使用 kubectl get deployments -w 命令监控其更新过程中 Pod 对象的变动过程：

```
~$ kubectl get deployments/deployment-demo -w
```

滚动更新时，deployment-demo 会创建一个新的 ReplicaSet 控制器对象来管控新版本的 Pod 对象，升级完成后，旧版本的 ReplicaSet 会保留在历史记录中，但它的 Pod 副本数被降为 0。

```
~$ kubectl get replicasets -l app=demoapp,release=stable
NAME                        DESIRED   CURRENT   READY   AGE
deployment-demo-59d9f4475b  4         4         4       1m32s
deployment-demo-b479b6f9f   0         0         0       12m
```

deployment-demo 标签选择器作用域内的 Pod 资源对象也随之更新为以新版本 ReplicaSet 名称 deployment-demo-59d9f4475b 为前缀的 Pod 副本。

另一方面，因各种原因导致滚动更新无法正常进行，例如镜像文件获取失败等，或者更新后遇到的应用程序级故障，例如新版本 Pod 中的应用触发了未知 Bug 等，都应该将应用回滚至之前版本用户指定的历史记录中的版本。我们此前曾分别执行了 deployment-demo 资源的一次部署和一次更新操作，因此修订记录（revision history）分别记录有这两次操作，它们各有一个修订标识符，最大标识符为当前使用的版本。kubectl rollout history 命令能够打印 Deployment 资源的修订历史：

```
~$ kubectl rollout history deployments/deployment-demo
deployment.apps/deployment-demo
REVISION   CHANGE-CAUSE
1          kubectl apply --record=true --filename=-
2          kubectl apply --record=true --filename=-
```

从某种意义上说，回滚亦是更新操作。因而，在 deployment-demo 之上执行回滚操作意味着将当前版本切换回前一个版本，但历史记录中，其 REVISION 记录也将随之变动，回滚操作会被当作一次滚动更新追加到历史记录中，而被回滚的条目则会被删除。因而，deployment-demo 回滚后修订标识符将从 1 变为 3。回滚操作可使用 kubectl rollout undo 命令完成：

```
~$ kubectl rollout undo deployments/deployment-demo
deployment.apps/deployment-demo rolled back
```

回滚完成后，我们可根据客户端的访问结果来验证 deployment-demo 是否回滚完成，或者根据当前 ReplicaSet 对象是否恢复到指定的历史版本进行验证。

```
~$ kubectl get replicasets | grep "^deployment-demo"
deployment-demo-59d9f4475b    0        0        0        11m
deployment-demo-b479b6f9f     4        4        4        13m
```

另外，在 kubectl rollout undo 命令上使用 --to-revision 选项指定 revision 号码还可回滚到历史记录中的特定版本。需要注意的是，如果此前的滚动更新过程处于"暂停"状态，回滚操作就需要先将 Pod 模板的版本改回之前，然后"继续"更新，否则，其将一直处于暂停状态而无法回滚。

8.3.4　金丝雀发布

Deployment 资源允许用户控制更新过程中的滚动节奏，例如"暂停"或"继续"更新操作，尤其是借助于前文讲到的 maxSurge 和 maxUnavailable 属性还能实现更为精巧的过程控制。例如，在第一批新的 Pod 资源创建完成后立即暂停更新过程，此时，仅有一小部分新版本的应用存在，主体部分还是旧的版本。然后，通过应用层路由机制根据请求特征精心筛选出小部分用户的请求路由至新版本的 Pod 应用，并持续观察其是否能稳定地按期望方式运行。默认，Service 只会随机或轮询地将用户请求分发给所有的 Pod 对象。确定没有问题后再继续进行完余下的所有 Pod 资源的滚动更新，否则便立即回滚至第一步更新操作。这便是所谓的金丝雀部署，如图 8-14 所示。

图 8-14　金丝雀部署

拓展知识：矿井中的金丝雀

　　17 世纪，英国矿井工人发现，金丝雀对瓦斯这种气体十分敏感。空气中哪怕有极其微量的瓦斯气体，金丝雀也会停止歌唱；而当瓦斯含量超过一定限度时，虽然人类毫无察觉，但金丝雀早已毒发身亡。当时在采矿设备相对简陋的条件下，工人们每次下井都会带上一只金丝雀作为瓦斯检测工具，以便在危险状况下紧急撤离。

为了尽可能降低对现有系统及其容量的影响，基于 Deployment 的金丝雀发布过程通常建议采用"先增后减且可用 Pod 对象总数不低于期望值"的方式进行。首次添加的 Pod 对象数量取决于其接入的第一批请求的规则及单个 Pod 的承载能力，视具体需求而定，为了能更简单地说明问题，接下来采用首批添加 1 个 Pod 资源的方式。我们将 Deployment 控制器的 maxSurge 属性的值设置为 1，并将 maxUnavailable 属性的值设置为 0 就能完成设定：

```
~]$ kubectl patch deployments/deployment-demo  \
    -p '{"spec": {"strategy":{"rollingUpdate": {"maxSurge": 1, "maxUnavailable":
    0}}}}'
deployment.apps/deployment-demo patched
```

随后，修改 Pod 模板触发 deployment-demo 资源的更新过程，进行第一批次更新后立即暂停该部署操作，则新生成的第一批 Pod 对象便是"金丝雀"，如图 8-15 所示。暂停 Deployment 资源的更新过程，需要将其 spec.pause 字段的值从 false 修改为 true，这可通过修改资源规范后再次应用（apply）完成，也可通过 kubectl rollout pause 命令进行。例如，下面将 deployment-demo 资源的 Pod 模板中的容器镜像进行了修改以触发其更新，但同时使用 shell 操作符 && 随后立即执行了暂停命令：

```
~$ VERSION='v1.2' envsubst < deployment-demo.yaml | kubectl apply --record -f - && \
    kubectl rollout pause deployments/deployment-demo
deployment.apps/deployment-demo configured
deployment.apps/deployment-demo paused
```

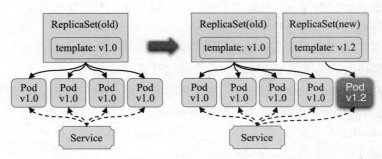

图 8-15　Deployment 资源更新暂停和金丝雀部署

处于"暂停"状态中的 Deployment 资源的滚动状态也会暂停于某一批更新操作中，我们可以通过状态查看命令打印相关的信息：

```
~ $ kubectl rollout status deployments/deployment-demo
Waiting for deployment "deployment-demo" rollout to finish: 1 out of 4 new
replicas have been updated...
```

相关的 Pod 列表也能够显示出旧版本 ReplicaSet 的所有 Pod 副本仍在正常运行，而同时新版本 ReplicaSet 对象也有了一个 Pod 实例，相关 Service 对象能够在其就绪后将一定比例的客户端流量引入到该 Pod 之上。运行足够长的一段时间后，若确认新版本应用没有必须通过回滚才能解决的问题，随后即可使用 kubectl rollout resume 命令继续后续更新步骤，以完成滚动更新过程。

```
~ $ kubectl rollout resume deployments/deployment-demo
deployment.apps/deployment-demo resumed
```

kubectl rollout status 命令监控到滚动更新过程完成后，即可通过 deployment-demo 资源及其作用域内的 ReplicaSet 和 Pod 对象的相关信息来了解其结果状态。然而，如果"金丝雀"遇险，回滚操作便成了接下来的紧要任务。

8.4 StatefulSet 控制器

无状态应用进程客户端的每次连接均可独立地处理，一次请求和响应即构成一个完整的事务，它们不受已完成的连接或现有其他连接的影响，且意外中断或关闭时仅需要重新建立连接即可，因而，无状态应用的 Pod 对象可随时由其他由同一模板创建的 Pod 平滑替代，这也正是 Deployment 控制器编排应用的方式。

另一方面，有状态应用进程客户端的每次连接都在先前事务的上下文中执行，并可能会受到该上下文的影响，事务意外中断时其上下文和历史行为会被进程予以存储，从而能支持客户端恢复该连接。这种处理方式表明，有状态应用进程对同一个客户端的请求处理应该始终由同一服务器进行。多实例场景中，管理员或代理服务器需要独立标识每个客户端及每个后端服务器，并为一个特定的客户端建立到后端某服务器的固定映射关系。于是，有状态应用的编排模型也就必然要求控制器能独立识别每个 Pod 对象，确保每个 Pod 对象故障时的替代者仍能具有相同的标识且拥有先前实例特有的上下文，而这种上下文数据在先后实例间的传递通常要借助每个 Pod 自身专用的存储卷完成。

事实上，在云原生应用的体系里有两组常用的近义词：第一组是无状态（stateless）、牲畜（cattle）、无名（nameless）和可丢弃（disposable），它们都可用于表述无状态应用；另一组是有状态（stateful）、宠物（pet）、具名（having name）和不可丢弃（non-disposable），它们都可用于表示有状态应用。

8.4.1 功能分析

Kubernetes 系统使用专用的 StatefulSet 控制器编排有状态应用。StatefulSet 表示一组具有唯一持久身份和稳定主机名的 Pod 对象，任何指定该类型 Pod 的状态信息和其他弹性数据都存放在与该 StatefulSet 相关联的永久性磁盘存储空间中。StatefulSet 旨在部署有状态应用和集群化应用，这些应用会将数据保存到永久性存储空间，它适合部署 Kafka、MySQL、Redis、ZooKeeper 以及其他需要唯一持久身份和稳定主机名的应用。

一般说来，一个典型的、完整可用的 StatefulSet 资源通常由两个组件构成：Headless Service 和 StatefulSet 资源。Headless Service 用于为各 Pod 资源固定、唯一的标识符生成可解析的 DNS 资源记录，StatefulSet 用于编排 Pod 对象，并借助 volumeClaimTemplate 以静态或动态的 PV 供给方式为各 Pod 资源提供专有且固定的存储资源。

对于拥有 N 个副本的 StatefulSet 资源来说，它会以 {0…N–1} 依次对各 Pod 对象进行编号及顺序创建，当前 Pod 对象就绪后才会创建下一个，删除则以相反的顺序进行，每个 Pod 删除完成后才会继续删除前一个。Pod 资源的名称格式为 $(statefulset name)-$(ordinal)，例如名称为 web 的 StatefulSet 资源生成的 Pod 对象的名称依次为 web-0、web-1、web-2 等，其域名后缀则由相关的 Headless Service 资源给出，格式为 $(service name).$(namespace). svc.cluster.local。

> **注意** Kubernetes 1.7 及其之后的版本也支持 StatefulSet 并行管理 Pod 对象。

配置了 volumeClaimTemplate 的 StatefulSet 资源会为每个 Pod 对象基于存储卷申请配置一个专用的 PV，动静供给机制都支持，只是静态供给依赖于管理员的事前配置，如图 8-16 所示。而删除 Pod 对象甚至是 StatefulSet 控制器，并不会删除其相关的 PV 资源以确保数据可用性，因而 Pod 对象由节点故障或被驱逐等原因被重新调度至其他节点时，先前同名 Pod 实例专用的 PV 及其数据可安全复用。

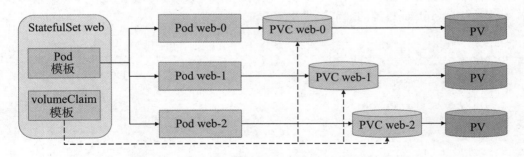

图 8-16 StatefulSet 资源与其 Pod、PVC 和 PV 资源

与 Deployment 略有不同的是，StatefulSet 对应用规模的扩容意味着按索引顺序增加更多的 Pod 资源，而缩容则表示按逆序依次删除索引号最大的 Pod 资源，直到规模数量满足目标设定值为止。需要特别说明的，多数有状态应用都不支持规模性安全、快速的缩减操作，因此 StatefulSet 控制器不支持并行缩容机制，而是要严格遵守一次仅能终止一个 Pod 资源的法则，以免导致数据讹误。这通常也意味着，存在错误且未恢复的 Pod 资源时，StatefulSet 资源会拒绝启动缩容操作。此外，缩容操作导致的 Pod 资源终止同样不会删除

其相关的 PV，以确保数据可用。

StatefulSet 也支持用户自定义的更新策略，它兼容支持之前版本中的 OnDelete 策略，以及新的 RollingUpdate 策略。RollingUpdate 是默认的更新策略，更新过程中，更新顺序与终止 Pod 资源的顺序相同，由索引号最大的开始，终止一个 Pod 对象并完成其更新后继续进行前一个。此外，StatefulSet 资源的滚动更新还支持分区（partition）机制，用户可基于某个用于分区的索引号对 Pod 资源进行分区，所有大于等于此索引号的 Pod 对象会被滚动更新，如图 8-17 所示，而小于此索引号的则不会被更新，而且，即便在此期间该范围内的某 Pod 对象被删除，它也一样会被基于旧版本的 Pod 模板重建。

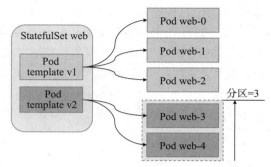

若给定的分区号大于副本数量，意味着不存在大于此分区号的 Pod 资源索引号，因此，所有的 Pod 对象均不会被更新，这对于期望暂存发布、金丝雀发布或分段发布来说是有用的设定。

图 8-17 ReplicaSet 分区式滚动更新

8.4.2 StatefulSet 基础应用

如前所述，完整的 StatefulSet 资源需要由 Headless Service 和 StatefulSet 共同构成，StatefulSet 资源规范中通过必选字段 spec.serviceName 指定关联的 Headless 类型的 Service 对象名称，但管理该 Service 是用户的责任，StatefulSet 仅是强依赖于它，而不会自动管理它。下面是 StatefulSet 资源的规范格式及简要说明。

```
apiVersion: apps/v1                      # API 群组及版本
kind: StatefulSet                        # 资源类型的特有标识
metadata:
  name <string>                          # 资源名称，在作用域中要唯一
  namespace <string>                     # 名称空间；StatefulSet 隶属名称空间级别
spec:
  replicas <integer>                     # 期望的 Pod 副本数，默认为 1
  selector <object>                      # 标签选择器，需匹配 Pod 模板中的标签，必选字段
  template <object>                      # Pod 模板对象，必选字段
  revisionHistoryLimit <integer>         # 滚动更新历史记录数量，默认为 10
  updateStrategy <Object>                # 滚动更新策略
    type <string>                        # 滚动更新类型，可用值有 OnDelete 和 Rollingupdate
    rollingUpdate <Object>               # 滚动更新参数，专用于 RollingUpdate 类型
      partition <integer>                # 分区指示索引值，默认为 0
  serviceName  <string>                  # 相关的 Headless Service 的名称，必选字段
  volumeClaimTemplates <[]Object>#       # 存储卷申请模板
    apiVersion <string>                  # PVC 资源所属的 API 群组及版本，可省略
    kind <string>                        # PVC 资源类型标识，可省略
```

```
    metadata <Object>                # 卷申请模板元数据
    spec <Object>                    # 期望的状态，可用字段同 PVC
  podManagementPolicy  <string>    # Pod 管理策略，默认的 OrderedReady 表示顺序创
                                   # 建并逆序删除，另一可用值 Parallel 表示并行模式
```

下面的配置清单示例中定义了一个名为 demodb 的 Headless Service，以及一个同样名为 demodb 的 StatefulSet 资源，后者使用了存储卷申请模板，为 Pod 对象从 fast-rbd 存储类中请求动态供给并绑定 PV。

```
apiVersion: v1
kind: Service
metadata:
  name: demodb
  namespace: default
  labels:
    app: demodb
spec:
  clusterIP: None
  ports:
  - port: 9907
  selector:
    app: demodb
---
apiVersion: apps/v1
kind: StatefulSet
metadata:
  name: demodb
  namespace: default
spec:
  selector:
    matchLabels:
      app: demodb
  serviceName: "demodb"
  replicas: 2
  template:
    metadata:
      labels:
        app: demodb
    spec:
      containers:
      - name: demodb
        image: ikubernetes/demodb:v0.1
        ports:
        - containerPort: 9907
          name: db
        env:
        - name: DEMODB_DATADIR
          value: "/demodb/data"
        livenessProbe:
```

```
            initialDelaySeconds: 5
            periodSeconds: 10
            httpGet:
              path: /status
              port: db
          readinessProbe:
            initialDelaySeconds: 15
            periodSeconds: 30
            httpGet:
              path: /status?level=full
              port: db
          volumeMounts:
          - name: data
            mountPath: /demodb/data
  volumeClaimTemplates:
  - metadata:
      name: data
    spec:
      accessModes: [ "ReadWriteOnce" ]
      storageClassName: "rbd"
      resources:
        requests:
          storage: 1Gi
```

示例中用到的 demodb 是一个仅用于测试的分布式键值存储系统，支持持久化数据存储，它由一个 Leader 和一到多个 Followers 组成，Followers 定期从 Leader 查询并请求同步数据。Leader 支持读写请求，而各 Followers 节点仅支持只读操作，它们会把接收到的写请求通过 307 响应码重定向给 Leader 节点。用于读写请求的 URI 分别为 /get/KEY 和 /set/KEY，/status 则用于输出状态，/status?level=full 能够以 200 响应码返回持有的键数量，否则响应以 500 状态码返回。

 注意　demodb 仅可由 StatefulSet 控制器编排运行，并且在程序中将 Leader 的名称固定为 demodb-0，依赖的 Headless Service 的名称也固定为 demodb，因此 StatefulSet 和 Headless Service 资源的名称必须要使用 demodb。

默认情况下，StatefulSet 资源使用 OrderedReady 这一 Pod 管理策略，它以串行的方式逐一创建各 Pod 实例及相关的 PV，下面在创建后打印的 statefulsets/demodb 资源详细描述中的各事件的时间点也反映了这种事实。

```
~$ kubectl apply -f demodb.yaml
service/demodb created
statefulset.apps/demodb created
~$ kubectl describe statefulsets/demodb
Name:                demodb
Namespace:           default
```

```
Selector:            app=demodb
Labels:              <none>
Annotations:         Replicas:  2 desired | 2 total
Update Strategy:     RollingUpdate
  Partition:         0
Pods Status:         2 Running / 0 Waiting / 0 Succeeded / 0 Failed
......
Events:
  Type     Reason             Age     From                        Message
  ----     ------             ----    ----                        -------
  Normal   SuccessfulCreate   2m22s   statefulset-controller    create Claim data-
demodb-0 Pod demodb-0 in StatefulSet demodb success
  Normal   SuccessfulCreate   2m22s   statefulset-controller    create Pod demodb-0
in StatefulSet demodb successful
  Normal   SuccessfulCreate   97s     statefulset-controller    create Claim data-
demodb-1 Pod demodb-1 in StatefulSet demodb success
  Normal   SuccessfulCreate   97s     statefulset-controller    create Pod demodb-1
in StatefulSet demodb successful
```

如前所述，由 StatefulSet 资源创建的 Pod 对象拥有固定且唯一的标识符，它们基于唯一的索引序号及相关的 StatefulSet 对象的名称生成，格式为 <statefulset name>-<ordinal index>，例如上面事件信息中显示出由 statefuls/demodb 所创建的 demodb-0 和 demodb-1 两个 Pod 对象的名称即遵循该格式。事实上，这类 Pod 对象的主机名也与其资源名称相同，以 demodb-0 为例，下面的命令打出的主机名称正是 Pod 资源的名称标识。

```
~$ kubectl exec demodb-0 -- hostname
demodb-0
```

我们已经知道，Headless Service 的 DNS 名称解析会由 ClusterDNS 以该 Service 对象关联各 Pod 对象的 IP 地址加以响应。而 StatefulSet 创建的各 Pod 对象的名称则以相关 Headless Service 资源的 DNS 名称为后缀，具体格式为 $(pod_name).$(svc_name).$(namespace).svc. cluster.local，例如 demodb-0 和 demodb-1 的资源名称分别为 demodb-0.demodb.default.svc. cluster.local 和 demodb-1.demodb.default.svc.cluster.local。下面在一个新的专用终端创建一个临时的、基于 Pod 对象的交互客户端进行测试。

```
~$ kubectl run client --image=ikubernetes/admin-toolbox:v1.0 -it --rm --command
-- /bin/sh
```

首先，请求解析 Pod 的 FQDN 格式主机名称，它会返回相应 Pod 对象的 IP 地址；

```
[root@client /]# nslookup -query=A demodb-0.demodb
Server:         10.96.0.10
Address:        10.96.0.10#53

Name:   demodb-0.demodb.default.svc.cluster.local
Address: 10.244.1.208
```

接着，创建一个测试文件，将之存储到 demodb 存储服务以发起数据存储测试。我们知道，CoreDNS 默认以 roundrobin 的方式响应对同一个名称的解析请求，因而以名称方式发往 demodb 这一 Headless Service 的请求会轮询到 demodb-0 和 demodb-1 之上。

```
[root@client /]# echo "Advanced Kubernetes Practices" > /tmp/mydata
[root@client /]# curl -L -XPUT -T /tmp/mydata http://demodb:9907/set/mydata
WRITE completed
```

调度至从节点（demodb-1）的写请求会自动重定向给主节点（demodb-0），且主节点数据存储完成后将自动同步至各个从节点；我们可从服务请求读取数据，或者直接从 demodb-1 读取数据，以进行测试。

```
[root@client /]# curl http://demodb:9907/get/mydata
Advanced Kubernetes Practices
[root@client /]# curl http://demodb-1.demodb:9907/get/mydata
Advanced Kubernetes Practices
```

demodb 的所有节点会将数据存储在 /demodb/data 目录下，每个键被映射为一个子目录，数据存储在该子目录下的 content 文件中。

```
~$ kubectl exec demodb-0 -- cat /demodb/data/mydata/content
Advanced Kubernetes Practices
```

而各 Pod 对象的 /demodb/data 目录挂载到一个由 statefulset/demodb 存储卷申请模板创建的 PVC 之上，每个 PVC 又绑定在由存储类 fast-rbd 动态供给的 PV 之上。各 PVC 的名称由 volumeClaimTemplate 对象的名称与 Pod 对象的名称组合而成，格式为 $(volume-ClaimTemplate_name).(Pod_name)，如下面的命令结果所示。

```
~$ kubectl get pvc -l app=demodb
NAME         STATUS  VOLUME        CAPACITY  ACCESS MODES  STORAGECLASS  AGE
data-demodb-0  Bound   pvc-de6e81c1-⋯  2Gi       RWO           fast-rbd      4m50s
data-demodb-1  Bound   pvc-e95d67ca-⋯  2Gi       RWO           fast-rbd      4m5s
```

StatefulSet 资源作用域内的 Pod 资源因被节点驱逐，或因节点故障、应用规模缩容被删除，甚至是手动误删除时，它挂载的由存储卷申请模板创建的 PVC 卷并不会被删除。因而，经 StatefulSet 资源重建或规模扩容回原来的规模后，每个 Pod 对象依然有固定的标识符并可关联到此前的 PVC 存储卷上。

8.4.3 扩缩容与滚动更新

StatefulSet 资源也支持类似于 Deployment 资源的应用规模的扩容、缩容以及更新机制。扩缩容通过简单地修改 StatefulSet 资源的副本数来改动期望的 Pod 资源数量就能完成，例如，下面的命令能将 statefulsets/demodb 中的 Pod 副本数量扩展至 4 个。

```
~$ kubectl scale statefulsets/demodb --replicas=4
statefulset.apps/demodb scaled
```

StatefulSet 资源的扩容过程与创建过程管理 Pod 对象的策略相同，默认为顺次进行，而且其名称中的序号也将以现有 Pod 资源的最后一个序号为基准向后进行。若定义了存储卷申请模板，扩容操作所创建的每个 Pod 对象也会各自关联所需要的 PVC 存储卷。与扩容操作相对，将其副本数量调低即能完成缩容操作，例如，下面的命令能够将 StatefulSet 资源 demodb 的副本数量缩减至 3 个。

```
~$ kubectl patch statefulsets/demodb -p '{"spec":{"replicas":3}}'
statefulset.apps/demodb patched
```

缩容过程中终止 Pod 资源的默认策略与删除机制相似，它会根据 Pod 对象的可用索引号逆序逐一进行，直到余下的数量满足期望的值为止。因缩容而终止的 Pod 资源的存储卷并不会被删除，因此，如果缩减规模后再将其扩展回来，此前的数据依然可用，且 Pod 资源名称不变。

如前所述，在应用更新方面，StatefulSet 资源自 Kubernetes 1.7 版本开始支持自动更新机制，其更新策略则由 spec.updateStrategy 字段定义，默认为 RollingUpdate，即滚动更新。kubectl set image 命令也支持修改 StatefulSet 资源上 Pod 模板中的容器镜像，因而，触发 statefulsets/demodb 上的应用升级可使用类似如下一条命令完成。

```
~$ kubectl set image statefulsets/demodb demodb-shard="ikubernetes/demodb:v0.2"
statefulset.apps/demodb image updated
```

滚动更新 StatefulSet 资源的 Pod 对象以逆序的方式从其最大索引编号逐一进行，滚动条件为当前更新循环中的各个新 Pod 资源已然就绪。通常，对于主从复制类的集群应用来说，这种方式能保证担当主节点的 Pod 资源在最后进行更新，以确保其兼容性。例如，触发 statefulsets/demodb 更新后，可以看到类似如下命令中首先更新索引编号最大的 Pod 对象 demodb-1 的操作。

```
~$ kubectl get pods -l app=demodb
NAME          READY     STATUS              RESTARTS       AGE
demodb-0      1/1       Running             0              5m42s
demodb-1      1/1       Running             0              4m42s
demodb-2      0/1       ContainerCreating   0              5s
```

StatefulSet 资源滚动更新过程中的状态同样可以使用 kubectl rollout history 命令获取。更新完成后，我们可使用如下命令，确认相关 Pod 对象使用的容器镜像都已经变更为指定的新版本。

```
~$ kubectl get pods -l app=demodb -o \
    jsonpath='{range .items[*]}{.metadata.name}: {.spec.containers[0].image}{"\n"}
    {end}'
demodb-0: ikubernetes/demodb:v0.2
demodb-1: ikubernetes/demodb:v0.2
demodb-2: ikubernetes/demodb:v0.2
```

滚动更新过程不会影响相应的数据服务，此前的生成的数据键 mydata 及其数据在更新过程中同样可以正常访问，这在 8.4.2 节的交互式客户端测试结果中能够得到验证。但是，更新 demodb-0 期间写操作会有短暂的不可用区间。

```
[root@client /]# curl http://demodb:9907/get/mydata
Advanced Kubernetes Practices
```

进一步地，StatefulSet 资源支持使用分区编号（.spec.updateStrategy.rollingUpdate. partition 字段值）将其 Pod 对象分为两个部分，仅那些索引号大于等于分区编号的 Pod 对象会被更新，默认的分区编号为 0，因而滚动更新时，所有的 Pod 对象都是待更新目标。于是，在更新操作之前，将 partition 字段的值置为 Pod 资源的副本数量 N（或大于该值）会使得所有的 Pod 资源（索引号区间为 0 到 N–1）都不再处于可直接更新的分区之内，那么这之后设定的更新操作不会真正执行而是被"暂存"起来，直到降低分区编号至现有 Pod 资源索引号范围内，才开始触发真正的滚动更新操作。来看下面的例子。

首先，将 statefulsets/demodb 的分区别编号设置为现有的 Pod 数量值 3：

```
~$ kubectl patch statefulsets/demodb -p \
    '{"spec":{"updateStrategy":{"rollingUpdate":{"partition":3}}}}'
statefulset.apps/demodb patched
```

而后，更新 statefulsets/demodb 的 Pod 模板中的容器镜像为 ikubernetes/demodb:v0.3。

```
~$ kubectl set image statefulsets/demodb demodb-shard='ikubernetes/demodb:v0.3'
statefulset.apps/demodb image updated
```

接下来，我们验证出最大编号的 Pod 对象 demodb-2 的容器镜像并未因执行更新而发生变化，根据更新策略来说，这意味着其他更小索引号的 Pod 对象更不会发生任何变动：

```
~$ kubectl get pods/demodb-2 -o jsonpath='{.spec.containers[0].image}'
ikubernetes/demodb:v0.2
```

再接着，将分区编号降为 statefulsets/demodb 上的最大索引编号 2 之后可以验证，仅 demodb-2 执行了更新操作；如下第二条命令可于分区编号更改后，略等一段时间后再执行：

```
~$ kubectl patch statefulsets/demodb -p \
    '{"spec":{"updateStrategy":{"rollingUpdate":{"partition":2}}}}'
statefulset.apps/demodb patched
~$ kubectl get pods -l app=demodb -o \
    jsonpath='{range .items[*]}{.metadata.name}: {.spec.containers[0].image}
    {"\n"}{end}'
demodb-0: ikubernetes/demodb:v0.2
demodb-1: ikubernetes/demodb:v0.2
demodb-2: ikubernetes/demodb:v0.3
```

demodb-2 就像是一只"金丝雀"，安然渡过一定时长的测试期间后，我们便可继续其他 Pod 资源的更新操作。若后续待更新的 Pod 资源数量较少，我们可直接将 partition 字段的值设置为 0，从而让 StatefulSet 逆序完成后续所有 Pod 资源的更新。而待更新的 Pod 资源较多时，也可以将 Pod 资源以线性或指数级增长的方式来分阶段完成更新操作，操作过程仅仅是分多次更改 partition 字段值，例如将 statefulsets/demodb 控制器的分区号以较慢的节奏依次设置为 1 和 0 来完成剩余 Pod 资源的线性分步更新，如图 8-18 所示。

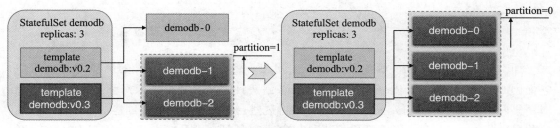

图 8-18　StatefulSet 资源的分段更新

StatefulSet 支持的另一更新策略是 OnDelete，这类似于手动更新机制，它以用户的手动删除操作为触发时间点完成应用更新。

8.4.4　StatefulSet 的局限性

　　应用于生产环境的分布式有状态应用的各实例间的关系并非像本节示例中的 demodb 那样简单，它们在拓扑上通常是基于复杂分布式协议的成员关系，例如 ZooKeeper 集群成员基于 ZAB 协议的 Leader/Follower 关系以及 etcd 集群成员基于 Raft 协议的对等（peer）关系等。这些分布式有状态应用的内生拓扑结构存在区别，对持久存储的依赖需求也有所不同，并且集群成员的增加、减少以及在故障后的恢复操作通常都会依赖一系列复杂且精细的步骤才能完成，于是 StatefulSet 控制器无法为其封装统一、标准的管理操作。于是，用户就不得不配置某个特定的有状态应用，在其 YAML 配置清单中通过"复杂的运维代码"手动编写相关的运维逻辑，例如下面的这段代码便是以 StatefuSet 资源来编排 etcd 应用时，在其 Pod 模板中编写的仅实现了简单功能的运维代码。这看上去既奇怪又低效——每个用户不得不学习相关应用的运维知识并重复"造轮子"，而 StatefulSet 对此却也爱莫能助。

```
command:
- "/bin/sh"
- "-ecx"
- |
  IP=$(hostname -i)
  PEERS=""
  for i in $(seq 0 $(($ {CLUSTER_SIZE} - 1))); do
PEERS="${PEERS}${PEERS:+,}${SET_NAME}-${i}=http://${SET_NAME}-${i}.${SET_
NAME}:2380"
  done
  # start etcd. If cluster is already initialized the `--initial-*` options
  will be ignored.
  exec etcd --name ${HOSTNAME} \
    --listen-peer-urls http://${IP}:2380 \
    --listen-client-urls http://${IP}:2379,http://127.0.0.1:2379 \
    --advertise-client-urls http://${HOSTNAME}.${SET_NAME}:2379 \
```

```
--initial-advertise-peer-urls http://${HOSTNAME}.${SET_NAME}:2380 \
--initial-cluster-token etcd-cluster-1 \
--initial-cluster ${PEERS} \
--initial-cluster-state new \
 --data-dir /var/run/etcd/default.etcd
```

面对这种境况，CoreOS 为 Kubernetes 引入了一个称为 Operator 的新概念和新组件，它借助 CRD（Customed Resource Definition）创建自定义资源类型来完整描述某个有状态应用集群，并相应创建自定义的控制器来编排这些自定义资源类型所创建的各个资源对象。简单来讲，Operator 就是一个开发规范和 SDK，它合理地利用 Kubernetes API 的 CRD 功能扩展出二级抽象，又巧妙地回归到 Kubernetes 的"控制器"逻辑，从而提供了一个有状态应用的实现接口，用户可利用它开发专用于管理某个特定有状态应用的运维控制器，并按需回馈给社区。

目前，Operator 社区中涌现了大量的特定实现，例如 coreos/etcd-operator、oracle/mysql-operator 和 jenkinsci/jenkins-operator 等，有些分布式应用的可用 Operator 实现甚至不止一种。Operator 官方维护着 etcd、Rook、Prometheus 和 Vault 几个 Operator，并通过 https://github.com/operator-framework/awesome-operators 维护着主流的 Operator 项目列表。这意味着，在 Kubernetes 系统上部署分布式有状态应用的常用方式是使用 Operator，而非自定义 StatefulSet 资源，我们将在第 12 章中再举例说明 Operator 的用法。

8.5　DaemonSet 控制器

Deployment 仅用于保证在集群上精确运行多少个工作负载的实例，但有些系统级应用却需要在集群中的每个节点上精确运行单个实例，这就是 DaemonSet 控制器的核心功用所在。系统级工作负载的副本数量取决于集群中的节点数，而非由用户通过 replicas 进行定义，更重要的是，后续新加入集群的工作节点也会由 DaemonSet 对象自动创建并运行为一个相关 Pod，而从集群移除节点时，该类 Pod 对象也将被自动回收且无须重建。此外，管理员也可以使用节点选择器或节点标签指定仅在部分具有特定特征的节点上运行指定的 Pod 对象。

简单来说，DaemonSet 就是一种特殊的控制器，它有着特定的应用场景，通常用于运行那些执行系统级操作任务的应用，例如：

❑ 运行集群存储的守护进程，例如在每个节点上运行的 glusterd 可用于接入 Gluster 集群；

❑ 在每个节点上运行日志收集守护进程，例如 fluentd、filebeat 和 logstash 等；

❑ 在每个节点上运行监控系统的代理守护进程，例如 Prometheus Node Exporter、collectd、Datadog agent、New Relic agent，或 Ganglia gmond 等。

以 kubeadm 部署的 Kubernetes 集群上，kube-proxy 便是由 DaemonSet 控制器所编排；另外，Flannel 网络插件运行在各节点之上的代理程序也使用了该类型的控制器。

　　既然是需要在集群内的每个节点或部分节点运行工作负载的单个实例，那么，也就可以把应用直接运行为工作节点上的系统级守护进程，只是这么一来也就失去了托管给 Kubernetes 所带来的便捷性。另外，当必须把 Pod 对象以单实例运行在固定的几个节点并且需要先于其他 Pod 启动时，才有必要使用 DaemonSet 控制器，否则就应该使用 Deployment 控制器。

8.5.1　DaemonSet 资源基础应用

　　DaemonSet 是标准的 API 资源类型，它的 spec 字段中嵌套使用的字段也需要使用 selector、template 和 minReadySeconds，并且它们各自的功能和用法基本相同，但 DaemonSet 不支持使用 replicas，毕竟 DaemonSet 不是基于期望的副本数，而是基于节点数量来控制 Pod 资源数量，但 template 是必选字段。另外，DaemonSet 也支持策略式更新，它支持 OnDelete 和 RollingUpdate 两种策略，也能够为滚动更新保存修订记录。DaemonSet 资源的简要配置规范如下。

```
apiVersion: apps/v1                  # API 群组及版本
kind: DaemonSet                      # 资源类型特有标识
metadata:
  name <string>                      # 资源名称，在作用域中要唯一
  namespace <string>                 # 名称空间；DaemonSet 资源隶属名称空间级别
spec:
  minReadySeconds <integer>          # Pod 就绪后多少秒内任一容器无崩溃方可视为"就绪"
  selector <object>                  # 标签选择器，必须匹配 template 字段中 Pod 模板的标签
  template <object>                  # Pod 模板对象
  revisionHistoryLimit <integer>     # 滚动更新历史记录数量，默认为 10
  updateStrategy <Object>            # 滚动更新策略
    type <string>                    # 滚动更新类型，可用值有 OnDelete 和 Rollingupdate
    rollingUpdate <Object>           # 滚动更新参数，专用于 RollingUpdate 类型
      maxUnavailable <string>        # 更新期间可比期望的 Pod 数量缺少的数量或比例
```

　　下面的资源清单（daemonset-demo.yaml）示例中定义了一个 DaemonSet 资源，用于在每个节点运行一个 Prometheus node_exporter 进程以收集节点级别的监控数据，该进程共享节点的 Network 和 PID 名称空间。

```
apiVersion: apps/v1
kind: DaemonSet
metadata:
  name: daemonset-demo
  namespace: default
```

```
      labels:
        app: prometheus
        component: node-expcrter
  spec:
    selector:
      matchLabels:
        app: prometheus
        component: node-exporter
    template:
      metadata:
        name: prometheus-node-exporter
        labels:
          app: prometheus
          component: node-exporter
      spec:
        containers:
        - image: prom/node-exporter:v0.18.0
          name: prometheus-node-exporter
          ports:
          - name: prom-node-exp
            containerPort: 9100
            hostPort: 9100
          livenessProbe:
            tcpSocket:
              port: prom-node-exp
            initialDelaySeconds: 3
          readinessProbe:
            httpGet:
              path: '/metrics'
              port: prom-node-exp
              scheme: HTTP
            initialDelaySeconds: 5
        hostNetwork: true
        hostPID: true
```

Prometheus node_exporter 默认监听 TCP 协议的 9100 端口，基于 HTTP 协议及 /metrics 输出指标数据，我们可以将 daemonset-demo 创建到集群之上后，向任一节点 IP 发起访问，进行测试来验证。

```
~$ kubectl apply -f daemonset-demo.yaml
daemonset.apps/daemonset-demo created
~$ curl -s 172.29.9.11:9100/metrics
# HELP go_gc_duration_seconds A summary of the GC invocation durations.
# TYPE go_gc_duration_seconds summary
go_gc_duration_seconds{quantile="0"} 8.729e-06
go_gc_duration_seconds{quantile="0.25"} 3.1308e-05
......
```

DaemonSet 资源在其详细描述信息输出了相关 Pod 对象的状态，包括应该在集群上运行的副本数和实际运行的副本数及相关的状态等。

```
Desired Number of Nodes Scheduled: 3
Current Number of Nodes Scheduled: 3
Number of Nodes Scheduled with Up-to-date Pods: 3
Number of Nodes Scheduled with Available Pods: 3
Number of Nodes Misscheduled: 0
Pods Status:  3 Running / 0 Waiting / 0 Succeeded / 0 Failed
```

　　偶尔也存在需要将 Pod 对象以单一实例形式运行在集群中的部分工作节点，例如有些拥有特殊硬件节点需要运行特定的监控代理程序等。这仅需要在 Pod 模板的 spec 字段中嵌套使用 nodeSelector 字段，并确保其值定义的标签选择器与部分特定工作节点的标签匹配即可。

　　另外，考虑到大多数系统级应用的特殊性，DaemonSet 资源的各 Pod 实例通常需要被单独访问而不能隐藏在某个 Service 对象之后，例如无论是监控代理程序或日志采集代理程序所在的节点都需要由其服务器端各自识别并单独进行通信。因此，各节点上的 Pod 应用推送数据至服务端，使用 Headless Service 或者直接让 Pod 应用共享节点的网络名称空间，并监听一个端口（例如 node_exporter 的 9100 端口）是满足这种需求的常见做法。

8.5.2　DaemonSet 更新策略

　　DaemonSet 自 Kubernetes 1.6 版本起也开始支持更新机制，相关配置定义在 spec.update-Strategy 嵌套字段中。目前，它支持 RollingUpdate 和 OnDelete 两种更新策略。

- ❑ RollingUpdate 为默认的策略，工作逻辑类似于 Deployment 控制器上的同名策略，不过节点难以临时弹性增设，因而 DaemonSet 仅能支持使用 maxUnavailabe 属性定义最大不可用 Pod 资源副本数（默认值为 1）。
- ❑ Ondelete 是在相应节点的 Pod 资源被删除后重建为新版本，从而允许用户手动编排更新过程。

将此前创建的 daemonset-demo 中 Pod 模板的容器镜像修改为 prom/node-exporter:v0.18.1 便能测试其更新过程：

```
~$ kubectl set image daemonsets/daemonset-demo \
        prometheus-node-exporter="prom/node-exporter:v0.18.1"
daemonset.apps/daemonset-demo image updated
```

　　按照默认的 RollingUpdate 策略，daemonset-demo 资源将采用一次更新一个 Pod 对象，待新建 Pod 对象就绪后再更新下一个 Pod 对象的方式进行，资源相关的事件中会详细展示出其更新过程。

```
~$ kubectl describe daemonsets daemonsets/daemonset-demo
......
Events:
  Type      Reason            Age     From                  Message
  ----      ------            ----    ----                  -------
  Normal    SuccessfulDelete  7m44s   daemonset-controller  Deleted pod: daemonset-demo-btl8x
```

```
Normal   SuccessfulCreate   7m39s   daemonset-controller   Created pod: daemonset-demo-5z8q8
Normal   SuccessfulDelete   6m6s    daemonset-controller   Deleted pod: daemonset-demo-hf9lv
Normal   SuccessfulCreate   6m3s    daemonset-controller   Created pod: daemonset-demo-bw5qp
Normal   SuccessfulDelete   4m34s   daemonset-controller   Deleted pod: daemonset-demo-gzxd2
Normal   SuccessfulCreate   4m27s   daemonset-controller   Created pod: daemonset-demo-19qgg
```

规模较大的集群中，我们也可以增大 RollingUpdate 策略中 maxUnavailable 属性的值来加快其滚动过程，例如设置为 20%、25% 甚至是 50% 等。DaemonSet 控制器的滚动更新机制同样支持借助 minReadySeconds 来自定义 Pod 对象必须处于"就绪"状态多少时长才能视作"可用"。另外，DaemonSet 资源的更新操作也支持回滚，包括回滚至 REVISION 历史记录中的任何一个指定的版本等。

而对于需要精心组织每个实例更新过程才能确保其升级过程可靠进行的应用来说，我们就不得不使用 OnDelete 策略来替换默认的 RollingUpdate 策略。OnDelete 策略的实施逻辑较为简单，这里就不再给出具体操作过程。

8.6　Job 控制器

与 Deployment 及 DaemonSet 控制器管理的守护进程类的服务应用所不同的是，Job 控制器常用于管理那些运行一段时间就能够"完成"的任务，例如计算或备份操作。容器中的进程正常运行完成而结束后不需要再重启，而是由控制器把该 Pod 对象置于 Completed（完成）状态，并能够在超过用户指定的生存周期后由系统自行删除。但是，若容器中的进程因"错误"（而非完成）而终止，则需要依据配置来确定其重启与否，通常，未运行完成的 Pod 对象因其所在的节点故障而意外终止后会被重新创建。Job 控制器的 Pod 对象的状态转换如图 8-19 所示。

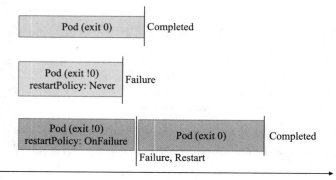

图 8-19　Job 管理下 Pod 资源的运行方式

实践中，有的作业任务可能需要运行不止一次，用户可以配置它们以串行或并行方式运行。总结起来，这种类型的 Job 资源对象主要有两种。

❑ 单工作队列的串行式 Job：将一个作业串行执行多次直到满足期望的次数，如图

8-20 所示；这种 Job 也可理解为并行度为 1 的作业执行方式，在某个时刻仅有一个
Pod 资源对象存在。

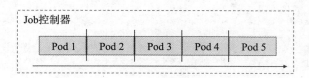

图 8-20　串行式多任务

❑ 多工作队列的并行 Job：这种方式中，可以设置工作队列数（即作业数），每个队列
仅负责运行一个作业，如图 8-21 中的左图所示；也可以用有限的工作队列运行较
多的作业，即工作队列数少于总作业数，它相当于运行着多个串行作业队列。如图
8-21 中的右图所示，工作队列数即同时可运行的 Pod 资源数。

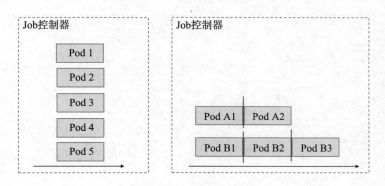

图 8-21　多队列并行式多任务

具体运行中，我们需要根据作业的特性来选择合适的并行度及编排策略，对于有严格
次序要求或者拥有"层进"特性的作业，单工作队列串行执行是其唯一可行的选择，反之，
适度的并行能够提升作业运行速度。

8.6.1　Job 资源基础应用

作为标准的 API 资源类型之一，Job 规范同样由 apiVersion、kind、metadata 和 spec 等
字段组成，由系统自行维护的 status 字段用于保存资源的当前状态，该资源的基本定义格
式如下。

```
apiVersion: batch/v1          # API 群组及版本
kind: Job                     # 资源类型特有标识
metadata:
  name <string>               # 资源名称，在作用域中要唯一
  namespace <string>          # 名称空间；Job 资源隶属名称空间级别
```

```
spec:
  selector <object>                      # 标签选择器，必须匹配 template 字段中 Pod 模板的标签
  template <object>                      # Pod 模板对象
  completions <integer>                  # 期望的成功完成的作业次数，成功运行结束的 Pod 数量
  ttlSecondsAfterFinished  <integer>     # 终止状态作业的生存时长，超期将被删除
  parallelism  <integer>                 # 作业的最大并行度，默认为1
  backoffLimit <integer>                 # 将作业标记为 Failed 之前的重试次数，默认为 6
  activeDeadlineSeconds  <integer>       # 作业启动后可处于活动状态的时长
```

定义 Job 资源时，spec 字段内嵌的必要字段仅有 template 一个，Job 会为其 Pod 对象自动添加 job-name=JOB_NAME 和 controller-uid=UID 标签，并使用标签选择器完成对 controller-uid 标签的关联。例如，下面的资源清单（job-example.yaml）中定义了一个名为 job-demo 的 Job 资源：

```
apiVersion: batch/v1
kind: Job
metadata:
  name: job-demo
spec:
  template:
    spec:
      containers:
      - name: myjob
        image: alpine:3.11
        imagePullPolicy: IfNotPresent
        command: ["/bin/sh", "-c", "sleep 60"]
      restartPolicy: Never
  completions: 3
  ttlSecondsAfterFinished: 3600
  backoffLimit: 3
  activeDeadlineSeconds: 300
```

> 注意 Pod 模板中的 spec.restartPolicy 默认为 Always，这对 Job 控制器来说并不适用，因此必须在 Pod 模板中显式设定 restartPolicy 属性的值为 Never 或 OnFailure。

出于运行一段时长后可终止的目的，该示例中的 Pod 模板通过借助 alpine 镜像运行一个睡眠 60 秒（sleep 60）的应用来模拟该功能。将 job-demo 资源创建到集群之上便可查看相关的任务状态，如下第二条命令显示的简要状态信息中，COMPLETIONS 字段（m/n）表示期望完成的作业数（n）和已经完成的作业数（m），DURATION 为作业完成所运行的时长。

```
~$ kubectl apply -f job-demo.yaml
job.batch/job-demo created
~$ kubectl get jobs/job-demo
NAME        COMPLETIONS    DURATION    AGE
job-demo    1/2            66s         66s
```

相关的 Pod 资源能够以 Job 资源的名称为标签进行筛选，对于串行运行的作业来说，不同时刻能筛选出的 Pod 数量可能存在差异。下面的显示命令运行于第一次作业完成后，而第二次作业刚启动之时：

```
~$ kubectl get pods -l job-name=job-demo
NAME              READY      STATUS        RESTARTS      AGE
job-demo-lb4vw    0/1        Completed     0             68s
job-demo-xn7zq    1/1        Running       0             6s
```

Job 资源的详细描述中能够获得进一步的信息，包括为 Pod 自动添加的标签、使用的标签选择器、作业并行度、各 Pod 的相关状态及相应事件等。

```
~$ kubectl describe jobs/job-demo
Name:                     job-demo
Namespace:                default
Selector:                 controller-uid=42101d29-8a2b-45bf-b003-13af317c1300
Labels:                   controller-uid=42101d29-8a2b-45bf-b003-13af317c1300
                          job-name=job-demo
Annotations:              Parallelism: 1
Completions:              2
Start Time:               Sun, 20 Sep 2020 12:00:33 +0800
Completed At:             Sun, 20 Sep 2020 12:02:37 +0800
Duration:                 2m4s
Active Deadline Seconds:  300s
Pods Statuses:            0 Running / 2 Succeeded / 0 Failed
Pod Template:
  Labels:   controller-uid=42101d29-8a2b-45bf-b003-13af317c1300
            job-name=job-demo
  Containers:
   ......
Events:
  Type     Reason            Age      From            Message
  ----     ------            ----     ----            -------
  Normal   SuccessfulCreate  3m51s    job-controller  Created pod: job-demo-lb4vw
  Normal   SuccessfulCreate  2m49s    job-controller  Created pod: job-demo-xn7zq
  Normal   Completed         107s     job-controller  Job completed
```

由上面命令结果可知，Job 的默认使用的并行度为 1，这也是为什么上面示例中的两个作业要先后执行而非同时执行的原因，这意味着多次作业需要以串行方式运行，作业的总时长至少要相当于各任务各自的执行时长之和。

Job 资源运行完成后便不再占用系统资源，用户可将其按需保留、手动删除或者设置相应属性执行自动删除操作。job-demo 资源留给用户检查相关资源信息的时间窗口为 3600 秒（spec.ttlSecondsAfterFinished），超出该时长后，该作业将由控制器自行删除，而未定义该字段的作业将会一直保留。

现实中的作业未必能有精确的运行时长，若某 Job 资源的 Pod 程序因存在 Bug 或其他原因导致的作业无法"完成"并退出，而其 restatPolicy 又定义为了重启，则该 Pod 可能会一直处于重启和错误的循环当中。为此，Job 控制器提供了两个属性用于抑制这种情况的发生：

❑ .spec.activeDeadlineSeconds <integer>：用于为 Job 指定最大活动时间长度，超出此时长的作业将被终止并标记为失败；

❑ .spec.backoffLimit <integer>：将作业标记为失败状态之前的重试次数，默认值为 6。

由此可见，任务的总体可运行时长（activeDeadlineSeconds）也必须足够容纳作业的预测的总体运行时长。另外，不存在严格意义上先后次序的多次作业，适度的并行将能够显著提升其运行速度。

8.6.2 并行式 Job 与扩容机制

将并行度属性 .spec.parallelism 设置为大于 1 的值，并设置总任务数 .spec.completion 属性大于并行度，便能够让 Job 资源以并行方式运行多任务。下面示例中定义了一个 2 路并行且总体运行 10 次任务的 Job 资源规范：

```
apiVersion: batch/v1
kind: Job
metadata:
  name: job-para-demo
spec:
  template:
    spec:
      containers:
      - name: myjob
        image: alpine:3.11
        imagePullPolicy: IfNotPresent
        command: ["/bin/sh", "-c", "sleep 60"]
      restartPolicy: OnFailure
  completions: 10
  parallelism: 2
  ttlSecondsAfterFinished: 3600
  backoffLimit: 3
  activeDeadlineSeconds: 1200
```

按照并行 Job 的运行法则，job-para-demo 资源将允许最多同时运行两个 Pod，这相当于存在两路虚拟作业管道，每个虚拟管道串行运行分配而来的 Job。

```
~$ kubectl apply -f job-para-demo.yaml
job.batch/job-para-demo created
~$ kubectl get pods -l job-name=job-para-demo
NAME                   READY   STATUS    RESTARTS   AGE
job-para-demo-8fxj2    1/1     Running   0          10s
job-para-demo-mblzj    1/1     Running   0          10s
```

Job 资源的作业并行度支持运行时修改，因而，我们还能够通过修改 parallelism 属性的值来动态提升作业并行度以实现 Job 资源扩容之目的。例如，下面的命令将尚未完成的 job-para-demo 并行度从 2 提升到了 5：

```
~$ kubectl patch jobs/job-para-demo -p '{"spec":{"parallelism":5}}'
job.batch/job-para-demo patched
```

于是，pod-para-demo 资源的并行度提升为 5，Kubernetes 系统为 job-para-demo 资源同时运行的 Pod 资源数量也随之提升到了 5 个，例如，对于刚启动不久的 job-para-demo 资源执行如下面的命令可生成类似如下运行于 5 个 Pod 作业的结果。

```
~$ kubectl get pods -l job-name=job-para-demo -w
NAME                   READY   STATUS      RESTARTS   AGE
job-para-demo-8fxj2    0/1     Completed   0          82s
job-para-demo-d6z98    1/1     Running     0          7s
job-para-demo-hbh99    1/1     Running     0          20s
job-para-demo-lfvj5    1/1     Running     0          7s
job-para-demo-mblzj    0/1     Completed   0          82s
job-para-demo-nq8h7    1/1     Running     0          7s
job-para-demo-ss9t4    1/1     Running     0          20s
```

另外，Job 资源详细描述中，相关事件的发生时间点也是辅助了解 Pod 对象并行运行状态的有效辅助信息。

8.7　CronJob 控制器

CronJob 资源用于管理 Job 资源的运行时间，它允许用户在特定的时间或以指定的间隔运行 Job，它适合自动执行特定的任务，例如备份、报告、发送电子邮件或清理类的任务等。换句话说，CronJob 能够以类似于 Linux 操作系统的周期性任务作业计划（crontab）的方式控制其运行的时间点及周期性运行的方式：

❑ 仅在未来某时间点将指定的作业运行一次；

❑ 在指定的周期性时间点重复运行指定的作业。

CronJob 资源使用的时间格式类似于 Linux 系统上的 crontab，稍具不同之处是，CronJob 资源在指定时间点时，通配符"?"和"*"的意义相同，它们都表示任何可用的有效值。

CronJob 资源使用 Job 对象来完成任务，它每次运行时都会创建一个 Job 对象，并使用类似于 Job 资源的创建、管理和扩容方式。Cronjob 也是 Kubernetes 系统标准的 API 资源，其资源规范的基本格式如下。

```
apiVersion: batch/v1beta1          # API 群组及版本
kind: CronJob                      # 资源类型特有标识
metadata:
  name <string>                    # 资源名称，在作用域中要唯一
```

```
      namespace <string>                       # 名称空间；CronJob 资源隶属名称空间级别
    spec:
      jobTemplate  <Object>                     # Job 作业模板，必选字段
        metadata <object>                       # 模板元数据
        spec <object>                           # 作业的期望状态
      schedule <string>                         # 调度时间设定，必选字段
      concurrencyPolicy  <string>      # 并发策略，可用值有 Allow、Forbid 和 Replace
      failedJobsHistoryLimit <integer>          # 失败作业的历史记录数，默认为 1
      successfulJobsHistoryLimit  <integer> # 成功作业的历史记录数，默认为 3
      startingDeadlineSeconds  <integer>        # 因错过时间点而未执行的作业的可超期时长
      suspend  <boolean>                # 是否挂起后续的作业，不影响当前作业，默认为 false
```

下面资源清单（cronjob-demo.yaml）定义了一个名为 cronjob-demo 的 CronJob 资源示例，它每隔 2 分钟运行一次由 jobTemplate 定义的示例任务，每次任务以单路并行的方式执行 1 次，每个任务的执行不超过 60 秒，且完成后 600 秒的 Job 将会被删除。

```
apiVersion: batch/v1beta1
kind: CronJob
metadata:
  name: cronjob-demo
  namespace: default
spec:
  schedule: "*/2 * * * *"
  jobTemplate:
    metadata:
      labels:
        app: mycronjob-jobs
    spec:
      parallelism: 1
      completions: 1
      ttlSecondsAfterFinished: 3600
      backoffLimit: 3
      activeDeadlineSeconds: 60
      template:
        spec:
          containers:
          - name: myjob
            image: alpine
            command:
            - /bin/sh
            - -c
            - date; echo Hello from CronJob, sleep a while…; sleep 10;
          restartPolicy: OnFailure
  startingDeadlineSeconds: 300
```

将 cronjob-demo 资源创建到集群上后便可通过资源对象的相关信息了解运行状态。下面第二条命令结果中的 SCHEDULE 是指其调度时间点，SUSPEND 表示后续任务是否处于挂起状态，即暂停任务的调度及运行，ACTIVE 表示活动状态的 Job 对象的数量，而 LAST

SCHEDULE 则表示前一次调度运行至此刻的时长。

```
~$ kubectl apply -f cronjob-demo.yaml
cronjob.batch/cronjob-demo created
~$ kubectl get cronjobs/cronjob-demo
NAME            SCHEDULE        SUSPEND     ACTIVE      LAST SCHEDULE     AGE
cronjob-demo    */2 * * * *     False       1           6s                69s
```

我们可借助示例中 Job 模板上定义的标签过滤出名称空间中相关的 Job 对象。一段时长后，cronjob-demo 创建的 Job 对象可能会存在多个，但示例中 Job 模板的配置会使得 Job 控制器自动删除那些完成后超过 3600 秒的、由 cronjob-demo 生成的 Job 对象。另外，CronJob 资源默认仅会在历史记录中保留最近运行成功的 3 个以及运行失败的 1 个 Job，因此，最终保留多少个 Job 也取决于 CronJob 中的历史记录定义，而历史记录中保存的 Job 数也支持由用户自定义其配置。

```
~$ kubectl get jobs -l controller=cronjob-demo
NAME                       COMPLETIONS     DURATION      AGE
cronjob-demo-1589970720    1/1             24s           6m28s
cronjob-demo-1589970840    1/1             27s           4m28s
cronjob-demo-1589970960    1/1             20s           2m28s
cronjob-demo-1589971080    0/1             27s           27s
```

CloJob 在 Pod 中运行，并会保留处于 Completed 状态的 Pod 日志。由 CronJob 资源通过模板创建的 Job 对象的名称以 CronJob 自身的名称为前缀，以 Job 创建时的时间戳为后缀，而各 Job 对象相关的 Pod 对象的名称则随机生成。已完成的 CronJob 资源相关 Pod 的状态为 Completed，而失败的作业状态则存在 RunContainerError、CrashLoopBackOff 或其他表示失败的状态。

可选的 spec.startingDeadlineSeconds 字段指示当 CronJob 由于某种原因错过了计划时间的情况下而允许延迟启动的最长时间（以秒为单位），错过的 CronJob 将被视为处于 Failed 状态。而未定义该字段值，则意味着 CronJob 永远不会超时，这将会导致 CronJob 资源存在同时运行多个实例的可能性。

CronJob 资源的 Job 对象可能不支持同时运行多个实例，用户可基于 .spec.concurrencyPolicy 属性来控制多个 CronJob 并存的机制，它的默认值为 Allow，即允许不同时间点的多个 CronJob 实例同时运行。其他两个可用值中，Forbid 用于禁止前后两个 CronJob 同时运行，如果前一个尚未结束，则后一个不能启动（跳过），Replace 用于让后一个 CronJob 取代前一个，即终止前一个并启动后一个。

8.8　Pod 中断预算

尽管 Deployment 等一类的控制器能确保相应 Pod 对象的副本数量不断逼近期望的数量，但它却无法保证在某一时刻一定存在指定数量或一定百分比的 Pod 对象，然而这种需求在某些强调服务可用性的场景中是必备的。于是，Kubernetes 自 1.4 版本起引入了 PDB（PodDisruptionBudget，Pod 中断预算）类型的资源，用于为那些自愿的中断做好预算方案，限制可自愿中断的最大 Pod 副本数或确保最少可用的 Pod 副本数，以确保服务的高可用性。

Pod 对象创建后会一直存在，除非用户有意将其销毁，或者出现了不可避免的硬件或系统软件错误。非自愿中断是指那些由不可控的外界因素导致的 Pod 中止而退出的情形，例如硬件或系统内核故障、网络故障以及节点资源不足导致 Pod 对象被驱逐等；而那些由用户特地执行的管理操作导致的 Pod 中断则称为自愿中断，例如排空节点、人为删除 Pod 对象、由更新操作触发的 Pod 对象重建等。用户可以为那些部署在 Kubernetes 的任何应用程序创建一个对应 PDB 对象以限制自愿中断时最大可以中断的副本数或者最少应该保持可用的副本数，从而保证应用自身的可用性。

PDB 资源的核心目标在于保护由控制器管理的应用，这必然意味着 PDB 将使用等同于相关控制器对象的标签选择器以精确关联至目标 Pod 对象。PDB 支持的控制器类型包括 Deployment、ReplicaSet 和 StatefulSet 等。同时，PDB 对象也可以用来保护那些纯粹是由定制的标签选择器自由选择的 Pod 对象。

并非所有的自愿中断都会受到 PDB 的约束，例如，删除 Deployment 或者 Pod 的操作就会绕过 PDB。另外，尽管那些因删除或更新操作导致不可用的 Pod 也会计入预算，但是控制器（例如 Deployment）滚动更新时并不会真的被相关联的 PDB 资源所限制。因此，用户应当明确遵守 PDB 的限制法则，而不能直接删除 PDB 相关的 Pod 或者控制器资源。但管理员在维护集群时对节点执行的排空操作会受到 PDB 的限制。

PDB 也是标准的 API 资源类型，其资源规范如下所示。

```
apiVersion: batch/v1beta1         # API 群组及版本
kind: PodDisruptionBudget         # 资源类型特有标识
metadata:
  name <string>                   # 资源名称，在作用域中要唯一
  namespace <string>              # 名称空间；PodDisruptionBudget 资源隶属名称空间级别
spec:
  selector <Object>               # 标签选择器，通常要与目标控制器资源相同
  minAvailable <string>           # 至少可用的 Pod 对象百分比，100% 意味着不支持自愿中断
  maxUnavailable <string>         # 至多不可用的 Pod 对象百分比，0 意味着不支持自愿中断；
                                  # minAvailable 和 maxUnavailable 互斥，不能同时定义
```

下面的配置清单示例定义了名为 pdb-demo 的 PDB 资源，它对 8.3.1 节中由 Deployment 资源 deployment-demo 创建的 Pod 对象设置了 PDB 限制，要求其最少可用 Pod 对象数量为 3 个。

```
apiVersion: policy/v1beta1
kind: PodDisruptionBudget
metadata:
  name: pdb-demo
```

```
    namespace: default
spec:
  maxUnAvailable: 1
  selector:
    matchLabels:
      app: demoapp
      release: stable
```

pdb-demo 资源对象创建完成后，我们能够从其 YAML 格式的资源规范状态信息中了解到该资源的当前状态。

```
~$ kubectl apply -f pdb-demo.yaml
poddisruptionbudget.policy/pdb-demo created
~$ kubectl get pdb/pdb-demo -o yaml
......
status:
  currentHealthy: 4
  desiredHealthy: 3
  disruptionsAllowed: 1
  expectedPods: 4
  observedGeneration: 1
```

接下来，我们可通过在 1 ~ 2 个节点上模拟驱逐 deployment-demo 资源作用域内的两个或以上数量的 Pod 对象模拟自愿中断过程，并监控各 Pod 对象被终止的过程来验证 PDB 资源对象的控制功效。

首先，我们先了解 deployment-demo 作用域内各 Pod 对象在集群节点上的分布状态，下面的命令结果显示出，它有两个 Pod 对象同时运行在节点 k8s-node02.ilinux.io 之上：

```
~$ kubectl get pods -l app=demoapp,release=stable -o wide | awk '{print $1,$7}'
NAME                             NODE
deployment-demo-b479b6f9f-dn8cc  k8s-node02.ilinux.io
deployment-demo-b479b6f9f-ndt8t  k8s-node03.ilinux.io
deployment-demo-b479b6f9f-pm994  k8s-node03.ilinux.io
deployment-demo-b479b6f9f-qcwj4  k8s-node02.ilinux.io
```

接下来，我们使用命令排空该节点以使得该 deployment-demo 资源作用域内的 Pod 对象有两个同时被中止，从而查看其触发 pdb-demo 的状态：

```
$ kubectl drain k8s-node02.ilinux.io --ignore-daemonsets
node/k8s-node02.ilinux.io already cordoned
evicting pod default/deployment-demo-b479b6f9f-dn8cc
evicting pod default/deployment-demo-b479b6f9f-qcwj4
error when evicting pod "deployment-demo-b479b6f9f-dn8cc" (will retry after 5s):
Cannot evict pod as it would violate the pod's disruption budget.
......
error when evicting pod "deployment-demo-b479b6f9f-dn8cc" (will retry after 5s):
Cannot evict pod as it would violate the pod's disruption budget.
evicting pod default/deployment-demo-b479b6f9f-dn8cc
pod/deployment-demo-b479b6f9f-qcwj4 evicted
```

```
pod/deployment-demo-b479b6f9f-dn8cc evicted
node/k8s-node02.ilinux.io evicted
```

测试完成后，关闭节点 k8s-node02.ilinux.io 的 SchedulingDisabled 状态：

```
~$ kubectl uncordon k8s-node02.ilinux.io
node/k8s-node02.ilinux.io uncordoned
```

从测试中排空命令的返回结果可以看出，同时执行驱逐 deployment-demo 作用域内的两个 Pod 对象的操作时，一个 Pod 能立即完成驱逐，但另一个 Pod 的驱逐操作被 pdb-demo 所阻塞，直到 deployment-demo 请求补足该 Pod 副本的请求在其他节点创建完成并就绪后，第二个 Pod 的驱逐操作才能得以完成。

事实上，PDB 资源对多实例的有状态应用来说尤为有用，如 Consul、ZooKeeper 或 etcd 等，用户可借助 PDB 资源来防止自愿中断场景中将实例的数量减少到低于法定数量（quorum），以避免错误的写操作。

8.9 本章小结

本章主要讲解了用于应用编排的大部分工作负载类型的控制器，它们是承载 Kubernetes 集群核心功能的最重要资源类型。

- ❏ 工作负载类型的控制器根据业务需求管控 Pod 资源的生命周期。
- ❏ ReplicaSet 可以确保守护进程型的 Pod 资源始终具有精确的处于运行状态的副本数量，并支持 Pod 规模的伸缩机制；它是新一代的 ReplicationController 控制器，不过用户通常不应该直接使用 ReplicaSet，而是要使用 Deployment。
- ❏ Deployment 是构建在 ReplicaSet 上更加抽象的工作负载型控制器，为 ReplicaSet 和 Pod 提供了声明式更新机制。
- ❏ StatefulSet 是专用于编排有状态应用的控制器，它借助 Headless Service 为每个 Pod 资源赋予一个固定的标识以识别每个 Pod 实例，支持使用存储卷模板为每个 Pod 对象附加专用的 PVC 存储卷以分别存储各自的数据。
- ❏ DaemonSet 控制器用于编排系统级应用，它负责在集群中的每个节点或选定的部分节点上各自运行指定 Pod 模板的单个实例。
- ❏ Job 控制器能够控制相应的作业任务得以正常完成并退出，支持并行式多任务。
- ❏ CronJob 控制器为 Job 提供了于未来某个时间点运行或周期性运行机制，其功能类似于 Linux 操作系统上的 crontab。
- ❏ PDB 资源对象为 Kubernetes 系统上的容器化应用的可用性提供了辅助实现。

第三部分 *Part 3*

安　全

Chapter 9 第 9 章

认证、授权与准入控制

在任何将资源或服务提供给有限使用者的系统上，认证和授权是两个必不可少的功能，前者用于身份鉴别，负责验证"来者是谁"，而后者则实现权限分派，负责鉴证"他有权做哪些事"。Kubernetes 系统完全分离了身份验证和授权功能，将二者分别以多种不同的插件实现，而且，特有的准入控制机制，还能在"写"请求上辅助完成更为精细的操作验证及变异功能。本章主要讲解 Kubernetes 系统常用的认证、授权及准入控制机制的用法。

9.1 Kubernetes 访问控制

API Server 作为 Kubernetes 集群系统的网关，是访问及管理资源对象的唯一入口，它默认监听 TCP 的 6443 端口，通过 HTTPS 协议暴露了一个 RESTful 风格的接口。所有需要访问集群资源的集群组件或客户端，包括 kube-controller-manager、kube-scheduler、kubelet 和 kube-proxy 等集群基础组件，CoreDNS 等集群的附加组件，以及此前使用的 kubectl 命令等都必须要经此网关请求与集群进行通信。所有客户端均要经由 API Server 访问或改变集群状态以及完成数据存储，并且 API Server 会对每一次的访问请求进行合法性检验，包括用户身份鉴别、操作权限验证以及操作是否符合全局规范的约束等。所有检查均正常完成且对象配置信息合法性检验无误之后才能访问或存入数据到后端存储系统 etcd 中，如图 9-1 所示。

客户端认证操作由 API Server 配置的一到多个认证插件完成。收到请求后，API Server 依次调用配置的认证插件来校验客户端身份，直到其中一个插件可以识别出请求者的身份为止。授权操作则由一到多个授权插件完成，这些插件负责确定通过认证的用户是否有权限执行发出的资源操作请求，该类操作包括创建、读取、删除或修改指定的对象等。随后，通过授权检测的用户请求修改相关的操作还要经由一到多个准入控制插件的遍历式检测，例如使用默认值补足要创建的目标资源对象中未定义的各字段、检查目标 Namespace 资源对象是否存在、检查请求创建的 Pod 对象是否违反系统资源限制等，而其中任何的检查失败都可能会导致写入操作失败。

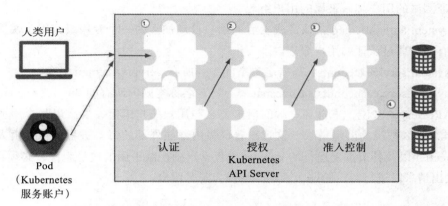

图 9-1　用户账户、服务账户、认证、授权和准入控制

9.1.1　用户账户与用户组

Kubernetes 系统上的用户账户及用户组的实现机制与常规应用略有不同。Kubernetes 集群将那些通过命令行工具 kubectl、客户端库或者直接使用 RESTful 接口向 API Server 发起请求的客户端上的请求主体分为两个不同的类别：现实中的"人"和 Pod 对象，它们的用户身份分别对应用户账户（User Account，也称为普通用户）和服务账户（Service Account，简称 SA）。

1）用户账户：其使用主体往往是"人"，一般由外部的用户管理系统存储和管理，Kubernetes 本身并不维护这一类的任何用户账户信息，它们不会存储到 API Server 之上，仅仅用于检验用户是否有权限执行其所请求的操作。

2）服务账户：其使用主体是"应用程序"，专用于为 Pod 资源中的服务进程提供访问 Kubernetes API 时的身份标识（identity）；ServiceAccount 资源通常要绑定到特定的名称空间，它们由 API Server 自动创建或通过 API 调用，由管理员手动创建，通常附带着一组访问 API Server 的认证凭据——Secret，可由同一名称的 Pod 应用访问 API Server 时使用。

用户账户通常用于复杂的业务逻辑管控，作用于系统全局，因而名称必须全局唯一。Kubernetes 并不会存储由认证插件从客户端请求中提取的用户及所属的组信息，因而也就没有办法对普通用户进行身份认证，它们仅仅用于检验该操作主体是否有权限执行其所请求的操作。相比较来说，服务账户则隶属于名称空间级别，仅用于实现某些特定操作任务，因此功能上要轻量得多。这两类账户都可以隶属于一个或多个用户组。

用户组只是用户账户的逻辑集合，它本身没有执行系统操作的能力，但附加于组上的权限可由其内部的所有用户继承，以实现高效的授权管理机制。Kubernetes 有以下几个内置用于特殊目的的组。

- ❑ system:unauthenticated：未能通过任何一个授权插件检验的账户的、所有未通过认证测试的用户统一隶属的用户组。
- ❑ system:authenticated：认证成功后的用户自动加入的一个专用组，用于快捷引用所有正常通过认证的用户账户。
- ❑ system:serviceaccounts：所有名称空间中的所有 ServiceAccount 对象。
- ❑ system:serviceaccounts:<namespace>：特定名称空间内所有的 ServiceAccount 对象。

对 API Server 来说，来自客户端的请求要么与用户账户绑定，要么以某个服务账户的身份进行，要么被视为匿名请求。这意味着群集内部或外部的每个进程，包括由人类用户使用 kubectl，以及各节点上运行的 kubelet 进程，再到控制平面的成员组件，必须在向 API Server 发出请求时进行身份验证，否则即被视为匿名用户。

9.1.2 认证、授权与准入控制基础

如前所述，Kubernetes 使用身份验证插件对 API 请求进行身份验证，它允许管理员自定义服务账户和用户账户要启用或禁用的插件，并支持各自同时启用多种认证机制。具体设定时，至少应该为服务账户和用户账户各自启用一个认证插件。

如果启用了多种认证机制，账号认证过程由认证插件以串行方式进行，直到其中一种认证机制成功完成即结束。若认证失败，服务器则响应以 401 状态码，反之，请求者就会被 Kubernetes 识别为某个具体的用户（以其用户名进行标识），并且该连接上随后的操作都会以此用户身份进行。API Server 对于接收到的每个访问请求会调用认证插件，尝试将以下属性与访问请求相关联。

- ❑ Username：用户名，例如 kubernetes-admin 等。
- ❑ UID：用户的数字标签符，用于确保用户身份的唯一性。
- ❑ Groups：用户所属的组，用于权限指派和继承。
- ❑ Extra：键值数据类型的字符串，用于提供认证需要用到的额外信息。

Kubernetes 支持的认证方式包括 X.509 数字证书、承载令牌（bearer token，也称为不记名令牌）、身份验证代理（authenticating proxy）和 HTTP Basic 认证等。具体来说，API Server 支持以下几种具体的认证方式，其中所有的令牌认证机制通常被统称为"承载令牌认证"。

1）静态密码文件认证：将用户名和密码等信息以明文形式存储在 CSV 格式的文件中，由 kube-apiserver 在启动时通过 --basic-auth-file 选项予以加载，添加或删除用户都需要重启 API Server；客户端通过在 HTTP Basic 认证（Authorization: Basic <base64-encoded-username:password> 标头）方式中将用户名和密码编码后对该文件进行认证；显然，该认证

方式应该在非生产性的环境中使用。

 提示　静态密码文件认证插件自 Kubernetes v1.20 版本中预以弃用，因而，后面 9.1.3 节中使用该插件的测试操作部分在 v1.20 及之后的版本上不可用，但在 v1.19 及之前的版本中，仍然可用。

2）静态令牌文件认证：即保存用于认证的令牌信息的静态文件，由 kube-apiserver 的命令行选项 --token-auth-file 加载，且 API Sever 进程启动后不可更改；HTTP 协议的客户端能基于承载令牌（Authorization: Bearer <token> 标头）对静态令牌文件进行身份验证，它将令牌编码后通过请求报文中的 Authorization 头部承载并传递给 API Server 即可；建议仅将该认证方式用于非生产性环境中。

3）X509 客户端证书认证：客户端在请求报文中携带 X.509 格式的数字证书用于认证，其认证过程类似于 HTTPS 协议通信模型；认证通过后，证书中的主体标识（Subject）将被识别为用户标识，其中的字段 CN（Common Name）的值是用户名，字段 O（Organization）的值是用户所属的组。例如 /CN=ilinux/O=opmasters/O=admin 中，用户名为 ilinux，它属于 opmasters 和 admin 两个组；该认证方式可通过 --client-ca-file=SOMEFILE 选项启用。

4）引导令牌（Bootstrap Token）认证：一种动态管理承载令牌进行身份认证的方式，常用于简化组建新 Kubernetes 集群时将节点加入集群的认证过程，需要由 kube-apiserver 通过 --experimental-bootstrap-token-auth 选项启用；新的工作节点首次加入时，Master 使用引导令牌确认节点身份的合法性之后自动为其签署数字证书以用于后续的安全通信，kubeadm 初始化的集群也是这种认证方式；这些令牌作为 Secrets 存储在 kube-system 命名空间中，可以动态管理和创建它们，并由 TokenCleaner 控制器负责删除过期的引导令牌。

5）ServiceAccount 令牌认证：该认证方式会由 kube-apiserver 程序自动启用，它同样使用签名的承载令牌来验证请求；该认证方式还支持通过可选项 --service-account-key-file 加载签署承载令牌的密钥文件，未指定时将使用 API Server 自己的 TLS 私钥；ServiceAccount 通常由 API Server 自动创建，并通过 ServiceAccount 准入控制器将其注入 Pod 对象，包括 ServiceAccount 上的承载令牌，容器中的应用程序请求 API Server 的服务时以此完成身份认证。

6）OpenID Connect 令牌认证：简称为 OIDC，是 OAuth 2 协议的一种扩展，由 Azure AD、Salesforce 和 Google Accounts 等 OAuth 2 服务商所支持，协议的主要扩展是返回的附加字段，其中的访问令牌也称为 ID 令牌；它属于 JSON Web 令牌（JWT）类型，有服务器签名过的常用字段，例如 email 等；kube-apiserver 启用这种认证功能的相关选项较多。

7）Webhook 令牌认证：Webhook 身份认证是用于验证承载令牌的钩子；HTTP 协议的身份验证允许将服务器的 URL 注册为 Webhook，并接收带有承载令牌的 POST 请求进行

身份认证；客户端使用 kubeconfig 格式的配置文件，在文件中，users 指的是 API Server 的
Webhook，而 clusters 则指的是 API Server。

8）代理认证：API Server 支持从请求头部的值中识别用户，例如常用的 X-Remote-
User、X-Remote-Group 和几个以 X-Remote-Extra- 开头的头部，它旨在与身份验证代理服
务相结合，由该代理设置相应的请求头部；为了防止头欺骗，在检查请求标头之前，需
要身份认证代理服务向 API Server 提供有效的客户端证书，以验证指定 CA（由选项 --
requestheader-client-ca-file 等进行指定）的代理服务是否合法。

那些未能被任何验证插件明确拒绝的请求中的用户即为匿名用户，该类用户会被冠以
system:anonymous 用户名，隶属于 system:unauthenticated 用户组。若 API Server 启用了
除 AlwaysAllow 以外的认证机制，则匿名用户处于启用状态。但是，出于安全因素的考虑，
建议管理员通过 --anonymous-auth=false 选项将其禁用。

 提示 API Server 还允许用户通过模拟头部冒充另一个用户，这些请求可以以手动方式覆
盖请求中用于身份验证的用户信息。例如，管理员可以使用此功能临时模拟其他用
户来查看请求是否被拒绝，以进行授权策略调试。

除了身份信息，请求报文还需要提供操作方法及其目标对象，例如针对某 Pod 资源对
象进行的创建、查看、修改或删除操作等。具体来说，它包含如下信息。

❏ API：用于定义请求的目标是否为一个 API 资源。

❏ Request path：请求的非资源型路径，例如 /api 或 /healthz。

❏ API group：要访问的 API 组，仅对资源型请求有效；默认为 core API group。

❏ Namespace：目标资源所属的名称空间，仅对隶属于名称空间类型的资源有效。

❏ API request verb：API 请求类的操作，即资源型请求（对资源执行的操作），包括
get、list、create、update、patch、watch、proxy、redirect、delete 和 deletecollection 等。

❏ HTTP request verb：HTTP 请求类的操作，即非资源型请求要执行的操作，如 get、
post、put 和 delete。

❏ Resource：请求的目标资源的 ID 或名称。

❏ Subresource：请求的子资源。

为了核验用户的操作许可，成功通过身份认证后的操作请求还需要转交给授权插件进
行许可权限检查，以确保其拥有执行相应操作的许可。API Server 主要支持使用 4 类内置的
授权插件来定义用户的操作权限。

❏ Node：基于 Pod 资源的目标调度节点来实现对 kubelet 的访问控制。

❏ ABAC：Attribute-based access control，基于属性的访问控制。

❏ RBAC：Role-based access control，基于角色的访问控制。

❑ Webhook：基于 HTTP 回调机制实现外部 REST 服务检查，确认用户授权的访问控制。

另外，还有 AlwaysDeny 和 AlwaysAllow 两个特殊的授权插件，其中 AlwaysDeny（总是拒绝）仅用于测试，而 AlwaysAllow（总是允许）则用于不期望进行授权检查时直接在授权检查阶段放行所有的操作请求。--authorization-mode 选项用于定义 API Server 要启用的授权机制，多个选项值彼此间以逗号进行分隔。

而准入控制器⊖（admission controller）则用于在客户端请求经过身份验证和授权检查之后，将对象持久化存储到 etcd 之前拦截请求，从而实现在资源的创建、更新和删除操作期间强制执行对象的语义验证等功能，而读取资源信息的操作请求则不会经由准入控制器检查。API Server 内置了许多准入控制器，常用的包含下面列出的几种。不过，其中的个别控制器仅在较新版本的 Kubernetes 中才被支持。

1）AlwaysAdmit 和 AlwaysDeny：前者允许所有请求，后者则拒绝所有请求。

2）AlwaysPullImages：总是下载镜像，即每次创建 Pod 对象之前都要去下载镜像，常用于多租户环境中，以确保私有镜像仅能够由拥有权限的用户使用。

3）NamespaceLifecycle：拒绝在不存在的名称空间中创建资源，而删除名称空间则会级联删除其下的所有其他资源。

4）LimitRanger：可用资源范围界定，用于对设置了 LimitRange 的对象所发出的所有请求进行监控，以确保其资源请求不会超限。

5）ServiceAccount：用于实现服务账户管控机制的自动化，实现创建 Pod 对象时自动为其附加相关的 Service Account 对象。

6）PersistentVolumeLabel：为那些由云计算服务商提供的 PV 自动附加 region 或 zone 标签，以确保这些存储卷能正确关联且仅能关联到所属的 region 或 zone。

7）DefaultStorageClass：监控所有创建 PVC 对象的请求，以保证那些没有附加任何专用 StorageClass 的请求会被自动设定一个默认值。

8）ResourceQuota：用于为名称空间设置可用资源上限，并确保当其中创建的任何设置了资源限额的对象时，不会超出名称空间的资源配额。

9）DefaultTolerationSeconds：如果 Pod 对象上不存在污点宽容期限，则为它们设置默认的宽容期，以宽容 notready:NoExecute 和 unreachable:NoExecute 类的污点 5 分钟时间。

10）ValidatingAdmissionWebhook：并行调用匹配当前请求的所有验证类的 Webhook，任何一个校验失败，请求即失败。

11）MutatingAdmissionWebhook：串行调用匹配当前请求的所有变异类的 Webhook，每个调用都可能会更改对象。

早期的准入控制器代码需要由管理员编译进 kube-apiserver 中才能使用，实现方式缺乏灵活性。于是，Kubernetes 自 v1.7 版本引入了 Initializers 和 External Admission Webhooks

⊖　更具体内容请参见 9.7 节。

来尝试突破此限制，而且自 v1.9 版本起，External Admission Webhooks 被分为 Mutating-AdmissionWebhook 和 ValidatingAdmissionWebhook 两种类型，分别用于在 API 中执行对象配置的变异和验证操作。检查期间，仅那些顺利通过所有准入控制器检查的资源操作请求的结果才能保存到 etcd 中，而任何一个准入控制器的拒绝都将导致写入请求失败。

9.1.3　测试使用 API Server 的访问控制机制

如前所述，认证、授权和准入控制功能都以 API Server 插件形式存在，它们都可由 kube-apiserver 相应的选项进行启用和配置。由 kubeadm 部署的 Kubernetes 集群的 API Server 以静态 Pod 形式运行，相关配置清单（/etc/kubernetes/manifests/kube-apiserver.yaml）中配置 kube-apiserver 如下的一部分选项：

```
containers:
- command:
  - kube-apiserver
  - --secure-port=6443    # API Server 监听的安全端口（HTTPS 协议）
  - --insecure-port=0     # API Server 监听的非安全端口（HTTP 协议），0 表示禁用
  - ......
  - --client-ca-file=/etc/kubernetes/pki/ca.crt    # 启用 X509 数字证书认证
  - --authorization-mode=Node,RBAC                 # 启用 Node 和 RBAC 授权插件
  - --enable-admission-plugins=NodeRestriction     # 额外启用的准入控制器列表
  - --enable-bootstrap-token-auth=true             # 启用 Bootstrap Token 认证
  - ......
  - --requestheader-extra-headers-prefix=X-Remote-Extra-  # 代理认证相关的配置
  - --requestheader-group-headers=X-Remote-Group
  - --requestheader-username-headers=X-Remote-User
  - --service-account-key-file=/etc/kubernetes/pki/sa.pub
```

API Server 的几乎每个认证插件都有自己专用的一至多个配置选项，例如上面配置中启用的 X509 证书认证、Bootstrap Token 认证和代理认证，Server Account 认证默认处于启用状态，--service-account-key-file 选项仅指定用于签署承载令牌的密钥文件，未配置时默认使用 API Server 的 TLS 私钥。认证操作由各插件以"短路"方式进行，客户端请求会依次经由认证插件进行检查，任何一个插件认证成功即终止认证过程。

启用的授权插件需要显式指定，它们需要以列表值的格式统一定义在 --authorization-mode 选项之上，例如上面配置中启用了 Node 和 RBAC 授权插件。启用的各授权插件同样以"短路"机制运行，任何一个授权插件鉴权成功即可结束授权检查过程。

API Server 默认会启用一部分准入控制器，额外需要启用的准入控制器需要以列表值的形式定义在 --enable-admission-plugins 选项之上，需要显式禁用准入控制器以列表值的形式定义在 --disable-admission-plugins 选项之上。与认证和授权不同的是，一个请求必须要成功通过所有准入控制器的检查，否则即会被拒绝。

提示 不同版本的 Kubernetes 默认启用的准入控制器可能存在区别，要了解当前使用的版本上默认启用的准入控制器，可在 kube-system 名称空间中 API Server 相关的静态 Pod 内部运行"kube-apiserver -h | grep 'enable-admission-plugins'"命令获取。

　　测试或研发环境中，使用静态密码文件认证是添加普通用户的快捷途径。API Server 的静态密码认证文件遵循 CSV 格式，每一行存储一个用户账户信息，格式为 password,user,uid,"group1,group2,group3"，用户组一段可以省略，而多个用户组也以逗号分隔，但需要使用双引号将所有用户组进行整体引用。例如，我们可以在 Master 节点上的 /etc/kubernetes/authfiles 目录中创建拥有类似如下内容的文件 passwd.csv，它提供了 ilinux 和 ik8s 两个用户，二者都属于 kubeusers 用户组。

```
ilinux@MageEdu,ilinux,1009,"kubeusers,defaultadmin"
ik8s@MageEdu,ik8s,1010,"kubeusers,defaultadmin"
```

　　API Server 的 --basic-auth-file 选项要通过本地路径加载该文件以启用静态密码文件认证方式，这里采用 hostPath 存储卷的方式将宿主机目录 /etc/kubernetes/authfiles/ 关联到静态 Pod 资源 kube-apiserver 的相同目录下。修改 Master 节点上的 /etc/kubernetes/manifests/kube-apiserver.yaml 文件，添加 hostPath 存储卷及卷挂载配置，需要改动的配置部分如下。

```
containers:
- command:          # 在 command 中为 kube-apiserver 添加 --basic-auth-file 选项
  - kube-apiserver
  - --basic-auth-file=/etc/kubernetes/authfiles/passwd.csv
  ......
  volumeMounts:     # 为容器指定额外多挂载的 hostPath 存储卷，存储有静态密码文件
  ......
  - mountPath: /etc/kubernetes/authfiles
    name: static-auth-files
    readOnly: true
  volumes:
  ......
  - hostPath:       # 将宿主机上存储有静态密码文件的目录作为 hostPath 存储卷
      path: /etc/kubernetes/authfiles
      type: DirectoryOrCreate
    name: static-auth-files
```

　　kubelet 的调谐循环会监视节点上指定的用于加载静态 Pod 配置清单的目录，默认为 /etc/kubernetes/manifests。该目录中的任何清单发生变动时，都会由 kubelet 自动做出相应的处理，例如重新创建相关的 Pod 资源，因而配置清单修改完成后很快就会由 kubelet 重新创建 kube-apiserver 相关的静态 Pod 对象，从而启动静态密码文件认证机制。

> 📖**注意** 安全起见，passwd.csv 文件仅应该让必要用户拥有访问权限，并拒绝其他一切用户的任何操作，即将该文件属主和属组设置为 root，并设定其权限模型为 0400。Kubernetes v1.16 将静态密码认证方式置于弃用阶段，且从 v1.2.0 起不再支持该功能。

API Server 默认监听 TCP 的 6443 端口，未指定用户身份并以 curl 命令向 Master 节点的该端口上 HTTPS 服务的根路径发起请求测试，会被识别为匿名用户，但会出现该用户不具有访问相应资源权限的错误信息。

```
~$ curl -s -k https://k8s-master01.ilinux.io:6443/ | grep message
  "message": "forbidden: User \"system:anonymous\" cannot get path \"/\"",
```

但以静态密码文件 passwd.csv 中的某一个用户名及其密码发起访问请求，则会由 API Server 标识出成功认证并识别的用户名，例如下面的测试命令及响应结果所示，但该用户同样因不具有指定资源的访问权限而被拒绝。

```
~$ curl -s -u ilinux:ilinux@MageEdu -k https://172.29.9.1:6443/ | grep message
  "message": "forbidden: User \"ilinux\" cannot get path \"/\"",
```

> 🎯**提示** 事实上，使用来自 HTTP/HTTPS 客户端的基本身份验证时，API Server 需要客户端提供一个特定标头 Authorization，它的值采用 Basic BASE64ENCODED (USER:PASSWORD) 格式。

为了让 ilinux 用户获取资源操作权限，我们可以将 API Server 的 --authorization-mode 的选项值直接修改为 AlwaysAllow，但这样也会将所有权限开放给任意用户，包括匿名用户，这将为系统引入无法预料的风险。因而，我们接下来基于 RBAC 授权插件，将默认的集群角色（ClusterRole）admin 通过角色绑定（RoleBinding）机制，为 ilinux 用户授权 default 名称空间的管理权限来测试认证用户的授权功能。

```
~$ kubectl create rolebinding default-ns-admin --clusterrole=admin --user=ilinux
-n default
rolebinding.rbac.authorization.k8s.io/default-ns-admin created
```

此时，ilinux 用户拥有 default 名称空间及其内部资源对象的管理权限，我们可以通过该用户尝试访问该名称空间，以及该名称空间下的所有资源、指定类型的资源或指定的资源对象，例如下面的命令获取到了 default 名称空间的资源规范。

```
~$ curl -s -u ilinux:ilinux@MageEdu -k https://172.29.9.1:6443/api/v1/namespaces/
default/
{
  "kind": "Namespace",
  "apiVersion": "v1",
  "metadata": {
```

```
    "name": "default",
    ......
}
```

但同样能够认证通过的 ik8s 用户因未被授权，便不具有访问 default 名称空间的权限，如下面的测试命令及结果所示。

```
~$ curl -s -u ik8s:ik8s@MageEdu -k https://k8s-master01.ilinux.io:6443/api/v1/
namespaces/default/
......
"status": "Failure",
"message": "namespaces \"default\" is forbidden: User \"ik8s\" cannot get
resource \"namespaces\" in API group \"\" in the namespace \"default\"",
......
```

另外，静态令牌文件同样是 CSV 格式的文件，它与静态密码文件的不同之处仅在于第一个字段提供的是令牌而非密码字符串，该令牌采用 [a-z0-9]{6}.[a-z0-9]{16} 的格式，第一部分代表令牌 ID，第二部分则是令牌密钥。客户端认证时，直接在 HTTP 中以 Authorization: Bearer <token> 标头完成认证。我们可以在前面静态密码文件认证配置的基础上完成静态令牌文件认证的测试。

步骤 1：执行类似如下命令，在 /etc/kubernetes/authfiles 目录下创建 token.csv 文件，生成相关的用户配置。

```
~$ sudo echo "$(openssl rand -hex 3).$(openssl rand -hex 8),ilinux,1009,\"kubeus
ers,defaultadmin\"" \
>> /etc/kubernetes/authfiles/token.csv
~$ sudo echo "$(openssl rand -hex 3).$(openssl rand -hex 8),ik8s,1010,\"kubeuser
s,defaultadmin\"" \
>> /etc/kubernetes/authfiles/token.csv
~$ sudo chmod 400 /etc/kubernetes/authfiles/token.csv
```

步骤 2：编辑 /etc/kubernetes/manifests/kube-apiserver.yaml 配置清单，为 kube-apiserver 添加配置选项 --token-auth-file=/etc/kubernetes/authfiles/token.csv。

步骤 3：以 ilinux 用户承载令牌认证的方式向 API Server 发起资源操作请求进行访问测试，由下面的命令及结果可知，认证和授权均得以成功完成。

```
~$ TOKEN=$(sudo awk -F "," '$2=="ilinux"{print $1}' /etc/kubernetes/authfiles/
token.csv)
~$ curl -s -H "Authorization: Bearer $TOKEN" -k \
    https://172.29.9.1:6443/api/v1/namespaces/default/
{
    "kind": "Namespace",
    "apiVersion": "v1",
    "metadata": {
    "name": "default",
......
}
```

由此可见，静态密码文件认证及静态令牌文件认证配置简单，很适合学习和试用 Kubernetes 的访问控制功能，但它们包含明文密码或令牌信息，且改动配置需要重启 API Server，添加用户代价较大，不安全且不灵活，因此不建议用于生产环境。

9.2 ServiceAccount 及认证

Kubernetes 原生的应用程序意味着专为运行于 Kubernetes 系统之上而开发的应用程序，这些程序托管运行在 Kubernetes 之上，能够直接与 API Server 进行交互（见图 9-2），并进行资源状态的查询或更新，例如 Flannel 和 CoreDNS 等。显然，API Server 同样需要对这类来自 Pod 资源中的客户端程序进行身份验证，服务账户也是专用于这类场景的账号。ServiceAccount 资源一般由用户身份信息及保存了认证信息的 Secret 对象组成。

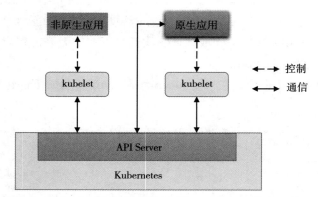

图 9-2 原生与非原生应用程序同 Kubernetes 的交互模型

9.2.1 ServiceAccount 自动化

细心的读者或许已经注意到，此前创建的每个 Pod 资源都自动关联了一个 Secret 存储卷，并由其容器挂载至 /var/run/secrets/kubernetes.io/serviceaccount 目录，下面的信息取自某 Pod 对象详细描述信息中自动挂载的存储卷相关的片段。

```
Containers:
......
    Mounts:
      /var/run/secrets/kubernetes.io/serviceaccount from default-token- w54hg (ro)
......
Volumes:
  default-token-bq6zc:
    Type:        Secret (a volume populated by a Secret)
    SecretName:  default-token- w54hg
    Optional:    false
```

各容器的该挂载点目录中通常存在 3 个文件：ca.crt、namespace 和 token，其中，token 文件保存了 ServiceAccount 的认证令牌，容器中的进程使用该账户认证到 API Server，进而由认证插件完成用户认证并将其用户名传递给授权插件。

每个 Pod 对象只有一个服务账户，若创建 Pod 资源时未予明确指定，则 ServiceAccount 准入控制器会为其自动附加当前名称空间中默认的服务账户，其名称通常为 default。下面的命令显示了 default 这个服务账户的详细信息。

```
~$ kubectl describe serviceaccounts/default -n default
Name:                 default
......
Mountable secrets:    default-token-w54hg
Tokens:               default-token-w54hg
Events:               <none>
```

Kubernetes 系统通过 3 个独立的组件间相互协作实现了上面描述的 Pod 对象服务账户的自动化过程：ServiceAccount 准入控制器、令牌控制器和 ServiceAccount 控制器。ServiceAccount 控制器负责为名称空间管理相应的资源对象，它需要确保每个名称空间中都存在一个名为 default 的服务账户对象。ServiceAccount 准入控制器内置在 API Server 中，负责在创建或更新 Pod 时按需进行 ServiceAccount 资源对象相关信息的修改，这包括如下操作。

❑ 若 Pod 没有显式定义使用的 ServiceAccount 对象，则将其设置为 default。

❑ 若 Pod 显式引用了 ServiceAccount，则负责检查被引用的对象是否存在，不存在时将拒绝 Pod 资源的创建请求。

❑ 若 Pod 中不包含 ImagePullSecerts，则把 ServiceAccount 的 ImagePullSecrets 附加其上。

❑ 为带有访问 API 的令牌的 Pod 对象添加一个存储卷。

❑ 为 Pod 对象中的每个容器添加一个 volumeMounts，将 ServiceAccount 的存储卷挂载至 /var/run/secrets/kubernetes.io/serviceaccount。

令牌控制器是控制平面组件 Controller Manager 中的一个专用控制器，它工作于异步模式，负责完成如下任务：

❑ 监控 ServiceAccount 的创建操作，并为其添加用于访问 API 的 Secret 对象；

❑ 监控 ServiceAccount 的删除操作，并删除其相关的所有 ServiceAccount 令牌密钥；

❑ 监控 Secret 对象的添加操作，确保其引用的 ServiceAccount 存在，并在必要时为 Secret 对象添加认证令牌；

❑ 监控 Secret 对象的删除操作，以确保删除每个 ServiceAccount 对此 Secret 的引用。

需要注意的是，为确保完整性等，必须为 kube-controller-manager 使用 --service-account-private-key-file 选项指定一个私钥文件，用于对生成的 ServiceAccount 令牌进行签名，该私钥文件必须是 PEM 格式。同时，要使用 --service-account-key-file 为 kube-apiserver 指定与前面的私钥配对的公钥文件，实现在认证期间对认证令牌进行校验。

9.2.2 ServiceAccount 基础应用

ServiceAccount 是 Kubernetes API 上的一种资源类型，它属于名称空间级别，用于让 Pod 对象内部的应用程序在与 API Server 通信时完成身份认证。如前所述，同样名为 ServiceAccount 的准入控制器实现了服务账户自动化，该准入控制器为每个名称空间都自动生成了一个名为 default 的默认资源对象。

每个 Pod 对象可附加其所属名称空间中的一个 ServiceAccount 资源，且只能附加一个。不过，一个 ServiceAccount 资源可由其所属名称空间中的多个 Pod 对象共享使用。创建 Pod 资源时，用户可使用 spec.serviceAccountName 属性直接指定要使用的 ServiceAccount 对象，或者省略此字段而由准入控制器自动附加当前名称空间中默认的 ServiceAccount，以确保每个 Pod 对象至少基于该服务账户有权限读取当前名称空间中其他资源对象的元数据信息。

Kubernetes 也支持用户按需创建 ServiceAccount 资源并将其指定到特定应用的 Pod 对象之上，结合集群启用的授权机制为该 ServiceAccount 资源赋予所需要的更多权限，从而构建出更加灵活的权限委派模型。

1. 命令式 ServiceAccount 资源创建

kubectl create serviceaccount 命令能够快速创建自定义的 ServiceAccount 资源，我们仅需要在命令后给出目标 ServiceAccount 资源的名称。

```
~$ kubectl create serviceaccount my-service-account
serviceaccount/my-service-account created
```

Kubernetes 会为创建的 ServiceAccount 资源自动生成并附加一个 Secret 对象，该对象以 ServiceAccount 资源名称为前缀，如下面命令的执行结果所示。

```
~$ kubectl get serviceaccounts/my-service-account -o jsonpath={.secrets[0].name}
my-service-account-token-zjbxb
```

该 Secret 对象属于特殊的 kubernetes.io/service-account-token 类型，它包含 ca.crt、namespace 和 token 这 3 个数据项，它们分别包含 Kubernetes Root CA 证书、Secret 对象所属的名称空间和访问 API Server 的令牌。由 Pod 对象以 Secret 存储卷的方式将该类型的 Secret 对象挂载至 /var/run/secrets/kubernetes.io/serviceaccount 目录后，这 3 个数据项映射为同名的 3 个文件。

```
~$ kubectl get secrets/my-service-account-token-zjbxb -o yaml
apiVersion: v1
data:
```

```
      ca.crt: LS0tLS1CRUdJTiBDRVJUSUZJQ0FURS0tLS0tCk1JSUN5REN……
      namespace: ZGVmYXVsdA==
      token: ZXlKaGJHY2lPaUpTVXpJMU5pSXNJbkJbXRwWkNJNnNlUldZWFp……
  kind: Secret
  metadata:
    annotations:
      kubernetes.io/service-account.name: my-service-account
      kubernetes.io/service-account.uid: 0a7937c3-d4fd-4d1a-b685-3f775b3c1a21
    ……
  type: kubernetes.io/service-account-token
```

2. ServiceAccount 资源清单

事实上，以资源规范形式创建 Secret 对象时，以类似如上命令结果的形式，为 Secret 对象使用资源注解 kubernetes.io/service-account.name 引用一个现存的 ServiceAccount 对象，并指定资源类型为特定的 kubernetes.io/service-account-token，我们便可以将指定的 ServiceAccount 对象引用的 Secret 对象予以置换，该 Secret 对象同样会自动生成固定的 3 个数据项。

更完善地创建 ServiceAccount 资源的方式是使用资源规范，该规范比较简单，它没有 spec 字段，而是将几个关键定义直接通过一级字段给出，具体的规范格式如下所示。

```
apiVersion: v1                          # ServiceAccount 所属的 API 群组及版本
kind: ServiceAccount                    # 资源类型标识
metadata:
  name <string>                         # 资源名称
  namespace <string>                    # ServiceAccount 是名称空间级别的资源
automountServiceAccountToken <boolean>        # 是否让 Pod 自动挂载 API 令牌
secrets <[]Object>                      # 以该 SA 运行的 Pod 要使用的 Secret 对象所组成的列表
  apiVersion <string>                   # 引用的 Secret 对象所属的 API 群组及版本，可省略
  kind <string>                         # 引用的资源类型，这里是指 Secret，可省略
  name <string>                         # 引用的 Secret 对象的名称，通常仅给出该字段即可
  namespace <string>                    # 引用的 Secret 对象所属的名称空间
  uid <string>                          # 引用的 Secret 对象的标识符
imagePullSecrets <[]Object>             # 引用的用于下载 Pod 中容器镜像的 Secret 对象列表
  name <string>                         # docker-registry 类型的 Secret 资源名称
```

下面的配置清单是一个 ServiceAccount 资源示例，它位于 serviceaccount-demo.yaml 文件中，它仅指定了资源名称，以及允许 Pod 对象将其自动挂载为存储卷，引用的 Secret 对象则交由系统自动生成。

```
apiVersion: v1
kind: ServiceAccount
metadata:
  name: namespace-admin
  namespace: default
automountServiceAccountToken: true
```

将配置清单中定义的 default-ns-admin 资源创建到集群上，ServiceAccount 控制器会自动为其附加以该资源名称为前缀的 Secret 对象，如下面的命令结果所示。随后，用户便可以在创建的 Pod 对象上引用该 ServiceAccount 对象，以借助权限管理机制实现自主控制 Pod 对象资源访问权限。

```
~$ kubectl apply -f serviceaccount-demo.yaml
serviceaccount/namespace-admin created
~$ kubectl get serviceaccount/namespace-admin -o jsonpath={.secrets[0].name}
namespace-admin-token-mhdbn
```

另外，ServiceAccount 资源还可以基于 spec.imagePullSecret 字段附带一个由下载镜像专用的 Secret 资源组成的列表，让 Pod 对象在创建容器时且从私有镜像仓库下载镜像文件之前完成身份认证。下面的示例定义了一个从本地私有镜像仓库 Harbor 下载镜像文件时的 Secret 对象信息的 ServiceAccount。

```
apiVersion: v1
kind: ServiceAccount
metadata:
  name: eshop-sa
  namespace: eshop
imagePullSecrets:
- name: local-harbor-secret
```

其中，local-harbor-secret 是 docker-registry 类型的 Secret 对象，包含目标 Docker Registry 的服务入口、用户名、密码及用户的电子邮件等信息，它必须要由用户提前手动创建。该 Pod 资源所在节点上的 kubelet 进程使用 Secret 对象中的令牌认证到目标 Docker Registry，以下载运行容器所需要的镜像文件。

9.2.3　Pod 资源上的服务账户

借助权限分配模型，按需应用"最小权限法则"将不同的资源操作权限配置给不同的账户，是有效降低安全风险的法则之一。有相当一部分 Kubernetes 原生应用程序依赖的权限都会大于从 Pod 默认 ServiceAccount 继承到的权限，且彼此间各有不同，为这类应用定制一个专用的 ServiceAccount 并授予所需的全部权限是主流的解决方案。

```
apiVersion: v1
kind: Pod
metadata:
  name: pod-with-sa
  namespace: default
spec:
  containers:
  - name: adminbox
```

```
        image: ikubernetes/admin-toolbox:v1.0
        imagePullPolicy: IfNotPresent
    serviceAccountName: namespace-admin
```

该 Pod 资源创建完成后会以 Secret 存储卷的形式自动挂载 serviceaccounts/default-ns-admin 的 Secret 对象，如下面的命令结果所示。

```
~$ kubectl apply -f pod-with-serviceaccount.yaml
pod/pod-with-sa created
~$ kubectl get pods/pod-with-sa -o jsonpath='{range .spec.volumes[*]}{.name}{end}'
namespace-admin-token-mhdbn
```

Secret 对 象 默 认 的 挂 载 路 径 是 /var/run/secrets/kubernetes.io/serviceaccount。 与 API Server 交互时，工作负载进程会使用该目录下的 ca.crt 证书文件验证 API Server 的服务器证书是否为自己信任的证书颁发机构（所在集群的 kubernetes-ca）所签发；验证服务器身份成功通过后，工作负载向 API Server 请求操作 namespace 文件指定的名称空间中的资源时，会将 token 文件中的令牌以承载令牌的认证方式提交给 API Server 进行验证，权限校验则由授权插件完成。我们可在 pods/pod-with-sa 的交互式接口中进行访问测试。

1）切换到 pods/pod-with-sa 的 adminbox 容器的 Secret 对象的挂载点为工作目录以便于加载所需要的文件：

```
~$ kubectl exec -it pod-with-sa -- /bin/sh
[root@pod-with-sa /]# cd /var/run/secrets/kubernetes.io/serviceaccount/
```

2）在容器中使用 curl 命令向 API Server 发起访问请求，--cacert 选项用于指定验证服务器端的 CA 证书，而 -H 选项用于自定义头部，它指定了使用的承载令牌；下面的命令使用了"命令引用"机制来加载 token 和 namespace 文件的内容，其结果显示容器进程使用指定的 ServiceAccount 进行身份认证成功。

```
[root@pod-with-sa …]# curl --cacert ./ca.crt -H "Authorization: Bearer $(cat ./
token)" \
             https://kubernetes/api/v1/namespaces/$(cat ./namespace)/
......
"status": "Failure",
"message": "……forbidden: User \"system:serviceaccount:default:namespace-
admin\"……"
"reason": "Forbidden",
......
```

接下来，单独向 serviceaccount/namespace-admin 授予 default 名称空间的管理权限，pods/pod-with-sa 中的进程便能借助该 ServiceAccount 的身份管理相应名称空间下的资源，这可以使用类似于向普通用户 ilinux 授权的方式进行，感兴趣的读者可自行进行测试。

1）切换至 kubectl 管理终端运行如下资源创建命令：

```
~$ kubectl create rolebinding namespace-admin-binding-admin --clusterrole=admin \
```

```
    --serviceaccount=default:namespace-admin -n default
rolebinding.rbac.authorization.k8s.io/namespace-admin-binding-admin created
```

2）回到 pods/pod-with-sa 的 adminbox 容器中再次运行访问测试命令即可验证授权结果，如下命令表示 namespace-admin 用户已然有权限访问 default 名称空间。事实上，它拥有该名称空间中所有资源的 CRUD 权限。

```
[root@pod-with-sa /run/secrets/kubernetes.io/serviceaccount]# curl --cacert ./
ca.crt \
    -H "Authorization: Bearer $(cat ./token)" \
    https://kubernetes/api/v1/namespaces/$(cat ./namespace)/
{
  "kind": "Namespace",
  "apiVersion": "v1",
  "metadata": {
    "name": "default",
......
```

但是，default 名称空间引用了 serviceaccounts/default 资源中 Pod 的容器进程却不具有如上权限，因为它们并未获得相应的授权。事实上，kube-system 名称空间中的许多应用都使用了专用的 ServiceAccount 资源，例如 Flannel、CoreDNS、kube-proxy 以及多种控制器等，感兴趣的读者可自行通过命令了解相应的 ServiceAccount 资源信息。

9.3 X509 数字证书认证

X509 数字证书认证常用的方式有"单向认证"和"双向认证"。SSL / TLS 最常见的应用场景是将 X.509 数字证书与服务器端关联，但客户端不使用证书。单向认证是客户端能够验证服务端的身份，但服务端无法验证客户端的身份，至少不能通过 SSL / TLS 协议进行。之所以如此，是因为 SSL / TLS 安全性最初是为互联网应用开发，保护客户端是高优先级的需求，它可以让客户端确保目标服务器不会被冒名顶替，如图 9-3 所示。

基于其他机制（如 HTTP 基本认证）验证客户端身份可能更容易些，而且这些机制没有生成和分发 X.509 数字证书的高昂开销。但安全性要求较高的场景中，使用组织私有的证书分发系统也一样能够借助数字证书完成客户端认证。图 9-4 展示了服务端与客户端的双向认证机制。

双向认证的场景中，服务端与客户端需各自配备一套数字证书，并拥有信任的签证机构的证书列表。使用私有签证机构颁发的数字证书时，除了证书管理和分发，通常还要依赖用户手动将此私有签证机构的证书添加到信任的签证机构列表中。X509 数字证书认证是 Kubernetes 默认使用的认证机制，采用双向认证模式。

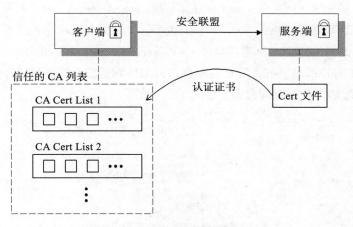

图 9-3　SSL/TLS 服务端认证

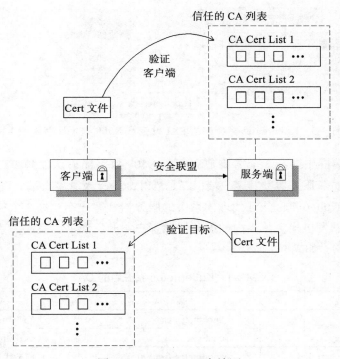

图 9-4　SSL/TLS 双向认证

9.3.1　Kubernetes 的 X509 数字证书认证体系

构建安全基础通信环境的 Kubernetes 集群时，需要用到 PKI 基础设施以完成独立 HTTPS 安全通信及 X509 数字证书认证的场景有多种，如图 9-5 所示。API Server 是整个

Kubernetes 集群的通信网关,controller-manager、scheduler、kubelet 及 kube-proxy 等 API Server 的客户端均需要经由 API Server 与 etcd 通信,完成资源状态信息获取及更新等。同样出于安全通信的目的,Master 的各组件(API Server、controller-manager 和 scheduler)需要基于 SSL/TLS 向外提供服务,而且与集群内部组件间通信时(主要是各节点上的 kubelet 和 kube-proxy)还需要进行双向身份验证。

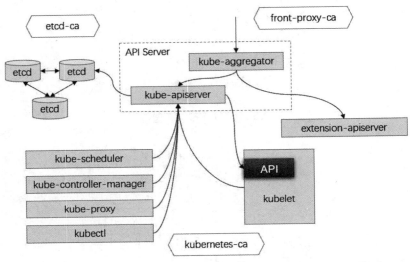

图 9-5 Kubernetes 集群中的 PKI 设施与 X509 数字证书认证体系

Kubernetes 集群中存在 3 个需要独立完成 X509 数字证书认证和 HTTPS 通信的体系:一是 etcd 集群成员、服务器及其客户端;二是 API Server 及其客户端,以及 kubelet API 及其客户端;三是 Kubernetes 认证代理体系中的服务器和客户端。这 3 个独立的体系各自需要一个独立证书颁发机构为体系内的服务器和客户端颁发证书,完成体系内的组件身份认证同时又彼此隔离,如表 9-1 所示。

表 9-1 Kubernetes 系统中的 CA

路 径	默 认	说 明
ca.crt, key	kubernetes-ca	Kubernetes 通用 CA
etcd/ca.crt, key	etcd-ca	etcd 相关功能 CA
front-proxy-ca.crt, key	kubernetes-front-proxy-ca	前端代理相关 CA

(1) etcd 集群 CA 及相关的数字证书

Kubernetes 的 API Server 将集群的状态数据存储到集群存储服务 etcd 中,包括含有敏感数据的 Secret 资源对象。出于提升服务可用性、数据冗余及安全性等目的,生产环境通常应该配置有 3、5 或 7 个节点的 etcd 集群,集群内各节点间基于 HTTPS 协议进行通信,它们使用 Peer 类型的数字证书进行通信时的身份认证。而且，各 etcd 节点提供 Server 类型的数字证书与客户端建立安全连接，并验证其客户端 Client 类型的数字证书。Kubernetes 集群各组件中，kube-apiserver 是唯一一个可直接与集群存储通信的组件，它是 etcd 服务的客户端。

（2）Kubernetes 集群 CA 及相关的数字证书

我们知道，Kubernetes 集群的其他各组件均需要通过 kube-apiserver 访问集群资源，同样出于安全性等目的，API Server 也要借助 HTTPS 协议与其客户端通信，而 X509 双向数字证书认证仅是 API Server 支持的认证方式中的一种，客户端也可能会使用 HTTP Basic 或 Bearer Token 认证方式接入到 API Server。

另外，kubelet 也通过 HTTPS 端点暴露了一组 API，这些 API 提供了多个不同级别的敏感数据接口，并支持来自客户端的请求在节点和容器上执行不同级别的操作。默认情况下，匿名请求将自动隶属于 system:unauthenticated 用户组，其用户名为 system:anonymous。不过，kubelet 可使用 --anonymous-auth=false 选项拒绝匿名访问，并通过 --client-ca-file 选项指定 CA 方式验证客户端身份。kubelet 可直接使用 kubernetes-ca，同时应该为 kube-apiserver 使用 --kubelet-client-certificate 和 --kubelet-client-key 选项指定认证到 kubelet 的客户端证书与私钥。

（3）认证代理服务体系 CA 及相关的数字证书

API Server 支持将认证功能交由外部的其他认证服务代为完成，这些服务通过特定的响应头部返回身份验证的结果状态，API Server 扩展服务就是认证代理的最常见应用场景之一。

除了 API Server 提供的核心 API，Kubernetes 还支持通过聚合层（aggregation layer）对其进行扩展。简单来说，聚合层允许管理员在群集中部署使用其他 Kubernetes 风格的 API，例如 service catalog 或用户自定义的 API Server 等。聚合层本身打包在 kube-apiserver 程序中，并作为进程的一部分运行，但仅在管理员通过指定的 APIService 对象注册扩展资源之后，它才会代理转发相应的请求。而 APIService 则会由运行在 Kubernetes 集群上的 Pod 中的 extention-apiserver 实现。

创建一个 APIService 资源时，作为注册和发现过程的一部分，kube-aggregator 控制器（位于 kube-apiserver 内部）将与 extention-apiserver 的 HTTP2 连接⊖，而后将经过身份验证的用户请求经由此连接代理到 extention-apiserver 上，于是，kube-aggregator 被设置为执行 RequestHeader 客户端认证。

不过，只有 kube-apiserver 在启动时使用了如下选项时，才能启用其内置的聚合层：

❑ --requestheader-client-ca-file=<path to aggregator CA cert>

⊖　基于 TLS（若已启用）。

- ❏ --requestheader-allowed-names=front-proxy-client
- ❏ --requestheader-extra-headers-prefix=X-Remote-Extra-
- ❏ --requestheader-group-headers=X-Remote-Group
- ❏ --requestheader-username-headers=X-Remote-User
- ❏ --proxy-client-cert-file=<path to aggregator proxy cert>
- ❏ --proxy-client-key-file=<path to aggregator proxy key>

proxy-client-cert-file 和 proxy-client-key-file 包含 kube-aggregator 执行客户端证书身份验证的证书 / 密钥对，它使用 requestheader-client-ca-file 中指定的 CA 文件对聚合器证书进行签名。requestheader-allowed-names 包含允许充当伪装前端代理的身份 / 名称列表（客户端证书中使用的 CN），而 requestheader-username-headers、requestheader-group-headers 和 requestheader-extraheaders-prefix 携带一个 HTTP 头的列表，用于携带远程用户信息。

完整运行的 Kubernetes 系统需要为 etcd、API Server 及前端代理（front proxy）生成多个数字证书，如表 9-2 所示。

表 9-2　Kubernetes 上的数字证书

默认 CN	父 CA	O（主体）	类型	主机（SAN）
kube-etcd	etcd-ca		server、client	localhost, 127.0.0.1
kube-etcd-peer	etcd-ca		server、client	<hostname>, <Host_IP>, localhost, 127.0.0.1
kube-etcd-healthcheck-client	etcd-ca		client	
kube-apiserver-etcd-client	etcd-ca	system:masters	client	
kube-apiserver	kubernetes-ca		server	<hostname>, <Host_IP>, <advertise_IP>
kube-apiserver-kubelet-client	kubernetes-ca	system:masters	client	
front-proxy-client	kubernetes-front-proxy-ca		client	

另外，其他集群上运行的应用（Pod）同其客户端的通信经由不可信的网络传输时也可能需要用到 TLS/SSL 协议，例如 Nginx Pod 与其客户端间的通信，客户端来自于互联网时，此处通常需配置一个公信的服务端证书。

显然，普通用户使用这种认证方式的前提是，它们各自拥有自己的数字证书，证书中的 CN 和 O 属性分别提供了准确的用户标识和用户组。API Server 可接受或拒绝这些证书，评估标准在于证书是否由 API Server 信任的客户端证书 CA（由选项 --client-ca-file 指定，默认为 kubernetes-ca）所签发，但 API Server 自身并不了解这些证书，因此也不了解各个用户，它仅知道负责为各个客户端颁发证书的 CA。因此，相较于静态密码文件认证和静态令牌文件认证来说，X509 数字证书认证实现了用户管理与 Kubernetes 集群的分离，且有着更好的安全性。

X509 数字证书认证因其可不依赖第三方服务、有着更好的安全性以及与 API Server 相分离等优势，成为 Kubernetes 系统内部默认使用的认证方式。但是，将 X509 数字证书用于普通用户认证的缺陷也是显而易见的，它主要表现在如下两个方面。

❑ 证书的到期时间在颁发时设定，其生命周期往往很长（数月甚至数年），且事实上的身份验证功能也是在颁发时完成，若撤销用户的可用身份只能使用证书吊销功能完成。

❑ 现实使用中，证书通常由一些通用的签证机构签发，而 API Server 需要信任该 CA；显然，获得该 CA 使用权限的用户便能够授予自己可认证到的 Kubernetes 的任意凭据或身份，因而集群管理员必须自行集中管理证书，这任务往往并不轻松。

对于大型组织来说，Kubernetes 系统用户量大且变动频繁，静态密码文件和静态令牌文件认证方式动辄需要重启 API Server，而 X509 认证中的证书维护开销较高且无法灵活变动凭据生效期限，因此这些认证方式都非理想选择。实践中，人们通常使用 ID Token 进行 Kubernetes 的普通用户身份认证，API Server 的 OpenID Connect 令牌认证插件即用于该场景。

9.3.2 TLS Bootstrapping 机制

TLS Bootstrapping 机制有什么用途呢？新的工作节点接入 Kubernetes 集群时需要事先配置好相关的证书和私钥等以进行安全通信，管理员可以手动管理这些证书，也可以选择由 kubelet 自行生成私钥和自签证书。集群略具规模后，第一种方式无疑会为管理员带来不小的负担，但对于保障集群安全运行却又必不可少。第二种方式降低了管理员的工作量，却也损失了 PKI 本身具有的诸多优势。取而代之，Kubernetes 采用了由 kubelet 自行生成私钥和证书签署请求，而后发送给集群上的证书签署进程（CA），由管理员审核后予以签署或直接由控制器进程自动统一签署。这种方式就是 kubelet TLS Bootstrapping 机制，它实现了前述第一种方式的功能，却基本不增加管理员工作量。

然而，一旦开启 TLS Bootstrapping 功能，任何 kubelet 进程都可以向 API Server 发起验证请求并加入到集群中，包括那些非计划或非授权主机，这必将增大管理验证操作时的审核工作量。为此，API Server 设计了可经由 --enable-bootstrap-token-auth 选项启用的 Bootstrap Token（引导令牌）认证插件。该插件用于加强 TLS Bootstrapping 机制，仅那些通过 Bootstrap Token 认证的请求才可以使用 TLS Bootstrapping 发送证书签署请求给控制平面，并由相应的审批控制器（approval controller）完成证书签署和分发。

 提示 kubeadm 启用了节点加入集群时的证书自动签署功能，因此加入过程在 kubeadm join 命令成功后即完成。

Kubelet 会把签署后的证书及配对的私钥存储到 --cert-dir 选项指定的目录下，并以之生成 kubeconfig 格式的配置文件，该文件的保存路径以 --kubeconfig 选项指定，它保存有

API Server 的地址以及认证凭据。若指定的 kubeocnfig 配置文件不存在，kubelet 会转而使用 Bootstrap Token，从 API Server 自动请求完成 TLS Bootstrapping 过程。

kube-controller-manager 内部有一个用于证书颁发的控制循环，它采用了类似于 cfssl 签证器格式的自动签证器，颁发的所有证书默认具有一年有效期限。正常使用中的 Kubernetes 集群需要在证书过期之前完成更新，以免集群服务不可用。较新版本的 kubeadm 部署工具已经能够自动完成更新，如下第一条命令用于检测证书有效期限，在接近过期时间的情况下，即可使用第二条命令进行更新。

```
~# kubeadm alpha certs check-expiration
~# kubeadm alpha certs renew all
```

Kubernetes 1.8 之后的版本中使用的 csrapproving 审批控制器内置于 kube-controller-manager，并且默认为启用状态。此审批控制器使用 SubjectAccessview API 确认给定的用户是否有权限请求 CSR（证书签署请求），而后根据授权结果判定是否予以签署。不过，为了避免同其他审批器冲突，内置的审批器并不显式拒绝 CSR，而只是忽略它们。

9.4　kubeconfig 配置文件

基于无状态协议 HTTP/HTTPS 的 API Server 需要验证每次连接请求中的用户身份，因而 kube-controller-manager、kube-scheduler 和 kube-proxy 等各类客户端组件必须能自动完成身份认证信息的提交，但通过程序选项来提供这些信息会导致敏感信息泄露。另外，管理员还面临着使用 kubectl 工具分别接入不同集群时的认证及认证信息映射难题。为此，Kubernetes 设计了一种称为 kubeconfig 的配置文件，它保存有接入一到多个 Kubernetes 集群的相关配置信息，并允许管理员按需在各配置间灵活切换，如图 9-6 所示。

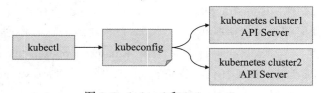

图 9-6　kubectl 和 kubeconfig

客户端程序可通过默认路径、--kubeconfig 选项或者 KUBECONFIG 环境变量自定义要加载的 kubeconfig 文件，从而能够在每次的访问请求中可认证到目标 API Server。

9.4.1　kubeconfig 文件格式

kubeconfig 文件中，各集群的接入端点以列表形式定义在 clusters 配置段中，每个列表项代表一个 Kubernetes 集群，并拥有名称标识；各身份认证信息（credentials）定义在 users

配置段中，每个列表项代表一个能够认证到某 Kubernetes 集群的凭据。将身份凭据与集群分开定义以便复用，具体使用时还要以 context（上下文）在二者之间按需建立映射关系，各 context 以列表形式定义在 contexts 配置段中，而当前使用的映射关系则定义在 current-context 配置段中。kubeconfig 文件的格式如图 9-7 所示。

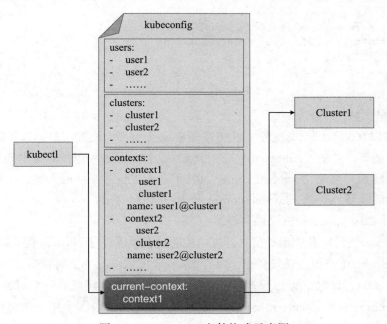

图 9-7　kubeconfig 文件格式示意图

使用 kubeadm 初始化 Kubernetes 集群过程中，在 Master 节点上生成的 /etc/kubernetes/admin.conf 文件就是一个 kubeconfig 格式的文件，它由 kubeadm init 命令自动生成，可由 kubectl 加载后接入当前集群的 API Server。kubectl 加载 kubeconfig 文件的默认路径为 $HOME/.kube/config，在 kubeadm init 命令初始化集群过程中有一个步骤便是将 /etc/kubernetes/admin.conf 复制为该默认搜索路径上的文件。当然，我们也可以通过 --kubeconfig 选项或 KUBECONFIG 环境变量将其修改为其他路径。

kubectl config view 命令能打印 kubeconfig 文件的内容，下面的命令结果显示了默认路径下的文件配置，包括集群列表、用户列表、上下文列表以及当前使用的上下文（current-context）等。

```
~$ kubectl config view
apiVersion: v1
kind: Config
preferences: {}
clusters:
- cluster:
```

```
        certificate-authority-data: DATA+OMITTED
        server: https://k8s-api.ilinux.io:6443
    name: kubernetes
contexts:
- context:
        cluster: kubernetes
        user: kubernetes-admin
    name: kubernetes-admin@kubernetes
current-context: kubernetes-admin@kubernetes
users:
- name: kubernetes-admin
    user:
        client-certificate-data: REDACTED
        client-key-data: REDACTED
```

用户也可以在 kubeconfig 配置文件中按需自定义相关的配置信息，以实现使用不同的用户账户接入集群等功能。kubeconfig 是一个文本文件，尽管可以使用文本处理工具直接编辑它，但强烈建议用户使用 kubectl config 及其子命令进行该文件的设定，以便利用其他自动进行语法检测等额外功能。kubectl config 的常用子命令有如下几项。

- ❏ view：打印 kubeconfig 文件内容。
- ❏ set-cluster：设定新的集群信息，以单独的列表项保存于 clusters 配置段。
- ❏ set-credentials：设置认证凭据，保存为 users 配置段的一个列表项。
- ❏ set-context：设置新的上下文信息，保存为 contexts 配置段的一个列表项。
- ❏ use-context：设定 current-context 配置段，确定当前以哪个用户的身份接入到哪个集群之中。
- ❏ delete-cluster：删除 clusters 中指定的列表项。
- ❏ delete-context：删除 contexts 中指定的列表项。
- ❏ get-clusters：获取 clusters 中定义的集群列表。
- ❏ get-contexts：获取 contexts 中定义的上下文列表。

kubectl config 命令的相关操作将针对加载的单个 kubeconfig 文件进行，它根据其优先级由高到低，依次搜索 --kubeconfig 选项指定的文件、KUBECONFIG 环境变量指定的文件和默认的 .HOME/.kube/config 文件，以其中任何一种方式加载到配置文件后即可终止搜索过程。不过，kubectl config 命令支持同时使用多个 kubeconfig 文件，以及将多个配置文件合并为一个。

9.4.2 自定义 kubeconfig 文件

通常，一个完整 kubeconfig 配置的定义至少应该包括集群、身份凭据、上下文及当前上下文 4 项，但在保存有集群和身份凭据的现有 kubeconfig 文件基础上添加新的上下文时，可能只需要提供身份凭据而复用已有的集群定义，具体的操作步骤要按实际情况进行判定。

例如，我们下面尝试创建一个新的 kubeconfig 文件，设定它使用此前定义的基于静态密码文件认证的 ilinux 用户接入到现有的 Kubernetes 集群，该集群 API Server 的网络端点为 https://k8s-api.ilinux.io:6443，相关的 CA 证书保存在 Master 节点上的 /etc/kubernetes/pki/ca.crt 文件中，而配置结果则使用 --kubeconfig 选项保存在当前用户主目录下的 .kube/kube-dev.config 文件中。

步骤 1：添加集群配置，包括集群名称、API Server URL 和信任的 CA 的证书；clusters 配置段中的各列表项名称需要唯一。

```
~$ kubectl config set-cluster kube-dev --embed-certs=true \
    --certificate-authority=/etc/kubernetes/pki/ca.crt \
    --server="https://k8s-api.ilinux.io:6443" \
    --kubeconfig=$HOME/.kube/kube-dev.config
Cluster "kube-dev" set.
```

步骤 2：添加身份凭据，使用静态密码文件认证的客户端提供用户名和密码即可。

```
~$ kubectl config set-credentials ilinux \
    --username=ilinux --password=ilinux@MageEdu \
    --kubeconfig=$HOME/.kube/kube-dev.config
User "ilinux" set.
```

步骤 3：以用户 ilinux 的身份凭据与 kube-dev 集群建立映射关系。

```
~$ kubectl config set-context ilinux@kube-dev \
    --cluster=kube-dev --user=ilinux \
    --kubeconfig=$HOME/.kube/kube-dev.config
Context "ilinux@kube-dev" created.
```

步骤 4：设置当前上下文为 ilinux@kube-dev。

```
~$ kubectl config use-context ilinux@kube-dev --kubeconfig=$HOME/.kube/kube-dev.config
Switched to context "ilinux@kube-dev".
```

步骤 5：预览 kube-dev.config 文件，确认其配置信息。

```
~$ kubectl config view --kubeconfig=$HOME/.kube/kube-dev.config
```

步骤 6：使用该 kubeconfig 中的当前上下文进行测试访问；该用户仅被授权了 default 名称空间的所有权限，因而不具有列出集群级别资源的权限，但能查看 default 名称空间的状态。

```
~$ kubectl get namespaces --kubeconfig=$HOME/.kube/kube-dev.config
Error from server (Forbidden): namespaces is forbidden: User "ilinux" cannot
list resource "namespaces" in API group "" at the cluster scope
~$ kubectl get namespaces/default --kubeconfig=$HOME/.kube/kube-dev.config
NAME       STATUS      AGE
default    Active      3d
```

上面的第 6 步确认了自定义配置中的 ilinux 用户有效可用，它被 API Server 借助静态密码文件认证插件完成认证并标识为 ilinux 用户，从而拥有该用户的资源操作权限。为了进一步测试并了解 kubeconfig 的使用格式，下面把基于令牌文件认证的 ik8s 用户添加进同一个 kubeconfig 文件中。ik8s 用户同 ilinux 用户位于同一集群上，因此，我们可省略添加集群的步骤而直接复用它。

步骤 7：添加身份凭据，使用静态令牌文件认证的客户端认证时只需要提供静态令牌信息；

```
~$ TOKEN=$(sudo awk -F "," '$2=="ik8s"{print $1}' /etc/kubernetes/authfiles/
token.csv)
~$ kubectl config set-credentials ik8s --token="$TOKEN" \
     --kubeconfig=$HOME/.kube/kube-dev.config
User "ik8s" set.
```

步骤 8：为用户 ik8s 的身份凭据与 kube-dev 集群建立映射关系。

```
~$ kubectl config set-context ik8s@kube-dev \
    --cluster=kube-dev --user=ik8s \
    --kubeconfig=$HOME/.kube/kube-dev.config
Context "ik8s@kube-dev" created.
```

步骤 9：将当前上下文切换为 ik8s@kube-dev。

```
~$ kubectl config use-context ik8s@kube-dev --kubeconfig=$HOME/.kube/kube-dev.config
Switched to context "ik8s@kube-dev".
```

步骤 10：预览 kube-dev.config 文件，确认 ik8s 用户相关的各项配置信息。

```
~$ kubectl config view --kubeconfig=$HOME/.kube/kube-dev.config
```

步骤 11：依旧使用当前上下文发起集群访问测试，ik8s 用户未获得任何授权，但它能够被系统识别为 ik8s 用户，这表示身份认证请求成功返回；我们这次使用 kubectl 的 whoami 插件进行测试：

```
~ $ kubectl whoami --kubeconfig=$HOME/.kube/kube-dev.config
ik8s
```

> 🎯提示 事实上除了静态令牌，客户端认证到 API Server 的各种令牌都可以使用前面的这种方式添加到 kubeconfig 文件中，包括 ServiceAccount 令牌、OpenID Connnect 令牌和 Bootstrap 令牌等。

当 kubectl 引用了拥有两个及以上 context 的 kubeconfig 文件时，可随时通过 kubectl config use-context 命令在不同上下文之间切换，它们可能使用不同的身份凭据接入相同的集群或不同的集群之上。如下命令结果表示当前加载的配置文件中共有两个 context，而拥有星号标识的是当前使用的 context，即 current-context。

```
~$ kubectl config get-contexts --kubeconfig=$HOME/.kube/kube-dev.config
CURRENT   NAME              CLUSTER      AUTHINFO   NAMESPACE
*         ik8s@kube-dev     kube-dev     ik8s
          ilinux@kube-dev   kube-dev     ilinux
```

实践中，API Server 支持的 X509 数字证书认证和 OpenID Connect 令牌认证才是客户端使用最多的认证方式，我们后面使用一节的篇幅来专门介绍它们的配置。

9.4.3 X509 数字证书身份凭据

kubeadm 部署 Kubernetes 集群的过程中会自动生成多个 kubeconfig 文件，它们是默认位于 /etc/kubernetes 目录下以 .conf 为后缀名的文件，前缀名称代表了它的适用场景，其中的 admin.conf 中保存了以 X509 数字证书格式提供身份凭据的 kubernetes-admin 用户，该用户能够以管理员的身份对当前集群发起资源操作请求。

由 kubeadm 初始化的 Kubernetes 集群上，kube-apiserver 默认信任的 CA 就是集群自己的 kubernetes-ca，该 CA 的数字证书是 Master 节点之上的 /etc/kubernetes/pki/ca.crt 文件。于是，客户端按需生成证书签署请求，再由管理员通过 kubernetes-ca 为客户端签署证书，便可让客户端以其证书中的 CN 为用户名认证到 API Server 上。为了便于说明问题，下面将客户端生成私钥和证书签署请求，服务器签署该请求，以及客户端将证书配置为 kubeconfig 文件的步骤统一进行说明，所有操作都在 Master 节点上运行。

步骤 1：以客户端的身份，生成目标用户账号 mason 的私钥及证书签署请求，保存在用户主目录下的 .certs 目录中。

① 生成私钥文件，注意其权限应该为 600 以阻止其他用户读取。

```
~$ mkdir $HOME/.certs
~$ (umask 077; openssl genrsa -out $HOME/.certs/mason.key 2048)
```

② 创建证书签署请求，-subj 选项中 CN 的值将被 API Server 识别为用户名，O 的值将被识别为用户组。

```
~$ openssl req -new -key $HOME/.certs/mason.key \
     -out $HOME/.certs/mason.csr \
     -subj "/CN=mason/O=developers"
```

步骤 2：以 kubernetes-ca 的身份签署 ikubernetes 的证书请求，这里直接读取相关的 CSR 文件，并将签署后的证书仍然保存在当前系统用户主目录下的 .certs 中。

① 基于 kubernetes-ca 签署证书，并为其设置合理的生效时长，例如 365 天。

```
~$ sudo openssl x509 -req -days 365 -CA /etc/kubernetes/pki/ca.crt \
    -CAkey /etc/kubernetes/pki/ca.key -CAcreateserial \
    -in $HOME/.certs/mason.csr -out $HOME/.certs/mason.crt
Signature ok
subject=CN = mason, O = developers
Getting CA Private Key
```

② 必要时，还可以验证生成的数字证书的相关信息（可选）。

```
~$ openssl x509 -in $HOME/.certs/mason.crt -text -noout
```

步骤 3：以 ikubernetes 的身份凭据生成 kubeconfig 配置，将其保存在 kubectl 默认搜索路径指向的 $HOME/.kube/config 文件中。另外，因指向当前集群的配置项已经存在，即位于 clusters 配置段中的 kubernetes，这里直接复用该集群定义。

① 根据 X509 数字证书及私钥创建身份凭据，列表项名称同目标用户名。

```
~$ kubectl config set-credentials mason --embed-certs=true \
        --client-certificate=$HOME/.certs/mason.crt \
        --client-key=$HOME/.certs/mason.key
User "mason" set.
```

② 配置 context，以 mason 的身份凭据访问已定义的 Kubernetes 集群，该 context 的名称为 mason@kubernetes。

```
~$ kubectl config set-context mason@kubernetes --cluster=kubernetes --user=mason
Context "mason@kubernetes" created.
```

③ 将当前上下文切换为 mason@kubernetes，或直接在 kubectl 命令上使用 "--context='mason@kubernetes'" 以完成该用户的认证测试，下面的命令选择了以第二种方式进行认证，虽然提示权限错误，但 mason 用户已被 API Server 正确识别；

```
~$ kubectl get namespaces/default --context='mason@kubernetes'
Error from server (Forbidden): namespaces "default" is forbidden: User "mason"
cannot get resource "namespaces" in API group "" in the namespace "default"
```

以上，我们通过创建自定义的数字证书，实现了将 mason 用户认证到 API Server，并将该用户的身份凭据保存至 kubeconfig 文件中。

9.4.4　多 kubeconfig 文件与合并

至此，我们可以看到 kubectl config 一次仅能使用单个 kubeconfig 文件。事实上，若将两个文件路径以冒号分隔并赋值给 KUBECONFIG 环境变量，也能够让 kubectl config 一次加载多个文件信息，优先级由高到低为各文件自左而右的次序。下面两条命令的结果显示，左侧文件拥有较高的优先级，因而其配置的 current-context 成为默认使用的 context。

```
~$ export KUBECONFIG="$HOME/.kube/config:$HOME/.kube/kube-dev.config"
~$ kubectl config get-contexts
CURRENT   NAME                        CLUSTER          AUTHINFO          NAMESPACE
          ik8s@kube-dev               kube-dev         ik8s
          ilinux@kube-dev             kube-dev         ilinux
*         kubernetes-admin@kubernetes kubernetes       kubernetes-admin
          mason@kubernetes            kubernetes       mason
```

联合使用多个 kubeconfig 时，同样可以按需调整当前使用的 context，其实现方式同使用单个 kubeconfig 文件并没有不同之处。

```
~$ kubectl config use-context mason@kubernetes
Switched to context "mason@kubernetes".
~$ kubectl config get-contexts
CURRENT   NAME                   CLUSTER        AUTHINFO         NAMESPACE
          ik8s@kube-dev                         kube-dev         ik8s
          ilinux@kube-dev                       kube-dev         ilinux
          kubernetes-admin@kubernetes           kubernetes       kubernetes-admin
*         mason@kubernetes                      kubernetes       mason
```

kubectl config view 命令会将多个配置文件的内容按给定的次序连接并输出，其风格类似于 Linux 系统的 cat 命令。但我们也能够在 view 命令中将加载的多个配置文件展平为单个配置文件的格式予以输出，并将结果保存在指定路径下便能将多个 kubeconfig 文件合并为一。例如，下面的命令便将 KUBECONFIG 环境变量中指定的两个 kubeconfig 文件合并成了单个配置文件。

```
~$ kubectl config view --merge --flatten  > $HOME/.kube/kube.config
```

此时，切换 kubectl config 加载新生成的 kubeconfig 配置文件，它便直接拥有了此前两个文件中定义的所有信息，且 current-context 亦遵循此前命令中的设定，即 mason@kubernetes。

```
~$ KUBECONFIG="$HOME/.kube/kube.config"
~$ kubectl config get-contexts
```

后面章节会继续用到 ilinux、ik8s 和 mason 等多个用户来测试授权结果，因而这里直接把 $HOME/.kube 目录下合并生成的 kube.config 覆盖到默认的 config，以便能随时切换到各用户。

```
~$ unset KUBECONFIG
~$ cp $HOME/.kube/kube.config $HOME/.kube/config
```

为了不影响后续的操作需求，我们这里还把 context 切换回集群管理员 kubernetes-admin@kubernetes。

```
~$ kubectl config set-context kubernetes-admin@kubernetes
Switched to context "kubernetes-admin@kubernetes".
```

9.5　基于角色的访问控制：RBAC

DAC（自主访问控制）、MAC（强制访问控制）、RBAC（基于角色的访问控制）和 ABAC（基于属性的访问控制）这 4 种主流的权限管理模型中，Kubernetes 支持使用后两种完成普通账户和服务账户的权限管理，另外支持的权限管理模型还有 Node 和 Webhook 两种。

RBAC 是一种新型、灵活且使用广泛的访问控制机制，它将权限授予角色，通过让"用户"扮演一到多个"角色"完成灵活的权限管理，这有别于传统访问控制机制中将权限直接赋予使用者的方式。相对于 Kubernetes 支持的 ABAC 和 Webhook 等授权机制，RBAC 具有如下优势。

- ❑ 对集群中的资源和非资源型 URL 的权限实现了完整覆盖。
- ❑ 整个 RBAC 完全由少数几个 API 对象实现，而且与其他 API 对象一样可以用 kubectl 或 API 调用进行操作。
- ❑ 支持权限的运行时调整，无须重新启动 API Server。

 提示　Kubernetes 自 1.5 版本起引入 RBAC，1.6 版本中将其升级为 Beta 级别，并成为 kubeadm 部署集群时的默认选项。而后，直到 1.8 版本，它才正式升级为 Stable 级别。

9.5.1　RBAC 授权模型

RBAC 是一种特定的权限管理模型，它把可以施加在"资源对象"上的"动作"称为"许可权限"，这些许可权限能够按需组合在一起构建出"角色"及其职能，并通过为"用户账户或组账户"分配一到多个角色完成权限委派。这些能够发出动作的用户在 RBAC 中也称为"主体"。图 9-8 展现了 RBAC 中用户、角色与权限之间的关系。

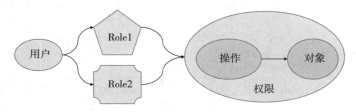

图 9-8　RBAC 中的用户、角色与权限

RBAC 访问控制模型中，授权操作只能通过角色完成，主体只有在分配到角色之后才能行使权限，且仅限于从其绑定的各角色之上继承而来的权限。换句话说，用户的权限仅能够通过角色分配获得，未能得到显式角色委派的用户则不具有任何权限。

简单来说，RBAC 就是一种访问控制模型，它以角色为中心界定"谁"（subject）能够"操作"（verb）哪个或哪类"对象"（object）。动作的发出者即"主体"，通常以"账号"为载体，在 Kubernetes 系统上，它可以是普通账户，也可以是服务账户。"动作"用于表明要执行的具体操作，包括创建、删除、修改和查看等行为，对于 API Server 来说，即 PUT、

POST、DELETE 和 GET 等请求方法。而"对象"则是指管理操作能够施加的目标实体，对 Kubernetes API 来说主要指各类资源对象以及非资源型 URL。

　　API Server 是 RESTful 风格的 API，各类客户端由认证插件完成身份验证，而后通过 HTTP 协议的请求方法指定对目标对象的操作请求，并由授权插件进行授权检查，而操作的对象则是 URL 路径指定的 REST 资源。表 9-3 给出了 HTTP 方法和 API Server 资源操作的对应关系。

表 9-3　HTTP 方法与 API Server 资源操作

HTTP 方法	API Server 资源操作
POST	create
GET, HEAD	get (for individual resources), list (for collections)
PUT	update
PATCH	patch
DELETE	delete (for individual resources), deletecollection (for collections)

　　Kubernetes 系统上的普通账户或服务账户向 API Server 发起资源操作请求，并以相应 HTTP 方法承载，如图 9-9 所示，由运行在 API Server 之上的授权插件 RBAC 进行鉴权。

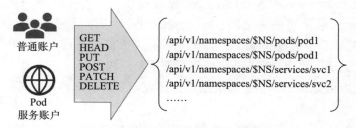

图 9-9　Kubernetes RBAC 简要模型

　　Kubernetes 系统的 RBAC 授权插件将角色分为 Role 和 ClusterRole 两类，它们都是 Kubernetes 内置支持的 API 资源类型，其中 Role 作用于名称空间级别，用于承载名称空间内的资源权限集合，而 ClusterRole 则能够同时承载名称空间和集群级别的资源权限集合。Role 无法承载集群级别的资源类型的操作权限，这类的资源包括集群级别的资源（例如 Nodes）、非资源类型的端点（例如 /healthz），以及作用于所有名称空间的资源（例如跨名称空间获取任何资源的权限）等。

　　利用 Role 和 ClusterRole 两类角色进行赋权时，需要用到另外两种资源 RoleBinding 和 ClusterRoleBinding，它们同样是由 API Server 内置支持的资源类型。RoleBinding 用于将 Role 绑定到一个或一组用户之上，它隶属于且仅能作用于其所在的单个名称空间。RoleBinding 可以引用同一名称中的 Role，也可以引用集群级别的 ClusterRole，但引用 ClusterRole 的许可权限会降级到仅能在 RoleBinding 所在的名称空间生效。而

ClusterRoleBinding 则用于将 ClusterRole 绑定到用户或组，它作用于集群全局，且仅能够引用 ClusterRole。四者之间的关系如图 9-10 所示。

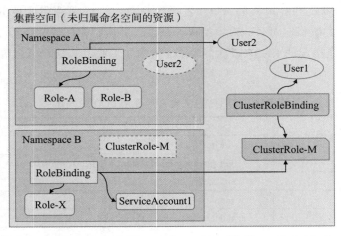

图 9-10　Role、RoleBinding、ClusterRole 和 ClusterRoleBinding

图 9-10 中，全局作用范围的 User2 因通过 A 名称空间中的 RoleBinding 关联至 Role-A 上，因而它仅能在 NamespaceA 名称空间中发挥作用。名称空间 B 中的 ServiceAccount1 通过 RoleBinding 关联至集群级别的 ClusterRole-M 上，对该账户来说，ClusterRole-M 上的操作权限也仅限于该名称空间。全局级别的用户 User1 通过 ClusterRoleBindig 关联到 ClusterRole-M，因而，该用户将在集群级别行使该角色的权限。

通常，我们可以把 Kubernetes 集群用户大体规划为集群管理员、名称空间管理员和用户（通常为开发人员）3 类。

❑ 集群管理员可以创建、读取、更新和删除任何策略对象，能够创建命名空间并将其分配给名称空间管理员；此角色适用于在整个集群中管理所有租户或项目的管理员。

❑ 名称空间管理员可以管理其名称空间中的用户，此角色适用于特定单一租户或项目的管理员。

❑ 开发者用户可以创建、读取、更新和删除名称空间内的非策略对象，如 Pod、Job 和 Ingress 等，但只在它们有权访问的名称空间中拥有这些权限。

另外，有些特殊的应用程序可能还会需要一些比较特殊的权限集合，例如集群或名称空间级别的只读权限等，我们可以在必要时按需定义这些较为特别的角色。

9.5.2　Role 与 ClusterRole

如前所述，Role 和 ClusterRole 是 API Server 内置的两种资源类型，它们在本质上都只是一组许可权限的集合。Role 和 ClusterRole 的资源规范完全相同，该规范没有使用 spec 字

段，而是直接使用 rules 字段嵌套授权规则列表。规则的基本要素是动作（verb）和相关的
目标资源，后者支持指定一个或多个资源类型、特定资源类型下的单个或多个具体的资源，
以及非资源类型的 URL 等。在 Role 和 ClusterRole 资源上定义的 rules 也称为 PolicyRule，
即策略规则，它可以内嵌的字段有如下几个。

1）apiGroups <[]string>：目标资源的 API 群组名称，支持列表格式指定多个组，空值
（""）表示核心群组。

2）resources <[]string>：规则应用的目标资源类型，例如 pods、services、deployments
和 daemonsets 等，未同时使用 resourceNames 字段时，表示指定类型下的所有资源。
ResourceAll 表示所有资源。

3）resourceNames <[]string>：可选字段，指定操作适用的具体目标资源名称。

4）nonResourceURLs <[]string>：用于定义用户有权限访问的网址列表，它并非名称空
间级别的资源，因此只能应用于 ClusterRole，Role 支持此字段仅是为了格式上的兼容；该
字段在一条规则中与 resources 和 resourceNames 互斥。

5）verbs <[]string>：可应用在此规则匹配到的所有资源类型的操作列表，可用选项有
get、list、create、update、patch、watch、proxy、redirect、delete 和 deletecollection；此为
必选字段。

下面的配置清单示例（pods-reader-rbac.yaml）在 default 名称空间中定义了一个名称为
Role 的资源，它设定了读取、列出及监视 pods 和 services 资源，以及 pods/log 子资源的许
可权限。

```
kind: Role
apiVersion: rbac.authorization.k8s.io/v1
metadata:
  namespace: default
  name: pods-reader
rules:
- apiGroups: [""]    # "" 表示核心 API 群组
  resources: ["pods", "services", pods/log"]
  verbs: ["get", "list", "watch"]
```

绝大多数资源可通过其资源类型的名称引用，例如 pods 或 services 等，这些名称与它
们在 API endpoint 中的形式相同。另外，有些资源类型支持子资源，例如 Pod 对象的 /log，
Node 对象的 /status 等，它们在 API Server 上的 URL 形如下面的表示格式。

`/api/v1/namespaces/{namespace}/pods/{name}/log`

RBAC 角色引用这种类型的子资源时需要使用 resource/subresource 的格式，例如上面
示例规则中的 pods/log。另外，还可以通过直接给定资源名称（resourceName）来引用特定
的资源，但此时仅支持 get、delete、update 和 patch 等。

ClusterRole 资源隶属于集群级别，它引用名称空间级别的资源意味着相关的操作权限能够在所有名称空间生效，同时，它也能够引用 Role 所不支持的集群级别的资源类型，例如 nodes 和 persistentvolumes 等。下面的清单示例（nodes-admin-rbac.yaml）定义了 ClusterRole 资源 nodes-admin，它拥有管理集群节点信息的权限。ClusterRole 不属于名称空间，所以其配置不能够使用 metadata.namespace 字段。

```
kind: ClusterRole
apiVersion: rbac.authorization.k8s.io/v1
metadata:
  name: nodes-admin
rules:
- apiGroups: [""]
  resources: ["nodes"]
  verbs: ["*"]
```

将上面两个清单中分别定义的 Role 和 ClusterRole 资源创建到集群上，以便按需调用并验证其权限。

```
~$ kubectl apply -f pods-reader-rbac.yaml -f nodes-admin-rbac.yaml
role.rbac.authorization.k8s.io/pods-reader created
clusterrole.rbac.authorization.k8s.io/nodes-admin created
```

Role 或 ClusterRole 资源的详细描述能够以比较直观的方式打印相关的规则定义，图 9-11 就是由 kubectl describe roles/pods-reader clusterroles/nodes-admin 命令输出的规则定义。

```
Name:         pods-reader
Labels:       <none>
Annotations:  PolicyRule:
  Resources   Non-Resource URLs   Resource Names   Verbs
  ---------   -----------------   --------------   -----
  pods/log"   []                  []               [get list watch]
  pods        []                  []               [get list watch]
  services    []                  []               [get list watch]

Name:         nodes-admin
Labels:       <none>
Annotations:  PolicyRule:
  Resources   Non-Resource URLs   Resource Names   Verbs
  ---------   -----------------   --------------   -----
  nodes       []                  []               [*]
```

图 9-11　Role 和 ClusterRole 资源的描述信息示例

另外，kubectl 命令也分别提供了创建 Role 和 ClusterRole 资源的命令式命令，create role 和 create clusterrole，它们支持如下几个关键选项。

❑ --verb：指定可施加于目标资源的动作，支持以逗号分隔的列表值，也支持重复使用该选项分别指定不同的动作，例如 --verb=get,list,watch，或者 --verb=get --verb=list --verb=watch。

❑ --resource：指定目标资源类型，使用格式类似于 --verb 选项。

❑ --resource-name：指定目标资源，使用格式类似于 --verb 选项。

❑ --non-resource-url：指定非资源类型的 URL，使用格式类似于 --verb 选项，但仅适
用于 clusterrole 资源。

例如，下面的第一条命令创建了 dev 名称空间，第二条命令在该名称空间创建了一个
具有所有资源管理权限的 roles/admin 资源，第三条命令则创建了一个有 PVC 和 PV 资源管
理权限的 clusterroles/pv-admin 资源。

```
~$ kubectl create namespace dev
namespace/dev created
~$ kubectl create role admin -n dev --resource="*.*" \
        --verb="get,list,watch,create,delete,deletecollection,patch,update"
role.rbac.authorization.k8s.io/admin created
~$ kubectl create clusterrole pv-admin --verb="*" \
        --resource="persistentvolumeclaims,persistentvolumes"
clusterrole.rbac.authorization.k8s.io/pv-admin created
```

但是，Role 或 ClusterRole 对象本身并不能作为动作的执行主体，它们需要"绑定"到
主体（例如 User、Group 或 Service Account）之上完成赋权，而后由相应主体执行资源操作。

9.5.3 RoleBinding 与 ClusterRoleBinding

RoleBinding 负责在名称空间级别向普通账户、服务账户或组分配 Role 或 ClusterRole，
而 ClusterRoleBinding 则只能用于在集群级别分配 ClusterRole。但二者的配置规范格式
完全相同，它们没有 spec 字段，直接使用 subjects 和 roleRef 两个嵌套的字段。其中，
subjects 的值是一个对象列表，用于给出要绑定的主体，而 roleRef 的值是单个对象，用于
指定要绑定的 Role 或 ClusterRole 资源。subjects 字段的可嵌套字段如下。

❑ apiGroup <string>：要引用的主体所属的 API 群组，对于 ServiceAccount 类的主体
来说默认为 ""，而 User 和 Group 类主体的默认值为 "rbac.authorization.k8s.io"。
❑ kind <string>：要引用的资源对象（主体）所属的类别，可用值为 User、Group 和
ServiceAccount，必选字段。
❑ name <string>：引用的主体的名称，必选字段。
❑ namespace <string>：引用的主体所属的名称空间，对于非名称空间类型的主体，例
如 User 和 Group，其值必须为空，否则授权插件将返回错误信息。

roleRef 的可嵌套字段如下。

❑ apiGroup <string>：引用的资源（Role 或 ClusterRole）所属的 API 群组，必选字段。
❑ kind <string>：引用的资源所属的类别，可用值为 Role 或 ClusterRole，必选字段。
❑ name <string>：引用的资源（Role 或 ClusterRole）的名称。

需要注意的是，RoleBinding 仅能够引用同一名称空间中的 Role 资源，例如下面配置
清单中的 RoleBindings 在 dev 名称空间中把 admin 角色分配给用户 mason，从而 mason 拥
有了此角色之上的所有许可授权。

```
kind: RoleBinding
apiVersion: rbac.authorization.k8s.io/v1
metadata:
  name: mason-admin
  namespace: dev
subjects:
- kind: User
  name: mason
  apiGroup: rbac.authorization.k8s.io
roleRef:
  kind: Role
  name: admin
  apiGroup: rbac.authorization.k8s.io
```

把示例中的 RoleBinding 资源 mason-admin 创建到集群上，便能够以该用户的身份测试其继承而来的权限是否已然生效。下面以 --context 选项临时将用户切换为 mason@kubernetes 进行资源管理，测试命令及结果显示，mason 已然具有 dev 名称空间下的资源操作权限。

```
~$ kubectl run demoapp --image="ikubernetes/demoapp:v1.0" -n dev
--context="mason@kubernetes"
pod/demoapp created
~$ kubectl get all -n dev --context="mason@kubernetes"
NAME            READY    STATUS      RESTARTS      AGE
pod/demoapp     1/1      Running     0             52s
~$ kubectl delete pods/demoapp -n dev --context="mason@kubernetes"
pod "demoapp" deleted
```

RoleBinding 也能够为主体分配集群角色，但它仅能赋予主体访问 RoleBinding 资源本身所在的名称空间之内的、由 ClusterRole 所持有的权限。例如，对于具有 PVC 和 PV 管理权限的 clusterroles/pv-admin 来说，在 dev 名称空间中使用 RoleBinding 将其分配给用户 mason，意味着 mason 仅对 dev 名称空间下的 PVC 资源具有管理权限，它无法继承 clusterroles/pv-admin 除 dev 名称空间之外的其他名称空间中的 PVC 管理权限，更不能继承集群级别资源 PV 的任何权限。

一种高效分配权限的做法是，由集群管理员在集群范围预先定义好一组具有名称空间级别资源权限的 ClusterRole 资源，而后由 RoleBinding 分别在不同名称空间中引用它们，从而在多个名称空间向不同用户授予 RoleBinding 所有名称空间下的相同权限。

由此可见，Role 和 RoleBinding 是名称空间级别的资源，它们仅能用于完成单个名称空间内的访问控制，需要赋予某主体多个名称空间中的访问权限时就不得不在各名称空间分别进行。若需要完成集群全局的资源管理授权，或者希望资源操作能够针对 Nodes、Namespaces 和 PersistentVolumes 等集群级别的资源进行，或者针对 /api、/apis、/healthz 或 /version 等非资源型 URL 路径进行，就需要使用 ClusterRoleBinding。

提示　nonResourceURLs 资源仅支持 get 访问权限。

下面的配置清单示例（rolebinding-and-clusterrolebinding-rbac.yaml）中，rolebinding/mason-pvc-admin 资源位于 dev 名称空间，它使用 RoleBinding 为用户 mason 分配了 pv-admin 这一集群角色，而 clusterrolebinding/ik8s-pv-admin 隶属集群级别，它使用 ClusterRoleBinding 为 ik8s 分配了 pv-admin 这一集群。

```
kind: RoleBinding
apiVersion: rbac.authorization.k8s.io/v1
metadata:
  name: mason-pvc-admin
  namespace: dev
subjects:
- kind: User
  name: mason
  apiGroup: rbac.authorization.k8s.io
roleRef:
  kind: ClusterRole
  name: pv-admin
  apiGroup: rbac.authorization.k8s.io
---
kind: ClusterRoleBinding
apiVersion: rbac.authorization.k8s.io/v1
metadata:
  name: ik8s-pv-admin
subjects:
- kind: User
  name: ik8s
  apiGroup: rbac.authorization.k8s.io
roleRef:
  kind: ClusterRole
  name: pv-admin
  apiGroup: rbac.authorization.k8s.io
```

将示例中的两个资源创建到集群之上，即可通过对比测试 RoleBinding 和 ClusterRole-Binding 为用户分配集群角色在功能上的不同之处。

```
~$ kubectl apply -f rolebinding-and-clusterrolebinding-rbac.yaml
rolebinding.rbac.authorization.k8s.io/mason-pvc-admin created
clusterrolebinding.rbac.authorization.k8s.io/ik8s-pv-admin created
```

首先，我们使用 mason 用户进行测试，它仅能访问 dev 名称空间下的名称空间级别的 PVC 资源，且无法通过 RoleBinding 从 clusterroles/pv-admin 继承指定名称空间之外的任何权限，如下面的命令及结果所示。

```
~$ kubectl get pvc -n dev --context="mason@kubernetes"
```

```
No resources found in dev namespace.
~$ kubectl get pvc -n default --context="mason@kubernetes"
Error from server (Forbidden): persistentvolumeclaims is forbidden: User "mason"
cannot list resource "persistentvolumeclaims" in API group "" in the namespace
"default"
~$ kubectl get pv --context="mason@kubernetes"
Error from server (Forbidden): persistentvolumes is forbidden: User "mason"
cannot list resource "persistentvolumes" in API group "" at the cluster scope
```

然后，我们使用 ik8s 用户进行测试，它通过 ClusterRoleBinding 从 clusterroles/pv-admin 继承了该集群角色的所有授权，如下面的命令及结果所示。

```
~$ kubectl get pvc -n default --context="ik8s@kube-dev"
No resources found in default namespace.
~$ kubectl get pvc -n dev --context="ik8s@kube-dev"
No resources found in dev namespace.
~$ kubectl get pv --context="ik8s@kube-dev"
No resources found in default namespace.
```

另外，kubectl 也提供了分别创建 RoleBinding 和 ClusterRoleBinding 资源的命令式命令：create rolebinding 和 create clusterrolebinding，它们使用的选项基本相同，常用的选项如下。

- ❑ --role=""：绑定的角色，仅 RoleBinding 支持。
- ❑ --clusterrole=""：绑定的集群角色，RoleBinding 和 ClusterRoleBinding 均支持。
- ❑ --group=[]：绑定的组，支持逗号分隔的列表格式。
- ❑ --user=[]：绑定的普通账户，支持逗号分隔的列表格式。
- ❑ --serviceaccount=[]：绑定的服务账户，支持逗号分隔的列表格式。

例如，下面的命令为用户组 kubeusers 分配了集群角色 nodes-admin，从而该组的所有用户均自动继承该角色上的所有许可权限。

```
~$ kubectl create clusterrolebinding kubeusers-nodes-admin \
      --clusterrole='nodes-admin' --group='kubeusers'
clusterrolebinding.rbac.authorization.k8s.io/kubeusers-nodes-admin created
```

kubectl 命令的 rolesum 和 rbac-view 等插件能辅助使用 RBAC 及相关的组件，感兴趣的读者可自行测试其用法。

9.5.4 聚合型 ClusterRole

Kubernetes 自 1.9 版本开始支持在 ClusterRole 的 rules 字段中嵌套 aggregationRule 字段来整合其他 ClusterRole 资源的规则，这种类型的 ClusterRole 对象的实际可用权限受控于控制器，具体许可授权由所有被标签选择器匹配到的 ClusterRole 的聚合授权规则合并生成。

下面的配置清单中首先定义了两个拥有标签的集群角色 global-resources-view 和 global-resources-edit，而后在第三个集群角色资源 global-resources-admin 上使用聚合规则的标签选择器来匹配前两个资源的标签，因此，集群角色 global-resources-admin 的权限将由匹配到的其他 ClusterRole 资源的规则列表自动聚合而成。

```
kind: ClusterRole
apiVersion: rbac.authorization.k8s.io/v1
metadata:
  name: global-resources-view
  labels:
    rbac.ilinux.io/aggregate-to-global-admin: "true"
rules:
- apiGroups: [""]
  resources: ["nodes", "namespaces", "persistentvolumes", "clusterroles"]
  verbs: ["get", "list", "watch"]
---
kind: ClusterRole
apiVersion: rbac.authorization.k8s.io/v1
metadata:
  name: global-resources-edit
  labels:
    rbac.ilinux.io/aggregate-to-global-admin: "true"
rules:
- apiGroups: [""]
  resources: ["nodes", "namespaces", "persistentvolumes"]
  verbs: ["create", "delete", "deletecollection", "patch", "update"]
---
kind: ClusterRole
apiVersion: rbac.authorization.k8s.io/v1
metadata:
  name: global-resources-admin
aggregationRule:
  clusterRoleSelectors:
  - matchLabels:
      rbac.ilinux.io/aggregate-to-global-admin: "true"
rules: []    # 该规则列表为空，它将由控制器自动聚合生成
```

　　任何能够被示例中 clusterrole/globa-resources-admin 资源的标签选择器匹配到的 ClusterRole 资源的相关规则将一同合并为它的授权规则，并且相关作用域内的任何 ClusterRole 资源的变动都将实时反馈到聚合资源之上。因而，聚合型 ClusterRole 的规则会随着标签选择器的匹配结果动态变化。

　　事实上，Kubernetes 系统上面向用户的内置 ClusterRole admin 和 edit 也是聚合型的 ClusterRole 对象，因为这可以使得默认角色中包含自定义资源的相关规则，例如由 CustomResourceDefinitions 或 Aggregated API 服务器提供的规则等。

9.5.5　面向用户的内置 ClusterRole

API Server 内置了一组默认的 ClusterRole 和 ClusterRoleBinding 资源预留给系统使用，其中大多数都以 system: 为前缀。另外有一些不以 system: 为前缀的默认的 ClusterRole 资源是为面向用户的需求而设计，包括集群管理员角色 cluster-admin，以及专用于授予特定名称空间级别权限的集群角色 admin、edit 和 view，如图 9-12 所示。掌握这些默认的内置 ClusterRole 资源有助于按需创建用户并分配相应权限。

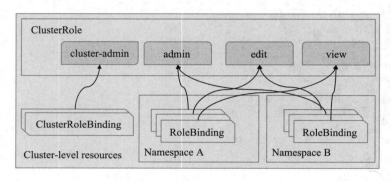

图 9-12　内置的面向用户的 ClusterRole

内置的 clusterroles/cluster-admin 资源拥有管理集群所有资源的权限，而内置的 clusterrolebindings/cluster-admn 将该角色分配给了 system:masters 用户组，这意味着所有隶属于该组的用户都将自动具有集群的超级管理权限。kubeadm 安装设置集群时，自动创建的配置文件 /etc/kubernetes/admin.conf 中定义的用户 kubernetes-admin 使用证书文件 /etc/kubernetes/pki/apiserver-kubelet-client.crt 向 API Server 进行验证。而该数字证书的 Subject 属性值为 /O=system:masters，API Server 会在成功验证该用户的身份之后将其识别为 system: master 用户组的成员。

```
~$ openssl x509 -in /etc/kubernetes/pki/apiserver-kubelet-client.crt  -noout
-subject
subject=O = system:masters, CN = kube-apiserver-kubelet-client
```

于是，为 Kubernetes 集群自定义超级管理员的方法至少有两种：一是将用户归入 system:masters 组，二是通过 ClusterRoleBinding 直接将用户绑定至内置的集群角色 cluster-admin 上。具体实现方法可参照 9.5.4 节和本节中的内容略加变通实现。

另外，在多租户、多项目或多环境等使用场景中，用户通常应该获得名称空间级别绝大多数资源的管理（admin）、只读（view）或编辑（edit）权限，可通过在指定的名称空间中创建 RoleBinding 资源引用内置的 ClusterRole 资源进行这类权限的快速授予。例如，在名称空间 dev 中创建一个 RoleBinding 资源，为 ik8s 用户分配集群角色 admin，将使得该用户具有管理 dev 名称空间中除了名称空间本身及资源配额之外的所有资源的权限。

```
~$ kubectl create rolebinding ik8s-admin --clusterrole=admin --user=ik8s -n dev
rolebinding.rbac.authorization.k8s.io/ik8s-admin created
```

若仅需要授予编辑或只读权限，在创建 RoleBinding 时引用 ClusterRole 的 edit 或 view 便能实现。表 9-4 总结了典型的面向用户的内置 ClusterRole 及其功用。

表 9-4　面向用户的内置 ClusterRole 资源

默认的 ClusterRole	默认的 ClusterRoleBinding	说　明
cluster-admin	system:masters 组	授予超级管理员在任何对象上执行任何操作的权限
admin	None	以 RoleBinding 机制访问指定名称空间的所有资源，包括名称空间的 Role 和 RoleBinding，但不包括资源配置和名称空间本身
edit	None	允许读写访问一个名称空间内的绝大多数资源，但不允许查看或修改 Role 或 RoleBinding
view	None	允许读取一个名称空间内的绝大多数资源，但不允许查看 Role 或 RoleBinding，以及 Secret 资源

另外，API Server 默认创建的以 system: 为前缀的大多数 ClusterRole 和 ClusterRoleBinding 专为 Kubernetes 系统的基础架构而设计，修改这些资源可能会导致集群功能不正常。例如，若修改了为 kubelet 赋权的 system:node 将会导致 kubelet 无法正常工作。所有默认的 ClusterRole 和 ClusterRoleBinding 都打上了 kubernetes.io/bootstrapping=rbac-defaults 标签。

每次启动时，API Server 都会自动为所有默认的 ClusterRole 重新赋予缺失的权限，同时为默认的 ClusterRoleBinding 绑定缺失的主体。这种机制给了集群从意外修改中自动恢复的能力，以及升级版本后自动将 ClusterRole 和 ClusterRoleBinding 升级到满足新版本需求的能力。

 提示　必要时，在默认的 ClusterRole 或 ClusterRoleBinding 上设置 annnotation 中的 rbac.authorization.kubernetes.io/autoupdate 属性的值为 false，即可禁止这种自动恢复功能。

另外，启用 RBAC 后，Kubernetes 系统的各核心组件、附加组件，以及由 controller-manager 运行的核心控制器等，几乎都要依赖于合理的授权才能正常运行。因而，RBAC 权限模型为这些组件内置了可获得最小化的资源访问授权的 ClusterRole 和 ClusterRoleBinding，例如 system:kube-sheduler、system:kube-controller-manager、system:node、system:node-proxier 和 system:kube-dns 等，其中大多数组件都可以做到见名知义，这里不再逐一给出说明。

9.6　认证与权限应用案例：Dashboard

Kubernetes Dashboard 项目为 Kubernetes 集群提供了一个基于 Web 的通用 UI，支持集群管理、应用管理及应用排障等功能，截至本书编写时最新的版本为 2.x 系列。Dashboard 项目包含前端和后端两个组件，如图 9-13 所示。前端运行于客户端浏览器中，由 TypeScript 编写，它使用标准的 HTTP 方法将请求发送到后端并从后端获取业务数据；后端是使用 Go 语言编写的 HTTP 服务器，它负责接收前端的请求、将数据请求发送到适配的远程后端（例如 Kubernetes API Server 等）或实现业务逻辑等。

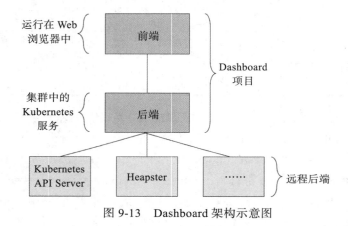

图 9-13　Dashboard 架构示意图

> **注意**　Dashboard 依赖 Metrics Server 完成指标数据的采集和可视化，因而在部署该组件之前，Dashboard 的部分功能将处于不可用状态。

Dashboard 1.7（不含）之前的版本在部署时直接赋予管理权限，这种方式可能存在安全风险，因此 1.7 及之后的版本默认在部署时仅定义运行 Dashboard 所需要的最小权限，并且只有在 Master 主机上通过 kubectl proxy 命令创建代理后，才能在本机进行访问。

9.6.1　部署 Dashboard

出于安全因素的考虑，Dashboard 在其项目仓库中推荐的默认部署清单（recommended.yaml）中仅定义了运行自身所需要的最小权限，并且强制要求远程访问必须要基于 HTTPS 通信，否则应该通过 kubectl proxy 以代理方式进行。因而，若需要绕过 kubectl proxy 代理直接访问 Dashboard，必须要为其 HTTP 服务进程提供用于建立 HTTPS 连接的服务器端证书。

推荐的部署清单默认便会在内存中生成自签证书，并以之生成名为 kubernetes-dashboard-certs 的 Secret 对象，Dashboard Pod 将从该 Secret 中加载证书（tls.crt）和私钥（tls.key）。若需要使用自定义的证书，则应该在执行如下部署命令之前先把准备好的证书与私钥文件分别以 tls.crt 和 tls.key 为键名，创建成 kubernetes-dashboard 名称空间下名为 kubernetes-dashboard-certs 的 Secret 对象，需要用到时，在 Dashboard 部署之前参考 Secret 对象的管理方式完成创建即可。下面的命令未自定义 Secret，它直接使用 Dashboard 项目 master 分支中的配置清单完成应用部署：

```
~$ kubectl apply -f https://raw.githubusercontent.com/kubernetes/dashboard/
master/aio/deploy/recommended.yaml
```

部署完成的 Dashboard 支持多种不同的访问方式，例如 kubectl proxy、kubectl port-forward、节点端口、Ingress 或 API Server 等，这里重点介绍节点端口。默认创建的 Service 对象（kubernetes-dashboard）类型为 ClusterIP，它仅能在 Pod 客户端中访问，若需要在集群外使用浏览器访问 Dashboard，可将该 Service 对象类型修改为 NodePort 后，通过节点端口进行访问。

```
~$ kubectl patch svc kubernetes-dashboard -p '{"spec":{"type":"NodePort"}}' -n
kubernetes-dashboard
```

未显式指定的 NodePort 属性值将会由 Service 控制器随机分配，下面获取该端口号以便在集群外通过浏览器访问。

```
~$ kubectl get services/kubernetes-dashboard -n kubernetes-dashboard \
     -o jsonpath='{.spec.ports[0].nodePort}'
30272
```

图 9-14 显示了 Dashboard 的默认登录页面，它支持直接通过目标 Service Account 的令牌加载身份凭据，或者以该令牌为身份凭据生成专用的 kubeconfig 文件，并通过指定的文件路径向 Dashboard 提交认证信息。

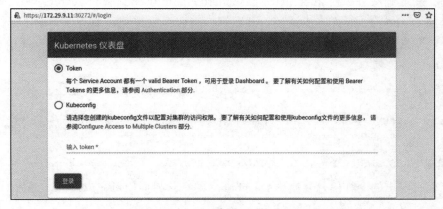

图 9-14　Dashboard 认证界面

　　Dashboard 的资源访问权限继承自登录时的 Service Account 用户，我们可以向相关的 Service Account 分配特定的角色或集群角色完成 Dashboard 用户权限模型的构建。例如，为登录的用户授权集群级别管理权限时，可直接使用 ClusterRoleBinding 为 Service Account 分配内置的集群角色 cluster-admin，而授权名称空间级别的管理权限时，可在目标名称空间上向 Service Account 分配内置的集群角色 admin。当然，也可以直接自定义 RBAC 的角色或集群角色，以完成特殊需求的权限委派。

9.6.2　认证与授权

　　Kubernetes Dashboard 自身并不进行任何形式的身份验证和鉴权，它仅是把用户提交的身份凭据转发至后端的 API Server 完成验证，资源操作请求及权限检查同样会提交至后端的 API Server 进行。从某种意义上讲，Dashboard 更像是用户访问 Kubernetes 的代理程序，发送给 API Server 的身份认证及资源操作请求都是由 Dashboard 应用程序完成，因而用户提交的身份凭据需要关联至某个 Service Account。

　　集群全局的资源管理操作依赖于集群管理员权限，因而需要为专用于访问 Dashboard 的 Service Account 分配内置的 cluster-admin 集群角色。随后，将相应 Service Account 的令牌信息提交给 Dashboard 并认证到 API Server，便可使得 Dashboard 继承了该账户的所有管理权限。例如，下面在 kubernetes-dashboard 名称空间创建一个名为 dashboard-admin 的 Service Account 完成该目标。

```
~$ kubectl create serviceaccount admin-user -n kubernetes-dashboard
serviceaccount/admin-user created
~$ kubectl create clusterrolebinding admin-user --clusterrole=cluster-admin \
    --serviceaccount=kubernetes-dashboard:admin-user
clusterrolebinding.rbac.authorization.k8s.io/admin-user created
```

　　随后，获取到服务账户 kubernetes-dashboard:admin-user 关联的 Secret 对象中的令牌信息，提交给 Dashboard 即可完成认证。下面第一个命令检索到该服务账户的 Secret 对象名称并保存到变量中，第二个命令则从该 Secret 中获取经过 Base64 编码后的令牌信息，并打印出解码后的令牌信息。

```
~$ ADMIN_SECRET=$(kubectl -n kubernetes-dashboard get secret | awk '/^admin-
user/{print $1}')
~$ ADMIN_TOKEN=$(kubectl get secrets $ADMIN_SECRET -n kubernetes-dashboard \
    -o jsonpath='{.data.token}' | base64 -d)
~$ echo $ADMIN_TOKEN
eyJhbGciOiJSUzI1NiIsImtpZCI6IlRWYXZxTGE5UE9SY0JZUHV0NUdRN1hIeXBBMa……
```

　　将上面打印出的令牌信息复制到 Dashboard 的登录界面便可完成认证，随后 Dashboard 便会打开类似图 9-15 所示的主面板页面。

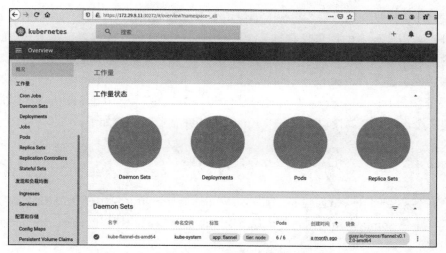

图 9-15　Dashboard 主面板

　　显然，每次访问 Dashboard 之前都要先通过如上命令获取相应的令牌是件相当烦琐的事情，更简便的办法是依该身份凭据创建出一个专用的 kubeconfig 文件并存储到客户端，随后登录时在浏览器中通过本地路径加载该 kubeconfig 文件即可完成认证，更加安全和便捷。

　　创建 kubeconfig 文件的方法在 9.4 节中已经有过详细介绍，下面仅给出相关步骤，实现为服务账户 kubernetes-dashboard:admin-user 创建相关的配置文件。

　　1）添加集群配置，包括集群名称、API Server URL 和信任的 CA 的证书；clusters 配置段中的各列表项名称需要唯一。

```
~$ kubectl config set-cluster kubernetes --embed-certs=true \
    --certificate-authority=/etc/kubernetes/pki/ca.crt \
    --server="https://k8s-api.ilinux.io:6443" \
    --kubeconfig=$HOME/.kube/admin-user.config
```

　　2）添加身份凭据，可使用静态密码文件认证的客户端提供用户名和密码。

```
~$ kubectl config set-credentials admin-user --token=$ADMIN_TOKEN \
    --kubeconfig=$HOME/.kube/admin-user.config
```

　　3）以用户 admin-user 的身份凭据与 Kubernetes 集群建立映射关系。

```
~$ kubectl config set-context admin-user@kubernetes --cluster=kubernetes \
    --user=admin-user --kubeconfig=$HOME/.kube/admin-user.config
```

　　4）设置当前上下文为 admin-user@kubernetes。

```
~$ kubectl config use-context admin-user@kubernetes \
    --kubeconfig=$HOME/.kube/admin-user.config
```

至此为止，一个用于 Dashboard 登录认证的、拥有管理员权限的 kubeconfig 配置文件设置完成，把文件复制到远程客户端上即可用于 Dashboard kubeconfig 类型的登录认证。

另外，若需要设定的用户仅具有某个名称空间的管理权限，或者仅拥有集群或名称空间级别的资源读取权限，都能够通过 RBAC 权限管理模型来实现。这类用户的设定过程与前述步骤中的关键不同之处仅在于角色分配步骤。例如，在名称空间 kubernetes-dashboard 中创建服务账户 monitor-user，并通过 ClusterRoleBinding 为其分配默认的集群角色 view，便可创建一个仅具有全局读取权限的 Dashboard 用户，所需步骤如下。

```
~$ kubectl create serviceaccount monitor -n kubernetes-dashboard
~$ kubectl create clusterrolebinding monitor --clusterrole=view \
    --serviceaccount=kubernetes-dashboard:monitor
```

或者在名称空间 dev 中创建一个服务账户 dev-ns-admin，并通过 RoleBinding 为其分配默认的集群角色 admin，就能创建一个仅具有 dev 名称空间管理权限的 Dashboard 用户，所需要的步骤如下。

```
~$ kubectl create serviceaccount ns-admin -n dev
~$ kubectl create rolebinding ns-admin --clusterrole=admin --serviceaccount=dev:ns-admin
```

无论分配了何种集群角色或拥有 ServiceAccount 账户的特定角色，它们的认证信息提取及使用 kubeconfig 配置文件的方式都是相同的，这里不再给出具体的步骤，感兴的读者可自行测试。另外，Dashboard 能大大简化 kubectl 命令行里的各种操作，但二者的核心功能相似之处甚多，读者朋友们根据界面提示信息很快就能掌握其使用方法。

9.7　准入控制器

API Server 中的准入控制器同样以插件形式存在，它们会拦截所有已完成认证的，且与资源创建、更新和删除操作相关的请求，以强制实现控制器中定义的功能，包括执行对象的语义验证和设置缺失字段的默认值等，具体功能取决于 API Server 启用的插件。目前，Kubernetes 内置了 30 多个准入控制器。

9.7.1　准入控制器概述

但是准入控制器的相关代码必须要由管理员编译进 kube-apiserver 中才能使用，实现方式缺乏灵活性。于是，Kubernetes 自 1.7 版本引入了 Initializers 和 External Admission Webhooks 来尝试突破此限制，而且自 1.9 版本起，External Admission Webhooks 又被分为 MutatingAdmissionWebhook 和 ValidatingAdmissionWebhook 两种类型，分别用于在 API 中执行对象配置的"变异"和"验证"操作，前一种类型的控制器会"改动"和"验证"资源规范，而后一种类型仅"验证"资源规范是否合规。

在具体的代码实现上，一个准入控制器可以是验证型、变异型或兼具此两项功能。例如，LimitRanger 准入控制器可以使用默认资源请求和限制（变异阶段）来扩展 Pod，也能够校验有着显式资源需求定义的 Pod 是否超出 LimitRange 对象（验证阶段）的定义。而在具体运行时，准入控制也会根据准入控制器类型分阶段运行，第一个阶段串行运行各变异型控制器，第二阶段则串行运行各验证型控制器，如图 9-16 所示。在此过程中，任何控制器拒绝请求都将导致整个请求被即刻拒绝，并将错误信息返回给客户端。

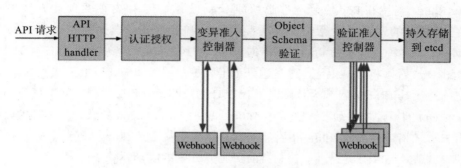

图 9-16　准入控制器的运行阶段

值得一提的是，Kubernetes 集群内置功能的某些方面实际上就是由准入控制器控制的，例如，删除名称空间并进入 Terminating 状态时，NamespaceLifecycle 准入控制器将会阻止在该名称空间中创建任何新的资源对象。甚至于，必须启用准入控制器才能使用 Kubernetes 集群的某些更高级的安全功能，例如在整个命名空间上强制实施安全配置基线的 Pod 安全策略等。

API Server 默认便会启用部分准入控制器，它也支持通过 --enable-admission-plugins 选项显式指定要加载的准入控制器，使用 --disable-admission-plugins 选项显式指定要禁用的准入控制器。

 提示　Kubernetes 内置支持的所有准入控制器及其功能说明请参考官方文档中的说明，具体地址为 https://kubernetes.io/docs/reference/access-authn-authz/admission-controllers/。

Kubernetes 正是依赖 LimitRange 资源和相应的 LimitRanger 准入控制器、ResourceQuota 资源和同名的准入控制器，以及 PodSecurityPolicy 资源和同名的准入控制器为多租户或多项目的集群环境提供了基础的安全策略框架。

9.7.2　LimitRange

尽管用户可以为容器或 Pod 资源指定资源需求及资源限制，但这并非强制性要求，那些未明确定义资源限制的容器应用很可能会因程序 Bug 或真实需求而吞掉本地工作节点上的所有可用计算资源。因此妥当的做法是，使用 LimitRange 资源在每个名称空间中限制每个容器的最小及最大计算资源用量，以及为未显式定义计算资源使用区间的容器设置默认的计算资源需求和计算资源限制。一旦在名称空间上定义了 LimitRange 对象，客户端创建或修改资源对象的操作必将受到 LimitRange 控制器的"验证"，任何违反 LimitRange 对象定义的资源最大用量的请求都将被直接拒绝。

LimitRange 支持在 Pod 级别与容器级别分别设置 CPU 和内存两种计算资源的可用范围，它们对应的资源范围限制类型分别为 Pod 和 Container。一旦在名称空间上启用 LimitRange，该名称空间中的 Pod 或容器的 requests 和 limits 的各项属性值必须在对应的可用资源范围内，否则将会被拒绝，这是验证型准入控制器的功能。以 Pod 级别的 CPU 资源为例，若某个 LimitRange 资源为其设定了 [0.5,4] 的区间，则相应名称空间下任何 Pod 资源的 requests.cpu 的属性值必须要大于等于 500m，同时，limits.cpu 的属性值也必须要小于等于 4。而未显式指定 request 和 limit 属性的容器，将会从 LimitRange 资源上分别自动继承相应的默认设置，这是变异型准入控制器的功能，如图 9-17 所示。

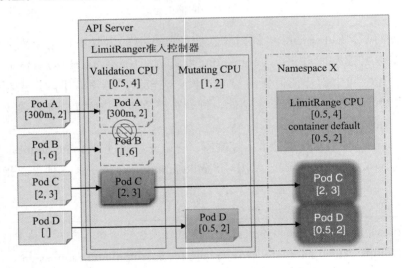

图 9-17　LimitRange 和 LimitRanger 示意图

另外，LimitRange 也支持在 PersistentVolumeClaim 资源级别设定存储空间的范围限制，它用于限制相应名称空间中创建的 PVC 对象请求使用的存储空间不能逾越指定的范围。未指定 requests 和 limits 属性的 PVC 规范，将在创建时自动继承 LimitRange 上配置的默认值。

下面的资源清单（limitrange-demo.yaml）分别为 dev 名称空间中的 Pod、Container 和 PersistentVolumeClaim 资源定义了各自的资源范围，并为后两者指定了相应可用资源规范的 limits 和 requests 属性上的默认值。其中用到的各配置属性中，default 用于定义 limits 的默认值，defaultRequest 定义 requests 的默认值，min 定义最小资源用量，而最大资源用量可以使用 max 给出固定值，也可以使用 maxLimitRequestRatio 设定最小用量的指定倍数，同时定义二者时，其意义要相符。

```
apiVersion: v1
kind: LimitRange
metadata:
  name: resource-limits
  namespace: dev
spec:
  limits:
    - type: Pod
      max:
        cpu: "4"
        memory: "4Gi"
      min:
        cpu: "500m"
        memory: "16Mi"
    - type: Container
      max:
        cpu: "4"
        memory: "1Gi"
      min:
        cpu: "100m"
        memory: "4Mi"
      default:
        cpu: "2"
        memory: "512Mi"
      defaultRequest:
        cpu: "500m"
        memory: "64Mi"
      maxLimitRequestRatio:
        cpu: "4"
    - type: PersistentVolumeClaim
      max:
        storage: "10Gi"
      min:
        storage: "1Gi"
      default:
        storage: "5Gi"
      defaultRequest:
        storage: "1Gi"
      maxLimitRequestRatio:
        storage: "5"
```

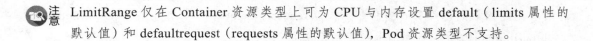

注意 LimitRange 仅在 Container 资源类型上可为 CPU 与内存设置 default（limits 属性的默认值）和 defaultrequest（requests 属性的默认值），Pod 资源类型不支持。

　　LimitRange 资源的详细描述会以非常直观、清晰的方式输出相关的资源限制及默认值的定义，将如上配置清单中的 LimitRange 资源 resource-limits 创建到集群上，而后便可使用 describe 命令查看：

```
~$ kubectl apply -f limitrange-demo.yaml
~$ kubectl describe limitranges/resource-limits -n dev
```

输出结果类似图 9-18。

```
Name:                  core-resource-limits
Namespace:             dev
Type                   Resource   Min    Max   Default Request   Default Limit   Max Limit/Request Ratio
----                   --------   ---    ---   ---------------   -------------   -----------------------
Pod                    cpu        500m   4     -                 -               -
Pod                    memory     16Mi   4Gi   -                 -               -
Container              cpu        100m   4     500m              2               4
Container              memory     4Mi    1Gi   64Mi              512Mi           -
PersistentVolumeClaim  storage    1Gi    10Gi  1Gi               5Gi             5
```

图 9-18　LimitRange 资源 resource-limits 的详细描述

　　我们可以通过在 dev 名称空间中创建 Pod 对象与 PVC 对象对各限制的边界和默认值的效果进行多维度测试。先创建一个仅包含一个容器且没有默认系统资源需求和限制的 Pod 对象：

```
~$ kubectl run testpod-1 --image="ikubernetes/demoapp:v1.0" -n dev
```

　　Pod 对象 testpod-1 资源规范中被自动添加了 CPU 和内存资源的 requests 和 limits 属性，它的值来自 limitranges/resource-limits 中的定义，如下面的命令及截取的结果片段所示。

```
~$ kubectl get pod/testpod-1 -n dev -o yaml
......
spec:
  containers:
  - image: ikubernetes/demoapp:v1.0
    imagePullPolicy: IfNotPresent
    name: testpod-1
    resources:
      limits:
        cpu: "2"
        memory: 512Mi
      requests:
        cpu: 500m
        memory: 64Mi
......
```

　　若 Pod 对象设定的 CPU 或内存的 requests 属性值小于 LimitRange 中相应资源的下限，或 limits 属性值大于设定的相应资源的上限，就会触发 LimitRanger 准入控制器拒绝相关的请求。例如下面创建 Pod 的命令中，仅 requests.memory 一个属性值违反了 limitrange/resource-limits 中的定义，但请求同样会被拒绝。

```
~$ kubectl run testpod-2 --image="ikubernetes/demoapp:v1.0" -n dev \
        --limits='cpu=2,memory=1Gi' --requests='cpu=1,memory=8Mi'
Error from server (Forbidden): pods "testpod-2" is forbidden: minimum memory
usage per Pod is 16Mi, but request is 8388608
```

类似地，在 dev 名称空间中创建的 PVC 对象的可用存储空间也将受到 LimitRange 资源中定义的限制，鉴于篇幅有限，这里不再给出具体的过程，感兴趣的读者朋友可自行完成测试。

需要注意的是，LimitRange 生效于名称空间级别，它需要定义在每个名称空间之上；另外，定义的限制仅对该资源创建后的 Pod 和 PVC 资源创建请求有效，对之前已然存在的资源无效；再者，不建议在生效于同一名称空间的多个 LimitRange 资源上，对同一个计算资源限制进行分别定义，以免产生歧义或导致冲突。

9.7.3　ResourceQuota

尽管 LimitRange 资源能在名称空间上限制单个容器、Pod 或 PVC 相关的系统资源用量，但用户依然可以创建出无数的资源对象，进而侵占集群上所有的可用系统资源。ResourceQuota 资源能够定义名称空间级别的资源配额，从而在名称空间上限制聚合资源消耗的边界，它支持以资源类型来限制用户可在本地名称空间中创建的相关资源的对象数量，以及这些对象可消耗的计算资源总量等。

而同名的 ResourceQuota 准入控制器负责观察传入的请求，并确保它没有违反相应名称空间中 ResourceQuota 资源定义的任何约束。ResourceQuota 准入控制器属于"验证"类型的控制器，用户创建或更新资源的操作违反配额约束时将会被拒绝，API Server 会响应以 HTTP 状态代码 403 FORBIDDEN，并显示一条消息以提示违反的约束条件。

ResourceQuota 资源可限制名称空间中处于非终止状态的所有 Pod 对象的计算资源需求及计算资源限制总量。

- ❑ cpu 或 requests.cpu：CPU 资源相关请求的总量限额。
- ❑ memory 或 requests.cpu：内存资源相关请求的总量限额。
- ❑ limits.cpu：CPU 资源相关限制的总量限额。
- ❑ limits.memory：内存资源相关限制的总量限额。

ResourceQuota 资源还支持为本地名称空间中的 PVC 存储资源的需求总量和限制总量设置限额，它能够分别从名称空间中的全部 PVC、隶属于特定存储类的 PVC 以及基于本地临时存储的 PVC 分别进行定义。

- ❑ requests.storage：所有 PVC 存储需求的总量限额。
- ❑ persistentvolumeclaims：可以创建的 PVC 总数限额。
- ❑ <storage-class-name>.storageclass.storage.k8s.io/requests.storage：特定存储类上可使用的所有 PVC 存储需求的总量限额。

- <storage-class-name>.storageclass.storage.k8s.io/persistentvolumeclaims：特定存储类上可使用的 PVC 总数限额。
- requests.ephemeral-storage：所有 Pod 可以使用的本地临时存储资源的 requets 总量。
- limits.ephemeral-storage：所有 Pod 可用的本地临时存储资源的 limits 总量。

在 v1.9 版本之前的 Kubernetes 系统上，ResourceQuota 仅支持在有限的几种资源集上设定对象计数配额，例如 pods、services 和 configmaps 等，而自 v1.9 版本起开始支持以 count/<resource>.<group> 的格式对所有资源类型对象的计数配额，例如 count/deployments. apps、count/deployments.extensions 和 count/services 等。

下面的资源清单（resourcequota-demo.yaml）在 dev 名称空间中定义了一个 ResourceQuota 资源对象，它定义了计算资源与存储资源分别在 requests 和 limits 维度的限额，也定义了部署资源类型中的可用对象数量。

```
apiVersion: v1
kind: ResourceQuota
metadata:
  name: resourcequota-demo
  namespace: dev
spec:
  hard:
    pods: "5"
    count/services: "5"
    count/configmaps: "5"
    count/secrets: "5"
    count/cronjobs.batch: "2"
    requests.cpu: "2"
    requests.memory: "4Gi"
    limits.cpu: "4"
    limits.memory: "8Gi"
    count/deployments.apps: "2"
    count/statefulsets.apps: "2"
    persistentvolumeclaims: "6"
    requests.storage: "20Gi"
    fast-rbd.storageclass.storage.k8s.io/requests.storage: "20Gi"
    fast-rbd.storageclass.storage.k8s.io/persistentvolumeclaims: "6"
```

与 LimitRange 不同的是，ResourceQuota 会计入指定范围内，先前的资源对象对系统资源和资源对象的限额占用情况，因此将 resourceqouta-demo 创建到集群上之后，dev 名称空间中现有的资源会立即分去限额内的一部分可用空间，这在 ResourceQuota 资源的详细描述中会有直观展示，如图 9-19 所示。

```
~$ kubectl apply -f resourcequota-demo.yaml
resourcequota/resourcequota-demo created
~$ kubectl describe resourcequotas/resourcequota-demo -n dev
```

```
Name:                                                        resourcequota-demo
Namespace:                                                   dev
Resource                                                     Used     Hard
--------                                                     ----     ----
count/configmaps                                             0        5
count/cronjobs.batch                                         0        2
count/deployments.apps                                       0        2
count/deployments.extensions                                 0        2
count/secrets                                                2        5
count/services                                               0        5
fast-rbd.storageclass.storage.k8s.io/persistentvolumeclaims  0        6
fast-rbd.storageclass.storage.k8s.io/requests.storage        0        20Gi
limits.cpu                                                   2        4
limits.memory                                                512Mi    8Gi
persistentvolumeclaims                                       0        6
pods                                                         1        5
requests.cpu                                                 500m     2
requests.memory                                              64Mi     4Gi
requests.storage                                             0        20Gi
```

图 9-19　ResourceQuota 资源详细描述示例

上面第二条命令结果显示，dev 名称空间下的 Pod 资源限额已被先前的自主式 Pod 对象消耗了 1/5，与此同时，计算资源请求和限制也各占用了一部分配额。随后，在 dev 名称空间中创建 Pod 资源时，requests.cpu、requests.memroy、limits.cpu、limits.memory 和 pods 等任何一个限额的超出都将致使创建操作失败，如下面的命令及结果所示。

```
~$ kubectl run testpod-2 --image="ikubernetes/demoapp:v1.0" \
    --requests="cpu=2,memory=1Gi" --limits="cpu=2,memory=1Gi" -n dev
Error from server (Forbidden): pods "testpod-2" is forbidden: exceeded quota:
resourcequota-demo, requested: requests.cpu=2, used: requests.cpu=500m, limited:
requests.cpu=2
```

每个 ResourceQuota 资源对象上还支持定义一组作用域，用于定义资源上的配额仅生效于这组作用域交集范围内的对象，目前适用范围包括 Terminating、NotTerminating、BestEffort 和 NotBestEffort。

- ❑ Terminating：匹配 .spec.activeDeadlineSeconds 的属性值大于等于 0 的所有 Pod 对象。
- ❑ NotTerminating：匹配 .spec.activeDeadlineSeconds 的属性值为空的所有 Pod 对象。
- ❑ BestEffort：匹配所有位于 BestEffort QoS 类别的 Pod 对象。
- ❑ NotBestEffort：匹配所有非 BestEffort QoS 类别的 Pod 对象。

另外，Kubernetes 自 v1.8 版本起支持管理员设置不同的优先级类别（PriorityClass）创建 Pod 对象，而且自 v1.11 版本起还支持对每个 PriorityClass 对象分别设定资源限额。于是，管理员还可以在 ResourceQuota 资源上使用 scopeSelector 字段定义其生效的作用域，它支持基于 Pod 对象的优先级来控制 Pod 对系统资源的消耗。

9.7.4　PodSecurityPolicy

我们知道，Pod 和容器规范中允许用户使用 securityContext 字段定义安全相关的配置，但允许任何用户随意以特权模式运行容器或者使用任意的 Linux 内核能力等，显然存在着难以预料的安全风险。API Server 提供了 PodSecurityPolicy 资源让管理员在集群全局定义或限定用户在 Pod 和容器上可用及禁用的安全配置，例如是否可使用特权容器和主机名称空间，可使用的主机网络端口范围、卷类型和 Linux Capabilities 等。因此，本质上来说，PSP 资源就是集群全局范围内定义的 Pod 资源可用的安全上下文策略。同名的 PodSecurityPolicy 准入控制器负责观察集群范围内的 Pod 资源的运行属性，并确保它没有违反 PodSecurityPolicy 资源定义的约束条件。

　　PSP 准入控制器会根据显式定义的 PSP 资源中的安全策略判定允许何种 Pod 资源的创建操作，若无任何可用的安全策略，它将阻止创建任何 Pod 资源。新部署的 Kubernetes 集群默认并不会自动生成任何 PSP 资源，因而该准入控制器默认处于禁用状态。PSP 资源的 API 接口（policy/v1beta1/podsecuritypolicy）独立于 PSP 准入控制器，因此管理员可以先定义好必要的 Pod 安全策略，再设置 kube-apiserver 启用 PSP 准入控制器。不当的 Pod 安全策略可能会产生难以预料的副作用，因此请确保添加的任何 PSP 对象都经过了充分测试。

　　PodSecurityPolicy 是标准的 API 资源类型，它隶属于 policy 群组，在 spec 字段中嵌套多种安全规则来定义期望的目标，资源规范及简要的使用说明如下所示。

```
apiVersion: policy/v1beta1              # PSP 资源所属的 API 群组及版本
kind: PodSecurityPolicy                 # 资源类型标识
metadata:
  name <string>                         # 资源名称
spec:
  allowPrivilegeEscalation  <boolean>   # 是否允许权限升级
  allowedCSIDrivers <[]Object>          # 内联 CSI 驱动程序列表，必须在 Pod 规范中显式定义
  allowedCapabilities <[]string>        # 允许使用的内核能力列表，"*"表示 all
  allowedFlexVolumes <[]Object>         # 允许使用的 Flexvolume 列表，空值表示 all
  allowedHostPaths <[]Object>           # 允许使用的主机路径列表，空值表示 all
  allowedProcMountTypes <[]string>      # 允许使用的 ProcMountType 列表，空值表示默认
  allowedUnsafeSysctls <[]string>       # 允许使用的非安全 sysctl 参数，空值表示不允许
  defaultAddCapabilities  <[]string>    # 默认添加到 Pod 对象的内核能力，可被 drop
  defaultAllowPrivilegeEscalation <boolean> # 是否默认允许内核限升级
  forbiddenSysctls ´<[]string>          # 禁止使用的 sysctl 参数，空值表示不禁用
  fsGroup <Object>      # 允许在 SecurityContext 中使用的 fsgroup，必选字段
    rule <string>       # 允许使用的 FSGroup 规则，支持 RunAsAny 和 MustRunAs
    ranges <[]Object>   # 允许使用的组 ID 范围，需要与 MustRunAs 规则一同使用
      max  <integer>                    # 最大组 ID 号
      min  <integer>                    # 最小组 ID 号
  hostIPC <boolean>                     # 是否允许 Pod 使用 hostIPC
  hostNetwork <boolean>                 # 是否允许 Pod 使用 hostNetwork
  hostPID <boolean>                     # 是否允许 Pod 使用 hostPID
  hostPorts <[]Object>                  # 允许 Pod 使用的主机端口暴露其服务的范围
    max  <integer>                      # 最大端口号，必选字段
    min  <integer>                      # 最小端口号，必选字段
  privileged  <boolean>                 # 是否允许运行特权 Pod
```

```
  readOnlyRootFilesystem  <boolean>    # 是否设定容器的根文件系统为"只读"
  requiredDropCapabilities <[]string> # 必须要禁用的内核能力列表
  runAsGroup  <Object> # 允许 Pod 在 runAsGroup 中使用的值列表,未定义表示不限制
  runAsUser <Object>    # 允许 Pod 在 runAsUser 中使用的值列表,必选字段
    rule <string>      # 支持 RunAsAny、MustRunAs 和 MustRunAsNonRoot
    ranges <[]Object>  # 允许使用的组 ID 范围,需要跟 MustRunAs 规则一同使用
      max  <integer>                   # 最大组 ID 号
      min  <integer>                   # 最小组 ID 号
  runtimeClass <Object>                # 允许 Pod 使用的运行类,未定义表示不限制
    allowedRuntimeClassNames <[]string> # 可使用的 runtimeClass 列表,"*"表示 all
    defaultRuntimeClassName <string>  # 默认使用的 runtimeClass
  seLinux <Object>                     # 允许 Pod 使用的 selinux 标签,必选字段
    rule <string> # MustRunAs 表示使用 seLinuxOptions 定义的值;RunAsAny 表示可使用任意值
    seLinuxOptions  <Object>    # 自定义 seLinux 选项对象,与 MustRunAs 协作生效
  supplementalGroups  <Object> # 允许 Pod 在 SecurityContext 中使用附加组,必选字段
  volumes <[]string>            # 允许 Pod 使用的存储卷插件列表,空表示禁用,"*"表示 all
```

启用 PSP 准入控制器后要部署任何 Pod 对象,相关的 User Account 及 Service Account 必须全部获得了恰当的 Pod 安全策略授权。以常规用户的身份直接创建 Pod 对象时,PSP 准入控制器将根据该账户被授权使用的 Pod 安全策略验证其凭据,若无任何安全策略约束该 Pod 对象的安全性,则创建操作将会被拒绝。基于控制器(例如 Deployment)创建 Pod 对象时,PSP 准入控制器会根据 Pod 对象的 Service Account 被授权使用的 Pod 安全策略验证其凭据,若不存在支持该 Pod 对象的安全性要求的安全策略,则 Pod 控制器资源自身能成功创建,但 Pod 对象不能。

然而,即便在启用了 PSP 准入控制器的情况下,PSP 对象依然不会生效,管理员还需要借助授权插件(例如 RBAC)将 use 权限授权给特定的 Role 或 ClusterRole,再为相关的 User Account 或 Service Account 分配这些角色才能让 PSP 策略真正生效。下面简单说明为 Kubernetes 集群设定的能支撑集群自身运行的框架性的 Pod 安全策略,以及允许非管理员使用的 Pod 安全策略,而后启用 PSP 准入控制器中使这些策略生效的方法。

1. 设置特权及受限的 PSP 对象

通常,system:masters 组内的管理员账户、system:node 组内的 kubelet 账户,以及 kube-system 名称空间中的所有服务账户需要拥有创建各类 Pod 对象的权限,包括创建特权 Pod 对象。因此,启用 PSP 准入控制器之前需要先创建一个特权 PSP 资源,并将该资源的使用权赋予各类管理员账户以确保 Kubernetes 集群的基础服务可以正常运行。一个示例性的特权 PSP 资源清单(psp-privileged.yaml)如下,它启用了几乎所有的安全配置。

```
apiVersion: policy/v1beta1
kind: PodSecurityPolicy
metadata:
  name: privileged
  annotations:
```

```
      seccomp.security.alpha.kubernetes.io/allowedProfileNames: '*'
spec:
  privileged: true
  allowPrivilegeEscalation: true
  allowedCapabilities: ['*']
  allowedUnsafeSysctls: ['*']
  volumes: ['*']
  hostNetwork: true
  hostPorts:
  - min: 0
    max: 65535
  hostIPC: true
  hostPID: true
  runAsUser:
    rule: 'RunAsAny'
  runAsGroup:
    rule: 'RunAsAny'
  seLinux:
    rule: 'RunAsAny'
  supplementalGroups:
    rule: 'RunAsAny'
  fsGroup:
    rule: 'RunAsAny'
```

出于安全加强的需要，除了有特权需求的系统级应用程序及集群管理员账户之外，其他应用或普通账户默认不应该允许使用与安全上下文相关的任何配置。因而，系统内置的特殊组之外的其他普通账户或服务账户，绝大多数都不必使用安全配置，它们仅可使用受限的安全策略。下面的资源清单（psp-restrict.yaml）定义了一个完全受限的安全策略，它禁止了几乎所有的特权操作。

```
apiVersion: policy/v1beta1
kind: PodSecurityPolicy
metadata:
  name: restricted
  annotations:
    seccomp.security.alpha.kubernetes.io/allowedProfileNames: 'docker/default'
    apparmor.security.beta.kubernetes.io/allowedProfileNames: 'runtime/default'
    seccomp.security.alpha.kubernetes.io/defaultProfileName:  'docker/default'
    apparmor.security.beta.kubernetes.io/defaultProfileName:  'runtime/default'
spec:
  privileged: false
  allowPrivilegeEscalation: false
  allowedUnsafeSysctls: []
  requiredDropCapabilities:
    - ALL
  # 允许使用的核心存储卷类型
  volumes: ['configMap', 'emptyDir', 'projected', 'secret', 'secret',
'persistentVolumeClaim']
```

```
    hostNetwork: false
    hostIPC: false
    hostPID: false
    runAsUser:
      rule: 'MustRunAsNonRoot'
    seLinux:
      rule: 'RunAsAny'
    supplementalGroups:
      rule: 'MustRunAs'
      ranges:
        # Forbid adding the root group.
        - min: 1
          max: 65535
    fsGroup:
      rule: 'MustRunAs'
      ranges:
        # Forbid adding the root group.
        - min: 1
          max: 65535
    readOnlyRootFilesystem: false
```

将上面两个资源清单中定义的 PSP 资源提交并创建到集群之上，随后便可授权特定的 Role 或 ClusterRole 资源通过 use 调用它们。PSP 资源创建完成后才能授权特定的 Role 或 ClusterRole 资源通过 use 进行调用。我们这里首先使用如下命令将上面配置清单中定义的资源创建到集群之上，调用的方式将在后面一小节中进行说明。

```
~$ kubectl apply -f psp-privileged  -f psp-restricted.yaml
podsecuritypolicy.policy/privileged created
podsecuritypolicy.policy/restricted created
```

2. 创建 ClusterRole 并完成账户绑定

启用 PodSecurityPolicy 准入控制器后，仅被授权使用 PSP 资源的账户才能够在该资源中定义的策略框架下行使账户权限范围内的资源管理操作。因此，这里还需要显式授予 system:masters、system:nodes 和 system:serviceaccounts:kube-system 组内的用户可以使用 podsecuritypolicy/privileged 资源，其他成功认证后的用户能够使用 podsecuritypolicy/restricted 资源。RBAC 权限模型中，任何 Subject 都不能直接获得权限，它们需要借助分配到的角色获得权限。因此，下面先创建两个分别能使用 podsecuritypolicy/privileged 和 podsecuritypolicy/restricted 资源的 ClusterRole。

下面的资源清单（clusterrole-with-psp.yaml）中创建了两个 ClusterRole 资源，授权 psp-privileged 可以使用名为 privileged 的安全策略，psp-restricted 可以使用名为 restricted 的安全策略。

```
kind: ClusterRole
apiVersion: rbac.authorization.k8s.io/v1
```

```
metadata:
  name: psp-restricted
rules:
- apiGroups: ['policy']
  resources: ['podsecuritypolicies']
  verbs:  ['use']
  resourceNames:
  - restricted
---
kind: ClusterRole
apiVersion: rbac.authorization.k8s.io/v1
metadata:
  name: psp-privileged
rules:
- apiGroups: ['policy']
  resources: ['podsecuritypolicies']
  verbs:  ['use']
  resourceNames:
  - privileged
```

下面的资源清单（clusterrolebinding-with-psp.yaml）定义了两个 ClusterRoleBinding 对象：前一个为 system:masters、system:node 和 system:serviceaccounts:kube-system 组的账户分配集群角色 psp-privileged，从而能够使用任何安全配置；后一个为 system:authenticated 组内的账户分配集群角色 psp-restricted，以禁止它们在 Pod 和容器上使用任何安全配置。

```
apiVersion: rbac.authorization.k8s.io/v1
kind: ClusterRoleBinding
metadata:
  name: privileged-psp-user
roleRef:
  apiGroup: rbac.authorization.k8s.io
  kind: ClusterRole
  name: psp-privileged
subjects:
- apiGroup: rbac.authorization.k8s.io
  kind: Group
  name: system:masters
- apiGroup: rbac.authorization.k8s.io
  kind: Group
  name: system:node
- apiGroup: rbac.authorization.k8s.io
  kind: Group
  name: system:serviceaccounts:kube-system
---
kind: ClusterRoleBinding
apiVersion: rbac.authorization.k8s.io/v1
metadata:
```

```
      name: restricted-psp-user
roleRef:
  kind: ClusterRole
  name: psp-restricted
  apiGroup: rbac.authorization.k8s.io
subjects:
- kind: Group
  apiGroup: rbac.authorization.k8s.io
  name: system:authenticated
```

将上面两个资源清单中定义的 ClusterRole 和 ClusterRoleBinding 资源创建到集群上，即可为 API Server 启用 PodSecurityPolicy 准入控制器。

```
~$ kubectl apply -f clusterrole-with-psp.yaml -f clusterrolebinding-with-psp.yaml
clusterrole.rbac.authorization.k8s.io/psp-restricted created
clusterrole.rbac.authorization.k8s.io/psp-privileged created
clusterrolebinding.rbac.authorization.k8s.io/privileged-psp-user created
clusterrolebinding.rbac.authorization.k8s.io/restricted-psp-user created
```

3. 启用 PSP 准入控制器

API Server 的应用程 kube-apiserver 使用 --enable-admission-plugins 选项显式指定要加载的准入控制器列表，因此在该选项的列表中添加 PodSecurityPolicy 条目，并重启 kube-apiserver 程序便能启用 PSP 准入控制器。对于使用 kubeadm 部署的 Kubernetes 集群来说，编辑 Master 节点上的 /etc/kubernetes/manifests/kube-apiserver.yaml 配置清单，直接修改 --enable-admission-plugins 选项的值，并添加 PodSecurityPolicy 列表项即可，各列表项以逗号分隔。kubelet 监控到 /etc/kubernetes/manifests 目录下的任何资源清单的改变时都会自动重建相关的 Pod 对象，因此编辑并保存 kube-apiserver.yaml 资源清单后，kubelet 会通过重建相关的静态 Pod 而自动生效。

待 kube-apiserver 重启完成后，可通过监测 API Server 程序的运行状态及相关日志来判定 PodSecurityPolicy 准入控制器是否成功启用。以静态 Pod 运行 kube-apiserver 的日志同样可使用 kubectl logs 命令获取。如下面的命令及截取的结果所示，PodSecurityPolicy 准入控制器已然成功加载。若 Kubernetes 的各系统类 Pod 资源运行状态正常，即表示安全策略已然成功启用。

```
~$ kubectl logs kube-apiserver-k8s-master01.ilinux.io -n kube-system
......
plugins.go:158] Loaded 13 mutating admission controller(s) successfully in the
following order: NamespaceLifecycle,LimitRanger,…,PodSecurityPolicy,…
plugins.go:161] Loaded 11 validating admission controller(s) successfully in the
following order: LimitRanger,ServiceAccount,PodSecurityPolicy,…
......
```

> **注意** 尽管 PSP 对已处于运行状态的 Pod 或容器没有影响，但对于正常运行中的 Kubernetes 集群来说，中途启用 PodSecurityPolicy 仍然可能会导致诸多难以预料的错误，尤其是没有事先为用到安全配置的 Pod 资源准备好可用的 PSP 资源时，这些 Pod 资源一旦重启便会因触发 PSP 策略而被阻止。

接下来，我们可通过能成功认证的普通账户测试其创建 Pod 资源时是否受限于 restricted 安全策略，以验证 PodSecurityPolicy 资源的生效状态。下面的命令尝试以 dev 名称空间的管理员 mason 用户创建一个使用了主机端口（hostPort）的 Pod 资源，但该操作被 PodSecurityPolicy 拒绝。

```
~$ kubectl run pod-with-hostport --image="ikubernetes/demoapp:v1.0" \
     --port=80 --hostport=32080 -n dev --context='mason@kubernetes'
Error from server (Forbidden): pods "pod-with-hostport" is forbidden: unable to
validate against any pod security policy: [spec.containers[0].hostPort: Invalid
value: 32080: Host port 32080 is not allowed to be used. Allowed ports: []]
```

因为 mason 用户由 API Server 成功认证后，将被自动归类到 system:authenticated 组和它所属的 developers 组中，但仅前一个组有权使用 restricted 安全策略。移除命令中的 --hostport 选项再次执行创建操作即可成功完成，感兴趣的读者可自行测试。另外，我们也可按此方式授权特定的用户拥有特定类型的 Pod 对象创建权限，但策略冲突时可能会导致意料不到的结果，因此将任何 Pod 安全策略应用到生产环境之前请务必做到充分测试。

9.8　本章小结

本章主要讲解了 Kubernetes 的认证、授权及准入控制相关的话题，其中重点说明了以下内容：

- ❑ Kubernetes 系统的认证、授权及准入控制插件的工作流程。
- ❑ Service Account 资源及其应用方式。
- ❑ HTTPS 客户端证书认证及其在 kubectl 和 TLS Bootstrap 中的应用。
- ❑ Role 与 RoleBinding 的工作机制及应用方式。
- ❑ ClusterRole 与 ClusterRoleBinding 的工作机制及应用方式。
- ❑ 借助默认的 ClusterRole 与 ClusterRoleBinding 实现集群及名称空间级别权限的快速授予。
- ❑ Dashboard 及其分级权限授予。
- ❑ 使用 LimitrRange 资源限制名称空间下容器、Pod 及 PVC 对象的系统资源限制。
- ❑ 使用 ResourceQuota 设置名称空间的总资源限制。
- ❑ 使用 PodSecurityPolicy 设置创建 Pod 对象的安全策略。

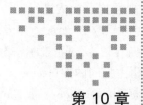

网络模型与网络策略

我们知道，Kubertnetes 集群上运行的所有 Pod 资源默认都会从同一平面网络得到一个 IP 地址，无论是否处于同一名称空间，各 Pod 彼此之间都可使用各自的地址直接通信，另一方面，Pod 网络的管理却非 Kubernetes 系统内置的功能，而是由第三方项目以 CNI 插件方式完成。进一步来说，除了 Pod 网络管理，有相当一部分 CNI 网络插件还实现了网络策略，这些插件赋予管理员和用户通过自定义 NetworkPolicy 资源来管控 Pod 通信的能力。本章主要讲述 Kubernetes 的网络模型、常用的网络插件 Flannel、Canal 和 Calico 的基本应用，以及使用网络策略加强 Pod 通信安全等相关话题。

10.1　容器网络模型

Network、IPC 和 UTS 名称空间隔离技术是容器能够使用独立网络栈的根本，而操作系统的网络设备虚拟化技术是打通各容器间通信并构建起多样化网络拓扑的至关重要因素，在 Linux 系统上，这类的虚拟化设备类型有 VETH、Bridge、VLAN、MAC VLAN、IP VLAN、VXLAN、MACTV 和 TAP/IPVTAP 等。这些网络虚拟化相关的技术是支撑容器与容器编排系统网络的基础。

10.1.1　容器网络通信模式

在 Host 模式中，各容器共享宿主机的根网络名称空间，它们使用同一个接口设备和网络协议栈，因此，用户必须精心管理共享同一网络端口空间容器的应用与宿主机应用，以避免端口冲突。

Bridge 模式对 host 模式进行了一定程度的改进，在该模式中，容器从一个或多个专用网络（地址池）中获取 IP 地址，并将该 IP 地址配置在自己的网络名称空间中的网络端口设备上。于是，拥有独立、隔离的网络名称空间的各容器有自己独占的端口空间，而不必再担心各容器及宿主机间的端口冲突。

这里反复提到的 Bridge 是指 Linux 内核支持的虚拟网桥设备，它模拟的是物理网桥设备，工作于数据链路层，根据习得的 MAC 地址表向设备端口转发数据帧。虚拟以太网接口设备对（veth pair）是连接虚拟网桥和容器的网络媒介：一端插入到容器的网络栈中，表现为通信接口（例如 eth0 等），另一端则于宿主机上关联虚拟网桥并被降级为当前网桥的"从设备"，失去调用网络协议栈处理数据包的资格，从而表现为桥设备的一个端口，如图 10-1 所示。

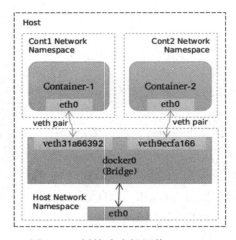

图 10-1　桥接式虚拟网络 docker0

Linux 网桥提供的是宿主机内部的网络，同一主机上的各容器可基于网桥和 ARP 协议完成本地通信。而在宿主机上，网桥表现为一个网络接口并可拥有 IP 地址，如图 10-2 中的 docker0 会在 docker daemon 进程启动后被自动配置 172.17.0.1/16 的地址。于是，由宿主机发出的网络包可通过此桥接口送往连接至同一个桥上的其他容器，如图 10-1 上的 Container-1 或 Container-2，这些容器通常需要由某种地址分配组件（IPAM）自动配置一个相关网络（例如 72.17.0.0/16）中的 IP 地址。

但此私有网络中的容器却无法直接与宿主机之外的其他主机或容器进行通信，通常作为请求方，这些容器需要由宿主机上的 iptables 借助 SNAT 机制实现报文转发，而作为服务方时，它们的服务需要宿主机借助于 iptables 的 DNAT 规则进行服务暴露。因而，总结起来，配置容器使用 Bridge 网络的步骤大体有如下几个：

1）若不存在，则需要先在宿主机上添加一个虚拟网桥；

2）为每个容器配置一个独占的网络名称空间；

3）生成一对虚拟以太网接口（如 veth pair），将一端插入容器网络名称空间，一端关联至宿主机上的网桥；

4）为容器分配 IP 地址，并按需生成必要的 NAT 规则。

尽管 Bridge 模型下各容器使用独立且隔离的网络名称空间，且彼此间能够互连互通，但跨主机的容器间通信时，请求报文会首先由源宿主机进行一次 SNAT（源地址转换）处理，而后由目标宿主机进行一次 DNAT（目标地址转换）处理方可送到目标容器，如图 10-2 所示。这种复杂的 NAT 机制将会使得网络通信管理的复杂度随容器规模增呈成几何倍数上升，而且基于 ipables 实现的 NAT 规则，也限制了解决方案的规模和性能。

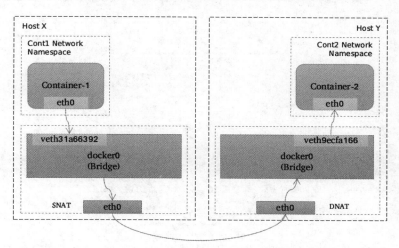

图 10-2 Bridge 虚拟网络中的跨节点容器间通信

Kubernetes 系统依然面临着类似的问题，只不过，跨节点的容器通信问题变成了更抽象的 Pod 资源问题。我们知道，Kubernetes 将具有亲密关系的容器整合成 Pod 作为基础单元，并设计了专用的网络模型来支撑 Kubernetes 组件间以及与其他应用程序的通信。这种网络模型基于扁平网络结构，无须将主机端口映射到容器端口便能完成分布式环境中的容器间通信，并负责解决 4 类通信需求：同一 Pod 内容器间的通信、Pod 间的通信、Service 到 Pod 间的通信以及集群外部与 Service 之间的通信。

1. Pod 内容器间通信

如前所述，Pod 是 Kubernetes 调度的原子单元，其内部的各容器必须运行在同一节点之上。一个 Pod 资源内的各容器共享同一网络名称空间，它通常由构建 Pod 对象的基础架构容器 pause 所提供。因而，同一个 Pod 内运行的多个容器通过 lo 接口即可在本地内核协议栈上完成交互，如图 10-3 中的 Pod P 内的 Container1 和 Container2 之间的通信，这类似于同一主机上的多个进程间的本地通信。

2. 分布式 Pod 间通信

各 Pod 对象需要运行在同一个平面网络中，每个 Pod 对象拥有一个虚拟网络接口和集群全局唯一的地址，该 IP 地址可用于直接与其他 Pod 进行通信，例如图 10-4 中的 Pod P 和 Pod Q 之间的通信。另外，运行 Pod 的各节点也会通过桥接设备等持有此平面网络中的一个 IP 地址，如图 10-3 中的 cni0 接口，这意味着 Node 到 Pod 间的通信也可直接在此网络进行。因此，Pod 间的通信或 Pod 到 Node 间的通信类似于同一 IP 网络中的主机间进行的通信。

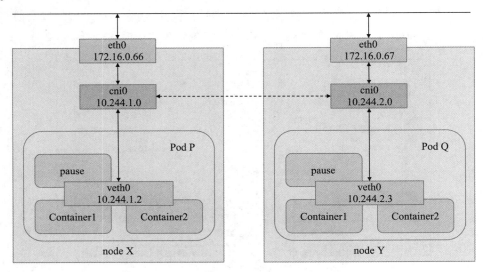

图 10-3　Pod 网络

Kubernetes 设计了 Pod 通信模型，却把相关功能及编排机制的实现通过 kubenet 或 CNI 插件 API 开放给第三方来实现。这些第三方插件要负责为各 Pod 设置虚拟网络接口、分配 IP 地址并将其接入到容器网络中等各种任务，以实现 Pod 间的直接通信。目前，流行的 CNI 网络插件有数十种之多，例如本书默认部署使用的 Flannel，以及 Calico、Canal 和 WeaveNet 等。

3. Service 与 Pod 间的通信

Service 资源的专用网络也称为集群网络，需要在启动 kube-apiserver 时由 --service-cluster-ip-range 选项进行指定，例如默认的 10.96.0.0/12，每个 Service 对象在此网络中拥有一个称为 Cluster-IP 的固定地址。管理员或用户对 Service 对象的创建或更改操作，会由 API Server 存储完成后触发各节点上的 kube-proxy，并根据代理模式的不同将该 Service 对象定义为相应节点上的 iptables 规则或 ipvs 规则，Pod 或节点客户端对 Service 对象的 IP 地址的访问请求将由这些 iptables 或 ipvs 规则进行调度和转发，从而完成 Pod 与 Service 之间的通信，如图 10-4 所示。

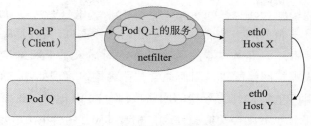

图 10-4　Service 和 Pod 间的通信示意图

4. 集群外部客户端与 Pod 对象的通信

引入集群外部流量到达 Pod 对象有 4 种方式，有两种是基于本地节点的端口（hostPort）或根网络名称空间（hostNetwork），另外两种则是基于工作在集群级别的 NodePort 或 LoadBalancer 类型的 Service 对象。不过，即便是四层代理的模式也要经由两级转发才能到达目标 Pod 资源：请求流量首先到达外部负载均衡器，由其调度至某个工作节点之上，而后再由工作节点的 netfilter（kube-proxy）组件上的规则（iptables 或 ipvs）调度至某个目标 Pod 对象。

我们知道，集群内的 Pod 间通信，即便通过 Service 进行"代理"和"调度"，但绝大部分都无须使用 NAT，而是 Pod 间的直接通信。由此可见，上面的 4 种通信模型中，仅"分布式 Pod 间通信"是负责解决跨节点间容器通信的核心所在，但 Kubernetes 从 v1.0 之前的版本起就把这个问题通过 kubenet 插件 API 开放给了社区，把网络栈的管理从容器运行时中分离出来，这种抽象有助于将容器管理和网络管理分开，也为不同的组织独立解决容器编排和容器网络编排的问题提供了空间。任何遵循该 API 开发的容器网络编排插件都可以同 Kubernetes 系统一起协同工作，这其中以 CoreOS 维护的 Flannel 项目为最具代表性。

kubenet 是一个非常基础、简单的网络插件，它本身并未实现任何跨节点网络和网络策略一类更高级的功能，且仅适用于 Linux 系统，于是，Kubernetes 试图寻求一个更开放的网络插件接口标准来替代它。分别由 Docker 与 CoreOS 设计的 CNM（Container Network Model）和 CNI 是两个主流的竞争模型，但 CNM 在设计上做了很多与 Kubernetes 不兼容的假设，而 CNI 却有着与 Kubernetes 非常一致的设计哲学，它远比 CNM 简单，不需要守护进程，并且能够跨多个容器运行时平台。于是，CNM 因"专为 Docker 容器引擎设计且很难分离"而落选，而 CNI 就成了目前 Kubernetes 系统上标准的网络插件接口规范。目前，绝大多数为 Kubernetes 解决 Pod 网络通信问题的插件都是遵循 CNI 规范的实现。

10.1.2　CNI 网络插件基础

CNI 是容器引擎与遵循该规范网络插件的中间层，专用于为容器配置网络子系统，目前由 RKT、Docker、Kubernetes、OpenShift 和 Mesos 等相关的容器运行时环境所支持。

通常，遵循 CNI 规范的网络插件是一个可执行程序文件，它们可由容器编排系统（例如 Kubernetes 等）调用，负责向容器的网络名称空间插入一个网络接口并在宿主机上执行必要的任务以完成虚拟网络配置，因而通常被称为网络管理插件，即 NetPlugin。随后，NetPlugin 还需要借助 IPAM 插件为容器的网络接口分配 IP 地址，这意味着 CNI 允许将核心网络管理功能与 IP 地址分配等功能相分离，并通过插件组合的方式堆叠出一个完整的解决方案。简单来说，目前的 CNI 规范主要由 NetPlugin 和 IPAM 两个插件 API 组成，如图 10-5 所示。

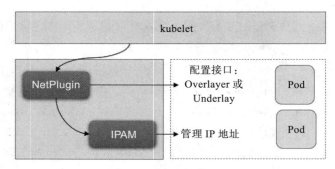

图 10-5　CNI 插件 API

以下是对两个插件的简要说明。

❏ 网络插件也称 Main 插件，负责创建 / 删除网络以及向网络添加 / 删除容器，它专注于连通容器与容器之间以及容器与宿主机之间的通信，同容器相关的网络设备通常都由该类插件所创建，例如 Bridge、IP VLAN、MAC VLAN、loopback、PTP、VETH 以及 VLAN 等虚拟设备。

❏ IPAM（IP Address Management），该类插件负责创建 / 删除地址池以及分配 / 回收容器的 IP 地址；目前，该类型插件的实现主要有 host-local 和 dhcp 两个，前一个基于预置的地址范围进行地址分配，而后一个通过 DHCP 协议获取地址。

显然，NetPlugin 是 CNI 中最重要的组成部分，它才是执行创建虚拟网络、为 Pod 生成网络接口设备，以及将 Pod 接入网络中等核心任务的插件。为了能够满足分布式 Pod 通信模型中要求的所有 Pod 必须在同一平面网络中的要求，NetPlugin 目前常用的实现方案有 Overlay 网络（Overlay Network）和 Underlay 网络（Underlay Network）两类。

❏ Overlay 网络借助 VXLAN、UDP、IPIP 或 GRE 等隧道协议，通过隧道协议报文封装 Pod 间的通信报文（IP 报文或以太网帧）来构建虚拟网络。

❏ Underlay 网络通常使用 direct routing（直接路由）技术在 Pod 的各子网间路由 Pod 的 IP 报文，或使用 Bridge、MAC VLAN 或 IP VLAN 等技术直接将容器暴露给外部网络。

其实，Overlay 网络的底层网络也就是承载网络，因此，Underlay 网络的解决方案也就是一类非借助隧道协议而构建的容器通信网络。相较于承载网络，Overlay 网络由于存在额外的隧道报文封装，会存在一定程度的性能开销。然而，用户在不少场景中可能会希望创建跨越多个 L2 或 L3 的逻辑网络子网，这就只能借助 Overlay 封装协议实现。

为 Pod 配置网络接口是 NetPlugin 的核心功能之一，但不同的容器虚拟化网络解决方案中，为 Pod 的网络名称空间创建虚拟接口设备的方式也会有所不同，目前，较为注流的实现方式有 veth（虚拟以太网）设备、多路复用及硬件交换 3 种，如图 10-6 所示。

❑ **veth 设备**：创建一个网桥，并为每个容器创建一对虚拟以太网接口，一个接入容器内部，另一个留置于根名称空间内添加为 Linux 内核桥接功能或 OpenvSwitch（OVS）网桥的从设备。

❑ **多路复用**：多路复用可以由一个中间网络设备组成，它暴露多个虚拟接口，使用数据包转发规则来控制每个数据包转到的目标接口；MAC VLAN 技术为每个虚拟接口配置一个 MAC 地址并基于此地址完成二层报文收发，IP VLAN 则是分配一个 IP 地址并共享单个 MAC，并根据目标 IP 完成容器报文转发。

❑ **硬件交换**：现今市面上有相当数量的 NIC 都支持 SR-IOV（单根 I/O 虚拟化），SR-IOV 是创建虚拟设备的一种实现方式，每个虚拟设备自身表现为一个独立的 PCI 设备，并有着自己的 VLAN 及硬件强制关联的 QoS；SR-IOV 提供了接近硬件级别的性能。

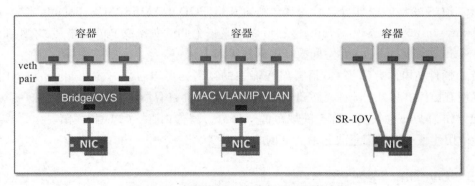

图 10-6　虚拟网桥、多路复用及硬件交换

> 📝 **注意**　IaaS 公有云环境中的 VPS 和云主机内部使用的已经是虚拟网卡，它们通常无法支持硬件交换功能，甚至是对 IP VLAN 或 MAC VLAN 等也多有限制，但云服务商通常会提供专有的 VPC 解决方案。

一般说来，基于 VXLAN Overlay 网络的虚拟容器网络中，NetPlugin 会使用虚拟以太网内核模块为每个 Pod 创建一对虚拟网卡；基于 MAC VLAN/IP VLAN Underlay 网络的虚拟容器网络中，NetPlugin 会基于多路复用模式中的 MAC VLAN/IP VLAN 内核模块为每个 Pod 创建虚拟网络接口设备；而基于 IP 报文路由技术的 Underlay 网络中，各 Pod 接口设备通常也是借助 veth 设备完成。

相比较来说，IPAM 插件的功能则要简单得多，目前可用的实现方案中，host-local 从本地主机可用的地址空间范围中分配 IP 地址，它没有地址租约，属于静态分配机制；而 dhcp 插件则需要一个特殊的客户端守护进程（通常是 dhcp 插件的子组件）运行在宿主机之上，它充当本地主机上各容器中的 DHCP 客户端与网络中的 DHCP 服务器之间的代理，并适当地续定租约。

Kubernetes 借助 CNI 插件体系来组合需要的网络插件完成容器网络编排功能。每次初始倾化或删除 Pod 对象时，kubelet 都会调用默认的 CNI 插件创建一个虚拟设备接口附加到相关的底层网络，为其设置 IP 地址、路由信息并将其映射到 Pod 对象的网络名称空间。具体过程是，kubelet 首先在默认的 /etc/cni/net.d/ 目录中查找 JSON 格式的 CNI 配置文件，接着基于该配置文件中各插件的 type 属性到 /opt/cni/bin/ 中查找相关的插件二进制文件，由该二进制程序基于提供的配置信息完成相应的操作。

kubelet 基于包含命令参数 CNI_ARGS、CNI_COMMAND、CNI_IFNAME、CNI_NETNS、CNI_CONTAINERID、CNI_PATH 的环境变量调用 CNI 插件，而被调用的插件同样使用 JSON 格式的文本信息进行响应，描述操作结果和状态。Pod 对象的名称和名称空间将作为 CNI_ARGS 变量的一部分进行传递（例如 K8S_POD_NAMESPACE=default; K8S_POD_NAME=myapp-6d9f48c5d9-n77qp;）。它可以定义每个 Pod 对象或 Pod 网络名称空间的网络配置（例如，将每个网络名称空间放在不同的子网中）。

借助插件 API，有熟练 Go 语言编程能力的读者，可以轻松开发出自己的 CNI 插件，或扩展现有插件。另外，未来的 Kubernetes 版本或许会将容器网络视为"一等公民"，并将网络配置作为 Pod 对象或名称空间规范的一部分，就像内存、CPU 和存储卷一样。目前，还只能使用注解来存储配置或记录 Pod 网络数据 / 状态。

10.1.3　Overlay 网络模型

物理网络模型中，连通多个物理网桥上的主机的一个简单办法是通过媒介直接连接这些网桥设备，各个主机处于同一个局域网（LAN）之中，管理员只需要确保各个网桥上每个主机的 IP 地址不相互冲突即可。类似地，若能够直接连接宿主机上的虚拟网桥形成一个大的局域网，就能在数据链路层打通各宿主机上的内部网络，让容器可通过自有 IP 地址直接通信。为避免各容器间的 IP 地址冲突，一个常见的解决方案是将每个宿主机分配到同一网络中的不同子网，各主机基于自有子网向其容器分配 IP 地址。

　　显然，主机间的网络通信只能经由主机上可对外通信的网络接口进行，跨主机在数据链路层直接连接虚拟网桥的需求必然难以实现，除非借助宿主机间的通信网络构建的通信"隧道"进行数据帧转发。这种于某个通信网络之上构建出的另一个逻辑通信网络通常即10.1.2 节提及的 Overlay 网络或 Underlay 网络。图 10-7 为 Overlay 网络功能示意图。

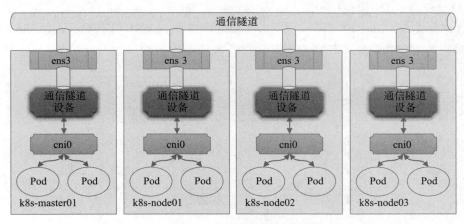

图 10-7　Overlay 网络功能示意图

　　隧道转发的本质是将容器双方的通信报文分别封装成各自宿主机之间的报文，借助宿主机的网络"隧道"完成数据交换。这种虚拟网络的基本要求是各宿主机只需支持隧道协议即可，对于底层网络没有特殊要求。

　　VXLAN 协议是目前最流行的 Overlay 网络隧道协议之一，它也是由 IETF 定义的NVO3（Network Virtualization over Layer 3）标准技术之一，采用 L2 over L4（MAC-in-UDP）的报文封装模式，将二层报文用三层协议进行封装，可实现二层网络在三层范围内进行扩展，将"二层域"突破规模限制形成"大二层域"。那么，同一大二层域就类似于传统网络中 VLAN（虚拟局域网）的概念，只不过在 VXLAN 网络中，它被称作 Bridge-Domain，以下简称为 BD。类似于不同的 VLAN 需要通过 VLAN ID 进行区分，各 BD 要通过 VNI 加以标识。但是，为了确保 VXLAN 机制通信过程的正确性，涉及 VXLAN 通信的 IP 报文一律不能分片，这就要求物理网络的链路层实现中必须提供足够大的 MTU 值，或修改其 MTU值以保证 VXLAN 报文的顺利传输。不过，降低默认 MTU 值，以及额外的头部开销，必然会影响到报文传输性能。

　　VXLAN 的显著的优势之一是对底层网络没有侵入性，管理员只需要在原有网络之上添加一些额外设备即可构建出虚拟的逻辑网络来。这个额外添加的设备称为 VTEP（VXLANTunnel Endpoints），它工作于 VXLAN 网络的边缘，负责相关协议报文的封包和解包等操作，从作用来说相当于 VXLAN 隧道的出入口设备。

　　VTEP 代表着一类支持 VXLAN 协议的交换机，而支持 VXLAN 协议的操作系统也可将一台主机模拟为 VTEP，Linux 内核自 3.7 版本开始通过 vxlan 内核模块原生支持此协议。于是，各主机上由虚拟网桥构建的 LAN 便可借助 vxlan 内核模块模拟的 VTEP 设备与其他主机上的 VTEP 设备进行对接，形成隧道网络。同一个二层域内的各 VTEP 之间都需要建立 VXLAN 隧道，因此跨主机的容器间直接进行二层通信的 VXLAN 隧道是各 VTEP 之间的点对点隧道，如图 10-8 所示。对于 Flannel 来说，这个 VTEP 设备就是各节点上生成 flannel.1 网络接口，其中的 "1" 是 VXLAN 中的 BD 标识 VNI，因而同一 Kubernetes 集群上所有节点的 VTEP 设备属于 VNI 为 1 的同一个 BD。

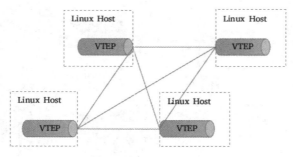

图 10-8　Linux VTEP

类似 VLAN 的工作机制，相同 VXLAN VNI 在不同 VTEP 之间的通信要借助二层网关来完成，而不同 VXLAN 之间，或者 VXLAN 同非 VXLAN 之间的通信则需经由三层网关实现。VXLAN 支持使用集中式和分布式两种形式的网关：前者支持流量的集中管理，配置和维护较为简单，但转发效率不高，且容易出现瓶颈和网关可用性问题；后者以各节点为二层或三层网关，消除了瓶颈。

然而，VXLAN 网络中的容器在首次通信之前，源 VTEP 又如何得知目标服务器在哪一个 VTEP，并选择正确的路径传输通信报文呢？常见的解决思路一般有两种：多播和控制中心。多播是指同一个 BD 内的各 VTEP 加入同一个多播域中，通过多播报文查询目标容器所在的目标 VTEP。而控制中心则在某个共享的存储服务上保存所有容器子网及相关 VTEP 的映射信息，各主机上运行着相关的守护进程，并通过与控制中心的通信获取相关的映射信息。Flannel 默认的 VXLAN 后端采用的是后一种方式，它把网络配置信息存储在 etcd 系统上。

Linux 内核自 3.7 版本开始支持 vxlan 模块，此前的内核版本可以使用 UDP、IPIP 或 GRE 隧道技术。事实上，考虑到当今公有云底层网络的功能限制，Overlay 网络反倒是一种最为可行的容器网络解决方案，仅那些更注重网络性能的场景才会选择 Underlay 网络。

10.1.4　Underlay 网络模型

Underlay 网络就是传统 IT 基础设施网络，由交换机和路由器等设备组成，借助以太网协议、路由协议和 VLAN 协议等驱动，它还是 Overlay 网络的底层网络，为 Overlay 网络提供数据通信服务。容器网络中的 Underlay 网络是指借助驱动程序将宿主机的底层网络接口直接暴露给容器使用的一种网络构建技术，较为常见的解决方案有 MAC VLAN、IP VLAN 和直接路由等。

1. MAC VLAN

MAC VLAN 支持在同一个以太网接口上虚拟出多个网络接口，每个虚拟接口都拥有唯一的 MAC 地址，并可按需配置 IP 地址。通常这类虚拟接口被网络工程师称作子接口，但在 MAC VLAN 中更常用上层或下层接口来表述。与 Bridge 模式相比，MAC VLAN 不再依赖虚拟网桥、NAT 和端口映射，它允许容器以虚拟接口方式直接连接物理接口。图 10-9 给出了 Bridge 与 MAC VLAN 网络对比示意图。

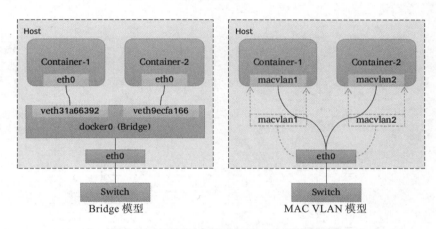

图 10-9　Bridge 与 MAC VLAN 网络对比

MAC VLAN 有 Private、VEPA、Bridge 和 Passthru 几种工作模式，它们各自的工作特性如下。

- ❑ Private：禁止构建在同一物理接口上的多个 MAC VLAN 实例（容器接口）彼此间的通信，即便外部的物理交换机支持"发夹模式"也不行。
- ❑ VPEA：允许构建在同一物理接口上的多个 MAC VLAN 实例（容器接口）彼此间的通信，但需要外部交换机启用发夹模式，或者存在报文转发功能的路由器设备。
- ❑ Bridge：将物理接口配置为网桥，从而允许同一物理接口上的多个 MAC VLAN 实例基于此网桥直接通信，而无须依赖外部的物理交换机来交换报文；此为最常用的模式，甚至还是 Docker 容器唯一支持的模式。
- ❑ Passthru：允许其中一个 MAC VLAN 实例直接连接物理接口。

由上述工作模式可知，除了 Passthru 模式外的容器流量将被 MAC VLAN 过滤而无法与底层主机通信，从而将主机与其运行的容器完全隔离，其隔离级别甚至高于网桥式网络模型，这对于有多租户需求的场景尤为有用。由于各实例都有专用的 MAC 地址，因此 MAC VLAN 允许传输广播和多播流量，但它要求物理接口工作于混杂模式，考虑到很多公有云环境中并不允许使用混杂模式，这意味着 MAC VLAN 更适用于本地网络环境。

需要注意的是，MAC VLAN 为每个容器使用一个唯一的 MAC 地址，这可能会导致具有安全策略以防止 MAC 欺骗的交换机出现问题，因为这类交换机的每个接口只允许连接一个 MAC 地址。另外，有些物理网卡存在可支撑的 MAC 地址数量上限。

2. IP VLAN

IP VLAN 类似于 MAC VLAN，它同样创建新的虚拟网络接口并为每个接口分配唯一的 IP 地址，不同之处在于，每个虚拟接口将共享使用物理接口的 MAC 地址，从而不再违反防止 MAC 欺骗的交换机的安全策略，且不要求在物理接口上启用混杂模式，如图 10-10 所示。

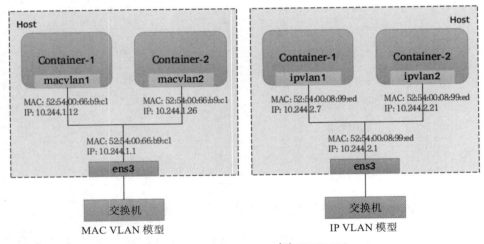

图 10-10　MAC VLAN 对比 IP VLAN

IP VLAN 有 L2 和 L3 两种模型，其中 IP VLAN L2 的工作模式类似于 MAC VLAN Bridge 模式，上层接口（物理接口）被用作网桥或交换机，负责为下层接口交换报文；而 IP VLAN L3 模式中，上层接口扮演路由器的角色，负责为各下层接口路由报文，如图 10-11 所示。

IP VLAN L2 模型与 MAC VLAN Bridge 模型都支持 ARP 协议和广播流量，它们拥有直接接入网桥设备的网络接口，能够通过 802.1d 数据包进行泛洪和 MAC 地址学习。但 IP VLAN L3 模式下，网络栈在容器内处理，不支持多播或广播流量，从这个意义上讲，它的运行模式与路由器的报文处理机制相同。

虽然支持多种网络模型，但 MAC VLAN 和 IP VLAN 不能同时在同一物理接口上使用。Linux 内核文档中强调，MAC VLAN 和 IP VLAN 具有较高的相似度，因此，通常仅在必须使用 IP VLAN 的场景中才不使用 MAC VLAN。一般说来，强依赖于 IP VLAN 的场景有如下几个：

- ❑ Linux 主机连接到的外部交换机或路由器启用了防止 MAC 地址欺骗的安全策略；
- ❑ 虚拟接口的需求数量超出物理接口能够支撑的容量上限，并且将接口置于混杂模式会给性能带来较大的负面影响；
- ❑ 将虚拟接口放入不受信任的网络名称空间中可能会导致恶意的滥用。

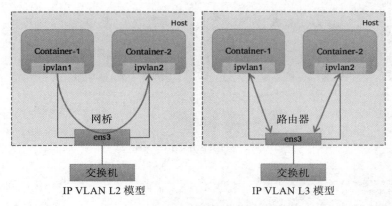

图 10-11　IP VLAN 的 L2 和 L3 模型

需要注意的是，Linux 内核自 4.2 版本后才支持 IP VLAN 网络驱动，且在 Linux 主机上使用 ip link 命令创建的 802.1q 配置接口不具有持久性，因此需依赖管理员通过网络启动脚本保持配置。

3. 直接路由

"直接路由"模型放弃了跨主机容器在 L2 的连通性，而专注于通过路由协议提供容器在 L3 的通信方案。这种解决方案因为更易于集成到现在的数据中心的基础设施之上，便捷地连接容器和主机，并在报文过滤和隔离方面有着更好的扩展能力及更精细的控制模型，因而成为容器化网络较为流行的解决方案之一。

一个常用的直接路由解决方案如图 10-12 所示，每个主机上的各容器在二层通过网桥连通，网关指向当前主机上的网桥接口地址。跨主机的容器间通信，需要依据主机上的路由表指示完成报文路由，因此每个主机的物理接口地址都有可能成为另一个主机路由报文中的"下一跳"，这就要求各主机的物理接口必须位于同一个 L2 网络中。

于是，在较大规模的主机集群中，问题的关键便转向如何更好地为每个主机维护路由表信息。常见的解决方案有：① Flannel host-gw 使用存储总线 etcd 和工作在每个节点上的 flanneld 进程动态维护路由；② Calico 使用 BGP（Border Gateway Protocol）协议在主机集群中自动分发和学习路由信息。与 Flannel 不同的是，Calico 并不会为容器在主机上使用网桥，而是仅为每个容器生成一对 veth 设备，留在主机上的那一端会在主机上生成目标地址，作为当前容器的路由条目，如图 10-13 所示。

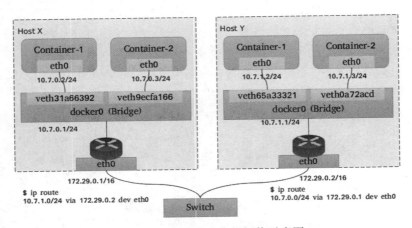

图 10-12 直接路由虚拟网络示意图

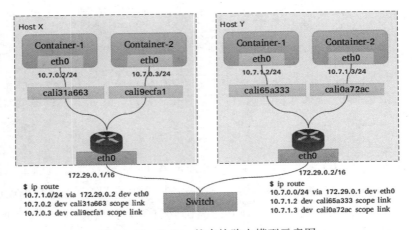

图 10-13 Calico 的直接路由模型示意图

显然，较 Overlay 来说，无论是 MAC VLAN、IP VLAN 还是直接路由机制的 Underlay 网络模型的实现，它们因无须额外的报文开销而通常有着更好的性能表现，但对底层网络有着更多的限制条件。

10.1.5 配置 CNI 插件

CNI 具有很强的扩展性和灵活性，例如，如果用户对某个插件有特殊的需求，可以通过输入中的 args 和环境变量 CNI_ARGS 传递，然后在插件中实现自定义的功能，这大大增加了它的扩展性。CNI 插件把 main 和 ipam 分开，为用户提供了自由组合它们的机制，甚至一个 CNI 插件也可以直接调用另外一个插件。

CNI 项目中有两个代码仓库：一个是提供用于开发 CNI 网络插件的库文件 libcni，以及命令行工具 cnitool 的 containernetworking/cni；另一个是 CNI 内置的插件程序 containernetworking/plugins，它目前附带了如下几类网络插件。

1）main 类别中，各插件主要用于创建容器和容器接口，内置的实现有如下几个。

❑ bridge：创建一个虚拟网桥，并将宿主机和每个 Pod 接入该网桥。

❑ ipvlan：向容器中添加一个 IP VLAN 网络接口。

❑ macvlan：向容器中添加一个 MAC VLAN 网络接口，创建一个新 MAC 地址，并基于该地址向容器转发报文。

❑ loopback：设置容器 lo 接口的状态。

❑ ptp：创建一对 veth 设备。

❑ vlan：分配一个 VLAN 设备。

❑ host-device：将宿主机现有的某网络接口移入 Pod 中。

2）ipam 类别中，各插件用于为容器分配 IP 地址，内置的实现包括 host-local、dhcp 和 static。

❑ dhcp：在每个节点上运行一个 dhcp 守护进程，它负责代理该节点上的所有容器中的 dhcp 客户端向 dhcp 服务发起请求。

❑ host-local：基于本地的 IP 地址分配数据库，完成地址分配。

❑ static：为容器接口直接指定一个静态 IP 地址，仅应该用于调试目的。

3）meta 类别的网络插件不实现任何网络功能，它们调用其他网络工具或插件完成管理功能，内置的实现有如下几个。

❑ flannel：根据 Flannel 配置文件生成网络接口。

❑ tuning：调整现存某接口的 sysctl 参数值。

❑ portmap：使用 iptables 将宿主机的端口映射至容器端口，实现 hostPort 功能。

❑ bandwidth：基于流量控制工具 tbf 进行带宽限制。

❑ sbr：为接口配置基于源 IP 地址的路由。

❑ firewall：防火墙插件，使用 iptables 或 firewalld 规则管理进出的流量。

具体操作方面，CNI 网络插件通常应该支持添加（ADD）、删除（DEL）、检验（CHECK）和报告版本信息（VERSION）几个管理操作。除了 VERSION 外，其他 3 个操作通常都需要用到以下几个方面的配置信息。

❑ Container ID：容器标识，用于引用容器网络名称空间。

❑ 网络名称空间（netns）路径：即配置的目标网络名称空间的访问路径，例如 /proc/[pid]/ns/net 等；通常指定引用的容器 ID 后，其网络名称空间路径可通过容器的相关属性获取。

❑ 网络配置参数：一个 JSON 格式的配置文件，描述了配置容器网络的各相关参数，例如 /etc/cin/net.d/10-mynet.json。

❑ 其他配置参数：用于在容器级别为每个容器提供一个简单的配置方式，以取代统一配置机制。

❑ 容器内的网络接口名称：网络插件配置的目标接口，需要是遵循 Linux 系统网络插件命名规范的接口名称。

在含有网络配置参数的 JSON 格式的配置文件中，type 属性用于指定要调用的网络插件的名称，调用者（例如 Kubernetes 或 OpenShift 等）可从预定义的目标列表中查找相关网络插件的可执行文件，并通过如下几个变量向其传递参数。

❑ CNI_COMMAND：需要执行的网络管理操作，例如 ADD、DEL、CHECK 或 VERSION。

❑ CNI_CONTAINERID：容器 ID。

❑ CNI_NETNS：网络名称空间相关的文件路径。

❑ CNI_IFNAME：目标网络接口的名称，如果插件无法使用此接口，则必须返回错误。

❑ CNI_ARGS：额外传入的参数。

❑ CNI_PATH：搜索 CNI 插件时使用的目标路径列表。

❑ CNI_CONF_NAME：使用的网络配置文件。

插件的相关管理操作执行成功时以 0 为返回码，其中 ADD 操作成功时的返回结果是一个 JSON 格式的输出，它通常包含 cniVersion、interfaces、ips、routes 和 dns 几个数据段。

如前所述，kubelet 中的 CNI 网络插件的配置文件以 JSON 格式表达，它可以以静态格式存储于磁盘上，也可以由容器管理系统从其他源动态生成，下面是配置文件中的常用字段：

```
cniVersion <string>               # CNI 配置文件的语义版本
name <string>                     # 网络的名称，在当前主机上必须唯一
type <string>:                    # CNI 插件的可执行文件名
args <map[string]string>          # 由容器管理系统提供的附加参数，可选配置
ipMasq  <Boolean>                 # 是否启用 IP 伪装，可选参数
ipam <map[string]string>          # IP 地址分配插件，主要有 host-local 和 dhcp
  type <string>                   # 能够完成 IP 地址分配的插件的名称
  subnet <string>                 # 分配 IP 地址时使用的子网地址
  routes <string>                 # 路由信息
    dst <string>                  # 目标主机或网络
    gw <string>                   # 网关地址
dns <map[string]string>           # 配置容器的 DNS 属性
nameservers <[]string>            # DNS 名称服务器列表，其值为 ipv4 或 ipv5 格式的地址
  domain <[]string>               # 用于短格式主机查找的本地域
  search <[]string>               # 用于短格式主机查找的优先级排序的搜索域列表
  options <[]string>              # 传递给解析程序的选项列表
```

作为基本功能的一个组成部分，CNI 插件需要为接口分配和维护 IP 地址，并负责为 IP 地址生成必要的路由信息。这为 CNI 插件提供了极大的灵活性的同时也引入了较大负担，并且众多 CNI 插件可能需要重复提供相同的代码以完成此类功能。于是，IP 地址分配通常由独立的 IP 地址管理（IPAM）插件负责，并由 CNI 插件进行调用以完成代码复用，常用的 IP 地址分配类型有 host-local 和 dhcp 两个，它们负责分配地址并将结果返回给调用者。

IPAM 插件同 CNI 插件一样，都是通过运行相关的可执行文件进行调用，调用者在由 CNI_PATH 变量预定义的路径列表中搜索目标 IPAM 的可执行文件。IPAM 插件必须接收所有传递给 CNI 插件的相同环境变量，类似于 CNI 插件，IPAM 插件也通过标准输入（stdin）接收网络配置信息。

下面是一个示例配置，它使用 Bridge 插件，ipam 调用类型为 host-local，它通过在一个地址范围内挑选一个未使用的 IP 完成地址分配：

```
{
  "cniVersion": "0.4.0",
  "name": "mynet",
  "type": "bridge",
  // 插件类型专有的配置
  "bridge": "cni0",
  "ipam": {
    "type": "host-local",
    // ipam专有的配置
    "subnet": "10.1.0.0/16",
    "gateway": "10.1.0.1"
  },
  "dns": {
    "nameservers": [ "10.1.0.1" ]
  }
}
```

CNI 还支持使用 plugins 字段组合多个 CNI 网络插件依次进行网络配置，以实现将核心网络管理插件和 meta 插件等相组合，以堆叠出一个完整的解决方案。各插件以列表形式依次定义，前一个插件的配置结果将传递给后一个插件，直到列表中的所有插件都成功配置完成。下面是摘自 Flannel 自行提供给 CNI 的网络配置，它使用网络配置列表，分别调用了 Flannel 插件和 PortMap 插件来配置容器网络。

```
{
  "name": "cbr0",
  "plugins": [
    {
      "type": "flannel",
      "delegate": {
        "hairpinMode": true,
        "isDefaultGateway": true
```

```
      }
    },
    {
      "type": "portmap",
      "capabilities": {
        "portMappings": true
      }
    }
  ]
}
```

delegate 是指将网络配置"委派"给某个指定的 CNI 内置插件来完成，对于 Flannel 插件来说，它通过 delegate 调用的插件是 Bridge，因此容器网络配置实质上是由 Bridge 插件完成，Flannel 不过是借助 delegate 向 Bridge 插件传递部分配置参数，例如网络地址 10.244.0.0/16 等信息。

另外，delegate 配置段中的 haripinMode 参数用于定义是否启用发夹模式，在容器中的应用通过宿主机的端口映射（NAT）访问自己提供的服务时，此模式必须要置于启用状态，因为默认情况下，网桥设备不允许一个数据报文从同一端口进行收发操作，而发夹模式正是用于取消限制。例如，某 Pod 作为客户端访问自己所属 Service 对象又碰巧被算法调度回自身时，就必须要启用发夹模式。

10.1.6　CNI 插件与选型

如前所述，CNI 规范负责连接容器管理系统和网络插件两类组件，它们之间通过 JSON 格式的文件进行通信，以完成容器网络管理。具体的管理操作均由插件来实现，包括创建容器 netns（网络名称空间）、关联网络接口到对应的 netns，以及给网络接口分配 IP 等。CNI 的基本思想是为容器运行时环境在创建容器时，先创建好 netns，然后调用 CNI 插件为这个 netns 配置网络，而后启动容器内的进程。

CNI 本身只是规范，付诸生产还需要有特定的实现。如前所述，目前 CNI 提供的插件分为 main、ipam 和 meta，各类别中都有不少内置实现。另外，可用的第三方实现的 CNI 插件也有数十种之多，它们多数都是用于提供 NetPlugin 功能，隶属 main 插件类型，主要用于配置容器接口和容器网络，这其中，也有不少实现能够支持 Kubernetes 的网络策略。下面是较为流行的部分网络插件项目。

❑ Flannel：由 CoreOS 提供的 CNI 网络插件，也是最简单、最受欢迎的网络插件；它使用 VXLAN 或 UDP 协议封装 IP 报文来创建 Overlay 网络，并借助 etcd 维护网络的分配信息，同一节点上的 Pod 间通信可基于本地虚拟网桥（cni0）进行，而跨节点的 Pod 间通信则要由 flanneld 守护进程封装隧道协议报文后，通过查询 etcd 路由到目的地；Flannel 也支持 host-gw 路由模型。

❑ Calico：同 Flannel 一样广为流行的 CNI 网络插件，以灵活、良好的性能和网络策略所著称。Calico 是路由型 CNI 网络插件，它在每台机器上运行一个 vRouter，并基于 BGP 路由协议在节点之间路由数据包。Calico 支持网络策略，它借助 iptables 实现访问控制功能。另外，Calico 也支持 IPIP 型的 Overlay 网络。

❑ Canal：由 Flannel 和 Calico 联合发布的一款统一网络插件，它试图将二者的功能集成在一起，由前者提供 CNI 网络插件，由后者提供网络策略。

❑ WeaveNet：由 Weaveworks 提供的 CNI 网络插件，支持网络策略。WeaveNet 需要在每个节点上部署 vRouter 路由组件以构建起一个网格化的 TCP 连接，并通过 Gossip 协议来同步控制信息。在数据平面上，WeaveNet 通过 UDP 封装实现 L2 隧道报文，报文封装支持两种模式：一种是运行在用户空间的 sleeve（套筒）模式，另一种是运行在内核空间的 fastpath（快速路径）模式，当网络拓扑不适合 fastpath 模式时，Weave 将自动切换至 sleeve 模式。

❑ Multus CNI：多 CNI 插件，实现了 CNI 规范的所有参考类插件（例如 Flannel、MAC VLAN、IPVLAN 和 DHCP 等）和第三方插件（例如 Calico、Weave 和 Contiv 等），也支持 Kubernetes 中的 SR-IOV、DPDK、OVS-DPDK 和 VPP 工作负载，以及 Kubernetes 中的云原生应用程序和基于 NFV 的应用程序，是需要为 Pod 创建多网络接口时的常用选择。

❑ Antrea：一款致力于成为 Kubernetes 原生网络解决方案的 CNI 网络插件，它使用 OpenvSwitch 构建数据平面，基于 Overlay 网络模型完成 Pod 间的报文交换，支持网络策略，支持使用 IPSec ESP 加密 GRE 隧道流量。

❑ DAMM：由诺基亚发布的电信级的 CNI 网络插件，支持具有高级功能的 IP VLAN 模式，内置 IPAM 模块，可管理多个集群范围内的不连续三层网络；支持通过 CNI meta 插件将网络管理功能委派给任何其他网络插件。

❑ kube-router：kube-router 是 Kubernetes 网络的一体化解决方案，它可取代 kube-proxy 实现基于 ipvs 的 Service，能为 Pod 提供网络，支持网络策略以及拥有完美兼容 BGP 协议的高级特性。

尽管人们倾向于把 Overlay 网络作为解决跨主机容器网络的主要解决方案，但可用的容器网络插件在功能和类型上差别巨大：某些解决方案与容器引擎无关，而也有些解决方案作用后，容易被特定的供应商或引擎锁定；有些专注于简单易用，而另一些的主要目标则是更丰富的功能特性等，至于哪一个解决方案更适用，通常取决于应用程序自身的需求，例如性能需求、负载位置编排机制等。通常来说，选择网络插件时应该基于底层系统环境限制、容器网络的功能需求和性能需求 3 个重要的评估标准来衡量插件的适用性。

❑ 底层系统环境限制：公有云环境多有自己专有的实现，例如 Google GCE、Azure CNI、AWS VPC CNI 和 Aliyun Terway 等，它们通常是相应环境上较佳的选择。

若虚拟化环境限制较多，除 Overlay 网络模型别无选择，则可用的方案有 Flannel VXLAN、Calico IPIP、Weave 和 Antrea 等。物理机环境几乎支持任何类型的网络插件，此时一般应该选择性能较好的 Calico BGP、Flannel host-gw 或 DAMM IP VLAN 等。

❑ 容器网络功能需求：支持 NetworkPolicy 的解决方案以 Calico、WeaveNet 和 Antrea 为代表，而且后两个支持节点到节点间的通信加密。而大量 Pod 需要与集群外部资源互联互通时，应该选择 Underlay 网络模型一类的解决方案。

❑ 容器网络性能需求：Overlay 网络中的协议报文有隧道开销，性能略差，而 Underlay 网络则几乎不存这方面的问题，但 Overlay 或 Underlay 路由模型的网络插件支持较快的 Pod 创建速度，而 Underlay 模型中的 IP VLAN 或 MAC VLAN 模式则较慢。

随着 Kubernetes 的演进，必将会有越来越多的 CNI 插件涌现，它们各具特色、各有优劣。实践中，用户根据实际多方评测与需要选择合用的解决方案即可，但不建议中途改换网络插件。本章将主要介绍 Flannel 和 Calico 两种主流方案及其部署与应用，并详细说明 Calico 网络策略的用法。

10.2　Flannel 网络插件

Flannel 是用于解决容器跨节点通信问题的解决方案，兼容 CNI 插件 API，支持 Kubernetes、OpenShift、Cloud Foundry、Mesos、Amazon ECS、Singularity 和 OpenSVC 等平台。它使用"虚拟网桥和 veth 设备"的方式为 Pod 创建虚拟网络接口，通过可配置的"后端"定义 Pod 间的通信网络，支持基于 VXLAN 和 UDP 的 Overlay 网络，以及基于三层路由的 Underlay 网络。在 IP 地址分配方面，它将预留的一个专用网络（默认为 10.244.0.0/16）切分成多个子网后作为每个节点的 Pod CIDR，而后由节点以 IPAM 插件的 host-local 形式进行地址分配，并将子网分配信息保存于 etcd 之中。

10.2.1　Flannel 配置基础

Flannel 在每个主机上运行一个名为 flanneld 的二进制代理程序，它负责从预留的网络中按照指定或默认的掩码长度为当前节点申请分配一个子网，并将网络配置、已分配的子网和辅助数据（例如主机的公网 IP 等）存储在 Kubernetes API 或 etcd 之中。Flannel 使用称为后端的容器网络机制转发跨节点的 Pod 报文，它目前支持的主流后端如下。

❑ vxlan：使用 Linux 内核中的 vxlan 模块封装隧道报文，以 Overlay 网络模型支持跨节点的 Pod 间互联互通；同时，该后端类型支持直接路由模式，在该模式下，位于同一二层网络内节点之上的 Pod 间通信可通过路由模式直接发送，而跨网络的节点之上的 Pod 间通信仍要使用 VXLAN 隧道协议转发；因而，VXLAN 隶属于 Overlay 网络模型，或混合网络模型；vxlan 后端模式中，flanneld 监听 UDP 的 8472 端口发送的封装数据包。

❑ host-gw：即 Host GateWay，它类似于 VXLAN 中的直接路由模式，但不支持跨网络的节点，因此这种方式强制要求各节点本身必须在同一个二层网络中，不太适用于较大的网络规模；host-gw 有着较好的转发性能，且易于设定，推荐对报文转发性能要求较高的场景使用。

❑ udp：使用常规 UDP 报文封装完成隧道转发，性能较前两种方式低很多，它仅在不支持前两种后端的环境中使用；UDP 后端模式中，flanneld 监听 UDP 的 8285 端口发送的封装报文。

Flannel 初创的一段时期，不少环境中使用的主流 Linux 发行版的内核尚且不支持 VXLAN，而 host-gw 模式有着略高的网络技术门槛，多数部署场景只好采用了 UDP 后端，Flannel 也就不幸地被冠以性能不好的声名。好在，随着各主流 Linux 发行版内核版本内置支持 vxlan 模块，Flannel 默认使用的后端也进化为 VXLAN，再启用直接路由特性后会有着相当不错的性能表现。另外，除了这 3 种后端之外，Flannel 还实验性地支持 IPIP、IPSec、AliVPC、AWS VPC、Alloc 和 GCE 几种后端。

为了跟踪各子网分配信息等，Flannel 使用 etcd 来存储虚拟 IP 和主机 IP 之间的映射，每个节点上运行的 flanneld 守护进程负责监视 etcd 中的信息并完成报文路由。默认情况下，Flannel 的配置信息保存在 etcd 存储系统的键名 /coreos.com/network/config 之下，我们可以使用 etcd 服务的客户端工具来设定或修改其可用的相关配置。config 的值是一个 JSON 格式的字典数据结构，它可以使用的键包含以下几个。

1）Network：Flannel 在全局使用 CIDR 格式的 IPv4 网络，字符串格式，此为必选键，余下的均为可选。

2）SubnetLen：为全局使用的 IPv4 网络基于多少位的掩码切割供各节点使用的子网，在全局网络的掩码小于 24（例如 16）时默认为 24 位。

3）SubnetMin：分配给节点使用的起始子网，默认为切分完成后的第一个子网；字符串格式。

4）SubnetMax：分配给节点使用的最大子网，默认为切分完成后的最大一个子网；字符串格式。

5）Backend：Flannel 要使用的后端类型，以及后端相关的配置，字典格式；不同的后端通常会有专用的配置参数。

Flannel 项目官方给出的在线配置清单中默认使用的 VXLAN 后端，相关的配置定义在 kube-system 名称空间 ConfigMap 资源 kube-flannel-cfg 中，配置内容如下所示。

```
net-conf.json: |
  {
      "Network": "10.244.0.0/16",
      "Backend": {
        "Type": "VxLAN"
      }
  }
```

上面的配置示例可以看出，Flannel 预留使用的网络为默认的 10.244.0.0/16，默认使用 24 位长度的子网掩码为各节点分配切分的子网，因而，它将有 10.244.0.0/24 ~ 10.244.255.0/24 范围内的 256 个子网可用，每个节点最多支持为 254 个 Pod 对象各分配一个 IP 地址。它使用的后端是 VXLAN 类型，flanneld 将监听 UDP 的 8472 端口。

10.2.2　VXLAN 后端

Flannel 会在集群中每个运行 flanneld 的节点之上创建一个名为 flannel.1 的虚拟网桥作为本节点隧道出入口的 VTEP 设备，其中的 1 表示 VNI，因而所有节点上的 VTEP 均属于同一 VXLAN，或者属于同一个大二层域（BD），它们依赖于二层网关进行通信。Flannel 采用了分布式的网关模型，它把每个节点都视为到达该节点 Pod 子网的二层网关，相应的路由信息由 flanneld 自动生成。

Flannel 需要在每个节点运行一个 flanneld 守护进程，启动时，该进程从 etcd 加载 JSON 格式的网络配置等信息，它会基于网络配置获取适用于当前节点的子网租约，还要根据其他节点的租约生成路由信息，以正确地路由数据报文等。与 Kubernetes 结合使用时，flanneld 也可托管给集群之上的 DeamonSet 控制器。Flannel 项目仓库中的在线配置清单通过名为 kube-flannel-ds 的 DaemonSet 控制器资源，在每个节点运行一个 Flannel 相关的 Pod 对象，Pod 模板中使用 hostNetwork: true 进行网络配置，让每个节点上的 Pod 资源直接共享节点的网络名称空间，因而配置结果直接在节点的根网络名称空间生效。

在 VXLAN 模式下，flanneld 从 etcd 获取子网并配置了后端之后会生成一个环境变量文件（默认为 /run/flannel/subnet.env），其中包含本节点使用的子网，以及为了承载隧道报文而设置的 MTU 的定义等，如下面的配置示例所示。随后，flanneld 还将持续监视 etcd 中相应配置租约信息的变动，并实时反映到本地路由信息之上。

```
FLANNEL_NETWORK=10.244.0.0/16
FLANNEL_SUBNET=10.244.1.1/24
FLANNEL_MTU=1450
FLANNEL_IPMASQ=true
```

为了确保 VXLAN 机制通信过程的正确性，通常涉及 VXLAN 通信的 IP 报文一律不能分片，这就要求物理网络的链路层实现中必须提供足够大的 MTU 值，或修改各节点的

MTU 值以保证 VXLAN 报文的顺利传输，如上面配置示例中使用的 1450 字节。降低默认 MTU 值，以及额外的头部开销，必然会影响到报文传输过程中的数据交换效率。

第 2 章使用 kubeadm 部署 Kubernetes 集群之后，基于 Flannel 项目的在线配置清单部署了默认 VXLAN 后端的 Flannel 网络插件，因而之前章节的示例中的跨节点 Pod 间均是通过 Overlay 网络进行通信，如图 10-11 中的 Pod-1 和 Pod-4，而同节点的 Pod 对象关联在同一个虚拟网桥 cni0 之上，彼此间可无须隧道而直接进行通信，如图 10-14 中的 Pod-1 和 Pod-2。

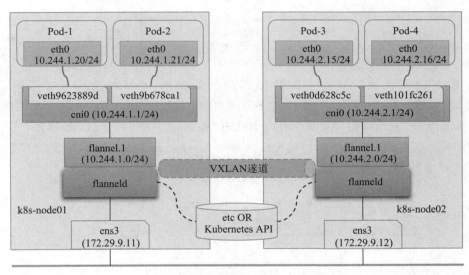

图 10-14　Flannel VXLAN 后端

下面的路由信息取自 k8s-node01.ilinux.io 节点，它由该节点上的 flanneld 根据集群中各节点获得的子网信息生成。

```
10.244.0.0/24 via 10.244.0.0 dev flannel.1 onlink
10.244.1.0/24 dev cni0 proto kernel scope link src 10.244.1.1
10.244.2.0/24 via 10.244.2.0 dev flannel.1 onlink
10.244.3.0/24 via 10.244.3.0 dev flannel.1 onlink
```

其中，10.244.0.0/24 由 k8s-master01 使用，10.244.1.0/24 由 k8s-node01 节点使用，10.244.2.0/24 由 k8s-node02 节点使用，10.244.3.0/24 由 k8s-node03 节点使用。这些路由条目恰恰反映了同节点 Pod 间通信时经由 cni0 虚拟网桥转发，而跨节点 Pod 间通信时，报文将经由当前节点（k8s-node01）的 flannel.1 隧道入口（VTEP 设备）外发，隧道出口由"下一跳"信息指定，例如到达 10.244.2.0/24 网络的报文隧道出口是 10.244.2.0 指向的接口，它配置在 k8s-node02 的 flannel.1 接口之上，该接口正是 k8s-node02 上的隧道出入口（VTEP 设备）。

VXLAN 网络将各 VTEP 设备作为同一个二层网络上的接口，这些接口设备组成一个虚拟的二层网络。因而，图 10-11 中的 Pod-1 发往 Pod-4 的 IP 报文将在流经其所在节点的 flannel.1 接口时封装成数据帧，源 MAC 是 k8s-node01 节点上的 flannel.1 接口的 MAC 地址，而目标 MAC 则是 k8s-node02 节点上 flannel.1 接口的 MAC 地址。但 Flannel 并非依赖 ARP 进行 MAC 地址学习，而是由节点上的 flanneld 进程启动时将本地 flannel.1 接口 IP 与 MAC 地址的映射信息上报到 etcd 中，并由其他各节点上的 flanneld 来动态生成相应的解析记录。下面的解析记录取自 k8s-node01 节点，它们分别指明了集群中的其他节点上的 flannel.1 接口各自对应的 MAC 地址，PERMANENT 属性表明这些记录均永久有效。

```
root@k8s-node01:~# ip neighbour show | awk '$3=="flannel.1"{print $0}'
10.244.2.0 dev flannel.1 lladdr be:f8:5a:a5:6e:d3 PERMANENT
10.244.0.0 dev flannel.1 lladdr 52:2b:52:42:dc:ed PERMANENT
10.244.3.0 dev flannel.1 lladdr 32:d3:60:46:93:47 PERMANENT
```

VXLAN 协议使用 UDP 报文封装隧道内层数据帧，Pod 发出的报文经隧道入口 flannel.1 封装成数据帧，再由 flanneld 进程（客户端）封装成 UDP 报文，之后发往目标 Pod 对象所在节点的 flanneld 进程（服务端）。该 UDP 报文就是所谓的 VXLAN 隧道，它会在已经生成的帧报文之外再封装一组协议头部，如图 10-15 所示为 VXLAN 头部、外层 UDP 头部、外层 IP 头部和外层帧头部。

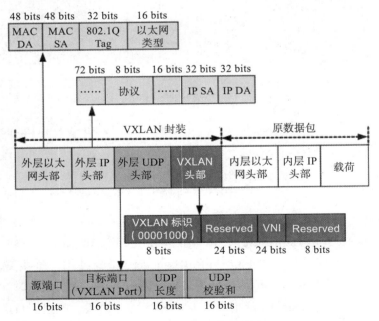

图 10-15　VXLAN 协议报文

显然，该 UDP 报文的 IP 头部中，源地址为当前节点某接口的 IP 地址，目标地址应该为目标 Pod 所在节点的某接口的 IP 地址。但本地节点之上并没有任何路由信息帮助指向目标节点，由 flanneld 生成的路由中仅指明了到达目标 Pod 时的隧道出口的 flannel.1 接口的 IP 地址。事实上，Flannel 把 flannel.1 接口也作为网桥设备使用，该设备上附加了一个同样由 flanneld 维护的、称为 FDB（Forwarding Database）的转发数据库。该数据库指明了到达目标节点 flannel.1 接口需要经由的下一跳 IP，该 IP 是目标 Pod 所在节点的 IP 地址，即外部 IP 头部中的目标 IP。下面的转发条目取自 k8s-node01 节点，各条目的功能做了简单注释，这些条目分别指明了到达集群中不同的节点的 flannel.1 接口时需要经过的下一跳 IP 地址。

```
root@k8s-node01:~# bridge fdb show flannel.1 | awk '$3=="flannel.1"{print $0}'
32:d3:60:46:93:47 dev flannel.1 dst 172.29.9.13 self permanent      # 转发至k8s-
node03节点
be:f8:5a:a5:6e:d3 dev flannel.1 dst 172.29.9.12 self permanent      # 转发至k8s-
node02节点
52:2b:52:42:dc:ed dev flannel.1 dst 172.29.9.1 self permanent       # 转发至k8s-
master01节点
```

假设图 10-14 中的 Pod-4 运行在 demoapp 应用，下面的命令运行在 k8s-node01 之上，它抓取了 Pod-1 通过 HTTP 协议访问 Pod-4 中由 demoapp 运行的 Web 服务的一次请求/响应事务。其中的 MAC 地址 52:54:00:66:b9:c1 与 1a:bd:6f:c5:1e:42 分别是 k8s-node01 的 ens3 和 flannel.1 接口的地址，而 52:54:00:08:99:ed 与 be:f8:5a:a5:6e:d3 分别是 k8s-node02 的 ens3 和 flannel.1 接口的地址。

```
root@k8s-node01:~# tcpdump -i ens3 -en udp port 8472
14:21:47.194643 52:54:00:66:b9:c1 > 52:54:00:08:99:ed, ethertype IPv4 (0x0800),
length 190: 172.29.9.11.36529 > 172.29.9.12.8472: OTV, flags [I] (0x08), overlay
0, instance 1    #请求报文隧道头部
1a:bd:6f:c5:1e:42 > be:f8:5a:a5:6e:d3, ethertype IPv4 (0x0800), length 140:
10.244.1.20.40854 > 10.244.2.16.80: Flags [P.], seq 1:75, ack 1, win 507, options
[nop,nop,TS val 3194580517 ecr 2849996851], length 74: HTTP: GET / HTTP/1.1  # 请
求报文内层头部
……
14:21:47.198184 52:54:00:08:99:ed > 52:54:00:66:b9:c1, ethertype IPv4 (0x0800),
length 133: 172.29.9.12.52397 > 172.29.9.11.8472: OTV, flags [I] (0x08), overlay
0, instance 1 # 响应报文隧道头部
be:f8:5a:a5:6e:d3 > 1a:bd:6f:c5:1e:42, ethertype IPv4 (0x0800), length 83:
10.244.2.16.80 > 10.244.1.20.40854: Flags [P.], seq 1:18, ack 75, win 502,
options [nop,nop,TS val 2849996855 ecr 3194580517], length 17: HTTP: HTTP/1.0
200 OK  # 响应报文内层头部
```

这种外层封装后的报文就是常规的 UDP 报文，只是为了避免数据帧超过标准的 MTU 大小，内层数据帧不得不减小至 1450 字节。因此，VXLAN Overlay 网络可正常运行在任何能够传输常规 UDP 报文的环境中，包括存在很多底层限制的公有云环境。代价是，牺牲了网络报文的一小部分载荷能力，降低了性能。

我们也不难想到，依赖于 flanneld 维护的、由各 VTEP 设备 flannel.1 接口组成的二层

网络中的各设备的 ARP 解析记录，flannel.1 虚拟网桥上的 FDB 转发数据库，甚至不在同一 IP 网络中的集群各节点，只要它们彼此间经由路由互相可达，这种外层转发依然能够成功达成。于是，VXLAN Overlay 网络并不要求所有节点都处于同一个二层网络，这有利于在更复杂的网络环境下组建 Kubernetes 集群。

另外，VXLAN 后端的可用配置参数除了 Type 之外还有如下几个，它们都有默认值，用户可以按需进行自定义配置。

- VNI：VXLAN 的标识符，默认为 1；数值型数据。
- Port：用于发送封装的报文的 UDP 端口，默认为 8472；数值型数据。
- GBP：全称为 Group Based Policy，配置是否启用 VXLAN 的基于组的策略机制，默认为否；布尔型数据。
- DirectRouting：是否为同一个二层网络中的节点启用直接路由机制，类似于 host-gw 后端的功能；此种场景下，VXLAN 仅为不在同一个二层网络中的节点封装并转发 VXLAN 隧道报文；布尔型数据。

其中，直接路由参数能够配置 Flannel 实现三层转发式的容器网关，该网关能够以直接路由方式在 Pod 间转发通信报文。

10.2.3 直接路由

为了提升性能，Flannel 的 VXLAN 后端还支持 DirectRouting 模式，即在集群中的各节点上添加必要的路由信息，让 Pod 间的 IP 报文通过节点的二层网络直接传送，如图 10-16 所示。仅在通信双方的 Pod 对象所在的节点跨 IP 网络时，才启用传统的 VXLAN 隧道方式转发通信流量。若 Kubernetes 集群节点全部位于单个二层网络中，则 DirectRouting 模式下的 Pod 间通信流量基本接近于直接使用二层网络。即便节点分布在有限的几个可互相通信的网络中的 Kubernetes 集群来说，合理的应用部署拓扑也能省去相当一部分的隧道开销。

对于托管部署在 Kubernetes 上的 Flannel 来说，修改 kube-system 名称空间下的 configmaps/kube-flannel-cfg 资源，为 VXLAN 后端添加 DirectRouting 子键，并设置其值为 true 即可，如下面的配置示例。

```
net-conf.json: |
    {
    "Network": "10.244.0.0/16",
    "Backend": {
      "Type": "VxLAN",
      "Directrouting": true
    }
  }
```

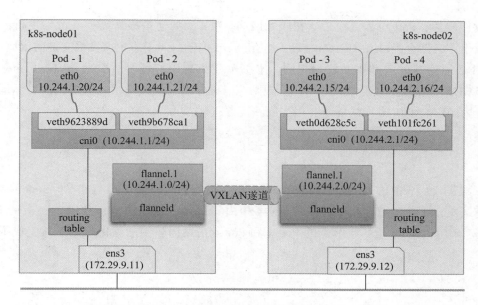

图 10-16　VXLAN DirectRouting 模式中的 Pod 间通信

我们可直接编辑活动状态的 configmaps/kube-flannel-cfg 资源，也可基于配置清单修改后再次应用到集群上。修改完成后，还需要以某种策略让各节点上的 Flannel Pod 重载生效新配置，比如手动删除以触发 Pod 重建的方式进行滚动更新等。更新完成后，节点上的路由规则也会相应发生变动，到达与本地节点位于同一二层网络中的其他节点，Pod 子网的下一跳地址由对端 flannel.1 接口地址变为了宿主机物理接口的地址（如图 10-13 中的 ens3 接口），本地用于发出报文的接口从 flannel.1 变成了本地的物理接口。仍然以 k8s-node01 节点为例，修改 VXLAN 后端支持 DirectRouting 模式，则该节点上的路由信息变动为如下结果：

```
root@k8s-node01:~# ip route show
10.244.0.0/24 via 172.29.9.1 dev ens3
10.244.1.0/24 dev cni0 proto kernel scope link src 10.244.1.1
10.244.2.0/24 via 172.29.9.12 dev ens3
10.244.3.0/24 via 172.29.9.13 dev ens3
......
```

> 注意　为了所有 Pod 均能得到正确的网络配置，建议在创建 Pod 资源之前事先配置好网络插件，甚至是事先了解并根据自身业务需求测试完成中意的目标网络插件，在选型完成后再部署 Kubernetes 集群，而尽量避免中途修改，否则有些 Pod 资源可能需要重建。

我们知道，Pod 与节点通常不在同一网络。Pod 间的通信报文需要经由宿主机的物理接口发出，必然会经过 iptables/netfilter 的 forward 钩子，为了避免该类报文被防火墙拦截，Flannel 必须为其设定必要的放行规则。本书示例集群中的每个节点上 iptables filter 表的 FORWARD 链上都会生成如下两条转发规则，以确保由物理接口接收或发送的目标地址或源地址为 10.244.0.0/16 网络的所有报文能够正常通过。

```
target      prot opt source              destination
ACCEPT      all  --  10.244.0.0/16       0.0.0.0/0
ACCEPT      all  --  0.0.0.0/0           10.244.0.0/16
```

假设图 10-13 中的 Pod-4 运行在 demoapp 应用，下面的命令运行在 k8s-node01 之上，它抓取了 Pod-1 通过 HTTP 协议访问 Pod-4 中由 demoapp 运行的 Web 服务的一次请求 / 响应事务。命令结果显示：跨节点的 Pod-1 和 Pod-4 借助内核中的路由规则正常完成了通信过程。

```
~# tcpdump -i ens3 -en tcp port 80
17:16:44.883691 52:54:00:66:b9:c1 > 52:54:00:08:99:ed, ethertype IPv4 (0x0800),
length 140: 10.244.1.20.53456 > 10.244.2.16.80: Flags [P.], seq 1:75, ack 1, win
507, options [nop,nop,TS val 3205078281 ecr 2860494615], length 74: HTTP: GET /
HTTP/1.1
......
17:16:44.884831 52:54:00:08:99:ed > 52:54:00:66:b9:c1, ethertype IPv4 (0x0800),
length 83: 10.244.2.16.80 > 10.244.1.20.53456: Flags [P.], seq 1:18, ack 75,
win 502, options [nop,nop,TS val 2860494616 ecr 3205078281], length 17: HTTP:
HTTP/1.0 200 OK
```

显然，这种路由规则无法表达跨二层网络的节点上 Pod 间通信的诉求，因为到达目标网络（某 Pod 子网）的下一跳地址无法指向另一个网络中的节点地址。因而，集群中的每个节点上依然保留有 VXLAN 隧道相关的 flannel.1 设备，以支持那些跨 IP 网络的节点上的 Pod 间通信。

10.2.4　host-gw 后端

Flannel 的 host-gw 后端通过添加必要的路由信息，并使用节点的二层网络直接发送 Pod 间的通信报文，其工作方式类似于 VXLAN 后端中的直接路由功能，但不包括该后端支持的隧道转发能力，这意味着 host-gw 后端要求各节点必须位于同一个二层网络中。其工作模型示意图如图 10-17 所示。因完全不会用到 VXLAN 隧道，所以使用了 host-gw 后端的 Flannel 网络也就无须用到 VTEP 设备 flannel.1。

host-gw 后端没有多余的配置参数，直接设定配置文件中的 Backend.Type 键的值为 host-gw 关键字即可。同样，直接修改 kube-system 名称空间中的 configmaps/kube-flannel.cfg 配置文件，类似下面配置示例中的内容即可。

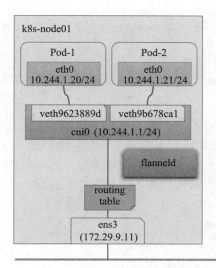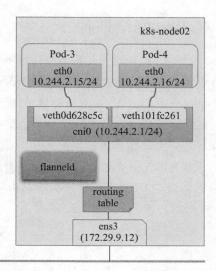

图 10-17　host-gw 后端

```
net-conf.json: |
    {
      "Network": "10.244.0.0/16",
      "Backend": {
        "Type": "host-gw"
      }
    }
```

配置完成后，集群中的各节点会生成类似 VXLAN 后端的 DirectRouting 路由及 iptables 规则，以转发 Pod 网络的通信报文，它完全省去了隧道转发模式的额外开销。代价是，对于非同一个二层网络的报文转发，host-gw 完全无能为力。相对而言，VXLAN 的 DirectRouting 后端转发模式兼具 VXLAN 后端和 host-gw 后端的优势，既保证了传输性能，又具备跨二层网络转发报文的能力。

像 host-gw 或 VXLAN 后端的直接路由模式这种使用静态路由实现 Pod 间通信报文的转发，虽然较之 VXLAN Overlay 网络有着更低的资源开销和更好的性能表现，但当 Kubernetes 集群规模较大时，其路由信息的规模也将变得庞大且不易维护。相比较来说，Calico 通过 BGP 协议自动维护路由条目，较之 Flannel 以 etcd 为总线以上报、查询和更新配置的工作逻辑更加高效和易于维护，因而更适用于大型网络。

此外，Flannel 自身并不具备为 Pod 网络实施网络策略以实现其网络通信控制的能力，它只能借助 Calico 这类支持网络策略的插件实现该功能，独立的项目 Calico 正为此目的而设立。

10.3　Calico 网络插件

Calico 是另一款主流的开源虚拟化网络方案，用于为云原生应用实现互联与策略控制，可以整合进大多数主流的编排系统，例如 Kubernetes、Apache Mesos、Docker 和 OpenStack 等。与 Flannel 相比，Calico 的一个显著优势是对网络策略的支持，它允许用户动态定义访问控制规则以管控进出容器的数据报文，从而为 Pod 间通信按需施加安全策略。

Calico 是一个三层的虚拟网络解决方案，它把每个节点都当作虚拟路由器（vRouter），并把每个节点上的 Pod 都当作是"节点路由器"后的一个终端设备并为其分配一个 IP 地址。各节点路由器通过 BGP 协议学习生成路由规则，从而实现不同节点上 Pod 间的互联互通，如图 10-18 所示。

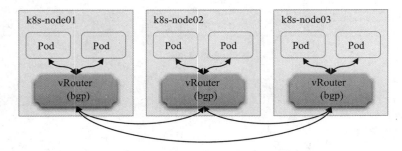

图 10-18　Calico 系统示意图

BGP 是互联网上一个核心的去中心化自治路由协议，它通过维护 IP 路由表或"前缀"表来实现自治系统（AS）之间的可达性，通常作为大规模数据中心维护不同的自治系统之间路由信息的矢量路由协议。Linux 内核原生支持 BGP，因而我们可轻易把一台 Linux 主机配置成为边界网关。

Calico 把 Kubernetes 集群环境中的每个节点上的 Pod 所组成的网络视为一个自治系统，而每个节点也就自然由各自的 Pod 对象组成虚拟网络，进而形成自治系统的边界网关。各节点间通过 BGP 协议交换路由信息并生成路由规则。但考虑到并非所有网络都能支持 BGP，而且 BGP 路由模型要求所有节点必须要位于同一个二层网络，所以 Calico 还支持基于 IPIP 和 VXLAN 的 Overlay 网络模型，它们的工作模式与 Flannel 的 VXLAN 和 IPIP 模型并无显著不同。

类似 Flannel 在 VXLAN 后端启用 DirectRouting 时的网络模型，Calico 也支持混合使用路由和 Overlay 网络模型，BGP 路由模型用于二层网络的高性能通信，IP-IP 或 VXLAN 用于跨子网的节点间报文转发，如图 10-19 所示。IP-IP 协议包头非常小，理论上它的速度要比 VXLAN 稍快一点，但安全性更差。

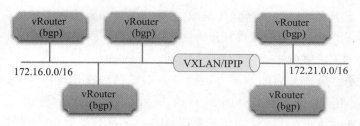

图 10-19　Calico 混合通信模型

　　需要注意的是，Calico 网络提供的在线部署清单中默认使用的是 IPIP 隧道网络，而非 BGP 或者混合模型，因为它假设节点的底层网络不支持 BGP 协议。明确需要使用 BGP 或混合模型时，需要事先将清单下载至本地，按需修改后方可部署在 Kubernetes 集群之上。

10.3.1　Calico 架构

　　Calico 的系统组件主要有 Felix、BGP 路由反射器、编排系统插件、BIRD 和 etcd 存储系统等，各组件间的关系如图 10-20 所示。

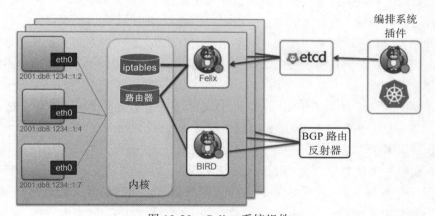

图 10-20　Calico 系统组件

　　如前所述，BGP 模式下的 Calico 所承载的各 Pod 资源直接基于 vRouter 经由基础网络进行互联，它非叠加、无隧道、不使用 VRF 表，也不依赖于 NAT，因此每个工作负载都可以直接配置使用公网 IP 接入互联网，当然，也可以按需使用网络策略控制它的网络连通性。

　　（1）Felix

　　Felix 是运行于各节点上守护进程，它主要负责完成接口管理、路由规划、ACL 规划和状态报告几个核心任务，从而为各端点（VM 或 Container）生成连接机制。

　　1）接口管理，负责创建网络接口、生成必要信息并送往内核，以确保内核能正确处理各端点的流量，尤其是要确保目标节点 MAC 能响应当前节点上各工作负载的 MAC 地址的 ARP 请求，以及为 Felix 管理的接口打开转发功能。另外，接口管理还要监控各接口的变动以确保规则能得到正确应用。

2）路由规划，负责为当前节点上运行的各端点在内核 FIB（Forwarding Information Base）中生成路由信息，以保证到达当前节点的报文可正确转发给端点。

3）ACL 规划，负责在 Linux 内核中生成 ACL，实现仅放行端点间的合规流量，并确保流量不能绕过 Calico 等安全措施。

4）状态报告，负责提供网络健康状态的相关数据，尤其是报告由 Felix 管理的节点上的错误和问题。这些报告数据会存储在 etcd，供其他组件或网络管理员使用。

（2）编排系统插件

编排系统插件的主要功能是将 Calico 整合进所在的编排系统中，例如 Kubernetes 或 OpenStack 等。它主要负责完成 API 转换，从而让管理员和用户能够无差别地使用 Calico 的网络功能。换句话说，编排系统通常有自己的网络管理 API，相应的插件要负责将对这些 API 的调用转换为 Calico 的数据模型，并存储到 Calico 的存储系统中。因而，编排插件的具体实现依赖于底层编排系统，不同的编排系统有各自专用的插件。

（3）etcd 存储系统

利用 etcd，Calico 网络可实现为有明确状态（正常或故障）的系统，且易于通过扩展应对访问压力的提升，避免自身成为系统瓶颈。另外，etcd 也是 Calico 各组件的通信总线。

（4）BGP 客户端

Calico 要求在每个运行着 Felix 的节点上同时运行一个称为 BIRD 的守护进程，它是 BGP 协议的客户端，负责将 Felix 生成的路由信息载入内核并通告给整个网络中。

（5）BGP 路由反射器

Calico 在每一个计算节点利用 Linux 内核实现了一个高效的 vRouter（虚拟路由器）进行报文转发。每个 vRouter 通过 BGP 协议将自身所属节点运行的 Pod 资源的 IP 地址信息，基于节点上的专用代理程序（Felix）生成路由规则向整个 Calico 网络内传播。尽管小规模部署能够直接使用 BGP 网格模型，但随着节点数量（假设为 N）的增加，这些连接的数量就会以 N^2 的规模快速增长，从而给集群网络带来巨大的压力。因此，一般建议大规模的节点网络使用 BGP 路由反射器进行路由学习，BGP 的点到点通信也就转为与中心点的单路通信模型。另外，出于冗余考虑，生产实践中应该部署多个 BGP 路由反射器。而对于 Calico 来说，BGP 客户端程序除了作为客户端使用外，也可以配置为路由反射器。

另外，Calico 可将关键配置抽象成资源类型，并允许用户按需定义资源对象以完成系统配置，这些资源对象保存在 Datastore 中，Datastore 可以是独立管理的 etcd 存储系统，也可以是 Kubernetes API 封装的集群状态存储系统（即 Kubernetes 使用的 etcd 存储系统）。Calico 专有的资源类型有十几种，包括 IPPool（IP 地址池）、NetworkPolicy（网络策略）、BGPConfiguration（BGP 配置参数）和 FelixConfiguration（Felix 配置参数）等。类似于 Kubernetes API 资源的定义，这些资源的配置格式同样以 JSON 使用 apiVersion、kind、metadata 和 spec 等一级字段进行定义，并能够使用 calicoctl 客户端工具进行管理，也支持由 kublet 借助 CRD 进行这类资源的管理。

 提示　以 Kubernetes API 为 Datastore 的部署场景中，Calico 还需将这些资源类型相应定义为 Kubernetes 上的 CRD。CRD 和自定义资源控制器的话题将在第 12 章展开介绍。

10.3.2　Calico 配置基础

与 Kubernetes 集群整合时，Calico 需要配置 calico-node 和 calico-kube-controllers 两个重要组件，如图 10-21 所示，各组件通过 Datastore 读取与自身相关的资源定义完成配置。

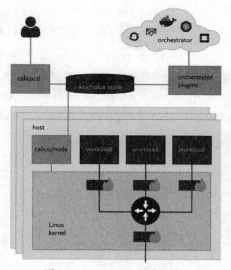

图 10-21　Calico 程序组件

❑ calico/node：Calico 在 Kubernetes 集群每个节点运行的节点代理，负责提供 felix、bird4、bird6 和 confd 等守护进程。

❑ calico/kube-controllers：Calico 运行在 Kubernetes 之上的自定义控制器，也是 Calico 协同 Kubernetes 的插件。

Calico 有两种部署方式：一种是让 calico/node 独立运行在 Kubernetes 集群之外，但 calico/kube-controllers 依然需要以 Pod 资源形式运行在集群之上；另一种是以 CNI 插件方式配置 Calico，使 Calico 完全托管运行在 Kubernetes 集群之上，类似于前面曾经部署托管

Flannel 网络插件的方式。对于后一种方式，Calico 提供了在线的部署清单，它分别为 50 节点及以下规模和 50 节点以上规模的 Kubernetes 集群使用 Kubernetes API 作为 Dabastore 提供了不同的配置清单，也为使用独立的 etcd 集群提供了专用配置清单。但这 3 种类型的配置清单中，Calico 默认启用的是基于 IPIP 隧道的 Overlay 网络，因而它会在所有流量上使用 IPIP 隧道而不是 BGP 路由。以下配置定义在部署清单中 DaemonSet/calico-node 资源的 Pod 模板中的 calico-node 容器之上。

```
# 设置在 IPv4 类型的地址池上启用的 IP-IP 及其类型，支持 3 种可用值
# Always（全局流量）、Cross-SubNet（跨子网流量）和 Never
- name: CALICO_IPV4POOL_IPIP
  value: "Always"
# 是否在 IPV4 地址池上启用 VXLAN 隧道协议，取值及意义与 Flannel 的 VXLAN 后端相同，
# 但在全局流量启用 VXLAN 时完全不再需要 BGP 网络，建议将相关的组件禁用
- name: CALICO_IPV4POOL_VXLAN
  value: "Never"
```

我们可以将环境变量 CALICO_IPV4POOL_IPIP 的值设置为 Cross-SubNet（不区分大小写）来启用混合网络模型，它将启用 BGP 路由网络，且仅会在跨节点子网的流量间启用隧道封装。想要启用 VXLAN 隧道，只需要把环境变量 CALICO_IPV4POOL_VXLAN 的值设置为 Always 或 Cross-SubNet 即可，但在全局流量上使用 VXLAN 隧道时建议将 ConfigMap/calico-node 中 calico-backend 键的值设置为 vxlan 以禁用 BIRD，并在 DaemonSet/calico-node 资源的 Pod 模型中禁用 calico-node 容器的存活探针和就绪探针对 bird 的检测，相关的配置要点如下所示。

```
livenessProbe:
  exec:
    command:
    - /bin/calico-node
    - -felix-live
    # - -bird-live
readinessProbe:
  exec:
    command:
    - /bin/calico-node
    # - -bird-ready
    - -felix-ready
```

需要注意的是，Calico 分配的地址池需要与 Kubernetes 集群的 Pod 网络的定义保持一致。Pod 网络通常由 kubeadm init 初始化集群时使用 --pod-network-cidr 选项指定的，而 Calico 在其默认的配置清单中默认使用 192.168.0.0/16 作为 Pod 网络，因而部署 Kubernetes 集群时应该规划好要使用的网络地址，并设定此二者相匹配。对使用了 Flannel 的 10.244.0.0/16 网络环境而言，可以修改资源清单中的定义，从而将其修改为其他网络地

址。以下配置片段取自 Calico 的部署清单，它定义在 DaemonSet/calico-node 资源的 Pod 模板中的 calico-node 容器之上。

```
# IPV4 地址池的定义，value 值需要与 kube-controller-manager 的 --cluster-network
# 选项的值保持一致，以下环境变量默认处于注释状态
- name: CALICO_IPV4POOL_CIDR
  value: "192.168.0.0/16"
# Calico 默认以 26 位子网掩码切分地址池并将各子网配置给集群中的节点，若需要使用其他
# 的掩码长度，则需要定义如下环境变量
- name: CALICO_IPV4POOL_BLOCK_SIZE
  value: "24"
# Calico 默认并不会从 Node.Spec.PodCIDR 中分配地址，但可通过将如下变量
# 设置为 true 并结合 host-local 这一 IPAM 插件来强制从 PodCIDR 中分配地址
- name: USE_POD_CIDR
  value: "false"
```

不过，目前版本的 Calico 已经能够自动检测由 kubeadm 部署的 Kubernetes 集群中的 Pod 网络，并自动将类似上面配置清单中 CALICO_IPV4POOL_CIDR 和 CALICO_IPV4POOL_BLOCK_SIZE 环境变量的值适配到该 Pod 网络，但其他方式部署的 Kubernetes 集群仍需管理员自行核验这种适配机制是否能得以满足。

在地址分配方面，Calico 在 JSON 格式的 CNI 插件配置文件中使用专有的 calico-ipam 插件，该插件并不会使用 Node.Spec.PodCIDR 中定义的子网作为节点本地为 Pod 分配地址的地址池，而是根据 Calico 插件为各节点配置的地址池进行地址分配。若期望为节点真正使用地址池，吻合 PodCIDR 的定义，则需要将部署清单中 DaemonSet/calico-node 资源的 Pod 模板的 calico-node 容器的 USE_POD_CIDR 环境变量值设置为 true，并修改 ConfigMap/calico-config 资源中 cni_network_config 键的 plugins.ipam.type 值为 host-local，且使用 podCIDR 为子网，具体配置如下所示。

```
"ipam": {
    "type": "host-local",
    "subnet": "usePodCidr"
},
```

下面以自我管理的 Kubernetes 集群为例来说明 Calico IPIP 和 BGP 网络的基本应用。

10.3.3　IPIP 隧道网络

kubenet 通过 /etc/cni/net.d/ 目录下的 CNI 配置文件加载要使用的网络插件完成 Pod 网络配置，为了避免冲突，通常不应该也没必要同时提供多个 CNI 解决方案。因此，在部署 Calico 之前，需要先移除此前使用的 Flannel 插件，最便捷的方式是基于部署清单完成。

```
~$ kubectl delete -f https://raw.githubusercontent.com/coreos/flannel/master/
Documentation/kube-flannel.yml
```

Calico 3 目前仅支持 Kubernetes 1.8 及其以上版本，并且它要求使用一个能够被各组件访问的键值存储系统，在 Kubernetes 环境中，可用的选择有 etcd v3 或 Kubernetes API 数据存储。本部署示例会把 Kubernetes API 作为 Calico 的数据存储取代 etcd，这也是截至本书写作时最新稳定版本 Calico 3 中推荐的配置。若无须改动默认配置，则直接基于在线资源清单创建相关资源即可。但我们这里为了吻合此 Flannel 的使用习惯，需要自定义设置 Pod 网络为 10.244.0.0/16，切分子网时的掩码长度为 24，并设置在 PodCIDR 中为工作负载分配 IP 地址，但在全局流量上默认使用的网络模型是 IPIP 隧道。下面首先将在线资源清单下载至本地。

```
~$ curl https://docs.projectcalico.org/manifests/calico.yaml -O
```

 提示　使用 host-local IPAM 插件时，Calico 的部分功能将变得不可用。例如，以节点或名称空间为组，分别从不同地址池分配 IP 地址等。

而后修改 calico.yaml 文件，修改资源定义使得其符合 Flannel 的使用习惯，具体设置方式请参考 10.3.2 节的说明。配置完成后，使用如下命令将资源部署到集群之上即可。

```
~$ kubectl apply -f calico.yaml
```

该资源清单将 Calico 的所有资源部署在 kube-system 名称空间之中，待 calico-node 与 kube-controllers 相关的 Pod 进入就绪状态之后即可验证和使用相应的网络功能，如下面的命令及结果所示。

```
~$ kubectl get pods -n kube-system -o wide | awk '/^calico-(node|kube-
controller)/{print}'
```

工作在 IPIP 模式的 Calico 会在每个节点上创建一个 tun0 接口作为隧道出入口来封装 IPIP 隧道报文。Calico 会为每一个 Pod 资源创建一对 veth 设备，其中一端作为 Pod 的网络接口，另一端（名称以 cali 为前缀，后跟随机字串）留置在节点的根网络名称空间，它未使用风格模式，因而并未关联成为任何虚拟网桥设备的从接口，如图 10-22 所示。

IPIP 隧道网络仍需依赖于 BGP 维护节点间的可达性。部署完成后，Calico 会通过 BGP 协议在每个节点上生成到达 Kubernetes 集群中其他各节点的 Pod 子网路由信息。下面的路由条件截取自 k8s-node01 主机，它们是由各节点上的 BIRD 以点对点的方式（node-to-node mesh）向网络中的其他节点进行通告并学习其他节点的通告而得。

```
10.244.0.0/24 via 172.29.9.1 dev tun0 proto bird onlink
blackhole 10.244.1.0/24 proto bird
10.244.2.0/24 via 172.29.9.12 dev tun0 proto bird onlink
10.244.3.0/24 via 172.29.9.13 dev tun0 proto bird onlink
```

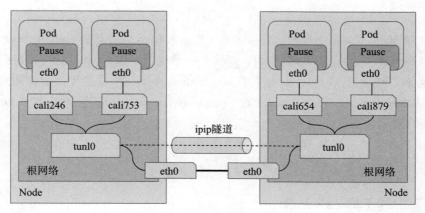

图 10-22　Calico IPIP 隧道网络

对于创建的每个常规 Pod 资源，Calico CNI 插件需要在节点的根网络名称空间中生成一个专用路由条目，用于确保以 Pod IP 为目标地址的报文能够经由相应的留置在根网络名称空间中的一端设备送达，相关的路由条目格式类似如下所示。这是因为 Calico 没有在节点上为本地的所有 Pod 资源使用一个虚拟网桥进行报文转发所致。

```
10.244.1.2 dev cali584bb1c9fa8 scope link  # 到达10.244.1.2的报文经cali584bb1c9fa8
接口送达；
10.244.1.3 dev cali8747614b74b scope link  #
10.244.1.4 dev cali8a15ed22215 scope link  #
```

在集群中部署一些 Pod 资源即可完成集群网络连接测试。假设在 k8s-node01 上存在一个 IP 地址为 10.244.1.3 的 Pod A，以及在 k8s-node02 上存在一个 IP 地址为 10.244.2.2 且运行有 demoapp 应用的 Pod B。通过 curl 命令在 Pod A 的交互式接口对 Pod B 发起 HTTP 请求，而后在 k8s-node01 的物理接口上抓取通信报文即可分析 IPIP 隧道报文通信格式，相关命令及截取的一次通信的往返结果示例如下。

```
~# tcpdump -i ens3 -nn ip host 172.29.9.11 and host 172.29.9.12
14:28:30.881146 IP 172.29.9.11 > 172.29.9.12: IP 10.244.1.3.37576 >
10.244.2.2.80: Flags [P.], seq 1:75, ack 1, win 504, options [nop,nop,TS val
3996121466 ecr 257294088], length 74: HTTP: GET / HTTP/1.1 (ipip-proto-4)
14:28:30.882290 IP 172.29.9.12 > 172.29.9.11: IP 10.244.2.2.80 >
10.244.1.3.37576: Flags [P.], seq 1:18, ack 75, win 510, options [nop,nop,TS val
257294089 ecr 3996121466], length 17: HTTP: HTTP/1.0 200 OK (ipip-proto-4)
```

命令结果显示出，跨节点 Pod 间通信经由 IPIP 协议的三层隧道转发，外层 IP 首部中的 IP 地址为通信双方的节点 IP（172.29.9.11 和 172.29.9.12），内层 IP 头部为通信双方的 Pod IP（10.244.1.3 和 10.244.2.2）。需要注意的是，Calico CNI 设置的 tunl0 接口的 MTU 默认为 1440，这种设置主要是为适配 Google 的 GCE 环境，非 GCE 的物理环境中，其最佳值为 1480。部署前，修改配置清单中 ConfigMap/calico-config 资源的 veith_mtu 键的值为

1480 即可。

　　另外，对 50 个节点以上规模的集群来说，所有 Calico 节点基于 Kubernetes API 存取数据会给 API Server 带来不小的通信压力，解决办法是使用 calico-typha 进程将所有 Calico 的通信集中起来，统一与 API Server 进行交互。Calico 为该应用场景提供了专用的在线配置清单 https://docs.projectcalico.org/manifests/calico-typha.yaml，它主要添加了 Deployment/calico-typha 和 Service/calico-typha 两个资源。需要自定义的话，基本评估标准是每个 calico-typha Pod 资源可承载 100 ~ 200 个（上限）Calico Node 的连接请求，而整个集群中的 calico-typha Pod 资源总数尽量不要超过 20 个。

10.3.4　客户端工具 calicoctl

　　Calico 项目提供的专用客户端工具 calicoctl 能够直接与 Calico Datastore 进行交互，用于管理 Calico 系统抽象出的各种资源，通过资源管理实现查看、修改或配置 Calico 系统特性。我们可以基于特定的 Pod 来提供 calicoctl 工具程序，也可直接将相关的二进制程序部署在管理节点之上，例如管理员运行 kubectl 工具的主机等。下面在 k8s-master01 上直接下载编译后的 calicoctl 文件，并将其保存在 /usr/bin/ 目录中：

```
~$ wget https://github.com/projectcalico/calicoctl/releases/download/v3.14.1/
calicoctl
~$ sudo mv calicoctl /usr/bin/
~$ sudo chmod +x /usr/bin/calicoctl
```

　　calicoctl 成功认证到 Calico 的数据存储系统（Datastore）上之后才能查看或进行各类管理操作，所需要的认证方式也就取决于 Datastore 的类型。以 Kubernetes API 为数据存储时，calicoctl 需要使用类似 kubectl 的认证信息完成认证，常用的实现方式有环境变量和配置文件两种。环境变量 DATASTORE_TYPE 用于指定存储类型，而 KUBECONFIG 则用于指定配置文件 kubeconfig 的认证文件路径，例如以如下命令格式运行 calicoctl 命令，测试读取 Calico 系统的节点信息。

```
~$ DATASTORE_TYPE=kubernetes KUBECONFIG=~/.kube/config calicoctl get nodes -o
wide
NAME                     ASN        IPV4           PV6
k8s-master01.ilinux.io   (64512)    172.29.9.1/16
k8s-node01.ilinux.io     (64512)    172.29.9.11/16
k8s-node02.ilinux.io     (64512)    172.29.9.12/16
k8s-node03.ilinux.io     (64512)    172.29.9.13/16
```

　　为了更方便使用，我们也可以直接将认证信息等保存在配置文件中，calicoctl 默认加载的配置文件是 /etc/calico/calicoctl.cfg，配置信息以 YAML 格式进行组织，语法格式类似于 Kubernetes 的资源配置清单。

```
apiVersion: projectcalico.org/v3
kind: CalicoAPIConfig
metadata:
spec:
  datastoreType: "kubernetes"
  kubeconfig: "/path/to/.kube/config"
```

将上面示例配置中的 /PATH/TO 路径修改为相应的用户主目录即可，例如 /home/ik8s/。当然，也可以是用户自定义的其他 kubeconfig 配置文件的存放路径。

calicoctl 的通用语法格式为 calicoctl [options] <command> [<args>...]。它支持 apply、delete、get、patch、replace、node 和 ipam 等子命令，分别用于增、删、改、查相应的资源配置或打印相关状态信息等。

例如，下面命令列出 Datastore 中所有的 ipPool 资源对象。ipPool 是常用的资源类型之一，它代表当前 Calico 系统可用的地址池资源。默认部署生成的地址池资源名称为 default-ipv4-ippool。

```
~$ calicoctl get ipPool
NAME                     CIDR            SELECTOR
default-ipv4-ippool      10.244.0.0/16   all()
```

calicoctl 同样支持资源的多种输出格式，例如 yaml、json、wide、go-template 和 custom-columns 等，其功能完全类似 kubectl 中的用法。例如，下面的命令以 YAML 格式输出了默认地址池的详细定义。

```
~$ calicoctl get ipPool default-ipv4-ippool -o yaml
apiVersion: projectcalico.org/v3
kind: IPPool
metadata:
  name: default-ipv4-ippool
spec:
  blockSize: 24
  cidr: 10.244.0.0/16
  ipipMode: Always
  natOutgoing: true
  nodeSelector: all()
  vxlanMode: Never
```

我们可将上面命令输出的结果保存于本地文件中，修改其特定属性值后，再重新应用（apply）到 Datastore 从而完成配置更新，例如添加 disabled: true 以禁用指定的地址池等；也可同时修改资源名称和特定属性值后再应用到 Datastore 上以创建新的资源。

再如，下面的命令打印了地址池中相关地址块与 IP 地址的分配状态，包括地址池及各地址块中的 IP 总数、已分配数量和可用数量等。

```
~$ calicoctl ipam show --show-blocks
```

命令结果如图 10-23 所示。

```
+-----------+---------------+-----------+------------+----------------+
| GROUPING  |      CIDR     | IPS TOTAL | IPS IN USE |    IPS FREE    |
+-----------+---------------+-----------+------------+----------------+
| IP Pool   | 10.244.0.0/16 |     65536 | 10 (0%)    | 65526 (100%)   |
| Block     | 10.244.1.0/24 |       256 | 6 (2%)     | 250 (98%)      |
| Block     | 10.244.2.0/24 |       256 | 2 (1%)     | 254 (99%)      |
| Block     | 10.244.3.0/24 |       256 | 2 (1%)     | 254 (99%)      |
+-----------+---------------+-----------+------------+----------------+
```

图 10-23　相关地址块与 IP 地址的分配状态

另外，直接以 ectd 为 Datastore 的场景中，calicoctl 则要使用由 etcd 信任的 CA 所签发的数字证书认证到 etcd，主流的配置方式同样有环境变量和配置文件两种。无论使用哪种 Datastore，calicoctl 可执行的管理操作及相关命令的用法并无不同之处。

10.3.5　BGP 网络与 BGP Reflector

一般来说，仅在那些不支持用户自定义 BGP 配置的网络中才会完全使用 IPIP 或 VXLAN 隧道网络，对于自主可控且规模较大的网络环境，非常有必要启用 BGP 降低网络开销以提升传输性能。对于 Calico 来说，修改 ipPool 属性相应的配置便可调整使用的网络类型。以此前部署的 Calico 系统默认使用的地址池 default-ipv4-ippool 为例，获取该资源的配置清单并保存为本地文件，修改 ipipMode（或 vxlanMode）的属性值为 CrossSubnet 或 Never 便能启用直接路由网络。

下面的配置清单示例（default-ipv4-ippool.yaml）将 spec.ipipMode 的属性值从 Never 修改为 CrossSubnet，表示仅在跨 IP 网络节点上的 Pod 间通信才使用 IPIP 隧道，同一网络节点上的 Pod 间通信则使用路由方式直接进行。

```yaml
apiVersion: projectcalico.org/v3
kind: IPPool
metadata:
  name: default-ipv4-ippool
spec:
  blockSize: 24
  cidr: 10.244.0.0/16
  ipipMode: CrossSubnet
  natOutgoing: true
  nodeSelector: all()
  vxlanMode: Never
```

将上面配置清单的定义使用 calicoctl apply 命令重新应用到 Calico Datastore 上后便立即生效。显然，这种变动会影响现有的通信流量，不建议在生产环境中随意变动。

```
~$ calicoctl apply -f default-ipv4-ippool.yaml
Successfully applied 1 'IPPool' resource(s)
```

随后，等 BGP 信息传播完成后，节点将同一网络内其他节点相关的路由条目经由 IPIP 模型的 tunl0 接口传输，变为节点上的某物理接口，如 ens3 等。下面的路由信息片段截取自 k8s-node01 主机之上。

```
10.244.0.0/24 via 172.29.9.1 dev ens3 proto bird
blackhole 10.244.1.0/24 proto bird
10.244.2.0/24 via 172.29.9.12 dev ens3 proto bird
10.244.3.0/24 via 172.29.9.13 dev ens3 proto bird
```

在集群中部署一些 Pod 资源即可完成集群网络连接测试。假设在 k8s-node01 上存在一个 IP 地址为 10.244.1.3 的 Pod A，以及在 k8s-node02 上存在一个 IP 地址为 10.244.2.2 的运行有 demoapp 应用的 Pod B。通过 curl 命令在 Pod A 的交互式接口对 Pod B 发起 HTTP 请求，而后在 k8s-node01 的物理接口上抓取通信报文即可分析 IPIP 隧道报文通信格式，相关命令及截取的一次通信的往返结果示例如下，它显示出 Pod 之间直接基于底层网络完成了彼此间的通信。

```
root@k8s-node01:~# tcpdump -i ens3 -nn tcp port 80
19:22:00.940398 IP 10.244.1.3.41522 > 10.244.2.2.80: Flags [P.], seq 1:75, ack
1, win 504, options [nop,nop,TS val 1533673122 ecr 1404645777], length 74: HTTP:
GET / HTTP/1.1
19:22:00.943548 IP 10.244.2.2.80 > 10.244.1.3.41522: Flags [P.], seq 1:18, ack
75, win 510, options [nop,nop,TS val 1404645781 ecr 1533673122], length 17:
HTTP: HTTP/1.0 200 OK
```

默认情况下，Calico 的 BGP 网络工作在节点网格（node-to-node mesh）模型下，各节点间以对等方式广播路由，它仅适用于规模较小的集群环境。下面命令的结果显示的便是当前节点（k8s-master01）要对等广播路由的其他节点，各节点打印的结果都会有所不同。随着节点数量的增多，这种对等广播的规模和数量将以指数级别上升。

```
mageedu@k8s-master01:~$ sudo calicoctl node status
```

命令结果如图 10-24 所示。

```
IPv4 BGP status
+--------------+-------------------+-------+----------+-------------+
| PEER ADDRESS |     PEER TYPE     | STATE |  SINCE   |    INFO     |
+--------------+-------------------+-------+----------+-------------+
| 172.29.9.11  | node-to-node mesh | up    | 08:04:02 | Established |
| 172.29.9.12  | node-to-node mesh | up    | 08:03:56 | Established |
| 172.29.9.13  | node-to-node mesh | up    | 08:04:01 | Established |
+--------------+-------------------+-------+----------+-------------+
```

图 10-24　当前节点要对等广播路由的其他节点

中级集群环境应该使用全局对等 BGP（global BGP peers）模型，通过在同一个二层网络中使用一个或一组 BGP 反射器构建 BGP 网络环境，大型集群环境甚至可以使用每节点对等 BGP 模型（per-node BGP peers），即分布式 BGP 反射器模型。Calico 的节点代理 calico/node 自身就能够充当 BGP 路由反射器，我们可以在 Kubernetes 集群外部的专用主机上部署 calico/node 作为路由反射器，也可以在集群中选择专用的几个节点进行配置。

下面我们仅出于测试目的，将集群中的 k8s-master01 部署为集群中的路由反射器，来说明其配置过程。通常来说，配置集群节点成为路由反射器大体有 3 个步骤：配置选定的 Node 作为 BGP 路由反射器、配置所有节点作为 BGP 对等节点（BGPPeer）向路由反射器发送路由信息，以及禁用节点网格。

（1）配置路由反射器

下面的配置清单示例（reflector-node.yaml）定义 Calico Node 资源对象 k8s-master01. ilinux.io 成为路由反射器，其中的 spec.bgp.routeReflectorClusterID 字段以 IP 地址格式的值为 BGP 路由器集群提供标识符，而特地添加的 route-reflector 标签则于配置 BGPPeer 时筛选节点。

```
apiVersion: projectcalico.org/v3
kind: Node
metadata:
  labels:
    route-reflector: true
  name: k8s-master01.ilinux.io
spec:
  bgp:
    ipv4Address: 172.29.9.1/16
    ipv4IPIPTunnelAddr: 10.244.0.1
    routeReflectorClusterID: 1.1.1.1
```

运行如下命令将配置清单示例中的定义的资源配置应用（打补丁）到 Datastore 之上以完成路由反射器的配置。

```
~$ calicoctl apply -f reflector-node.yaml
Successfully applied 1 'Node' resource(s)
```

（2）配置 BGP 对等节点

同一 BGP 路由器集群中的各节点都需要成为 Reflector 的 BGP 对等节点以交换路由信息。k8s-master01.ilinux.io 自身同样运行于 Pod 资源，因而它自身同样需样成为 Reflector 的 BGP 对等节点。下面的配置清单示例（bgppeer-demo.yaml）定义集群所有节点同符合标签选择器 route-reflector=="true" 节点（路由反射器）进行"对等"。

```
kind: BGPPeer
apiVersion: projectcalico.org/v3
metadata:
  name: bgppeer-demo
spec:
  nodeSelector: all()
  peerSelector: route-reflector=="true"
```

基于如下命令将 BGPPeer/bgppeer-demo 资源创建到 Datastore 之上，相关的"对等"关系便当即生效。

```
~$ calicoctl apply -f bgppeer-demo.yaml
Successfully applied 1 'BGPPeer' resource(s)
```

新的 BGPPeer 资源定义了并非 Node-to-Node 的对等关系，因而在路由反射器节点和其他节点所看到的结果相差较大，因为路由反射器同集群中的所有节点对等，但其他节点仅会同路由反射器节点对等。下面命令运行在路由反射器（k8s-master01）之上，它已然能够与集群中的节点建立对等关系（自我对等的关系不会显示在命令结果中）。

```
mageedu@k8s-master01:~ $ sudo calicoctl node status
```

命令结果如图 10-25 所示。

```
IPv4 BGP status
+--------------+-------------------+-------+----------+-------------+
| PEER ADDRESS |     PEER TYPE     | STATE |  SINCE   |    INFO     |
+--------------+-------------------+-------+----------+-------------+
| 172.29.9.11  | node-to-node mesh | up    | 13:08:29 | Established |
| 172.29.9.12  | node-to-node mesh | up    | 13:08:29 | Established |
| 172.29.9.13  | node-to-node mesh | up    | 13:08:29 | Established |
| 172.29.9.11  | node specific     | start | 13:08:27 | Idle        |
| 172.29.9.12  | node specific     | start | 13:08:27 | Idle        |
| 172.29.9.13  | node specific     | start | 13:08:27 | Idle        |
+--------------+-------------------+-------+----------+-------------+
```

图 10-25　与集群中的节点建立了对等关系

其中，输出结果中的 PEER TYPE 显示了对等通信的类型，常见的值有 node-to-node mesh、node specific 和 global 等，node specific 表示与特定的节点对等，而省略 node 和 nodeSelector 字段时出现的 global 则表示全局对等。

（3）禁用节点网格

因原有的 Node-to-Node 网络的对等关系尚未禁用，上面命令的输出结果显示，BGP 的路由传播仍然以对等网格的方式进行。下面的资源清单（default-bgpconfiguration.yaml）定义的 BGPConfiguration/default 资源就用于禁用这种 BGP 网格。

```
apiVersion: projectcalico.org/v3
kind: BGPConfiguration
metadata:
  name: default
spec:
  logSeverityScreen: Info
  nodeToNodeMeshEnabled: false
  asNumber: 63400  # BGP 对等通信时使用的默认 AS 号
```

需要特别说明的，禁用 BGP 网格的配置参数 nodeToNodeMeshEnabled，以及 BGP 会话中使用的默认 AS 号码仅能够定义在名为 default 的全局 BGPConfiguration 资源中。

```
~$ calicoctl apply -f bgpconfiguration-demo.yaml
Successfully applied 1 'BGPConfiguration' resource(s)
```

随后，由 BGPPeer/bgppeer-demo 资源定义的各 Calico/Node 与 BGP 路由反射器对等关系便会生效，下面的命令仍然是在路由反射器节点之上运行。

```
~$ sudo calicoctl node status
```

命令结果如图 10-26 所示。

```
+-----------------------------------------------------------------+
| IPv4 BGP status                                                 |
+-----------------------------------------------------------------+
| PEER ADDRESS  |  PEER TYPE    | STATE | SINCE    |     INFO      |
+-----------------------------------------------------------------+
| 172.29.9.11   | node specific |  up   | 13:24:47 | Established   |
| 172.29.9.12   | node specific |  up   | 13:24:47 | Established   |
| 172.29.9.13   | node specific |  up   | 13:24:49 | Established   |
+-----------------------------------------------------------------+
```

图 10-26　定义的对等关系已生效

命令结果显示，由 BGPPeer/bgppeer-demo 资源定义的对等关系已然生效。我们可人为地关闭一个节点来模拟 BGP 对等节点故障，以验证其动态路由的管理能力。首先，我们关闭 k8s-node03.ilinux.io 主机，随后在路由反射器节点上重新获取对等节点的状态，可看到相应的故障信息。

```
mageedu@k8s-master01:~ $ sudo calicoctl node status
```

命令结果如图 10-27 所示。

```
+----------------------------------------------------------------------------+
| IPv4 BGP status                                                            |
+----------------------------------------------------------------------------+
| PEER ADDRESS  | PEER TYPE     | STATE | SINCE    |          INFO           |
+----------------------------------------------------------------------------+
| 172.29.9.11   | node specific | up    | 13:24:46 | Established             |
| 172.29.9.12   | node specific | up    | 13:24:46 | Established             |
| 172.29.9.13   | node specific | start | 13:31:42 | Connect Socket: Host is |
|               |               |       |          | unreachable             |
+----------------------------------------------------------------------------+
```

图 10-27　故障信息

随后，我们可以在任意节点上验证与 k8s-node03.ilinux.io 相关的路由条目被移除的结果。若该节点恢复后，相关路由条目会重新添加回来，则证明 BGP 路由反射器能够正确工作。考虑到可用性，建议在生产环境中配置多个路由反射器节点。

10.4　网络策略

网络策略是控制 Pod 资源组间以及与其他网络端点间如何进行通信的规范，它使用标签来分组 Pod，并在该组 Pod 之上定义规则来管控其流量，从而为 Kubernetes 提供更为精细的流量控制以及租户隔离机制。NetworkPolicy 资源是 Kubernetes API 的一等公民，管理员或用户可使用 NetworkPolicy 这一标准资源类型按需定义网络访问控制策略。

10.4.1　网络策略与配置基础

Kubernetes 自身仅实现了 NetworkPolicy API 的规范，具体的策略实施要靠 CNI 网络插件完成，例如，Calico、Antrea、Canal 和 Weave 等，但 Flannel 并不支持。因而，仅在使用支持网络策略功能的网络插件时才能够生效自定义的策略。实现了 NetworkPolicy API 的各网络插件都有其特定的策略实现方式，它们或依赖节点自身的某个组件，或借助 Hypervisor 的特性，也可能是网络自身的功能。

Calico 的 calico/kube-controllers 是该项目中用于将用户定义的网络策略予以实现的组件，它主要依赖于在节点上构建 iptables 规则实现访问控制功能，如图 10-28 所示。其他支持网络策略的插件也有类似的将网络策略加以实现的"策略控制器"或"策略引擎"，它们通过 API 监听创建 Pod 时生成的新端点，并负责按需为其附加相关的网络策略。

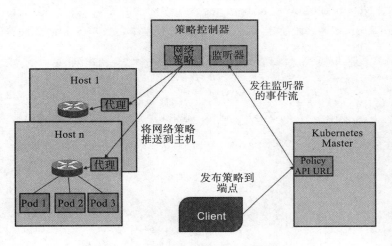

图 10-28　网络策略组件构架

我们知道，Kubernetes 默认并未对 Pod 之上的流量作为任何限制，Pod 对象能够与集群上的其他任何 Pod 通信，也能够与集群外部的网络端点交互。NetworkPolicy 是名称空间级别的资源，允许用户使用标签选择器在筛选出的一组 Pod 对象上分别管理 Ingress 和 Egress 流量。一旦将 Network Policy 引入到名称空间中，则被标签选择器"选中"的 Pod 将默认拒绝所有流量，而仅放行由特定的 NetworlPolicy 资源明确"允许"的流量。然而，未被任何 NetworkPolicy 资源的标签选择器选中的 Pod 对象的流量则不受影响。

换句话说，NetworkPolicy 就是定义在一组 Pod 资源上的 Ingress 规则或 Egress 规则，或二者的组合定义，具体生效的范围则由"策略类型"（policyType）进行指定。Ingress 和 Egress 规则的基本配置要素如图 10-29 所示。

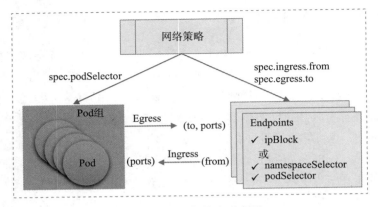

图 10-29 网络策略示意图

我们知道，NetworkPolicy 是 Kubernetes API 中标准的资源类型，它同样由 apiVersion、kind、metadata 和 spec 等字段所定义，下面给出了其基本配置框架和简要注释信息。

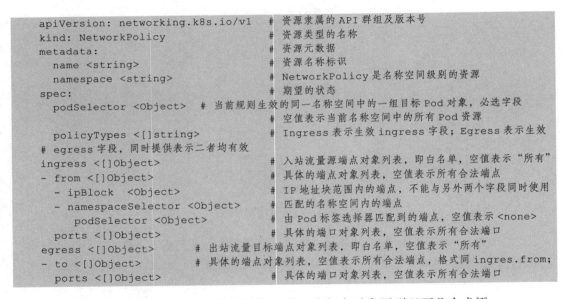

```
apiVersion: networking.k8s.io/v1    # 资源隶属的 API 群组及版本号
kind: NetworkPolicy                 # 资源类型的名称
metadata:                           # 资源元数据
  name <string>                     # 资源名称标识
  namespace <string>                # NetworkPolicy 是名称空间级别的资源
spec:                               # 期望的状态
  podSelector <Object>    # 当前规则生效的同一名称空间中的一组目标 Pod 对象，必选字段
                          # 空值表示当前名称空间中的所有 Pod 资源
  policyTypes <[]string>            # Ingress 表示生效 ingress 字段；Egress 表示生效
# egress 字段，同时提供表示二者均有效
ingress <[]Object>                  # 入站流量源端点对象列表，即白名单，空值表示"所有"
- from <[]Object>                   # 具体的端点对象列表，空值表示所有合法端点
  - ipBlock  <Object>              # IP 地址块范围内的端点，不能与另外两个字段同时使用
  - namespaceSelector <Object>     # 匹配的名称空间内的端点
    podSelector <Object>           # 由 Pod 标签选择器匹配到的端点，空值表示 <none>
  ports <[]Object>                 # 具体的端口对象列表，空值表示所有合法端口
egress <[]Object>        # 出站流量目标端点对象列表，即白名单，空值表示"所有"
- to <[]Object>          # 具体的端点对象列表，空值表示所有合法端点，格式同 ingres.from;
  ports <[]Object>                 # 具体的端口对象列表，空值表示所有合法端口
```

为了方便描述 NetworkPolicy 资源及其功能，我们会时常用到以下几个术语。

❑ Pod 组：由 NetworkPolicy 资源通过 Pod 标签选择器（spec.podSelector）动态选出的一组 Pod 资源集合，它们也是该网络策略规则管控的目标，可通过 macthLabel 或 matchExpression 类型的标签选择器选定。

❑ Egress 规则：出站流量的相关规则，负责管控由选定的 Pod 组发往其他网络端点的流量，可由流量的目标网络端点（spec.egress.to）和端口（spec.egress.ports）来定义。

❑ Ingress 规则：入站流量的相关规则，负责管控可由选定的 Pod 组所接收的流量，它能够由流量发出的源端点（spec.ingress.from）和流量的目标端口（spec.ingress.ports）来定义。

❑ 对端端点（to, from）：与选定的 Pod 组交互的对端主机，它可由 CIDR 格式的 IP 地址块（ipBlock）、网络名称空间选择器（namespaceSelector）来匹配名称空间内的所有 Pod 对象，甚至也可以是由 Pod 选择器（podSelector）在指定名称空间中选出的一组特定 Pod 对象等。

在 Ingress 规则中，由 from 指定的网络端点也称为"源端点"；而在 Egress 规则中，网络端点也称为"目标端点"，它们用 to 字段标识。对于未启用 Ingress 或 Egress 规则的 Pod 组，流量方向默认均为"允许"，即默认为非隔离状态。而一旦在 networkpolicy.spec 中明确给出了 ingress 或 egress 字段，则它们的 from 或 to 字段的值就成了白名单列表；空值意味着选定所有端点，即允许相应方向上的所有流量通过，此时 ingress 和 egress 字段作用与未启用流量方向设置时相同。

Ingress 或 Egress 规则的生效机制略复杂，以 Ingress 为例，明确定义 spec.policyType 为 Ingress，但却未定义 spec.ingress 字段，则它无法匹配任何流量，因而选出的 Pod 组将不接受任何端点的访问，而使用了空值的 spec.ingress 字段或者 spec.ingress.from 字段，表示匹配所有合法端点，因而选出的 Pod 组可被任意端点访问。另一方面，即便 Egress 规则拒绝了所有流量，但由 Ingress 规则放行的请求流量的响应报文依然能够正常出站，它并不受限于 Egress 规则的定义，反之亦然。

尽管功能上日渐丰富，但 NetworkPolicy 资源仍然具有相当的局限性，例如它没有明确的拒绝规则、缺乏对选择器高级表达式的支持、不支持应用层规则，以及没有集群范围的网络策略等。为了解决这些限制，Calico 等提供了自有的策略 CRD，包括 NetworkPolicy 和 GlobalNetworkPolicy 等，其中的 NetworkPolicy CRD 比 Kubernetes NetworkPolicy API 提供了更大的功能集，包括拒绝规则、规则解析以及应用层规则等，但相关的规则需要由 calicoctl 创建。

Calico 项目既能独立地为 Kubernetes 集群提供网络插件和网络策略，也能与 Flannel 结合在一起，由 Flannel 提供网络解决方案，而 Calico 仅用于提供网络策略，这种解决方案就是独立的 Canal 项目。不过，Canal 目前直接使用 Calico 和 Flannel 项目，代码本身并没有任何修改，因此 Canal 仅是一种部署模式，用于安装和配置项目，从用户和编排系统的角度无缝地作为单一网络解决方案协同工作。接下来对网络策略话题的讲解将在 10.3 节部署的 Calico 环境基础上进行。

10.4.2　管控入站流量

服务类型的 Pod 对象通常是流量请求的目标对象，但它们的服务未必应该公开给所有网络端点访问，这就有必要对它们的访问许可施加控制。在待管控流量 Pod 对象所处的名称空间创建一个 NetworkPolicy 对象，使用 spec.podSelector 选中这组 Pod，并在 spec.ingress 字段中嵌套管理规则，便能定向放行入站的访问流量。

ingress 字段可嵌套使用的 from 和 ports 均为可选字段，空值意味着授权任意端点访问本地 Pod 组的任意端口，即放行所有入站流量。当仅定义了 from 字段时会隐含本地 Pod 组上的所有端口，而仅定义 ports 则隐含所有的源端点。from（源端点）和 ports（目标端口）定义在同一个列表项中会隐含"逻辑与"关系，它匹配那些同时满足 from 和 ports 定义的入站流量。

（1）ingress.from 字段

from 字段的值是一个对象列表，用于界定访问目标 Pod 组的一到多个流量来源，可嵌套使用 ipBlock、namespaceSelector 和 podSelector 这 3 个可选字段。这 3 个字段匹配 Pod 资源的方式各有不同，且 ipBlock 与另外两个字段互斥，而同时使用 namespaceSelector 和 podSelector 字段时隐含"逻辑与"关系，而多个列表项彼此间隐含"逻辑或"关系。

- ❑ ipBlock <Object>：根据 IP 地址或网络地址块匹配流量源端点。
- ❑ namespaceSelector <Object>：使用标签选择器挑选名称空间，它将匹配由此标签选择器选出的相关名称空间内的所有 Pod 对象；空值表示匹配所有的名称空间，即源端点可为集群上的任意 Pod 对象。
- ❑ podSelector <Object>：于 NetworkPolicy 资源所在的当前名称空间内基于标签选择器挑选 Pod 对象，空值表示挑选当前名称空间内的所有 Pod 对象；与 namespaceSelector 字段同时使用时，作用域为挑选出的名称空间，而非当前名称空间。

（2）ingress.ports 字段

ports 字段的值也是一个对象列表，用于界定可被源端点访问的目标端口，它嵌套 port 和 protocol 来定义流量的目标端口，即由 NetworkPolicy 资源匹配到的当前名称空间内的 Pod 组上的端口。

- ❑ port <string>：端口号或在 container 上定义的端口名称，未定义时匹配所有端口。
- ❑ protocol<string>：传输层协议名称，TCP 或 UDP，默认为 TCP。

来看一个管控入站流量的示例。示例代码（netpol-dev-demoapp-ingress.yaml）中的 NetworkPolicy 资源将 dev 名称空间中满足标签选择器 app=demoapp 的所有 Pod 对象定义为 Pod 组，通过 Ingress 规则定义了该 Pod 组上入站流量规则。

```
apiVersion: networking.k8s.io/v1
kind: NetworkPolicy
metadata:
  name: demoapp-ingress
  namespace: dev              # 网络策略生效的名称空间
spec:
```

```
      podSelector:                    # 定义本地 Pod 组的标签选择器
        matchLabels:
          app: demoapp
      policyTypes: ["Ingress"]     # 仅生效 Ingress 规则
      ingress:
      - from:                          # 规则 1: 可访问 Pod 组上任意端口的流量源
        - namespaceSelector:          # 流量源之一: 指定名称空间中的所有端点
            matchExpressions:
            - key: name
              operator: In
              values: [dev, kube-system, logs, monitoring, kubernetes-dashboard]
        - ipBlock:                     # 流量源之二: 指定网络地址范围内的所有端点
            cidr: 10.244.0.0/24
      - from:                          # 规则 2: 可访问 Pod 组的 80 端口的流量源
        - namespaceSelector:          # 流量源, 除 default 名称空间之外的其他所有名称空间中的端点
            matchExpressions:
            - {key: name, operator: NotIn, values: [default]}
        ports:
        - protocol: TCP
          port: 80
```

将上面清单中的 NetworlPolicy/demoapp-ingress 创建之前请确保 dev 名称空间正常存在，否则，需要事先创建它。

```
~$ kubectl apply -f netpol-dev-demoapp-ingress.yaml
networkpolicy.networking.k8s.io/demoapp-ingress created
```

随后，为了测试 Ingress 规则的访问控制效果，我们需要先在 dev 名称空间中创建出满足标签选择器的本地 Pod 资源。下面命令创建了 Deployment/demoapp 资源，它会自动为 Pod 添加 app=demoapp 标签，该标签又被 Service/demoapp 作为对应后端端点的过滤条件。

```
~$ kubectl create deployment demoapp --image="ikubernetes/demoapp:v1.0" -n dev
deployment.apps/demoapp created
~$ kubectl create service nodeport demoapp --tcp=80 -n dev
service/demoapp created
```

我们仅对该服务的 80 端口的相关规则进行测试，首先在 default 名称空间对 dev 名称空间中的 service/demoapp 发起访问请求，测试其是否会被拒绝。这里需要先确保 default 名称空间有 name=default 标签，否则需要事先为其设定该标签。

 提示　任何期望能够以标签选择器匹配的名称空间都需要事先规划并完成标签的添加，例如示例中通过 name 键筛选的 default、kube-system、kubernetes-dashboard、logs 和 monitoring 等。

```
~$ kubectl label namespaces/default name=default
namespace/default labeled
```

```
~$ kubectl run client-$RANDOM --image="ikubernetes/demoapp:v1.0" -n default \
        --rm -it --command -- /bin/sh
[root@client-17773 /]# curl --connect-timeout 5 demoapp.dev.svc.cluster.local.
curl: (28) Connection timed out after 5001 milliseconds
```

上面的命令结果显示，default 名称空间中的 Pod 对象发往 dev 名称空间特定 Pod 组的请求因未明确设置放行规则而被拒绝。接着，我们再换到未限定端口的名称空间列表中的某一个进行测试，例如 prod，以确保该请求能被第 2 个规则所匹配。

```
~$ kubectl create namespace prod
namespace/prod created
~$ kubectl run client-$RANDOM --image="ikubernetes/demoapp:v1.0" -n prod \
        --rm -it --command -- /bin/sh
[root@client-12528 /]#  curl --connect-timeout 5 demoapp.dev.svc.cluster.local.
…… ClientIP: 10.244.2.16, ServerName: demoapp-6c5d545684-fshkq, ServerIP:
10.244.3.5!
```

命令结果显示请求被允许通过，这完全符合我们的规则限定。最后，在集群之外通过 NodePort 向目标服务发起请求，以测试非名称空间中端点的请求放行状态。

```
~$ NODEPORT=$(kubectl get service/demoapp -n dev -o jsonpath='{.spec.ports[0].
nodePort}')
~$ curl --connect-timeout 5 http://k8s-node03.ilinux.io:$NODEPORT
curl: (28) Connection timed out after 5001 milliseconds
```

因没有任何规则可匹配到集群外部的端点，因而请求会被拒绝。这也表明，在 namespaceSelector 中使用排除法时，最后的限定是集群上被排除的端点之外的其他端点。若要放行集群外部的端点，我们应该使用没有任何限制的流量源，例如 from: {}。

10.4.3　管控出站流量

除非是在当前名称空间中即可完成所有目标功能，否则大多数情况下，一个名称空间中的 Pod 资源总是有对外请求的需求，例如向 CoreDNS 请求解析名称等。因此，通常应该将出站流量的默认策略设置为准许通过。但如果要对流量实施精细管理，仅放行有对外请求必要的 Pod 对象的出站流量，可使用同 Ingress 规则相似的逻辑来定义 Egress 规则。

networkpolicy.spec 中嵌套的 egress 字段用于定义出站流量规则，就特定的 Pod 集合来说，出站流量一样默认处于放行状态，但只要有一个 NetworkPolicy 资源的标签选择器可以匹配到该 Pod 集合，则默认策略将转为拒绝。与 Ingress 规则不同的之处在于，egress 字段嵌套使用 to 和 ports 字段，前者用于定义本地 Pod 组的请求流量可发往的目标端点，其格式与逻辑都与 ingres.from 相同，后者同样用于限定可访问的目标端口，不过是指被访问的对端端点上的服务端口，如图 10-26 所示。

下面配置清单示例（netpol-dev-demoapp-egress.yaml）的 NetworkPolicy 资源为匹配标签 app=demoapp 的 Pod 组通过 Egress 规则限制了可外发请求流量的白名单，它仅能访问指定端点的特定服务端口。

```
apiVersion: networking.k8s.io/v1
kind: NetworkPolicy
metadata:
  name: demoapp-egress
  namespace: dev
spec:
  podSelector:                      # 定义本地 Pod 组的标签选择器
    matchLabels:
      app: demoapp
  policyTypes: ["Egress"]           # 仅生效 Egress 规则
  egress:
  - to:                             # 规则 1：仅生效于 UDP 协议的 53 号端口；不限制流量目标
    ports:
    - protocol: UDP
      port: 53
  - to:                             # 规则 2：仅生效于 TCP 协议的 6379 端口
    - podSelector:                  # 流量目标：当前名称空间中匹配指定标签的 Pod 对象
        matchLabels:
          app: redis                # 访问 redis 数据存储服务
    ports:
    - protocol: TCP
      port: 6379
  - to:                             # 规则 3：仅生效于 TCP 协议的 80 端口
    - podSelector:                  # 流量目标：当前名称空间中匹配指定标签的 Pod 对象
        matchLabels:
          app: demoapp              # 同一组 Pod 内彼此间可互相访问
    ports:
    - protocol: TCP
      port: 80
```

我们将配置清单示例中的 NetworkPolicy/demoapp-egress 资源创建到集群上的 dev 名称空间中，以便于后续的测试操作。

```
~$ kubectl apply -f netpol-dev-demoapp-egress.yaml
networkpolicy.networking.k8s.io/demoapp-egress created
```

下面将 dev 名称空间中的 Deployment/demoapp 资源的 Pod 副本数调整为多个，来测试该组 Pod 内 Pod 间互相访问的结果状态。

```
~$ kubectl scale deployments/demoapp --replicas=3 -n dev
deployment.apps/demoapp scaled
```

在 Service 对象 demoapp.dev.svc 关联到的任意一个 Pod 之上对该服务对象自身发起访问请求，即可同时测试 DNS 名称解析服务请求和组内 demoapp 应用服务的请求结果状态。

```
~$ POD=$(kubectl get pods -l app=demoapp -o jsonpath='{.items[0].metadata.name}'
-n dev)
~$ kubectl exec $POD -n dev -- curl -s demoapp.dev.svc
```

```
……ClientIP: 10.244.1.11, ServerName: demoapp-6c5d545684-bw59t, ServerIP:
10.244.2.18!
```

但该组 Pod 无法访问 Egress 放行白名单之外的其他任何服务，例如下面测试访问 kubernetes-dashboard 名称空间中曾经部署过的 kubernetes-dashboard 服务的最后结果就是因请求超时而退出。而移除 dev 名称空间中的 NetworkPolicy/demoapp-egress 资源，该请求就会成功完成，感兴趣的读者可自行测试其效果。

```
~$ kubectl exec $POD -n dev -- \
    curl -s -k https://kubernetes-dashboard.kubernetes-dashboard.svc
command terminated with exit code 28
```

事实上，同一组 Pod 上的 Ingress 和 Egress 规则通常应该定义在同一个 NetworkPolicy 资源之上，我们前面只是为了分开说明其用法而刻意放置在了不同的资源之上进行定义。另外需要再次说明的是，Ingress 规则放行的请求响应报文不受 Egress 规则的限制，同理，Egress 规则放行的出站请求而得到的入站响应报文也不受 Ingress 规则的限制。

10.4.4　隔离名称空间

实践中，以名称空间分隔的多租户甚至是多项目的 Kubernetes 集群上，通常应该设定彼此间的通信隔离，以提升系统整体安全性。但这些名称空间通常应该允许内部各 Pod 间的通信，以及允许来自集群上管理类应用专用名称空间的请求，包括 kube-system 和 kubernetes-dashboard，以及集群式日志收集系统专用的名称空间（例如 logs）和监控系统专用的名称空间（例如 monitoring）等。同时，这些名称空间通常会请求 DNS 服务，以及 Kubernetes 的 API 等。下面的配置清单示例（netpol-stage-default.yaml）为 stage 名称空间创建了一个名为 default 的 NetworkPolicy 资源，它大体实现了上述要求。

```
apiVersion: networking.k8s.io/v1
kind: NetworkPolicy
metadata:
  name: default
  namespace: stage
spec:
  podSelector: {}                        # 当前名称空间中的所有 Pod 对象
  policyTypes: ["Ingress", "Egress"]     # Ingress 和 Egress 规则同时生效
  ingress:
  - from:                                # 入站规则1：开放所有端口
    - namespaceSelector:                 # 流量源：来自指定名称空间中的所有源端点
        matchExpressions:
        - key: name
          operator: In
          values: [stage,kube-system,logs,monitoring,kubernetes-dashboard]
  egress:
  - to:    # 出站规则1：开放对任意外部端点上 UDP 协议 53 端口的访问
```

```
      ports:
      - protocol: UDP
        port: 53
    - to:                                  # 出站规则 2: 仅生效于 TCP 协议的 443 端口
      - namespaceSelector:                 # 流量目标: 指定名称空间内的指定 Pod 对象
          matchLabels:
            name: kube-system
        podSelector:
          matchLabels:
            component: kube-apiserver
      ports:                               # 端口列表
      - protocol: TCP
        port: 443
    - to:                                  # 出站规则 3: 生效的所有端口
      - namespaceSelector:                 # 流量目标: 当前名称空间中的所有端点
          matchLabels:
            name: stage
```

若不希望完全放行当前名称空间中所有 Pod 对象彼此间的流量，可以从 Ingress 和 Egress 规则中将适配当前名称空间的部分移除，而后由其他规则显式放行必要的内部流量。

显然，每个名称空间都需要以当前名称空间为中心设置如上 NetworkPolicy 资源才能完成彼此间隔离，但 Kubernetes 不支持集群级别的 NetworkPolicy，因而只能逐个名称空间进行定义，且需要确保各名称空间中的用户不能轻易删除该 NetworkPolicy 资源。

10.4.5　Calico 的网络策略

Calico 支持 GlobalNetworkPolicy 和 NetworkPolicy 两种资源，前者用于定义集群全局网络策略，而后者大致可看作 Kubernetes NetworkPolicy 的一个超集。

GlobalNetworkPolicy 支 持 使 用 selector、serviceAccountSelector 或 namespaceSelector 来选定网络策略的生效范围，默认为 all()，即集群上的所有端点。下面的配置清单示例⊖（globalnetworkpolicy-demo.yaml）为非系统类名称空间定义了一个通用的网络策略。

```
apiVersion: projectcalico.org/v3
kind: GlobalNetworkPolicy
metadata:
  name: namespaces-default
spec:
  order: 0.0      # 策略叠加时的应用次序，数字越小越先应用，冲突时，后者会覆盖前者
  # 策略应用目标为非指定名称空间中的所有端点
namespaceSelector: name not in
{"kube-system","kubernetes-dashboard","logs","monitoring"}
  types: ["Ingress", "Egress"]
  ingress:        # 入站流量规则
```

⊖　本示例假设有 kube-system、kubernetes-dashboard、logs 和 monitoring 这 4 个。

```
  - action: Allow              # 白名单
    source:
      # 可由下面系统名称空间中每个源端点访问策略生效目标中端点的任意端口
      namespaceSelector: name in
      {"kube-system","kubernetes-dashboard","logs","monitoring"}
egress:                        # 出站流量规则
- action: Allow                # 允许所有
```

示例中，非系统名称空间中的 Pod 资源不允许非系统名称空间中的任何端点访问，包括同一名称空间中的其他端点。以 dev 为例，指定的 4 个系统名称空间中的端点可访问 dev 内的任何端点，但 dev 内的各端点彼此间并不能互相访问，也不能访问其他非系统名称空间中的端点。但各名称空间内的出站流量不受任何限制。确保示例中显式引用的几个名称空间拥有相应的标签后，将配置清单示例中的资源创建到 Calico Datastore 之中便能即时生效。

```
~$ calicoctl apply -f globalnetworkpolicy-demo.yaml
Successfully applied 1 'GlobalNetworkPolicy' resource(s)
```

策略生效后，我们可以多方验证其访问控制效果。下面以 dev 和 logs 名称空间为例进行简单检验。我们先删除 dev 下此前创建的所有 NetworkPolicy 资源，以精确测试全局网络策略的效果。

```
~$ kubectl delete networkpolicy --all -n dev
networkpolicy.networking.k8s.io "demoapp-egress" deleted
networkpolicy.networking.k8s.io "demoapp-ingress" deleted
```

按照全局网络策略的定义，dev 名称空间的网络端点可以外发任何请求，包括请求 kube-system 中的 kube-dns 服务等，但这些网络端点彼此间无法访问，也不允许其他非系统名称空间中的端点访问。

1）以此前创建的 Deployment/demoapp 中任意一个 Pod 作为客户端进行测试。

```
~$ POD=$(kubectl get pods -l app=demoapp -o jsonpath='{.items[0].metadata.name}'
-n dev)
~$ kubectl exec -it $POD -n dev -- /bin/sh
```

2）测试 DNS 名称解析，成功完成。

```
[root@demoapp-6c5d545684-6nqbv /]# host -t A demoapp.dev.svc
demoapp.dev.svc.cluster.local has address 10.100.76.85
```

3）测试访问当前名称空间中的服务，失败。

```
[root@demoapp-6c5d545684-6nqbv /]# curl --connect-timeout 5 demoapp.dev.svc
curl: (28) Connection timed out after 5000 milliseconds
```

4）测试访问集群外部服务，成功。

```
[root@demoapp-6c5d545684-6nqbv /]# curl -I http://ilinux.io
```

```
HTTP/1.1 200 OK
```

另一方面，dev 名称空间中的各 Pod 允许接收指定的 4 个系统名称空间中任意端点发来的请求，并接受除此之外的其他名称空间中端点的访问请求。下面以 monitoring 和 default 名称空间为例，使用其内部的端点向 dev 名称空间中的 demoapp 服务进行请求测试。

1）若不存在，则先创建名称空间，并为其打上标签。

```
~$ kubectl create namespace monitoring
namespace/monitoring created
~$ kubectl label namespace monitoring name=monitoring
namespace/monitoring labeled
```

2）在 monitoring 名称空间中创建一个 Pod，以之为客户端进行测试，可成功完成访问。

```
~$ kubectl run client-$RANDOM --image="ikubernetes/admin-toolbox:v1.0" \
        --rm -it --command -n monitoring -- /bin/sh
[root@client-26148 /]# curl demoapp.dev.svc
……ClientIP: 10.244.1.20, ServerName: demoapp-6c5d545684-bw59t, ServerIP:
10.244.2.18!
```

3）在 default 名称空间中创建一个 Pod，以之为客户端进行测试，则请求会失败。

```
~$ kubectl run client-$RANDOM --image="ikubernetes/admin-toolbox:v1.0" \
        --rm -it --command -n default -- /bin/sh
[root@client-5583 /]# curl --connect-timeout 5 demoapp.dev.svc
curl: (28) Connection timed out after 5001 milliseconds
```

定义好使用的全局网络策略，名称空间管理员便可按需使用 NetworkPolicy 资源组合定义本地入站流量的白名单，来设置端点的访问控制机制。GlobalNetworkPolicy 和 NetworkPolicy 更详细的用法，请读者参考 Calico 的文档。

另外部署 Calico 时，GlobalNetworkPolicy 和 NetworkPolicy 都以 CRD 的形式分别映射到了 Kubernetes API 之上，只不过它们隶属于自定义的 crd.projectcalico.org/v1 这一 API 群组和版本，管理员亦可使用该 CRD 来定义 Calico 的全局网络策略和名称空间级别的网络策略，其格式和意义基本与原生格式相同，这里不再给出相关的示例。

10.5　本章小结

本章详细描述了 Kubernetes 的网络模型、CNI 插件体系、主流的 CNI 插件 Flannel 和 Calico，并重点介绍了 Flannel 和 Calico 的特性和应用方式。

❑ Kubernetes 的网络模型中包含容器间通信、Pod 间通信、Service 与 Pod 间的通信，以及集群外部流量与 Pod 间通信这 4 种通信需求，其中 Pod 间通信由 CNI 或 kubenet 网络插件负责实现。

❑ CNI 网络插件主要由 NetPlugin 和 IPAM 两个 API 组成,前者用于让容器加入网络,后者用于为容器接口分配 IP 地址;容器虚拟网络的实现主要有 Overlay 和 Underlay 两大类别。

❑ CNI 插件主流的第三方实现有数十种之多,例如 Flannel、Calico 和 Weave 等,用户应该根据底层环境、所需功能和期望的性能等维度进行评估与选择。

❑ Flannel 支持 host-gw、vxlan、udp、ipip 和 ipsec 等后端,默认为 vxlan。

❑ Calico 是最受欢迎的网络插件之一,它支持 BGP、IPIP 和 VXLAN 等容器网络,且额外提供了 NetworkPolicy API 的实现。

❑ 网络策略能够给各 Pod 间通信提供隔离机制,是 Kubernetes 重要的安全基础设施,它支持 Ingress 和 Egress 两种类型的规则。

第四部分 *Part 4*

进　阶

第 11 章

Pod 资源调度

我们知道，Kubernetes 把集群中所有工作节点提供的计算资源和存储资源整合成一个大的资源池，统一承载 Pod 形式的各类工作负载，为用户提供了一个虚拟的逻辑视图。在底层物理视图上，这些工作负载终究还是要运行在集群中的某个特定节点上，而控制平面组件 Kubernetes Scheduler 就是为工作负载挑选最佳运行节点的调度器。该组件的程序文件 kube-scheduler 实现了一款通用调度器，能较好地完成绝大多数情况下的调度任务，但它也难以成为满足用户特定场景调度需求的最佳解决方案，于是 Kubernetes 设计了易于增强和扩展的调度框架，以允许用户自行增强默认调度器的功能。本章主要介绍与工作负载调度及扩展等有关话题。

11.1 Kubernetes 调度器

在 Kubernetes 系统上，调度是指基于集群上当前各节点资源分配状态及约束条件为 Pod 选出一个最佳运行节点，并由对应节点上的 kubelet 创建并运行该 Pod 的过程。事实上，对于每个未绑定至任何工作节点的 Pod 对象，无论是新创建、被节点驱逐或节点故障等，Kubernetes Scheduler 都要使用调度算法从集群中挑选一个最佳目标节点来运行它，如图 11-1 所示。

Kubernetes 在 v1.15 版本之后引入的调度框架重构了此前使用的经典调度器架构，它以插件化的方式在多个扩展点实现了调度器的绝大多数功能，替代了经典调度器中以预选（predicate）函数和优选（priority）函数为核心的调度载体，并支持通过 Scheduler Extender 进行 Webhook 式扩展的架构，为用户扩展使用自定义调度插件提供了便捷的接口。

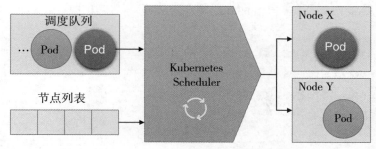

图 11-1　Kubernetes 调度操作示意图

11.1.1　调度器基础

Kubernetes 内置了适合绝大多数场景中 Pod 资源调度需求的默认调度器，它支持同时使用算法基于原生及可定制的工具来选出集群中最适合运行当前 Pod 资源的一个节点，核心目标是基于资源可用性把 Pod 资源公平地分布到集群节点上。Scheduler 是 API Server 的客户端，它注册并监听所有 Pod 资源规范中 spec.nodeName 字段的状态变动信息，并对该字段值为"空"的每个 Pod 对象启动调度机制。

显然，Pod 中的每个容器对资源的需求各不相同，不同 Pod 间也可能存在特定共存关系要求，甚至 Node 也会有特定的限制条件，从而调度器的调度决策会涉及单项或整体资源需求、硬件或软件甚至是策略的约束关系、亲和或反亲和性规范、数据的局部性以及工作负载间的干扰等方方面面。因此，调度器需要根据特定的调度要求对现有节点进行预选，以过滤掉那些无法满足 Pod 运行条件的节点，而后对满足过滤条件的各个节点进行打分，并按综合得分进行排序，最后从优先级排序结果中挑选出得分最高节点作为适合目标 Pod 的最佳节点。如果中间任何一个步骤返回了错误信息，调度器就会中止调度过程。调度流程的最后，调度程序在 binding（绑定）的过程中将调度决策通知给 API Server，如图 11-2 所示，而后由相应节点的代理程序 kubelet 启动 Pod 的创建和启动等过程。

1）节点预选：基于一系列预选规则（例如 NodeAffinity 和 VolumeBinding 等）对每个节点进行检查，将那些不符合筛选条件的节点过滤掉；没有节点满足目标 Pod 的资源需求时，该 Pod 将被置于 Pending 状态，直到出现至少一个能够满足条件的节点为止。

2）节点优选：根据优先算法（例如 ImageLocality 和 PodTopologySpread 等）对预选出的节点打分，并根据最终得分进行优先级排序。

3）从优先级排序结果中挑出优先级最高的节点运行 Pod 对象，最高优先级节点数量多于一个时，则从中随机选择一个作为 Pod 可绑定的目标 Node 对象。

带有"通用"性质的调度器能在大多数 Pod 调度场景中工作得很好，但也必定存在无法满足的需求场景，例如根据 GPU 资源用量调度深度学习类的应用 Pod 的场景等，扩展新的调度方式成为这类场景中必然要解决的问题。Kubernetes Scheduler 支持源代码二次开发、多调度器、Scheduler Extender 和 Scheduler Framework 等几种扩展方式。

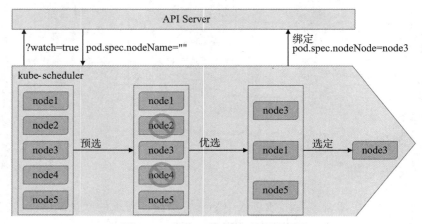

图 11-2 预选、优选及选定示意图

对 kube-scheduler 源代码进行二次开发（添加自定义的调度机制）的扩展方式，不仅对团队技术力量有着较高的要求，也必然会带来程序版本更新方面的难题。比较来说，同时提供多个调度器程序的扩展方式剥离了与原调度器程序的耦合关系，这种方式仅要求在那些需要使用自定义调度机制的 Pod 资源上通过 pod.spec.scheduler 字段来指定使用的调度器名称即可，如图 11-3 所示。显然，多个独立的调度器彼此间无协作在集群全局紧密地协作。

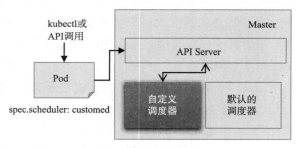

图 11-3 多调度器

另一种扩展方式是基于 Scheduler Extender（Webhook）在指定的扩展点对 kube-scheduler 进行功能扩展，如图 11-4 所示。但 kube-scheduler 这种扩展方式也存在不少的问题，例如它仅支持 predicate、priority 和 bind 这 3 个有限的扩展点，通过 Webhook 进行扩展有一定程度上的性能开销、很难中止调度过程，也无法使用调度器默认的缓存功能等。

Kubernetes 自 v1.15 版本引入调度框架（Scheduling Framework）为现有的调度程序添加了一组新的“插件”API，从而调度器支持以插件形式对 kube-scheduler 进行功能扩展，如图 11-5 所示。与 Scheduler Extender 不同的是，调度框架支持多插件并存机制，这些插件根据其功能可以在调度的一个或多个扩展点对原有的调度器进行扩展。调度器插件可根据自身的功能注册到一个或多个扩展点并由调度器进行调用，它们或许能够影响调度决策，也可能仅提供有助于调度决策的信息。

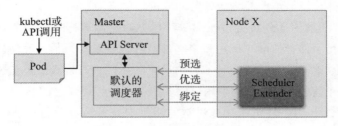

图 11-4　Scheduler Extender

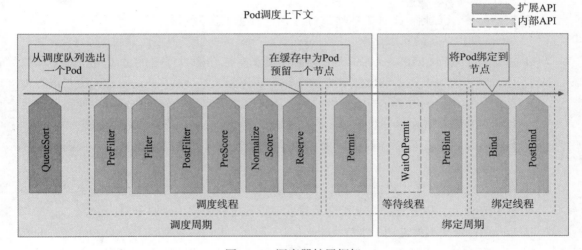

图 11-5　调度器扩展框架

调度框架这种插件式 API 不仅允许将调度器的大部分调度功能以插件方式实现，还能让调度"核心"保持简单且易于维护。因而，传统调度器中的节点预选、优选（打分）和绑定等相关的函数代码也都转而实现为新的调度框架下的插件。

调度框架将每次调度一个 Pod 的整个过程进一步细分为"调度周期"和"绑定周期"两个阶段，前者负责为 Pod 选择一个最佳调度节点，后者为完成 Pod 到节点的绑定执行必要的检测或初始化操作等，它们联合起来称为"调度上下文"。在图 11-5 中可以看出，调度框架提供了多个扩展点，事实上，其中的 Filter 相当于传统调度器上的 Predicate，Score 则是 Priority，Bind 则保持了原有的名称。下面给出了调度框架支持的各扩展点的简单要功能描述。

❑ QueueSort：注册到该扩展点的插件负责对调度队列中的 Pod 资源进行排序，但一次仅支持启用单个插件；Pod 排序队列的存在使得优选级调度及优选级抢占成为可能。

❑ PreFilter：PreFilter 类的插件用于预处理 Pod 相关信息，或者检查 Pod 和集群必须满足的条件，任何错误都将会导致调度过程中止而返回。

❑ Filter：该类型的插件负责过滤无法满足 Pod 资源运行条件的节点，对于每一个节点，调度程序都会按顺序调用每个插件对其进行逐一评估，任何插件拒斥该节点都会直接导致该插件被排除，且不再由后续的插件进行检查。节点过滤能够以并行方式运行，并且在一个调度周期内可以多次调用该扩展点上的插件。

❑ PostFilter：该类插件对成功通过过滤插件检查的节点执行过滤后操作，较早版本的调度框架不支持 PreScore，该扩展点后来被重命名为 PreScore，而 Kubernetes v1.19 版本又重新添加了该扩展点。

❑ PreScore：该类插件对成功通过过滤插件检查的节点进行预评分，并生成可由各 Score 插件共享的状态结果，任何错误都将导致调度过程中止而返回。

❑ Score 和 NormalizeScore：Score 类插件负责对成功通过过滤的节点进行评分和排序，对于每个节点，调度程序会调用每个插件为其打分；NormalizeScore 扩展点中注册的插件可为 Score 扩展点中的同名插件提供节点得分修正逻辑，以使得其满足特定的规范（节点得分满足 [MinNodeScore，MaxNodeScore] 的范围要求），不提供 NormalizeScore 插件的话，Score 插件自身必须确保得分满足该规范，否则调度周期将被中止。

❑ Reserve：信息类扩展点，一般用于为给定的 Pod 保留目标节点上的特定资源时提供状态信息，以避免将 Pod 绑定到目标节点的过程中发生资源争用。

❑ Permit：该类型插件用于准许（approve）、阻止（deny）或延迟（wait）Pod 资源的绑定，所有插件都返回 approve 才意味着该 Pod 可进入绑定周期，任意一个插件返回 deny 都会导致 Pod 重新返回调度队列，并触发 Unreserve 类型的插件，而返回 wait 则意味着 Pod 将保持在该阶段，直接批准而返回 approve 或超时而返回 deny。

❑ PreBind：负责执行绑定 Pod 之前所需要的所有任务，例如设置存储卷等；任何插件返回错误都会导致该 Pod 被打回调度队列。

❑ Bind：所有的 PreBind 类插件完成之后才能运行该类插件，以将 Pod 绑定至目标节点上，各插件依照其配置的顺序进行调用，或者由某个特定的插件全权"处理"该 Pod，从而跳过后续的其他插件。

❑ PostBind：信息类扩展点，相关插件在 Pod 成功绑定之后被调用，通常用于设置清单关联的资源。

❑ Unreserve：信息类扩展点，对于在 Reserve 扩展点预留了资源的 Pod 对象，因被其他扩展点插件所拒绝时，可由该扩展点通知取消为其预留的资源；一般来说，注册到该扩展点的插件也必将注册到 Reserve 扩展点之上。

调度器框架允许单个调度器插件实现多个扩展点，这意味着，我们可以按需在一个插件中只实现一个扩展点，也可以同时实现多个扩展点，例如，内置的插件 InterPodAffinity 同时实现了 PreFilter、Filter、PreScore 和 Score 扩展点。不过，除非特别有必要，否则应该尽力避免将同一个功能需求在不同的插件中重复实现。

Kubernetes 自 v1.18 版本起将 Scheduling Framework 作为调度器的默认实现，此前基于 Predicate、Priority 和 Bind 的调度与扩展逻辑正式进入废弃阶段。为了便于描述，我们把 Kubernetes v1.17 及之前版本中使用的调度器模型称为经典调度器，将其使用的调度模型及配置称为经典调度策略。

11.1.2　经典调度策略

如前所述，Kubernetes 通用调度程序提供的经典调度策略使用 Predicate 和 Priority 函数实现核心调度功能，并支持多调度器和 Extender 的扩展方式。预选函数是节点过滤器，负责根据待调度 Pod 的计算资源和存储资源需求，以及节点亲和关系及反亲和关系规范等来过滤节点。优选函数是节点优先级排序工具，负责基于各节点上当前的资源水位、Pod 与 Node 的亲和或反亲和关系、Pod 之间的亲和或反亲和关系，以及尽可能将同一组 Pod 资源合理分散到不同节点上的方式对过滤后的节点进行优选级排序，最高优选级的节点即为待调度 Pod 资源的最佳运行节点。

1. 节点预选

预选操作会针对所有或特定样本数量的节点进行，对于每一个节点，调度器将使用配置的预选函数以特定次序进行逐一筛查，其中任何一个预选函数的否决都将导致该节点被过滤掉。若不存在任何一个满足条件的节点，则 Pod 将被置于 Pending 状态，直到至少有一个节点可用。Kubernetes 的每个版本支持的预选函数都可能会发生变动，图 11-6 给出了 Kubernetes v1.17 支持的各预选函数及它们的应用次序，实线边框标识的为 kube-scheduler 程序默认启用的函数。

这些预选函数根据指定判定标准及各 Node 对象和当前 Pod 对象能否适配，按照实现的主要目标大体可分为如下几类。

- ❑ 节点存储卷数量限制检测：MaxEBSVolumeCount、MaxGCEPDVolumeCount、MaxCSIVolumeCount、MaxAzureDiskVolumeCount 和 MaxCinderVolumeCount。
- ❑ 检测节点状态是否适合运行 Pod：CheckNodeUnschedulable 和 CheckNodeLabel-Presence。
- ❑ Pod 与节点的匹配度检测：Hostname、PodFitsHostPorts、MatchNodeSelector、NoDisk-Conflict、PodFitsResources、PodToleratesNodeTaints、PodToleratesNodeNoExecuteTaints、

CheckVolumeBinding 和 NoVolumeZoneConflict。

- Pod 间的亲和关系判定：MatchInterPodAffinity。
- 将一组 Pod 打散至集群或特定的拓扑结构中：CheckServiceAffinity 和 EvenPods-Spread。

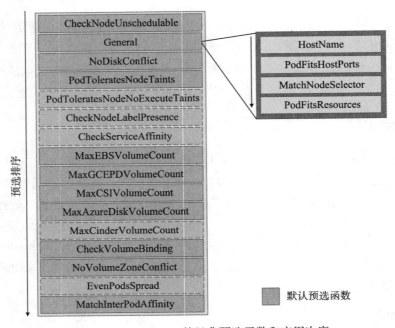

图 11-6　Kubernetes 的经典预选函数和应用次序

在 Kubernetes Scheduler 上启用相应的预选函数才能实现相关调度机制的节点过滤需求，下面给出了这些于 Kubernetes v1.17 版本中支持的各预选函数的简要功能，其中仅 ServiceAffinity 和 CheckNodeLabelPresence 支持自定义配置，余下的均为静态函数。

1）CheckNodeUnschedulable：检查节点是否被标识为 Unschedulable，以及是否将 Pod 调度到该类节点之上。

2）HostName：若 Pod 资源通过 spec.nodeName 明确指定了要绑定的目标节点，则节点名称与与该字段值相同的节点才会被保留。

3）PodFitsHostPorts：若 Pod 容器定义了 ports.hostPort 属性，该预选函数负责检查其值指定的端口是否已被节点上的其他容器或服务所占用，该端口已被占用的节点将被过滤掉。

4）MatchNodeSelector：若 Pod 资源规范上定义了 spec.nodeSelector 字段，则仅拥有匹配该标签选择器的标签节点才会被保留。

5）NoDiskConflict：检查 Pod 对象请求的存储卷在此节点是否可用，不存在冲突则通过检查。

6）PodFitsResources：检查节点是否有足够资源（例如 CPU、内存和 GPU 等）满足 Pod 的运行需求。节点声明其资源可用容量，而 Pod 定义其资源需求，于是调度器会判断节点是否有足够的可用资源运行 Pod 对象，无法满足则返回失败原因（例如，CPU 或内存资源不足等）。调度器评判资源消耗的标准是节点已分配资源量（各容器的 requests 值之和），而非节点上各 Pod 已用资源量，但那些在注解中标记为关键性的 Pod 资源则不受该预选函数控制。

7）PodToleratesNodeTaints：检查 Pod 的容忍度（spec.tolerations 字段）是否能够容忍该节点上的污点，不过它仅关注带有 NoSchedule 和 NoExecute 两个效用标识的污点。

8）PodToleratesNodeNoExecuteTaints：检查 Pod 的容忍度是否能接纳节点上定义的 NoExecute 类型的污点。

9）CheckNodeLabelPresence：检查节点上某些标签的存在性，要检查的标签以及其可否存在取决于用户的定义。在集群中的部署节点以 regions/zones/racks 类标签的拓扑方式编制，且基于该类标签对相应节点进行了位置标识时，预选函数可以根据位置标识将 Pod 调度至此类节点之上。

10）CheckServiceAffinity：根据调度的目标 Pod 对象所属的 Service 资源已关联的其他 Pod 对象的位置（所运行节点）来判断当前 Pod 可运行的目标节点，目的在于将同一 Service 对象的 Pod 放置在同一拓扑内（如同一个 rack 或 zone）的节点上以提高效率。

11）MaxEBSVolumeCount：检查节点上已挂载的 EBS 存储卷数量是否超过了设置的最大值。

12）MaxGCEPDVolumeCount：检查节点上已挂载的 GCE PD 存储卷数量是否超过了设置的最大值，默认值为 16。

13）MaxCSIVolumeCount：检查节点上已挂载的 CSI 存储卷数量是否超过了设置的最大值。

14）MaxAzureDiskVolumeCount：检查节点上已挂载的 Azure Disk 存储卷数量是否超过了设置的最大值，默认值为 16。

15）MaxCinderVolumeCount：检查节点上已挂载的 Cinder 存储卷数量是否超过了设置的最大值。

16）CheckVolumeBinding：检查节点上已绑定和未绑定的 PVC 是否能满足 Pod 的存储卷需求，对于已绑定的 PVC，此预选函数检查给定节点是否能兼容相应 PV，而对于未绑定的 PVC，预选函数搜索那些可满足 PVC 申请的可用 PV，并确保它可与给定的节点兼容。

17）NoVolumeZoneConflict：在给定了存储故障域的前提下，检测节点上的存储卷是否可满足 Pod 定义的需求。

18）EvenPodsSpread：检查节点是否能满足 Pod 规范中 topologySpreadConstraints 字段

定义的约束，以支持 Pod 的拓扑感知调度。

19）MatchInterPodAffinity：检查给定节点是否能满足 Pod 对象的亲和性或反亲和性条件，用于实现 Pod 亲和性调度或反亲和性调度。

2. 节点优选

成功通过预选函数过滤的节点将生成一个列表，调度流程随后进入优先级排序阶段。各优选函数主要评定成功通过过滤检查的节点对运行该 Pod 资源的适配程度。对于每个节点，调度器会使用各个拥有权重值的优选函数分别为其打分（0 ~ 10 之间的分数），优选函数得出的初始分值乘以其权重为该函数最终分值，而各个优选函数的最终分值之和则是该节点的最终得分，如下面的公式所示。因此，通用调度器为优选函数提供的权重属性赋予了管理员定义优先函数倾向性的能力。

```
finalScoreNode = (weight1 * priorityFunc1) + (weight2 * priorityFunc2) + …
```

下面仍然以 Kubernetes v1.17 版本为例来说明其支持的各优选函数及其功能，图 11-7 给出了该版本支持的各优选函数，实线边框标识的为 kube-scheduler 程序默认启用的优选函数。这些优选函数依然可大体分为节点资源对 Pod 的适配、节点对 Pod 的亲和性或反亲和性、Pod 间的亲和性或反亲和性，以及将 Pod 打散为几个评估目标。

下面对这些经典优选函数进行介绍。

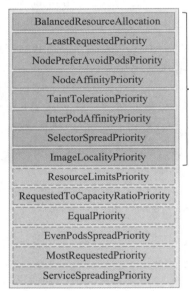

图 11-7 Kubernetes 的经典优选函数

- ❑ LeastRequestedPriority：优先将 Pod 打散至集群中的各节点之上，以让各节点有近似的计算资源消耗比例，适用于集群规模变动较少的场景；其分值由节点空闲资源与节点总容量的比值计算而来，即由 CPU 或内存资源的总容量减去节点上已有 Pod 对象需求的容量总和，再减去当前要创建的 Pod 对象的需求容量得到的结果除以总容量。CPU 和内存具有相同权重，资源空闲比例越高的节点得分也就越高，其计算公式为：(cpu((capacity – sum(requested)) * 10 / capacity) + memory((capacity – sum(requested)) * 10 / capacity))/ 2。

- ❑ MostRequestedPriority：与优选函数 LeastRequestedPriority 评估节点得分的方法相似，但二者不同的是，当前函数将给予计算资源占用比例更大的节点以更高的得分，计算公式为：(cpu((sum(requested)) * 10 / capacity) + memory((sum(requested)) * 10 / capacity))/ 2。该函数的目标在于优先让节点以满载的方式承载 Pod 资源，从而能够使用更少的节点数，因而较适用于节点规模可弹性伸缩的集群中，以最大化地节约节点数量。

- BalancedResourceAllocation：以 CPU 和内存资源占用率的相近程度作为评估标准，二者越接近的节点权重越高。该优选函数不能单独使用，它需要和 Least-RequestedPriority 组合使用来平衡优化节点资源的使用状态，选择在部署当前 Pod 资源后系统资源更为均衡的节点。

- ResourceLimitsPriority：以是否能够满足 Pod 资源限制为评估标准，能够满足 Pod 对 CPU 或（和）内存资源限制的节点将计 1 分，节点未声明可分配资源或 Pod 未定义资源限制时不影响节点计分。

- RequestedToCapacityRatio：该函数允许用户自定义节点各类资源（例如 CPU 和内存等）的权重，以便提高大型集群中稀缺资源的利用率；该函数的行为可以通过名为 requestedToCapacityRatioArguments 的配置选项进行控制，它由 shape 和 resources 两个参数组成。

- NodeAffinityPriority：节点亲和调度机制，它根据 Pod 资源规范中的 spec.node-Selector 来对给定节点进行匹配度检查，成功匹配到的条目越多则节点得分越高。不过，其评估过程使用表示首选亲和的标签选择器 PreferredDuringSchedulingIgnoredDuringExecution。

- ImageLocalityPriority：镜像亲和调度机制，它根据给定节点上是否拥有运行当前 Pod 对象的容器所依赖的镜像文件来计算节点得分值，没有 Pod 对象所依赖的任何镜像文件的节点得分为 0，而存在相关镜像文件的各节点中，被 Pod 依赖到的镜像文件的体积之和越大的节点得分越高。

- TaintTolerationPriority：基于 Pod 资源对节点的污点容忍调度偏好进行优先级评估，它将 Pod 对象的 tolerations 列表与节点的污点进行匹配度检查，成功匹配的条目越多，则节点得分越低。

- SelectorSpreadPriority：尽可能分散 Pod 至不同节点上的调度机制，它首先查找标签选择器能匹配当前 Pod 标签的 ReplicationController、ReplicaSet 和 StatefulSet 等控制器对象，而后查找可由这类对象的标签选择器匹配的现存各 Pod 对象及其所在的节点，而运行此类 Pod 对象越少的节点得分越高。简单来说，如其名称所示，此优选函数尽量把同一标签选择器匹配到的 Pod 资源打散到不同的节点上运行。

- ServiceSpreadingPriority：类似于 SelectorSpreadPriority，它首先查找标签选择器能匹配当前 Pod 标签的 Service 对象，而后查找可由这类 Service 对象的标签选择器匹配的现存各 Pod 对象及其所在的节点，而运行此类 Pod 对象越少的节点得分越高。

- EvenPodsSpreadPriority：用于将一组特定的 Pod 对象在指定的拓扑结构上进行均衡打散，打散条件定义在 Pod 对象的 spec.topologySpreadConstraints 字段上，它内嵌

labelSelector 字段指定标签选择器以匹配符合条件的 Pod 对象，使用 topologyKey 字段指定目标拓扑结构，使用 maxSkew 描述最大允许的不均衡数量，而无法满足指定调度条件时的评估策略则由 whenUnsatisfiable 字段定义，它有两个可用取值，默认值 DoNotSchedule 表示不予调度，而 ScheduleAnyway 则表示以满足最小不均衡值的标准进行调度。

❑ EqualPriority：设定所有节点具有相同的权重 1。

❑ InterPodAffinityPriority：遍历 Pod 对象的亲和性条目，并将那些能够匹配到给定节点的条目的权重相加，结果值越大的节点得分越高。

❑ NodePreferAvoidPodsPriority：此优选级函数权限默认为 10000，它根据节点是否设置了注解信息 scheduler.alpha.kubernetes.io/preferAvoidPods 来计算其优选级。计算方式是，给定的节点无此注解信息时，其得分为 10 乘以权重 10000，存在此注解信息时，由 ReplicationController 或 ReplicaSet 控制器管控的 Pod 对象的得分为 0，其他 Pod 对象会被忽略（得最高分）。

这些优选函数中，LeastRequestedPriority 和 BalancedResourceAllocationPriority 的目标是根据节点的可分配资源状态优先打散 Pod 并均衡分配至集群节点，而 MostRequestedPriority 的目标刚好相反，它是优先将 Pod"堆满"一个节点后再启用下一个，因而它们彼此间互斥。

另外，除了程序中的默认配置，kube-scheduler 启用的预选函数和优选函数也能够通过称为调度策略的配置文件进行自定义。自定义的调度配置文件遵循 JSON 格式且必须命名为 policy.cfg，启用后它将完全覆盖默认的调度策略，因此需要用到的任何预选函数或优选函数必须要在该文件中显式声明。

11.1.3 调度器插件

随着 Kubernetes 版本的快速演进，内置的插件也可能会随之快速变动，目前的 v1.19 版提供了 20 多个调度器插件，调度周期中与过滤和打分相关的插件同样大体用于检查节点与 Pod 的匹配度、节点自身的调度限制、Pod 与节点的亲和性或反亲和性、Pod 间的亲和性与反亲和性，以及将 Pod 打散到集群或指定拓扑结构中的节点上等不同的目标。

❑ PrioritySort：用于为调度队列提供基于 Pod 优先级的排序方式，仅实现了 QueueSort 扩展点。

❑ DefaultPreemption：用于为调度流程提供默认的抢占逻辑，仅实现了 PostFilter 扩展点。

❑ ImageLocality：功能类似于同名的优选函数，仅负责实现 Score 扩展点。

❑ TaintToleration：用于实现基于 Pod 容忍度和 Node 污点的调度机制，它实现了 Filter、PreScore 和 Score 这 3 个扩展点。

❑ NodeName：纯过滤器，仅实现了 Filter 扩展点，负责检查节点名称与 Pod 资源规范中的 spec.nodeName 值是否一致。

❑ NodePorts：检查 Pod 请求使用的节点端口在该节点上是否可用，实现了 PreFilter 和 Filter 扩展点。

❑ NodePreferAvoidPods：根据节点上的注解 scheduler.alpha.kubernetes.io/preferAvoidPods 对节点进行打分，默认权重较高（10000），它仅实现了 Score 扩展点。

❑ NodeAffinity：负责实现基于 Pod 规范的 nodeSelector 或节点亲和（nodeAffinity）的调度机制，它支持 Filter 和 Score 扩展点。

❑ NodeUnschedulable：纯过滤器，仅实现了 Filter 扩展点，负责将那些 .spec.unschedulable 字段值为 true 的节点过滤掉。

❑ NodeLabel：根据节点上配置的标签进行节点过滤和打分，实现了 Filter 和 Score 两个扩展点。

❑ VolumeBinding：检查 Pod 请求的存储卷在节点上是否可用，实现了 Filter、Reserve、Unreserve 和 PreBind 扩展点。

❑ VolumeRestrictions：检查节点上挂载的某种特定类型的存储卷是否能满足限制，仅实现了 Filter 扩展点。

❑ VolumeZone：检查节点上的存储卷是否能满足 zone 限制，仅实现了 Filter 扩展点。

❑ InterPodAffinity：用于实现 Pod 间的亲和或反亲和调度，实现了 PreFilter、Filter、PreScore 和 Score 扩展点。

❑ DefaultTopologySpread：倾向于将 Service、ReplicaSets 或 StatefulSets 的 Pod 对象打散并分布到集群不中同的节点之上；该插件实现的扩展点有 PreScore 和 Score 两个。

❑ PodTopologySpread：用于控制 Pod 在集群 region/zone/rack/node 故障域或者用户自定义的拓扑域中的分布，是支撑 Pod topologySpreadConstraints 特性的基础组件；该插件实现的扩展点有 PreFilter、Filter、PreScore 和 Score。

❑ ServiceAffinity：同一 Service 下的 Pod 对象的反亲和调度机制，倾向于将该 Pod 资源同其自身所属的 Service 对象的其他 Pod 分散运行于不同的节点，实现的扩展点有 PreFilter、Filter 和 Score。

不过，经典调度器中的预选函数 PodFitsResources，以及优选函数 LeastRequested、MostRequested、BalancedResourceAllocation 和 RequestedToCapacityRatio 的功能被整合在名为 noderesources 的插件目录下，但它们仍以独立的插件名称工作，因而仍可被视作独立的调度器插件，下面是这几个插件的功能说明。

❑ NodeResourcesFit：在功能上对应于预选函数 PodFitsResources，仅用于实现 Filter 扩展点。

❑ NodeResourcesLeastAllocated：功能上对应于优选函数 LeastRequestedPriority，仅用于实现 Score 扩展点。

❑ NodeResourcesBalancedAllocation：功能上对应于优选函数 BalancedResource-Allocation，仅用于实现 Score 扩展点。

❑ NodeResourcesMostAllocated：功能上对应于优选函数 MostRequestedPriority，且功能与 NodeResourcesLeastAllocated 互斥，二者通常不应该同时使用，仅用于实现 Score 扩展点。

❑ RequestedToCapacityRatio：功能上对应于优选函数 RequestedToCapacityRatio，通常仅用于实现 Score 扩展点。

另外，经典调度器中使用的检测节点上特定类型存储卷数量限制的预选函数（例如 MaxEBSVolumeCount 和 MaxCSIVolumeCount 等）也被整合进同一个插件目录（nodevolumelimits）中，但它们各自仍然作为独立的插件使用，且仅能用于实现 Filter 扩展点。下面几个是这类插件的功能说明。

❑ NodeVolumeLimits：功能同预选函数 MaxCSIVolumeCount，检测节点是否满足指定的 CSI 存储插件类型上的存储卷数量限制。

❑ EBSLimits：功能同预选函数 MaxEBSVolumeCount，检测节点是否满足 EBS 存储卷数量限制，默认为 16 个。

❑ AzureDiskLimits：功能同预选函数 MaxAzureDiskVolumeLimit，检测节点是否满足 AzureDisk 存储卷数量限制。

❑ CinderLimits：功能同预选函数 MaxCinderVolumeCount，检测节点是否可满足 Cinder 存储卷数量限制。

❑ GCEPDLimits：功能同预选函数 MaxGCEPDVolumeCount，检测节点是否满足 GCE PD 存储卷数量限制。

目前，可用于绑定周期的内置调度器插件仅 DefaultBinder 一个，它为调度流程提供默认的 Bind 机制，而且仅实现了 Bind 扩展点。

与经典调度器使用调度策略进行配置有所不同的是，调度框架使用调度配置来为调度器提供自定义的配置信息。启用了调度框架的 kube-scheduler 会自动创建一个名为 default-scheduler 的 Profile 文件，它默认启用除 NodeResourcesMostAllocated、RequestedToCapacityRatio、CinderLimits、NodeLabel 和 ServiceAffinity 之外的其他调度插件。

11.1.4 配置调度器

调度器程序 kube-scheduler 使用 KubeSchedulerConfiguration 格式的配置文件，且支持通过 --config 选项加载用户自定义的遵循该格式的配置文件。该类配置文件遵循 YAML 或 JSON 数据规范，隶属于 kubescheduler.config.k8s.io 这一 API 群组。截至本章编写时，该

API 群组存在 v1alpha2 和 v1beta1 两个主要版本，Kubernetes v1.18 及之后的版本才能支持 v1alpha2，且自 Kubernetes v1.20 版本晋升为 v1beta1。下面列出了 v1alpha2 版本的简要配置格式。

```
apiVersion: kubescheduler.config.k8s.io/v1alpha2 # v1alpha2 版本
kind: KubeSchedulerConfiguration
AlgorithmSource:  # 指定调度算法配置源，从 v1alpha2 版本起该配置进入废弃阶段
  Policy:                             # 基于调度策略的调度算法配置源
    File:                             # 文件格式的调度策略
      Path <string>:                  # 调度策略文件 policy.cfg 的位置
    ConfigMap:                        # ConfigMap 格式的调度策略
      Namespace <string>              # 调度策略 ConfigMap 资源隶属的名称空间
      Name <string>                   # ConfigMap 资源的名称
  Provider <string>                   # 配置使用的调度算法的名称，例如 DefaultProvider
LeaderElection: {}                    # 多 kube-scheduler 实例并存时使用的领导选举算法
ClientConnection: {}                  # 与 API Server 通信时提供给代理服务器的配置信息
HealthzBindAddress <string>           # 响应健康状态检测的服务器监听的地址和端口
MetricsBindAddress <string>           # 响应指标抓取请求的服务器监听的地址和端口
DisablePreemption <bool>              # 是否禁用抢占模式，false 表示不禁用
PercentageOfNodesToScore <int32>      # 需要过滤出的可用节点百分比
BindTimeoutSeconds  <int64>           # 绑定操作的超时时长，必须使用非负数
PodInitialBackoffSeconds  <int64>     # 不可调度 Pod 的初始补偿时长，默认值为 1
PodMaxBackoffSeconds <int64>          # 不可调度 Pod 的最大补偿时长，默认为 10
Profiles <[]string> # 加载的 KubeSchedulerProfile 配置列表，v1alpha2 支持加载多个配置列表
Extenders <[]Extender>                # 加载的 Extender 列表
```

由上面的 KubeSchedulerConfiguration 配置格式可知，目前 Kubernetes Scheduler 支持调度策略和调度配置两种调度器配置机制，前者遵循传统调度器的预选、优选和选择等工作逻辑，而后者则仅能够由新式调度框架通过扩展点来支持。

 提示　kube-scheduler 默认会生成 KubeSchedulerConfiguration 格式的配置，我们可通过其命令行选项 --write-config-to 将其输出到指定的文件中。

---

1. 调度策略

调度策略通过指定预选策略和优选函数分别实现节点过滤与计分功能，相关的策略可保存在配置文件或 ConfigMap 资源中，而后在 KubeSchedulerConfiguration 配置中由 AlgorithmSource 字段引用，或者直接在 kube-scheduler 程序上使用选项进行指定。传统的调度策略简要配置格式如下所示。

```
kind: Policy
apiVersion: v1
Predicates <[]object>                 # Predicate 对象列表
- Name <string>                       # Predicate 名称
```

```
    Argument <Object>                          # 可选字段, 仅允许自定义配置的 Predicate 支持
Priorities <[]object>                          # Priority 对象列表
- Name <string>                                # Priority 名称
  Weight <int>                                 # 权重
  Argument <Object>                            # 可选字段, 仅允许自定义配置的 Priority 支持
Extenders <[]object>                           # 加载的 Extender 列表
HardPodAffinitySymmetricWeight <int>           # Pod 强制亲和调度关联的隐式首选亲和规则权重
AlwaysCheckAllPredicates <bool>                # 是否禁用 Predicate 进行节点过滤时的短路模式
```

下面示例（policy.cfg）定义了一个不同于程序默认配置的调度策略，它启用了 Even-PodsSpreadPriority 策略支持的 Pod 规范中由 topologySpreadConstraints 定义的约束规则。

```
kind: Policy
apiVersion: v1
predicates:
- name: GeneralPredicates
- name: MaxCSIVolumeCountPred
- name: CheckVolumeBinding
- name: EvenPodsSpread
- name: MatchInterPodAffinity
- name: CheckNodeUnschedulable
- name: NoDiskConflict
- name: NoVolumeZoneConflict
- name: MatchNodeSelector
- name: PodToleratesNodeTaints
priorities:
- {name: LeastRequestedPriority, weight: 1}
- {name: BalancedResourceAllocation, weight: 1}
- {name: ServiceSpreadingPriority, weight: 2}
- {name: EvenPodsSpreadPriority, weight: 1}
- {name: TaintTolerationPriority, weight: 1}
- {name: ImageLocalityPriority, weight: 2}
- {name: SelectorSpreadPriority, weight: 1}
- {name: InterPodAffinityPriority, weight: 1}
- {name: EqualPriority, weight: 1}
```

我们随后为 kube-scheduler 提供一个自定义的 KubeSchedulerConfiguration 配置文件，让它通过文件路径来引用自定义的调度策略。下面的示例（kubeschedconf-v1alpha1-demo.yaml）指定了基于 v1alpha1 的 API 版本从指定的文件处加载调度策略配置文件 policy.cfg。

```
apiVersion: kubescheduler.config.k8s.io/v1alpha1
kind: KubeSchedulerConfiguration
bindTimeoutSeconds: 600
algorithmSource:
  policy:
    file:
      path: /etc/kubernetes/scheduler/policy.cfg
  provider: DefaultProvider
```

```
clientConnection:
  kubeconfig: "/etc/kubernetes/scheduler.conf"
disablePreemption: false
```

将这两个文件放在控制平面节点 k8s-master01 主机上的某个目录下（例如 /etc/kubernetes/
scheduler），然后编辑 /etc/kubernetes/manifests/kube-scheduler.yaml 文件，为 kube-scheduler
添加存储卷以及 --config 选项来引用它，其中关键的配置部分如下所示。

```
spec:
  containers:
  - command:
    - kube-scheduler
    ......
    - --config=/etc/kubernetes/scheduler/kubeschedconf-v1alpha1-demo.yaml
  ......
    volumeMounts:
    ......
    - mountPath: /etc/kubernetes/scheduler
      name: scheduler-config
      readOnly: true
  volumes:
  ......
  - hostPath:
      path: /etc/kubernetes/scheduler
      type: Directory
    name: scheduler-config
```

待 Kubernetes Scheduler 的 Pod 重新加载配置并启动完成后，我们可以在日志中看到加
载指定 Predicate 和 Priority 函数的信息。接下来即可通过创建 Pod 对象来测试自定义调度
策略的生效效果。另外，通过 KubeSchedulerConfiguration 引用指定的 Extender，我们还能
够使用调度器的经典扩展方式来添加外挂扩展。

2. 调度配置

调度配置支持管理员为调度框架的各扩展点指定要调用的插件，相关的配置定义在
KubeSchedulerConfiguration 配置文件的 profile 字段中。自 API 群组 kubescheduler.config.
k8s.io 的 v1alpha2 版本起始，kube-scheduler 支持同时使用多个 Profile，每个 Profile 拥有
唯一的名称标识，并可由 Pod 资源在 spec.schedulerName 显式调用。调度框架默认会创建
一个名为 default-scheduler 的配置文件，它启用了大部分的调度插件，而且是 Pod 资源默认
使用的调度器。Profile 的配置格式如下所示，配置默认的调度器或添加新的调度器时，需
要在程序默认启用的调度插件的基础上"启用"或"禁用"指定的插件。

```
SchedulerName <string>          # 当前 Profile 的名称
Plugins <Object>                # 插件配置对象
  <ExtendPoint> <Object>        # 配置指定的扩展点，例如 QueueSort，每个扩展点按名称指定
```

```
    Enabled <[]Plugin>        # 启用的插件列表
    - Name <string>           # 插件名称
      Weight <int32>          # 插件权重，仅 Score 扩展点支持
    Disabled <[]Plugin>       # 禁用的插件列表
    - Name <string>           # 插件名称
      Weight <int32>          # 插件权重
PluginConfig <[]Object>       # 插件特有的配置
- Name <string>               # 插件名称
Args <Object>                 # 配置信息
```

下 面 的 KubeSchedulerConfiguration 配 置 示 例（kubeschedconf-v1alpha2-demo.yaml）中，在 profile 字段中默认的 default-scheduler 之外添加了一个名为 demo-scheduler 的自定义调度器，它采用了优先在节点上堆叠 Pod 的调度方式，适合集群可弹性伸缩的环境中。

```
apiVersion: kubescheduler.config.k8s.io/v1alpha2
kind: KubeSchedulerConfiguration
clientConnection:
  kubeconfig: "/etc/kubernetes/scheduler.conf"
disablePreemption: false
profiles:
- schedulerName: default-scheduler
- schedulerName: demo-scheduler
  plugins:
    score:
      disabled:
      - name: NodeResourcesBalancedAllocation
        weight: 1
      - name: NodeResourcesLeastAllocated
        weight: 1
      enabled:
      - name: NodeResourcesMostAllocated
        weight: 5
```

采用与前一节类似的配置方式，让 kube-scheduler 重新加载自定义的 KubeScheduler-Configuration 配置文件后，即可借助 Deployment 控制器创建多个 Pod 副本进行测试，唯一的特殊要求是要在 Pod 模板上使用 spec.schedulerName 指定调度器为 demo-scheduler。按照定义，调度器将所有副本堆满一个节点后，才会启用另一个节点。本章提供的用于测试的配置清单示例 scheduler-test.yaml 中定义了一个 Deployment 对象，Pod 模板定义了使用 demo-scheduler 调度器，且请求使用 1000MB 的 CPU 资源和 512MiB 的内存资源，它会在第一个节点无法容纳某个 Pod 对象的 CPU 或内存资源需求时转而使用第二个节点，感兴趣的读者可自行测试。

对于 Kubernetes v1.20 及上的版本，我们也提供了一个用于测试的示例配置文件 kubeschedconf-v1beta1-demo.yaml，感兴趣的读者可自行测试其使用机制。

11.2　节点亲和调度

节点亲和是调度程序用来确定 Pod 对象调度位置（哪个或哪类节点）的调度法则，这些规则基于节点上的自定义标签和 Pod 对象上指定的标签选择器进行定义，而支持这种调度机制的有 NodeName 和 NodeAffinity 调度插件。简单来说，节点亲和调度机制支持 Pod 资源定义自身对期望运行的某类节点的倾向性，倾向于运行指定类型的节点即为"亲和"关系，否则即为"反亲和"关系。

在 Pod 上定义节点亲和规则时有两种类型的节点亲和关系：强制（required）亲和和首选（preferred）亲和，或分别称为硬亲和与软亲和，本书会不加区别地使用这两种称呼。强制亲和限定了调度 Pod 资源时必须要满足的规则，无可用节点时 Pod 对象会被置为 Pending 状态，直到满足规则的节点出现。相比较来说，首选亲和规则实现的是一种柔性调度限制，它同样倾向于将 Pod 运行在某类特定的节点之上，但无法满足调度需求时，调度器将选择一个无法匹配规则的节点，而非将 Pod 置于 Pending 状态。

在 Pod 规范上定义节点亲和规则的关键点有两个：一是给节点规划并配置合乎期望的标签；二是为 Pod 对象定义合理的标签选择器。正如 preferredDuringSchedulingIgnoredDuringExecution 和 requiredDuringSchedulingIgnoredDuringExecution 字段名字中的后半段符串 IgnoredDuringExecution 隐含的意义所指，在 Pod 资源基于节点亲和规则调度至某节点之后，因节点标签发生了改变而变得不再符合 Pod 定义的亲和规则时，调度器也不会将 Pod 从此节点上移出，因而亲和调度仅在调度执行的过程中进行一次即时的判断，而非持续地监视亲和规则是否能够得以满足。图 11-8 简单给出这种亲和关系作用机制的示意图，简便起见，图中将 requiredDuringSchedulingIgnoredDuringExecution 字段缩写为 required 一词。

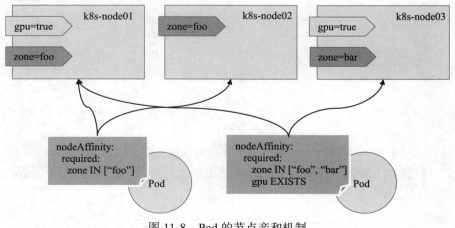

图 11-8　Pod 的节点亲和机制

11.2.1 Pod 节点选择器

Pod 资源可以使用 .spec.nodeName 直接指定要运行的目标节点，也可以基于 .spec. nodeSelector 指定的标签选择器过滤符合条件的节点作为可用目标节点，最终选择则基于打分机制完成。因此，后者也称为节点选择器。用户事先为特定部分的 Node 资源对象设定好标签，而后即可配置 Pod 通过节点选择器实现类似于节点的强制亲和调度。

由 kubeadm 部署的 Kubernetes 集群默认会为每个节点附加 kubernetes.io/arch、kubernetes. io/hostname 和 kubernetes.io/os 等标签，而且主节点还会有一个 node-role.kubernetes.io/master 标签，其中 kubernetes.io/hostname 适合 NodeName 类型的调度。无法满足 nodeSelector 的调度需求时，我们还可以使用 kubectl label nodes/NODE 命令为其附加自定义标签。例如，下面为 k8s-node01.ilinux.io 和 k8s-node03.ilinux.io 节点设置无值的 gpu 标签以标识其拥有 GPU 设备，并在标签设置完成后验证设置结果：

```
~$ kubectl label nodes/k8s-node01.ilinux.io gpu=
node/k8s-node01.ilinux.io labeled
~$ kubectl label nodes/k8s-node03.ilinux.io gpu=
node/k8s-node03.ilinux.io labeled
~$ kubectl get nodes -l 'gpu' -o custom-columns=NAME:.metadata.name
NAME
k8s-node01.ilinux.io
k8s-node03.ilinux.io
```

下面配置清单示例（pod-with-nodeselector.yaml）中定义的 Pod 资源使用节点选择器定义了节点亲和机制，它倾向于运行在拥有 GPU 设备的节点上。

```
apiVersion: v1
kind: Pod
metadata:
  name: pod-with-nodeselector
spec:
  containers:
  - name: demoapp
    image: ikubernetes/demoapp:v1.0
  nodeSelector:
    gpu: ''
```

按照规划，pod/pod-withnodeselector 资源仅可能会运行在节点 k8s-node01 或 k8s-node03 之上，将如上资源清单中定义的 Pod 资源创建到集群中，通过查看其运行的节点即可判定调度效果。

```
~$ kubectl apply -f pod-with-nodeselector.yaml
pod/pod-with-nodeselector created
~$ kubectl get pod/pod-with-nodeselector -o jsonpath={.spec.nodeName}
k8s-node03.ilinux.io
```

事实上，多数情况下用户都无须关心 Pod 对象的具体运行位置，除非 Pod 依赖的特殊条件仅能由部分节点满足时，例如 GPU 和 SSD 等。即便如此，也应该尽量避免使用 .spec.nodeName 静态指定 Pod 对象的运行位置，而是应该让调度器基于标签和标签选择器为 Pod 挑选匹配的工作节点。另外，Pod 规范中的 .spec.nodeSelector 仅支持简单等值关系的节点选择器，而 .spec.affinity.nodeAffinity 支持更灵活的节点选择器表达式，而且可以实现硬亲和与软亲和逻辑。

11.2.2　强制节点亲和

Pod 规范中的 .spec.affinity.nodeAffinity.requiredDuringSchedulingIgnoredDuringExecution 字段用于定义节点的强制亲和关系，它的值是一个对象列表，可由一到多个 nodeSelectorTerms 对象组成，彼此间为"逻辑或"关系。nodeSelectorTerms 用于定义节点选择器，其值为对象列表，它支持 matchExpressions 和 matchFields 两种复杂的表达机制。

- ❑ matchExpressions：标签选择器表达式，基于节点标签进行过滤；可重复使用以表达不同的匹配条件，各条件间为"或"关系。
- ❑ matchFields：以字段选择器表达的节点选择器；可重复使用以表达不同的匹配条件，各条件间为"或"关系。

每个匹配条件可由一到多个匹配规则组成，例如某个 matchExpressions 条件下可同时存在两个表达式规则，如下面的示例所示，同一条件下的各条规则彼此间为"逻辑与"关系。这意味着某节点满足 nodeSelectorTerms 中的任意一个条件即可，但满足某个条件指的是可完全匹配该条件下定义的所有规则。

下面配置清单示例（node-affinity-required-demo.yaml）中，Pod 模板使用了强制节点亲和约束，它要求 Pod 只能运行在那些拥有 gpu 标签且不具有 node-role.kubernetes.io/master 标签的节点之上。

```
apiVersion: apps/v1
kind: Deployment
metadata:
  name: node-affinity-required
  namespace: default
spec:
  replicas: 5
  selector:
    matchLabels:
      app: demoapp
      ctlr: node-affinity-required
  template:
    metadata:
      labels:
        app: demoapp
```

```
            ctlr: node-affinity-required
    spec:
      containers:
      - name: demoapp
        image: ikubernetes/demoapp:v1.0
      affinity:
        nodeAffinity:
          requiredDuringSchedulingIgnoredDuringExecution:
            nodeSelectorTerms:
            - matchExpressions:
              - key: gpu
                operator: Exists
              - key: node-role.kubernetes.io/master
                operator: DoesNotExist
```

　　11.2.1 节中，我们为 k8s-node01 和 k8s-node03 设定了 gpu 标签，而 k8s-master01 拥有主节点标识的标签。因此按照期望，5 个 Pod 副本仅会运行在 k8s-node01 和 k8s-node02 之上，下面的命令结果也完全证实了我们的设定。

```
~$ kubectl apply -f node-affinity-required-demo.yaml
deployment.apps/node-affinity-required created
~$ kubectl get pods -l ctlr=node-affinity-required \
    -o custom-columns=NAME:.metadata.name,NODE:.spec.nodeName
NAME                                 NODE
node-affinity-required-5c469987c-2fdql   k8s-node03.ilinux.io
node-affinity-required-5c469987c-hfcvn   k8s-node01.ilinux.io
node-affinity-required-5c469987c-mt4gg   k8s-node03.ilinux.io
node-affinity-required-5c469987c-pm56j   k8s-node01.ilinux.io
node-affinity-required-5c469987c-vwbtt   k8s-node03.ilinux.io
```

　　另外，调度器调度 Pod 时，支撑节点亲和机制的 NodeName 和 NodeAffinity 等插件仅是其中组调度条件，Kubernetes 配置的其他插件依然会参与到 Pod 的调度过程。例如可以为 Pod 模板中的 demoapp 容器添加如下资源请求后重新进行测试来验证调度器的工作模型，为了便于测试，我们将修改后的配置保存到单独的配置清单 node-affinity-and-resourcefits. yaml 中。

```
      containers:
      - name: demoapp
        image: ikubernetes/demoapp:v1.0
        resources:
          requests:
            cpu: 2
            memory: 2Gi
```

　　注册到 Filter 扩展点的调度插件 NodeResourcesFit 负责检查节点的可分配资源是否能容纳 Pod 的资源请求，计算方式是节点上的资源总量（CPU 和内存分别计算）减去已运行在该节点上的所有 Pod 对象的 requests 资源量之和。考虑本书试验环境中使用的 4 个节点（其中一个为 master）配置相同，均为 4 核心 CPU 和 8GB 内存，每个节点至少都运行着 kube-proxy 和 calico-node 一类节点代理等系统应用。因而，每个节点仅能满足配置示例中的单个 Pod 副本的运行需求。于是，配置中定义的 5 个 Pod 实例中将有 3 个 Pod 的调度结果处于 Pending 状态，如下命令的结果也证实了我们的猜想与设定。

```
~$ kubectl apply -f node-affinity-and-resourcefits.yaml
deployment.apps/node-affinity-and-resourcefits created
~$ kubectl get pods -l ctlr=node-affinity-and-resourcefits -o custom-columns=NAME:.
metadata.name,STATUS:.status.phase
NAME                                              STATUS
node-affinity-and-resourcefits-5c98b765b5-5kxqb   Pending
node-affinity-and-resourcefits-5c98b765b5-f9qwb   Pending
node-affinity-and-resourcefits-5c98b765b5-g6k25   Running
node-affinity-and-resourcefits-5c98b765b5-kl4db   Running
node-affinity-and-resourcefits-5c98b765b5-lrtfm   Pending
```

由上述操作过程可知，节点硬亲和机制实现的功能与节点选择器（nodeSelector）相似，但亲和性支持使用标签匹配表达式或字段选择器来挑选节点，提供了灵活且强大的选择机制，因此可被理解为新一代的节点选择器。

11.2.3　首选节点亲和

节点首选亲和机制为节点选择机制提供了一种柔性控制逻辑，被调度的 Pod 对象不再是"必须"，而是"应该"放置到某些特定节点之上，但条件不满足时，该 Pod 也能够接受被编排到其他不符合条件的节点之上。另外，多个软亲和条件并存时，它还支持为每个条件定义 weight 属性以区别它们优先级，取值范围是 1 ～ 100，数字越大优先级越高。下面配置清单示例（node-affinity-preferred-demo.yaml）中，Pod 模板定义了两个节点软亲和约束条件，它们有着不同的权重。

```
apiVersion: apps/v1
kind: Deployment
metadata:
  name: node-affinity-preferred
spec:
  replicas: 5
  selector:
    matchLabels:
      app: demoapp
      ctlr: node-affinity-preferred
  template:
    metadata:
      name: demoapp
      labels:
        app: demoapp
        ctlr: node-affinity-preferred
```

```
spec:
  containers:
  - name: demoapp
    image: ikubernetes/demoapp:v1.0
    resources:
      requests:
        cpu: 1500m
        memory: 1Gi
  affinity:
    nodeAffinity:
      preferredDuringSchedulingIgnoredDuringExecution:
      - weight: 60
        preference:
          matchExpressions:
          - key: gpu
            operator: Exists
      - weight: 30
        preference:
          matchExpressions:
          - key: zone
            operator: In
            values: ["foo","bar"]
```

示例中，Pod 资源模板定义了节点软亲和，以选择尽量运行在指定范围内拥有 gpu 标签或者 zone 标签的节点之上，其中 gpu 标签是更为重要的倾向性规则，它的权重为 60，相比较来说 zone 标签的重要性低了一级，因为它的权重为 30。这么一来，如果集群中拥有足够多的节点，它将被此规则分为 4 类：在指定范围内拥有 gpu 标签和 zone 标签、仅满足 gpu 一个标签条件、仅满足 zone 一个标签条件，以及不满足任何标签筛选条件的节点，如图 11-9 所示。

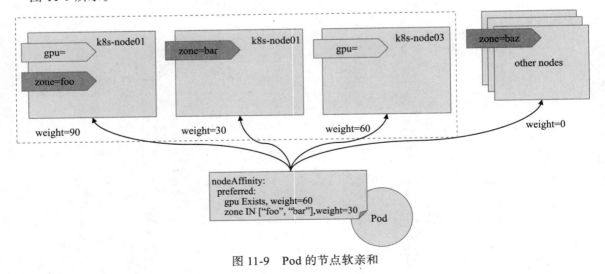

图 11-9　Pod 的节点软亲和

　　本书所用的测试环境共有 3 个节点（图 11-9 虚线内的节点），各自有 4 颗 CPU 和 8GiB 的内存资源，以配置清单示例中定义的节点亲和规则来说，它们的倾向性权重分别如图 11-9 中标识的信息所示。在创建所需的 5 个 Pod 对象副本时，各 Pod 会由调度器根据节点软亲和及资源匹配度进行调度。

```
~$ kubectl label nodes k8s-node01.ilinux.io zone=foo
node/k8s-node01.ilinux.io labeled
~$ kubectl label nodes k8s-node02.ilinux.io zone=bar
node/k8s-node02.ilinux.io labeled
~$ kubectl get pods -l ctlr=node-affinity-preferred \
      -o custom-columns=NAME:.metadata.name,NODE:.spec.nodeName
NAME                                        NODE
node-affinity-preferred-6f975c57b5-6dknl    k8s-node01.ilinux.io
node-affinity-preferred-6f975c57b5-fjfbf    k8s-node01.ilinux.io
node-affinity-preferred-6f975c57b5-jsgcr    k8s-node03.ilinux.io
node-affinity-preferred-6f975c57b5-ksmqh    k8s-node03.ilinux.io
node-affinity-preferred-6f975c57b5-vh9jg    k8s-node02.ilinux.io
```

　　示例中，我们有意为容器添加了资源需求以影响调度器的工作方式，因此即便 k8s-node01 节点的倾向程度更大，但无法满足 Pod 副本的资源需求时，它将转而使用 k8s-node03，直到该节点资源也分配完毕才使用更低倾向性的 k8s-node02 节点。

11.3　Pod 亲和调度

　　出于高效通信等需求，偶尔需要把一些 Pod 对象组织在相近的位置（同一节点、机架、区域或地区等），例如应用程序的 Pod 及其后端提供数据服务的 Pod 等，我们可以认为这是一类具有亲和关系的 Pod 对象。偶尔，出于安全或分布式容灾等原因，也会需要把一些 Pod 对象与其所运行的位置隔离开来，例如在 IDC 中的区域运行某应用的单个代理 Pod 对象等，我们可把这类 Pod 对象间的关系称为反亲和。

　　当然，我们也能够通过 Pod 与节点的亲和关系来变相完成 Pod 对象间的亲和或反亲和特性，但这要求我们必须明确指定 Pod 可运行的节点标签，显然这并非较优的选择。理想的实现方式是允许调度器把第一个 Pod 放置在任何位置，而后与其有着亲和或反亲和关系的其他 Pod 据此动态完成位置编排，这就是 Pod 亲和调度与反亲和调度的功用。Pod 间的亲和关系也存在强制亲和及首选亲和的区别，它们表示的约束意义同节点亲和相似。

　　Pod 间的亲和及反亲和关系主要由调度插件 InterPodAffinity 来支撑，它既要负责节点过滤，也要完成节点的优先级排序。而经典调度策略则使用内置的 MatchInterPodAffinity 预选策略和 terPodAffinityPriority 优选函数进行各节点的优选级评估。

11.3.1　位置拓扑

Pod 亲和调度的目标在于确保相关 Pod 对象运行在"同一位置",而反亲和调度要求它们不能运行在"同一位置"。而节点位置的定义取决于节点拓扑结构的定义,若拓扑方式不同,则对如图 11-10 中所示的 Pod-A 和 Pod-B 是否在同一位置的判定结果也可能有所不同。

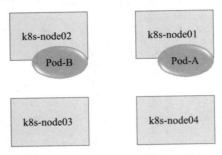

图 11-10　Pod 资源与位置拓扑

如果基于各节点的 kubernetes.io/hostname 标签作为评判标准,显然"同一位置"意味着同一个节点,而不同节点有不同位置,如图 11-11 所示。

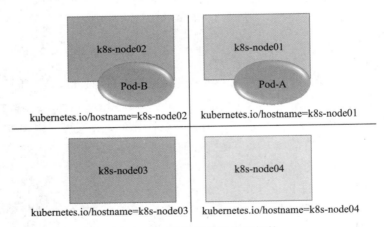

图 11-11　基于节点的位置拓扑

而如果根据图 11-12 所划分的故障转移域来评判,k8s-node01 和 k8s-node02 属于同一位置,而 k8s-node03 和 k8s-node04 属于另一个意义上的同一位置。

因而,在定义 Pod 对象的亲和与反亲和关系时,首先需要借助标签选择器来选择同一类 Pod 对象,而后根据筛选出的同类现有 Pod 对象所在节点的标签来判定"同一位置"的具体所指,而后针对亲和关系将该 Pod 放置在同一位置中优先级最高的节点之上,或者针对反亲和关系将该 Pod 编排至不同拓扑优先级最高的节点上。

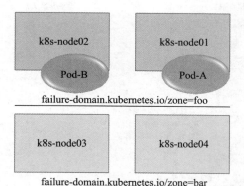

图 11-12　基于故障转域的位置拓扑

Pod 间的亲和关系定义在 spec.affinity.podAffinity 字段中，而反亲和关系定义在 spec. affinity.podAntiAffinity 字段中，它们各自的约束特性也存在强制与首选两种，它们都支持使用如下关键字段。

- ❑ topologyKey <string>：拓扑键，用来划分拓扑结构的节点标签，在指定的键上具有相同值的节点归属为同一拓扑；必选字段。
- ❑ labelSelector <Object>：Pod 标签选择器，用于指定该 Pod 将针对哪类现有 Pod 的位置来确定可放置的位置。
- ❑ namespaces <[]string>：用于指示 labelSelector 字段的生效目标名称空间，默认为当前 Pod 所属的同一名称空间。

11.3.2　Pod 间的强制亲和

如前所述，Pod 间的亲和关系用于描述一个 Pod 对象与具有某特征的现存 Pod 对象运行位置的依赖关系，因而，满足 Pod 亲和约束的前提是确定"被依赖的"Pod 对象，以及节点拓扑位置的确定机制。

Pod 间强制约束的亲和调度也定义在 requiredDuringSchedulingIgnoredDuringExecution 字段中。下面的示例中先定义了一个假设为被依赖的存储应用 Redis，而后定义了一个依赖该存储的 demoapp 应用，后者使用 Pod 间强制亲和约束，期望与 Redis 运行在同一位置。为了尽量接近真实环境来模拟这种约束机制，这里模拟 k8s-node01 和 k8s-node02 位于同一个机架 rack001 上，而 k8s-node03 位于另一个机架 rack002 上，并以节点标签 rack 作为 topologyKey，即确定节点位置拓扑的键。

```
apiVersion: apps/v1
kind: Deployment
metadata:
  name: redis
```

```
spec:
  replicas: 1
  selector:
    matchLabels:
      app: redis
      ctlr: redis
  template:
    metadata:
      labels:  # Pod 的标签，将被 demoapp Pod 选择作为参照系
        app: redis
        ctlr: redis
    spec:
      containers:
      - name: redis
        image: redis:6.0-alpine
---
apiVersion: apps/v1
kind: Deployment
metadata:
  name: pod-affinity-required
spec:
  replicas: 5
  selector:
    matchLabels:
      app: demoapp
      ctlr: pod-affinity-required
  template:
    metadata:
      labels:
        app: demoapp
        ctlr: pod-affinity-required
    spec:
      containers:
      - name: demoapp
        image: ikubernetes/demoapp:v1.0
      affinity:
        podAffinity:                 # Pod 亲和调度
          requiredDuringSchedulingIgnoredDuringExecution:  # 强制亲和定义
          - labelSelector:           # Pod 对象标签选择器，用于确定放置当前 Pod 的参照系
              matchExpressions:
              - {key: app, operator: In, values: ["redis"]}
              - {key: ctlr, operator: In, values: ["redis"]}
            topologyKey: zone  # 拓扑键，用于确定节点位置拓扑的节点标签，必选
```

我们可以推断出，若 Redis 的单个 Pod 副本被调度至 rack001 标识的位置上，则 demoapp 的所有 Pod 副本都会运行在该位置的 k8s-node01 或 k8s-node02 节点上；否则，它们都会运行在 rack002 标识的位置上。为了测试效果，我们先为节点打上相应的标签。

```
~$ kubectl label nodes k8s-node01.ilinux.io rack=rack001
~$ kubectl label nodes k8s-node02.ilinux.io rack=rack001
~$ kubectl label nodes k8s-node03.ilinux.io rack=rack002
```

接着，我们将配置清单示例中的 Redis 和 demoapp 应用部署在集群上，以测试 demoapp Pod 是否与 Redis Pod 存在强制亲和关系。

```
~$ kubectl apply -f pod-affinity-required-demo.yaml
deployment.apps/redis created
deployment.apps/pod-affinity-required created
```

随后，可通过资源的详细描述中的 Events 信息或者资源规范查看 Redis Pod 副本的运行位置。下面的内容取自 Redis Pod 的详细描述中的事件，它显示 Redis Pod 对象 default/redis-844696cc84-fp4xz 被 default-scheduler 调度至 k8s-node02 节点之上，该节点位于 rack001 之上。

```
Events:
  ......
  Normal  Scheduled  <unknown>  default-scheduler          Successfully
  assigned default/redis-844696cc84-fp4xz to k8s-node02.ilinux.io
```

因而，deployment/demoapp 的所有 Pod 对象也必将运行在 rack001 机架的 k8s-node01 或 k8s-node02 节点之上，如下面的命令结果所示。

```
~$ kubectl get pods -l app=demoapp,ctlr=pod-affinity-required \
-o custom-columns=NAME:.metadata.name,NODE:.spec.nodeName
NAME                                    NODE
pod-affinity-required-778d4ff894-cblpr  k8s-node01.ilinux.io
pod-affinity-required-778d4ff894-h4lkk  k8s-node02.ilinux.io
pod-affinity-required-778d4ff894-jkh4p  k8s-node01.ilinux.io
pod-affinity-required-778d4ff894-lt8p9  k8s-node02.ilinux.io
pod-affinity-required-778d4ff894-zddz9  k8s-node01.ilinux.io
```

由此可见，Pod 间的亲和调度能够将有密切关系或密集通信的应用约束在同一位置，通过降低通信延迟来降低性能损耗。需要注意的是，若节点上的标签在运行时发生更改导致不能再满足 Pod 上的亲和关系定义时，该 Pod 将继续在该节点上运行而不会被重新调度。另外，labelSelector 属性仅匹配与被调度的 Pod 在同一名称空间中的 Pod 资源，不过也可以通过为其添加 namespace 字段以指定其他名称空间。

11.3.3　Pod 间的首选亲和

因满足位置关系的节点上的可分配计算资源、存储卷和节点端口等原因导致 Pod 间的强制亲和关系在无法得到满足时，调度器会将 Pod 对象置于 Pending 状态，但首选亲和约束则只是尽力满足这种亲和约束，当无法保证这种亲和关系时，调度器则会将 Pod 对象调度至集群中其他位置的节点之上。而对位置关系要求不甚严格的应用之间的部署需求，首选亲和倒也不失为一种折中的选择。

　　Pod 间的柔性亲和约束也使用 preferredDuringSchedulingIgnoredDuringExecution 字段进行定义，它同样允许用户定义具有不同权重的多重亲和条件，以定义出多个不同适配级别位置。下面资源示意示例（pod-affinity-preferred-demo.yaml）中先是定义了一个 Redis 应用，它由调度器自行选定目标节点，但 demoapp 应用 Pod 将以柔性亲和的方式期望与 Redis Pod 运行在同一节点（带有 kubernetes.io/hostname 标签），当条件无法满足时，则期望运行在同一区域（zone 标签），否则也能接受运行在集群中的其他任何节点之上。

```yaml
apiVersion: apps/v1
kind: Deployment
metadata:
  name: redis-preferred
spec:
  replicas: 1
  selector:
    matchLabels:
      app: redis
      ctlr: redis-preferred
  template:
    metadata:
      labels:    # Redis Pod 的标签，它也将是 demoapp Pod 亲和关系依赖的关键要素
        app: redis
        ctlr: redis-preferred
    spec:
      containers:
      - name: redis
        image: redis:6.0-alpine
        resources:    # 资源请求，用于影响节点的可承载 Pod 数量
          requests:
            cpu: 500m
            memory: 512Mi
---
apiVersion: apps/v1
kind: Deployment
metadata:
  name: pod-affinity-preferred
spec:
  replicas: 4
  selector:
    matchLabels:
      app: demoapp
      ctlr: pod-affinity-preferred
  template:
    metadata:
      labels:
        app: demoapp
        ctlr: pod-affinity-preferred
```

```
        spec:
          containers:
          - name: demoapp
            image: ikubernetes/demoapp:v1.0
            resources:
              requests:
                cpu: 1500m
                memory: 1Gi
          affinity:
            podAffinity:        # Pod 亲和关系定义
              preferredDuringSchedulingIgnoredDuringExecution:  # 柔性亲和
              - weight: 100  # 最大权重的亲和条件
                podAffinityTerm:
                  labelSelector:
                    matchExpressions:
                    - {key: app, operator: In, values: ["redis"]}
                    - {key: ctlr, operator: In, values: ["redis-prefered"]}
                  topologyKey: kubernetes.io/hostname  # 确定节点位置拓扑的标签
              - weight: 50   # 第二权重的亲和条件
                podAffinityTerm:
                  labelSelector:
                    matchExpressions:
                    - {key: app, operator: In, values: ["redis"]}
                    - {key: ctlr, operator: In, values: ["redis-prefered"]}
                  topologyKey: rack   # 确定节点位置拓扑的第二标签, 扩大了前一条件位置范围
```

我们沿用 11.3.2 节的集群环境, 假设 Redis Pod 被调度至 k8s-node01 节点之上, 则 demoapp Pod 同样更倾向运行在该节点, 当条件无法满足时, 调度器将以该节点所在的 zone 为标准来挑选同一个 zone 中的另一节点 k8s-node02, 最后是 k8s-node03。

```
~$ kubectl get pods -l "ctlr in (redis-preferred,pod-affinity-preferred)" \
    -o custom-columns=NAME:.metadata.name,NODE:.spec.nodeName
NAME                                       NODE
pod-affinity-preferred-66495459b4-2kgn4    k8s-node01.ilinux.io
pod-affinity-preferred-66495459b4-q64tf    k8s-node02.ilinux.io
pod-affinity-preferred-66495459b4-snhdr    k8s-node03.ilinux.io
pod-affinity-preferred-66495459b4-xp9rl    k8s-node02.ilinux.io
redis-preferred-78bd44b79d-ztdbv           k8s-node01.ilinux.io
```

假设 Redis 被调度到了 k8s-node03 之上, 则该节点无更多资源容纳 demoapp Pod 时, 且同一 zone 内再无其他节点, 则相关的 Pod 只能被无差别地调度至 k8s-node01 和 k8s-node02 之上。Pod 间的柔性亲和关系尽力保证有紧密关系的 Pod 运行在一起的同时, 避免了因强制亲和条件得不到满足时而"挂起"Pod 的局面。

11.3.4 Pod 间的反亲和关系

Pod 间的反亲和关系（podAntiAffinity）要实现的调度目标刚好与亲和关系相反, 它的

主要目标在于确保存在互斥关系的 Pod 对象不会运行在同一位置，或者确保仅需要在指定的位置配置单个代理程序（类似于 DaemonSet 确保每个节点仅运行单个某类 Pod）等场景应用场景。因此，反亲和性调度一般用于分散同一类应用的 Pod 对象等，也包括把不同安全级别的 Pod 对象调度至不同的区域、机架或节点等。下面资源配置清单（pod-antiaffinity-required-demo.yaml）中定义了由同一 Deployment 创建但彼此基于节点位置互斥的 Pod 对象。

```
apiVersion: apps/v1
kind: Deployment
metadata:
  name: pod-antiaffinity-required
spec:
  replicas: 4
  selector:
    matchLabels:
      app: demoapp
      ctlr: pod-antiaffinity-required
  template:
    metadata:
      labels:
        app: demoapp
        ctlr: pod-antiaffinity-required
    spec:
      containers:
      - name: demoapp
        image: ikubernetes/demoapp:v1.0
      affinity:
        podAntiAffinity:
          requiredDuringSchedulingIgnoredDuringExecution:
          - labelSelector:
              matchExpressions:
              - {key: app, operator: In, values: ["demoapp"]}
              - key: ctlr
                operator: In
                values: ["pod-antiaffinity-required"]
            topologyKey: kubernetes.io/hostname
```

强制的反亲和约束下，deployment/pod-antiaffinity-required 创建的 4 个 Pod 副本必须运行于不同的节点之上，但示例集群中一共只存在 3 个节点，因此，必然会有一个 Pod 对象处于 Pending 状态，如下所示。

```
~$ kubectl get pods -l ctlr=pod-antiaffinity-required \
    -o custom-columns=NAME:.metadata.name,NODE:.spec.nodeName,STATUS:.status.phase
NAME                                      NODE                   STATUS
pod-antiaffinity-required-5745494d77-9g75r   k8s-node01.ilinux.io   Running
pod-antiaffinity-required-5745494d77-rsj9d   k8s-node03.ilinux.io   Running
```

```
pod-antiaffinity-required-5745494d77-xd446    k8s-node02.ilinux.io    Running
pod-antiaffinity-required-5745494d77-zzz8s    <none>                  Pending
```

类似地，Pod 反亲和调度也支持使用柔性约束机制，调度器会尽量不把位置相斥的 Pod 对象调度到同一位置，但约束关系无法得到满足时，也可以违反约束规则进行调度，而非把 Pod 置于 Pending 状态。这里不再给出具体的测试过程，感兴趣的读者朋友可自行测试。

11.4　节点污点与 Pod 容忍度

污点是定义在节点之上的键值型属性数据，用于让节点有能力主动拒绝调度器将 Pod 调度运行到节点上，除非该 Pod 对象具有接纳节点污点的容忍度。容忍度（tolerations）则是定义在 Pod 对象上的键值型属性数据，用于配置该 Pod 可容忍的节点污点。调度器插件 TaintToleration 负责确保仅那些可容忍节点污点的 Pod 对象可调度运行在上面。经典调度机制使用 PodToleratesNodeTaints 预选策略和 TaintTolerationPriority 优选函数完成该功能。节点污点和 Pod 容忍度在调度中的关系如图 11-13 所示。

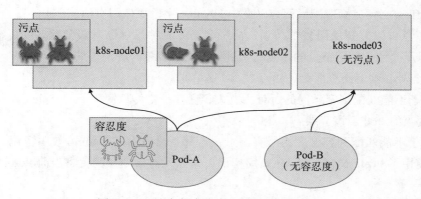

图 11-13　污点与容忍度之间的关系示意图

我们知道，节点选择器（nodeSelector）和节点亲和性（nodeAffinity）两种调度方式都是通过在 Pod 对象上添加标签选择器来完成对特定类型节点标签的匹配，从而完成节点选择和绑定，相对而言，基于污点和容忍度的调度方式则是通过向节点添加污点信息来控制 Pod 对象的调度结果，从而给了节点控制何种 Pod 对象能够调度于其上的控制权。换句话说，节点亲和调度使得 Pod 对象被吸引到一类特定的节点，而污点的作用则相反，它为节点提供了排斥特定 Pod 对象的能力。

11.4.1　污点与容忍度基础概念

污点定义在节点的 nodeSpec 中，而容忍度定义在 Pod 的 podSpec 中，它们都是键值型数据，但又都额外支持一个效用（effect）标识，语法格式为 key=value:effect，其中 key 和 value 的用法及格式与资源注解信息相似，而污点上的效用标识则用于定义其对 Pod 对象的排斥等级，容忍度上的效用标识则用于定义其对污点的容忍级别。效用标识主要有以下 3 种类型。

- ❑ NoSchedule：不能容忍此污点的 Pod 对象不可调度至当前节点，属于强制型约束关系，但添加污点对节点上现存的 Pod 对象不产生影响。
- ❑ PreferNoSchedule：NoSchedule 的柔性约束版本，即调度器尽量确保不会将那些不能容忍此污点的 Pod 对象调度至当前节点，除非不存在其他任何能够容忍此污点的可用节点；添加该类效用的污点同样对节点上现存的 Pod 对象不产生影响。
- ❑ NoExecute：不能容忍此污点的新 Pod 对象不可调度至当前节点，属于强制型约束关系，而且节点上现存的 Pod 对象因节点污点变动或 Pod 容忍度变动而不再满足匹配条件时，Pod 对象将会被驱逐。

此外，在 Pod 对象上定义容忍度时，它支持两种操作符：一种是等值比较，表示容忍度与污点必须在 key、value 和 effect 三者之上完全匹配，另一种是存在性判断，表示二者的 key 和 effect 必须完全匹配，而容忍度中的 value 字段要使用空值。

一个节点可以配置使用多个污点，而一个 Pod 对象也可以有多个容忍度，将一个 Pod 对象的容忍度套用到特定节点的污点之上进行匹配度检测时将遵循如下逻辑。

1）首先处理与容忍度匹配的污点。

2）对于不能匹配到容忍度的所有污点，若存在一个污点使用了 NoSchedule 效用标识，则拒绝调度当前 Pod 至该节点。

3）对于不能匹配到容忍度的所有污点，若都不具有 NoSchedule 效用标识，但至少有一个污点使用了 PreferNoScheduler 效用标识，则调度器会尽量避免将当前 Pod 对象调度至该节点。

4）如果至少有一个不能匹配容忍度的污点使用了 NoExecute 效用标识，节点将立即驱逐当前 Pod 对象，或者不允许该 Pod 调度至给定的节点；而且，即便容忍度匹配到使用了 NoExecute 效用标识的污点，若在 Pod 上定义容忍度时同时使用 tolerationSeconds 属性定义了容忍时限，则在超出时限后当前 Pod 也将会被节点驱逐。

对于本书使用 kubeadm 部署的 Kubernetes 集群来说，其 Master 节点会被自动添加污点信息以阻止那些不能容忍此污点的常规工作负载类 Pod 对象调度至该节点上，以确保主节点仅用于处理控制平面相关的事务。

```
~$ kubectl describe nodes k8s-master01.ilinux.io
Name:           k8s-master01.ilinux.io
Roles:          master
......
Taints:         node-role.kubernetes.io/master:NoSchedule
```

```
Unschedulable:        false
......
```

然而有些系统级应用也会在资源创建时被添加上相应的容忍度，以确保它们被 DaemonSet 控制器创建时能调度至 Master 节点运行一个实例，例如 kube-proxy 或者 kube-flannel 等。以任意一个 kube-proxy 实例为例：

```
~$ POD=$(kubectl get pods -l k8s-app=kube-proxy -n kube-system \
     -o jsonpath={.items[0].metadata.name})
~$ kubectl describe pods $POD -n kube-system
......
Tolerations:
                CriticalAddonsOnly
                node.kubernetes.io/disk-pressure:NoSchedule
                node.kubernetes.io/memory-pressure:NoSchedule
                node.kubernetes.io/network-unavailable:NoSchedule
                node.kubernetes.io/not-ready:NoExecute
                node.kubernetes.io/pid-pressure:NoSchedule
                node.kubernetes.io/unreachable:NoExecute
                node.kubernetes.io/unschedulable:NoSchedule
```

运行着系统组件的 Pod 对象是构成 Kubernetes 系统的关键组成部分，因而它们通常被定义了更大的容忍度。从上面某 kube-proxy 实例的容忍度定义来看，这种容忍度还能容忍那些报告了存在磁盘压力、内存压力和 PID 压力的节点，以及那些未就绪的节点和不可达的节点等，以确保它们能在任何状态下正常调度至集群节点上运行。

由此可见，通过污点和容忍度，可在集群中辟出某种目的专用节点、配备有特殊硬件的特殊节点，甚至可使用污点驱逐指定节点上某些 Pod 对象。

11.4.2 定义污点

任何符合键值规范要求的字符串均可用于定义污点信息：可使用字母、数字、连接符、点号和下划线，且仅能以字母或数字开头，其中键名的长度上限为 253 个字符，值最长为 63 个字符。实践中，污点通常用于描述具体的部署规划，它们的键名形如 node-type、node-role、node-project 或 node-geo 等，而且一般还会在必要时带上域名以描述一些额外信息，例如 node-type.ilinux.io 等。kubectl taint 命令可用于管理 Node 对象的污点信息，该命令的语法格式如下：

```
kubectl taint nodes <node-name> <key>=<value>:<effect> …
```

例如，定义节点 k8s-node01.ilinux.io 使用 node-type=production:NoSchedule 这一污点：

```
~$ kubectl taint nodes k8s-node01.ilinux.io node-type=production:NoSchedule
node/k8s-node01.ilinux.io tainted
```

node-type 是具有 NoSchedule 效用标识的污点，它对 k8s-node01 上已有的 Pod 对象不

产生影响，但对之后调度的 Pod 对象来说，不能容忍该污点则意味着无法调度至节点。类似下面的命令可以查看节点上的污点信息：

```
~$ kubectl get nodes k8s-node01.ilinux.io -o jsonpath={.spec.taints}
[map[effect:NoSchedule key:node-type value:production]]
```

需要注意的是，effect 同样是污点的核心组成部分，即便键值数据相同但效用标识不同的污点也属于两个各自独立的污点信息。例如，将上面命令中的效用标识定义为 PreferNoSchedule 再添加一次：

```
~ $ kubectl taint nodes k8s-node01.ilinux.io node-type=production:PreferNoSchedule
node/k8s-node01.ilinux.io tainted
```

删除节点上的污点仍旧可通过 kubectl taint 命令完成，但它要使用如下的命令格式，省略效用标识则表示删除使用指定键名的所有污点，否则只删除指定键名上的对应效用标识的污点。

```
kubectl taint nodes <node-name> <key>[:<effect>]-
```

例如，下面的命令可删除 k8s-node01 上 node-type 键的效用标识为 NoSchedule 的污点信息。

```
~$ kubectl taint nodes k8s-node01.ilinux.io node-type:NoSchedule-
node/k8s-node01.ilinux.io untainted
```

若要删除使用指定键名的所有污点，在删除命令中省略效用标识即能实现，例如下面的命令能删除 k8s-node01 上键名为 node-type 的所有污点。

```
~$ kubectl taint nodes k8s-node01.ilinux.io node-type-
node/k8s-node01.ilinux.io untainted
```

若期望一次删除节点上的全部污点信息，通过 kubectl patch 命令直接将节点属性 spec.taints 的值置空即可，例如下面的命令可删除 k8s-node01 节点上的所有污点。

```
~$ kubectl patch nodes k8s-node01.ilinux.io -p '{"spec":{"taints":[]}}'
node/k8s-node01.ilinux.io patched
```

需要再次提醒的是，仅使用 NoExecute 标识的污点变动会影响节点上现有的 Pod 对象，其他两个效用标识都不会影响节点上的现有 Pod 对象。

11.4.3 定义容忍度

Pod 对象的容忍度通过其 spec.tolerations 字段添加，根据使用的操作符不同，主要有两种可用形式：一种是与污点信息完全匹配的等值关系；另一种是判断污点信息存在性的匹配方式，它们分别使用 Equal 和 Exists 操作符表示。下面容忍度的定义示例使用了 Equal 操作符，其中 tolerationSeconds 用于定义延迟驱逐当前 Pod 对象的时长。

```
tolerations:
- key: "node-type"
  operator: "Equal"
  value: "production"
  effect: "NoExecute"
  tolerationSeconds: 3600
```

下面的示例中定义了一个使用存在性判断机制的容忍度，它表示能够容忍以 node-type 为键名的、效用标识为 NoExcute 的污点。

```
tolerations:
- key: "node-type"
  operator: "Exists"
  effect: "NoExecute"
  tolerationSeconds: 3600
```

实践中，若集群中的一组机器专为运行非生产型的容器应用而设置，这些机器可能随时按需上下线，那么就应该为其添加污点信息，确保能容忍此污点的非生产型 Pod 对象可以调度其上。另外，有些有着特殊硬件的节点需要专用于运行一类有此类硬件资源需求的 Pod 对象时，例如有 GPU 设备的节点也应该添加污点信息，以排除其他的 Pod 对象。

11.4.4　问题节点标识

Kubernetes 自 v1.6 版本起支持使用污点自动标识问题节点，它通过节点控制器在特定条件下自动为节点添加污点信息实现。它们都使用 NoExecute 效用标识，因此不能容忍此类污点的 Pod 对象也会遭到驱逐。目前，内置使用的此类污点有如下几个。

❑ node.kubernetes.io/not-ready：节点进入 NotReady 状态时被自动添加的污点。

❑ node.alpha.kubernetes.io/unreachable：节点进入 NotReachable 状态时被自动添加的污点。

❑ node.kubernetes.io/out-of-disk：节点进入 OutOfDisk 状态时被自动添加的污点。

❑ node.kubernetes.io/memory-pressure：节点内存资源面临压力。

❑ node.kubernetes.io/disk-pressure：节点磁盘资源面临压力。

❑ node.kubernetes.io/network-unavailable：节点网络不可用。

❑ node.cloudprovider.kubernetes.io/uninitialized：kubelet 由外部的云环境程序启动时，它自动为节点添加此污点，待云控制器管理器中的控制器初始化此节点时再将污点删除。

不过，Kubernetes 的核心组件通常都要容忍此类的污点，以确保相应的 DaemonSet 控制器能够无视此类污点在节点上部署相应的关键 Pod 对象，例如 kube-proxy 或 kube-flannel 等。

11.5 拓扑分布式调度

我们知道，根据指定的 topologyKey 将节点划分好拓扑结构是实现 Pod 间亲和与反亲和调度的关键所在，但 Pod 亲和调度仅能将相关的所有 Pod 分发到单个拓扑中，而反亲和调度则仅能在一个拓扑中部署单实例。这两种调度方式事实上是将 Pod 分布到拓扑结构中的两种特殊用例，更常规的用法是将一组 Pod 对象均匀地分布到拓扑中，这便是 Kubernetes v1.16 版引入的 PodTopologySpread 调度插件要实现的功能，该插件在 Kubernetes v1.18 版本进化至 Beta 版。

 提示　经典调度策略使用 EvenPodsSpread 预选函数和 EvenPodsSpreadPriority 优选函数协同完成 Pod 的拓扑分布式调度。

Pod 资源规范的拓扑分布约束嵌套定义在 .spec.topologySpreadConstraints 字段中，指示调度器如何基于集群中已有 Pod 放置待调度的 Pod 实例。

- ❑ topologyKey <string>：拓扑键，用来划分拓扑结构的节点标签，在指定的键上具有相同值的节点归属为同一拓扑；必选字段。
- ❑ labelSelector <Object>：Pod 标签选择器，用于定义该 Pod 需要针对哪类 Pod 对象的位置来确定自身可放置的位置。
- ❑ maxSkew <integer>：允许 Pod 分布不均匀的最大程度，即可接受的当前拓扑中由 labelSelector 匹配到的 Pod 数量与所有拓扑中匹配到的最少 Pod 数量的最大差值，可简单用公式表示为 max(count(current_topo(matched_pods))-min(topo(matched_pods)))，其中的 topo 是表示拓扑关系的伪函数名称。
- ❑ whenUnsatisfiable <string>：拓扑无法满足 maxSkew 时采取的调度策略，默认值 DoNotSchedule 是一种强制约束，即不予调度至该区域；而另一可用值 Schedule-Anyway 则是柔性约束，无法满足约束关系时仍可将 Pod 放入该拓扑中。

以如图 11-14 中的示例为例，假设 foo 和 bar 两个 zone 中的 Pod 均为由 labelSelector 匹配的 Pod 对象，于是 Pod 当前的分布模型为 [2,1,0]。以 foo 区域为例，将图中的配置规范所属的 Pod 调度至该区域时，则当前区域可由 labelSelector 匹配到的 Pod 数量为 3，而所有区域中可由同一个 labelSelector 匹配到的 Pod 数量最少的 baz 区域数量是 0，因而 Skew 的值为 3，这违反了 maxSkew 的定义，根据 whenUnsatisfiable 的默认值，该 Pod 将无法放入该拓扑。类似地，调度至 bar 区域时 Skew 的值为 2，而调度至 baz 区域时 Skew 的值为 0，因而此时仅 baz 一个区域可满足约束条件，这是该 Pod 唯一可放入的拓扑。显然，若 maxSkew 的值为 2，则 bar 和 baz 都是该 Pod 能够放入的拓扑。

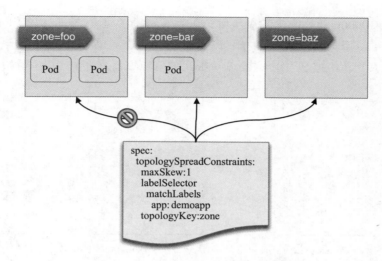

图 11-14　Pod 拓扑分布式调度示例

　　事实上，我们还可以在 Pod 规范上同时使用多个 PodTopologySpread 约束以实现 Pod 在多级拓扑间的均匀分布。例如，第一级约束负责将 Pod 分布在多个机架上，而第二级约束负责将 Pod 在每个机架上均匀分布到多个主机上等，甚至使用类似于 region/zone/rack/host 等多级约束等。

　　进一步地，在 Pod 上结合使用 Node 亲和调度（NodeSelector 或 NodeAffinity），我们还能用 PodTopologySpread 让 Pod 在某一类型节点上的特定拓扑间均匀分布，而不再是默认的集群中的所有节点。例如，我们可选择将某工作负载分布于不具有 GPU 设备的节点所属的某特定拓扑中等。

11.6　Pod 优先级与抢占

　　调度器框架内置的 QueueSort 扩展点允许注册调度器队列排序的插件，注册到该扩展点的内置插件是 PrioritySort，它根据 Pod 资源规范中由 spec. priorityClassName 字段指定的 PriorityClass 所属的优先级进行排序，从而优先调度级别最高的 Pod 对象。对于优先级别相同 Pod，则根据其进入队列的时间戳执行先进先出逻辑。

　　未能找到可满足待调度 Pod 运行要求的节点时，调度器会将该 Pod 转入 Pending 状态并为其启动"抢占"过程，调度器会在集群中尝试通过删除某节点上的一个或多个低优先级的 Pod，让节点能够满足待调度 Pod 的运行条件，并将待调度 Pod 与该节点绑定。但是，若在等待驱逐完成的过程中出现了其他可用节点，则调度器将待调度 Pod 绑定至该可用节点。

　　Pod 优先级使用 32 位的非负整数表示，可用值范围为 [0,1000000000]，值越大优先级越高，而大于 1000000000 的优先级预留给了系统级的关键类 Pod，以防止这些 Pod 被驱逐。Kubernetes 使用集群级别的 API 资源类型 PriorityClass 完成从优先级到名称的映射，并可由 Pod 在其规范中按名引用。PriorityClass 的资源规范及简要使用说明如下：

```
apiVersion: scheduling.k8s.io/v1    # 资源隶属的 API 群组及版本
kind: PriorityClass                 # 资源类别标识符
metadata:
  name <string>                     # 资源名称
value   <integer>                   # 优先级，必选字段
description  <string>               # 该优先级描述信息
globalDefault <boolean>             # 是否为全局默认优先级
preemptionPolicy  <string>  # 抢占策略，Never 为禁用，默认为 PreemptLowerPriority
```

 提示 若集群上存在多个设定了全局默认优先级的 PriorityClass 对象，仅优先级最小的会生效。

完整的 Kubernetes 集群除了 API Server、Controller Manager、Scheduler 和 etcd 等核心组件以外还有一些至关重要的组件，例如 metrics-server、CoreDNS 和 Dashboard 等，这些组件以常规 Pod 形式运行在集群节点上，以免于被驱逐。为此，Kubernetes 默认直接附带了 system-cluster-critical 和 system-node-critical 两个特殊的 PriorityClass 以供这类 Pod 使用，前者的优先级为 2000000000，而后者有着更高的优先级 2000001000，它们都位于系统预留的优先级范围内。

下面的配置清单示例（priorityclass-demo.yaml）中定义了一个未禁用抢占机制的 priorityclass/demoapp-priority 资源，它仅用于为 demoapp Service 相关的 Pod 提供优先级配置。

```
apiVersion: scheduling.k8s.io/v1
kind: PriorityClass
metadata:
  name: demoapp-priority
value: 1000000
globalDefault: false
description: "Should be used for demoapp service pods only."
preemptionPolicy: PreemptLowerPriority
```

若期望全局禁用优先级抢占功能，需要编辑 kube-scheduler 的 KubeSchedulerConfiguration 配置，设定 DisablePreemption 参数的值为 true。不过，Kubernetes 自 v1.15 版本起也支持在单个 PriorityClass 对象上设定 preemptionPolicy 的值为 Never 来禁用资源级别的优先级抢占机制，但截至目前的 v1.19 版本，该功能仍处于 alpha 级别，需要在 kube-scheduler 启用 NonPreemptingPriority 功能才能被支持。当集群资源紧张时，关键 Pod 需要依赖调度程序

抢占功能才能完成调度，所以不建议全局禁用抢占功能，而在 PriorityClass 级别的抢占禁止就显得格外有用了。

11.7 本章小结

本章讲解了 Kubernetes Scheduler 的基本工作逻辑，并详细讲解了几种高级调度功能的使用方法。

❑ 经典调度策略：经过预选、优选、选定和绑定等步骤完成 Pod 调度，仅支持 Predicate、Priority 和 Bind 扩展点，且必须先由 default-scheduler 调度后才能生效。

❑ 调度框架：支持 QueueSort、PreFilter、Filter、PostFilter、PreScore、Score、Reserve、PreBind、Bind 和 Unreserve 等扩展点，将内置的预选函数和优选函数全部实现为调度插件，并支持用户自定义插件。

❑ NodeAffinity 可用于让 Pod 选择期望运行的节点或节点类型。

❑ PodAffinity 与 PodAntiAffinity 可用于在指定的拓扑中以特定的要求放置 Pod。

❑ PodSpreadContraints 允许在指定的拓扑间均匀地分布 Pod，是更具一般性的分布形式，支持多重约束，并能结合 PodAffinity 实现更灵活的分布机制。

❑ 污点给节点提供了主动排斥 Pod 对象的方式，仅那些可以容忍节点污点的 Pod 可运行在相关节点之上。

❑ 优选级和抢占功能为优化集群资源利用率、确保更重要工作负载的运行提供了可行性。

Kubernetes 系统扩展

Kubernetes 功能强大且原生支持多种扩展机制：一是内部组件 API Server 支持基于 Webhook 的认证、授权和准入控制扩展、CRD、自定义控制器，甚至是自定义的 API Server；二是 kubelet 支持的 CNI、CRI、CSI 和 Device Plugins；三是调度器基于调度框架支持的调度插件扩展等，另外还及 Service Catalog，以及自定义控制器和 Operator 等，这类扩展可概括为能够与 Kubernetes 深度集成且扩展了其功能的软件程序。另一方面，消除集群的单点以实现集群高可用是将 Kubernetes 部署到生产环境时必然要求。本章主要介绍 CRD、自定义控制器及控制平面高可用等相关的话题。

12.1 CRD

尽管 Kubernetes API 内置的众多功能性基础资源类型能解决多数场景中的应用编排需求，但也存在需要专用或更高级别资源抽象的需求，例如将特定应用的管理逻辑转换为与 Kubernetes API 兼容的资源格式，或者把 Kubernetes 的多个标准资源对象合并为一个单一、原子的、更高级别的资源抽象等。这类的 API 扩展抽象需要兼容 Kubernetes API 的基本特性，例如支持 kubectl 管理工具、CRUD 及 watch 机制、标签、etcd 存储、认证、授权、RBAC 及审计等，从而为用户提供一个风格一致的管理接口，使得用户可将精力集中在构建业务逻辑本身。

目前，扩展 Kubernetes API 的常用方式有 3 种：使用 CRD 自定义资源类型、开发自定义的 API Server 并聚合至主 API Server，以及定制扩展 API Server 源码。其中，CRD 最为易用但限制颇多，自定义 API Server 更富于弹性但代码工作量偏大，仅在必须添加新的核心类型才能确保专用的 Kubernetes 集群功能正常，才应该定制系统源码。

如第 3 章所述，我们可以把 Kubernetes API Server 看作是一个 JSON 方案的数据库存储系统，它内置了众多数据模式（资源类型）。从这个角度进行类比，CRD 就像是由用户为 Kubernetes 存储系统提供的自定义数据模式，用户可基于这些模式实例化数据项，且从用户的角度来看，它们与内置的数据模式几乎没有区别。

CRD 并非用来取代 Kubernetes 的原生资源类型，而是作为一种更为灵活、高级、简单易用的自定义 API 资源的补充方式。虽然目前在功能上仍存在着不少的局限，但对于大多数的需求场景而言，CRD 的表现已经足够好，因此在满足需求的前提下是首选的 API 资源类型扩展方式。

12.1.1　CRD 基础应用

CRD 自 Kubernetes v1.7 版引入，并自 v1.8 版本起完全取代其前身 TPR（ThirdParty-Resources），它的设计目标是无须修改 Kubernetes 源代码即可使用新的自定义 API 资源类型。CRD 自身也是一种资源类型，但该资源类型实例化出的资源对象会被视作一种新的自定义资源类型（可隶属于集群或名称空间级别），并会在 API 上注册生成 GVR 类型 URL 端点。因而，对于 CRD 规范创建出新的资源类型（CR）来说，用户可根据该资源类型规范再创建出资源对象，如图 12-1 所示。只不过，前者通常由集群管理员或某特定项目进行维护，而后者则由集群用户使用，例如此前部署的 CNI 项目 Calico 就通过 CRD 将其 API 映射为 Kubernetes 的 API 资源。

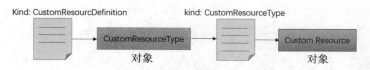

图 12-1　创建自定义资源类型及自定义类型对象

Kubernetes 自 1.9 版本起支持为 CRD 定义验证机制，以定义 CRD 可用有效字段等，这在将设计的自定义资源公开应用时非常重要。自定义资源使用 OpenAPI 模式声明验证规则，该模式是 JSON 模式的子集，这说明，OpenAPI 规范并不能支持 JSON 规范的所有功能，而 CRD 验证也不能支持 OpenAPI 规范的所有功能，但对大多数情况来说已经足够使用。

CRD 隶属于集群级别，创建出来的自定义资源类型的作用域（scope）可属于集群级别，也可仅作用于名称空间。下面是 CRD 资源规范 v1 版本的基础格式和简要说明。

```
apiVersion: apiextensions.k8s.io/v1        # API 群组和版本
kind: CustomResourceDefinition             # 资源类别
```

```
metadata:
  name <string>                      # 资源名称
spec:
  conversion <Object>               # 定义不同版本间的格式转换方式
    strategy <string>              # 不同版本间的自定义资源转换策略，有 None 和 Webhook 两种取值
    webhook <Object>               # 设置如何调用 Webhook
group <string>                       # 资源所属的 API 群组
names <Object>                       # 自定义资源的类型，即该 CRD 创建资源规范时使用的 kind
  categories <[]string>            # 资源所属的类别编目，例如 kubectl get all 中的 all
  kind <string>                    # kind 名称，必选字段
  listKind <string>                # 资源列表名称，默认为 "'kind'List"
  plural <string>                  # 复数形式，用于设置 API 路径
  '/apis/<group>/<version>/.../<plural>'
  shortNames <[]string>            # 该资源的 kind 的缩写格式
  singular <string>                # 资源 kind 的单数形式，必须使用全小写字母，默认为小写的 kind 名称
preserveUnknownFields <boolean>      # 预留的非知名字段，kind 等都是知名的预留字段
scope <string>                       # 作用域，可用值为 Cluster 和 Namespaced
versions <[]Object>                  # 版本号定义
  additionalPrinterColumns <[]Object>   # 需要返回的额外信息
  name <string>                    # 形如 vM[alphaN|betaN] 格式的版本名称，例如 v1 或 v1alpha2 等
  schema <Object>                  # 该资源的数据格式（schema）定义，必选字段
    openAPIV3Schema <Object>      # 用于校验字段的 schema 对象，格式请参考相关手册
  served <boolean>                 # 是否允许通过 RESTful API 调用该版本，必选字段
  storage <boolean>                # 将自定义资源存储在 etcd 中时是不是使用该版本
  subresources <Object>            # 子资源定义
    scale <Object>                 # 启用 scale 子资源，通过 autoscaling/v1.Scale 发送负荷
    status <map[string]>           # 启用 status 子资源，为资源生成 /status 端点
```

下面的示例清单（crd-v1-user.yaml）定义了一个名为 users.auth.ilinux.io 的 CRD 资源对象，它隶属于 auth.ilinux.io 群组，仅支持 v1alpha1 一个版本，作用域为名称空间，资源类型名称为 User，支持 users 这一复数形式和 u 这一简写形式。

```
apiVersion: apiextensions.k8s.io/v1
kind: CustomResourceDefinition
metadata:
  name: users.auth.ilinux.io
spec:
  group: auth.ilinux.io
  names:
    kind: User              # 资源类型标识符
    plural: users           # 复数形式
    singular: user          # 单数形式
    shortNames:             # 简写格式
    - u
  scope: Namespaced
  versions:
  - served: true
    storage: true
    name: v1alpha1
```

```
    schema:                         # 该自定义资源类型下的数据格式定义
      openAPIV3Schema:
        type: object                # 仅要注册其数据为对象格式，并未限制具体可用的字段及取值等
        properties:                 # 支持的字段，仅定义了一个 spec 字段
          spec:                     # 该 CRD 支持的 spec 字段的定义
            type: object            # spec 的数据类型
            properties:             # spec 可内嵌的字段
              userID:               # 内嵌字段 1
                type: integer       # 字段的数据类型
                minimum: 1
                maximum: 65535
              groups:               # 内嵌字段 2
                type: array
                items:              # 列表项格式定义
                  type: string      # 列表项的数据类型
              email:                # 内嵌字段 3
                type: string
              password:             # 内嵌字段 4
                type: string
                format: password    # 密码格式的数据
            required: ["userID","groups"] # 指定上述字段中的必选字段
```

 提示　OAS（OpenAPI Specification）规范为 RESTful API 提供了一个语言无关的标准接口，以帮助计算机或人无须阅读源代码即可发现和理解服务的功能。CRD 使用它来明确自定义资源的规范，具体的使用格式请参考 Swagger 站点上的文档，相关主页地址为 https://swagger.io/specification/。

将清单中的 CRD 资源创建到集群中便会生成一个 CRD 格式的自定义资源对象，该自定义资源对象同时代表着一种新的资源类型，它的类型（kind）标识为 User。

```
~$ kubectl apply -f crd-v1-user.yaml
customresourcedefinition.apiextensions.k8s.io/users.auth.ilinux.io created
~$ kubectl get users -n default
No resources found in default namespace.
```

显然，User 已然是一个名称空间级别的可用资源类型，它位于 API 群组 auth.ilinux.io/v1alpha1 之中，用户可根据该资源类型的数据方案（schema）创建出任意数量的 User 类型资源对象。下面就是一个 User 资源清单，它定义了一个名为 admin 的 User 对象。

```
apiVersion: auth.ilinux.io/v1alpha1
kind: User
metadata:
  name: admin
  namespace: default
spec:
```

```
userID: 1
email: mage@magedu.com
groups:
- superusers
- adminstrators
password: ikubernetes.io
```

资源创建完成后即可使用 User 作为类型标识，并使用 kubectl 命令进行资源对象的管理，包括查看、删除、修改等操作。例如，将清单中的自定义资源创建到名称空间中，而后使用类似如下命令获取相关状态信息：

```
~$ kubectl apply -f user-crd-demo.yaml
user.auth.ilinux.io/admin created
~$ kubectl get users/admin
NAME        AGE
admin       3s
```

根据 API 对象 GVR 格式的 URL 规范，它的对象在 API 上的 URL 路径前缀为 /apis/auth.ilinux.io/v1beta1/namespace/NS_NAME/users/，因此 User 资源对象 admin 的引用路径为 /apis/auth.ilinux.io/v1beta1/namespaces/default/users/admin，如下面的命令结果所示。

```
~$ kubectl get users/admin -o jsonpath={.metadata.selfLink}
/apis/auth.ilinux.io/v1alpha1/namespaces/default/users/admin
```

由此可见，基于 CRD 创建的自定义资源类型下的自定义资源与 API Server 内置资源类型在使用和管理接口上保持了一致的使用体验。

12.1.2 打印字段与资源类别

自从 Kubernetes 1.11 版本开始，kubectl 应用了服务器侧对象信息打印机制，这意味着将由 API Server 决定 kubectl get 命令结果会显示哪些字段。定义 CRD 资源规范时，我们可在 spec.additionalPrinterColumns 中嵌套定义计划在对象的详细信息中要打印的字段列表。下面的配置清单片段定义了要为 User 类型的对象显示相关的 4 个字段。

```
spec:
  versions:
  - ......
    additionalPrinterColumns:
    - name: userID
      type: integer
      description: The user ID.
      jsonPath: .spec.userID
    - name: groups
      type: string
      description: The groups of the user.
      jsonPath: .spec.groups
```

```
    - name: email
      type: string
      description: The email address of the user.
      jsonPath: .spec.email
```

将上面的资源清单片段合并至前面定义的 CRD 对象 User 配置清单的 spec.versions[0] 字段中，重新应用到集群中并确保其生效即可，通过 kubeclt get 命令测试生效结果。

```
~$ kubectl get users
NAME     USERID    GROUPS                          EMAIL
admin    1         [superusers adminstrators]      mage@magedu.com
```

显然，让用户在自定义的 User 资源中使用 password 字段以明文格式保存敏感的密码信息并非好的选择，生产实践中，敏感信息应该使用 Secret 对象保存密钥信息，并在自定义资源对象中进行引用。

而资源类别是 Kubernetes 自 v1.10 版本引入的一种以分组形式组织自定义资源的方法，在定义 CRD 对象时为其指定一个或多个类别，便能够通过 kubectl get <category-name> 命令列出该类别中的所有自定义资源对象，all 是一个常用的内置资源类别。例如，为前面定义的 CRD 对象 users 的 spec.names 字段中额外内嵌如下配置，便能使得 users 资源类型下的所有对象隶属于 all 类别。

```
spec:
  names:
    categories:
    - all
```

categories 字段的值是自定义资源所属的分组资源列表。而后，创建的所有 users 对象都能够通过 kubectl get all 命令获取。

```
~$ kubectl get all
......
NAME                        USERID        GROUPS                           EMAIL
user.auth.ilinux.io/admin   1      [superusers administrators]      mage@magedu.com
```

12.1.3　CRD 子资源

可能有读者已经注意到，前面自定义资源 User/admin 在其详细状态信息输出中没有类似核心资源的 status 字段，该字段是一种用于保存对象当前状态的子资源。我们知道，在 Kubernetes 系统的声明式 API 中，status 字段由 Kubernetes 系统自行维护，相关的控制器在调谐循环中持续与 API Server 进行通信，并负责确保 status 字段中的实际状态匹配 spec 字段中定义的期望状态。

Kubernetes 在 v1.10 版本之前，自定义资源的 API 端点并不区分 spec 和 status 字段，而自 v1.10 版本起，自定义资源开始支持通过 /status 子资源的方式提供对象的当前状态，虽然它仍然不会直接将获取的状态信息显示在命令结果输出中，但客户端可通过对象的子 URL 路径来获取状态信息。此特性在 v1.16 版本中已经升级至 stable 级别。

在 CRD 中为自定义资源启用 status 字段的方式非常简单，我们只需要在相应的 versions 中内嵌空值的 subresources.status 字段即可，内部相关的字段则由系统自行维护，用户无须提供任何额外配置。它的使用格式如下：

```
spec:
  versions:
  - ......
    subresources:
      status: {}
```

完整的代码保存在 crd-v1-user-with-status.yaml 文件中，以 kubectl apply 命令将其合并至集群上的 CRD 对象 users 之上以完成活动对象的修改，如此即可在其实例化出的对象上通过 /status 获取状态信息。以 User/admin 资源为例，它的状态信息无法直接通过资源规范中的 .status 字段获取，但能够通过子资源的 URL 路径 /apis/auth.ilinux.io/v1alpha1/namespaces/default/users/admin/status 加以引用，如下面的命令及结果所示。

```
~$ kubectl get --raw="/apis/auth.ilinux.io/v1alpha1/namespaces/default/users/admin/status" | jq .
{
  "apiVersion": "auth.ilinux.io/v1alpha1",
  "kind": "User",
  ......
}
```

我们知道，Kubernetes 的声明式 API 上业务逻辑的实现依赖资源相关的控制器代码，而当前集群上并没有任何控制器负责通过调谐循环获取各 users 资源的实时状态并存储在 status 字段中，因而，users 活动对象状态的非计划内变动既不能实时反映到其 status 中，也不会自动向 spec 定义的期望状态逼近。

事实上，如果有相应的资源控制器维护自定义资源类型时，我们还可在配置自定义资源对象时通过 scale 子资源和 status 子资源协同，实现类似 Deployment 或 StatefulSet 等控制器作用下的对象规模自动伸缩功能。scale 子资源的定义格式如下：

```
spec:
  versions:
  - ......
    subresources:
      status: {}
      scale:
        labelSelectorPath <string>      # 自定义资源中用于判断资源规模的标签选择器字段
```

```
        specReplicasPath <string>        # 用于定义资源副本数的字段
        statusReplicasPath <string>      # 保存在当前副本数的字段
```

需要注意的是，scale 字段必须与 status 字段一起使用，由控制器通过 status 获取对象当前的副本数量，并与 spec 字段内嵌套的用于指定副本数量的字段（例如常用的 replicas）进行比较来确定其所需要执行的伸缩操作，而后将伸缩操作的结果更新至 status 字段中。上面配置格式中，scale 的各内嵌字段的详细功用说明如下。

- ❏ labelSelectorPath　<string>：可选字段，但若要与 HPA 结合使用则是必选字段，用于引用 status 中的标签选择器字段，jsonPath 格式，例如 .status.labelSelector；
- ❏ specReplicasPath　<string>：引用定义在 spec 中表示期望的副本数量的字段，jsonPath 格式，例如 .spec.replicas。
- ❏ statusReplicasPath　<string>：引用保存在 status 中表示对象当前副本数量的字段，jsonPath 格式，例如 .status.replicas。

为某 CRD 资源定义 scale 子资源后，即可实例化出支持规模伸缩的自定义资源对象。但必须存在一个相应的资源控制器来持续维护相应自定义资源对象，以确保其当前状态匹配期望的状态。满足条后，使用 kubectl scale 命令就能完成对自定义资源对象的扩缩容操作。

12.1.4　CRD v1beta1 版本

CRD API 目前仍支持 v1beta1 版本，该版本同 v1 有着不小的差异，其中显著区别是 v1beta1 可使用 version 字段直接给定单个版本号标识，也可使用 versions 定义支持多版本，但 v1beta1 版本并不强制要求明确指定自定义资源规范中的各字段，即便要定义，它也是通过独立的 .spec.validation 字段进行。下面的示例是以 v1beta1 API 重新定义的 crd/users 资源，其中的 validation 和 additionalPrinterColumns 为可选字段。

```
apiVersion: apiextensions.k8s.io/v1beta1
kind: CustomResourceDefinition
metadata:
  name: users.auth.ilinux.io
spec:
  group: auth.ilinux.io
  version: v1alpha1        # 单一版本标识
  versions:                # 多版本标识
  - name: v1alpha1
    served: true
    storage: true
  names:
    kind: User
    plural: users
    singular: user
```

```
      shortNames:
      - u
    scope: Namespaced
    validation:                      # 由 version 标识的版本数据方案
      openAPIV3Schema:
        properties:
          spec:
            properties:
              userID:
                type: integer
                minimum: 1
                maximum: 65535
              groups:
                type: array
              email:
                type: string
              password:
                type: string
                format: password
            required: ["userID","groups"]
    additionalPrinterColumns:        # 可由 kubectl get 打印的其他字段
    - name: userID
      type: integer
      description: The user ID.
      JSONPath: .spec.userID
    - name: groups
      type: string
      description: The groups of the user.
      JSONPath: .spec.groups
    - name: email
      type: string
      description: The email address of the user.
      JSONPath: .spec.email
    subresources:                    # 子资源定义
      status: {}
```

截至目前，大多数应用在其内置的部署清单中仍然使用 apiextensions.k8s.io 这一 API 群组的 v1beta1 版本，包括 Calico 项目等。

12.2 自定义 API Server

扩展 Kubernetes 系统 API 资源类型的另一种常用办法是自定义 API Server。相比 CRD 来说，自定义 API Server 更加灵活，例如可以自定义资源类型和子资源、自定义验证及其他逻辑，甚至在 Kubernetes 主 API Server 中实现的任何功能也都能在自定义 API Server 中实现。

12.2.1 自定义 API Server 运行机制

自定义 API Server 完全可以独立运行，客户端通过其服务端点即可直接进行访问，但最为方便的方式是将它与主 API Server（kube-apiserver）聚合在一起，这样既能使得构建出的 API 接口更加规范整齐，从而利用 Kubernetes 原生的认证、授权和准入控制机制，集群中的多个 API Server 看起来好像是由单个服务器提供服务，而且无须特殊逻辑来发现不同的 API Server。自 Kubernetes v1.7 版本起，kube-apiserver 提供了聚合自定义 API Server 的组件 kube-aggregator，并内置在主 API Server 之中，作为其进程的一部分运行，如图 12-2 所示。

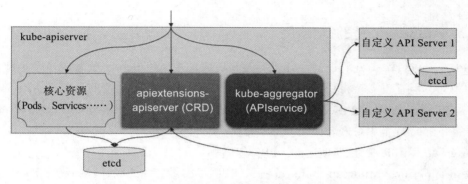

图 12-2 自定义 API 服务器及 APIService 资源

开发自定义 API Server 相对于 CRD 和自定义控制器来说要复杂得多，Kubernetes 为此提供了构建、聚合 API Server 的通用库 apiserver，它包含了用于创建 Kubernetes 聚合服务器的基础代码，其中包含委派的 authentication 和 authorization，以及与 kubectl 兼容的发现机制、可选的许可控制链（admission chain）和版本化类型（versioned type）等。因而，Kubernetes 提供了一个示例性的项目的 sample-apiserver，同时提供了一个名为 Apiserver Builder 的完整开发框架。

APIService 资源对象是将自定义 API Server 聚合到主 API Server 的接口，它负责在主 API Server 上注册一个 URL 路径，例如 /apis/auth.ilinux.io/v1alpha1/ 等，从而使得 kube-aggregator 将发往这个路径的请求代理至相应的自定义 API Server。每个 APIService 对应一个 API 群组版本，而群组不同版本的 API 可以由不同的 APIService 对象支持，如图 12-3 所示。

但创建自定义 API Server 需要编写大量代码，而且每个自定义的 API Server 需要自行管理使用存储系统，如图 12-2 所示，自定义 API Server 可使用自有的 etcd 存储服务，也可通过 CRD 将资源数据存储在主 API Server 的存储系统中，但这种场景需要事先创建依赖到的所有自定义资源。除非特别需要创建自定义的 API Server，否则建议读者还是选择使用 Kubebuilder，直接基于 CRD 和自定义控制器进行系统扩展。

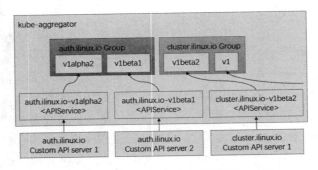

图 12-3　Kubernetes 聚合层及其聚合方式

12.2.2　APIService 资源与应用

APIService 资源类型的最初设计目标是将庞大的主 API Server 分解成多个小型但彼此独立的单元，但它也支持将任何遵循 Kubernetes API 接口设计规范的自定义 API Server 聚合进主 API Server 中。APIService 是标准的 API 资源类型，它隶属于 apiregistration.k8s.io 资源群组，Spec 规范中可嵌套使用如下字段。

- ❑ group \<string>：注册使用的 API 群组名称。
- ❑ groupPriorityMinimum \<integer>：API 群组的最低优先级，较高优先级的群组将优先被客户端使用；数值越大优选级越高，数值相同时按名称字符排序。
- ❑ version \<string>：注册的 API 群组的版本。
- ❑ versionPriority \<integer>：当前版本在其所属的 API 群组内的优先级；必须使用正整数数值，数值越大优先级越高，数值相同时按名称字符排序。
- ❑ service \<Object>：自定义 API Server 相关的 Service 对象，是真正提供 API 服务的后端，它必须通过 443 端口进行通信。
- ❑ caBundle \<string>：PEM 编码的 CA 打包信息，用于验证 APIService 的服务证书。
- ❑ insecureSkipTLSVerify \<boolean>：与此服务通信时是否禁止 TLS 证书认证。

下面的配置清单示例取自 sample-apiserver 项目，它定义了一个名为 v1alpha1.wardle.example.com 的 APIService 对象，它负责将运行在 wardle 名称空间中的自定义 API Server 进行聚合，该 API Server 的固定访问入口由名为 api 的 Service 对象进行定义。

```
apiVersion: apiregistration.k8s.io/v1
kind: APIService
metadata:
  name: v1alpha1.wardle.example.com
spec:
  insecureSkipTLSVerify: true
  group: wardle.example.com
```

```
    groupPriorityMinimum: 1000
    versionPriority: 15
    service:
      name: api
      namespace: wardle
    version: v1alpha1
```

APIService 仅用于将 API Server 进行聚合，真正提供服务的是相应的外部 API 服务器，这个自定义服务器通常以 Pod 形式托管运行在当前 Kubernetes 集群之上。于是，在 Kubernetes 集群上部署自定义 API Server 主要有两步：将服务器应用以 Pod 形式运行在集群之上并为其创建 Service 对象，而后创建一个专用的 APIService 对象与主 API Server 完成聚合。

以 sample-apiserver 为例，它以 wardle 名称空间为基础，使用 Deployment 控制器编排自定义的 API Server 应用，并由名为 api 的 Service 向外提供服务的固定访问端点，以便于 APIService 对象加以引用，完成 API 聚合。相应的部署清单示例位于 sample-apiserver 项目仓库的 artifacts/example/ 目录下，我们将 sample-apiserver 项目的仓库克隆至本地，直接将该目录中的部署清单应用到本地集群之上即可进行测试。

```
~$ git clone https://github.com/kubernetes/sample-apiserver.git
~$ kubectl apply -f sample-apiserver/artifacts/example/
```

待 wardle 名称空间下名为 wardle-server 的 Pod 就绪后，即可通过如下命令验证由 sample-apiserver 提供的新 API 群组 wardle.example.com 中的可用资源列表。

```
~$ kubectl api-resources --api-group=wardle.example.com
NAME      SHORTNAMES            APIGROUP           NAMESPACED      KIND
fischers                        wardle.example.com  false           Fischer
flunders                        wardle.example.com  true            Flunder
```

这些由自定义 API Server 添加的资源类型的使用方式与内置的资源类型并无区别，但具体实现的功能和配置格式则取决于程序的定义。上面的部署示例中，wardle-server 将自身提供的资源的相关数据保存在 etcd 中，这两个应用同时运行在单个 Pod 之中。但生产实践中，建议使用独立的外置 etcd 集群来提供数据存储服务。

事实上，sample-server 是一个较为重量级的实现，可完全运行为独立的 API 服务器，支持认证、授权和准入控制等功能。若仅希望构建一个用于扩展目的的 API Server，则建议使用 apiserver-builder 项目来完成，它是一款用于生成 apiserver、客户端库和安装程序的完整框架。另外，如果仅是为 Kubernetes 添加一些新的资源类型，强烈建议使用 Kubebuilder 项目，以 CRD 和自定义控制器的形式进行。

12.3 控制器与 Operator

仅借助 CRD 或自定义 API Server 自定义出资源类型通常并不能为用户带来太多价值，因为资源类型本身仅提供了 JSON 格式的数据范式及存取相关数据的能力，至于如何执行数据相关的业务逻辑，时刻确保将资源对象 Status 中的实际状态接近 Spec 中的期望状态，则是由封装在控制器中的代码实现。相应地，为自定义资源提供业务逻辑代码的控制器通常需要由用户自行开发，因而也被称作自定义控制器。进一步来说，封装了相关资源复杂运维逻辑的控制器通常被称为 Operator，是由 CoreOS 于 2016 年引入到 Kubernetes 中的概念。

12.3.1 自定义控制器的工作机制

我们知道，控制器注册并持续监视资源状态的变动，必要时还会执行相应的业务代码以确保资源对象的实际状态与期望状态相吻合，自定义控制器同样担负着类似的职责。但是，一个特定的控制器通常仅负责管理特定的一部分资源类型，并执行专有管理逻辑。下面的一段伪代码给出了最简单的控制循环实现。

```
for {
  desired := getDesiredState()      # 获取资源对象的期望状态
  current := getCurrentState()      # 获取当前的实际状态
  makeChanges(desired, current)     # 执行操作，让当前状态符合期望状态
}
```

Kubernetes 系统内置了许多控制器，例如 NodeController、Deployment、DaemonSet 和 ServiceController 等，它们打包成单个二进制程序 kube-controller-manager 并统一运行在同一个守护进程中。结合 Kubernetes 的声明式 API，这些控制器基本都遵循同一种机制完成资源管理操作，该处理机制通常可由声明式 API、异步处理模式和水平触发 3 种特性进行描述。

- ❑ 声明式 API：用户定义期望的状态而非要执行的特定操作，具体的业务逻辑由控制器通过相应的业务代码完成。
- ❑ 异步处理：客户端的请求在 API Server 存储完成即返回成功信息，而无须等待控制器运行调谐循环。
- ❑ 水平触发（level trigger）：同一对象有多次变动事件待处理时，控制器仅需要处理其最新一次变动，即仅依赖当前状态。

 提示 与水平触发对应的是"边缘触发"（edge trigger），该触发模式中，系统既依赖资源的当前状态，也依赖过去的状态；若系统错过了某个事件（即"边缘"），则必须重新执行该事件才能恢复系统。

为了完成水平触发机制，控制器通过 Informer 注册监视目标资源类型下所有对象的实际状态，并与相关对象各自期望的状态相比较，创建、删除或更新等相关的事件会发往控制器的 Workqueue，再由控制器中相关事件类型的函数进行处理。换句话说，控制器主要包含 Informer/SharedInformer 和 Workqueue 两个重要组件，前者负责注册监视资源对象当前状态的变动，并将相应事件发送至后者，最后由控制器的 worker 从 Workqueue 中取出事件交给控制器中业务逻辑相关的代码进行处理，如图 12-4 所示。

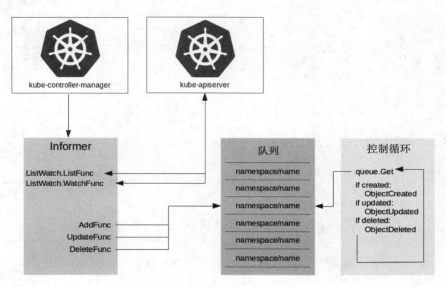

图 12-4　处理器事件流动示意图

自定义控制器实现自定义资源管理行为的最佳方法同样是遵循此类控制器模式进行程序开发，Kubernetes 为此提供了一个专用的开发库 client-go。目前，该开发库中的大部分开发接口都是基于 Go 语言实现，Informer 和 Workqueue 相关代码分别位于客户端库的 client-go/go/tools/cache 和 client-go/util/workqueue 目录中。图 12-5 显示了客户端库中的各组件如何工作，以及各组件与自定义控制器代码的相关交互点。

client-go 组件其实就是一个带有本地缓存和索引机制的 API Server 客户端，是自定义控制器同 API Server 进行数据同步的重要组件。借助 Reflector（反射器）中的 ListAndWatch 函数，Informer 首先通过 API Server 中的 Listing API 获取注册筛选出的所有 API 对象，并由 Indexer（索引器）索引后缓存到本地，而后经由 Watching API 监视这些对象的变动事件并同步实时更新本地缓存，同时向自定义控制器调用 Resource Event Handler 来处理相关的资源变动事件。为确保缓存的有效性，Informer 需要以 resyncPeriod 为周期强制更新本地缓存。下面是由 client-go 客户端库所提供的各关键组件的功能说明。

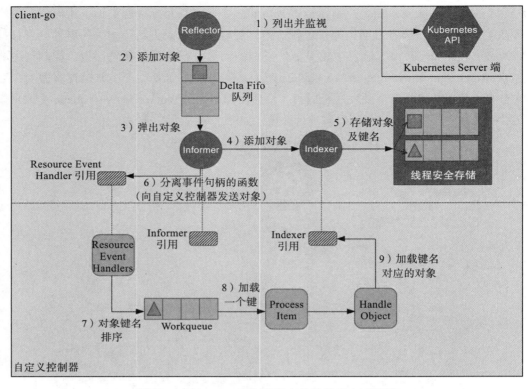

图 12-5 client-go 客户端库中的组件及交互逻辑

- Reflector：反射器（client-go/tools/cache/reflector.go），负责通过 ListAndWatch 函数监视 Kubernetes API 中指定类型的资源对象；收到 API Server 的资源变动通知时，Reflector 基于 Listing API 获取资源变动信息，并放置在由 watchHandler 函数定义的 Delta FIFO 队列中。

- Informer：基于 processLoop 从 Delta FIFO 队列中取出（POP）对象缓存至本地，同时调用控制器以便将对象传递给它。

- Indexer：索引器（client-go/tools/cache/index.go），负责索引那些缓存在本地的资源对象。它支持多个不同的索引函数，默认使用的 MetaNamespaceKeyFunc 函数基于资源对象的名称及其名称空间，以 <namespace>/<name> 为格式构建索引 key，但集群级别的资源对象的 Key 仅具有 <name> 部分。

自定义控制器调用 Informer（Informer Reference）注册并监听目标资源类型，同时向 Informer 提供 Resource Event Handler 回调函数，以接收待处理对象的索引并存入 Workqueue，随后执行自定义的资源对象业务逻辑代码（定义在图 12-5 的 Process Item 处）完成实际的处理过程，从而实现控制循环。有些资源变动相关操作仅根据资源对象的 key

即能完成，例如删除操作等，但有些操作可能还要用到资源具体的规范及当前状态信息等，这时还需要调用 Indexer（Indexer Reference）从 client-go 的本地缓存中检索并获取资源对象的相关数据。下面是应该由程序员编写代码提供的各组件及其功能的简要说明。

- ❑ Resource Event Handler：Informer 需要传递对象给自定义控制器时调用的回调函数，由用户自行编写，负责从 Informer 接收待处理资源对象的 key，并存入 Workqueue 以便进一步处理。
- ❑ Workqueue：用户在自定义控制器中自行实现的消息队列，它从 Resource Event Handler 接收和缓冲待处理的资源对象，并交由 Process Item 进行处理，从而将对象接收和处理的过程解耦。
- ❑ Process Item：执行资源对象管理操作的业务代码，通常由一到多个函数组成，负责从 Workqueue 中取出对象并完成真正的处理过程，必要时，这些函数还会调用 Indexer 以检索和获取资源的详细状态数据。

client-go 的早期版本中，Informer 是控制器私有的组件，它为相关资源对象创建的缓存信息仅可供当前一个控制器使用。而在 Kubernetes 系统上，同一资源对象支持多个控制器协同管理，或者多个控制器监视同一资源对象也是较为常见的情形。于是，一个更高效的方式是使用替代解决方案 SharedInformer 机制。SharedInformer 支持在监控同类资源对象的控制器之间创建共享缓存，这有效降低了内存资源开销，而且它也仅需在上游的 API Server 注册创建一个监视器，这样能显著减轻上游服务器的访问压力。因此较之 Informer，SharedInformer 才是更为常用的解决方案。

不过，SharedInformer 无法跟踪每个控制器的位置（因为它是共享的），于是控制器必须提供自用的工作队列及重试机制，这也是为什么它的 Resource Event Handler 程序只是将事件放在每个消费者的 Workqueue 中，而非直接进行处理的原因之一。目前，工作队列存在延迟队列、定时队列和速率限制队列等几种形式。

显然，自定义控制器构建起来存在一定的复杂度。实践中，为了便于用户使用 client-go 创建控制器，client-go 提供了队列代码示例 workqueue example（client-go/examples/workqueue）和模板类的控制器项目 sample-controller（github.com/kubernetes/sample-controller），它们提供了一个自定义控制器项目应有的基础结构。通常的做法是复制相应的代码并按需修改相应的部分，例如把 syncHandler 修改为自定义资源类型的业务处理逻辑等，而后借助 code-generator 项目用脚本生成相应的组件，例如 typed clients、informers 等。即便较之从零构建自定义控制器的代码有所改进，但这类方式总会有些美中不足之处。

好在，现有已经有几类更加成熟、更易上手的工具可用，它们甚至可被视作开发 CRD 和控制器的 SDK 或框架，目前主流的项目有 Kubebuilder、Operator SDK 和 Metacontroller。Kubebuilder 主要由 Google 的工程师 Phillip Wittrock 创立，但目前归属于 SIG API Machinery，有较完善的在线文档。Operator SDK 是 CoreOS 发布的开源项目，是 Operator

Framework 的一个子集，出现时间略早，社区接受度高，以至于很多人干脆就把自定义控制器与 Operator 当作同一事物，不加区分地使用。目前已经有 etcd、Prometheus、Rook 和 Vault 多个成熟的 Operator 可用。Metacontroller 由 GCP 发布，与前两个项目区别较大，它把控制器模式直接委托给 Metacontroller 框架，并调用用户提供的 Webhook 实现模式的处理功能，支持任何编程语言开发，接收并返回 JSON 格式的序列化数据。

限于篇幅，这里就不再介绍它们各自的具体用法，对自定义控制器有兴趣的读者可参考相关项目的文档进行学习。另外，有兴趣测试 CRD 及自定义控制器的读者朋友也可以参考 GitHub 上的项目 nikhita/custom-database-controller，项目地址为 https://github.com/nikhita/custom-database-controller。

12.3.2　Operator 与简单应用示例

发端于 Google 的 SRE（站点可靠性工程）是用于运营大型系统的一组模式和准则，对行业惯例的形成有着难以估量的影响，甚至是催生了 SRE 工程师这一岗位。Operator 其实就是代码化的 SRE 工程师，它在软件中封装应用程序的专业管理操作，从而能够代替 SRE 工程师完成有状态应用程序的日常运维操作，例如应用集群部署、规模伸缩、数据备份和恢复，以及版本升级等。因此，相较于 Kubernetes 内置的控制器及用户自定义控制器，Operator 更像是重量级的、专用于管理有状态应用复杂内生关系和运维操作的自定义控制器。

于今，Operator 业已成为 Kubernetes 环境下应用交付的一个实体，它使用基于 CRD 的自定义资源，以及一个将运维技能代码化的自定义控制器作为基础模型，从而实现有状态应用的高效、自动化管理。另一方面，云原生环境中的自动化，Controller 或者 Operator 也是与云端基础设施进行交互，充分分利用云产品能力和优化应用运行的关键所在。

Operator 借助自定义资源扩展 Kubernetes API 来描述要管理的目标资源，而 Operator 自身内部实现的正是这类自定义资源实例化的资源对象的编排任务的业务代码，它作为控制平面的扩展组件通常以 Pod 形式托管运行在 Kubernetes 之上，如图 12-6 所示。

以 CoreOS 维护的 etcd-operator 为例，它使用自定义资源类型 etcdclusters 来描述编排的 etcd 集群，相关的资源控制循环由 etcd-operator 提供。etcd-operator 自身以 Pod 形式运行在 Kubernetes 之上，它注册监视 etcdcluser 资源类型，相关编排的任务依赖的基础资源权限由 Role 和 ClusterRole 定义，并按需绑定在 etcd-operator 使用的 ServiceAccount 之上。etcd-operator 的文档中给出了其部署过程，具体如下所示。

```
# 克隆etcd-operator项目的仓库到本地
~$ git clone https://github.com/coreos/etcd-operator.git
# 生成必要的Role、ClusterRole，以及RoleBinding和ClusterRoleBinding资源对象
~$ cd etcd-operator
~$ example/rbac/create_role.sh
```

```
# 部署etcd-operator，该Operator自身由内置的Deployment控制器进行编排
~$ kubectl create -f example/deployment.yaml
```

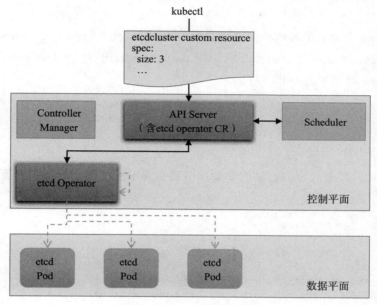

图 12-6　Operator 示意图

部署完成后，待 etcd-operator Pod 运行成功后，可以使用类似如下命令检查 etcd.
database.coreos.com 群组中的自定义资源 etcdclusters 是否创建完成。

```
~$ kubectl api-resources --api-group=etcd.database.coreos.com
NAME         SHORTNAMES   APIGROUP         NAMESPACED   KIND
etcdclusters  etcd         etcd.database.coreos.com   true          EtcdCluster
```

自定义资源 etcdclusters 的规范较为简单，它使用 .spec.size 指定 etcd 集群中的实例
数，而 .spec.version 则用于指定要使用的 etcd 镜像的版本标签。下面的配置清单示例（etcd-
cluster-demo.yaml）定义了一个名为 etcd-cluster-demo 的 etcd 集群，该集群共有 3 个实例，
运行的 etcd 版本为 3.4.9。

```
apiVersion: "etcd.database.coreos.com/v1beta2"
kind: "EtcdCluster"
metadata:
  name: "etcd-cluster-demo"
spec:
  size: 3
  version: "3.4.9"
  repository: "quay.io/coreos/etcd"
```

自定义资源的管理方式与 API Server 的内置资源类型并无区别，我们根据该资源清单

即可快速部署一个 3 节点的 etcd 集群实例来，具体的命令如下所示。

```
~$ kubectl apply -f etcd-cluster-demo.yaml
etcdcluster.etcd.database.coreos.com/etcd-cluster-demo created
```

etcd-operator 会为每个集群中的 Pod 自动打上 app、etcd_cluster 和 etcd_node 这 3 个可见名知义的标签，因此，下面的命令就使用了 etcd_cluster 标签在 default 名称空间下筛选 etcd-cluster-demo 集群相关的 Pod 对象。

```
~$ kubectl get pods -l etcd_cluster=etcd-cluster-demo
NAME                           READY    STATUS     RESTARTS    AGE
etcd-cluster-demo-6pkmmj6jf6   1/1      Running    0           2m19s
etcd-cluster-demo-nkj7fmng7t   1/1      Running    0           2m8s
etcd-cluster-demo-ql79njlhp5   1/1      Running    0           88s
```

接下来，我们可通过 etcdctl 查看集群成员状态来了解这 3 个 Pod 对象是否成功加入了同一个集群。

```
~$ ETCD_POD=$(kubectl get pods -l etcd_cluster=etcd-cluster-demo \
        -o jsonpath={.items[0].metadata.name})
~$ kubectl exec $ETCD_POD -it -- etcdctl member list
4560cd2df2d9a7cb, started, etcd-cluster-demo-ql79njlhp5, ……
6e2ef696c6ebd588, started, etcd-cluster-demo-6pkmmj6jf6, ……
cfe7c5b7f0449580, started, etcd-cluster-demo-nkj7fmng7t, ……
```

etcd-operator 还会为每个集群在同一名称空间下自动创建 <cluster_name> 和 <cluster_name>-client 两个 Service 对象，前者主要用于集群内部各实例间的通信，后者则专用于客户端通信，它默认为 ClusterIP 类型。

```
~$ kubectl get svc -l etcd_cluster=etcd-cluster-demo
NAME                       TYPE        CLUSTER-IP     EXTERNAL-IP   PORT(S)           AGE
etcd-cluster-demo          ClusterIP   None           <none>        2379/TCP,2380/TCP 20s
etcd-cluster-demo-client   ClusterIP   10.100.72.135  <none>        2379/TCP          20s
```

另外，etcd-operator 还支持 etcd 集群的伸缩、故障转移、故障恢复及数据的备份和恢复等操作，感兴趣的读者可参考项目文档自行测试。由此可见，etcd-operator 的确能够以自动化的方式代替 SRE 工程师执行完成 etcd 集群的大部分日常管理任务，这些基础能力是 Kubernetes 内置的 StatefulSet 控制器自身不具备也无法具备的能力。

普遍存在的有状态应用的自动化管理需求，必然意味着在未来云原生的生态里会有越来越多的应用通过 Operator 进行描述和定义，这些应用将以 Kubernetes 为底层基础设施，基于 CRD 和 Operator 进行交付。目前，Kubernetes 社区通过 OperatorHub 分享 Operator，而 Operator Framework 提供的 SDK，能帮助用户快速构建出一个 Operator 的基础框架结构，并且支持高级 API 和抽象形式，可帮助用户更直观地将运维逻辑代码化。

12.4　Kubernetes 集群高可用

Kubernetes 具有自愈能力，它跟踪到某工作节点发生故障时，控制平面可以将离线节点上的 Pod 对象重新编排至其他可用工作节点运行，因此，更多的工作节点也意味着更好的容错能力，它使得 Kubernetes 在实现工作节点故障转移时拥有更加灵活的自由度。而当管理员检测到集群负载过重或无法容纳更多的 Pod 对象时，要么手动添加新节点到集群中，要么为云计算环境中的 Kubernetes 启用 cluster-autoscaler 以支持集群节点规模的自动缩放。

但添加更多工作节点并不能让集群应对所有常见故障，例如，若主 API Server 出现故障（由于主 API Server 所在主机出现故障或网络分区将其从集群中隔离等），Kubernetes 将无法跟踪和控制集群。因此，还需要控制平面的各组件冗余以实现主节点的服务高可用性。基于冗余数量的不同，控制平面能容忍一个甚至是几个节点的故障。一般来说，高可用控制平面至少需要 3 个 Master 节点来承受最多 1 个 Master 节点的丢失，才能保证处于等待状态的 Master 节点保持半数以上，以满足节点选举时的法定票数。

事实上，Kubernetes 控制平面各组件中仅 etcd 需要复杂逻辑完成集群功能，但管理员仅需按拓扑要求准备节点即可，"集群"逻辑是其内置的功能。API Server 利用 etcd 进行数据存储，它自身是无状态应用，多副本间能无差别地服务客户端请求。Controller Manager 和 Scheduler 都不支持多副本同时工作，它们各自需要选举出一个主节点作为活动实例，余下的实例在指定时间点监测不到主实例的"心跳"信息后，将启动新一轮的选举操作以表决出新的主实例。

12.4.1　etcd 高可用与控制平面拓扑

etcd 基于 Go 语言开发，内部采用 Raft 协议作为共识算法进行分布式协作，通过将数据同步存储在多个独立的服务实例上从而提高数据的可靠性，避免了单点故障导致的数据丢失。Raft 协议通过选举出的 leader 节点实现数据一致性，由 leader 节点负责所有的写入请求并同步给集群中的所有节点，在半数以上 follower 节点确认后予以持久存储。这种需要半数以上节点投票的机制要求集群数量最好是奇数个节点，推荐的数量为 3 个、5 个或 7 个。建立 etcd 集群有 3 种方式。

- ❑ 静态集群：事先规划并提供所有节点的固定 IP 地址以组建集群，仅适合于能够为节点分配静态 IP 地址的网络环境，好处是它不依赖任何外部服务。
- ❑ 基于 etcd 发现服务构建集群：通过一个事先存在的 etcd 集群进行服务发现来组建新集群，支持集群的动态构建，它依赖一个现存可用的 etcd 服务。
- ❑ 基于 DNS 的服务资源记录构建集群：通过在 DNS 服务上的某域名下为每个节点创建一条 SRV 记录，而后基于此域名进行服务发现来动态组建新集群，它依赖于 DNS 服务及事先管理妥当的资源记录。

一般说来，对于 etcd 分布式存储集群来说，3 节点集群可容错一个节点，5 节点集群可容错两个节点，7 节点集群可容错 3 个节点，依此类推，但通常多于 7 个节点的集群规模是不必要的，而且对系统性能也会产生负面影响。

具体部署方案的选择方面，我们可以把 etcd 与 Kubernetes 控制平面的其他组件以"堆叠"的形式部署在同一组的 3 个节点之上，如图 12-7 所示。也可把二者分离开来，让 etcd 运行为独立的外部集群，控制平面部署为另一组集群，API Server 作为客户端远程访问 etcd 服务，如图 12-8 所示。

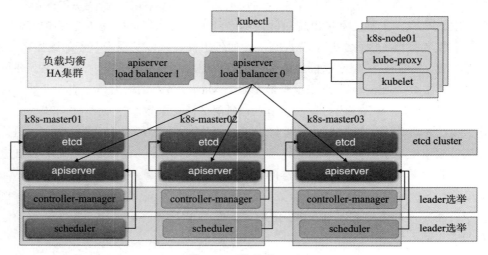

图 12-7　堆叠式 etcd

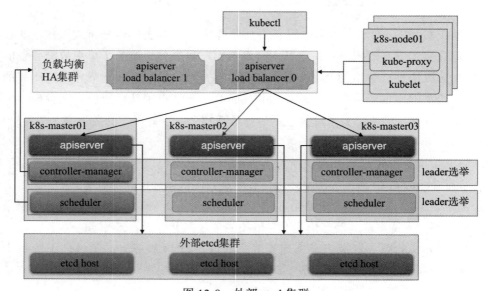

图 12-8　外部 etcd 集群

堆叠式 etcd 集群拓扑将相同节点上的控制平面同 etcd 成员耦合在一起，每个控制平面节点分别运行一个 etcd、kube-apiserver、kube-scheduler 和 kube-controller-manager 实例。而以 kubeadm 部署的该类控制平面中，各 kube-apiserver 实例仅与本地节点上的 etcd 成员通信，而各 kube-scheduler 和 kube-controller-manager 也仅与本地节点上的 kube-apiserver 通信。

使用独立 etcd 集群的设计方案中，etcd 集群与控制平面集群各自独立运行，它们各自遵循自有的节点拓扑要求和能承载各自需求的成员节点数量，例如 etcd 集群存在 3 个成员节点，而控制平面集群有 4 个成员节点等。kube-apiserver 通常基于专用的域名与 etcd 集群中的任何成员进行通信，而各 kube-controller-manager 和 kube-scheduler 实例也可以通过专用域名及外部的负载均衡器与任一 kube-apiserver 实例进行通信。这样就实现了 kube-apiserver 与 etcd 以及控制平面其他组件在本地节点上的解耦。

这两种拓扑结构各有利弊，但第一种方案节点需求量较小，适合中小规模的生产类集群，第二种方案节点需求量大，有较好的承载力及故障隔离能力，较适合中大型规模的生产类集群。

12.4.2　Controller Manager 与 Scheduler 高可用

Controller Manager 中的各控制器通过监视 API Server 上的资源状态变动并按需执行相应的操作完成资源管理，于是多实例运行的 kube-controller-manager 进程可能会导致同一操作行为被每一个实例分别执行一次，例如某一 Pod 对象创建的请求被 3 个控制器实例分别执行一次，进而各自创建出一个同名 Pod 对象。因而控制平面同一时刻仅应该允许一个 kube-controller-manager 运行为活动实例，余下的均处于备用状态，或称为等待状态。

同一控制平面中，多个协同的 kube-controller-manager 实例要同时启用 --leader-elect=true 选项以自动实现 leader 选举。选举过程完成后，仅 leader 实例处于活动状态，余下的其他实例均转入等待模式，它们会在探测到 leader 故障时触发新一轮的选举操作。与 etcd 集群基于 Raft 协议进行 leader 选举不同的是，kube-controller-manager 集群各自的选举操作仅是通过在 kube-system 名称空间中创建一个与程序同名的 Endpoint 资源对象实现。

```
~$ kubectl get endpoints -n kube-system
NAME                      ENDPOINTS        AGE
kube-controller-manager   <none>           13h
kube-scheduler            <none>           13h
...
```

这种 leader 选举操作是分布式锁机制的一种应用，它通过创建和维护 Kubernetes 资源对象来维护锁状态，目前 Kubernetes 支持 ConfigMap 和 Endpoint 两种类型的资源锁。初始状态时，各 kube-controller-manager 实例通过竞争方式去抢占指定的 Endpoint 资源锁。胜利者将成为 leader，它通过更新相应的 Endpoint 资源的注解 control-plane.alpha.kubernetes.

io/leader 中的 holderIdentity 为其节点名称，从而将自己设置为锁的持有者，并基于周期性更新同一注解中的 renewTime 以声明自己对锁资源的持有状态，以避免等待状态的实例进行争抢。于是，一旦某 leader 不再更新 renewTime，等待状态的各实例将进行新一轮竞争。

```
~$ kubectl describe endpoints/kube-controller-manager -n kube-system
Name:          kube-controller-manager
Namespace:     kube-system
Labels:        <none>
Annotations:   control-plane.alpha.kubernetes.io/leader:
{"holderIdentity":"k8s-master01.ilinux.io_2502a194-7aa4-4d3f-a8e0-d5aad42bc11f",
"leaseDurationSeconds":15,"acquireTime":"...
Subsets:
Events:
  ......
  Normal  LeaderElection  49m   kube-controller-manager  k8s-master01.ilinux.
io_0ac18d82-50bd-437f-b9a6-d930bb09ad6a became leader
  Normal  LeaderElection  30m   kube-controller-manager  k8s-master01.ilinux.
io_2502a194-7aa4-4d3f-a8e0-d5aad42bc11f became leader
```

感兴趣的读者可在测试环境中尝试停掉持有锁的 k8s-master01 节点来验证后续的选举操作是否能如期完成。另外，kube-scheduler 的实现方式与此类似，只不过它使用自己专用的 Endpoint/kube-scheduler 资源，这里不再给出验证方式。

12.4.3　部署高可用控制平面

本节以堆叠式 etcd 拓扑为例，使用 kubeadm 为部署工具，为本书第 2 章部署的 Kubernetes 集群添加两个新的 Master 节点，从而构建出高可用控制平面。

高可用控制平面节点的拓扑中，我们需要为无状态的 API Server 实例配置外部的高可用负载均衡器，这些负载均衡器的 VIP 将作为各个客户端（包括 kube-scheduler 和 kube-controller-manager 组件）访问 API Server 时使用的目标地址，如图 12-8 所示。但是，kubeadm init 初始化第一个控制平面节点时默认会将各组件的 kubeconfig 配置文件及 admin.conf 中的集群访问入口定义为该节点的 IP 地址，且随后加入的各节点的 TLS Bootstrap 也会配置 kubelet 的 kubeconfig 配置文件使用该地址作为集群访问入口，这将不利于后期高可用控制平面的配置。

解决办法是为 kubeadm init 命令使用 --control-plane-endpoint 选项，指定 API Server 的访问端点为专用的 DNS 名称，并将其临时解析到第一个控制平面节点的 IP 地址，等扩展控制平面完成且配置好负载均衡器后，再将该 DNS 名称解析至负载均衡器，以接收访问 API Server 的 VIP。2.2.2 节中部署第一个控制平面节点时就用了该选项和 k8s-api.ilinux.io 作为 API Server 的接入地址，本节依然沿用这个设定进行后续的扩展操作。

我们仍然基于 hosts 文件进行主机名称解析，在将计划添加的控制平面节点 k8s-master02.ilinux.io 和 k8s-master03.ilinux.io 添加为新的控制平面节点之前，需要更新各

Master 节点的 /etc/hosts 文件的内容类似如下所示。

```
172.29.9.1      k8s-master01.ilinux.io k8s-master01 k8s-api.ilinux.io
172.29.9.2      k8s-master02.ilinux.io k8s-master02
172.29.9.3      k8s-master03.ilinux.io k8s-master03
172.29.9.11     k8s-node01.ilinux.io k8s-node01
172.29.9.12     k8s-node02.ilinux.io k8s-node02
172.29.9.13     k8s-node03.ilinux.io k8s-node03
```

同一高可用控制平面集群中的各节点需要共享 CA 和 front-proxy 的数字证书与密钥，以及专用的 ServiceAccount 账户的公钥和私钥。我们可以采用手动分发的方式将必要的证书和密钥文件从 k8s-master01 复制到另外两个待加入节点，或者在 k8s-master01 上使用 kubeadm init phase upload-certs --upload-certs 将其上传为 Kubernetes 集群上 kube-system 名称空间中名为 kubeadm-certs 的 Secret 资源，而后在其他主机上执行 kubeadm join --control-plane 命令添加新的控制平面节点时予以自动下载。这里采用第二种方式，因而首先需要在 k8s-master01 节点上运行如下命令上传证书及密钥数据：

```
~$ sudo kubeadm init phase upload-certs --upload-certs
[upload-certs] Storing the certificates in Secret "kubeadm-certs" in the "kube-
system" Namespace
[upload-certs] Using certificate key:
44c27c5588c52f29335c0e4d31336911f2e1ece7048e26c18607929cf0a7abbf
```

而后，在准备好基础环境的主机上运行 kubeadm join --control-plane 命令便可将其添加为控制平面节点。该命令同样需要借助共享令牌进行首次与控制平面通信时的认证操作，还需要指定下载证书用到的证书密钥，相关的令牌信息及完成的命令由初始化控制平面的命令结果给出，而证书密钥则来自上面命令的结果。于是，在 k8s-node02 上运行如下命令将它添加为控制平面节点：

```
~$ kubeadm join k8s-api.ilinux.io:6443 --token dnacv7.b15203rny85vendw \
    --discovery-token-ca-cert-hash sha256:61ea08553de1cbe76a3f8b14322cd276c57cbe
bd5369bc362700426e21d70fb8 \
    --control-plane \
--certificate-key 44c27c5588c52f29335c0e4d31336911f2e1ece7048e26c18607929cf0a7abbf
```

该命令成功执行后，会有成功操作的提示，以及将该节点作为管理节点（与 k8s-master01 一样）时如何配置 kubectl 命令行工具的提示。类似地，运行如下命令即可在本节点使用 kubectl 管理 Kubernetes 集群：

```
~$ mkdir -p $HOME/.kube
~$ sudo cp -i /etc/kubernetes/admin.conf $HOME/.kube/config
~$ sudo chown $(id -u):$(id -g) $HOME/.kube/config
```

不过，此时的 hosts 文件中仍是将 k8s-api.ilinux.io 这个 DNS 名称解析到了 k8s-master01 主机上，kubectl 命令仍是向 k8s-master01 上的 kube-apiserver 实例发出的请求。为测试

k8s-master02 上的 kube-apiserver 实例，需要将 hosts 文件中的 k8s-api.ilinux.io 名称移动到 k8s-master02 主机条目的后面，如下所示。为了节约篇幅，这里仅给出需要变动的两行。

```
172.29.9.1          k8s-master01.ilinux.io k8s-master01
172.29.9.2          k8s-master02.ilinux.io k8s-master02 k8s-api.ilinux.io
```

而后运行如下命令测试 kubectl 和新的控制平面节点实例运行状况，顺便查看节点当前状态。

```
~$ kubectl get nodes
NAME                     STATUS    ROLES     AGE    VERSION
k8s-master01.ilinux.io   Ready     master    62d    v1.19.0
k8s-master02.ilinux.io   Ready     master    21m    v1.19.0
k8s-master03.ilinux.io   Ready     master    7m     v1.19.0
……
```

另一控制平面节点 k8s-master03 的设置方式完全类似上面的过程，这里不再赘述。所有 Master 节点添加完成后，要确保如下命令显示的 Master 各组件相关 Pod 的状态为 Running，每个组件共有 3 个实例，分别运行在 3 个不同的 Master 节点上。命令中的 -l 选项用于使用指定的标签选择器筛选 Pod 对象。

```
~$ kubectl get pods -n kube-system -l tier=control-plane
NAME                                 READY    STATUS    RESTARTS    AGE
etcd-k8s-master01.ilinux.io          1/1      Running   0           27m
etcd-k8s-master02.ilinux.io          1/1      Running   0           9m17s
etcd-k8s-master03.ilinux.io          1/1      Running   0           116s
kube-apiserver-k8s-master01.ilinux.io  1/1    Running   0           27m
kube-apiserver-k8s-master02.ilinux.io  1/1    Running   0           9m21s
kube-apiserver-k8s-master03.ilinux.io  1/1    Running   0           2m
……
```

拥有高可用平面组件的 Kubernetes 集群即可应用在生产环境中，但若是存在大量的外部客户端，我们还需要为 API Server 添加前端的负载均衡器，这可以是云服务商提供的负载均衡服务，也可以是由管理员手动构建的高可用负载均衡器，它们可由 keepalived 结合 envoy/harproxy/nginx/lvs 等程序组合实现，也可以是专业的硬件设备。

12.5　本章小结

本章主要讲解了自定义资源类型 CRD、自定义资源对象、自定义控制器、自定义 API Server 及 API 聚合等 Kubernetes API 的扩展方式，给出了 Kubernetes 集群高可架构中控制平面的实现机制，并说明了生产环境中 Kubernetes 集群的常见部署方式。

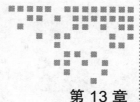

Ingress 与服务发布

人们通常把 Kubernetes 集群内部的通信称为东西向流量，而把集群内外部的通信称为南北向流量。本章主要介绍 Kubernetes 为统一管理 Ingress 流量而特地设计的同名资源类型及其支撑组件 Ingress 控制器（Ingress Nginx 和 Contour）相关的话题。

13.1 Ingress 资源

我们知道，Kubernetes 上的 NodePort 和 LoadBalancer 类型的 Service 资源能够把集群内部服务暴露给集群外部客户端访问，但两个负载均衡跃点必然产生更大的网络延迟，且无疑会大大增加组织在使用云服务方面的费用开销。因此，Kubernetes 为这种需求提供了一种更为高级的流量管理约束方式，尤其是对 HTTP/HTTPS 协议的约束。Kubernetes 使用 Ingress 控制器作为统一的流量入口，管理内部各种必要的服务，并通过 Ingress 这一 API 资源来描述如何区分流量以及内部的路由逻辑。有了 Ingress 和 Ingress 控制器，我们就可通过定义路由流量的规则来完成服务发布，而无须创建一堆 NodePort 或 LoadBalancer 类型的 Service，而且流量也会由 Ingress 控制器直接到达 Pod 对象。

13.1.1 Ingress 与 Ingress 控制器流量转发

从本质上来说，Ingress 资源基于 HTTP 虚拟主机或 URL 路径的流量转发规则，它把需要暴露给集群外部的每个 Service 对象，并映射为 Ingress 控制器上的一个虚拟主机或某虚拟主机上的一个 PATH 路径（例如 /auth 等），如图 13-1 所示。

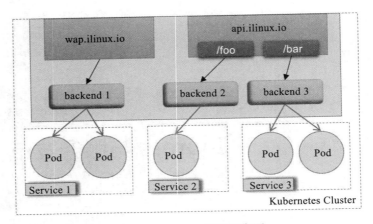

图 13-1 Ingress 资源示意图

然而，Ingress 资源自身并不能进行"流量穿透"，它仅是一组路由规则的集合，这些规则要真正发挥作用还需要其他功能的辅助，例如监听某套接字，然后根据这些规则的匹配机制真正完成流量路由等。实现该功能的组件就是 Ingress 控制器。

> **注意** Ingress 控制器是 Kubernetes 集群的一个重要附件，它更像是一个自定义控制器，但支撑着 API Server 内置的 Ingress 资源及相关功能的实现，该控制器需要在集群上单独部署。

事实上，Ingress 控制器本身就是一类以代理 HTTP/HTTPS 协议为主要功能的代理程序，通常兼有传输层代理功能，甚至可能支持更多的应用层协议，如 Redis 协议等。它可以由任何具有反向代理（HTTP/HTTPS 协议）功能的服务程序实现，例如 Nginx、Envoy、HAProxy、Vulcand 和 Traefik 等。Ingress 控制器自身也是运行在 Kubernetes 集群上的 Pod 资源对象，通常能够与集群上被代理的服务的 Pod 直接通信，如图 13-2 所示。

可用作 Ingress 控制器的 Nginx、Envoy 和 Traefik 等应用程序的配置文件格式不尽相同，甚至无法互相兼容，因此，Ingress 控制器自身得能够识别标准的 Ingress 资源且能够自动完成匹配到自身的配置格式转化，还要能够支持配置信息的动态重载，而无须重新应用进程才能满足 Kubernetes 应用场景中的需求。像 Nginx 这类传统的应用层代理程序并不能直接用作 Ingress 控制器，但 Envoy 和 Traefik 项目是云原生时代的产品，它们原生支持动态配置等功能。

Kubernetes 集群也支持同时部署多个不同类型的 Ingress 控制器，为了避免一个 Ingress 被多个控制器重复加载，或者有意限制它仅可由某个特定的控制器加载，我们通常还需要在 Ingress 资源上注明它要适配的 Ingress 控制器类型。

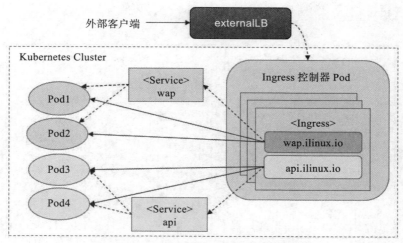

图 13-2　Ingress 与 Ingress 控制器

另一方面，使用 Ingress 资源进行流量分发时，Ingress 控制器可基于某 Ingress 资源定义的规则将客户端的请求流量直接转发至 Service 对应的后端 Pod 资源之上，这种转发机制会绕过 Service 资源，从而省去了由 kube-proxy 实现的端口代理开销。在图 13-2 中，Ingress 规则需要由一个 Service 资源对象辅助识别所有相关的 Pod 对象，但 Ingress 控制器可经由 api.ilinux.io 规则的定义直接将请求流量调度至 Pod3 或 Pod4，而无须经由 Service 对象 API 的再次转发，wap 相关规则的作用方式与此类似。

13.1.2　Ingress 资源规范

Ingress 定义在 extensions 群组中，隶属于名称空间级别，它通过规则（.spec.rules）来定义流量路由逻辑，每个规则定义了其服务的主机名称，以及该主机的每个路径所映射到的后端，从而实现将发往某主机的流量根据路径的不同路由到不同的后端端点之上，如图 13-2 所示。Kubernetes v1.19 版本中，Ingress 资源规范终于从长达数年的 v1beta1 版本进化至稳定的 v1 版本。

1. v1beta1 版本的 Ingress 资源

v1beta1 版本的 Ingress 资源位于 API 群组 extensions 之中，该版本的资源规范可用的字段及其简要说明如下所示。

```
apiVersion: extensions/v1beta1        # 资源所属的 API 群组和版本
kind: Ingress                         # 资源类型标识符
metadata:                             # 元数据
  name <string>                       # 资源名称
  annotations:    # 资源注解，v1beta1 使用下面的注解来指定要解析该资源的控制器类型
    kubernetes.io/ingress.class: <string>       # 适配的 Ingress 控制器类别
```

```
    namespace <string>              # 名称空间
spec:
  rules <[]Object>                  # Ingress 规则列表
  - host <string>    # 虚拟主机的 FQDN，支持"*"前缀通配，不支持 IP，不支持指定端口
    http <Object>
      paths <[]Object>              # 虚拟主机 PATH 定义的列表，由 path 和 backend 组成
      - path <string>               # 流量匹配的 HTTP PATH，必须以 / 开头
        pathType <string>   # 匹配机制，支持 Exact、Prefix 和 ImplementationSpecific
        backend <Object>            # 匹配流量要转发的目标后端
          resource <Object>         # 引用的同一名称空间下的资源，与下面两个字段互斥
          serviceName <string>      # 引用的 Service 资源的名称
          servicePort <string>      # Service 用于提供服务的端口
  tls <[]Object>       # TLS 配置，用于指定上面 rules 中定义的需要工作在 HTTPS 模式的主机
  - hosts <[]string>                # 使用同一组证书的主机名称列表
    secretName <string>             # 保存数字证书和私钥信息的 Secret 资源名称
  backend <Object>     # 默认 backend 的定义，可嵌套字段及使用格式与 rules 字段中的相同
  ingressClassName  <string>        # ingress 类名称，用于指定适配的控制器
```

下面的示例（ingress-demo.yaml）中定义了一个 Ingress 资源规范，它把发往 www.ik8s. io 主机的所有流量都代理至 ik8s 服务，把发往 www.ilinux.io 主机路径 /foo 上的流量都代理至 foo-svc 服务，发往其他路径的流量都代理至 bar-svc 服务，而余下的所有流量都将由 default-backend 服务承载。

```yaml
apiVersion: extensions/v1beta1
kind: Ingress
metadata:
  name: ingress-demo
  annotations:
    kubernetes.io/ingress.class: "nginx"
  namespace: dev
spec:
  rules:
  - host: www.ik8s.io      # 第一个 FQDN 主机，所有流量都由同一个 backend 处理
    http:
      paths:
      - path:              # 空路由表示到该主机的所有流量
        backend:           # 相应后端的定义
          serviceName: ik8s
          servicePort: 80
  - host: www.ilinux.io    # 第二个 FQDN 主机，服务于两个不同的路径
    http:
      paths:
      - path: /foo         # 第一个路由规则
        backend:
          serviceName: foo-svc
          servicePort: 80
      - path:              # 第二个路由规则
        backend:
          serviceName: bar-svc
```

```
                servicePort: 8080
  tls:                # tls 定义，用于指明哪个 FQDN 主机需要服务于 HTTPS 模式
  - hosts:
    - www.ik8s.io
    secretName: tls-ik8s
  backend:            # 默认的 backend，用于处理无法被上述规则匹配到的所有流量
    serviceName: default-backend
    servicePort: 80
```

2. v1 版本的 Ingress 资源

v1 版本的 Ingress 资源被移向了 networking.k8s.io 这一 API 群组，该版本的资源规范与 v1beta1 版本的区别主要在 spec.rules.http.backend 的内嵌字段之上，它的可用字段及其简要说明如下所示。

```
apiVersion: networking.k8s.io/v1            # 资源所属的 API 群组和版本
kind: Ingress      # 资源类型标识符
metadata:          # 元数据
  name <string>    # 资源名称
  annotations:     # 资源注解，v1beta1 版本使用下面的注解来指定要解析该资源的控制器类型
    kubernetes.io/ingress.class: <string>        # 适配的 Ingress 控制器类别
  namespace <string>      # 名称空间
spec:
  rules <[]Object>        # Ingress 规则列表
  - host <string>         # 虚拟主机的 FQDN，支持"*"前缀通配，不支持 IP，不支持指定端口
    http <Object>
      paths <[]Object>    # 虚拟主机 PATH 定义的列表，由 path 和 backend 组成
      - path <string>     # 流量匹配的 HTTP PATH，必须以 / 开头
        pathType <string>        # 支持 Exact、Prefix 和 ImplementationSpecific，必选
        backend <Object>         # 匹配流量要转发的目标后端
          resource <Object>      # 引用的同一名称空间下的资源，与下面两个字段互斥
          service <object>       # 关联的后端 Service 对象
            name <string>        # 后端 Service 的名称
            port <object>        # 后端 Service 上的端口对象
              name <string>      # 端口名称
              number <integer>   # 端口号
  tls <[]Object>     # TLS 配置，用于指定上述 rules 中定义的哪些主机需要工作在 HTTPS 模式下
  - hosts <[]string>       # 使用同一组证书的主机名称列表
    secretName <string>    # 保存数字证书和私钥信息的 Secret 资源名称
  backend <Object>   # 默认 backend 的定义，可嵌套字段及使用格式与 rules 字段中的相同
  ingressClassName <string>     # ingress 类名称，用于指定适配的控制器
```

下面的示例配置清单（ingress-v1-demo.yaml）中定义的 Ingress 资源与 13.1.2 节的资源清单示例中定义的 Ingress 资源功能完全相同，二者的唯一区别仅在于 Ingress 资源的版本。

```
apiVersion: networking.k8s.io/v1
kind: Ingress
metadata:
```

```
    name: ingress-demo
    annotations:
      kubernetes.io/ingress.class: "nginx"
    namespace: dev
spec:
  rules:
  - host: www.ik8s.io
    http:
      paths:
      - path: /
        pathType: Prefix
        backend:
          service:
            name: ik8s
            port:
              number: 80
  - host: www.ilinux.io
    http:
      paths:
      - path: /foo
        pathType: Prefix
        backend:
          service:
            name: foo-svc
            port:
              number: 80
      - path: /bar
        pathType: Prefix
        backend:
          service:
            name: bar-svc
            port:
              number: 8080
```

目前，为了尽可能地与众多项目中 Ingress 资源版本保持兼容，本章后面大多数 Ingress
资源示例将仍基于 v1beta1 版本进行说明。

3. IngressClass 资源

传统实现方法上，界定 Ingress 资源可由哪个 Ingress 控制器解析是由 Ingress 资源使用
专有的资源注解 kubernetes.io/ingress.class 进行标识，而标识方式是在资源规范中同时支持
使用 .spec.ingressClassName 来引用 ingressClass 资源，这种新的 ingressClass 资源类型将各
种 Ingress 控制器按照其核心程序类别划分成逻辑组，并给予自定义的标识，具体的资源规
范格式如下所示。

```
apiVersion: networking.k8s.io/v1beta1    # API 资源群组及版本
kind: IngressClass                       # 资源类型标识
metadata:
```

```
      name <string>
      namespace <string>
      annotations:
        ingressclass.kubernetes.io/is-default-class <boolean>   # 是否为默认
spec:
      controller <string>      # 该类所关联的 Ingress 控制器
      parameters <Object>      # 控制器相关的参数, 这些参数由引用的资源定义, 可选字段
        apiGroup <string>      # 引用的目标资源所属的 API 群组
        kind <string>          # 引用的资源类型
        name <string>          # 引用的资源名称
```

显然, IngressClass 资源的使用价值与资源注解并无本质上的区别, 但考虑到管理员的实践习惯及节约篇幅之目的, 下面会尽量沿用资源注解的方式来为 Ingress 资源指定适配的 Ingress 控制器。

13.1.3 Ingress 资源类型

基于 HTTP 协议暴露的每个 Service 资源均可以发布到一个独立的 FQDN 主机名之上, 例如 www.ik8s.io, 也可发布到某主机的 URL 路径上, 从而将它们整合到同一个 Web 站点, 例如 www.ilinux.io/foo 等。至于是否需要发布为 HTTPS 类型的应用则取决于用户的业务需求。

1. 单 Service 资源型 Ingress

暴露单个服务的方法有很多种, 例如服务类型中的 NodePort、LoadBalancer 等, 不过一样可以考虑使用 Ingress 来暴露服务, 此时只需要为 Ingress 指定默认后端即可。例如下面的示例:

```
apiVersion: extensions/v1beta1
kind: Ingress
metadata:
  name: demoapp-ingress
spec:   # 未定义任何主机表示配置为默认虚拟主机, 可服务于到达该地址 80 端口的所有流量
  backend:
    serviceName: demoapp
    servicePort: 80
```

Ingress 控制器会为配置清单中的 ingress/demo-ingress 资源分配一个 IP 地址以接入请求流量, 并将流量转发至示例中定义的 demoapp-svc 后端。

2. 基于 URL 路径进行流量分发

垂直拆分或微服务架构中, 每个小的应用都有其专用的 Service 资源暴露服务, 但在对外开放的站点上, 它们可能是财经、新闻、电商、无线端或 API 接口等一类的独立应用, 每个应用可通过主域名的 URI 路径 (path) 分别接入, 例如 www.ilinux.io/api、www.ilinux.

io/wap 便可用于发布集群内名为 api 和 wap 的 services 资源。于是，对应地可创建一个类似如下的 Ingress 资源，将对 www.ilinux.io/api 的请求统统转发至 api Service 资源，把对 www.ilinux.io/wap 的请求转发至 wap Service 资源。

```
apiVersion: extensions/v1beta1
kind: Ingress
metadata:
  name: test
  annotations:
    ingress.kubernetes.io/rewrite-target: /
spec:
  rules:
  - host: www.ilinux.io    # 明确指定了虚拟主机，则仅服务到达该 FQDN 的流量
    http:
      paths:
      - path: /wap      # 通过 URI 路径接入的第一个应用，将到达该路径的流量转发给 wap 后端
        backend:
          serviceName: wap
          servicePort: 80
      - path: /api      # 通过 URI 路径接入的第二个应用，将到达该路径的流量转发给 api 后端
        backend:
          serviceName: api
          servicePort: 80
```

3. 基于 FQDN 的虚拟主机

根据上面类型 2 描述的需求，也可以把每个应用分别以独立的 FQDN 主机名进行输出，例如使用 wap.ik8s.io 和 api.ik8s.io 分别发布集群内部的 wap 与 api 这两个 Service 资源。这种实现方案其实就是 Web 站点部署中的"基于主机名的虚拟主机"，将多个 FQDN 解析至同一个 IP 地址，然后根据主机头信息进行转发。下面是以独立 FQDN 主机形式发布服务的 Ingress 资源示例。

```
apiVersion: extensions/v1beta1
kind: Ingress
metadata:
  name: test
spec:
  rules:
  - host: api.ik8s.io      # 第一个 FQDN 虚拟主机名称
    http:
      paths:
      - backend:       # 后端服务 api，该服务下的每个端点都是该虚拟主机的一个被代理目标
          serviceName: api
          servicePort: 80
  - host: wap.ik8s.io      # 第二个 FQDN 虚拟主机名称
    http:
      paths:
```

```
        - backend:                      # 后端服务 wap
            serviceName: wap
            servicePort: 80
```

4. TLS 类型的 Ingress 资源

这种类型能以 HTTPS 协议发布 Service 资源，基于一个含有私钥和证书的 Secret 对象（后面章节中讲述）即可配置 TLS 协议的 Ingress 资源，目前来说，Ingress 资源仅支持单 TLS 端口，且会卸载 TLS 会话。在 Ingress 资源中引用此 Secret 对象即可让 Ingress 控制器加载并配置为 HTTPS 服务。下面是一个简单的 TLS 类型的 Ingress 资源示例。

```
apiVersion: extensions/v1beta1
kind: Ingress
metadata:
  name: default-host
spec:      # 资源规范，未明确指定主机意味着设定默认主机，且 tls 将默认应用于该主机
  tls:
  - secretName: tls-ik8s # 引用的 Secret 对象，需要事先存在
  backend:                  # 后端服务
    serviceName: homesite
    servicePort: 80
```

13.2　Ingress 控制器部署与应用

如前所述，Ingress 控制器自身也是运行在 Pod 中的容器应用，它们是一类具有代理及负载均衡功能的守护进程，而注册监视 API Server 上的 Ingress 资源，可根据这些资源上定义的流量路由规则生成相应应用程序专有格式的配置文件，并通过重载或重启守护进程而生效新配置。例如，对于 Nginx 来说，Ingress 规则需要转换为 Nginx 的配置信息。然而，同样运行为 Pod 资源的 Ingress 控制器进程如何接入外部的请求流量呢？常用的解决方案有两种。

1）以 Deployment 控制器管理 Ingress 控制器的 Pod 资源，通过 NodePort 或 LoadBalancer 类型的 Service 对象或者通过拥有外部 IP 地址（externalIP）的 Service 对象为其接入集群外部的请求流量。这意味着，在生产环境中定义一个 Ingress 控制器时，必须在其前端定义一个负载均衡器，负载均衡器可以是 LoadBalancer 类型的 Service，或用户自行管理的边缘路由器，如图 13-3 所示。

2）借助 DaemonSet 控制器，Ingress 控制器的各 Pod 分别以单一实例的方式运行在 Kubernetes 集群中所有或部分工作节点之上，并配置这类 Pod 对象以 hostPort（见图 13-4 左图）或 hostNetwork（见图 13-4 右图）的方式在当前节点接入外部流量。

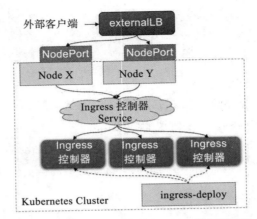

图 13-3　使用专用的 Service 对象为 Ingress 控制器接入外部流量

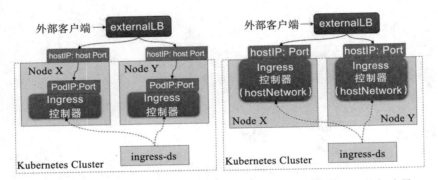

图 13-4　以 hostPort 或 hostNetwork 方式为 Ingress 控制器接入外部流量

接下来的使用示例中，我们会在部署 Ingress Nginx 时设置其 Service 同时支持 ExternalIP 和 NodePort，以便在没有可用的边缘路由器时能通过指定的外部 IP 访问 Ingress Nginx 控制器上的服务。

13.2.1　Ingress Nginx 部署与测试

Ingress-Nginx 控制器在其项目源码目录中分别为 aws、kind 和 baremetal 等 Kubernetes 部署场景提供了各自适用的部署清单，这些部署位于项目的 deploy/static/provider/ 目录中。本书以 kubeadm 部署的 Kubernetes 集群可归入 baremetal 场景，因而我们使用该子目录下的部署清单完成 Ingress-Nginx 控制器部署即可。

```
~$ wget https://raw.githubusercontent.com/kubernetes/ingress-nginx/master/
deploy/static/provider/baremetal/deploy.yaml -O ingress-nginx-deploy.yaml
~$ kubectl apply -f ingress-nginx-deploy.yaml
```

该部署清单把所有资源都部署在 ingress-nginx 名称空间下，包括由 Deployment 控制器编排的 ingress-nginx-controller Pod 及用于配置应用的 configmap/ingress-nginx-controller 等。为了便于用户使用，该清单还创建了一个 NodePort 类型的 service/ingress-nginx-controller 资源，该 Service 资源通过 TCP 端口 80 和 443 分别服务于 HTTP 与 HTTPS 客户端。下面命令结果中的 NodePort 由 Service 控制器随机分配，不同部署环境中会有所差别。

```
~$ kubectl get service/ingress-nginx-controller -n ingress-nginx
NAME                        TYPE      ···  EXTERNAL-IP      PORT(S)              AGE
ingress-nginx-controller   NodePort  ···  172.29.9.11     80:32012/TCP,443:30532/TCP  1m
```

待 ingress-nginx-controller 的 Pod 资源转为正常运行状态后，我们便可以基于 Pod 发起服务发布测试。不过，本示例中尚且缺少一个可用的边缘负载均衡器，如图 13-3 中所示的 externalLB，因此，外部客户端对 Ingress 控制器的访问暂时还只能通过 <NodeIP>:<NodePort> 或者 <ExternalIP>:<ServicePort> 进行。

提示　生产应用场景中，我们通常会以 DaemonSet 结合 NodeAffinity、PodAntiAffinity 使用，甚至是利用 Taints/Tolerations 调度机制将 Ingress 控制器以单实例的方式运行在专用的节点之上，并让 Ingress 控制器共享相关节点的名称空间，或者在 Service 上使用 externalIP 等来解决引入外部流量的问题。

下面以 demoapp 应用为例说明如何通过 Ingress 将应用发布到集群外部。创建 namespace/dev 名称空间，并在该名称空间中分别新建 deployment/demoapp 和 service/demoapp 资源。

```
~$ kubectl create namespace dev
~$ kubectl create deployment demoapp --image="ikubernetes/demoapp:v1.0" -n dev
~$ kubectl get pods -l app=demoapp -n dev -o wide
NAME                       ······  IP          NODE                   ······
demoapp-6c5d545684-v6djh   ······  10.244.1.7  k8s-node01.ilinux.io   ······
~$ kubectl create service clusterip demoapp --tcp=80 -n dev
```

假设要同时在 HTTP 和 HTTPS 协议上发布 dev 名称空间下的 service/demoapp 服务，我们可以使用类似如下的资源清单（demoapp-ingress.yaml）进行。一旦为某个虚拟主机启用 TLS，ingress-nginx 控制器默认会将以 HTTP 明文协议发往该主机的所有请求重定向至对应的 HTTPS 主机，若希望同时保留二者，需要将注解 nginx.ingress.kubernetes.io/ssl-redirect 的值设置为 false 来禁用这种重定向功能。

```
apiVersion: extensions/v1beta1
kind: Ingress
metadata:
  name: demoapp-ingress
  annotations:
    kubernetes.io/ingress.class: "nginx"
```

```
        nginx.ingress.kubernetes.io/ssl-redirect: "false" # 禁止重定向 HTTP 到 HTTPS
    namespace: dev
spec:
  rules:
  - host: www.ilinux.io
    http:
      paths:
      - path: /
        backend:
          serviceName: demoapp
          servicePort: 80
  tls:
  - hosts:
    - www.ilinux.io
    secretName: tls-ingress-www-ilinux
```

随后，我们需要在 dev 名称空间中准备由 tls ingress 引用的 secret/tls-ingress-ilinux 资源，以便 ingress-nginx 控制器能够引用相应的 TLS 证书和私钥。这里仅出于测试目的，因而创建一个自签的证书即能满足要求，相应的步骤如下所示。

```
~$ openssl genrsa -out ingress-www-ilinux.key 2048
~$ openssl req -new -x509 -key ingress-www-ilinux.key -out ingress-www-ilinux.crt \
    -subj /C=CN/ST=Beijing/L=Beijing/O=DevOps/CN=www.ilinux.io -days 3650
~$ kubectl create secret tls tls-ingress-www-ilinux --cert=ingress-www-ilinux.crt \
    --key=ingress-www-ilinux.key -n dev
```

接下来，将上面清单中定义的 ingress/demoapp-ingress 资源创建到集群之上，便可以在集群外测试访问通过 Ingress 发布的 demoapp 服务。

```
~$ kubectl apply -f demoapp-ingress.yaml
ingress.extensions/demoapp-ingress created
```

资源的描述信息中以易读格式给出了各 Ingress 规则的简明配置及生效机制，而且通过 Events 段给出了关键事件的简单说明，如下面的命令结果所示。

```
~$ kubectl describe ingress demoapp-ingress -n dev
Name:              demoapp-ingress
Namespace:         dev
Address:           172.29.9.12
Default backend:   default-http-backend:80 (<error: endpoints "default-http-
backend" not found>)
TLS:
  tls-ingress-www-ilinux terminates www.ilinux.io
Rules:
  Host           Path  Backends
  ----           ----  --------
  www.ilinux.io
                 /   demoapp:80 (10.244.1.7:80)
Annotations:     kubernetes.io/ingress.class: nginx
```

```
                      nginx.ingress.kubernetes.io/ssl-redirect: false
Events:
   Type     Reason   Age    From                     Message
   ----     ------   ----   ----                     -------
   Normal   CREATE   3m37s  nginx-ingress-controller  Ingress dev/demoapp-ingress
   Normal   UPDATE   3m5s   nginx-ingress-controller  Ingress dev/demoapp-ingress
```

最后，我们可在集群外部向 Ingress 控制器上的 www.ilinux.io 主机发起请求测试。清单中默认的配置通过 NodePort 将 Ingress Nginx 控制器发布到集群之外，外部客户端对所有 TLS 虚拟主机的访问是通过 service/ingress-nginx-controller 上 443 端口相应的 NodePort 进行，而对非 TLS 虚拟主机的访问则是通过 80 端口相应的 NodePort 进行的。因而，这里需要先分别取出 80 和 443 端口对应的 NodePort，下面的两个命令可实现该功能。或者，我们直接列出相关 Service 资源的信息亦可。

```
~$ kubectl get service/ingress-nginx-controller -n ingress-nginx \
        -o jsonpath="{.spec.ports[?(@.port==80)].nodePort}"
32012
~$ kubectl get service/ingress-nginx-controller -n ingress-nginx \
        -o jsonpath="{.spec.ports[?(@.port==443)].nodePort}"
30532
```

我们在集群外部的主机上分别向 Kubernetes 集群任意节点的 IP 地址的 32012 和 30532 端口发起 HTTP 与 HTTPS 请求即能进行测试，但访问时需要基于主机名进行，因而需要将 www.ilinux.io 解析到节点地址，或者直接通过自定义的 host 头部发起请求，如下面的两条命令所示。

```
~$ curl -H "host: www.ilinux.io" 172.29.9.13:32012
…… ClientIP: 10.244.2.6, ServerName: demoapp-6c5d545684-v6djh, ServerIP:
10.244.1.7!
~$ curl -k -H "host: www.ilinux.io" https://172.29.9.13:30532
…… ClientIP: 10.244.2.6, ServerName: demoapp-6c5d545684-v6djh, ServerIP:
10.244.1.7!
```

两个请求均得到了正常响应，且命令结果显示出客户端 IP 地址是 10.244.2.6，这其实是 ingress-nginx-controller 控制器的 Pod 对象的地址。这是两个 Pod 间的直接通信，它们不会再使用 service/demoapp 资源进行二次代理。

或者，我们也可直接向 Ingress Nginx 的 Service 中定义的 ExternalIP 上的 ServicePort 发起请求，甚至临时设置客户端 hosts 文件，将 www.ilinux.io 的主机名解析到该 ExternalIP 后可直接使用域名访问。

```
~$ curl -H "Host: www.ilinux.io" http://172.29.9.11:80/
…… ClientIP: 10.244.2.6, ServerName: demoapp-6c5d545684-v6djh, ServerIP:
10.244.1.7!
~$ curl http://www.ilinux.io
…… ClientIP: 10.244.2.6, ServerName: demoapp-6c5d545684-v6djh, ServerIP:
10.244.1.7!
```

显然，在缺少对 LoadBalancer 类型 Service 的支持而且也没有自行管理的边缘路由器的环境中，ExternalIP Service 结合外部的 DNS 名称解析也算是一种折中的可用解决方案。在本书后面章节的测试中，会不加区别地使用 NodePort 或者 ExternalIP 的方式对通过 Ingress Nginx 发布的服务进行访问。

13.2.2　配置 Ingress Nginx

除使用 Ingress 资源自定义流量路由相关的配置外，Ingress Nginx 应用程序还存在许多其他配置需要，例如日志格式、CORS、URL 重写、代理缓冲和 SSL 透传等。这类的配置通常有 ConfigMap、Annotations 和自定义模板 3 种实现方式。

Ingress Nginx 的 ConfigMap 和 Annotations 配置接口都支持使用大量的参数来定制所需要的功能，不同的是，前者通过在 Ingress Nginx 引用 ConfigMap 资源规范中 data 字段特定的键及可用取值进行定义，且多用于 Nginx 全局特性的定制，因而是集群级别的配置；而后者则于 Ingress 资源上使用资源注解配置，多用于虚拟主机级别，因而通常是服务级别的配置。

接下来，我们通过为虚拟主机 www.ilinux.io 添加 Basic 认证来说明使用 Ingress 资源的注解来配置 Ingress Nginx 的方法。Ingress Nginx 的 Basic 认证功能属于虚拟主机的配置，相关的常用注解有如下几个。

❑ nginx.ingress.kubernetes.io/auth-type: [basic|digest]。用于指定认证类型，仅有两个可用值。

❑ nginx.ingress.kubernetes.io/auth-secret: secretName。保存有认证信息的 Secret 资源名称。

❑ nginx.ingress.kubernetes.io/auth-secret-type: [auth-file|auth-map]。Secret 中的数据类型，auth-file 表示数据为 htpasswd 命令直接生成的文件，auth-map 表示数据是直接给出用户的名称和 hash 格式的密钥信息。

❑ nginx.ingress.kubernetes.io/auth-realm: "realm string"：认证时使用的 realm 信息。

我们先使用 htpasswd 命令准备一个进行 Basic 认证的认证文件，并将其创建为待发布服务同一名称空间下的 Secret 资源对象。下面的前两个命令分别向 ngxpasswd 文件中添加了 ilinux 和 mageedu 两个用户，各自的密码与用户名相同，后一个命令将该文件创建成了 Secret 对象，其数据项的键名必须为 auth。

```
~$ htpasswd -c -b -m ./ngxpasswd ilinux ilinux
~$ htpasswd -b -m ./ngxpasswd mageedu mageedu
~$ kubectl create secret generic ilinux-passwd --from-file=auth=./ngxpasswd -n dev
secret/ilinux-passwd created
```

而后，在前一节定义的 ingress/demoapp-ingress 资源上添加类似如下注解信息并再次应用到集群上即可，完整的示例见 demoapp-ingress-with-basicauth.yaml。

```
apiVersion: extensions/v1beta1
kind: Ingress
metadata:
  name: demoapp-ingress
  annotations:
    kubernetes.io/ingress.class: "nginx"
    nginx.ingress.kubernetes.io/ssl-redirect: "false"
    nginx.ingress.kubernetes.io/auth-type: basic
    nginx.ingress.kubernetes.io/auth-secret: ilinux-passwd
    nginx.ingress.kubernetes.io/auth-realm: "Authentication Required"
......
```

为 ingress/demoapp-ingress 资源打补丁后，经由 Ingress 上 www.ilinux.io 虚拟主机发布的 demoapp 必须先完成 Basic 认证才能进行后续的访问。如下面的两个测试命令及结果所示。

```
~$ curl -H "HOST: www.ilinux.io" 172.29.9.13:32012/
<html>
<head><title>401 Authorization Required</title></head>
......
</html>
~$ curl -u "mageedu:mageedu" -H "HOST: www.ilinux.io" 172.29.9.13:32012/
...... ClientIP: 10.244.2.6, ServerName: demoapp-6c5d545684-v6djh, ServerIP:
10.244.1.7!
```

相应地，Nginx 全局级别的配置通常由 ConfigMap 资源进行定义，默认部署的 Ingress Nginx 会引用 ingress-nginx 名称空间中的 ingress/ingress-nginx-controller 资源，不过该 ConfigMap 资源默认不含有任何有效的数据项。下面的示例代码为该 ConfigMap 资源添加了几个自定义配置项以进行测试。

```
apiVersion: v1
kind: ConfigMap
metadata:
  name: ingress-nginx-controller
  namespace: ingress-nginx
data:
  use-gzip: "true"           # 启用页面资源压缩功能，默认为启用
  gzip-level: "6"            # 设置页面资源的压缩级别，默认为 5
  worker-processes: "8"      # 设置 Nginx 的工作进程数
```

将该资源应用到 Kubernetes 集群之上，随后即可在 ingress-nginx-controller 相关的 Pod 中验证 Nginx 生效的配置文件中是否包含了自定义的项目，如下面的命令结果所示。

```
~$ INGRESS_POD=$(kubectl get pods -l app.kubernetes.io/component=controller \
    -n ingress-nginx -o jsonpath={.items[0].metadata.name})
```

```
~$ kubectl exec $INGRESS_POD -n ingress-nginx -- nginx -T \
       | grep -E "gzip_comp_level|worker_processes"
worker_processes 8;
gzip_comp_level 6;
```

Ingress Nginx 支持许多服务配置参数和全局配置参数，它们的功能也各不相同，尽管服务级别的特性有不少的自定义需求，但全局默认配置就能满足大多数情况下的需求。完整的参数列表请参考 Ingress Nginx 的文档。

13.2.3　Ingress 资源案例：发布 Dashboard

我们知道，Kubernetes Dashboard 基于默认的资源清单部署到 kubernetes-dashboard 名称空间中，而出于安全方面的需要，Dashboard 必须通过 HTTPS 协议进行远程访问。在 Kubernetes Dashboard 项目官方提供的配置清单中，相应的 service/kubernetes-dashboard 需经由 ClusterIP 的 443 端口发布到集群内部，但经由浏览器访问 Dashboard 的请求几乎都来自 Kubernetes 集群外部。

而此前的方法中，将服务发布到集群外部的常用方式是将 Service 资源的类型修改为 NodePort 或 LoadBalancer，但 NodePort 将会把端口映射为某个不知名端口，甚至是随机端口，而 LoadBalancer 则依赖于公有云环境中的 LBaaS 服务，二者均存在着诸多限制。所以在 Kubernetes 上，Ingress 才是发布 HTTP 应用的更好的方式。下面的配置清单示例（ingress-kubernetes-dashboard.yaml）即可将基于默认清单部署的 Kubernetes Dashboard 发布到集群外部。

```
apiVersion: extensions/v1beta1
kind: Ingress
metadata:
  name: dashboard
  annotations:
    kubernetes.io/ingress.class: "nginx"
    ingress.kubernetes.io/ssl-passthrough: "true"    # SSL 透传
    nginx.ingress.kubernetes.io/backend-protocol: "HTTPS"   # 后端使用 TLS 协议
    nginx.ingress.kubernetes.io/rewrite-target: /$2    # URL 重定向
  namespace: kubernetes-dashboard
spec:
  rules:
  - http:    # 未限定主机，表示可附着于任何主机之上进行访问
      paths:
      - path: /dashboard(/|$)(.*)      # 正则表达式格式的路径
        backend:
          serviceName: kubernetes-dashboard
          servicePort: 443
```

将配置清单中定义的资源创建到 Kubernetes 集群上之后，它会在 kubernetes-dashboard

名称空间中创建一个名为 dashboard 的 Ingress 资源对象，该资源直接将客户端的 HTTPS
请求透传到后端的 Kubernetes Dashboard 相关的 Pod 资源之上，而不会做 SSL 会话的卸
载，这是因为后端的服务自身要求 SSL 通信的缘故，资源中的两个注解 ingress.kubernetes.
io/ssl-passthrough 和 nginx.ingress.kubernetes.io/backend-protocol 也正是因为这个目的而特
地添加的。图 13-5 显示的页面正是通过 ingress-nginx-controller 服务与 HTTPS 协议相关的
NodePort 端口完成的。

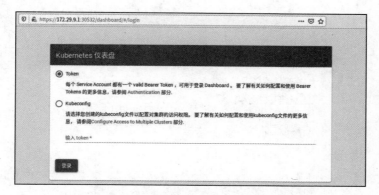

图 13-5　通过 Ingress 访问 Kubernetes Dashboard

 为了更加便捷地进行测试，建议在 Ingress Nginx 控制器的 Service 资源上添加
externalIP 的定义，并将该外部 IP 指向某些节点上的 IP 地址，从而简化访问逻辑。

13.3　Contour 控制器

　　Contour（见图 13-6）是 Kubernetes Ingress 控制器的另一款开源实现，它以高性能的
Envoy 代理程序作为数据平面，支持开箱即用的动态配置和多种高级路由机制，支持 TCP
代理，并且提供了自定义资源类型 HTTPProxy 资源以扩展 Ingress API，以更丰富的功能集
部分解决了 Ingress 原始设计中的缺点，是 Ingress 控制器较为出色的实现之一。

13.3.1　Envoy 数据平面

　　Envoy 是专为大型现代 SOA 架构设计的应用代理和通信总线，使用 C++ 语言编写，是
高性能的 HTTP/HTTPS 协议代理，支持负载均衡、超时、重试、熔断、限流和回退等多种
高级路由功能，支持 HTTP/2 和 gRPC，而且能够作为 HTTP/1.1 和 HTTP/2 之间的双向透
明代理机制。Envoy 原生支持动态配置和服务发现机制，能够通过 xDS API 从控制平面（管

理服务器）获取配置信息，同时提供了良好的可观测性，未来甚至会作为 UPDA（Universal Data Plane API）的标准实现之一。

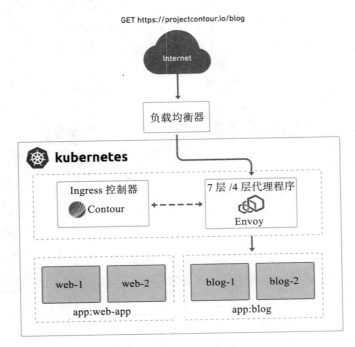

图 13-6　Contour 架构示意图

作为代理服务，Envoy 使用"侦听器"（listener）维护与下游客户端的连接，使用集群管理器管理上游服务器集群，并根据侦听器上配置的代理层级和路由策略"桥接"客户端与后端服务器，如图 13-7 所示。它支持配置任意数量的侦听器和任意数量的上游集群，这些配置可使用静态方式指定，也可分别基于不同的服务发现 API 动态生成。

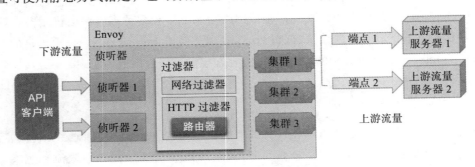

图 13-7　Envoy 代理中的核心逻辑组件

Envoy 通过侦听器监听网络套接字以接收客户端请求，并且支持在一个进程上启用任意数量的侦听器，从而赋予用户按需配置 Envoy 监听一至多个套接字的能力。每个侦听器都应独立配置一些网络（L3/L4）过滤器，在接收到请求后，侦听器负责实例化指定过滤器链中的各个过滤器，并由这些过滤器处理后续的相关事件。一般说来，用户可根据不同的过滤器链配置侦听器以完成不同代理任务，例如 HTTP 代理、TCP 代理、TLS 客户端认证、限速等。

HTTP 是现代面向服务的架构中至关重要的组件，因此 Envoy 通过名为 HTTP 连接管理器的网络（L3/L4）过滤器实现 HTTP 协议的应用层代理，内置支持 HTTP/1.1、WebSockets 和 HTTP/2 几类协议。另外，Envoy 在传输层和应用层分别提供了对 gRPC 协议的原生支持，gRPC 是来自 Google 的 RPC 框架，它基于 HTTP/2 构建和传递请求 / 响应报文。Envoy 内置的 HTTP 过滤器中的 Router 负责为 HTTP 代理实现高级路由功能，包括将 DNS 域映射到特定的虚拟主机、URL 重定向、URL 重写、重试、超时、基于权重或百分比进行流量分发、基于优先级的路由和基于哈希策略的路由等。Envoy 通过配置的路由信息生成路由表，并由 Router 过滤器据此做出路由决策。

每个上游服务器可由一个称为端点的逻辑组件进行标识，它代表着此服务监听的套接字，因此也可直接作为上游服务的标识符使用。一个集群可以包含一到多个端点，而一个端点也可隶属于一到多个集群。

Envoy 的集群管理器负责管理配置的所有上游集群，包括获知上游主机健康可用状态、负载状态、连接类型以及适用的上游通信协议（HTTP/1.1、HTTP/2）等，并向前端的过滤器堆栈暴露 API，允许过滤器根据请求及处理结果按需建立与上游集群的 L3/L4 或 L7 的通信连接。一旦在配置中定义了集群，集群管理器需要知道如何解析集群中的成员，即端点配置信息。目前，Envoy 支持的端点配置支持包括静态配置、严格 DNS、逻辑 DNS、原始目标和 EDS 几种。集群管理器可通过纯静态的配置信息加载并初始化集群，也可通过集群发现服务（Cluster Discovery Service，CDS）API 动态获取相关的配置，而后一种方式允许将配置信息存储在集中式的配置服务中，从而减少重启 Envoy 或重新分发配置的次数。

服务发现是面向服务架构的基石。为了更好地适配云原生环境，Envoy 内置了一个层次化的动态配置 API 用于集中式管理配置信息，该 API 可借助服务发现服务（Service Discovery Service，即服务发现自身作为一种服务）机制支持多种服务发现方式，从而为 Envoy 提供以下配置信息的动态发现和更新，如图 13-8 所示。

1）端点发现服务（Endpoint Discovery Service，EDS）：用于为 Envoy 动态添加、更新和删除 Service

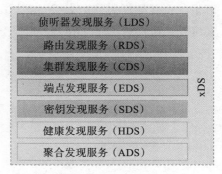

图 13-8　xDS API

端点，这些端点通常是指上游集群后端提供特定服务的主机的套接字；EDS 事实上是 v1

时代的 SDS（Service Discovery Service）的替代品，而且，SDS 在 v2 版本中专用于指代 Secret Discovery Service。

2）集群发现服务（Cluster Discovery Service，CDS）：用于动态添加、更新和删除 Upstream 集群，其中，每个集群本身都有自己的端点发现（v1 版本中的服务发现）机制。

3）路由发现服务（Route Discovery Service，RDS）：用于动态添加或更新 HTTP 路由表。

4）密钥发现服务（Secret Discovery Service，SDS）：传递 TLS 密钥信息，从而 LDS/CDS 能将主要侦听器和集群配置通过密钥管理系统与密钥信息在传送时相分离。

5）侦听器发现服务（Listener Discovery Service，LDS）：用于动态添加、更新和删除整个侦听器，包括其完整的 L4 或 L7 过滤器堆栈。

6）健康发现服务（Health Discovery Service，HDS）：配置 Envoy 成为分布式健康状态检查网络的成员，负责将健康状态检查的相关信息报告给上级或集中式的健康状态检查服务。

7）聚合发现服务（Aggregated Discovery Service，ADS）：构建在单个 Envoy API 提供的数据平面服务之上的多个管理 API（例如 Istio、Linkerd 等）；同时操作 Envoy API 时，使用单个管理服务器处理单个 Envoy 的所有更新操作有助于确保 Envoy 的数据一致性；此 API 允许所有其他 API 通过单个管理服务器的单个 gRPC 双向流进行编组，从而实现确定性排序。

另外还有 ALS（gRPC Access Log Service）、RTDS（Runtime Discovery Service）、RLS（Rate Limit Service）和 CSDS（Client Status Discovery Service）等，这些 API 统称为 xDS，相较于 v1 版本来说，它是一种新的 REST-JSON API，其中 JSON/YAML 格式是基于 proto3 规范的 JSON 映射机制派生而来的。另外，xDS API 通过 gRPC 流式传输进行更新，该方式有着较低资源需求，因而能降低更新延迟。

具体到应用层面，Envoy 既可以工作于微服务基础设施内部，作为面向服务架构内部的流量通信总线（仅负责系统内部各服务间的通信），为服务管控 Ingress 或（和）Engress 流量，也能够作为整个微服务系统的边缘代理管控系统与外部交互的流量。因此，根据分发位置及执行的功能，Envoy 可以按如图 13-9 所示的方式分配到 4 种工作模式。

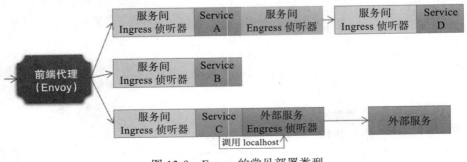

图 13-9　Envoy 的常见部署类型

1）边缘代理：工作在整个系统架构的前端，接收来自外部客户端的请求，并将它们路由到相应的后端服务；除了必要的高级路由功能之外，处理 TLS/SSL 连接也是其必要的功能之一。

2）服务入站侦听器：负责接收并分发某特定服务的入站流量，可能会涉及应用程序的多个端口，并实现诸如重试、缓冲和熔断一类的功能。

3）服务出站侦听器：负责管控离开某特定服务的流量，协调服务间通信，实现诸如负载均衡和速率限制之类的功能；此监听器支持 HTTP/1.1 或 HTTP/2，具体取决于应用程序的功能。

4）外部服务出口侦听器：管理由系统内部服务到系统外部服务的流量。

作为 Contour 的数据平面，作用于 Kubernetes 集群级别的 Ingress 控制器时，Envoy 仅实现了上述 4 种部署类型中的第一种，即工作在 Kubernetes 系统的前端，主要用于管控南北向的流量。

而具体到配置层面，Envoy 在启动时需要经由 bootstrap 配置文件加载整个配置框架，它支持纯静态、纯动态或动静混合的配置方式。静态配置是指不支持在 Envoy 运行中变动的配置，而动态配置是经由 xDS API 向管理服务器注册、监视并动态加载的配置，配置信息的任何变动都能够由 Envoy 及时获取和装载。

资源的动态配置定义在 dynamic_resources 参数中，资源由相应的资源管理器借助 xDS API 进行服务发现时的响应结果生成，而静态方式通过 static_resources 配置参数在引导配置中定义。同时，动态及静态两种资源定义方式也能够基于特定的逻辑混合编排，例如在静态资源定义中仅使用 EDS、仅使用 EDS 和 CDS，或者使用 EDS、CDS 和 RDS 等。一般说来，管理接口（admin）和资源定义（static_resources 或 dynamic_resources）是基本要件。更多更详细的使用信息请参考 Envoy 的文档。

13.3.2　部署 Contour

如前所述，Contour 项目由 Contour 控制平面组件和 Envoy 数据平面组件组成，部署时需要由各自的控制器编排运行。Contour 提供的示例部署清单将所有资源部署在名称空间 projectcontour 中，控制平面组件由 Deployment 控制器编排，出于高可用考虑，该组件通常运行两个副本，它们通过 service/contour 为 Envoy 提供管理服务，而数据平面组件 Envoy 则由 DaemonSet 控制器编排运行在 Kubernetes 集群中的每个节点之上，它们通过 service/envoy 为客户端提供接入 Ingress 控制器的服务。具体的部署组件及工作逻辑如图 13-10 所示。

Contour 提供的示例部署清单为 https://projectcontour.io/quickstart/contour.yaml，它默认为 service/contour 使用 LoadBalancer 类型，但我们的 Kubernetes 集群的部署环境为 Baremetal，因而需要修改其类型为 NodePort，但这里不建议使用 ExternalIP，因为该服务

的外部流量策略为 Local。另外，我们也可以通过修改 daemonset/envoy 中的 Pod 模板，以使得各 Pod 实例能够直接使用 hostNetwork，这些可用的解决方案都与 Ingress Nginx 相似。这里仍然选择使用前者，具体的变动如下面的 Service 资源清单所示。

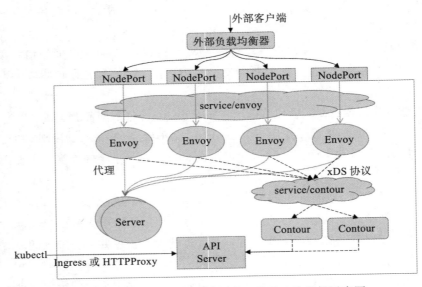

图 13-10　Contour 默认部署的各组件及工作逻辑示意图

```
apiVersion: v1
kind: Service
metadata:
  name: envoy
  namespace: projectcontour
spec:
  externalTrafficPolicy: Local    # 仅将流量代理给本地的 Envoy 以减少跃点，提升性能
  ports:
  - port: 80
    name: http
    protocol: TCP
  - port: 443
    name: https
    protocol: TCP
  selector:
    app: envoy
  type: NodePort    # 若无外部 LoadBalancer 可用，需要将该字段值修改为 NodePort
```

修改完成后，将 contour.yaml 清单应用到集群之上完成部署，即可测试其功效。Contour 仅解析明确标明资源注解 kubernetes.io/ingress.class 的值为 contour 的 Ingress 资源。下面的示例代码（contour-ingress-demo.yaml）定义了一个将 dev 名称空间中的 service/demoapp 通过 Contour 发布到集群之外的 Ingress 资源，它与此前适配到 Ingress Nginx 控制

器的 Ingress 资源的区别仅在于 kubernetes.io/ingress.class 注解信息的值或 .spec.ingressClass
字段的值。

```
apiVersion: extensions/v1beta1
kind: Ingress
metadata:
  name: contour-ingress-demo
  annotations:
    kubernetes.io/ingress.class: "contour"    # 指明负责解析该资源的控制器类型
    nginx.ingress.kubernetes.io/ssl-redirect: "false"   # 禁止 HTTP 重定向
  namespace: dev
spec:
  rules:
  - host: www.ilinux.io
    http:
      paths:
      - path: /
        backend:
          serviceName: demoapp
          servicePort: 80
  tls:
  - hosts:
    - www.ilinux.io
    secretName: tls-ingress-www-ilinux
```

将上面的资源应用到集群上之后，即可通过 projectcontour 名称空间中 service/envoy 上
80 端口对应的 NodePort 来访问发布的 demoapp 应用。

```
~$ kubectl get service/envoy -n projectcontour \
        -o jsonpath="{.spec.ports[?(@.port==80)].nodePort}"
32139
~$ kubectl get service/envoy -n projectcontour \
        -o jsonpath="{.spec.ports[?(@.port==443)].nodePort}"
30530
```

随后，在外部主机上，将主机名 www.ilinux.io 解析到 Kubernetes 集群任意一个工作节
点的 IP 地址即可发起请求测试，如下面的 curl 命令及结果所示。

```
~$ curl http://www.ilinux.io:32139
…… ClientIP: 10.244.3.9, ServerName: demoapp-6c5d545684-v6djh, ServerIP:
10.244.1.7!
~$ curl -k https://www.ilinux.io:30530
…… ClientIP: 10.244.3.9, ServerName: demoapp-6c5d545684-v6djh, ServerIP:
10.244.1.7!
```

由此或见，基于 Kubernetes 内置的 Ingress 发布服务时，底层使用的是 Ingress Nginx
还是 Contour 控制器并没有本质上的区别。但 Contour 提供的 CRD 资源类型 HTTPProxy 能
够提供更为完整的路由功能集，大大丰富了 Ingress 的特性表现。

13.3.3 HTTPProxy 基础

HTTPProxy 资源几乎兼容 Ingress 资源的所有功能，只不过它使用独有的资源规范，具体的格式及简要说明如下所示。

```
apiVersion: projectcontour.io/v1      # API 群组及版本
kind: HTTPProxy                       # CRD 资源的名称
metadata:
  name <string>
  namespace <string>                  # 名称空间级别的资源
spec:
  virtualhost <VirtualHost>           # 定义 FQDN 格式的虚拟主机，类似于 Ingress 中的 host
    fqdn <string>                     # 虚拟主机 FQDN 格式的名称
    tls <TLS>                         # 启用 HTTPS，且默认以 301 将 HTTP 请求重定向至 HTTPS
      secretName <string>             # 存储证书和私钥信息的 Secret 资源名称
      minimumProtocolVersion <string>   # 支持的 SSL/TLS 协议的最低版本
      passthrough <boolean>           # 是否启用透传模式，启用时控制器不卸载 HTTPS 会话
      clientValidation <DownstreamValidation>   # 验证客户端证书，可选配置
        caSecret <string>             # 用于验证客户端证书的 CA 证书
  routes <[]Route>                    # 定义路由规则
    conditions <[]Condition>          # 流量匹配条件，支持 PATH 前缀和标头匹配两种检测机制
      prefix <String>                 # PATH 路径前缀匹配，类似于 Ingress 中的 path 字段
    permitInsecure <Boolean>          # 是否禁止默认的将 HTTP 重定向到 HTTPS 的功能
    services <[]Service>              # 后端服务，会对应转换为 Envoy 的 Cluster 定义
      name <String>                   # 服务名称
      port <Integer>                  # 服务端口
      protocol <String>               # 到达后端服务的协议，可用值为 tls、h2 或者 h2c
      validation <UpstreamValidation>   # 是否校验服务端证书
        caSecret <String>
        subjectName <string>          # 要求证书中使用的 Subject 值
```

需要特别说明的是，在同一个 conditions 字段中使用多个 prefix 前缀时，前缀间将存在串联关系，例如对于第一个前缀 /api 和第二个前缀 /docs 来说，该条件实际匹配的是 /api/docs 路由前缀。但通常在一个条件中只应该使用单个 prefix。

下面的资源清单示例（httpproxy-demo.yaml）将 13.3.2 节中 Ingress 的定义（ingress/contour-ingress-demo）对等切换成了 HTTPProxy 资源。

```
apiVersion: projectcontour.io/v1
kind: HTTPProxy
metadata:
  name: httpproxy-demo
  namespace: dev
spec:
  virtualhost:
    fqdn: www.ilinux.io
    tls:
      secretName: tls-ingress-www-ilinux
```

```
        minimumProtocolVersion: "tlsv1.1"    # 支持的 TLS 协议最小版本
  routes:
  - conditions:
    - prefix: /    # PATH 路径前缀匹配
    services:
    - name: demoapp
      port: 80
    permitInsecure: true    # 禁止将 HTTP 重定向至 HTTPS
```

下面删除此前创建的 ingress/contour-ingress-demo，而后创建 httpproxy/httpproxy-demo，以免二者在功能上相冲突。

```
~$ kubectl delete ingress/contour-ingress-demo -n dev
ingress.extensions "contour-ingress-demo" deleted
~$ kubectl apply -f httpproxy-demo.yaml
httpproxy.projectcontour.io/httpproxy-demo created
```

创建完成后，我们可以通过 HTTPProxy 资源描述信息中的 Status 字段来了解其生效结果，有效的配置通常以 valid 进行标识，否则就需要排除问题后重新创建。

```
~$ kubectl describe httpproxy -n dev
……
Status:
  Current Status: valid
  Description:      valid HTTPProxy
  Load Balancer:
```

随后，即可采用类似于此前的方式，分别对通过 HTTP 和 HTTPS 协议发布的 demoapp 服务进行访问，如下面的命令及结果所示。

```
~$ curl http://www.ilinux.io:32139
iKubernetes demoapp v1.0 !! ……: demoapp-6c5d545684-v6djh, ServerIP: 10.244.1.7!
~$ curl -k https://www.ilinux.io:30530
iKubernetes demoapp v1.0 !! ……: demoapp-6c5d545684-v6djh, ServerIP: 10.244.1.7!
```

为了避免与后面几节中的测试产生冲突，测试完成后，建议使用如下方式删除该 HTTPProxy 资源。

```
~$ kubectl delete httpproxy/httpproxy-demo -n dev
```

13.3.4　HTTPProxy 高级路由

除了能实现类似于 Ingress 资源的流量分发等基础功能，HTTPProxy 还封装了 Envoy 相当一部分高级路由功能的 API，例如基于标头的路由、流量镜像和流量分割等多种高级路由功能，能帮助用户实现诸如金丝雀部署、蓝绿部署和 A/B 测试等功能。相关的规范均定义在 HTTPProxy 的 .spec.routes 字段中，其简要格式及功能说明如下所示。

```
spec:
  routes <[]Route>                              # 定义路由规则
    conditions <[]Condition>
      prefix <String>
      header <HeaderCondition>                  # 请求报文标头匹配
        name <String>                           # 标头名称
        present <Boolean>                        # true 表示存在该标头即满足条件，值 false 没有意义
        contains <String>                        # 标头值必须包含的子串
        notcontains <String>                     # 标头值不能包含的子串
        exact <String>                           # 标头值的精确匹配
        notexact <String>                        # 标头值精确反向匹配，即不能与指定的值相同
    services <[]Service>                         # 后端服务，转换为 Envoy 的集群
      name <String>
      port <Integer>
      protocol <String>
      weight <Int64>                             # 服务权重，用于流量分割
      mirror <Boolean>                           # 流量镜像
      requestHeadersPolicy <HeadersPolicy>       # 到上游服务器请求报文的标头策略
        set <[]HeaderValue>                      # 添加标头或设置指定标头的值
          name <String>
          value <String>
        remove <[]String>                        # 移除指定的标头
      responseHeadersPolicy <HeadersPolicy>      # 到下游客户端响应报文的标头策略
    loadBalancerPolicy <LoadBalancerPolicy>      # 指定要使用的负载均衡策略
      strategy <String>                          # 具体使用的策略，支持 Random、RoundRobin、Cookie
                                                 # 和 WeightedLeastRequest，默认为 RoundRobin
    requestHeadersPolicy <HeadersPolicy>         # 路由级别的请求报文标头策略
    reHeadersPolicy <HeadersPolicy>              # 路由级别的响应报文标头策略
    pathRewritePolicy <PathRewritePolicy>        # URL 重写
      replacePrefix <[]ReplacePrefix>
        prefix <String>                          # PATH 路由前缀
        replacement <String>                     # 要替换为的目标路径
```

需要特别说明的是，在同一个 conditions 字段中以不同的列表项分别定义的多个头部条件彼此间存在"逻辑与"关系，这意味着请求报文需要同时满足头部条件的定义才能匹配到设置的规则。

高级路由功能的应用场景通常会依赖同一应用程序两个或以上数量的版本，为了避免其他依赖，这里选择在 dev 名称空间下准备好的 demoapp-v1.1 和 demoapp-v1.2 两个版本的应用，它们都使用 Deployment 控制器编排，且分别有各自的 Service 对象。

```
~$ kubectl create deployment demoappv11 --image="ikubernetes/demoapp:v1.1" -n dev
deployment.apps/demoappv11 created
~$ kubectl create deployment demoappv12 --image="ikubernetes/demoapp:v1.2" -n dev
deployment.apps/demoappv12 created
~$ kubectl create service clusterip demoappv11 --tcp=80 -n dev
service/demoappv11 created
~$ kubectl create service clusterip demoappv12 --tcp=80 -n dev
service/demoappv12 created
```

为了便于读者朋友们理解，下面将分别说明几种主流高级路由功能的配置方法。

1. 基于标头的路由

基于标头的流量匹配机制是指检测请求报文的特定头部是否存在，或者其值是否满足表述的条件，而后仅路由测试结果为 True 的请求报文，不能满足测试条件的报文将被忽略，它们可能会由后续的其他路由规则匹配后进行路由，或者由默认路由指定的后端予以服务。在 conditions 字段中的同一个列表项中同时指定的 header 和 prefix 之间是"与"关系，即报文必须同时满足两个条件，而不同列表项表达的筛选条件间为"与"关系，报文也需要同时满足其全部条件。

下面的配置清单示例（httpproxy-headers-routing.yaml）在 dev 名称空间中定义了一个名为 httpproxy-headers-routing 的 HTTPProxy 资源，它在规则一中定义了两个过滤条件，满足条件的请求将被路由至 demoappv11 服务上，其他请求的路由目标则是 demoapp 服务。

```
apiVersion: projectcontour.io/v1
kind: HTTPProxy
metadata:
  name: httpproxy-headers-routing
  namespace: dev
spec:
  virtualhost:
    fqdn: www.ilinux.io
  routes:
  - conditions:            # 规则一，内部各条件间为与关系，且至多使用一个 prefix
    - header:              # 过滤条件一，未指定 prefix 则表示适用于所有 PATH
        name: X-Canary     # 指定要检测的头部名称
        present: true      # 报文头部存在即满足条件，无论其值是什么
    - header:              # 过滤条件二与条件一为"与"关系
        name: User-Agent   # 指定要检测的头部名称
        contains: curl     # 指定的头部的值包含字符串 "curl" 方满足条件
    services:
    - name: demoappv11
      port: 80
  - services:              # 规则二，虚拟主机上未被前一路由规则匹配到的请求都将由该后端处理
    - name: demoapp
      port: 80
```

将 httpproxy/httpproxy-headers-routing 资源应用到集群之上即可展开测试。

```
~$ kubectl apply -f httpproxy-headers-routing.yaml
httpproxy.projectcontour.io/httpproxy-headers-routing created
```

随后，由 Envoy 使用 NodePort 在集群外部向 Kubernetes 集群任一节点发起测试请求，只有同时满足规则一中的两个条件的请求报文才会被路由到 demoappv11 后端，例如明确指定了自定义标头 X-Canary 的 curl 命令发起的测试请求及结果，如下所示。

```
~$ curl -H "X-Canary: true" http://www.ilinux.io:32139
iKubernetes demoapp v1.1 !! ……demoappv11-59cddc6bff-9bfkg, ServerIP:
10.244.1.12!
```

仅满足规则一中的一个条件或者不能满足规则一中的任何条件的请求报文，将被路由到 demoapp 后端，如下面的 3 个测试命令及结果所示。

```
# 下面的命令仅满足规则一中的条件二
~$ curl http://www.ilinux.io:32139
iKubernetes demoapp v1.0 !! …… demoapp-6c5d545684-v6djh, ServerIP: 10.244.1.7!
# 下面的curl命令模拟自身为chrome浏览器，仅能满足规则一中的条件一
~$ curl -A "chrome" -H "X-Canary: On" http://www.ilinux.io:32139
iKubernetes demoapp v1.0 !!…… demoapp-6c5d545684-v6djh, ServerIP: 10.244.1.7!
# 下面的命令无法满足规则一中的任何条件
~$ wget -q -O - http://www.ilinux.io:32139
iKubernetes demoapp v1.0 !! …… demoapp-6c5d545684-v6djh, ServerIP: 10.244.1.7!
```

基于标头路由有许多应用场景，例如用户分类路由或浏览器分类路由等，甚至是基于某些特定的标头模拟金丝雀发布等。

2. 流量切分

HTTPProxy 支持在单个路由规则中同时指定多个后端服务，默认情况下，所有流量将以等量切分的方式平均分发到多个后端之上，每个后端内部再按照代理服务器配置的调度算法进行二级负载均衡。同时，HTTPProxy 也允许用户为每个后端服务使用 weight 字段指定一个特定流量百分比，从而将流量以指定的比例在不同的后端服务间进行分发，如图 13-11 所示。

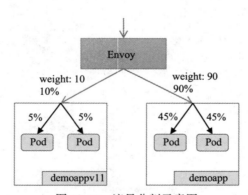

图 13-11　流量分割示意图

基于流量分割的流量切分是完成灰度发布的常用手段。上线应用的新版本时，无论是出于产品稳定性还是用户接受程度等因素的考虑，直接以新代旧都充满风险。因此，灰度发布是应用程序在生产环境安全上线的一种重要手段，而对于 Envoy 来说，灰度发布仅是其流量治理功能的一种典型应用，结合分割策略便能实现常见的金丝雀部署、蓝绿部署和

A/B 测试等应用场景。

事实上，基于标头的流量分割算是"基于请求内容"灰度部署的一种实现，而流量分割则是"基于流量比例"进行灰度部署的方式。与 Kubernetes 的 Deployment 控制器的滚动更新机制相比，HTTPProxy 允许用户按需指定要切分的流量比例，而非按照 Pod 数量来固定分割的方式。

下面的配置清单示例（httpproxy-traffic-splitting.yaml）中定义的 httpproxy 资源将发往虚拟主机 www.ilinux.io 的以"/"为路径前缀的流量，按指定的比例切分到了 demoapp 和 demoappv11 两个后端服务之上。

```
apiVersion: projectcontour.io/v1
kind: HTTPProxy
metadata:
  name: httpproxy-traffic-splitting
  namespace: dev
spec:
  virtualhost:
    fqdn: www.ilinux.io
  routes:
  - conditions:
    - prefix: /
    services:
    - name: demoapp
      port: 80
      weight: 90    # 该后端的流量比例
    - name: demoappv11
      port: 80
      weight: 10    # 该后端的流量比例
```

将上述配置清单中的资源创建到集群之上便可检验其工作状态，为了避免策略交叉生效，我们先卸载此前创建的其他 HTTPProxy 资源后再进行测试。

```
~$ kubectl delete httpproxy --all -n dev
httpproxy.projectcontour.io "httpproxy-headers-routing" deleted
~$ kubectl apply -f httpproxy-traffic-splitting.yaml
httpproxy.projectcontour.io/httpproxy-traffic-splitting created
```

部署完成后，我们即可向该虚拟主机发起多次请求以进行测试，一般来说，样本空间越大，真实的流量切分比例越接近于规划。例如，下面的命令向该服务发起了 100 次请求，并统计分别由 demoapp v1.0 和 demoapp v1.1 响应的报文数比例。

```
~$ v10=0; v11=0; for i in {1..100}; do \
   if curl -s http://www.ilinux.io:32139/ | grep "v1.0" > /dev/null; \
   then let v10++; else let v11++;fi; done;
   ~$ echo "Version 1.0: $v10  Version 1.1: $v11"
   Version 1.0: 89  Version 1.1: 11
```

事实上，我们可以把这 10% 的流量比例当作"金丝雀"，测试足够长一段时间，确认无误后可通过逐步修改 httpproxy-traffic-splitting 资源中各后端服务上流量比例的方式完成流量迁移，从而实现灰度发布。以不存在"中间状态"的方式在两个后端服务间分割流量，要么完全在第一个服务上，要么一次性迁往第二个服务的配置机制即为蓝绿发布。

3. 流量镜像

流量镜像用于百分百地在两个服务间复制流量。在支持蓝绿部署的场景中，流量镜像常用于将当前服务上的真实流量引入到未发布的新版本上进行测试。但流量镜像工作于"只读"模式，因为其响应报文会被全部丢弃。

下面的配置清单示例（httpproxy-traffic-mirror.yaml）将 demoapp 服务上的所有流量都镜像给 demoappv11 一份完整的副本。感兴趣的读者可自行测试。

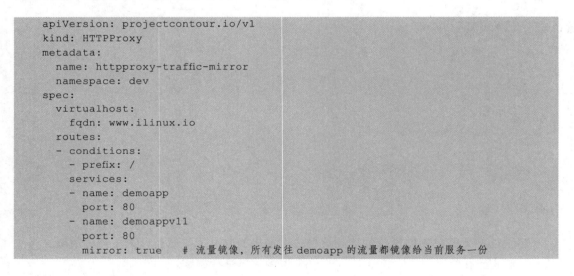

```
apiVersion: projectcontour.io/v1
kind: HTTPProxy
metadata:
  name: httpproxy-traffic-mirror
  namespace: dev
spec:
  virtualhost:
    fqdn: www.ilinux.io
  routes:
  - conditions:
    - prefix: /
    services:
    - name: demoapp
      port: 80
    - name: demoappv11
      port: 80
      mirror: true    # 流量镜像，所有发往 demoapp 的流量都镜像给当前服务一份
```

4. 负载均衡策略

HTTPProxy 中的负载均衡策略是路由规则中的定义，每个路由规则都可以为其后端调用的服务按需指定最为合用的负载均衡机制。目前，HTTPProxy 暴露了 Envoy 在集群上支持的部分调度算法，主要有如下几个。

❑ RoundRobin：按顺序轮询选择上游端点，此为默认策略。
❑ WeightedLeastRequest：加权最少连接，但该算法仅随机选择两个健康的端点，并从中挑选出负载少的端点作为调度目标。
❑ Random：从后端健康端点中随机挑选端点。
❑ Cookie：粘性会话调度机制，把来自某客户端的所有请求始终调度给同一个后端端点。

下面的配置清单示例（httpproxy-lb-strategy.yaml）定义的路由规则会将发往 www.

ilinux.io 的所有流量均分给 demoapp 和 demoappv11 这两个后端服务，各服务内部使用
Random 调度算法将流量分发至后端端点。

```
apiVersion: projectcontour.io/v1
kind: HTTPProxy
metadata:
  name: httpproxy-lb-strategy
  namespace: dev
spec:
  virtualhost:
    fqdn: www.ilinux.io
  routes:
    - conditions:
      - prefix: /
      services:                    # 在两个服务间均分流量
        - name: demoapp
          port: 80
        - name: demoappv11
          port: 80
      loadBalancerPolicy:          # 使用 Random 调度算法
        strategy: Random
```

我们知道，HTTPProxy 路由规则中，每个后端服务都会对应地转换为 Envoy 上配置的
一个集群，于是，指定的负载均衡策略也就成为该路由规则中各服务对应集群上共用的调
度策略。

13.3.5　HTTPProxy 服务韧性

Envoy 提供了一系列的局部故障应对机制，包括超时、重试、主动健康状态检测、被
动健康状态检测（异常值探测）和断路器等，Contour 的 HTTPProxy API 封装提供了前 3
种类型的故障应对机制，它们都定义在路由规则之中。可用的字段及简要的功能说明如下
所示。

```
spec:
  routes <[]Route>
    timeoutPolicy <TimeoutPolicy>        # 超时策略
      response <String>            # 等待服务器响应报文的超时时长
      idle <String>                # 超时后，Envoy 维持与客户端之间连接的空闲时长
    retryPolicy <RetryPolicy>      # 重试策略
      count <Int64>                # 重试的次数，默认为 1
      perTryTimeout <String>       # 每次重试的超时时长
    healthCheckPolicy <HTTPHealthCheckPolicy>     # 主动健康状态检测
      path <String>                # 检测针对的路径（HTTP 端点）
      host <String>                # 检测时请求的虚拟主机
      intervalSeconds <Int64>      # 时间间隔，即检测频度，默认为 5 秒
      timeoutSeconds <Int64>       # 超时时长，默认为 2 秒
```

```
unhealthyThresholdCount <Int64>    # 判定为非健康状态的阈值，即连续错误次数
healthyThresholdCount <Int64>      # 判定为健康状态的阈值
```

HTTPProxy 上实施的这类局部故障应对机制均属于路由级别，HTTPProxy 将对该路由
下的每个 Service 无差别地同时生效。

1. 超时和重试

分布式环境中对远程资源和服务的调用可能会由于瞬态故障而失败，例如网络连接速
度慢、超时、资源过量使用或暂时不可用等，这些故障多数情况下都能够在短时间内自行
纠正，因而基于特定的策略重新发送请求（重试机制）可解决大部分的此类故障，其工作逻
辑如图 13-12 所示。而且，通过透明地重试失败的操作，使应用程序在尝试连接到服务或
网络资源时能够处理瞬态故障，可以显著提高应用程序的稳定性。

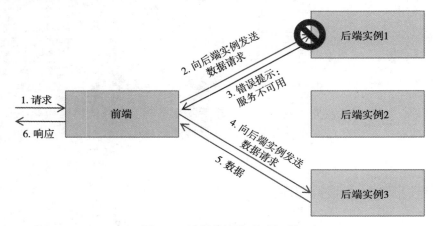

图 13-12　服务请求重试机制

但是，也可能存在由于意外事件导致故障并且可能需要更长时间才能恢复的情形，而
故障的严重性级别有所不同，从部分连接中断到服务完全不可用皆有可能。这种情况下，
连续重试和长时间的等待都没有太大意义，因而应用程序应迅速（等待一定的时间后自动超
时）接受该操作已经失败并相应地处理这种失败。

下面的资源清单示例（httpproxy-retry-timeout.yaml）为部署的 demoapp 服务定义了超
时和重试策略，当上游服务器响应以 5xx 状态码时，demoapp 将启动重试机制，最大尝试
次数为 3 次，总体超时时长为 2 秒。

```
apiVersion: projectcontour.io/v1
kind: HTTPProxy
metadata:
  name: httpproxy-retry-timeout
  namespace: dev
spec:
```

```
  virtualhost:
    fqdn: www.ilinux.io
  routes:
  - timeoutPolicy:                    # 超时机制
      response: 2s
      idle: 5s
    retryPolicy:                      # 重试策略
      count: 3                        # 最大重试次数
      perTryTimeout: 500ms            # 单次尝试的超时时长
    services:
    - name: demoapp
      port: 80
```

HTTPProxy 仅支持当上游服务器响应以 5xx 状态码时重试，因此它所能够应对的错误场景有限，而 Envoy 能够支持更多的重试条件，这些条件或许在未来的 Contour 版本中能够得到支持。上面的配置清单示例中的 HTTPProxy 资源为 Envoy 生成的重试策略的配置片段如下所示，它取自 Envoy 内置 Admin 接口输出的配置信息。

```
cluster: dev/demoapp/80/da39a3ee5e
timeout: 2s
retry_policy:
  retry_on: 5xx
  num_retries: 3
  per_try_timeout: 0.500s
idle_timeout: 5s
```

需要注意的是，重试策略需要匹配应用程序的业务需求和故障性质，对于某些非关键操作，最好是快速失败而不是重试几次，以免影响应用程序的吞吐量。另外，还需要考虑操作幂等与否，对于幂等类操作，重试本质上是安全的；而对于非幂等类操作，重试可能导致该操作被执行多次，并产生意外的副作用。

2. 健康状态检测

HTTPProxy 资源支持的健康状态检测功能，是由 Envoy 在集群级别对后端端点主动检测实现的，Envoy 通过发往每个上游端点的 HTTP 请求的响应状态码来判定端点健康与否。这种健康状态检测机制与 Kubernetes 上对容器实施的 StartupProbe、LivenessProbe 和 ReadinessProbe 机制有所不同，它并不经由 Pod 上定义的检测点，而是使用自定义的检测端点。我们知道，Service 会对其关联的后端 Pod 经由 Endpoint 进行健康状态检测，而 Contour 的健康状态检测是在这各种检测之外，对 Service 关联的 Pod 对象又施加的一层自定义检测机制。

下面的资源清单（httpproxy-health-checks.yaml）示例在 HTTPProxy 上定义的健康状态检测将转换为 Envoy 的配置，并由 Envoy 实施检测。但相关的检测策略定义在路由规则上，而非服务级别，这意味着同一路由规则下的所有服务对应的 Envoy 集群将共享这种检测机制。

```
apiVersion: projectcontour.io/v1
kind: HTTPProxy
metadata:
  name: httpproxy-health-check
  namespace: dev
spec:
  virtualhost:
    fqdn: www.ilinux.io
  routes:
  - conditions:
    - prefix: /
    healthCheckPolicy:
      path: /
      intervalSeconds: 5
      timeoutSeconds: 2
      unhealthyThresholdCount: 3
      healthyThresholdCount: 5
    services:
    - name: demoapp
      port: 80
    - name: demoappv11
      port: 80
```

将上述配置清单的资源创建到集群上之后，它会为 Envoy 在 demoapp 和 demoappv11 两个服务对应的集群上各生成一组类似如下内容的健康状态检测策略配置段。

```
health_checks:
- timeout: 2s
  interval: 5s
  unhealthy_threshold: 3
  healthy_threshold: 5
  http_health_check:
    host: contour-envoy-healthcheck
    path: "/"
```

对于 Envoy 来说，集群中的各端点的健康状态检测机制必须显式定义，否则发现的所有上游主机在发现那一刻起即被视为可用。一般正确实施了存活状态和就绪状态检测的 Pod，额外定义健康状态检测机制并非特别必要，而且会增加后端端点的服务压力。但对于未能在 Pod 的主容器级别实施存活状态和就绪状态检测的场景来说，在 Ingress 控制器代理上实施主动健康状态检测就变得不可或缺。

13.3.6 TCP 代理

如前所述，Envoy 通过侦听器监听网络套接字以接收客户端请求，而连接处理功能则是由侦听器上配置的网络（L3/L4）过滤器负责处理，HTTPConnectionManager 是最著名的过滤器之一，它是 Envoy 处理 HTTP 协议报文的核心框架，并引入了众多相关的 7 层（L7）

过滤器。事实上，Envoy 完全能够根据 4 层的 TCP Proxy 过滤器直接进行 TCP 协议的代理，但它支持的路由能力有限，通常仅能够将客户端流量按照调度算法在后端集群的各端点上进行流量分发。

Contour 的 HTTPProxy 资源也能够支持 TCP 代理的功能，但它仅能支持 HTTPS 协议的透传功能，相关的设定要定义在 .spec.tcpProxy 字段中。下面给出了 TCP 的基础配置框架及简要说明，其中大多数字段的意义与此前 HTTP 代理中的功能相同。

```
apiVersion: projectcontour.io/v1
kind: HTTPProxy
metadata:
  name <string>
  namespace <string>
spec:
  virtualhost <VirtualHost>
  tcpProxy <TCPProxy>            # TCP 代理，即 4 层代理的定义
    services <[]Service>        # 后端服务，每个服务对应一个集群
    loadBalancerPolicy <LoadBalancerPolicy>      # 负载均衡策略
    healthCheckPolicy <TCPHealthCheckPolicy>     # TCP 层的主动健康状态检测
      intervalSeconds <Int64>
      timeoutSeconds <Int64>
      unhealthyThresholdCount <Int64>
      healthyThresholdCount <Int64>
```

TCP 代理能够卸载 TLS 会话，也能够将 TLS 协议报文直接透传到后端端点，具体配置取决于用户的实际需要。例如，下面的配置清单示例（httpproxy-kubernetes-dashboard.yaml）在 kubernetes-dashboard 名称空间中将同名的服务通过 Contour 以 TLS 透传的方式进行发布。

```
apiVersion: projectcontour.io/v1
kind: HTTPProxy
metadata:
  name: dashboard
  namespace: kubernetes-dashboard
spec:
  virtualhost:
    fqdn: dashboard.ilinux.io
    tls:
      passthrough: true
  tcpproxy:
    services:
    - name: kubernetes-dashboard
      port: 443
```

显然，若是在 Envoy 上卸载了 TLS 会话，它就能够直接处理 HTTP 协议的 7 层报文，从而完成高级路由功能，除非必须以 TCP 代理的方式进行转发。

13.4 本章小结

本章重点讲述了 Ingress 资源及 Ingress 控制器相关的话题，并重点讲解了 Contour 控制器的 HTTP 高级路由功能。

- ❑ Ingress 资源主要用于向 Kubernetes 集群外部发布服务，它能够通过一个统一的接口管理所有南北向的流量。
- ❑ Ingress 是标准 Kubernetes API 资源类型之一，它支持基于 PATH 和虚拟主机的路由机制。
- ❑ Ingress 资源定义的路由功能要转为 Ingress 控制器上的配置信息，并由控制器负责执行真正的路由过程。
- ❑ Ingress Nginx 是由 Kubernetes 社区维护的基于 Nginx 的 Ingress 控制器。
- ❑ Contour 是另一款 Ingress 控制器，它以 Envoy 为数据平面，基于自有的 HTTPProxy CRD 大大扩展了原生 Ingress API 的功能。
- ❑ HTTPProxy 封装了 Envoy 的部分 API，从而支持流量切分、流量镜像、基于标头的路由、自定义使用的负载均衡策略、超时和重试、后端端点的健康状态检测等高级功能。

第五部分 *Part 3*

必备生态组件

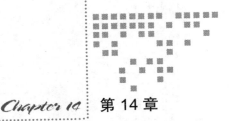

应用管理

业务的容器化及微服务化过程基本是通过分解单体大应用为多个小的服务并容器化编排运行实现，这种构建逻辑降低了单体应用的复杂性，可以独立部署和扩展每个微服务，实现了敏捷开发和运维。但另一方面，巨大的单体应用拆解为巨量的微服务程序，几乎必然导致应用管理复杂度的增加，例如在 Kubernetes 系统之上，每个应用基本都有不止一个资源，而每个应用在不同的环境（例如 staging、test 和 prod 等）可能使用不同配置参数等复杂问题。

我们已然知道，复用一个资源清单完成不同应用版本、不同环境、不同资源需求的部署很难实现，于是不得不使用系统环境变量及变量替换的方式辅助完成，否则资源清单必然会随着应用数量的增加而成倍增加。幸运的是，我们还有 Kustomize 和 Helm 可以选择。

14.1　Kustomize 声明式应用管理

在 Kubernetes 系统上部署容器化应用时需要事先手动编写资源配置清单文件以定义资源对象，而且每一次定义的配置基本都是硬编码，基本无法实现复用。对于较大规模的应用场景，应用程序的配置、分发、版本控制、查找、回滚甚至是查看都将是用户的噩梦。

为了复用资源清单，我们在 8.3.1 节的 Deployment 资源示例中使用了环境变量，而后基于模板化处理机制，经由字符替换以"侵入"的方式完成应用描述文件的定制。而 Kubernetes v1.14 版本以原生方式引入的 Kustomize 实现了一种非模板式的应用管理能力，它允许用户以一个应用描述文件为基础，而后将保存了具体需求的"补丁"文件以"叠加"的方式在基础文件之上添加、删除或更新应用配置，进而生成最终的应用版本。因而，Kustomize 是一种完全基于 YAML 补丁系统的纯声明式配置管理工具，而非模板引擎，在使用体验上基本与 Kubernetes API 相契合。

　　Kustomize 程序自身既能够集成到 kubectl 命令之中并以 -k 选项调用，也能够以独立的二进制文件运行。前者在帮助用户管理、变更和部署海量应用的路径上前进了一大步，而后者则让这个应用管理机制非常适合于扩展和集成到其他服务中，例如 CI/CD 管道等。

14.1.1　声明式应用管理基本用法

　　Kustomize 的核心目标在于为管理的应用生成资源配置，而这些资源配置中定义了资源的期望状态，在具体实现上，它通过 kustomization.yaml 文件组合和（或）叠加多种不同来源的资源配置来生成。

　　Kustomize 将一个特定应用的配置保存在专用的目录中，且该目录中必须有一个名为 kustomization.yaml 的文件作为该应用的核心控制文件。由以下 kustomization.yaml 文件的格式说明可以大体看出，Kustomize 可以直接组合由 resources 字段指定的资源文件作为最终配置，也可在它们的基础上进行修订，例如添加通用标签和通用注解、为各个资源添加统一的名称前缀或名称后缀、改动 Pod 模板中的镜像文件及向容器传递变量等。

```
apiVersion: kustomize.config.k8s.io/v1beta1
kind: Kustomization
resources <[]string>        # 待定制的原始资源配置文件列表，将由 Kustomize 按顺序处理
namespace <string>          # 设定所有名称空间级别资源所属的目标名称空间
commonLabels <map[string]string>  # 添加到所有资源的通用标签，包括 Pod 模板及
                                   # 相关的标签选择器
commonAnnotations <map[string]string>   # 添加到所有资源的通用注解
namePrefix <string>         # 统一给所有资源添加的名称前缀
nameSuffix <string>         # 统一给所有资源添加的名称后缀
images <[]Image>            # 将所有 Pod 模板中符合 name 字段条件的镜像文件修改为指定的镜像
- name <String>             # 资源清单中原有的镜像名称，即待替换的镜像
  nameName <String>         # 要使用的新镜像名称
  newTag <String>           # 要使用的新镜像的标签
  digest <String>           # 要使用的新镜像的 SHA256 校验码
vars <[]Var>                # 指定可替换 Pod 容器参数中变量的值或容器环境变量的值
- name <String>             # 变量的名称，支持以 $(name) 格式进行引用
  objref <String>           # 包含了要引用的目标字段的对象的名称
  fieldref <String>         # 引用的字段名称，默认为 metadata.name
```

　　为了便于理解，我们通过一个示例来说明 Kustomize 应用管理的基础用法。假设用户要部署 demoapp 应用，但希望将来版本升级或在其他名称空间中能够复用相关的配置。于是，我们创建一个名为 kustomize-demo 的目录保存该应用的所有配置文件，而后在其内部准备一个定义了 deployment/demoapp 资源的配置文件，其内容如下所示。

```
# deploy-demoapp.yaml
apiVersion: apps/v1
```

```
kind: Deployment
metadata:
  name: demoapp
spec:
  replicas: 1
  selector:
    matchLabels:
      app: demoapp
  template:
    metadata:
      labels:
        app: demoapp
    spec:
      containers:
      - name: demoapp
        image: ikubernetes/demoapp:v1.0
        ports:
        - containerPort: 80
          name: http
```

下面的资源清单定义了 service/demoapp 资源,用于为 demoapp 应用提供服务发现机制及固定的访问入口。

```
# service-demoapp.yaml
kind: Service
apiVersion: v1
metadata:
  name: demoapp
spec:
  selector:
    app: demoapp
  ports:
  - name: http
    protocol: TCP
    port: 80
    targetPort: 80
```

若我们期望 Kustomize 能够根据以上两个资源配置文件依次创建出 deployment/demoapp 和 service/demoapp 资源,只需要在 kustomize-demo 目录中再定义一个如下所示的 kustomization.yaml 文件即可。

```
# kustomization.yaml
apiVersion: kustomize.config.k8s.io/v1beta1
kind: Kustomization
# 要组合的原始资源配置文件列表,它们将会按次序由 kustomize 来处理
resources:
- namespace.yaml
- deploy-demoapp.yaml
```

```
  - service-demoapp.yaml
  # 统一添加资源标签,对于不支持修改资源标签的场景,该变动仅能执行资源的重新创建来完成
commonLabels:
  generated-by: kustomize
```

将定义的应用部署到 Kubernetes 集群之前,需要先由 Kustomize 根据目录中的 kustomization.yaml 配置文件生成最终的配置清单,而后由 kubectl apply 命令将其应用到集群之上,不过 Kubernetes v1.14 版本之后,该命令的 -k DIR 选项即能调用 Kustomize 直接生成最终配置,我们甚至可以使用 --dry-run 选项只查看生成的配置而不必真正进行资源的创建,如下面的命令所示。

```
~$ kubectl apply -k ./kustomize-demo --dry-run=client -o yaml
```

确认配置无误后,移除上面命令中的 --dry-run 选项便能完成资源创建。但这种简单的资源标签的添加或变动仅能表现出 Kustomize 功能之一二,它的核心功能在于对原始资源文件的修改、删除和覆盖能力。借助资源配置分解及导入机制,Kustomize 支持以其他现有的资源配置为基础,通过添加、生成新文件,以及为现有资源配置打补丁的机制在更高级别完成资源配置的自定义,而这种机制也是它能够让一组基础配置能够适配到多种不同环境或目标的根本所在。

14.1.2 应用配置分解

Kustomize 建议将公共或共享的资源配置放置在 base 子目录中,而将适用于特定环境或目的的配置以叠加或自定义的形式放置在各自子目录中,各项目可导入基础配置(base 目录),而后进行各自所需的配置定义,这些子目录处于应用程序目录下的同一层级。事实上,若某自定义配置仍可作为公共或共享配置提供给其他更高一级的自定义配置,它能以同样的结构再次分割子目录,从而将应用目录分解为多个维度的多个层级。如图 14-1 所示的示例中,公共的基础配置放置在 base 目录,prod、test 和 staging 从 base 载入配置后添加或修订适应于当前环境的设定,并分别放置在下级的 base 目录中作为各地域(region)集群上的共享配置。

kustomization.yaml 支持使用 bases 字段装载指定路径下 Kustomize 格式的资源配置并以之为当前配置的基础结构,当前配置将叠加在基础配置之上,以类似 Docker 镜像分层的方式向上暴露最终数据。下面我们仍然以 demoapp 为例来说明其构建方式。

1)创建 demoapp/base 目录,而后将前一节中创建的 deploy-demoapp.yaml 和 service-demoapp.yaml 资源清单,以及 kustomization.yaml 文件的副本各一份放置到该目录中作为公共的资源配置。

2)以 demoapp/base 为基础配置,为测试环境添加专用的资源配置并放置在 demoapp/

test 目录下,之后将各个资源对象部署到 test 名称空间之中。于是,这里需要为基础配置额外添加一个用于定义名称空间资源的配置清单 namespace.yaml,其内容如下所示。

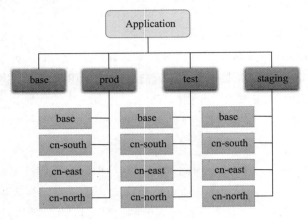

图 14-1 应用程序的目录结构

```
apiVersion: v1
kind: Namespace
metadata:
  name: test
```

3)在 demoapp/test 目录下创建一个 kustomization.yaml 配置文件,它使用 bases 字段从名为 base 的目录装载基础配置,同时添加 namespace.yaml 资源文件,并指定了如下面内容所示的其他配置。

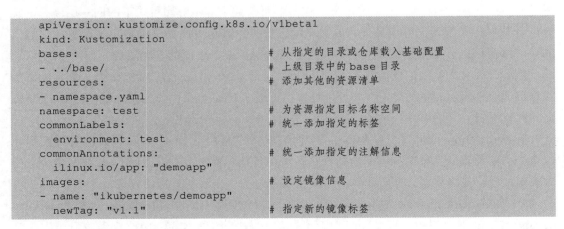

```
apiVersion: kustomize.config.k8s.io/v1beta1
kind: Kustomization
bases:                                    # 从指定的目录或仓库载入基础配置
- ../base/                                # 上级目录中的 base 目录
resources:                                # 添加其他的资源清单
- namespace.yaml
namespace: test                           # 为资源指定目标名称空间
commonLabels:                             # 统一添加指定的标签
  environment: test
commonAnnotations:                        # 统一添加指定的注解信息
  ilinux.io/app: "demoapp"
images:                                   # 设定镜像信息
- name: "ikubernetes/demoapp"
  newTag: "v1.1"                          # 指定新的镜像标签
```

4)配置完成后,以类似此前的方式,使用 kubectl apply -k 命令的 --dry-run 和 -o yaml 选项即可确认最终的配置。为了节约篇幅,下面仅列出命令结果中的少部分信息,主要保留了在 Deployment 资源上添加的标签(包括标签选择器的变动)、注解、指定的名称空间以及镜像文件的版本等信息。

```
~$ kubectl apply -k demoapp/test --dry-run=client -o yaml
......
- apiVersion: apps/v1
  kind: Deployment
  ......
    name: demoapp
    namespace: test                # 由test添加
  spec:
    replicas: 1
    selector:
      matchLabels:
        app: demoapp
        environment: test          # 由test添加
        generated-by: kustomize     # 由base添加
    template:
      metadata:
        annotations:
          ilinux.io/app: demoapp # 由test添加
        labels:
          app: demoapp
          environment: test         # 由test添加
          generated-by: kustomize               # 由base添加
      spec:
        containers:
        - image: ikubernetes/demoapp:v1.1        # 由test修改
          name: demoapp
```

确认无误后，将最终的资源配置仍使用上面命令创建到集群上即可完成资源管理。当需要额外配置 prod 和 staging 等其他环境时，配置方式与此类似。进一步地，在为特定环境生成适用于不同集群的配置也可以使用类似上面的配置机制完成。

14.1.3　配置生成器

在 Kustomize 的语境中，能够生成完整资源配置的指令都称为配置生成器（generator），例如 14.1.2 节中使用的 resources 就是一种从指定的资源清单直接生成配置的方式，而bases 则是基于已有 Kustomize 项目载入基础配置，它们都是生成器类型的指令。另外两个常用的生成器是 configmapGenerator 和 secretGenerator，它们能够根据指定的直接值或者文件生成相应类型的资源，而且 generatorOptions 字段还可以为生成资源统一添加标签和注解信息，具体的使用格式及简要功能说明如下所示。

```
configMapGenerator <[]ConfigMapGeneratorArgs>  # ConfigMap 资源生成器列表
- name <String>            # ConfigMap 资源的名称，会受到 namePrefix 和 nameSuffix 的影响
  namespace <String>       # 资源所在的名称空间，会覆盖 Kustomize 级别的名称空间设定
  behavior <String>        # 与上级同名资源的合并策略，可用取值为 create/replace/merge
```

```
  files <[]String>                # 从指定的路径加载文件生成 ConfigMap，要使用当前项目的相对路径
  literals <[]String>       # 从指定的 key=value 格式的直接值生成 ConfigMap
  env <String>        # 从指定的环境变量文件中加载 key=value 格式的环境变量作为资源数据
secretGenerator <[]secretGeneratorArgs>   # Secret 资源生成器列表
- name <String>                   # Secret 资源的名称，会受到 namePrefix 和 nameSuffix 的影响
  namespace <String>              # 资源所在的名称空间，会覆盖 Kustomize 级别的名称空间设定
  behavior <String>               # 与上级同名资源的合并策略，可用取值为 create/replace/merge
  files <[]String>                # 从指定的路径加载文件生成 Secret，加载起始于当前项目的相对路径
  literals <[]String>             # 从指定的 key=value 格式的直接值生成 Secret
  type <String>                   # Secret 资源的类型，且 kubernetes.io/tls 有特殊的键名要求
generatorOptions <GeneratorOptions>        # 当前 kustomization.yaml 中的 ConfigMap
                                           # 和 Secret 生成器专用的选项
  labels <map[String]String>   # 为当前 kustomization.yaml 中所有生成的资源添加的标签
  annotations <map[String]String>      # 为生成的所有资源添加的注解
  disableNameSuffixHash <Boolean>      # 是否禁用 hash 名称后缀，默认为启用
```

假设，我们此前还为 demoapp 在 demoapp/staging 目录下准备了专用于 staging 环境的应用配置，它与此前的 test 环境几乎完全相似，而我们希望在此基础为该环境添加专用的 ConfigMap 和 Secret 资源，下面的 kustomization.yaml 示例文件就给出了所需的相关配置项，其中 secretGenerator 调用的 tls.crt 和 tls.key 文件需要事先准备妥当。

```
apiVersion: kustomize.config.k8s.io/v1beta1
kind: Kustomization
bases:
- ../base/
resources:
- namespace.yaml
namespace: staging
commonLabels:
  environment: staging
commonAnnotations:
  ilinux.io/app: "demoapp"
configMapGenerator:              # 根据直接值生成 ConfigMap 资源
- name: demoapp-conf
  literals:                      # 直接值列表，它们将组合在同一个 ConfigMap 资源中
  - host="0.0.0.0"
  - port="8080"
secretGenerator:                 # 根据文件生成 Secret 资源
- name: demoapp-ssl
  files:                         # 文件列表
  - secrets/tls.crt              # 证书文件的键名必须为 tls.crt，因而准备的文件名也得为 tls.crt
  - secrets/tls.key              # 密钥文件的键名必须为 tls.key，因而准备的文件名也得为 tls.key
  type: "kubernetes.io/tls"
generatorOptions:                # 生成器专用选项，禁止为生成的资源自动添加随机的 hash 后缀
  disableNameSuffixHash: true
```

同样，配置完成后，我们使用 kubectl apply -k 命令来确认其最终的配置。为了节约篇幅，下面的命令结果中仅列出了生成的 ConfigMap 和 Secret 资源。

```
~$ kubectl apply -k demoapp/staging --dry-run=client -o yaml
- apiVersion: v1
  data:
    host: 0.0.0.0
    port: "8080"
  kind: ConfigMap
  metadata:
    annotations:
      ilinux.io/app: demoapp
    labels:
      environment: staging
    name: demoapp-conf
    namespace: staging
- apiVersion: v1
  data:
    tls.crt: LS0tLS1CRUdJTiBDRVJUSUZJQ0FURS0tLS0tCk1J……
    tls.key: LS0tLS1CRUdJTiBSU0EgUFJJVkFURSBLRVktLS0……
  kind: Secret
  metadata:
    annotations:
      ilinux.io/app: demoapp
    labels:
      environment: staging
    name: demoapp-ssl
    namespace: staging
  type: kubernetes.io/tls
```

生成的配置还要 demoapp 应用能够正确载入及使用，deployment/demoapp 资源在 Pod 模板中默认不以任何形式调用 ConfigMap 和 Secret 资源，我们可以通过覆盖该资源定义或者为其添加补丁来自定义其他的配置信息。

14.1.4　资源补丁

除了资源配置的整体覆盖或替换，Kustomize 还提供了两种补丁机制以完善基础资源配置的定义，补丁机制同样以叠加的方式增加、修改或删除资源或资源属性的配置。相关的配置格式及简要功能如下。

```
patchesJson6902 <[]Json6902>        # 由各待补对象及其补丁文件所组成的列表
  path <String>              # 补丁文件，不含有目标资源对象的信息，支持 JSON 或 YAML 格式
  target <Target>                   # 待补资源对象
    group <String>                  # 资源所属的群组
    version <String>                # API 版本
    kind <String>                   # 资源类型
    name <String>                   # 资源对象的名称
    namespace <string>              # 资源对象所属的名称空间
patchesStrategicMerge <[]string>    # 将补丁补到匹配的资源之上，匹配的方式是根据资源
                                    # Group/Version/Kind + Name/Namespace 判断
```

同样，我们假设此前还为 demoapp 在 demoapp/prod 目录下准备了专用于 production 环境的应用配置，它与此前的 staging 环境几乎完全相似，而我们希望在此基础为该环境添加专用的 ConfigMap 和 Secret 资源，下面的 kustomization.yaml 示例文件就给出了所需的相关配置项，其中依赖的补丁文件需要事先准备妥当。

```
apiVersion: kustomize.config.k8s.io/v1beta1
kind: Kustomization
bases:
- ../base/
resources:
- namespace.yaml
namespace: prod
commonLabels:
  environment: prod
commonAnnotations:
  ilinux.io/app: "demoapp"
configMapGenerator:
- name: demoapp-conf
  literals:
  - host="0.0.0.0"
  - port="8080"
secretGenerator:
- name: demoapp-ssl
  files:
  - secrets/tls.crt
  - secrets/tls.key
  type: "kubernetes.io/tls"
generatorOptions:
  disableNameSuffixHash: true
patchesStrategicMerge:     # 向匹配的资源打上指定文件中包含的补丁
- patches/demoapp-add-configmap-and-secret.yaml   # 补丁文件路径
patchesJson6902:           # 将 Json6902 格式的补丁补到指定的资源之上
- target:                  # 待打补丁的资源对象
    version: v1
    kind: Service
    name: demoapp
  path: patches/patch-service-demoapp-targetport-8080.yaml   # 补丁文件路径
```

下面是匹配到目标资源后自行为该资源打补丁的配置示例（patches/demoapp-add-configmap-and-secret.yaml），它使用 apiVersion、kind、metadata.name 和 metadata.namespace 等字段指明要适配的目标资源，而后以完整的资源路径指明补丁适配的位置。这类补丁会由 Kustomize 以合并的方式并入上级资源中。

```
apiVersion: apps/v1
kind: Deployment
metadata:
  name: demoapp
```

```
spec:
  template:
    spec:
      containers:
      - name: demoapp          # 补丁适配的目标位置，即 Pod 模板中名为 demoapp 的容器
        env:                   # 此处起至文件尾部都是补丁的内容
        - name: PORT
          valueFrom:
            configMapKeyRef:
              name: demoapp-conf
              key: demoapp.port
              optional: false
        - name: HOST
          valueFrom:
            configMapKeyRef:
              name: demoapp-conf
              key: demoapp.host
              optional: true
        volumeMounts:
        - name: demoappcerts
          mountPath: /etc/demoapp/certs/
          readOnly: true
      volumes:
      - name: demoappcerts
        secret:
          secretName: demoapp-ssl
```

　　下面这个补丁是 Json6902 格式的资源示例（patches/patch-service-demoapp-targetport-8080.yaml），它并未指明适配的目标资源对象，而仅指定了 JSON 或 YAML 路径（path）格式的字段及其值，以及修补目标资源的操作方式（op）。

```
- op: replace               # 替换式补丁
  path: /spec/ports/0/targetPort   # .spec.ports[0].targetPort 字段
  value: 8080               # 将上面字段的值修改为此处指定的值
- op: add                   # 添加新的配置项
  path: /spec/ports/1       # .spec.ports[1] 列表项
  value:                    # 添加的内容为以下几个字段
    name: https
    protocol: TCP
    port: 443
    targetPort: 8443
```

　　我们同样可以使用 Kustomize 编译该项目生成最终资源配置来验证其是否满足期望，鉴于篇幅原因，这里不再给出具体的命令及执行结果。

 提示　JSON Patch 的格式请参考站点 http://jsonpatch.com/ 上的说明。

以上使用格式及示例也进一步验证了 Kustomize 的使用哲学，它遵循声明式格式，用户只需声明所需要的内容，而后由系统来保证其结果，而且与 Docker 的镜像管理机制特别相像，一个应用可以拥有很多层，并且每一层都可以修改前一层。

另外需要特别说明的是，上面的示例步骤仅是为了循序渐进地说明如何构建分层的 Kustomize 应用，具体应用时，共享的配置部分通常都应该归置到基础库（base）中，仅个别需要定制的内容由最上级应用来提供，而且每一个变更都可以纳入 Git 仓库中，以便在需要时进行跟踪和溯源。

14.2　Helm 基础应用

简单来说，Helm 是一款将 Kubernetes 应用打包为"图表"格式，并基于该格式完成应用管理的工具。Helm 最初由 Deis 公司（后被 Microsoft 公司收购）创建并于 2015 年年底发布，后将该项目加入 CNCF 社区。与 Kustomize 使用 JSON（或 YAML）与叠加机制生成最终配置有所不同的是，Helm 是一个模板引擎，它使用模板与值文件（value.yaml）来构建最终的配置清单。换个角度来说，Helm 类似于 Linux 系统上的 yum 或 apt-get 等包管理器，可以帮助用户查找、分享及管理 Kubernetes 应用程序。

14.2.1　Helm 基础

Helm 把 Kubernetes 的资源打包到一个 Chart 中，并将制作、测试完成的各个 Chart 保存到仓库进行存储和分发。Helm 还实现了可配置的发布，它支持应用配置的版本管理，简化了 Kubernetes 部署应用的版本控制、打包、发布、删除、更新等操作，它有如下几个关键概念。

- ❑ Chart：即一个 Helm 程序包，它包含了运行一个 Kubernetes 应用所需要的镜像、依赖关系和资源定义等，它类似于 APT 的 dpkg 文件或者 yum 的 rpm 文件。
- ❑ Repository：集中存储和分发 Chart 的仓库，类似于 Perl 的 CPAN，或者 Python 的 PyPI 等。
- ❑ Config：Chart 实例化安装运行时使用的配置信息。
- ❑ Release：Chart 实例化配置后运行于 Kubernetes 集群中的一个应用实例；在同一个集群上，一个 Chart 可以使用不同的 Config 重复安装多次，每次安装都会创建一个新的 Release（发布）⊖。

因此，Chart 更像是存储在 Kubernetes 集群之外的程序，它的每次安装是指在集群中使

⊖　Release 是否翻译为"发布"，笔者在编写时也几经斟酌，考虑用中文描述可能会与 CD 中的概念混淆，所以保留了英文；事实上，后面的 Chart 也存在类似的问题，故进行了类似处理。

用专用配置运行一个实例，执行过程有点类似于在操作系统上基于程序启动一个进程。

　　通常，用户在 Helm 客户端本地遵循其格式编写 Chart 文件，而后即可部署在 Kubernetes 集群上，运行为一个特定的 Release。仅在有分发需求时，才应该把同一应用的 Chart 文件打包成归档压缩格式提交到特定的 Chart 仓库。仓库可以运行为公共托管平台，也可以是用户自建的服务器，仅供特定的组织或个人使用。

　　目前，Helm 的主流可用版本主要有 v2 和 v3 两个。版本 v2 中，Helm 主要由与用户交互的客户端、与 Kubernetes API 交互的服务端 Tiller 和 Chart 仓库（repository）组成，如图 14-2 所示。Helm 的客户端是一个命令行工具，采用 Go 语言开发，它主要负责本地 Chart 开发、管理 Chart 仓库，以及基于 gRPC 协议与 Tiller 交互，从而完成应用部署、查询等管理任务。而 Tiller 服务器则托管运行在 Kubernetes 上，负责接收 Helm 客户端请求、将 Chart 转换为最终配置以生成一个 Release，随后部署、跟踪以及管理各 Release 等功能。

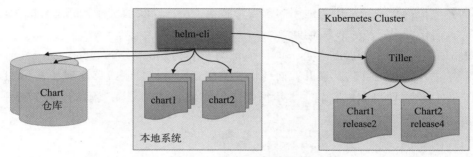

图 14-2　Helm 2 架构组件

　　版本 v2 进化到版本 v3 的过程中，Helm 客户端基本保持了原貌，但肩负重要任务的服务端组件 Tiller 被移除，取而代之是专用的 CRD 资源。换句话说，版本 3 时代的 Helm 使用 CRD 将 Release 直接保存到 Kubernetes 之上，且无须再跟踪各 Release 的状态，而将 Chart 渲染成 Release 的功能也移往 Helm 客户端，从而不必再用到 Tiller 组件。

　　事实上，由于 Tiller 拥有管理 Kubernetes 集群的密钥，在集群内公开了无须身份验证的 gRPC 端点且又无法在客户端用户上实现 RBAC 方式的授权管理功能，从而为 Kubernetes 集群引入了许多不确定的安全风险。因而，移除 Tiller 也是势在必行。好在，Helm 的优势都基本保持未变，例如下面的这些优势依然存在。

❑ 管理复杂应用：Chart 能够描述哪怕是最复杂的程序结构，提供了可重复使用的应用安装的定义。

❑ 易于升级：使用就地升级和自定义钩子来解决更新的难题。

❑ 简单分享：Chart 易于通过公共或私有服务完成版本化、共享及主机构建，且目前有众多成熟的 Chart 可供使用。

❑ 回滚：使用 helm rollback 命令轻松实现快速回滚。

但凡事皆有两面性，Helm 也存在着一些问题，而且有些问题甚至是原生的，甚至是其立足之本。例如，Helm 有着更多的抽象层，因而学习曲线比较陡峭；即便程序包管理器基于默认的设定就能运行，但它也几乎必然会要求用户通过自定义设定来适配到自有环境，这不仅提升了在 CI/CD 管道中的处理复杂度，而且可读性较差的模板几乎不可避免地会随着时间的流逝而越来越丧失可定制性等。

14.2.2   Helm 3 快速入门

Helm 的版本 v2 和版本 v3 目前处于维护当中，考虑了轻量、安全等特性，这里选择只介绍较新的版本 v3 的部署和使用，版本 v2 需要额外部署 Tiller，而客户端的使用方法大多数都与版本 v3 相同。

Helm 客户端工具支持预编译的二进制程序和源码编译两种安装方式，但它释出的每个版本都为各主流操作系统提供了适用的预编译版本，用户安装前按需下载适合的发行版本即可，大大简化了程序包的部署难度。

Helm 项目托管在 GitHub 之上，项目地址为 https://github.com/kubernetes/helm，下载到合用版本的压缩包后并将其展开，而后将二进制程序文件复制或移动到系统 PATH 环境变量指向的目录中即可完成安装。本示例中使用的是 v3.2.4 版本，程序包的安装目录为 /usr/local/bin。

```
~$ tar -xf helm-v3.2.4-linux-amd64.tar.gz
~$ sudo mv linux-amd64/helm /usr/local/bin/
```

Helm 的各种管理功能均通过其子命令完成，例如要获取其简要使用帮助，直接使用如下所示的 help 子命令即可。但需要注意的是，Helm 与 Kubernetes API Server 通信依赖于本地安装并配置的 kubectl，因此运行 Helm 的节点也应该是可以正常使用 kubectl 命令的主机，或者至少是有着可用 kubeconfig 配置文件的主机。

如前所述，Helm 可基于本地自行开发的 Chart 或经由公开仓库获取到的 Chart 完成应用管理。Helm 项目维护的 stable 和 incubator 仓库中保存了一系列精心制作与维护的 Chart，因而使用 Helm 完成应用管理的第一步通常是将它们添加为 helm 命令可以使用的本地仓库，从而能够使用内部的 Chart。

```
~$ helm repo add stable https://kubernetes-charts.storage.googleapis.com/
"stable" has been added to your repositories
~$ helm repo add incubator https://kubernetes-charts-incubator.storage.
googleapis.com
"incubator" has been added to your repositories
```

Helm Hub 上还维护有众多第三方仓库，这些仓库都可以由 helm repo 命令添加到本地直接使用，而且也只能添加为本地仓库后才能够作为内部 Chart 使用。例如，维护有众多应用 Chart 且活跃度较高的 Bitnami 组织也拥有自己的 Chart 仓库，我们同样可以将其添加为本地仓库，如下面的命令所示。

```
~$ helm repo add bitnami https://charts.bitnami.com/bitnami
"bitnami" has been added to your repositories
```

 提示　Bitnami 是一个开源项目，由 Daniel Lopez Ridruejo 于 2003 年在西班牙塞维利亚创立，其核心目标旨在为开源的 Web 应用程序、开发栈以及虚拟设备提供安装程序或安装软件包。

helo repo 相关的命令用于管理使用的 Charts 仓库，其 update 子命令能够更新使用的默认仓库的元数据信息，其命令及执行结果如下所示。

```
~$ helm repo update
Hang tight while we grab the latest from your chart repositories...
...Successfully got an update from the "incubator" chart repository
...Successfully got an update from the "stable" chart repository
...Successfully got an update from the "bitnami" chart repository
Update Complete. ❀ Happy Helming!❀
```

另外，除了 add 和 update 之外，helm repo 命令还支持 list 和 remove 等子命令，前者用于列出本地配置的 Chart 仓库，而后者则用于移除指定的仓库。若要了解有哪些 Chart 可用，则要使用支持基于关键字搜索功能的 helm search 命令，它结合 hub 子命令可搜索 Helm Hub 或 Monocular 实例，而与 repo 子命令一起使用则能够搜索本地配置的各个仓库。前面添加的 stable 和 incubator 仓库中维护着主流的 Chart 集合，下面的搜索命令可直接列出该仓库中含有 etcd 关键字的所有 Chart 及简要描述。

```
~$ helm search repo etcd
NAME          CHART VERSION   APP VERSION      DESCRIPTION
bitnami/etcd       4.8.12          3.4.9         etcd is a distributed key value store
that prov...
incubator/etcd     0.7.4           3.2.26        Distributed reliable key-value store
for the mo...
stable/etcd-operator  0.10.3       0.9.4         CoreOS etcd-operator Helm chart for
Kubernetes
stable/zetcd       0.1.9           0.0.3         CoreOS zetcd Helm chart for
Kubernetes……
```

在整个 Helm Hub 中进行搜索，意味着直接在线搜索 Hub 中存在的所有仓库，因而通常能得到更多的结果，如下面的命令结果所示。

```
~$ helm search hub etcd
URL                CHART VERSION   APP VERSION     DESCRIPTION
https://hub.helm.sh/charts/incubator/etcd   0.7.4   3.2.26   Distributed reliable
key-value...
```

```
https://hub.helm.sh/charts/bitnami/etcd      4.8.12   3.4.9   etcd is a distributed
key value...
https://hub.helm.sh/charts/stable/etcd-operator  0.10.3   0.9.4   CoreOS etcd-
operator Helm …
https://hub.helm.sh/charts/stable/zetcd    0.1.9    0.0.3   CoreOS zetcd Helm chart
for Kubernetes
https://hub.helm.sh/charts/hkube/etcd     0.7.2008  3.3.1   Distributed reliable
key-value...
……
```

省略搜索命令中的关键字能列出 Helm Hub 或本地配置的仓库中的所有 Chart，而若要查看某个 Chart 的详细信息，则要使用 helm show 或 helm inspect 命令，它能够通过 all 子命令显示 Chart 的所有信息，或者通过 chart、readme 和 values 子命令分别显示 Chart 的定义、README 信息及默认的值文件（values.yaml）内容。下面的命令就用于打印 stable/etcd-operator 的所有信息，为了节约篇幅，这里仅给出了命令返回的很少一部分结果。

```
~$ helm show all stable/etcd-operator
apiVersion: v1
appVersion: 0.9.4
description: CoreOS etcd-operator Helm chart for Kubernetes
home: https://github.com/coreos/etcd-operator
```

如前所述，将 Chart 中定义的应用部署到 Kubernetes 集群上生成的部署实例称为 Release，一个集群上可能会存在某一 Chart 的多个实例，而 Release 名称便成了区分这些实例的关键标识，因此，部署命令 helm install 便要求为各 Release 指定一个专有的名称，如下面的命令格式所示。

```
helm install [NAME] [CHART] [flags]
```

我们知道，Helm 是一个模板引擎，它使用值文件渲染模板生成具体的资源配置，但每个 Chart 通常都要为其模板提供一个具有通用目的的默认值文件，因而多数情况下，用户无须提供这类文件也能够直接部署生成一个实例。例如，下面的命令尝试在 test 名称空间中基于指定的 Chart（stable/etcd-operator）及其默认的值文件部署出一个名为 testop 的实例来。

```
~$ helm install testop stable/etcd-operator --dry-run -n test
```

由于使用了 --dry-run 选项，该命令仅会打印生成的最终资源配置，并会给出部署后的使用提示。若无错误信息返回且各配置项符合需要，移除该选项即可进入安装流程。Helm 自身并不会创建目标名称空间，因此请务必确保引用的名称空间事先存在。

```
~$ kubectl create namespace test
~$ helm install testop stable/etcd-operator -n test
manifest_sorter.go:192: info: skipping unknown hook: "crd-install"
NAME: testop                          # Relase名称
LAST DEPLOYED: Thu Sep 17 11:45:36 2020  # 部署时间
NAMESPACE: test                       # 名称空间
```

```
STATUS: deployed      # 部署状态
REVISION: 1           # 历史版本
TEST SUITE: None      # 测试套件状态, 拥有测试套件的Release可由helm test命令进行测试
NOTES:                # 简要使用提示
1. etcd-operator deployed.
  If you would like to deploy an etcd-cluster set 'customResources.
createEtcdClusterCRD' to true in values.yaml
  Check the etcd-operator logs
    export POD=$(kubectl get pods -l app=testop-etcd-operator-etcd-operator
--namespace test --output name)
    kubectl logs $POD --namespace=test……
```

命令返回的结果称为 Release 的状态信息, 这些信息随后还可以通过 helm status 命令再次获取。另外, helm install 命令支持基于多种安装源进行应用部署, 这包括 Chart 仓库、本地的 Chart 压缩包、本地 Chart 目录, 甚至是指定一个 Chart 的 URL 等。

对于多数有状态应用, 其 Helm Chart 主要用于部署生成管理该类应用集群的 Operator, 而后由用户根据 Operator 提供的 CRD 实现必要的应用管理功能, 例如 etcd-operator 项目提供的集群部署和管理 (etcdclusters)、数据备份 (etcdbackups) 和数据恢复 (etcdrestores) 等自定义资源类型及相关的 Operator 控制器等。我们可以使用 Helm 客户端列出的已经安装生成的 Release 的 helm list 命令, 来了解该 Operator 的部署状况。

```
~$ helm list -n test
NAME            NAMESPACE    REVISION    UPDATED          STATUS      ……
testop          test         1           2020-09-17……    deployed    ……
```

该 Operator 生成的 Pod 资源也都是自定义的控制器程序, 它们用于确保相关的自定义资源符合用户期望的状态。

```
~$ kubectl api-resources --api-group etcd.database.coreos.com
NAME          SHORTNAMES    APIGROUP                 NAMESPACED    KIND
etcdbackups                 etcd.database.coreos.com    true          EtcdBackup
etcdclusters  etcd          etcd.database.coreos.com    true          EtcdCluster
etcdrestores                etcd.database.coreos.com    true          EtcdRestore
~$ kubectl get pods -n test -l release=testop
NAME                                                       READY    STATUS     RESTARTS    AGE
testop-etcd-operator-etcd-backup-operator-66f5cf5bc8-w2mfl    1/1      Running    ……
testop-etcd-operator-etcd-operator-7f857bdd84-rssmf          1/1      Running    ……
testop-etcd-operator-etcd-restore-operator-7597fc47f7-2tslk  1/1      Running    ……
```

于是, 用到 etcd 存储集群时, 用户根据自定义资源 etcdCluster 声明出一个 etcd 集群规范, 并应用于 Kubernetes 之上, 该 Operator 即会自行确保其能够正确运行。具体使用请参考第 12 章中的相关话题的说明。

对于运行中的 Release, 我们可以使用 helm get 命令获取相关的钩子、最终资源配置清单、注意事项和用户自定义的模板参数值信息, 相关信息的获取各自依赖于相关的子命令, 或者直接使用子命令 all 一次性地列出所有这些信息。下面的命令结果显示出, 用户在部署

testop 实例时未提供任何自定义值。

```
~$ helm get values testop -n test
USER-SUPPLIED VALUES:
null
```

升级或回滚应用，要分别使用 helm upgrade 和 helm rollback 命令，还可以使用 helm history 命令获取指定 Release 的变更历史。若各可用仓库中均不存在某应用相关的可用 Chart，用户可以自行编写 Chart，甚至将 Chart 回馈到社区。

14.3 Helm Chart

Chart 本质是描述一组 Kubernetes 资源配置的文件集合，它既能部署小到单个资源的简单应用，例如一个 memcached Pod，又能部署大型的复杂应用，例如由 HTTP 服务器、数据库服务器、缓存服务器和应用程序服务器等共同组成的 Web 应用栈，甚至是 Istio 这样的微服务网络系统等。从物理的角度来描述，Chart 就是一个遵循特定规范的目录结构，它能够打包成一个可用于部署的版本化归档文件。

14.3.1 Chart 包结构与描述文件

包是多数编程语言中都存在的概念，常用于创建独立的名称空间以及模块化应用程序。类似地，Chart 就是 Helm 封装应用的格式，目录名即为包名或 Chart 名。例如，demoapp 应用 Chart 的目录结构应该类似如下所示。

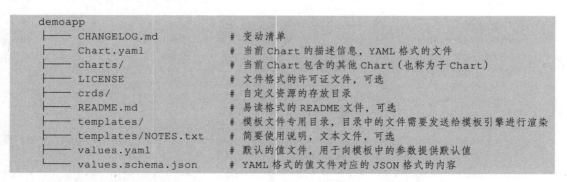

尽管 charts 和 templates 目录均为可选，但至少应该存在一个子 Chart 或一个模板文件，这意味着两个目录至少要存在一个。另外，Helm 保留使用 charts/ 和 templates/ 目录以及上面列出的文件名称，其他文件都将被忽略。

Chart.yaml 是包中一个必备的重要文件，用于提供 Chart 相关的各种元数据，例如名称、版本、关键词、维护者信息、使用的模板引擎等。Helm 版本 v2 与版本 v3 的 Chart.

yaml 文件格式有所不同，版本 v3 主要包含以下字段。

```
apiVersion <String>           # Chart 的 API 版本，必选字段
name <String>                 # 当前 Chart 的名称，必选字段
version <String>              # 遵循语义化版本规范第 2 版的版本号，必选字段
kubeVersion <String>          # 兼容的 Kubernetes 版本的版本号范围
description <String>          # 当前项目的单语句描述信息
type <String>                 # Chart 所属的类型
keywords <[]String>           # 当前项目的关键词列表
home <String>                 # 当前项目的主页 URL
sources <[]String>            # 当前项目用到的源码来源 url 列表
dependencies <[]Object>       # 依赖的 Chart 的列表对象
- name <String>               # Chart 名称
  version <String>            # Chart 的版本
  repository <String>         # 仓库的 URL 或以 @ 开头的别名
  conditions <String>         # 一个或多个 YAML 路径格式的条件字段，彼此间以逗号分隔
  tags <[]Tag>                # YAML 标签列表，用于将依赖的 Chart 进行分组并按组启用或禁用
  enabled <Bool>              # 是否启用该 Chart
  import-values <[]String>    # 导入子 Chart 中的值
  alias <String>              # Chart 的别名
maintainers <[]Object>        # 项目维护者信息
- name <String>               # 项目维护人员的名字
  email <String>              # 维护人员的 Email
  url <String>                # 项目维护人员的相关 URL
icon <String>                 # URL，指向当前项目的图标，SVG 或 PNG 格式的图片
appVersion <String>           # 本项目用到的应用程序的版本号，且不必为语义化版本
deprecated <Bool>             # 当前 Chart 是否已废弃，布尔型值
annotations <map[String]String>          # 注解信息
```

上面 Chart.yaml 文件格式中，仅 apiVersion、name、version 为必选字段，余下的字段均可按需进行添加或移除。例如，下面的示例是 demoapp Chart 中使用的 Chart.yaml 的内容。

```
appVersion: 1.5.0
description: Web application example based on Flask.
engine: gotpl
home: http://www.ilinux.io/
keywords:
- demoapp
- webapp
- microservice
maintainers:
- email: mage@magedu.com
  name: MageEdu
name: demoapp
sources:
- https://github.com/ikubernetes/
version: 1.5.0
```

为新建的 Chart 生成该文件时，基于一个已有文件进行改写是一个不错的主意，既能降低出错的概率，又能提高编写效率。更具体的使用信息请参考 https://helm.sh/docs/topics/charts/ 站点上的文档说明。

14.3.2　Chart 中的依赖关系

应用程序可能存在对其他应用的依赖关系，这类应用若对等制作为独立的 Chart，则它们反映到 Helm 中依然存在类似的依赖关系。这种依赖关系可通过 Chart.yaml 中的 dependencies 字段进行动态链接，也可直接将依赖的其他 Chart 存储在当前 Chart 的 charts/ 目录中进行手动管理。显然，即便手动管理依赖关系对个别管理场景有着些许优势，动态管理方式依然是推荐的首选方式。

1. dependencies 字段

Chart.yaml 中的 dependencies 字段本质上只是一个简单的依赖关系列表，它有类似如下配置格式中的几个可用字段。

```
dependencies <[]Object>        # 依赖的 Chart 的列表对象
- name <String>                # Chart 名称
  version <String>             # Chart 的版本
  repository <String>          # 仓库的 URL 或以 @ 开头的别名
  conditions <String>          # 一个或多个 YAML 路径格式的条件字段，彼此间以逗号分隔
  tags <[]Tag>                 # YAML 标签列表，用于将依赖的 Chart 进行分组并按组启用或禁用
  enabled <Bool>               # 是否启用该 Chart
  import-values <[]String>     # 导入子 Chart 中的值
  alias <String>               # Chart 的别名
```

定义依赖项时，仅 name、version 和 repository 几个为必选字段，且指定的各依赖项必然会被当前 Chart 所加载。若希望基于某种条件来决定是否启用依赖项，例如当前 Chart 是否在某个参数项启用了某项特性或某种功能等，则可以通过为依赖项添加 conditions 字段来实现。该字段值是包含一到多个 YAML 格式的路径，但仅有第一个有效，它通常代表当前 Chart 的某个可配置的参数，该参数应该被解析为布尔型值，其结果决定了依赖项中的 Chart 启用与否。

另外，当依赖较多的 Chart 时，tags 字段能够将这些被依赖的 Chart 分成逻辑组，而后在当前 Chart 的值文件 values.yaml 中根据标签统一启用或禁用。但存在冲突时，conditions 字段中的设定会覆盖 tags 中的定义。

下面依赖关系配置示例取自 Bitnami 仓库 Harbor 项目的 Chart 中的定义。示例中显示出，该 Chart 依赖于 postgresql、redis 和 common 这 3 个 Chart，而且前两个 Chart 分别有着各自的启用条件，第一个 Chart 取决于该 Chart 值文件中 postgresql.enabled 参数的定义，而第二个 Chart 则取决于 redis.enabled 参数的值。

```
dependencies:
  - name: postgresql
    version: 8.x.x
    repository: https://charts.bitnami.com/bitnami
    condition: postgresql.enabled
  - name: redis
    version: 10.x.x
    repository: https://charts.bitnami.com/bitnami
    condition: redis.enabled
  - name: common
    version: 0.x.x
    repository: https://charts.bitnami.com/bitnami
```

一旦依赖关系文件配置完成，即可使用 helm dependency update 命令更新依赖关系，并自动下载被依赖的 Chart 至当前包的 charts/ 目录中。

2. charts 目录

若需要对依赖关系进行更多的控制，也可以手动将所有被依赖的 Chart 直接复制到 charts 目录中。被依赖的 Chart 既可以是归档格式，又可以是展开的目录格式，不过其名称不能以下划线（_）或点号（.）开头，因为此类文件会被 Chart 装载器自动忽略。例如，bitnami/harbor 定义的依赖关系在其 charts 目录中生成的文件列表类似如下所示。

```
charts/
├──   common-0.3.1.tgz
├──   postgresql-8.10.14.tgz
└──   redis-10.7.11.tgz
```

被依赖的每个 Chart 可直接由 helm pull 命令下载，它将下载的文件默认保存在当前的工作目录下。

14.3.3　模板与值

简单来说，模板是指某项设计方案的固定格式，它包含遵循特定语法规范的标签（或者参数）及行为（action），而模板引擎就是将规范格式的模板代码转换为基于业务数据的算法实现，它的基本逻辑就是将指定的标签或参数替换为业务数据。从模板引擎的角度来说，模板就是嵌入了动作的文本，而模板引擎则通过将模板应用到一个数据结构（为模板参数提供业务数据）来获得输出。

在 Go 语言的语境中，模板就是一个字符串或一个文本文件，它们嵌入了一个或多个由双花括号包含的 {{ action }} 对象。每个 action 就是一个用模板语言书写的表达式，这些表达式可能仅选择结构体的成员执行简单的字符串替换，也可能含有复杂的模板语言代码，例如调用函数或方法、表达式控制流 if-else 语句和 range 循环语句等。

Helm Chart 的模板主要用于泛化 Kubernetes 资源的定义，以允许用户提供简单的信息便能完成复杂资源配置的自定义，它遵循 Go 模板语言格式，并支持 50 种以上来自 Spring 库的模板函数附件，以及为数不少的其他专用函数。Helm Chart 的模板引擎使用保存在值文件中的数据结构进行模板渲染，以生成最终的资源配置作为结果返回。

Chart 程序包中，所有的模板文件都需要存储在 templates 目录下，由 Helm 引用时，它们都将被传递给模板引擎，并结合值文件或用户通过命令行传递的参数值进行渲染。下面的示例是 bitnami/fluentd 中 ingress 资源模板文件的内容，其中的 Ingress 资源基础框架隐约可见，但大部分业务数据都被"模板化"了，相关数据将在模板引擎对其进行渲染时生成。具体的模板语法及使用方式请参考 Helm 项目的文档及 gotemplate 的文档。

```
{{- if .Values.ingress.enabled -}}        # 该模板启用与否取决于值文件中该字段的值
{{- $serviceName := include "fluentd.fullname" . -}}
apiVersion: extensions/v1beta1
kind: Ingress
metadata:
  name: {{ template "fluentd.fullname" . }}
  labels:
    app: {{ template "fluentd.name" . }}
    chart: {{ template "fluentd.chart" . }}
    release: {{ .Release.Name }}
    heritage: {{ .Release.Service }}
{{- if .Values.ingress.labels }}            # 流程控制语句
{{ toYaml .Values.ingress.labels | indent 4 }}# indent 用于缩进
{{- end }}
{{- if .Values.ingress.annotations }}
  annotations:
{{ tpl ( toYaml .Values.ingress.annotations | indent 4 ) . }}
{{- end }}
spec:
  rules:
    {{- range $host := .Values.ingress.hosts }}     # 流程控制语句
    - http:
        paths:
          - path: {{ $host.path | default "/" }}
            backend:
              serviceName: {{ $serviceName }}
              servicePort: {{ $host.servicePort }}
    {{- if (not (empty $host.name)) }}
      host: {{ $host.name }}
    {{- end -}}
    {{- end -}}
  {{- if .Values.ingress.tls }}
  tls:
{{ toYaml .Values.ingress.tls | indent 4 }}
  {{- end -}}
{{- end -}}
```

值文件同样遵循 YAML 数据规范，它们是模板引擎渲染模板时的主要数据来源，Chart

通常会自带该文件以提供默认值，同时 Helm 也允许用户通过命令行提供自定义的值文件，以及直接通过命令行选项给定个别参数的值。这类用户自定义提供的值将会合并到默认的值文件中，但它们有着更高的优先级。除此之外，Chart 模板还有一些固定的预定义值，例如 Release.Name、Release.Service、Release.IsUpgrade、Release.IsInstall、Release.Revision、Chart（chart.yaml 文件的内容）、Files（Chart 中非专有文件）和 Capabilities（Kubernetes 自身及各 API 的版本信息）等。

 注意　Chart 中的值文件必须以 values.yaml 为文件名，但用户传递的自定义值文件则无此约束。

Helm 将最终合并生成的值文件视作一个 Values 对象，各模板可以基于该对象访问值文件内部的任何一个值，例如下面值文件中的 .Values.ingress.enabled 或 .Values.ingress.hosts 等。

```
ingress:
  enabled: true      # 模板中引用该键值的格式为 .Values.ingress.enabled
  annotations:
    kubernetes.io/ingress.class: nginx
    kubernetes.io/tls-acme: "true"
    nginx.ingress.kubernetes.io/rewrite-target: /
  labels: []
  hosts:
    - name: "http-input.local"
      protocol: TCP
      servicePort: 9880
      path: /
  tls: {}
  # Secrets must be manually created in the namespace.
  #  - secretName: http-input-tls
  #    hosts:
  #      - http-input.local
```

需要注意的是，值文件可为其所属的 Chart 及其位于 charts/ 目录中的依赖项提供所需要的任何值，而且较高级别的 Chart 能够访问依赖的下级 Chart 中定义的所有变量，但下级 Chart 不能向上引用。

14.3.4　其他需要说明的话题

定义 Chart 时还需用到许可证文件、自述文件（README.md）以及说明文件（NOTE.txt），其中说明文件为用户提供了重要的使用帮助及注意事项等。基于 Chart 的格式规范，用户即可自定义相关应用程序的 Chart，并可通过仓库完成分享。

Chart 也支持使用文件来描述安装、配置、使用和许可证信息。一般说来，README 文件必须为 Markdown 格式，因此其后缀名通常是 .md，它一般应该包含如下内容。

❑ 当前 Chart 提供的应用或服务的描述信息。

❑ 运行当前 chart 需要满足的条件。

❑ values.yaml 文件中选项及默认值的描述。

❑ 其他任何有助于安装或配置当前 Chart 的有用信息。

另外，templates/NOTES.txt 文件中的内容将会在 Chart 安装完成后予以输出，通常用于向用户提供当前 Chart 相关的使用或初始访问方式的信息。另外，使用 helm status 命令查看某 Release 的相关状态信息时，此文件中的内容也会输出。

14.3.5 自定义 Chart 简单示例

典型的服务类容器化应用通常会由工作负载控制器（例如 Deployment 资源）、Service、ServiceAccount、ConfigMap、Secret、Ingress、HPA 和 PersistentVolumeClaim 等资源对象组成，一般来说，工作负载控制器和 Service 通常是必备的资源，其他资源可按需进行定义或添加。

1. 生成 Chart 配置框架

helm create 命令能为 Deployment、Ingress、HPA、ServiceAccount 和 Service 这 5 种类型资源各自提供一个示例模板以及其他几个必要的文件，以方便用户快速创建出所需要的自定义 Chart。例如，下面的命令便会在命令执行的当前目录中创建一个名为 demoapp 的子目录作为 Chart 存储路径，并在该目录中为几种常见的资源类型生成基础的框架模板文件。

```
~$ helm create demoapp
Creating demoapp
~$ tree demoapp/
demoapp/
├── charts
├── Chart.yaml
├── templates
│   ├── deployment.yaml
│   ├── _helpers.tpl
│   ├── hpa.yaml
│   ├── ingress.yaml
│   ├── NOTES.txt
│   ├── serviceaccount.yaml
│   ├── service.yaml
│   └── tests
│       └── test-connection.yaml
└── values.yaml
```

上述命令还会成一个示例性的 Chart.yaml 文件及 values.yaml 文件，Helm 默认将

该 Chart 项目的目录名称作为项目名称，而版本号则为 "0.1.0"，如下面由该命令生成的
Chart.yaml 文件的内容所示。

```
apiVersion: v2
name: demoapp
description: A Helm chart for Kubernetes
type: application
version: 0.1.0
appVersion: 1.16.0
```

另外，该命令默认生成的值文件中提供了应用副本数（replicaCount）、应用镜像
（image）、服务账户（serviceAccount）、安全上下文（podSecurityContext 和 securityContext）、
服务和 Ingress（service 和 ingress）、容器资源约束（resources）、自动缩放（autoscaling）以
及影响调度器调度决策（nodeSelector、tolerations 和 affinity）等各方面的参数值。事实上，
我们仅需要在各文件现有框架的基础上按需进行简单修改即可定义出所需的 Chart 来。

2. 定制 Chart

假设，我们的目标是将容器应用 ikubernetes/demoapp:v1.0 构建为一个完整的 Helm 应
用，而且 Deployment 控制器就能满足基本的应用编排需求，则简单修改默认生成的 values.
yaml 文件以下部分的内容值就能基本满足需求。

```
replicaCount: 1                              # 应用的 Pod 副本数量

image:                                       # 定义应用镜像
  repository: ikubernetes/demoapp            # 仓库名称
  pullPolicy: IfNotPresent                   # 镜像下载策略
  tag: "v1.0"                                # 镜像标签

imagePullSecrets: []                         # 私有镜像仓库的 Secret
nameOverride: ""                             # 应用名称
fullnameOverride: ""                         # 完成格式的应用名称

serviceAccount:                              # 专用的 ServiceAcccount
  create: false                              # 是否创建专用的 SA
  annotations: {}
  name: ""                                   # 专用 SA 的名称
......
service:                                      # 相关 Service 的定义
  type: ClusterIP
  port: 80

ingress:
  enabled: false
  annotations: {}
    kubernetes.io/ingress.class: nginx
    # kubernetes.io/tls-acme: "true"
```

```
hosts:
  - host: www.ilinux.io
    paths:
    - path: /
tls: []
# - secretName: chart-example-tls
#   hosts:
#     - chart-example.local
```

值文件修订完成后，可使用 helm template 命令测试模板引擎基于值文件对模板进行渲染的结果，该命令会按照指定的 Chart 名称进行所有模板的渲染测试，如下面的命令所示。

```
~$ helm template demoapp
---
# Source: demoapp/templates/service.yaml
apiVersion: v1
kind: Service
metadata:
  name: RELEASE-NAME-demoapp
  labels:
......
```

接着，再简单定制出 demoapp/Chart.yaml 文件的内容，确保其程序版本、Chart 版本、维护者信息等能映射出项目的实际情况，一个自定义的 Chart 就已然初具雏形。下面给出了一个 Chart.yaml 文件的基础内容示例。

```
apiVersion: v2
name: demoapp
description: A kubernetes-native application demo.
type: application
version: 0.1.0
appVersion: 1.0.0
maintainers:
  - name: MageEdu
    email: mage@magedu.com
    url: http://www.magedu.com
```

另外，若有必要，还可以修改 demoapp/templates/NOTE.txt 文件的内容，以帮助用户快速获取到该应用的简要使用说明。随后，我们便可通过专用于发现 Chart 中存在问题的 helm lint 命令对自定义 Chart 进行合规性校验，以确保自定义 Chart 能够遵循最佳实践且有着良好的模板格式。

```
~$ helm lint demoapp
==> Linting demoapp
[INFO] Chart.yaml: icon is recommended    # 提示类日志信息，建议为Chart添加icon的定义

1 chart(s) linted, 0 chart(s) failed
```

　　大多数情况下，该命令的错误提示及其标识的行号信息即能定位到问题所在。待确保关键问题都得到解决之后，即可通过 helm install 命令调试运行该 Chart，以确认其定义的容器化应用是否能以期望的方式完成部署并成功运行。为了说明如何通过命令行选项向模板传递参数，这里特地通过 service.type 来设定相关 Service 的类型为 NodePort。

```
~$ helm install demoapp --debug ./demoapp/ --dry-run -n default --set service.
type=NodePort
install.go:159: [debug] Original chart version: ""
install.go:176: [debug] CHART PATH: ……/chapter14/helm/demoapp

NAME: demoapp
LAST DEPLOYED: Wed Oct 21 14:51:28 2020
NAMESPACE: default
STATUS: pending-install
REVISION: 1
USER-SUPPLIED VALUES:        # 用户自定义值
service:
  type: NodePort            # Service的类型为NodePort，而不再是默认的ClusterIP
……
```

　　确认上述命令输出信息无误后，移除命令中的 **--dry-run** 选项后再次运行命令即可完成应用部署，如下面的命令及结果所示。

```
~$ helm install demoapp ./demoapp/  -n default --set service.type=NodePort
NAME: demoapp
LAST DEPLOYED: Wed Oct 21 14:51:28 2020
NAMESPACE: default
STATUS: deployed
REVISION: 1
NOTES:  # 简要使用说明
1. Get the application URL by running these commands:
  export NODE_PORT=$(kubectl get --namespace default -o jsonpath="{.spec.
ports[0].nodePort}" services demoapp)
  export NODE_IP=$(kubectl get nodes --namespace default -o jsonpath="{.items[0].
status.addresses[0].address}")
  echo http://$NODE_IP:$NODE_PORT
```

　　而后，根据上述 NOTES 中的命令提示，运行相关的命令获取访问端点后即可通过浏览器访问相应的服务。

```
~$ export NODE_PORT=$(kubectl get --namespace default \
      -o jsonpath="{.spec.ports[0].nodePort}" services demoapp)
~$ export NODE_IP=$(kubectl get nodes --namespace default \
      -o jsonpath="{.items[0].status.addresses[0].address}")
~$ echo http://$NODE_IP:$NODE_PORT
http://172.29.9.1:31586
```

　　上面最后一个命令返回了在集群外部通过 NodePort 访问该 Release 部署的相关服务的可用端点之一。当然，我们也可以启用 Ingress 资源，并借助 Ingress 控制器来发布该服务。

下面是一个自定义的值文件，它仅指明了要启用的 Ingress 资源，并给出了适用的 Ingress 控制器类别及 HTTP 路由相关的配置。

```
ingress:
  enabled: true
  annotations:
    kubernetes.io/ingress.class: nginx
  hosts:
  - host: www.ik8s.io
    paths:
      - /
```

通过 -f 选项将该文件附加于 helm install 命令即可将其合并到 Chart 默认的值文件上，例如下面的命令基于自定义的 demoapp Chart 创建了第二个实例，它通过 Ingress 将服务发布到集群之外。

```
~$ helm install demoapp-2 ./demoapp/  --debug -n default -f ./demoapp-values.yaml
......
# Source: demoapp/templates/ingress.yaml    # 基于ingress.yaml模板渲染生成的Ingress资源
apiVersion: networking.k8s.io/v1beta1
kind: Ingress
metadata:
  name: demoapp-2
  labels:
    helm.sh/chart: demoapp-0.1.0
    app.kubernetes.io/name: demoapp
    app.kubernetes.io/instance: demoapp-2
    app.kubernetes.io/version: "1.0.0"
    app.kubernetes.io/managed-by: Helm
  annotations:
    kubernetes.io/ingress.class: nginx
spec:
  rules:
    - host: "www.ik8s.io"
      http:
        paths:
          - path: /
            backend:
              serviceName: demoapp-2
              servicePort: 80
NOTES:   # 生成的简要使用说明
1. Get the application URL by running these commands:
  http://www.ik8s.io/
```

若 Kubernetes 集群有正常运行的 Ingress Nginx 控制器，根据使用提示，我们在集群外的客户端上发起请求测试，便能够正常访问 demoapp 的相关服务。如下面在集群外的客户端上执行的访问请求命令结果所示，其中 32012 是此前部署的 Ingress Nginx 控制器的 Service 资源对应于 80 端口的 NodePort。

```
~$ curl -H "Host: www.ik8s.io" 172.29.9.13:32012/
iKubernetes demoapp v1.0 !! ……: demoapp-2-58f68ffb4d-vwb9k, ServerIP:
10.244.1.19!
```

类似地，若需要自定义模板文件支持的其他配置，修改值文件中的配置项即可。而需要用到其他非默认支持的资源，例如 Role 和 RoleBinding，甚至是其他通过 CRD 定义的 CR 资源等，就需要用户自行开发并添加相应的模板文件，以及在值文件中添加相关参数的默认值等。

3. 打包及分享

测试完成的自定义 Chart 可打包后存储在目标仓库仅供自己或有限范围内的用户使用，也可按需公开回馈到社区之中。helm package 命令基于众多选项提供了灵活的打包机制，如下的命令就会先更新依赖关系再进行打包操作。

```
~$ helm package -u --debug demoapp
Successfully packaged chart and saved it to: ……/helm/demoapp-0.1.0.tgz
```

该命令通过 Chart.yaml 文件中定义的版本等信息生成打包后的文件名称，且默认将打包后的文件存储在当前工作目录中，但也允许用户通过 -d 选项指定目标路径，随后即可将打包完成的 Chart 上传到仓库中。

从较为抽象的意义上来说，Chart 仓库就是可以存储和共享 Chart 的 HTTP/HTTPS 服务器，它由索引文件 index.yaml 及打包的 Chart 共同组成，Helm 客户端负责将 Chart 打包并存储到仓库之中。对于使用 Harbor 项目实现本地镜像服务的场景来说，这通常是用于内部分享自定义 Chart 的较优选择。

假设，我们拥有可访问的 Harbor 服务，即 https://hub.ilinux.io 上名为 ikubernetes 的公开项目，则该项目中的 Helm Charts 标签用于展示 Chart 仓库的相关信息，如图 14-3 所示。

图 14-3　Harbor 项目中的 Chart 仓库

该类 Chart 的仓库地址为 https://hub.ilinux.io/chartrepo/<PROJECT>，其中的 /chartrepo 为固定的端点路径，下面的命令就用于将该仓库添加至本地 helm 命令的可用列表中。

```
~$ helm repo add ikubernetes https://hub.ilinux.io/chartrepo/ikubernetes
"ikubernetes" has been added to your repositories
```

> 提示　Harbor 的部署方式请参考 14.4 节的内容；另外，若 Harbor 使用的是私有 CA 签署的 TLS 证书，则需要用户手动将该 CA 证书系统上默认的证书加载到路径中，例如 Ubuntu 系统上的 /etc/ssl/certs 目录等。

接下来，我们可以直接点击如图 14-3 中的"上传"按钮在 Web GUI 中完成 Chart 上传，也可以为 helm 添加向仓库推送 Chart 的 push 插件，以便直接通过命令行完成 Chart 上传。Helm 的插件管理子命令为 plugin，下面的命令就用于安装 push 插件。

```
~$ helm plugin install https://github.com/chartmuseum/helm-push.git
Downloading and installing helm-push v...
https://github.com/chartmuseum/helm-push/releases/download/v.../helm-push_..._
amd64.tar.gz
Installed plugin: push
```

假设用户 ik8sdev 拥有该仓库上传数据的权限，该用户登录 Harbor 服务的密码为 iK8Sdev123，则下面的命令就能够把本地工作目录中与 demoapp 项目相关的 Chart 自动上传到指定的仓库中。

```
~$ helm push -u ik8sdev -p iK8Sdev123 demoapp ikubernetes
Pushing demoapp-0.1.0.tgz to ikubernetes...
Done.
```

随后，能够访问该仓库的所有客户端即可获取并使用 demoapp 相关的 Chart。尽管这种能满足最基本存储要求的 Chart 仓库 API 有着诸多优点，但有些缺点也已经到了无法忽视的地步，例如：很难完全兼容生产环境中大多数的安全机制；重复存储由不同用户上传的同一 Chart，从而消耗更多的存储空间；基于单索引文件进行搜索机制不复用多租户环境等。于是，Helm 3 开始支持将 Chart 推送到与 OCI 兼容的仓库中，例如各种类型的 Docker Registry 等。但截至本书定稿前，该特性仍处于实验阶段，默认并未启用。下面的命令先是使用环境变量来启用 OCI 格式的 Chart，而后以该格式将 Chart 存入本地的缓存中。

```
~$ export HELM_EXPERIMENTAL_OCI=1
~$ helm chart save demoapp hub.ilinux.io/ikubernetes/demoapp:v0.1.0
ref:     hub.ilinux.io/ikubernetes/demoapp:v0.1.0
digest:  004094ae1f3b21326e71c7045d9b7153b548b6f3436db0f75c67e68aea207065
......
```

Harbor 项目中的镜像仓库主要用于存储 OCI 格式的镜像文件，因而它同样能够存储以该格式组织的 Helm Chart。通常，镜像注册表（Registry）服务需要先检查客户端的认证和授权信息并生成临时 Token，helm 命令也不例外。

```
~$ helm registry login http://hub.ilinux.io
Username: ik8sdev
Password:
Login succeeded
```

随后即可推送 OCI 格式的 Chart 到 Harbor 指定项目的仓库中，下面的命令仍以 ikubernetes 项目为例来存储 demoapp Chart。

```
~$ helm chart push hub.ilinux.io/ikubernetes/demoapp:v0.1.0
The push refers to repository [hub.ilinux.io/ikubernetes/demoapp]
ref:     hub.ilinux.io/ikubernetes/demoapp:v0.1.0
digest:  004094ae1f3b21326e71c7045d9b7153b548b6f3436db0f75c67e68aea207065
size:    4.1 KiB
name:    demoapp
version: 0.1.0
v0.1.0: pushed to remote (1 layer, 4.1 KiB total)
```

需要注意的是，OCI 格式的 Chart 会存储在 Harbor 的镜像仓库而非 Helm Chart 仓库中，而且这些 Chart 需要通过 helm chart pull 命令下载，使用 helm chart export 命令从缓存中导出，如下面的两个命令及其结果所示。

```
~$ helm chart pull hub.ilinux.io/ikubernetes/demoapp:v0.1.0
v0.1.0: Pulling from hub.ilinux.io/ikubernetes/demoapp
ref:     hub.ilinux.io/ikubernetes/demoapp:v0.1.0
digest:  004094ae1f3b21326e71c7045d9b7153b548b6f3436db0f75c67e68aea207065
......
~$ helm chart export hub.ilinux.io/ikubernetes/demoapp:v0.1.0
ref:     hub.ilinux.io/ikubernetes/demoapp:v0.1.0
......
Exported chart to demoapp/
```

实践中，上述两种分享方式提供一种即可，后一种虽有着更优越的特性和更好的兼容能力，但目前尚不建议用于生产环境之中。

14.4　Helm 实践：部署 Harbor 注册中心

Harbor 项目是用于存储和分发容器镜像的企业级 Registry（注册中心）开源解决方案，它构建在 Docker Registry 项目（后来称为 Docker Distribution）之上，为其添加了认证、授权、风险扫描等功能组件，能够满足生产环境的功能要求，其成熟度已得到 CNCF 社区及用户的认可。而自 2.0 版开始，Harbor 正式成为完全符合 OCI 规范的云原生工件 Registry，支持托管容器镜像、清单列表、Helm Chart、CNAB（Cloud Native Application Bundles）和 OPA（Open Policy Agent）等所有遵循 OCI 规范的工件，并允许在这些工件上施加拉取、推送、删除打标、复制和安全扫描等管理操作。Harbor 程序组件如图 14-4 所示。

从系统构成上来说，Harbor 2.0 主要包括基础服务和数据存储两类组件，其中基础服务类组件主要包括以下几个。

❑ **核心组件（Core）**：Harbor 的核心服务，主要包括 API Server、API Controllers、Config Manager、Namespace Manager、Quota Manager、Chart Controller、Signature

Manager、Retention Manager、Notification Manager、Replication Controller、Scan Manager、OCI Artifact Manager、Registry Driver 和 Traffic Proxy 等，它们的功能几乎都能见名知义。

❑ Registry：第三方项目，负责提供注册中心服务，用于存储、管理 Docker 镜像并响应客户端的管理请求。

❑ Chart Museum：第三方项目，负责 Helm Chart 的存储、管理，并响应客户端的管理请求。

❑ Notary：第三方项目，它基于健壮的数字签名机制为数字内容提供了高度安全的可信机制，是 TUF（The Update Framework）规范的开源实现，确保通过网络发布和接收到内容的有效性与完整性。

❑ Job Service：通用作业队列，其他组件或服务可以通过静态 API 接口同时提交、运行异步任务。

❑ GC Collector：垃圾收集器，负责设定 GC 计划，以及启动和跟踪 GC 进度。

❑ Log Collector：日志收集器，负责将其他组件的日志统一收集到指定的位置以便进行审计。

❑ Web Portal：Harbor 的 Web GUI，用于向用户提供基于 Web 的图形用户接口。

❑ Kubernetes 上的 Ingress 或者自主管理的代理服务器：提供 API 路由功能，所有组件均位于该代理服务器之后。

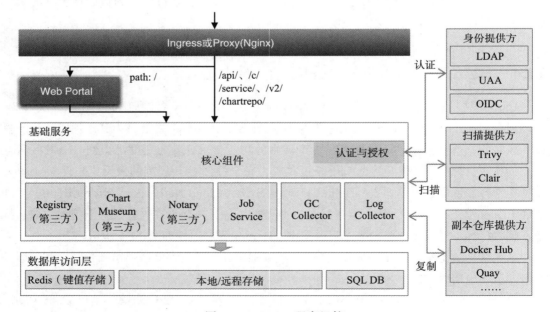

图 14-4　Harbor 程序组件

　　数据访问层上相应的各服务中，由 Redis 提供的键值存储系统为 Harbor 提供通用缓存层，也负责为 Job Service 存储作业元数据；关系型数据库主要负责存储 Harbor 系统模型中的各类逻辑组件的元数据，该类组件主要包括名称空间（也称为项目）、用户、角色、复制策略、标签保留策略、Chart 和镜像等；本地或远程的数据存储服务主要为镜像或 Helm Chart 提供持久存储服务，它支持本地文件系统、S3、GCS、Azure、OSS 和 Swift 等。

14.4.1　部署方案与配置方式

　　目前，Harbor 中的大多数组件都是无状态应用，我们可以通过简单地增加副本数量来提升其高可用性。但是，Chart Museum 和 Registry 在本地存储客户端推送数据时，应该使用持久存储功能卷来确保数据的可用性，但二者也支持将客户端推送的 Chart 或容器镜像等数据存储到外部的存储系统中，例如 S3 或 GCS 等。在后一种方案中，存储卷便成了可选配置。另外，Job Service 和 Trivy 也会依赖持久存储卷以便于从故障中安全恢复。

　　Harbor 既支持使用外部的 Redis 服务，也支持使用自行管理的 Redis 存储系统，SQL 存储服务有类似使用机制，但应用到生产环境时，它们都应该提供高可用的服务，如图 14-5 所示。

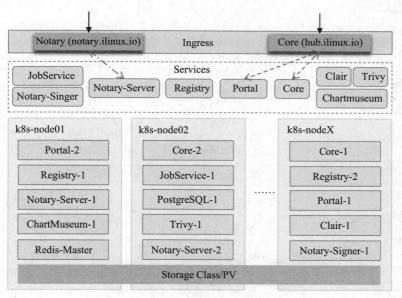

图 14-5　高可用的 Harbor 部署模式

　　根据实际需求，Notary、Trivy 和 Clair 都是可选组件。其中，Notary 依赖于内部组件间的 HTTPS 安全通信机制，禁用内部 HTTPS 通信也将禁用 Notary，同时 Notary 也支持由用户显式禁用。而 Trivy 和 Clair 都是 Harbor 支持的镜像文件漏洞分析服务，二者可同时启用，但仅有一个可以作为默认使用项，默认为 Trivy。相关的配置都能够借助向 Chart 传递自定义值完成。

如前所述，Harbor 依赖前端代理服务 Nginx 进行 API 路由，在 Kubernetes 环境中，我们可以使用 Ingress 来完成该功能，而且 Ingress 还能将相关服务发布到集群外部。但未启用 Ingress 时，Helm Chart 会自行部署 Nginx 代理组件，该组件的 Service 也就成了 Harbor 的访问入口，设置 Service 类型为 NodePort 或 LoadBalancer 才能支持集群外部客户端访问。

截至目前，Harbor 项目提供的 Chart（v1.4.2）尚不支持 PostgreSQL 和 Redis 的高可用部署，因此，用户需要自行部署和管理这两个有状态应用。不过，Bitnami 组织维护的 Harbor Chart 所依赖的 Redis Chart 和 PostgreSQL Chart 都提供了有着较好可用性的部署方案，因而接下来的部署示例中我们将选择 Bitnami 仓库中的 Harbor Chart。

部署之前，我们可以使用 helm show values bitnami/harbor 命令获取到该 Chart 中默认的值文件的内容，根据实际需要改动其配置，而后根据自定义的值文件创建 Release。下面的自定义值文件（harbor-values-with-longhorn-volumes.yaml）便是根据 bitnami/harbor 默认的值文件自定义而来，该文件尽量保留了可能会修改的选项。

```
## 是否启用 Harbor 内部组件间的 TLS 通信，启用时要求各组件事先配备相应的 TLS Secret
## 但在相应组件的 tls.existingSecret 字段值为空的场景时，Helm 也会自动生成必要的 Secret
internalTLS:
  enabled: false      # 默认为 false，对于机密性要求较高的场景可以将其修改为 true

service:              # Harbor 服务的整体定义
  ## Kubernetes Service 类型，支持 Ingress、ClusterIP、NodePort 和 LoadBalancer 4
  种取值
  type: NodePort      # 默认为 LoadBalancer
  tls:                # 是否配置启用 TLS 服务接口
    enabled: true
    ## 指定使用现有的 Secret，它必须包含 tls.crt 和 tls.key，可选数据项为 ca.crt
    existingSecret: ""    # 留空表示使用自动生成的自签证书
    ## 默认 Notary 将使用上面指定的数字证书，或者使用下面参数指定的专用证书
    notaryExistingSecret: ""
    ## 自动生成证书时在 Subject 中使用 CN 名称，未启用 Ingress 时为必选项
    commonName: "hub.ilinux.io"    # 一般要与 Core 的虚拟主机名称一致
  ports:
    http: 80
    https: 443
    notary: 4443      # Notary 使用的端口，notary.enabled 为 true 时生效
  nodePorts:          # NodePort 类型 Service 的专用参数
    http:
    https:
    notary:
  loadBalancerIP:
  loadBalancerSourceRanges: []
  externalTrafficPolicy:         # 外部流量的处理策略

## Ingress 相关的配置参数
```

```
ingress:
  enabled: true              # 是否启用 Ingress，true 意味着将不再运行独立的 Nginx 代理
  hosts:
    core: hub.ilinux.io # Portal 及 Core 组件相关的虚拟主机名称
    notary: notary.ilinux.io  # Notary 组件相关的虚拟主机名称
  controller: nginx # 控制器类型，default 可适配大多数类型，这里选择使用 Nginx  annotations:
    ingress.kubernetes.io/ssl-redirect: "true"      # 通用参数，将 HTTP 定向至 HTTPS
    ingress.kubernetes.io/proxy-body-size: "0"      # Proxy 协议报文 body 上限
    nginx.ingress.kubernetes.io/ssl-redirect: "true"
    nginx.ingress.kubernetes.io/proxy-body-size: "0"

## Harbor Core 服务对外的 URL，启用 Ingress 时应该与 ingress.hosts.core 的值保持
## 一致，NodePort 类型的 Service 应该使用某节点的 IP 地址；若位于代理服务器之后，
## 则应该使用代理服务器的 URL
externalURL: https://hub.ilinux.io

persistence:                         # 数据持久相关的配置项
  enabled: true
  resourcePolicy: "keep"             # keep 用于确保删除 Release 时保留数据
  persistentVolumeClaim:
    registry:                        # registry 的持久存储卷配置
      existingClaim: ""              # 使用现有的 PVC，留空表示从存储类中动态分配
      storageClass: "longhorn"       # 支持动态 PV 供给功能的存储类，"-" 表示禁用
      subPath: ""
      accessMode: ReadWriteOnce
      size: 5Gi                      # 请求使用的 PV 大小，生产环境应该按实际存储需求调整该值
    jobservice:                      # jobservice 的持久存储卷配置
      existingClaim: ""
      storageClass: "longhorn"
      subPath: ""
      accessMode: ReadWriteOnce
      size: 1Gi
    chartmuseum:                     # chartmuseum 的持久存储卷配置
      existingClaim: ""
      storageClass: "longhorn"
      subPath: ""
      accessMode: ReadWriteOnce
      size: 5Gi
    trivy:                           # trivy 的持久存储卷配置
      storageClass: "longhorn"
      accessMode: ReadWriteOnce
      size: 5Gi

## 定义 registry 和 chartmuseum 相关的后端存储服务
imageChartStorage:
  ## Secret 资源名称，存储有验证后端服务证书的 CA 证书链
  caBundleSecretName:
  ## 指定后端存储类型，可用值有 filesystem、azure、gcs、s3、swift、oss
  type: filesystem    # 本示例选择使用默认的文件系统，生产环境建议使用外部存储
  filesystem:
```

```
      rootdirectory: /storage
      maxthreads:

## 为了确保更新操作正确运行，设置是否强制用户指定密码，否则将使用随机密码串
## true 表示将强制要求设定 harborAdminPassword、core.secret 和 secretKey
forcePassword: false

harborAdminPassword: MageEdu123    # Harbor 上 admin 用户的初始密码
secretKey:              # 组件间基于 TLS 通信时进行加解密的密钥，必须是 16 个字符的字符串

## Harbor 专用的代理服务，与 Ingress 互斥，二者选择其中之一
nginx:               # Nginx 组件的专用配置
  command:           # 自定义要支持的程序
  args:              # 向程序传递自定义参数
  replicas: 1        # Nginx 的 Pod 副本数，为提升服务可用性通常应该增加其副本数量
  ## 仅对使用了 RWO PV 的场景有用；此种情形下，当 replicas 的值为 1 时，使用滚动更新策略将
  ## 导致更新无法正确执行，此时必须要使用 Recreate 策略；以下几个组件的要求相同
  updateStrategy:
    type: RollingUpdate

core:                # Core 组件的相关配置
  replicas: 1
  tls:               # 内部组件间 TLS 通信时启用
    existingSecret: ""    # 组件间 TLS 通信时加载证书和私钥的 secret
  secretName: ""  # 使用指定 Secret 资源中的 tls.crt 和 tls.key 来加解密令牌

portal:              # Portal 的相关配置，这里仅保留了副本数和更新策略的定义，后面的组件类似
  replicas: 1

jobservice:          # jobservice 组件相关的配置
  replicas: 1
  maxJobWorkers: 10    # jobservice 的最大线程数，应该根据复制的任务量进行调整

registry:            # registry 组件相关的配置
  replicas: 1

chartmuseum:         # chartmeseum 相关的配置
  enabled: true      # 是否启用该功能
  replicas: 1
  useRedisCache: true          # 是否使用 Redis 缓存
  chartRepoName: "chartsRepo"  # Chart 仓库的名称

clair:               # clair 相关的配置
  enabled: true      # 是否启用该组件
  replicas: 1

trivy:               # trivy 相关的配置
  enabled: true      # 是否启用该组件
  replicas: 1

notary:              # Notary 相关的配置
```

```
    enabled: true              # 是否启用该组件
    server:                    # notary server 相关的配置
      replicas: 1
    signer:                    # notary signer 相关的配置
      replicas: 1

  redis:                       # Harbor Chart 自行管理的 redis 组件相关的配置
    enabled: true              # 是否启用
    ## password: ""
    usePassword: false         # 是否使用密码
    cluster:                   # redis cluster 相关的配置
      enabled: false           # 是否启用 cluster
    master:
      persistence:
        enabled: true          # 是否启用持久存储卷
        storageClass: "longhorn"    # 动态分配 PV 时使用的 StorageClass 资源
        accessModes:           # PV 的访问模型
          - ReadWriteOnce
        size: 8Gi              # PV 的大小
    slave:
      persistence:
        enabled: true          # 是否启用持久卷
        storageClass: "longhorn"
        accessModes:
          - ReadWriteOnce
        size: 8Gi

postgresql:                    # Harbor Chart 用于管理 postgresql 组件相关的配置
  enabled: true                # 是否启用该组件
  postgresqlUsername: postgres    # 数据库服务用户名
  postgresqlPassword: not-secure-database-password    # 密码
  replication:                 # 复制相关的配
    enabled: false             # 是否启用复制功能
  persistence:                 # 持久卷相关的配置
    enabled: true              # 是否启用持久卷
    storageClass: "longhorn"   # 动态分配 PV 时使用的存储类
    accessModes:               # 存储卷访问模型
      - ReadWriteOnce
    size: 8Gi

externalRedis:                 # 使用外部的 Redis 服务；启用 Redis 将禁用 externalRedis
  host: localhost              # 获取外部 Redis 服务的主机地址
  port: 6379
  password: ""                 # 服务密码
  jobserviceDatabaseIndex: "1"      # jobservice 使用的数据库名称
  registryDatabaseIndex: "2"        # registry 使用的数据库名称
  chartmuseumDatabaseIndex: "3"     # chartmuseum 使用的数据库名称
  clairAdapterDatabaseIndex: "4"    # clairAdapter 使用的数据库名称
  trivyAdapterDatabaseIndex: "5"    # trivyAdapter 使用的数据库名称
```

```
externalDatabase:          # 启用外部的数据库服务, 启用了 PostgreSQL 就会禁用该功能
  host: localhost
  port: 5432
  user: bn_harbor         # 用于访问 Portal 相关数据库的用户名
  password: ""            # 密码
  sslmode:                # 是否工作于 SSL 通信模式
  coreDatabase:           # core 组件相关的数据库名称
  clairDatabase:          # clair 组件相关的数据库名称
  clairUsername:          # 访问 clair 数据的用户名, 默认同 Portal 的配置
  clairPassword:          # 访问 clair 数据的密码, 默认同 Portal 的配置
  notaryServerDatabase:   # notary server 组件相关的数据库
  notaryServerUsername:
  notaryServerPassword:
  notarySignerDatabase:   # notary signer 组件相关的数据库
  notarySignerUsername:
  notarySignerPassword:
```

上面定义的值文件示例在名为 Longhorn 的存储类中为需要持久卷的各组件动态分配 PV, 该存储类建立在由 CNCF 组织孵化的 Longhorn 存储项目之上。若需要在未配备存储卷资源的环境中以非持久化方式进行测试, 我们只需要将值文件中各 persistence.enable 的值置为 false 即可, 我们在本章的源代码中提供了一份修改好的值文件 (harbor-values-without-persistence.yaml)。另外, 该示例保持 Harbor 各组件 Pod 副本数为默认值 1, 以便在资源紧缺的环境中进行测试, 生产环境中, 建议按需增加各组件的副本数量至合理值, 以便更好地承担负载并提供更高的服务可用性。

14.4.2　Harbor 部署与测试

在启用了 HTTPS 的场景中, Ingress 资源上指定的虚拟主机依赖保存在证书和私钥的 Secret 资源, Harbor Chart 部署过程中会自行生成私有 CA (harbor-ca), 以及由该 CA 签署的证书文件, 而后根据 CA 的证书、服务证书及私钥自动创建出必要的 Secret 资源来, 这也是我们接下来的部署操作采用的方式。服务证书的 CN 名称由 service.tls.commonName 的值指定, 或根据 Ingress 中 host.core 和 host.notary 的虚拟主机名确定。若需要使用自有的证书和私钥, 将它们创建为 Secret 资源后, 由值文件中的参数 service.tls.existingSecret 按名引用即可。另外, 在启用了组件间 TLS 通信的场景中, 建议由部署过程自行生成需要的各个证书文件。

为了便于资源隔离和管理, 我们计划把 Harbor 部署到同名的专用名称空间之中。下面的命令先创建了名称空间, 随后基于 14.4.1 节示例中使用的值文件将 Harbor 部署到该名称空间之内。

```
~$ kubectl create namespace harbor
~$ helm install hub -f harbor-values-with-longhorn-volumes.yaml bitnami/harbor
```

```
-n harbor
NAME: hub
LAST DEPLOYED: Sat Aug 30 15:02:45 2020
NAMESPACE: harbor          # 名称空间
STATUS: deployed           # 部署状态
REVISION: 1
TEST SUITE: None           # 测试套件
NOTES:                     # 部署完成后的使用提示
** Please be patient while the chart is being deployed **
1. Get the Harbor URL:    # 访问Harbor的入口
   You should be able to access your new Harbor installation through https://hub.
ilinux.io
2. Login with the following credentials to see your Harbor application  # 登录时的
用户名和密码
   echo Username: "admin"
   echo Password: $(kubectl get secret --namespace harbor hub-harbor-core-envvars \
-o jsonpath="{.data.HARBOR_ADMIN_PASSWORD}" | base64 --decode)
```

随后，按照部署命令最后返回的提示，我们即可打开 Harbor 的 Web GUI（见图 14-6），并使用默认用户名 admin 及值文件中设定的管理员密码，或者根据上面命令获取到自动生成的默认密码进行服务访问。

图 14-6　Harbor Web GUI 的管理员主页

Harbor 将 Docker 镜像、Helm Chart 以及 CNAB 应用等组织在项目或者名称空间的逻辑组件中，这些项目可以具有"公开"或"私有"的访问属性，library 是默认的项目。Harbor 基于 RBAC 管理项目上的用户授权，它内置了 5 个用户角色，允许用户在特定项目上设置不同的角色，从而实现简单的权限分配。

为了简单演示其应用，及便于读者测试 14.4.1 节将 Helm Chart 推送至 Harbor 进行管理的机制，我们需要创建一个名为 ik8sdev 的用户，一个名为 ikubernetes 的项目，而后为 ik8sdev 用户赋予该项目上的"开发人员"角色。而后即可在某主机上运行 Docker 命令，向该项目推送容器镜像以进行测试。

Harbor 中的项目名称就是其 Registry 服务的名称空间，因此对于 ikubernetes 项目来说，其内部镜像仓库遵循 hub.ilinux.io/ ikubernetes/REPOSITORY[:TAG] 的标识格式。但下面第二个推送命令出现了错误，原因在于 Docker 不信任签署 hub.ilinux.io 证书的私有 CA，我们可通过如下的命令结果看到这种错误提示。

```
~# docker image tag ikubernetes/demoapp:v1.0 hub.ilinux.io/ikubernetes/demoapp:v1.0
~# docker image push hub.ilinux.io/ikubernetes/demoapp:v1.0
The push refers to repository [hub.ilinux.io/ikubernetes/demoapp]
Get https://hub.ilinux.io/v2/: x509: certificate signed by unknown authority
```

简单解决办法是把 Harbor 自动生成的 CA 证书添加到系统上受信任的集合中，在 Ubuntu 系统上，该集合通常指的是 /etc/ssl/certs/ 目录，而 RedHat 及其克隆版的系统环境中通常使用的是 /etc/pki/ca-trust/source/anchors/ 目录。

```
~# wget --no-check-certificate -q https://hub.ilinux.io/api/v2.0/systeminfo/getcert \
-O /etc/ssl/certs/harbor-ca.crt
~# systemctl restart docker
```

随后，重启 Docker 守护进程，让 ikubernetes 项目加载并信任 Harbor 的私有 CA 之后即可完成用户登录及容器镜像推送操作，推送完成后，Harbor 的 GUI 界面中的 ikubernetes 项目如图 14-7 所示。

图 14-7　Harbor 中的 ikubernetes 项目及内部的镜像仓库

Helm Chart 的推送请参考 14.4.1 节的内容，这里不再给出具体的过程。

```
~# docker login hub.ilinux.io
~# docker image push hub.ilinux.io/ikubernetes/demoapp:v1.0
The push refers to repository [hub.ilinux.io/ikubernetes/demoapp]
5a4de022ffa3: Pushed
......
```

Harbor 2.0 还支持 LDAP/UAA/OIDC 外部认证、仓库间镜像数据的异步复制等多种功能，感兴趣的读者可通过 Harbor 项目的文档详细了解和探索其使用方法。

14.5　本章小结

　　目前来说，Kubernetes 部署及管理应用程序的接口仍然相当复杂，当维护较多的资源时，用户必然会受困于复杂多变的资源配置清单，Kustomize 以声明式机制进一步丰富了应用的编排能力，而 Helm 则通过 Chart 实现了类似 yum、dnf 或 apt-get 等程序包管理器的功能，大大降低了用户的使用成本。

资源指标与集群监控

Kubernetes 的自动化应用编排机制为用户带来便利的同时，其控制平面及容器运行时也增加了 IT 基础架构栈的复杂性。为了能在生产中可靠地运行 Kubernetes，我们必须有针对性地增强传统监控策略，以提供 Kubernetes 编排和容器运行时引入的其他基础架构层的可见性。

监控系统是信息系统的基础设施，它为用户提供了快速了解系统资源分配和利用状态的有效途径。对于 Kubernetes 来说，监控系统虽然以附件的形式存在，却也是必不可少的核心组件，甚至被 Kubernetes 某些内置的特性所依赖。最初，Kubernetes 指标采集系统围绕 Heapster 构建，而在新一代监控架构体系中，Kubernetes 将资源指标的规范及其实现分离开来，从而预留出极大的可扩展空间。本章主要说明如何为 Kubernetes 集群提供资源监控机制，并利用资源指标实现 HPA 等功能。

15.1 资源监控与资源指标

监控应用程序的当前状态是帮助预测问题并发现生产环境中资源瓶颈的最有效方法之一，但这也是目前几乎所有软件开发组织面临的最大挑战之一：当今主流的微服务架构又使得系统监控和日志记录变得更加复杂，数量众多的分布式的、多样化的应用以网格化通信模型协作，致使单点故障甚至可能会中断整个系统，而单点故障的识别变得越来越困难。

监控只是微服务体系众多挑战中的一个，要确保应用可用性与性能及完成部署等任务必然会推动团队创建或使用编排工具来托管所有服务和主机，这也是 Kubernetes 这一类编排系统迅速流行的原因之一。Kubernetes 有效降低了分布式应用环境的复杂性，但这么一来，问题又转变成如何有效地监控 Kubernetes 系统自身，并高效、全面地输出指标数据。

我们已经了解到，基于诸如 CPU 和内存资源的使用率指标自动缩放工作负载规模是 Kubernetes 最强大的特性之一，而启用该功能的前提便是建立一种收集和存储这些指标的方法，曾经这几乎必然要用到 Heapster。然而，通过 Heapster 收集指标数据并据此缩放工作负载的方法支持的指标类型有限且扩展难度较大，幸运的是，Kubernetes 新的指标 API 实现了一种更为一致和高效的指标数据提供方式，这为以自定义指标为基础的自动缩放功能提供了可行的实现。

15.1.1　资源监控与 Heapster

Kubernetes 系统上的关键指标大体可以分为两个主要组成部分：集群系统本身的指标和容器应用相关的指标。对于集群系统本身相关的监控层面而言，监控整个 Kubernetes 集群的健康状况是最核心的需求，包括所有工作节点是否运行正常、系统资源容量大小、每个工作节点上运行的容器化应用的数量以及整个集群的资源利用率等，它们通常可分为如下一些可衡量的指标。

1）节点资源状态：多数指标都与节点上的系统资源利用状况有关，例如网络带宽、磁盘空间、CPU 和内存的利用率等，它们也是管理员能够评估集群规模合理性的重要标准。

2）节点数量：在公有云服务商以实例数量计费的场景中，根据集群整体应用的资源需求规模实时调整集群节点规模是常见的弹性伸缩应用场景之一，而实时了解集群中的可用节点数量也给了用户计算所需支付费用的参考标准。

3）活动 Pod 对象的数量：正在运行的 Pod 对象数量常用于评估可用节点的数量是否足够，以及在节点发生故障时它们是否能够承接整个工作负载等。

编排运行容器化应用是 Kubernetes 平台的核心价值所在，通常以 Pod 资源形式存在的容器化应用才是集群上计算资源的消耗主力，这些应用的监控需求通常可以大体分为 3 类：应用编排指标、容器指标和应用程序指标。

1）应用编排指标：用于监视特定应用程序相关的 Pod 对象的部署过程、当前副本数量、期望的副本数量、部署过程进展状态、健康状态监测及网络服务器的可用性等，这些指标数据需要经由 Kubernetes 系统接口获取。

2）容器指标：包括容器的资源需求、资源限制以及 CPU、内存、磁盘空间、网络带宽等资源的实际占用状况等。

3）应用程序指标：应用程序内置的指标，通常与其所处理的业务规则相关，例如，关系型数据库应用程序可能会内置用于暴露索引状态的指标，以及表和关系的统计指标等。

监控集群所有节点的常用方法之一是通过 DaemonSet 控制器在各节点部署一个采集监控指标数据的代理程序，由代理程序将节点级采集的各种指标数据上报至监控服务端，以统一进行数据的处理、存储和展示。这种部署方式给了管理员很大的自主选择空间，但也必定难以形成统一之势。

于是，早期版本的 Kubernetes 系统特地在 kubelet 程序中集成了工具程序 cAdvisor，用于对节点上的资源与容器进行实时监控及指标数据采集，支持的指标包括 CPU、内存、网络吞吐量及文件系统等资源的使用率，并可通过 TCP 协议的 4194 端口提供一个 Web UI（kubeadm 的默认部署没启用此功能）。需要快速了解某特定节点上的 cAdvisor 运行是否正常，以及了解单节点的资源利用状态时，可直接访问 cAdvisor Web UI，URL 是 http://<Node_IP>:4194/，cAdvisor 默认的界面如图 15-1 所示。

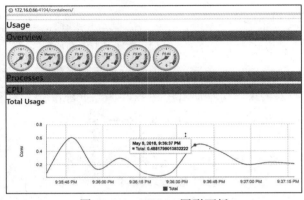

图 15-1　cAdvisor 图形面板

cAdvisor 的问题同样在于其仅能收集单个节点及其相关 Pod 资源的指标数据。事实上，将各工作节点采集的指标数据予以汇集，并通过一个统一接口向外暴露不仅能让用户使用更便捷，而且这些指标数据也是 Kubernetes 系统某些组件所依赖的，这些组件包括 kubectl top 命令、Horizontal Pod Autoscalers（即 HPA）资源以及 Dashboard 等。例如，在未实现资源指标采集及统一输出的 Kubernetes 环境上运行 kubectl top 命令将会返回相应的错误提示，具体如下所示。

```
~$ kubectl top nodes
Error from server (NotFound): the server could not find the requested resource (get services http:heapster:)
```

Heapster 曾与 ClusterDNS、Ingress 和 Dashboard 一起并称为 Kubernetes 的 4 大核心附件，其组件结构与系统数据流向如图 15-2 所示。

然而，Heapster 支持的每个存储后端的代码都直接驻留在其代码仓库中，成为核心代码库的一部分，结果是必然会被烂尾的驻留代码所拖累，这甚至成为用户使用 Heapster 最常见的挫败原因。更重要的是，若 Heapster 没有将 Prometheus 作为数据接收器，则会暴露 rometheus 格式的指标，这通常会引起不小的混淆和麻烦。

换句话说，Heapster 既为那些依赖于指标数据的系统组件提供了指标 API 接口（非标准格式的 Kubernetes API），又提供了指标 API 接口背后的实现方式，即收集和存储指标数据以响应对 API 的请求。这种以耦合度较高的方式实现核心系统组件的做法给系统变更引入了不少的不确定性和隐患。另外，Heapster 假设数据存储是一个原始的时间序列数据库，这些数据库都有着一个可直接写入的路径。这使得它与 Prometheus 系统基本上不兼容，因为 Prometheus 采用拉取式模型。Kubernetes 生态系统的整体组件几乎原生支持 Prometheus 系统，于是 Heapster 的这部分功能逐渐被 Prometheus 所取代。

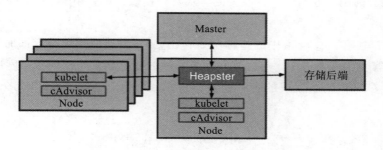

图 15-2　Heapster 组件结构与系统数据流向

为了避免重蹈 Heapster 的覆辙，资源指标 API 和自定义指标 API 被 Kubernetes 特地设计为纯粹的 API 定义而非具体的实现，它们作为聚合 API 集成到 Kubernetes 集群中，从而能够在 API 保持不变的情况下切换具体的实现方案，大大降低了二者的耦合程度。最终，Heapster 用于提供核心指标 API 的功能也被采用聚合方式的指标 API 服务器 Metrics Server 所取代。

15.1.2　新一代监控体系与指标系统

我们知道，Kubernetes 通过 API Aggregator（聚合器）为开发人员提供了轻松扩展 API 资源的能力，为集群添加指标数据 API 的自定义指标 API、资源指标 API（简称为指标 API）和外部指标 API 都属于这种类型的扩展。

资源指标 API 是调度程序、HPA、VPA 和 kubectl top 命令等核心系统组件可选甚至是强制依赖的基础功能，尽管是以扩展方式实现，但它提供的是 Kubernetes 系统必备的"核心指标"，因而并不适合与类似于 Prometheus 一类的第三方监控系统集成。这类的指标由轻量级且基于易失性存储器的 Metrics Server 收集，并通过 metrics.k8s.io 这一 API 群组公开。另一方面，自定义指标 API 或外部指标 API 为用户提供了按需进行指标扩展的接口，它支持用户将自定义指标类型的 API Server 直接聚合进主 API 服务器中，因此具有更广泛的使用场景。简单总结起来，新一代的 Kubernetes 监控系统架构主要由核心指标流水线和监控指标流水线共同组成。

（1）核心指标管道

由 kubelet、资源评估器、Metrics Server 以及提供关键指标 API 的 API Server 共同组成，如图 15-3 所示，它们为 Kubernetes 系统提供核心指标。Metrics Server 通过服务发现机制发现集群上的所有节点，而后自动采集每个节点上 kubelet 的 CPU 和内存使用状态。kubelet 完全能够基于容器运行时接口获取容器的统计信息，同时为了能够兼容较旧版本的 Docker，它也支持从内部集成的 cAdvisor 采集资源指标信息，这些指标数据经由 kubelet 守护进程监听 TCP 的 10250 端口，并以只读方式对外提供，最终由 Metrics Server 完成聚合后对外公开。

截至目前，核心指标管道中的指标主要包括 CPU 累计使用、内存即时利用率、Pod 资源占用率及容器的磁盘占用率等。这些度量标准的核心系统组件包括调度逻辑（基于指标数据的调度程序和应用规模的水平缩放），以及部分 UI 组件（例如 kubectl top 命令和 Dashboard）等。

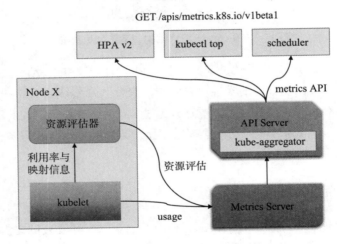

图 15-3　资源指标 API 系统组件

（2）监控管道

监控指标相关的管道负责从系统收集各种指标数据，并提供给终端用户、存储系统以及 HPA 控制器等使用。事实上，监控管道会收集包含核心指标（未必是 Kubernetes 可解析的格式）在内的大多数指标，核心指标集合之外的其他指标通常称为非核心指标。Kubernetes 自定义指标 API 允许用户扩展任意数量的、特定于应用程序的指标，例如队列长度、每秒入站请求数等。Kubernetes 系统自身既不会提供这类组件，也不为这些指标提供相关的解释，它依赖于用户使用的第三方整体解决方案。

Kubernetes 系统上能同时使用资源指标 API 和自定义指标 API 的代表组件是 HPA v2 控制器（HorizontalPodAutoscaler），它能够基于观察到的指标自动缩放 Deployment 或

ReplicaSet 一类控制器编排的应用程序的规模。而传统的 HPA v1 控制器仅支持根据 CPU
利用率进行应用规模缩放，但 CPU 利用率并不总是最适合自动调整应用程序规模的度量指
标，也不应该是唯一指标。

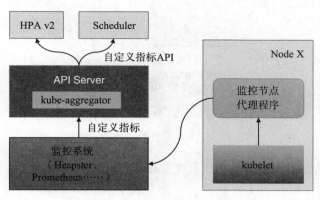

图 15-4　自定义指标 API 系统组件

从根本上来讲，资源指标 API 与自定义指标 API 都仅是 API 的定义和规范，它们自身
都未提供具体的实现。目前，资源指标 API 的主流实现是 Metrics Service 项目，而自定义
指标 API 则以构建在 Prometheus ⊖之上的 k8s-prometheus-adapter 接受最为广泛。

15.2　资源指标与应用

如前所述，Kubernetes 自 v1.8 版本起，资源利用率指标可由客户端通过指标 API 直
接调用，这些客户端包括但不限于终端用户、kubectl top 命令和 HPA 等。另外，虽然通过
指标 API 能够查询某节点或 Pod 的当前资源利用情况，但该 API 本身并不存储任何指标数
据，它仅提供资源利用率的实时监测数据而无法提供过去指定时刻的指标监测记录结果。
本节来介绍 Metrics Server 的部署及基于该指标体系的 kubectl top 命令的用法。

15.2.1　部署 Metrics Server

资源指标 API 与 Kubernetes 系统的其他 API 并无特别不同之外，它同样可经 API
Server 的 URL 路径（/apis/metrics.k8s.io/）进行存取，于是也拥有同样级别的安全性、稳定
性及可靠性。只有在 Kubernetes 集群中部署 Metrics Server 应用后，核心指标 API 才真正
可用。图 15-5 为资源指标 API 架构简图。

⊖　Prometheus 也是 CNCF 社区的著名项目之一，因而得到了 Kubernetes 系统上众多组件的原生支持。

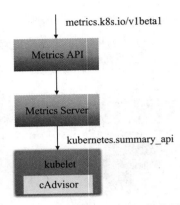

图 15-5　资源指标 API 架构简图

Metrics Server 是集群级别资源利用率数据的聚合器，它受 Heapster 项目启发，且在功能和特性上完全可视作一个仅服务于指标数据的简化版的 Heapster。Metrics Server 通过 Kubernetes 聚合器（kube-aggregator）注册到主 API Server 之上，而后基于 kubelet 的 Summary API 收集每个节点上的指标数据，将它们存储在内存中并以指标 API 格式提供，如图 15-6 所示。

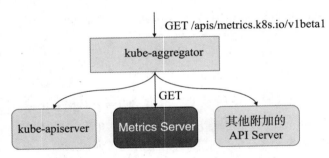

图 15-6　聚合 Metrics Server 到主 API Server 上

Metrics Server 基于内存存储，重启后数据将全部丢失，而且它仅能留存最近收集到的指标数据，因此，如果用户希望访问历史数据，就不得不借助第三方的监控系统（例如 Prometheus 等）或自行开发实现这样的功能。

如前所述，核心指标是 Kubernetes 多个核心组件的基础依赖，因此 Metric Server 应该在集群创建之初便作为核心组件部署运行在集群中。Metrics Server 通常仅需要在集群中运行单个实例即可，它会在启用时自动初始化与各节点的连接，因而出于安全方面的考虑，它仅应该运行在普通节点之上，且需要根据目标 Kubernetes 集群的环境等因素定制几个配置选项。

❑ --tls-cert-file 和 --tls-private-key-file：metrics-server 服务进程使用的证书和私钥，

未指定时将由程序自动生成自签证书，生产环境建议自行指定。

❑ --secure-port=<port>：metrics-server 服务进程对外提供服务的端口，默认为 443，以非管理员账户运行时建议修改为 1024 及以上的端口号，例如 4443 等。

❑ --metric-resolution=<duration>：从 kubelet 抓取指标数据的时间间隔，默认为 60 秒。

❑ --kubelet-insecure-tls：不验证 kubelet 签发证书的 CA，对于 kubelet 使用自签证书的测试环境较为有用，但不建议在生产环境使用。

❑ --kubelet-preferred-address-types：与 kubelet 通信时倾向于使用的地址类型顺序，默认为 Hostname、InternalDNS、InternalIP、ExternalDNS 和 ExternalIP。

❑ --kubelet-port：kubelet 监听的能够提供指标数据的端口号，默认为 10250。

对于使用 kubeadm 部署的 Kubernetes 集群来说，若未指定签署节点证书的 CA，也未给每个节点配置自定义证书，则各 kubelet 通常是在 Bootstrap 过程中生成自签证书，这类证书无法由 Metrics Server 完成 CA 验证，因此需要使用 --kubelet-insecure-tls 选项来禁用这种验证功能。

另外，类似于本书这种通过 hosts 文件解析节点名称的集群，若节点的 DNS 域（ilinux.io）与 Kubernetes 集群使用的 DNS 域（默认为 cluster.local）不相同，则 CoreDNS 通常无法解析各节点的主机名称，这类问题的解决方案有两种，下面逐一介绍。

方案 1：配置 Metrics Server 通过 IP 地址与各节点通信，这可以在部署 Metrics Server 的清单中向容器传递类似如下参数（metrics-server-deploy.yaml）实现。

```
apiVersion: apps/v1
kind: Deployment
metadata:
  name: metrics-server
  namespace: kube-system
spec:
  template:
    spec:
      containers:
      - name: metrics-server
        image: k8s.gcr.io/metrics-server/metrics-server:v0.3.7
        imagePullPolicy: IfNotPresent
        args:
          - --cert-dir=/tmp
          - --secure-port=4443
          - --kubelet-preferred-address-types=InternalIP
          - --kubelet-insecure-tls
```

方案 2：为 CoreDNS 添加类似 hosts 解析的资源记录，从而让 CoreDNS 能够直接解析各节点的名称。方法是修改 kube-system 名称空间中与 CoreDNS 相关的 configmap/coredns 资源，关键配置类似如下示例（coredns-configmap.yaml）。但这种方式仅建议在测试环境中使用。事实上，对于能够通过外部 DNS 解析节点名称的场景来说，节点名称解析通常能够正常进行，而无须过多设置。

```
apiVersion: v1
kind: ConfigMap
metadata:
  name: coredns
  namespace: kube-system
data:
  Corefile: |
    .:53 {
        hosts {
           172.29.9.1 k8s-master01.ilinux.io
           172.29.9.11 k8s-node01.ilinux.io
           172.29.9.12 k8s-node02.ilinux.io
           172.29.9.13 k8s-node03.ilinux.io
           fallthrough
        }
        ......
    }
```

本节的 Metrics Server 部署示例将采用前一种方案，我们将项目提供的部署清单下载至本地，并按照第一种方案修改 deployment/metrics-server 的清单后部署到 Kubernetes 集群上即可。

```
~$ wget https://github.com/kubernetes-sigs/metrics-server/releases/download/
v0.3.7/components.yaml \
    -O metrics-server-deploy.yaml
~$ kubectl apply -f metrics-server-deploy.yaml
```

该部署清单会在 kube-system 名称空间中创建出多种类型的资源对象，包括 RBAC 相关的 RoleBinding、ClusterRole 和 ClusterroleBinding 对象以及 Service Account 对象，以实现在启用了 RBAC 授权插件的集群上对 metrics-server 开放资源访问的许可。另外，它还会通过一个 APIService 对象创建 Metrics API 相关的群组（metrics.k8s.io），从而将 Metrics Server 提供的 API 聚合进主 API Server，并且在该群组中提供两个用于指标获取的 nodes 和 pods 资源类型，如下面的命令及结果所示。

```
~$ kubectl api-versions | grep metrics
metrics.k8s.io/v1beta1
~$ kubectl api-resources --api-group='metrics.k8s.io'
NAME   SHORTNAMES   APIGROUP        NAMESPACED   KIND
nodes               metrics.k8s.io  false        NodeMetrics
pods                metrics.k8s.io  true         PodMetrics
```

待 Metrics Server 相关的 Pod 对象正常运行后，即可测试由其注册的 API 群组及资源的可用性。我们知道，kubectl get --raw 命令可基于资源 URL 路径测试资源指标 API 服务的可用状态，例如以下命令应返回集群中所有节点的资源使用情况的指标列表，如集群中所有节点的 CPU 及内存资源的占用情况。在使用时，也可以直接给定具体的节点标识，从而仅列出特定节点的相关信息。

```
~$ kubectl get --raw "/apis/metrics.k8s.io/v1beta1/nodes" | jq.
{
  "kind": "NodeMetricsList",
  "apiVersion": "metrics.k8s.io/v1beta1",
  "metadata": {
    "selfLink": "/apis/metrics.k8s.io/v1beta1/nodes"
  },
......
}
```

 提示　jq 是处理 JSON 数据的命令行工具，其功能类似于 sed 对文本信息的处理，在 Ubuntu 或 CentOS 系统上都是由名为 jq 的程序包所提供。

此外，Pod 对象的资源消耗信息也可以经由资源指标 API 直接列出，例如要获取集群上所有 Pod 对象的相关资源消耗数据，可使用如下格式的命令。

```
~$ kubectl get --raw "/apis/metrics.k8s.io/v1beta1/pods" | jq
```

上面的两个命令能正常返回 nodes 和 pods 的指标数据意味着 Metrics Server 部署完成，随之那些依赖核心资源指标的控制器、调度器及 UI 工具也将在功能上得到进一步完善。

15.2.2　显示资源使用信息

kubectl top 命令可显示节点和 Pod 对象的资源使用信息，它基于集群中的资源指标 API 来收集各项指标数据。它有 node 和 pod 两个子命令，分别用于显示 Node 对象和 Pod 对象的相关资源占用率。

列出 Node 资源占用率的命令语法格式为 kubectl top node [-l label | NAME]，例如下面命令结果显示了各节点累计 CPU 资源占用时长与百分比，以及内容空间占用量与占用比例。必要时，我们也可以在命令中直接给出要查看的特定节点的标识，并使用标签选择器进行节点过滤。

```
~$ kubectl top nodes
NAME                      CPU(cores)    CPU%     MEMORY(bytes)    MEMORY%
k8s-master01.ilinux.io    187m          4%       2406Mi           62%
k8s-node01.ilinux.io      368m          9%       1820Mi           48%
......
```

而名称空间级别的 Pod 对象资源占用率的使用方式会略有不同，相关命令会限定名称

空间并使用标签选择器过滤出目标 Pod 对象。命令的语法格式为 kubectl top pod [NAME | -l label] [--all-namespaces] [--containers=false|true]，例如下面显示了 kube-system 名称空间中标签为 k8s-app=calico-node 的所有 Pod 资源及其容器的资源占用状态：

```
~$ kubectl top pod -l k8s-app=calico-node -n kube-system
NAME                CPU(cores)      MEMORY(bytes)
calico-node-5qx7x    22m             24Mi
calico-node-bx2r7    24m             22Mi
calico-node-fnpbk    27m             59Mi
calico-node-lzbt5    26m             20Mi
```

由此可见，kubectl top 命令为用户提供了简洁、快速获取 Node 对象及 Pod 对象占用系统资源状况的接口，事实上它是集群日常维护中常用的命令之一。

另外，Kubernetes Dashboard 能够根据核心指标生成节点及相关 Pod 资源的使用状况，如图 15-7 所示。图中显示了 harbor 名称空间中各 Pod 资源的 CPU 和内存的占用状态。

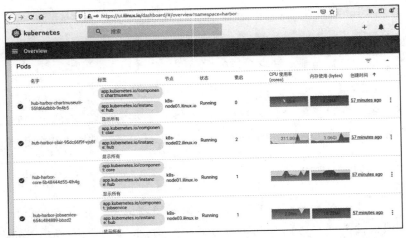

图 15-7　Kubernetes Dashboard 根据指标数据生成的 Pod 资源使用摘要

15.3　自定义指标与 Prometheus

除了核心资源指标，Kubernetes 系统还有很多其他类型的资源指标，例如各类资源相关的指标、更全面的节点与容器指标及应用程序自身暴露的指标等。尽管 CNCF 孵化的 Prometheus 项目是一个指标监控系统，但它不能与 API Server 的自定义 API 服务器进行聚合，因而无法直接服务于 Kubernetes 的自定义指标 API 或外部指标 API，二者之间还需要一个中间层。Prometheus 是第一个开发了 Kubernetes 自定义资源指标适配器的监控系统，该适配器名为 Kubernetes Custom Metrics Adapter，由托管在 GitHub 上的 k8s-prometheus-adapter 项目提供。它负责以聚合 API Server 的形式服务于 custom.metrics.k8s.io 这一 API

群组，并将对自定义指标的查询请求转发至后端的 Prometheus Server，如图 15-8 所示。

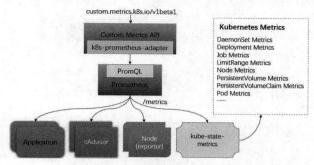

图 15-8　对自定义指标的查询请求

　　自定义指标 API 的目的是为最终用户和 Kubernetes 系统组件提供可以依赖的稳定的、版本化的 API 接口，但其可用的实现与可用指标则依赖第三方或用户的自行实现，目前主要基于 Prometheus 收集和存储指标数据，并借助 k8s-prometheus-adapter 或 kube-metrics-adapter 等适配器项目将这些指标数据查询接口转换为标准的 Kubernetes 自定义指标 API 是较为流行的解决方案。

15.3.1　Prometheus 基础

　　Prometheus 是一个开源的服务监控系统和时序数据库，目前已经成为 Kubernetes 生态圈中的核心监控系统，而且越来越多的项目（如 etcd 等）都提供了对 Prometheus 的原生支持，这足以证明社区对它的认可程度。

　　图 15-9 给出了 Prometheus 系统的整体工作架构，其中 Prometheus Server 基于服务发现机制或静态配置获取要监视的目标，并通过每个目标上的指标暴露器 Exporter 来采集指标数据。Prometheus Server 内置了一个基于文件的时间序列存储来持久化存储指标数据，用户可使用 PromDash 或 PromQL 接口来检索数据，也可按需将告警需求发往 Alertmanager 完成告警内容发送。另外，一些短期运行的作业的生命周期过短，难以有效地将必要的指标数据传递到 Server 端，它们一般会采用推送方式输出指标数据，Prometheus 借助 Pushgateway 接收这些推送的数据，进而由 Server 端进行抓取。

1. 客户端库

　　该组件并未显示在图 15-9 中，因为它通常内嵌在各类 Exporter 中，甚至是应用程序内部。应用程序自己并不会直接生成指标数据，需要开发人员将相关的客户端库添加至应用程序中，构建出测量系统来完成。Prometheus 为 Go、Python、Java（或 Scala）和 Ruby 等主流编程语言提供了各自适用的客户端库，还有适用于 Bash、C、C++、C#、Node.js、Haskell、Erlang、Perl、PHP 和 Rust 等多种编程语言的第三方库可用。通常，三两行代码即能将客户端库整合进应用程序中，实现直接测量机制。

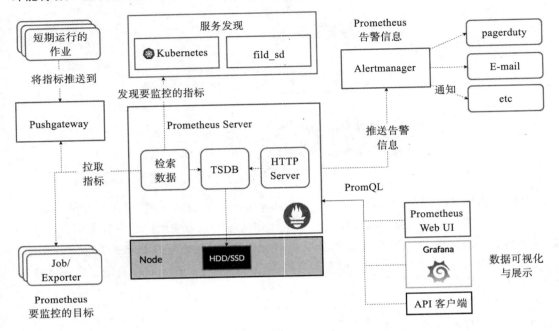

图 15-9 Prometheus 系统组件

客户端库主要负责处理所有的细节问题，例如线程安全和记账，以及生成文本格式的指标以数据响应 HTTP 请求等。客户端库通常会额外提供一些指标，例如 CPU 使用率和垃圾回收统计信息等，具体的实现则取决于库和相关的运行时环境。

另外，Prometheus 是一个开放的生态系统，客户端库并不局限于输出 Prometheus 文本格式的指标，它也可以为其他监控系统生成适用格式的指标数据。类似地，在监控系统尚未完全统一至 Prometheus 的环境中，用户也可以把其他监控系统的指标数据导入到客户端库，进而提供给 Prometheus 使用。

2. 指标暴露器 Exporters

对于不可由用户直接控制的应用代码来说，为其添加客户端库以进行直接测量着实难以实现。操作系统内核就是一个典型的示例，它显然不大可能易于添加自定义代码，并通过 HTTP 协议输出 Prometheus 格式的指标。不过这一类的程序一般都会以某种接口输出其内在的指标，但这些指标可能有着特殊的格式，例如 Linux 内核的特有指标格式，或者 SNMP 指标格式等。需要对这些指标进行适当的解析和处理以转换为合规的目标格式，Exporter（指标暴露器）是完成此类转换功能的应用程序。

Exporter 独立运行于要获取测量指标的应用程序之外，负责接收来自 Prometheus Server 的指标获取请求，它通过目标应用程序（真正的目标）内置的指标接口获取指标数据，并将这些指标数据转换为合用的目标格式后响应给 Prometheus。因此，Exporter 更像是"一对一"的代理，它作为 Prometheus Server 的 target 存在，在应用程序的指标接口和 Prometheus 的文本指标格式之间转换数据格式。不过，Exporter 不存储也不缓存任何数据。

与添加客户端库至应用程序中的直接测量机制相比较而言，Exporter 实现的是一种可称之为"自定义收集器"的测量机制，它也通常被称为常量指标（ConstMetrics）。好在，随着 Prometheus 社区的发展，Exporter 程序的可用性越来越丰富，用户几乎无须任何自定义开发即能找到适用于各种主流应用程序的 Exporter。

3. 服务发现

具体的监控场景中，Prometheus 需要了解每一个支持直接测量的目标，以及每一个 Exporter 的接入位置。然而，动态系统环境中，需要纳入监控控制系统中的目标会动态变化，用户难以全部事先静态定义出这些目标来，这就要借助服务发现功能进行动态生成。

一般来说，各类动态的系统环境自身便存在一个服务发现功能来完成系统内各组件间的协作，例如 OpenStack 系统和 Kubernetes 系统各有其内置的服务注册和服务发现功能，Prometheus 通过此类的服务发现功能来动态管理监控目标。Prometheus 还可以直接与一些开源的服务发现工具进行集成，例如在微服务架构的应用程序中经常用到的 Consul 等。另外，除了集成到这些平台级的公有云、私有云、容器云以及专门的服务发现功能之外，Prometheus 还支持基于 DNS 服务以及文件系统的文件等完成监控目标的动态发现。

即便基于动态发现及静态配置相结合的方式能够很好地生成机器列表和服务列表，这也并不意味着它们能够正确反映出实际的系统体系。例如，不同服务平台上标识服务的元数据机制略有不同，甚至是差别巨大。Prometheus 为此提供了重新打标（relabeling）的机制，以基于元数据标签（以双下划线 "__" 起始的标签）进行实例（instance）标签重写，然后将重写的标签显式附加到实例之上。

4. 指标数据抓取

待监控目标确定之后，Prometheus 即可以拉取的方式通过 HTTP 请求采集相应的指标数据，这个过程在 Prometheus 中也称为"指标抓取"。响应报文中的指标数据经 Prometheus 解析后以时间序列的格式保存在内存上，并定时存储至内置的 TSDB（Time-Series Database）存储系统中，同时存入的还有其他几个有用的指标，例如抓取操作的成功状态以及耗费的时长等。指标抓取是一个周期性的例行操作，默认为 15 秒，用户可根据需要自定义为 10 秒 ~ 60 秒区间内的任意值。

事实上，指标采集还存在另一种称为推送的工作模型，关于二者孰优孰劣的争论由来已久且难以定论。不过，相比较而言，拉取的方式可以提供类似如下的工作特性：

❏ 只要 Exporter 处于运行状态，用户可在任何位置搭建监控系统。

❏ 可以更便捷地查看目标实例的健康状态，并能够快速定位故障。

- ❑ 更有利于构建团队的 DevOps 文化。
- ❑ 具有松耦合的架构体系，应用程序的运行并不受制于 Prometheus Server 的运行状态。

Prometheus 也间接支持指标数据的推送工作模式，例如，一些短期运行作业的生命周期过短，难以有效地将必要的指标数据传送到 Server 端，于是它们一般会采用推送方式输出指标数据。Prometheus 为此专门提供了 Pushgateway 组件来接收这些推送的数据，而 Prometheus Server 则把 Pushgateway 作为 target 以完成相应的指标数据抓取。

5. 数据存储

为了解决此前版本中存储系统相关的问题，Prometheus 2.0 引入了重写的新式 TSDB，该版本以每两个小时为一个时间窗口将时序数据分割为数据块，并为每个数据块维护一个基于发布清单（posting list）构建的逆序索引，而数据则通过 mmap 机制进行访问。当前时间窗口内的数据保存在内存中，并在满两个小时后同步至磁盘中。为了避免 Prometheus 程序崩溃或重启时丢失数据，它使用预写日志（write ahead log）对当前窗口中的数据进行持久化。

显然，选择将时间序列数据库存储在本地磁盘中，其所能够存储的数据量也就受限于可用的磁盘空间上限，即使监控系统通常仅会用到近期采集的样本数据，考虑到目标系统规模和规划的前瞻性，长期存储指标数据必然成为规划监控系统时的一个重要考虑因素。而考虑分布式系统在可靠存储方面存在诸多挑战，因此 Prometheus 自身没有试图支持任何存储意义上的分布式集群。不过，Prometheus 2.0 起也支持将数据通过适配器存储在第三方的存储服务中，因此 PromQL 的查询请求可同时运行在本地存储和远程数据集之上。

6. PromQL 和可视化接口

Prometheus 内置了众多的 HTTP API，用户既可以通过它们请求原始数据，又可以进行 PromQL 查询，并可基于数据与查询结果生成图形和仪表板。PromQL 是一种表达式语言，它支持使用多维时间序列标签进行过滤，允许用户实时选择和汇聚时间序列数据，广泛应用于 Prometheus 的数据查询、可视化和告警处理等使用场景当中。

用户可以使用 Prometheus 开箱即用的"表达式浏览器"，以图形或表格格式显示每个表达式的结果，也可以直接通过 HTTP API 进行系统调用。但表达式浏览器仅适合进行临时查询和数据浏览，它并非通用的仪表板系统。最为常用的通用可视化接口是 Grafana，它是一款开源的度量分析与可视化套件，通过访问时序数据库（Prometheus 就是其中一种）获取数据，并以较美观的形式展示自定义报表和图形等。Grafana 具有多种功能，包括对 Prometheus 作为数据源的官方支持，甚至支持同时与多个 Prometheus 服务器通信，即使在单个图形中也可以。

7. 记录规则和告警规则

尽管 PromQL 和存储引擎足够强大和高效，但是可视化接口在运行时针对数以百计的主机上的指标进行聚合计算仍然会存在些许滞后性。记录规则通过把那些使用频繁或者计算量较大的表达式预先进行周期性计算，并将其结果保存为一组新的时间序列，以结果直接响应客户端查询，从而大大提升其响应速度。

告警规则也是一种预先定义在配置文件中的表达式，只不过它定义的是告警触发条件，Prometheus 周期性地评估这些条件表达式，并在满足触发条件时根据用户指定的配置将告警通知发送至外部的告警服务以作出进一步处理。

记录规则和告警规则保存在配置文件上的规则组中，并以配置的时间间隔周期性按顺序运行。

8. 告警管理器 Alertmanager

Alertmanager 接收 Prometheus Server 上由告警规则触发的告警通知，并将其实例化为某种形式的告警消息发送过程。Alertmanager 内置提供了多种形式第三方告警通知机制，例如 E-mail、Pagerduty 和 OpsGenie 等，也支持 Webhook 机制，用户可通过该机制对告警操作进行个性化扩展。

由此可见，Prometheus 的告警功能可分为两个部分：一部分是 Prometheus Server 中的告警规则，它负责将告警通知发送到 Alertmanager；而 Alertmanager 就是相应的另一部分，它负责管理告警操作，包括静默、抑制、分组、路由和去重等，并将告警发送给客户端应用程序。

9. 推送网关 Pushgateway

Prometheus Pushgateway 的设计目标是为了允许临时任务或批处理作业向 Prometheus 暴露其指标。由于这类的工作任务可能只存活较短的时间，可能会错过 Prometheus Server 的抓取周期，因此需要将这些指标推送到 Pushgateway，并由 Prometheus 通过 Pushgateway 进行抓取。但 Pushgateway 并不能将 Prometheus 变成基于推送的监控系统，它仅是个指标缓存服务，也不支持类似 statsd 的语义，而仅仅是将应用程序的指标原样暴露给 Prometheus Server。对于计算机级别的指标，通常更适合使用 Node Exporter 进行指标暴露，Pushgateway 仅适用于服务级别指标。另外，当通过单个 Pushgateway 监视多个实例时，Pushgateway 既可能变成单个故障点，又可能成为潜在的性能瓶颈。

15.3.2 Prometheus 核心概念

Prometheus 将采集而来的所有数据在底层均存储为时序格式，它把采集到的数据存储为相关时间序列的样本，它包括一个 float64 格式的值和相关的毫秒级时间戳。数据存储模型代表 Prometheus 解析指标数据的物理表现形式，在此基础上，它还使用指标类型来表达数据投射到现实中的真实意义。

1. 数据模型

Prometheus 的每个时间序列都由其"指标名称"和可选的"标签"作为标识符，指标名称用于表达指标自身的含义，即监控目标上某个可测量属性的基本含义，而标签则用来体现某个指标再次细分的维度特征。一个时间序列也可称为一个测度，它的格式如下所示：

```
<metric name>{<label name>=<label value>, ...}
```

- ❑ 指标名称：指标名称用于表达监控目标的某个一般类型的特性，这些名称应尽量做到见名知义，例如前面用到的 http_request_total 便能看出它代表 http 协议的总请求数。指标名称由 ASCII 字符、数字、下划线和冒号组成，且必须匹配正则表达式"\[a-zA-Z_:][a-zA-Z0-9_:]*"。
- ❑ 标签：标签用于描述指标的特定维度，同一指标名称的不同标签用于标识该指标的不同维度，例如 {status="200", method="GET"} 和 {status="404", method="GET"}。标签名称只能使用 ASCII 字母、数字和下划线表示，且它们必须匹配正则表达式 \[a-zA-Z_:][a-zA-Z0-9_:]*，不过以 __ 起始的标签名称由 Prometheus 保留使用，而标签值可以使用任何兼容 Unicode 的字符。

PromQL 支持基于定义的指标维度进行过滤和聚合，而更改任何标签值，包括添加或删除标签，都会创建一个新的时间序列，这意味着应该尽可能地保持标签的稳定性，否则很可能创建新的时间序列，更甚者会生成一个动态的数据环境，并使得监控的数据源难以跟踪，从而导致建立在该指标之上的图形、告警及记录规则变得无效。

2. 指标类型

目前，Prometheus 的客户端库支持 Counter（计数器）、Gauge（仪表盘）、Histogram（柱状图或直方图）和 Summary（摘要）4 种指标类型。Prometheus Server 并不使用类型信息，而是将所有数据展平为时间序列。另外，相较于 Counter 和 Gauge 来说，Histogram 和 Summary 是更复杂的指标类型，因为单个 Histogram 或 Summary 指标会创建多个时间序列且难以正确使用。

Counter 代表一个随着时间而不断累积的数据，因而具有单调递增的特征，其名称通常以 _total 为后缀，例如 HTTP 已接收的总请求数 http_request_total 等。对于这类的时序数据，可基于时间点的数据进行计算，得到指定时间区间内的数据变化量或者速率，PromQL 内置的聚合函数（例如 rate() 和 topk() 等）即可完成此类功能以实现数据分析。

Gauge 表示可增可减的数据量，一般代表采样那个时间点的瞬时值，侧重于反映系统某个测度的当前状态，例如 CPU 利用率、内存空间利用率、磁盘空间利用率、系统上总的进程数或并发请求数等，多数的监控指标均属于此种类型。

Histogram 是一种对数据分布情况的图形表示，由一系列高度不等的长条图（bar）或线段表示，用于显示单个测度值的分布。它一般用横轴表示某个指标维度的数据取值区间，用纵轴表示样本统计的频率或频数，从而能够以二维图的形式展现数值的分布状况。为了构建 Histogram，首先需要将值的范围进行分段，即将所有值的整个可用范围分成一系列连续、相邻（相邻处可以是等同值）但不重叠的间隔，而后统计每个间隔中有多少值。

对 Prometheus 来说，Histogram 会在一定时间范围内对数据进行采样（通常是请求持续时长或响应大小等），并将其计入可配置的 bucket（观测桶）中。换句话说，Histogram 事先将特定测度可能的取值范围分隔为多个样本空间，并通过对落入 bucket 内的观测值进行计数以及求和等操作。但 Prometheus 取值间隔的划分方式与前述通用方式略有不同，它采用的是累积区间间隔机制，即每个 bucket 中的样本均包含了前面所有 bucket 中的样本。

Histogram 类型的指标有一个基础指标名称 <basename>，它会暴露多个时间序列。

❑ <basename>_bucket{le="<upper inclusive bound>"}：bucket 的上边界（upper inclusive bound），即样本统计区间，最大区间（包含所有样本）的名称为 <basename>_ bucket{le="+Inf"}。

❑ <basename>_sum：所有样本观测值的总和。

❑ <basename>_count：总的观测次数，它自身本质上是一个 Counter 类型的指标。

累积间隔机制生成的测度数据需要使用内置的 histogram_quantile() 函数（即 Histogram 指标）来计算相应的分位数（quantile），即某个 bucket 的样本数在所有样本数中占据的比例。但累积间隔机制也能带来不少的优势，例如在抓取指标时可以根据需要动态任意丢弃除了 le="+Inf" 之外的 bucket，且无须修改应用代码，甚至于即便丢弃了所有 bucket，用户仍可根据 _sum 和 _count 指标计算出样本平均值。

如前所述，指标类型是客户端库的特性，而 Histogram 在客户端仅是进行简单的桶划分和分桶计数，分位数计算由 Prometheus Server 基于样本数据进行估算，因而其结果未必准确，甚至不合理的 bucket 划分会导致较大的误差。

相应地，Summary 是一种类似于 Histogram 的指标类型，但它在客户端一段时间内（默认为 10 分钟）的每个采样点直接进行统计计算并存储了分位数数值，Server 端直接抓取相应值即可。但 Summary 不支持 sum 或 avg 一类的聚合运算，而且其分位数由客户端计算并生成，Server 端无法获取客户端未定义的分位数，而 Histogram 可通过 PromQL 任意定义，有着较好的灵活性。

3. Job 和 Instance

Prometheus 将任意一个可以抓取测度数据的端点（监控目标 target）称之为 Instance（实例），这通常是对应于单个进程的叫法，例如 envoy 或 node_exporter，而诸如水平扩展集群中的多个端点的 Instance 的集合称为 Job（作业）。于是，Prometheus 基于 Job 配置抓取 target 之上的测度数据时，会自动在抓取的时序标识上添加类似下面两个标签以区别监控的目标实例。

❑ Job：target 所属的已配置 Job 的名称。

❑ Instance：实例标识，由 <host>:<port> 组成。

如果在抓取的数据中已经存在上面两个标签中的任何一个，则其行为取决于 honor_labels 配置选项的定义。而对每一个 Instance 而言，Prometheus 会按照以下时序来存储所采集的数据样本。

❑ up{job="<job-name>", instance="<instance-id>"}：值为 1 表示实例工作正常，而 0 则表示数据抓取失败。

❑ scrape_duration_seconds{job="<job-name>", instance="<instance-id>"}：数据抓取的持续时长。

❑ scrape_samples_post_metric_relabeling{job="<job-name>", instance="<instance-id>"}：重新定义标签操作后剩余的样本数。

❑ scrape_samples_scraped{job="<job-name>", instance="<instance-id>"}：监控目标暴露的样本数。

❑ scrape_series_added{job="<job-name>", instance="<instance-id>"}：Prometheus v2.10 的新功能，表示此抓取中新增序列的大致数量。

15.3.3　Prometheus 查询语言

Prometheus 基于指标名称以及附属的标签集唯一定义一条时间序列，基于 PromQL 表达式，用户可以针对指定的特征及其细分的维度进行过滤、聚合、统计等运算，从而产生期望的计算结果。

PromQL 是 Prometheus Server 内置数据查询语言，使用表达式来表述查询需求，根据使用的指标、标签以及时间范围，表达式的查询请求可灵活地覆盖在一个或多个时间序列的一定范围内的样本之上，甚至是只包含单个时间序列的单个样本。PromQL 的一个表达式或子表达式可针对以下 4 种类型的数据之一进行计算并返回结果。

❑ 即时向量：通常会涉及一组时间序列，但它仅包含这组每个时间序列上具有相同时间戳的单个样本，类似于下图中的"即时向量选择器"（instant vector selector）选出的样本。

❑ 范围向量：一组时间序列，每个时间序列包含随时间变化的一系列样本，它类似于下图中的"范围向量选择器"（range vector selector）选出的样本。

❑ 标量：一个简单的数字浮点值。

❑ 字符串：一个简单的字符串值，目前尚未使用。

表达式的返回值类型也是上述 4 种数据类型之一，不过有些使用场景要求表达式返回值必须满足特定的条件，例如需要将返回值绘制成图形时，仅支持即时向量类型的数据；而对于诸如 rate 一类的速率函数来说，其要求使用的却又必须是范围向量型的数据。

　　PromQL 的查询操作需要针对有限时间序列上的样本数据进行，挑选出目标时间序列是构建表达式时最为关键的一步。用户可使用向量选择器表达式来挑选出给定指标名称下的所有时间序列或部分时间序列的即时（当前）样本值或至过去某个时间范围内的样本值，前者称为即时向量选择器，后者称为范围向量选择器。如图 15-10 所示。

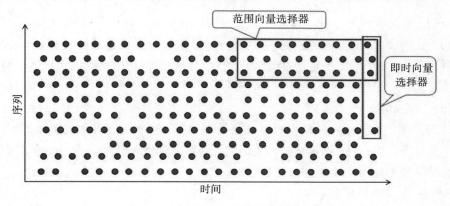

图 15-10　即时向量和范围向量示意图

　　1）即时向量选择器：格式为 metric_name{labelMatcher}，metric_name 代表指标名称，而 labelMatcher 表示标签匹配表达式（支持 "="、"!="、"=~" 和 "!~" 4 种操作），二者可同时定义，也可省略其中之一，例如 http_requests_total{ job="kubernetes-pods"} 等。

　　2）范围向量选择器：相较于即时向量选择器挑选出的每个时间序列一次仅能返回一个样本来说，范围向量选择器挑选出的每个时间序列一次可以返回多个样本，而且它的表示格式也仅仅是在即时向量选择器之后附加一个中括号，并在其中指定时长范围（<instant_query>[range]）。例如，http_requests_total{ job="kubernetes-pods"}[2m] 等，其中的 m 表示分钟，其他的时间单位还有 s（秒）、h（时）、d（日）、w（周）和 y（月）等。

　　由于范围向量选择器返回的是范围向量型数据，它不能用于表达式浏览器中图形绘制功能，否则表达式浏览器会返回 "Error executing query: invalid expression type "range vector" for range query, must be Scalar or instant Vector" 一类的错误。事实上，范围向量选择几乎总是结合速率类的函数 rate 一同使用。

　　但是，单个指标的价值不大，监控场景中往往需要联合并可视化一组指标，这种联合通常是指聚合操作，例如，将计数、求和、平均值、分位数、标准差及方差等统计函数应用于时间序列的样本之上，生成具有统计学意义的结果。同时，将查询结果事先按照某种分类机制进行分组（groupby），并将查询结果按组进行聚合计算也是较为常见的需求，例如分组统计、分组求平均值、分组求和等。

　　一般聚合操作由聚合函数针对一组值进行计算并返回单个值或少量几个值作为结果。Prometheus 内置提供的 11 个聚合函数也称为聚合运算符，这些运算符仅应用于单个即时向量的元素，运算返回值也是具有少量元素的新向量或标量。这些聚合运行符既可以基于向量表达式返回结果中的时间序列的所有标签维度进行分组聚合，也可以仅基于指定的标签维度进行分组聚合。PromQL 中的聚合操作语法如下：

```
<aggr-op>([parameter,] <vector expression>) [without|by (<label list>)]
```

PromQL 的聚合计算中用于分组的关键字是 without 和 by，前者从结果向量中删除由 without 子句指定的标签，未指定的标签用于分组操作。by 子句的功能与 without 刚好相反，结果向量仅使用 by 子句中指定的标签进行聚合，在结果向量中出现但未被 by 子句指定的标签则会被忽略。显然，为了保留上下文信息，使用 by 子句时需要显式指定其结果中原本出现的 job、instance 等一类的标签。

聚合函数用于对分组后的结果进行某种计算操作，事实上，各函数工作机制的不同之处也仅在于计算操作本身。PromQL 内置的聚合函数分别针对分组内的、由各时间序列结果生成的即时向量进行如下计算。

- ❑ sum：对样本值求和。
- ❑ avg：对样本值求平均值，这是进行指标数据分析的标准方法。
- ❑ count：对分组内的时间序列进行数量统计。
- ❑ stddev：对样本值求标准差，以帮助用户了解数据的波动大小（或称之为离开程度）。
- ❑ stdvar：对样本值求方差，它是求取标准差过程中的中间状态。
- ❑ min：求取样本值中的最小者。
- ❑ max：求取样本值中的最大者。
- ❑ topk：逆序返回分组内的样本值最大的前 k 个时间序列及其值。
- ❑ bottomk：顺序返回分组内的样本值最小的前 k 个时间序列及其值。
- ❑ quantile：分位数用于评估数据的分布状态，该函数会返回分组内指定的分位数的值，即数值落在小于等于指定的分位区间的比例。
- ❑ count_values：对分组内的时间序列的样本值进行数量统计。

PromQL 是实现数据查询、数据可视化及基于 Alertmanager 实现告警功能的基础，也是掌握并灵活使用 Prometheus 监控系统的基本前提。

15.3.4　监控 Kubernetes

与传统 IT 基础设施中的监控系统相比，面向 Kubernetes 平台上容器化应用的监控策略需要提供针对编排工具及容器运行时的增强配置，以便提供这类新增基础架构层的可见性，如图 15-11 所示。

不难发现，这个新增的基础设施层中待监控的核心目标主要由 Kubernetes 系统组件、附加组件、计算和存储资源、Kubernetes 资源对象及容器运行时所组成。

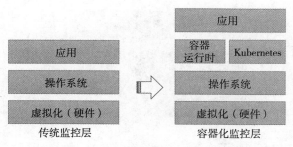

图 15-11　容器化应用环境中的监控系统

❑ Kubernetes 系统组件：主要包括控制平面组件 API Server、Controller Manager、Scheduler 和 etcd，以及各节点上的 kubelet、kube-proxy 等；这些组件均暴露了 /healthz 端点以支持健康状态检测，也提供了 /metrics 端点以暴露内部的关键指标。

❑ 附加组件：用于扩展 Kubernetes 功能的 CoreDNS、Dashboard、Ingress Controller、Cluster Log，甚至是监控组件自身等。

❑ 计算和存储资源：统计 Node 及 Pod 级别的计算资源使用状况，通常由 Metrics Server 统一收集并通过 Metrics API 提供。

❑ Kubernetes 资源对象：Kubernetes 多种 API 的抽象，来确保应用容器（如 Deployment、Pod、PVC/PV 和 Node 等）PVC/PV 和 Node 等）的可用性，kube-state-metrics 服务器能够从 API Server 中获取这些 API 对象的状态和健康信息，并将它们暴露为指标格式。

任何被监控目标都需要事先纳入监控系统中才能进行时序数据采集、存储、告警及相关的展示等，上述这些新的监控目标既可以通过配置信息以静态形式指定，也可以让 Prometheus 通过服务发现机制进行动态管理（增、删等），对于变动频繁的系统环境（例如容器云环境）来说，这种动态管理机制尤为有用。Kubernetes 集群中，除了从此前配置的 Pod 对象的容器应用获得资源指标数据以外，Prometheus 还支持通过多个监控目标采集 Kubernetes 监控架构体系中所谓的"非核心指标数据"。Kubernetes 中的 Prometheus 数据源如图 15-12 所示。

1）监控代理程序：例如 node_exporter，负责收集标准的主机指标数据，包括平均负载、CPU、内存、磁盘、网络及诸多其他维度的数据。

2）kubelet（cAdvisor）：收集容器指标数据，它们也是 Kubernetes "核心指标"，每个容器的相关指标数据主要有 CPU 利用率（user 和 system）及限额、文件系统读 / 写限额、内存利用率及限额、网络报文发送 / 接收 / 丢弃速率等。

3）Kubernetes API Server：收集 API Server 的性能指标数据，包括控制工作队列的性能、请求速率与延迟时长、etcd 缓存工作队列及缓存性能、普通进程状态（文件描述符、内存、CPU 等）、Golang 状态（垃圾回收、内存和线程等）。

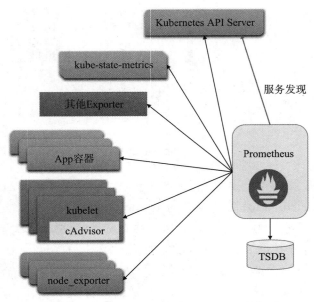

图 15-12　Kubernetes 中的 Prometheus 数据源

4）kube-state-metrics：该组件根据 Kubernetes API Server 中的资源派生出多种资源指标，它们主要是资源类型相关的计数器和元数据信息，包括指定类型的对象总数、资源限额、容器状态（ready/restart/running/terminated/waiting）以及 Pod 资源的标签系列等。

Prometheus 支持基于 Kubernetes API Server 的服务发现机制，从而动态发现和监控集群中的所有可被监控的对象。Kubernetes 资源通常需要添加下列注解信息才能被 Prometheus 系统自动发现并抓取其内置的指标数据，但我们此前部署的大多数 Pod 和 Service 等资源并未添加类似注解信息，必要时，只能依照规则进行修改。

1）prometheus.io/scrape：用于标识是否需要采集指标数据，布尔型值（true 或 false）。

2）prometheus.io/path：抓取指标数据时使用的 URL 路径，一般为 /metrics。

3）prometheus.io/port：抓取指标数据时使用的套接字端口，例如 8080。

需要特别说明的是，若仅希望基于 Prometheus 为 Kubernetes 生成自定义指标，可部署 Prometheus Server、kube-state-metrics 和自定义资源指标 API（或外部资源指标 API）的一种实现（例如 k8s-prometheus-adapter 或 kube-metrics-adapter 等）即可，这种场景甚至都不需要启用数据持久化功能。但若要配置完整功能的监控系统，我们还需部署 Alertmanager 和 PushGateway 组件，并应该在每个主机上部署 node_exporter，以及为 Prometheus 的时序数据提供展示接口的第三方组件 Grafana 等。

Helm Hub 中主要提供了 3 种风格的 Prometheus 监控系统的部署方式。

一是直接部署 Prometheus 监控系统，借助 stable/prometheus 和 stale/grafana 协同完成该任务。

二是部署 Prometheus Operator，而后由该 Operator 编排运行多个独立的 Prometheus 监控系统，stable/prometheus-operator 和 bitnami/preometheus-operator 都能分别实现该功能。

三是借助 Thanos 部署高可用的 Prometheus Server 和 Alertmanager 组件，再联合其他必要组件构建一个完整的监控系统。

另外，我们也可以自行编写所需的资源清单，完成 Prometheus 系统的整体部署，不过不建议这种部署方式。为了便于大家了解组件间的拼接关系，我们下面选择使用上述的第一种方式来说明以 Prometheus 为中心的完整监控系统的部署方法，并通过该系统为 Kubernetes 提供自定义的资源指标。

1. 部署 Prometheus

我们先借助 Helm stable 仓库中的 Prometheus Chart 部署 Prometheus Server、Alertmanager、Pushgateway 和 kube-state-metrics 这 4 个组件，并通过各自指定的 URL 将前 3 个组件经由 Ingress 暴露到集群外部。下面的值文件（prometheus-values-with-longhorn-volumes.yaml）给出了需要用到的关键配置的定义。

```yaml
serviceAccounts:           # SA 相关的值
  server:                  # Prometheus Server 专用的 SA
    create: true
    name: prometheus
alertmanager:              # Altermanager 相关的值
  enabled: true            # 是否启用该组件
  useClusterRole: true
  ingress:                 # Ingress 相关的配置
    enabled: true          # 是否启用 Ingress
    hosts:                 # 关联到 Altermanager 的虚拟主机名称列表
      - prom.ilinux.io/alertmgr
      - alertmgr.ilinux.io
  persistentVolume:        # 持久卷相关的值
    enabled: true          # 是否启用；禁用时将启用 emptyDir
    accessModes:
      - ReadWriteOnce
    existingClaim: ""
    mountPath: /data
    size: 2Gi
    storageClass: "longhorn"
  replicaCount: 1          # 副本数，大于 1 时需要启用下面的 StatefulSet 控制器
  statefulSet:
    enabled: true
    podManagementPolicy: OrderedReady    # Pod 管理策略
kubeStateMetrics:
  enabled: true            # 是否启用 kubeStateMetrics，启用时需要配置该子 Chart 的专用值
kube-state-metrics:        # 依赖的 kube-state-metrics Chart 的自定义值
  prometheusScrape: true
  autosharding:
    enabled: false         # 是否自动分片
```

```
      replicas: 1
      service:
        port: 8080
        type: ClusterIP
  nodeExporter:                    # Node Exporter 组件相关的值
    enabled: true
    hostNetwork: true
    hostPID: true
    tolerations:                   # 添加特定的容忍度，以便 node_exporter 可以部署到 Master 节点
      - key: "node-role.kubernetes.io/master"    # Master 节点专用的污点之一
        operator: "Exists"
        value: ""
        effect: "NoSchedule"
    service:
      annotations:
        prometheus.io/scrape: "true"              # 专用注解，指定可以抓取该服务的指标
      clusterIP: None
      hostPort: 9100
      servicePort: 9100
      type: ClusterIP
  server:   # Prometheus Server 的专用配置
    enabled: true
    useExistingClusterRoleName: cluster-admin     # 使用现有的 ClusterRole
    baseURL: "http://prom.ilinux.io"              # 能够访问到该 Server 的外部 URL
    global:                                       # Server 的全局配置参数
      scrape_interval: 1m                         # 数据抓取时间间隔
      scrape_timeout: 10s                         # 抓取操作的超时时长
      evaluation_interval: 1m                     # 指标值的评估时间间隔
    ingress:   # Ingress 的配置
      enabled: true
      annotations:
        kubernetes.io/ingress.class: nginx
      hosts:
        - prom.ilinux.io
    persistentVolume:    # 持久卷的相关值
      enabled: true      # 禁用时将使用 emptyDir
      accessModes:
        - ReadWriteOnce
      mountPath: /data
      size: 8Gi
      storageClass: "longhorn"    # 指定的存储类，需要事先存在，否则 Pod 将被挂起
    emptyDir:
      sizeLimit: ""
    replicaCount: 1                # 副本数，多于 1 时需要由 StatefulSet 控制器编排
    statefulSet:
      enabled: true
      podManagementPolicy: OrderedReady
      headless:    # StatefulSet 专用的 headless Service
        servicePort: 80
        gRPC:
```

```
        enabled: false
        servicePort: 10901
  service:    # Prometheus Server 对客户端提供服务的 Service
    clusterIP: ""
    servicePort: 80
    sessionAffinity: None
    type: ClusterIP
    gRPC:
      enabled: false
      servicePort: 10901
    statefulsetReplica:
      enabled: false
      replica: 0
  retention: "15d"
pushgateway:        # Pushgateway 相关的值
  enabled: true     # 是否启用该组件
  name: pushgateway
  ingress:
    enabled: true
    annotations:
      kubernetes.io/ingress.class: nginx
    hosts:
      - pushgw.ilinux.io
      - prom.ilinux.io/pushgateway
  replicaCount: 1        # 副本数量，无状态，由 Deployment 控制器编排即可
  persistentVolume:      # 持久卷配置
    enabled: true        # 是否启用持久卷
    accessModes:
      - ReadWriteOnce
    existingClaim: ""
    mountPath: /data
    size: 2Gi
    storageClass: "longhorn"
```

随后，我们便可基于上述自定义的值文件完成相关组件的部署测试与部署操作，为了便于管理，我们把这些组件部署在专用的名称空间 monitoring 之中，如下面的命令所示。

```
~$ kubectl create namespace monitoring
~$ helm install prom -f prom-values-with-longhorn-volumes.yaml stable/prometheus \
-n monitoring --dry-run
~$ helm install prom -f prom-values-with-longhorn-volumes.yaml stable/prometheus \
-n monitoring
```

Prometheus Server 需要在集群级别读取 /metrics 这一非资源型 URL 的权限，因此，我们需要将 Prometheus Server Pod 的 ServiceAccount（值文件中显式定义的 prometheus）绑定到 ClusterRole 资源之上。简单起见，这里选择直接将 serviceaccount/prometheus 绑定到 clusterrole/cluster-admin 之上。

```
~$ kubectl create clusterrolebinding prometheus-cluster-admin \
```

```
--clusterrole=cluster-admin --serviceaccount=monitoring:prometheus
```

待 monitoring 名称空间中的所有 Pod 就绪之后，随后即可通过 kube-state-metrics 的服务接口来查看 Prometheus Server 是否能够正常派生出 Kubernetes 系统相关的指标，来验证系统工作正常与否。

```
# 首先, 使用如下命令获取kube-state-metrics的服务名称及端口号
~$ kubectl get svc -l app.kubernetes.io/name=kube-state-metrics -n monitoring
NAME                    TYPE        CLUSTER-IP    EXTERNAL-IP   PORT(S)     AGE
prom-kube-state-metrics ClusterIP   10.103.39.6   <none>        8080/TCP    2m
# 其次, 启动一个临时客户端Pod, 以便进行测试
~$ kubectl run client --image="ikubernetes/admin-toolbox:v1.0" -it --rm --command
-- /bin/sh
If you don't see a command prompt, try pressing enter.
# 最后, 在Pod的交互式接口中向monitoring名称空间中的prom-kube-state-metrics服务的
#  8080端口的/metrics路径发起访问请求, 若获得相应的指标响应, 则表示该服务运行正常
[root@client /]# curl -s http://prom-kube-state-metrics.monitoring:8080/metrics
# HELP kube_certificatesigningrequest_labels Kubernetes labels converted to
Prometheus labels.
# TYPE kube_certificatesigningrequest_labels gauge
......
```

2. Web UI 及表达式浏览器

Prometheus Server 内置了一个称为 Web UI 的 HTTP Server，它默认监听于 0.0.0.0:9090 套接字之上。根据前面的部署设定，我们于集群之外，在 Web 浏览器上通过 http://prom.ilinux.io/ 即可向该 UI 发起访问请求，默认请求的页面会跳转至经由 /graph 路径展示的表达式浏览器，如图 15-13 所示。除了 /graph（表达式浏览器），该 UI 还提供了 /alters（告警）、/status（状态）、/config（配置）和 /targets（监控目标）等几个路径，这些路径都能够通过主页面的导航到达，也可通过各功能对应的 PATH 直接进行访问。

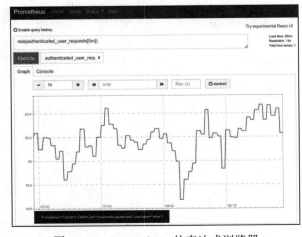

图 15-13　Prometheus 的表达式浏览器

表达式浏览器页面顶部的文本框用于接收用户键入的 PromQL 查询表达式，而后点击 Execute 按钮运行便可分别在 Graph 和 Console 面板显示图形与表格形式的查询结果。图 15-13 给出了速率函数 rate 基于范围向量选择器 authenticated_user_requests[5m]) 计算生成 的新数据序列。事实上，表达式浏览器提供的图形展示界面过于简陋且无法保存查询，通 常仅用于帮助用户构建查询表达式，真正的数据可视化工作由其他专用的工具完成，这其 中又以 Grafana 最为知名。

另外，Prometheus 内置的 HTTP Server 还通过 /metrics 暴露 Prometheus Server 程序自 身内置指标，PrometheusServer 默认的配置文件也会抓取自身的这些指标，实现自我监控。 再者，它还提供了如下几个用于管理功能的 API。

- ❑ Prometheus Server 的健康状态检测：GET /-/healthy，200 响应码表示健康。
- ❑ Prometheus Server 的就绪状态检测：GET /-/ready，200 响应码表示就绪。
- ❑ 重载配置文件和规则文件：PUT /-/reload 或 POST /-/reload，默认处于禁用状态， 需要使用 --web.enable-lifecycle 选项启用。
- ❑ 关闭 Prometheus Server 进程：PUT /-/quit 或 POST /-/quit，默认处于禁用状态，需 要使用 --web.enable-lifecycle 选项启用。

另外，/targets 路径也是常用的页面之一，它负责展示当前 Prometheus Server 已经纳入 的监控目标，这些目标可能来自静态配置文件，也可能来自动态的服务发现。而服务发现 自身则经由 /service-discovery 这一路径提供。

尽管使用表达式浏览器能够便捷地了解单个指标的相关数据走势，以及调试和编写所 需要的 PromQL 表达式，但它无法有效地保存查询语句，并以丰富、直观的图形满足用户 进行数据展示的需要，因而通常还要借助 Grafana 项目实现该功能。

3. 部署 Grafana

Grafana 是一款开源、通用的指标时序数据可视化工具，常用于展示基础设施的时序数 据及分析应用程序运行状态，它通过类似 Prometheus 这类后端系统加载时序数据，基于查 询条件设置聚合规则，而后通过 Dashboard 组件进行展示，如图 15-14 所示。目前，除了 Prometheus，Grafana 还能够支持 Graphite、Elasticsearch、InfluxDB、OpenTSDB 和 AWS Cloudwatch 等多种类型的数据源。

Panel（面板）是 Dashboard 的原子可视化单元，目前支持 graph、singlestat、Heatmap 和 table 这 4 种类型，图 15-14 中第一栏主要是 singlestat 类型的面板，而第二栏则属于 graph 类型。每个 Panel 通过其专用的 Query Editor（查询编辑器）定义针对指定数据源 的专属查询表达式，定期（刷新时间间隔）从数据源加载数据进行展示。这意味着，一个 Dashboard 中的多个 Panel 所展示的内容可能会来自不同的数据源。

Dashboard 的定义遵循 JSON 规范，便于存储、传输及分享，Grafana 项目甚至为社区 提供了一个专用于 Dashboard 分享的仓库 https://grafana.com/dashboards。目前，该仓库中收录了由 Grafana 项目或社区共同维护的数量众多的 Dashboard，它们为绝大多数的使用场景提供了可用实现，因此部署完 Grafana 后的第一任务通常是到仓库中检索并安装适用的 Dashboard。

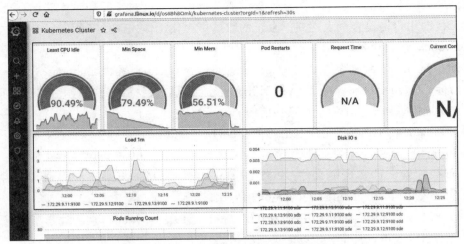

图 15-14　Grafana 的 Dashboard 组件

以 Kubernetes 为部署环境时，Helm Hub 的 stable 仓库中提供了独立可用的 grafana Chart，它支持通过值文件设定 Grafana 的基础配置，也允许用户直接设定要加载的数据源和 Dashboard 等。下面的自定义值文件示例（grafana-values.yaml）列出了部分经常会用到的自定义值。

```
## Service 相关值，多数为默认值，额外启用指定注解以支持相应指标数据的抓取
service:
  type: ClusterIP
  port: 80
  targetPort: 3000
  annotations:
    prometheus.io/scrape: "true"
  portName: service
## 为 Pod 添加支持指标数据抓取的相关注解
podAnnotations:
  prometheus.io/scrape: "true"
  prometheus.io/port: "3000"    # 指定 Pod 中的应用能够输出指标的端口
## 为 Grafana 启用 Ingress，以便将其发布到 Kubernetes 集群之外
ingress:
  enabled: true
  annotations:
    kubernetes.io/ingress.class: nginx    # Ingress 控制器类型，可按需修改
  path: /
  hosts:    # 虚拟主机名称列表
    - grafana.ilinux.io
```

```
      - promui.ilinux.io
    tls: []
    #  - secretName: chart-example-tls
    #    hosts:
    #      - chart-example.local
##
persistence:    # 持久卷相关的值
    type: pvc
    enabled: true
    storageClassName: "longhorn"    # 指定的存储类需要事先存在，否则请禁用持久卷
    accessModes:
      - ReadWriteOnce
    size: 10Gi
## Grafana UI 的管理员用户名和密码，安全起见，应该使用自定义的 Secret 加载密码
adminUser: admin
adminPassword: MageEdu.com
admin:    # 从指定的 Secret 中加载用户名和密码
    existingSecret: ""
    userKey: admin-user
    passwordKey: admin-password
## 为 Grafana 启用的插件列表
plugins: []
    # - digrich-bubblechart-panel
    # - grafana-clock-panel
## 部署后默认添加的数据源，也可以在部署完成之后手动添加
datasources:
    datasources.yaml:
      apiVersion: 1
      datasources:
      - name: Prometheus           # 数据源名称
        type: prometheus           # 数据源类型
        ## 数据源的访问端点，应该与部署的 Prometheus 服务名称保持一致
        url: http://prom-prometheus-server.monitoring.svc.cluster.local
        access: proxy
        isDefault: true            # 是否为默认的数据源
## 部署后默认添加的 Dashboard Provider，也可以在 UI 界面中交互式添加
dashboardProviders:
    dashboardproviders.yaml:
      apiVersion: 1
      providers:
      - name: 'default'            # Dashboard Provider 的名称
        orgId: 1
        folder: 'Kube-Summary'     # 目录名称
        type: file
        disableDeletion: false
        editable: true
        options:
          path: /var/lib/grafana/dashboards/default
## 在 default provider 中在线添加的几个 Dashboard 的定义
dashboards:
```

```
   default:
     Kubernetes-cluster-monitoring:       # Dashboard 标识
       gnetId: 315                         # Dashboard HUB 中的 Dashboard ID
       revision: 3                         # Dashboard 的版本号
       datasource: Prometheus              # 该 Dashboard 使用的数据源名称
     Kubernetes-Nodes:
       gnetId: 5219
       revision: 8
       datasource: Prometheus
     Kubernetes-Cluster:
       gnetId: 7249
       revision: 1
       datasource: Prometheus
```

上面的值文件启用了 Ingress 和持久存储卷的定义，它们完全适配本书示例中一直使用的 Kubernetes 环境。为了便于组织和管理，我们选择把它与 Prometheus 部署在同一名称空间。

```
~$ helm install ui -f grafana-values.yaml stable/grafana -n monitoring --dry-run
~$ helm install ui -f grafana-values.yaml stable/grafana -n monitoring
```

待 Grafana 的 Pod 就绪后即可通过部署命令最后提示的方式进行访问，例如可以通过 Ingress 中指定的域名 grafana.ilinux.io 进行访问，以值文件中指定的用户名和密码登录后，等值文件中定义安装的 Dashboard 加载成功后即可使用，其中的一个 Dashboard 的展示效果如图 15-14 所示。

15.3.5　自定义指标适配器

Prometheus 并非 Kubernetes 系统的聚合 API 服务器，其 PromQL 接口无法直接作为自定义指标数据源，我们还需要一个专门的中间层将 PromQL 的指标转换为符合 Kubernetes 系统聚合 API 格式的指标。这些自定义指标再经由 Kubernetes 系统上的 custom.metrics.k8s.io 或 external.metrics.k8s.io API 提供给相应的客户端使用，例如 HPAv2 等。目前最流行的中间层解决方案是托管在 GitHub 上的 k8s-prometheus-adapter 项目，另外可选的还有 kube-metrics-adapter 等，我们将以前者为例进行说明。

Helm Hub 的 stable 仓库中名为 kubernetes-adapter 的项目便是用于部署 k8s-prometheus-adapter 的 Chart，部署时需要自定义的通常只是与后端的 Prometheus 服务相关的参数，下面的配置内容（prometheus-adapter-values.yaml）能够让部署的 k8s-prometheus-adapter 实例适配到 15.3.4 节部署的 Prometheus 环境。

```
# 后端 Prometheus 服务的 URL 及端口，要与实际环境保持一致
prometheus:
  url: http://prom-prometheus-server.monitoring.svc.cluster.local
```

```
    port: 80
    path: ""
  replicas: 1          # 副本数量，无状态应用，可按需定义副本数
  logLevel: 4          # 日志级别
  # 列表显示各指标数据更新时间间隔
  metricsRelistInterval: 1m
  listenPort: 6443   # 监听的端口号
  # k8s-prometheus-adapter 服务的相关定义
  service:
    annotations: {}
    port: 443
    type: ClusterIP
  # 定义将 Prometheus 指标暴露为 Kubernetes 自定义指标的规则
  rules:
    default: true # 是否加载默认规则
    custom: []     # 自定义规则列表，需要暴露应用上自定义的指标时，通常需要于此处配置规则实现
    existing:      # 通过指定的 ConfigMap 加载预定义规则覆盖其他所有类型的规则
    external: []   # 外部规则
  # k8s-prometheus-adapter 证书的相关定义，未启用时将生成自签证书
  tls:
    enable: false
    ca: |-          # CA 证书的内容，Base64 编码格式
    key: |-
    certificate: |-
```

为了便于管理，我们选择将 k8s-prometheus-adapter 同 Prometheus 部署在同一名称空间中，实例名称为 adapter，具体的命令如下所示。

```
~$ helm install adapter -f prometheus-adapter-values.yaml stable/prometheus-
adapter -n monitoring
```

部署过程中会在 API Server 的 kube-aggregator 上注册新的 API 群组 custom.metrics.k8s.io，待相关 Pod 对象转为正常运行状态即可通过 kubectl api-versions 命令确认其 API 接口注册的结果，正确的结果需要与下面命令的输出相同。

```
~$ kubectl api-versions | grep custom
custom.metrics.k8s.io/v1beta1
```

待适配器实例能够正常从 Prometheus Server 查询指标数据后，直接向 Kubernetes 的 API 群组 custom.metrics.k8s.io 发送请求，即可列出其可用的所有自定义指标，例如下面使用 kubectl get --raw 命令进行测试，结合使用 jq 过滤命令结果，从而仅列出指标名称，命令及结果如下所示。需要注意的是，不同的 Kubernetes 系统环境上，输出的指标会存在一定的不同。

```
~$ kubectl get --raw "/apis/custom.metrics.k8s.io/v1beta1" | jq '.resources[].
name'
"ingresses.extensions/kube_ingress_tls"
"jobs.batch/kube_pod_labels"
```

```
"jobs.batch/kube_pod_restart_policy"
......
```

我们也可以直接通过 API 接口查看指定的 Pod 对象的相应指标及值，例如使用类似如下命令列出 kube-system 名称空间中的所有 Pod 对象的文件系统占用率：

```
~$ kubectl get --raw \
"/apis/custom.metrics.k8s.io/v1beta1/namespaces/kube-system/pods/*/cpu_usage" | jq .
```

该命令会列出相应名称空间中所有 Pod 对象的内存资源占用状况，一个数据项的显示结果足以让我们了解其响应格式，例如下面的内容便截取自命令结果中 etcd 的 Pod 对象的相关输出：

```
{
  "describedObject": {
    "kind": "Pod",
    "namespace": "kube-system",
    "name": "etcd-k8s-master01.ilinux.io",
    "apiVersion": "/v1"
  },
  "metricName": "cpu_usage",
  "timestamp": "2020-09-10T02:57:43Z",
  "value": "48m",
  "selector": null
},
```

事实上，k8s-prometheus-adapter 适配器自身就是客户端与 Prometheus Server 之间的代理网关，它将 Kubernetes 自定义指标 API（custom.metrics.k8s.io）中的每一个指标与一个特定的 PromQL 表达式建立起对应关系，客户端对该自定义指标的查询请求也将由适配器相应转换为 PromQL 语句，转发给后端的 Prometheus Server，Prometheus Server 的响应报文再以适配器指标格式响应给客户端。

基于上述值文件部署的 k8s-prometheus-adapter 适配器仅能根据默认规则输出内置的各类基础指标，因而无法将各种应用上特有的自定义指标也通过 Kubernetes 的自定义指标 API 进行暴露。例如，有些基于 HTTP/HTTPS 的应用上很可能会提供 http_requests_total 以及 http_requests_per_second 一类的指标，若要将它们经由 Kubernetes 的自定义指标 API 提供给客户端使用，就需要在适配器上设置自定义规则来完成。

k8s-prometheus-adapter 适配器通过规则来定义公开哪些指标以及指标数据的生成的方式，各规则彼此间各自独立执行，因而它们必须存在互斥关系。每个规则可由发现机制、关联方式、指标命名和查询语句 4 个部分组成。

1）发现机制：定义适配器如何从 Prometheus 中为当前规则查找待暴露的指标，使用 seriesQuery 来指定传递给 Prometheus 的查询条件，且能够使用 seriesFilters 进一步缩小指标范围。下面的条件表示从每个名称空间查询所有 Pod 上的 http_requests_total 指标，其中的 kubernetes_namespace 代表名称空间的名称标识，而 kubernetes_pod_name 代表 Pod 自身名称标识，它们是适配器中固定的 Go 模板变量。

```
seriesQuery: 'http_requests_total{kubernetes_namespace!="",kubernetes_pod_
name!=""}'
```

2）关联方式：定义上面发现机制中指定的指标可以附加到 Kubernetes 的哪些资源上，即暴露哪些资源的指定指标。关联方式使用 resources 字段进行定义，支持两种格式：一种是嵌套使用 template 字段以 Go 模板的形式限定目标资源，使用 Group 代表资源群组，使用 Resouce 代表资源类型；另一种是嵌套使用 overrides 字段将特定的资源标签转为 Kubernetes 资源类型。

例如，下面的示例把具体的名称空间的名称统一为固定的资源类型标识 namespace（也可以是 namespaces），把具体的 Pod 名称统一为固定的资源类型标识 pod（也可以是 pods），它们都隶属于 core 群组，因而无须指定群组名称。

```
resources:
  overrides:
    kubernetes_namespace: {resource: "namespace"}
    kubernetes_pod_name: {resource: "pod"}
```

3）指标命名：定义如何将 Prometheus 的指标名称转换为所需的自定义指标名称，它由 name 字段进行定义，并嵌套使用 match 字段选定要转换的指标（默认为 ".*"），使用 as 字段指定要使用的名称，支持正则表达式的分组引用机制，例如 \$0 或 \${0} 等。例如，下面的示例表示把所有指标名称中的 _total 后缀修改为 _per_second。

```
name:
  matches: "^(.*)_total"
  as: "${1}_per_second"
```

4）查询语句：定义具体发往 PromQL 的查询语句，在 metricsQuery 字段以 Go 模板格式进行定义，并在具体执行时基于目标对象的信息进行模板渲染后转为具体 PromQL 语句。模板固定以 Series 引用发现机制中指定的指标名称；以 LabelMatchers 引用资源标签匹配条件列表，目前该匹配条件的默认值是资源类型及其所属的名称空间，因而集群级别的资源无此条件；以 GroupBy 引用分组条件列表，目前该分组条件默认为资源类型。例如，下面的语句代表以指定的指标查询满足标签选择条件的、监控对象上的 Prometheus 指标，而后将其速率值进行分组求和：

```
metricsQuery: 'sum(rate(<<.Series>>{<<.LabelMatchers>>}[2m])) by (<<.GroupBy>>)'
```

 注意　上面提到的标签及标签匹配条件是指 Prometheus 上下文中的标签。

下面定义的规则示例中，处于注释状态的自定义规则用于暴露所有名称空间中各 Pod 对象上以 http_requests_ 为前缀的指标，各指标保留原有名称。而处于启用状态的自定义规则，通过获取各名称空间中所有 Pod 上的以 http_requests_ 为前缀的指标，并以新的 https_requests_per_second 名称进行暴露。由于两条规则间的发现条件存在"包含"关系，因而不能同时启用。

```
rules:
  default: true     # 是否加载默认规则
  custom:
#  - seriesQuery: '{__name__=~"^http_requests_.*",kubernetes_
namespace!="",kubernetes_pod_name!=""}'
#    resources:
#      overrides:
#        kubernetes_namespace: {resource: "namespace"}
#        kubernetes_pod_name: {resource: "pod"}
#    metricsQuery: '<<.Series>>{<<.LabelMatchers>>}'
  - seriesQuery: 'http_requests_total{kubernetes_namespace!="",kubernetes_
pod_name!=""}'
    resources:
      overrides:
        kubernetes_namespace: {resource: "namespace"}
        kubernetes_pod_name: {resource: "pod"}
    name:
      matches: "^(.*)_total"
      as: "${1}_per_second"
    metricsQuery: 'rate(<<.Series>>{<<.LabelMatchers>>}[2m])'
  existing:
  external: []
```

将上面的自定义规则替换到前面定义的值文件中，并更新 monitoring 名称空间中的 adapter，则 Helm Release 即可生效。为了便于各个示例资源清单相分离，这里将完整的值文件保存在一个名为 prometheus-adapter-values-with-custom-rules.yaml 的单独值文件中，用到的更新命令如下所示。

```
~$ helm upgrade adapter -f prometheus-adapter-values-with-custom-rules.yaml \
      stable/prometheus-adapter -n monitoring
```

对于 stable/prometheus-adapter 来说，更新操作会导致重建相关的 Pod 对象，待新对象就绪后即可尝试通过自定义指标 API 请求 http_requests_per_second 指标，操作的示例命令及其结果如下所示。

```
~$ kubectl get --raw "/apis/custom.metrics.k8s.io/v1beta1/namespaces/default/
pods/*/http_requests_per_second" | jq .
{
  "kind": "MetricValueList",
  "apiVersion": "custom.metrics.k8s.io/v1beta1",
```

```
"metadata": {
  "selfLink": "/apis/custom.metrics.k8s.io/v1beta1/namespaces/default/
pods/%2A/http_requests_per_second"
},
"items": [
  {
    "describedObject": {
      "kind": "Pod",
      "namespace": "default",
      "name": "metrics-app-5fb75796d4-274ww",
      "apiVersion": "/v1"
    },
    "metricName": "http_requests_per_second",
    "timestamp": "2020-09-13T04:45:31Z",
    "value": "100m",        # m是千分之一单位，因此100m是指每秒0.1个请求
    "selector": null
  },
  ......
```

　　HPA v2 能够基于自定义指标 API 中的某项指标弹性缩放由其编排的某控制器应用的基本前提是，配置可用的自定义指标 API 及特定应用上选定的合理指标。

15.4　自动弹性缩放

　　Deployment、ReplicaSet、Replication Controller 或 StatefulSet 控制器资源管控的 Pod 副本数量支持手动运行时调整，从而可以更好地匹配业务规模的实际需求，但这种调整的方式需要用户深度参与监控容器应用的资源压力并计算出合理的值进行调整，存在一定程度的滞后性。为此，Kubernetes 提供了多种自动弹性缩放工具。

　　1）HPA：一种支持控制器对象下 Pod 规模弹性缩放的工具，如图 15-15 所示。目前，HPA 有两个版本的实现：HPAv1 和 HPAv2，HPAv1 仅支持把 CPU 指标数据作为评估基准，而新版本能够使用资源指标 API、自定义指标 API 和外部指标 API 中的指标。

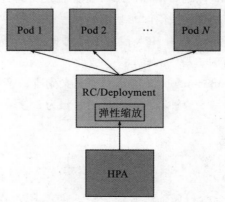

图 15-15　HPA 控制器示意图

2）CA：全称 Cluster Autoscaler，是集群规模自动弹性缩放工具，能自动增减 GCP、AWS 或 Azure 集群上部署的 Kubernetes 集群节点数量，GA 版本自 Kubernetes v1.8 起可用。

3）VPA：是 Pod 应用垂直缩放工具，它通过调整 Pod 对象的 CPU 和内存资源需求量完成扩展或收缩。

4）AR：全称 Addon Resizer，是一个简化版本的 Pod 应用垂直缩放工具，它基于集群中的节点数量来调整附加组件的资源需求量。

15.4.1　HPA 控制器概述

尽管 Cluster Autoscaler 高度依赖基础云计算环境，但 HPA、VPA 和 AR 能够独立于 IaaS 或 PaaS 云环境运行。HPA 作为 Kubernetes API 资源和控制器实现，它基于采集到的资源指标数据来调整控制器的行为，控制器会定期调整 ReplicaSets 或 Deployment 控制器对象中的副本数，以使得观察到的平均 CPU 利用率与用户指定的目标相匹配。

HPA 自身是控制循环的一个实现，其周期由 kube-controller-manager 守护进程的 --horizontal-pod-autoscaler-sync-period 选项定义，默认为 30 秒。在每个周期内，Controller Manager 将根据每个 HPA 对象定义中指定的指标查询相应的资源利用率，并根据用户定义的阈值自主进行应用规模缩放相关的决策。目前，HPAv2 支持资源指标 API（针对每个 Pod 资源指标）和自定义指标 API（针对所有其他指标），而 HPAv1 仅支持前者。

1）对于每个资源指标（例如 CPU），控制器将从 HPA 定位到的每个 Pod 的资源指标 API 中获取指标数据；设置了目标利用率标准时，HPA 控制器计算实际利用率（utilized/requests），而未设置标准的场景则直接使用其初始值。而后，控制器获取所有目标 Pod 对象的利用率或初始值的均值（取决于指定的目标类型），并生成一个用于缩放所需副本数的比例。对于那些未定义资源需求量的 Pod 对象，HPA 控制器将无法定义该容器的 CPU 利用率，并且不会对该指标采取任何操作。

2）针对每个 Pod 对象的自定义指标，HPA 控制器的处理逻辑与每个 Pod 资源指标处理机制类似，只是它仅能够处理初始值而非利用率。

由于指标的动态变动特性，使用 HPA 控制器管理 Pod 对象副本规模时可能会导致副本数量频繁波动，这种现象有时也称为"抖动"。故此，从 Kubernetes 1.6 版本开始允许集群管理员通过调整 kube-controller-manager 的选项值定义副本数变动延迟时长来缓解此问题。目前，默认的缩容延迟时长为 5 分钟，而扩容延迟时长为 3 分钟。

15.4.2　HPA v1 控制器

HPA 是标准的 API 资源类型，其基于资源配置清单的管理方式同其他资源相同。但它还有一个 kubectl autoscale 命令可以命令式命令快速创建 HPA 控制器。例如，我们先创建

deployment/demoapp 和相应 service/demoapp 资源，前者在 Pod 模板中为容器定义了如下资源需求和限制，完整的资源定义请求可参考 demoapp.yaml。

```
resources:
  requests:
    memory: "256Mi"
    cpu: "50m"
  limits:
    memory: "256Mi"
    cpu: "50m"
```

而后，我们为 deployment/demoapp 创建 HPA 控制器资源，它要求 Pod 副本的最低数量是 2，一旦 CPU 资源占用比例超过资源需求的 60%，即按需自动扩缩容。

```
~$ kubectl autoscale deploy demoapp --min=2 --max=5 --cpu-percent=60
```

通过命令创建的 HPA 对象隶属于 autoscaling/v1 群组，因此它仅支持基于 CPU 利用率的弹性伸缩机制，可从 Metrics Service 获得相关的指标数据。下面的命令用于显示 HPA 控制器的当前状态。

```
~$ kubectl get hpa demoapp -o yaml
......
spec:
  maxReplicas: 5                              # 最大副本数
  minReplicas: 2                              # 最小副本数
  scaleTargetRef:                             # 控制的目标资源
    apiVersion: apps/v1
    kind: Deployment
    name: demoapp
  targetCPUUtilizationPercentage: 60          # 调整应用规模的目标CPU资源的占用阈值
status:
  currentCPUUtilizationPercentage: 2          # 当前CPU占用比例
  currentReplicas: 2                          # 当前副本数
  desiredReplicas: 2                          # 期望的副本数
```

HPA 控制器会试图让 Pod 对象的相应资源占用率无限接近设定的目标值。例如，向 service/demoapp 发起持续性的压力测试访问请求，各 Pod 对象的 CPU 利用率将持续上升，直到超过目标利用率的 60%，而后触发增加 Pod 对象副本数量操作。待其资源占用率下降到必须要降低 Pod 对象的数量，以使得资源占用率靠近目标设定值时，即触发 Pod 副本的终止操作，如图 15-16 所示。

下面的命令是一段时间内 hpa/demoapp 资源控制下 Pod 数量的变动情况，包括因 CPU 资源占用比超出阈值而增加 Pod 副本数量，以及 CPU 资源占用比例下降到阈值以内而降低 Pod 副本数量的过程，但变动并非在设定的资源阈值到达后马上发生，而是延迟一段时间以免发生资源数量频繁波动。

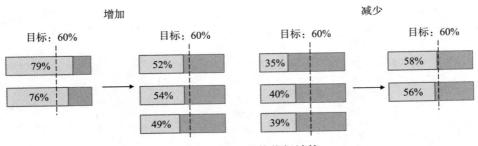

图 15-16　HPA 监控指标计算

```
~$ kubectl get hpa -w
NAME        REFERENCE             TARGETS    MINPODS   MAXPODS   REPLICAS   AGE
demoapp     Deployment/demoapp    2%/60%     2         5         2          5m23s
demoapp     Deployment/demoapp    79%/60%    2         5         2          5m36s
demoapp     Deployment/demoapp    79%/60%    2         5         3          5m51s
demoapp     Deployment/demoapp    85%/60%    2         5         3          6m37s
demoapp     Deployment/demoapp    84%/60%    2         5         3          7m38s
demoapp     Deployment/demoapp    68%/60%    2         5         5          8m39s
demoapp     Deployment/demoapp    7%/60%     2         5         5          9m40s
demoapp     Deployment/demoapp    24%/60%    2         5         5          10m
demoapp     Deployment/demoapp    24%/60%    2         5         5          12m
demoapp     Deployment/demoapp    12%/60%    2         5         2          14m
demoapp     Deployment/demoapp    24%/60%    2         5         2          15m
```

当然，用户可以通过资源配置清单定义 HPAv1 控制器资源，其 spec 字段嵌套使用的属性字段主要有 maxReplicas、minReplicas、scaleTargetRef 和 targetCPUUtilizationPercentage 几个，其使用方式请参考相应的文档。尽管 CPU 资源占用率可以作为规模伸缩的评估标准，但多数时候，Pod 对象面临访问压力时未必会直接反映到 CPU 之上。

15.4.3　HPA v2 控制器

HPAv2 控制器支持基于核心指标 CPU 和内存资源以及基于任意自定义指标资源占用状态实现应用规模的自动弹性缩放，它从 Metrics Service 请求查看核心指标，从 k8s-prometheus-adapter 一类的自定义指标 API 获取自定义指标数据，如图 15-17 所示。

截至目前，API 群组 autoscaling 的版本在 Kubernetes v1.20 中晋升为稳定版 v1，而在 Kubernetes v1.19 及之前的版本中，该 API 群组的主流版本为 v2beta2。本节仍以 v2beta2 为例来介绍 HPA（v2）资源的使用，完整的资源规范及简要说明如下。

```
apiVersion: autoscaling/v2beta2          # API 群组及版本号
kind: HorizontalPodAutoscaler            # 资源类型标识
metadata:
  name <string>
  namespace <string>                     # 名称空间级别的资源类型
```

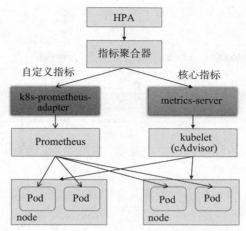

图 15-17　HPA（v2）的数据指标获取途径

```
spec:
  behavior <Object>              # 配置扩缩容策略，默认遵循 HPAScalingRules
    scaleDown <Object>           # 缩容策略，默认为 300 秒的固定窗口，最低缩容至最少 Pod 数
      policies <[]Object>        # 自定义策略列表
          periodSeconds  <integer>         # 自定义的操作窗口大小，取值范围 (0,1800)
          type <string>          # 策略类型
          value <integer>        # 目标数量
      selectPolicy <string>      # 指定要使用的策略，默认为编号最大的策略
      stabilizationWindowSeconds  <integer>   # 稳定的窗口大小
    scaleUp <Object>             # 扩容策略，默认为 300 秒的固定窗口，最多扩容至最大 Pod 数
  maxReplicas <integer>          # 最大副本数
  minReplicas <integer>          # 最小副本数
  scaleTargetRef <Object>        # 要自动扩缩容的目标资源，仅能引用同一名称空间的资源
    apiVersion   <string>        # 待扩缩容的资源隶属的 API 群组及版本号
    kind <string>                # 待扩缩容的资源类型
    name <string>                # 待扩缩容的资源名称
  metrics <[]Object>             # 要评估的指标
    type <string>                # 指标类型，可以是如下 4 种类型之一
    pods <Object>                # Pod 对象上的指标
    metric <Object>              # 引用的指标
      name <string>              # 指标名称
      selector <Object>
    target <Object>              # 指标的目标值定义
      type <string>              # 数据类型，有 Utilization、Value 和 AverageValue 这 3 种
      value <string>             # 指标的直接值
      averageValue <string>      # 所有 Pod 的同一指标值的平均数
      averageUtilization <integer>     # 资源类型指标的利用率
    resource <Object>            # 根据指定的资源指标扩缩容
      name <string>              # 指标名称
      target <Object>            # 格式同 pods 类型
    object  <Object>             # 根据指定 Kubernetes 资源对象的指标进行扩缩容
      describedObject <Object>   # 参考的资源对象
      metric <Object>            # 引用的指标，格式同 pods 类型
```

```
    target  <Object>              # 指标的目标值定义
  external  <Object>              # 外部指标
    metric  <Object>              # 引用的指标，格式同 pods 类型
    target  <Object>              # 指标的目标值定义
```

> 提示　查看非默认版本中资源类型内置文档的命令是 kubectl explain --api-version= 'VERSION'。

除了基于 CPU 资源的占用率调整应用规模，HPAv2 还支持内存资源评估，甚至是二者同时进行。下面的示例代码（hpa-v2-resources.yaml）中定义了一个 HPAv2 控制器的资源，它使用资源指标 API 获取 CPU 和内存资源两个资源指标的使用状况，并与它们各自的设定目标进行比较，计算得出所需要的副本数量，两个指标计算结果中数值较大的值是要调整为的 Pod 副本数。

```
apiVersion: autoscaling/v2beta2
kind: HorizontalPodAutoscaler
metadata:
  name: demoapp
spec:
  scaleTargetRef:
    apiVersion: apps/v1
    kind: Deployment
    name: demoapp
  minReplicas: 2
  maxReplicas: 5
  metrics:
  - type: Resource      # 指标类型
    resource:           # 具体的资源指标定义
      name: cpu
      target:
        type: Utilization
        averageUtilization: 60
  - type: Resource
    resource:
      name: memory
      target:
        type: AverageValue
        averageValue: 30Mi
```

将配置清单中的资源创建到集群中即可进行应用规模缩放测试，其测试方式与 15.4.2 节中的过程类似，这里不再给出其具体过程。尽管 HPAv2 目前仍处于 beta 阶段，将来它有可能会发生部分改变，但目前的特性足以支撑起它的各项核心功能。

HPA v2beta2 的资源规范中，.spec.metrics 能够嵌套定义多个评估指标，每个指标单独计算其所需的副本数，所有指标计算结果中的最大值为最终采用的副本数量。计算时，以

资源占用率为例，目标控制器资源上所有 Pod 资源的资源占用率之和除以目标占用率所得的结果即为目标 Pod 副本数，因此在请求稳定的情况下，增加 Pod 副本数量必然会降低各 Pod 对象的资源占用率，反之亦然。metrics 字段值是对象列表，它由要引用的各指标的数据源及其类型构成的对象组成。

❑ external：用于引用非附属于任何对象的全局指标，甚至可以引用集群之外的组件指标数据，例如消息队列的长度等。

❑ object：引用集群中某单一对象的特定指标，例如 Ingress 对象上的 hits-per-second 等。

❑ pods：引用当前应用的 Pod 对象的特定指标，例如 transactions-processed-per-second 等，计算方式是各 Pod 对象的同一指标数据取平均值后与目标值进行比较。

❑ resource：引用资源指标，即当前应用的 Pod 对象中容器的 CPU 或内存资源指标，其中占用率的评估基准是 limits 和 requests 定义的值。

❑ type：即指标源的类型，其值可以为 External、Objects、Pods 或 Resource，它们分别对应于上面指标来源。

基于非核心资源指标定义 HPAv2 资源时，上述几种指标来源中，以 pods 或 object 相关的指标调用居多。下面通过一个示例说明其用法，并测试其扩缩容的效果。

镜像文件 ikubernetes/metrics-app 在运行时会启动一个简单的 Web 服务器，它通过 /metrics 路径输出了 http_requests_total 和 http_requests_per_second 两个指标。资源清单示例 metrics-app.yaml 定义的 deployment/metrics-app 资源期望基于该镜像在 default 名称空间中运行两个 Pod 副本，而 service/metrics-app 资源用于发布该资源。基于该资源清单把资源创建到集群中，而后启动一个临时测试客户端 Pod，在命令行向创建的 Service 端点的 /metrics 发起访问请求，即可看到它输出的与 Prometheus 兼容的指标与数据，如下面的命令及结果所示。

```
~$ kubectl apply -f metrics-app.yaml
deployment.apps/metrics-app created
service/metrics-app created
~$ kubectl run client --image="ikubernetes/admin-toolbox:v1.0" -it --rm --command
-- /bin/sh
[root@client /]#  curl metrics-app.default.svc.cluster.local/metrics
# HELP http_requests_total The amount of requests in total
# TYPE http_requests_total counter
http_requests_total 6
# HELP http_requests_per_second The amount of requests per second the latest ten
seconds
# TYPE http_requests_per_second gauge
http_requests_per_second 0.2
```

命令结果中返回了所有的指标及其数据，每个指标还附带了通过注释行提供的帮助信息和类型说明。

下面的资源配置清单示例（metrics-app-hpa.yaml）用于自动弹性缩放前面基于 metrics-app.yaml 创建的 deployment/metrics-app 相关的 Pod 对象副本数量，其缩放标准是接入 HTTP 请求报文的速率，具体的数据则需经相关 Pod 对象的 http_requests 指标的平均数据 与目标速率 5（即 5 个请求 / 秒）进行比较来判定。

```
kind: HorizontalPodAutoscaler
apiVersion: autoscaling/v2beta2
metadata:
  name: metrics-app-hpa
spec:
  scaleTargetRef:
    apiVersion: apps/v1
    kind: Deployment
    name: metrics-app
  minReplicas: 2
  maxReplicas: 10
  metrics:
  - type: Pods
    pods:
      metric:
        name: http_requests_per_second    # 评估的自定义指标名称
      target:
        type: AverageValue
        averageValue: 5                    # 阈值为每秒 5 个请求
  behavior:
    scaleDown:
      stabilizationWindowSeconds: 120
```

> 注意　metrics-app 提供的 http_requests_per_second 指标并不会由 k8s-prometheus-adapter 适配器默认进行公开，它通常要在适配器上通过自定义规则进行暴露，具体方法请 参考 15.3.5 节。

为了测试其效果，需要将上面示例清单中的资源 hpa/metrics-app-hpa 创建到集群上， 并了解其当前的指标状况。

```
~$ kubectl apply -f metrics-app-hpa.yaml
horizontalpodautoscaler.autoscaling/metrics-app-hpa created
~$ kubectl get hpa/metrics-app-hpa
NAME                     REFERENCE                 TARGETS   MINPODS   MAXPODS   REPLICAS…
metrics-app-hpa          Deployment/metrics-app    16m/5     2         10        2       …
```

随后，我们启动一到多个测试客户端对 service/metrics-app 发起持续性测试请求，模拟 压力访问以便其指标数据能满足扩展规模之需，同时监控 hpa/metrics-app-hpa 资源的状态 变动即可了解自动规则伸缩的效果。下面的命令及结果便取自测试执行过程中，它清晰地 反映了 HPAv2 的工作效果。

```
~$ kubectl get hpa/metrics-app-hpa -w
NAME                REFERENCE                    TARGETS    ……   REPLICAS    AGE
metrics-app-hpa     Deployment/metrics-app       92m/5      ……      2        61s
metrics-app-hpa     Deployment/metrics-app       6874m/5    ……      2        3m1s
metrics-app-hpa     Deployment/metrics-app       8615m/5    ……      3        3m16s
metrics-app-hpa     Deployment/metrics-app       8749m/5    ……      4        3m31s
metrics-app-hpa     Deployment/metrics-app       5736m/5    ……      4        5m18s
metrics-app-hpa     Deployment/metrics-app       5974m/5    ……      5        5m34s
metrics-app-hpa     Deployment/metrics-app       7028m/5    ……      6        7m6s
metrics-app-hpa     Deployment/metrics-app       6896m/5    ……      7        7m36s
metrics-app-hpa     Deployment/metrics-app       7311m/5    ……      10       9m23s
metrics-app-hpa     Deployment/metrics-app       1027m/5    ……      10       12m
metrics-app-hpa     Deployment/metrics-app       972m/5     ……      8        13m
metrics-app-hpa     Deployment/metrics-app       959m/5     ……      6        13m
metrics-app-hpa     Deployment/metrics-app       997m/5     ……      5        13m
metrics-app-hpa     Deployment/metrics-app       1258m/5    ……      4        14m
metrics-app-hpa     Deployment/metrics-app       1489m/5    ……      3        14m
metrics-app-hpa     Deployment/metrics-app       2816m/5    ……      2        15m
```

借助自定义指标自动弹性伸缩应用规模的机制，赋予了不同应用程序根据核心指标控制自身规模的能力，这是 Kubernetes 系统除敏捷部署（Deployment 等控制器）功能之外又一极具特色的特性，运用得当能有效降低系统维护成本。

15.5　本章小结

本章详细讲解了第一代指标 API 及其实现方案 Heapster，第二代监控架构体系、资源指标 API、自定义指标 API 及其各自的解决方案，最后又说明了 Dashboard 的部署机制。

- ❏ 核心资源指标 API 是 HPA 控制器、Dashboard 和调度器依赖的基础组件，它们分别在指标数据的基础上实现应用规模弹性缩放、指标数据展示和 Pod 对象的调度。
- ❏ 新一代监控系统将指标划分为核心指标和自定义指标，并把 API 的定义同其实现分离开来。资源指标 API 的标准实现是 Metrics Server，而自定义指标 API 的主要实现是 Prometheus 及相应的适配器，例如 k8s-prometheus-adapter 等。
- ❏ HPA 第一代仅支持 CPU 指标数据，而第二代可基于各种核心指标和自定义指标实现应用规模的自动变更。

集群日志系统

应用程序的日志收集和监控通常是其必要的外围功能，它们有助于记录、分析性能表现及排查故障等，例如此前在查看 Pod 对象的日志时使用的 kubectl log 命令便是获取容器化应用日志的一种方式。然而，对于分布式部署的应用来说，类似这种逐一查看各实例相关日志的方式存在着操作烦琐且效率低下等诸多问题，再加上需要额外获取操作系统级别的多个日志源中的日志信息，管理成本势必会进一步上升。解决此类需求的常见方案是使用集中式日志存储和管理系统，它们在各节点部署日志采集代理程序，从日志源采集日志并发往中心存储管理系统，并经由单个面板进行数据可视化。事实上，对于任何基础设施或分布式系统，统一日志管理都是必不可少的。

16.1　集群日志系统基础

在计算机领域，日志是由应用程序或操作系统发生某些事件时自动生成的信息记录，并以一定格式存储，例如文件等。日志信息通常以附带时间戳的格式记录有关服务器、网络、操作系统或应用程序等有助于跟踪程序运行状态的内容，以帮助人们了解应用或系统内部发生的情况、快速定位错误发生的位置。事件日志、错误日志、审计日志和事务日志等都是常见的日志类型，它们各有用途，且通常会由不同的人群使用，例如事件日志可供应用开发及维护人员使用，而审计日志则通常只能由审计人员查看。同样，Kubernetes 也要实现在整个群集级别收集和聚合日志，以便用户可以从单个仪表板了解整个集群情况。

16.1.1　日志系统概述

对于分布式应用环境来说，日志管理展现了生成、收集、解析、传输、存储、存档和处置大量计算机生成的日志数据的整个流程，通常需要借助高效且符合使用目标的日志管理工具实现。具体来说，日志管理通常包括日志收集、日志聚合、日志存储、日志轮转、日志分析，以及日志搜索等。

- ❑ 日志收集：日志收集是实现日志管理功能的第一步，应用程序、操作系统、防火墙、服务器、交换机和路由器等根据配置都可能会产生相当数量的日志信息，最佳做法是自定义每个设备的日志收集设置，在集中式的日志收集环境中，它能够在本地保留一份冗余数据。
- ❑ 日志聚合：将所有日志信息收集到同一位置以便集中式日志的存储、分析和搜索，显然，日志数据量以及无统一格式会给日志聚合带来相当程度的挑战，成本和效率是不可忽略的系统指标。
- ❑ 日志存储：行业的最佳做法是至少保存一年的日志数据，以便在必要时进行问题溯源。但大型分布式系统中的海量日志存储将会导致昂贵的存储成本，因而为生产环境中的日志收集定义合理的"日志级别"将尤为重要。
- ❑ 日志轮转：日志轮转是实现日志存储策略的常见途径，常通过自动重命名、压缩、移动或删除太大或太旧的日志文件来实现。
- ❑ 日志分析：大多数日志管理工具都能够自动完成日志数据分析，并会提供以图形显示分析结果的接口，以更加直观的视觉效果展现事件和数据之间的相关性，进而帮助定位问题及原因。
- ❑ 日志搜索：从海量的结构化及非结构化日志信息中找出关注的目标信息几乎必然要依赖于日志搜索机制。

现在大多数应用程序都有某种日志记录机制，在传统模型中，应用程序日志会写入到操作系统上诸如 /var/log/application.log 一类的日志文件（可在服务器本地进行查看）中，或者由日志收集代理收集并发送给日志收集系统，如图 16-1 所示。

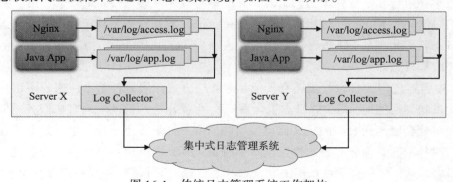

图 16-1　传统日志管理系统工作架构

另一方面,大多数容器引擎也支持某种类型的日志记录机制,容器化应用程序最简单、使用最广泛的日志记录方法是将数据发往标准输出(stdout)和标准错误(stderr)模块。即便能够使用 kubectl 或 kubetail 便捷地查看 Pod 上容器的实时日志流,但是不支持获取几个小时后的历史日志数据或已终止 Pod 的日志信息,这意味着,由容器运行时提供的本地日志收集与存储功能通常并不足以提供完整的日志管理方案。因此,日志应具有独立于节点、Pod 或容器的独立生命周期及存储机制,这即是所谓的 Kubernetes 集群日志系统,事实上就是一种集中式的日志管理系统。Kubernetes 自身并未提供这类日志管理工具,但它支持将现有的多种日志管理解决方案集成到集群中,从而把选择权留给管理员,如图 16-2 所示。

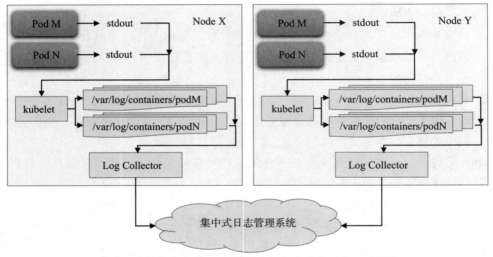

图 16-2　容器化应用环境中常见的日志收集系统工作构架

有很多解决方案可收集 Pod 日志并将其发送到一个集中的位置,例如 Filebeat、Logstash、Fluentd 和 Sematext Logagent 等,其中 Fluentd、Fluent Bit 或 Filebeat 是在 Kubernetes 中收集并汇总日志的最常用解决方案之一。fluentd 有大量的可用插件且足够灵活,它支持从任何位置收集和解析几乎任何类型的日志,并能够将日志发送到指定的任何位置。具体实现上,我们只需要在 Kubernetes 集群中利用 DaemonSet 资源在各节点上运行一个日志收集代理,由日志收集代理从 kubelet、Kubernetes API Server 以及每个节点上所有处于活动状态的 Pod 中收集日志即可。

Pod 中容器应用的日志收集还有其他几种可选方式。第一种是由应用程序将日志通过网络直接发送到目的地(集中式日志聚合系统),但要求应用能实现对日志服务的调用,且出站流量可能会因传送日志的报文而显著增加。第二种是将应用程序生成的日志通过一个服务端点对外暴露,而非将日志推送至某个特定位置,而后由日志聚合系统通过该服务端点拉取日志,从而使聚合端可按需提取日志。第三种是设定主容器将日志保存至存储卷上,而后由专门负责日志收集的 Sidecar 容器从共享的存储卷中加载日志并发送到目的端。

　　集中式日志管理系统也有不少解决方案，常见的有 ELK Stack ⊖、Graylog2 和 Loki ⊜ 等。另外，不少公有云服务商也提供了专门的日志服务，例如 logz.io、LogDNA、阿里云日志服务（SLS）和腾讯云日志服务（CLS）等。考虑托管到 Kubernetes 集群本地的日志管理系统在集群本身出现问题时将难以获取到日志信息，我们强烈建议将日志存储在 Kubernetes 集群外运行的日志工具上。

　　此外，Kubernetes 系统的日志来源有多个层级，除了运行在 Pod 中的容器应用日志，集群中需要特别关注的日志信息还有集群（系统组件）日志和节点日志。以 kubeadm 部署的 Kubernetes 集群中，除 kubelet 和容器运行时之外的其他组件同样以 Pod 形式运行，这些组件包括 etcd、kube-apiserver、kube-controller-manager、kube-scheduler 和 kube-proxy 等，它们的日志收集与其他容器应用并无不同之处。但不以 Pod 形式运行的环境中，这类组件的日志通常位于 /var/log/ 目录下，日志收集代理需要通过配置文件将这类日志文件纳入采集范围。需要关注的还有 Kubernetes 集群的事件日志及审计日志需要包含在收集范围内。再者，节点级别的日志也就是传统的主机日志，包括了内核日志和 kubelet 日志（systemd 日志或者 /var/log/ 目录下的日志文件）。

16.1.2　Elasticsearch 基础

　　Elasticsearch 是基于 Lucene 的分布式文档存储、搜索、分析引擎，支持全文检索、数据聚合和地理空间 API 等，使用 Java 语言编写，是目前应用最为广泛的开源搜索引擎之一，GitHub、SalesforceIQ 和 Netflix 等组织或公司将其用在了全文检索和分析等业务场景。

　　Elasticsearch 是一款文档存储系统，它使用"索引"组织独立的数据集，而索引在内部使用"类型"区分不同的数据方案，各数据项可视为"文档"，数据项由一到多个"字段"组成。以日志信息为例，我们可以把收集到的所有日志信息存储在同一个索引之中，每个应用的日志可分别组织在不同的类型下，一条日志信息可视为一个独立的文档。

　　为了实现分布式存储机制，Elasticsearch 支持把索引切分为一到多个"分片"，各个分片还可拥有 1 个或以上的副本以实现冗余功能。每个分片在底层都是独立的 Lucene 索引，它们分布在集群中的相应节点之上，可由 Lucene 库独立完成数据的处理和分析。图 16-3 左侧就给出了一个由 3 节点组成的 Elasticsearch 集群示例，索引 index1 被切分为 3 个分片（P1、P2 和 P3），它们各有一个副本分片。

　　索引一个文档时，Elasticsearch 根据公式 shard = hash(routing) % number_of_primary_ shards 将文档分配并存储到某个主分片中，其中 routing 是一个可变参数，它默认使用文档

──────────
　　⊖　Elasticsearch、Logstash/beats 和 Kibana 组合的简称，后来称为 Elastic Stack。
　　⊜　通常是由 Promtail、Loki 和 Grafana 组成的 PLG Stack。

自身的 _id 字段。由此可见，为了确保文档路由的稳定性，索引分片数量在创建后将不能够再改变，除非重新索引数据。

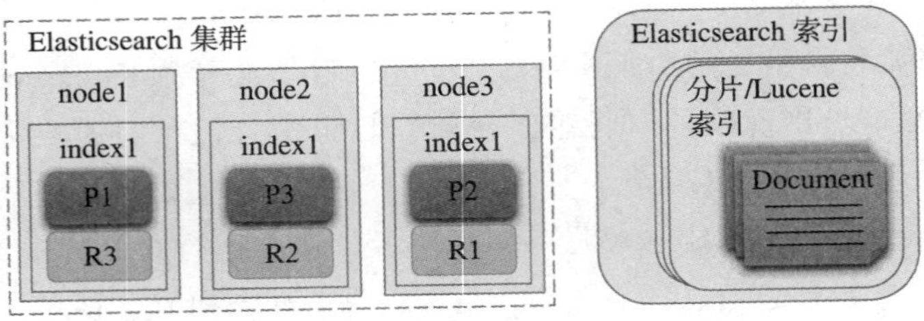

图 16-3 Elasticsearch 索引、分片及文档

Elasticsearch 集群通过 RESTful API 暴露数据存取、检索及分析等相关的 API，而集群内部节点间的通信则使用 Transport 进行连接与处理。默认情况下，集群中的每个节点都可以处理 HTTP 和 Transport 流量，它们都知道任一文档的具体位置，可完成请求路由，因而都有处理任意请求的能力，这其实是“协调节点”的角色职能。施加在文档之上的所有写操作（例如创建、修改和删除等）只能先由主分片完成后再复制给副本分片，但读请求（例如搜索操作等）将由协调节点轮询给该索引的所有副本分片，以分散负载。

事实上，根据其核心功能及角色分离机制，Elasticsearch 中的节点可划分为“准主节点”⊖（master-eligible node）、“数据节点”（data node）、“摄取节点”（ingest node）和“协调节点”（coordinating node）等类型。每个节点默认可扮演所有角色类型，因而 Elasticsearch 可轻松构建出由单节点或少数几个节点组成的测试集群。

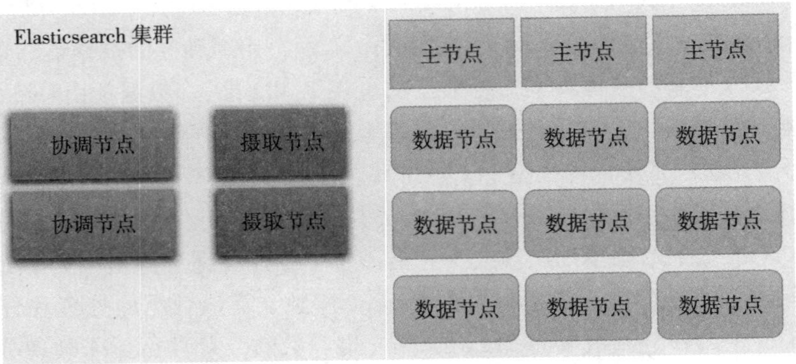

图 16-4 Elasticsearch 集群中的节点类型

- 准主节点：准主节点会选取一个真正执行主节点功能的节点作为主节点。主节点负责集群级别的轻量级操作，包括创建和删除索引、跟踪集群中的所有节点以及分片分配等功能，主节点由“选举”机制产生。为了避免主节点参与到索引和搜索任务中去，大型或高吞吐量的集群中应该设置 3 个或更多的奇数个准主节点，或者至少

两个准主节点与一至多个仅投票节点。需要特别说明的是，主节点从重启中恢复的
机制依赖于持久存储才能实现。

❑ 数据节点：持有索引分片并负责处理数据相关的操作，例如 CRUD、搜索和聚合等
　 I/O 及 CPU 密集型的任务。大型的生产类集群中，数据节点同样应该是剥离了其他
　 角色的专用节点。

❑ 摄取节点：也称为客户端节点，它负责接收客户端发来的 REST 请求，并根据内部
　 预置的一个或多个由摄取处理器组成的预处理管道完成数据的预处理，之后路由给
　 数据节点。大型生产类集群中同样可以设置专用的摄取节点。

❑ 协调节点：禁用了主节点、数据节点及摄取节点等功能后的节点即为协调节点，它
　 可以完成路由请求、处理搜索结果合并（reduce 阶段），以及协调批量索引（bulk
　 indexing）等任务；大型的生产类集群中也可以设置专用的摄取节点。

Elasticsearch 通过进程实例配置中的 cluster.name 来判断集群成员关系。换句话说，若
启动的第二个节点同此前启动的某一节点拥有相同的集群名称，Elasticsearch 会自动发现并
将第二个节点加入该集群中。这种集群成员发现机制可基于单播或组播的方式进行，但为
了避免非计划内的节点误入集群，建议使用单播结合显式定义成员列表的形式进行集群发
现，而且这应该是生产环境集群中的唯一选择。

显然，Elasticsearch 的这种成员发现机制为系统提供了便捷的可扩展性，但节点数量的
变动也几乎必然会导致索引数据在集群各节点上的重新平衡，在这个过程中系统性能可能
会受到负面影响。另外，具有冗余能力的集群能够在特定数量节点故障的情况下自行从节
点故障中恢复，从而为系统提供了一定程度的容错性。

Elasticsearch 的数据采集采用"推送"模式，它并不会像 Prometheus Server 那样主动
到各个执行数据采集任务的代理上去拉取数据，而是被动等待各代理或客户端将数据推送
过来之后由数据节点进行索引、存储及复制（若存在副本 Shard），如图 16-5 所示，摄取节
点生效与否则取决于配置的摄取管道。

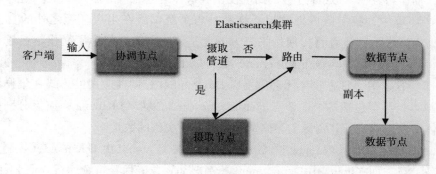

图 16-5　Elasticsearch 的文档数据上传流程

索引后的数据即可由客户端按需执行其他操作，包括搜索、删除和修改，以及批量索引等，其中又以文档搜索操作最为常见。Elasticsearch 提供了多种信息检索功能，包括全文搜索、范围搜索、脚本搜索和聚合等，其执行过程又可以细化为分散、检索、收集、合并 4 个阶段，如图 16-6 所示。

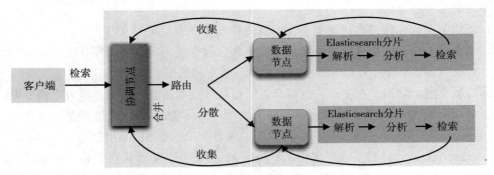

图 16-6　Elasticsearch 的文档搜索流程示意图

即便由 Elasticsearch 封装的 RESTful API 客户端接口大大降低了 Lucene 索引的使用难度，但对于终端用户来说仍然有着较高的门槛，而借助于图形用户接口 Kibana 可有效降低其入门使用的难度。Kibana 是一个开源的分析和可视化平台，旨在与 Elasticsearch 合作。Kibana 提供搜索、查看和与存储在 Elasticsearch 索引中的数据进行交互的功能。开发者或运维人员可以轻松地进行高级数据分析，并在各种图表、表格和地图中将数据可视化。

16.2　EFK 日志管理系统

EFK 是 Kubernetes 系统上流行的日志管理系统解决方案之一，它通过 Fluentd、Fluent Bit 或 Filebeat 一类的节点级代理程序进行日志采集，实时推送给 Elasticsearch 集群进行存储和分析，而后再经由 Kibana 进行数据可视化。这种组合通常简称为 EFK。

在生产环境中，我们应该把监控系统和日志系统部署在生产环境之外的自主环境或 Kubernetes 集群之上，或者直接使用第三方的完整解决方案。但为了简化描述过程，本节仍然选择将日志管理系统部署在 Kubernetes 集群之上。

具体部署方案中，日志收集代理需要以 DaemonSet 控制器应用的形式在集群各节点上运行一个副本，甚至包括各个主节点。而 Elasticsearch 集群与 Kibana 则应该分别根据各自业务的具体需求来确定计算资源和存储资源需求以及实例的数量。

在 Kubernetes 上部署 Fluentd 和 Kibana 易于实现，Fluentd 由 DaemonSet 控制器部署到集群中的各节点，而 Kibana 由 Deployment 控制器部署并确保其持续运行。但 Elasticsearch 是一个有状态应用，需要使用 StatefulSet 控制器创建并管理相关的 Pod 对象，且它们还分别需要专用的持久存储系统来存储日志数据，因此，其部署过程较之前两者要略为烦琐，其部署架构如图 16-7 所示。

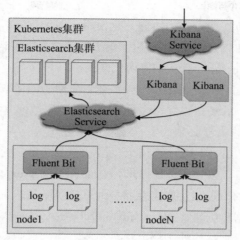

图 16-7　Kubernetes 集群上的 Fluentd、Elasticsearch 和 Kibana

除了 Kubernetes 项目在其 Addons 目录中提供了资源配置清单用于部署 EFK 之外，Helm Hub 也为 ELK 涉及的 3 种软件分别提供了相应的 Chart 定义，以帮助用户通过 Helm 轻松完成部署。

16.2.1　Elasticsearch 集群

Helm Hub 中有多个仓库都提供了 Elasticsearch 相关的 Chart，Elastic 官方维护的 Chart 默认部署的是适用于开发和测试环境的少量几个实例（节点）的集群，且各实例均要扮演准主节点、数据节点、摄取节点和协调节点，而 Bitnami 组织维护的 Chart 则提供了适用于生产环境的部署方案，各角色均由专用的实例承担，且允许用户选择是否部署独立的摄取实例和指标实例等角色。因而，我们将以后者为例来说明其部署过程。

目前版本（12.6.0）的 bitnami/elasticsearch Chart 使用 StatefulSet 和 Deployment 控制器实现了一个可动态伸缩的集群，并将集群中的节点角色分离为协调节点、摄取节点、准主节点和数据节点 4 类实例，前两者由各自的 Deployment 控制器资源进行编排，而后两者则由各自的 StatefulSet 控制器资源管理。这些角色各自负责实现集群的一部分功能，如图 16-4 所示。每个准主节点和数据节点分别需要用到各自的存储卷以持久存储数据，Chart 中默认定义它们通过 PVC 基于默认或指定的存储类动态地创建 PV 存储卷。另外还有两个特别的应用、一个是指标实例（Metrics Exporter），它其实是面向 Prometheues 的 Elasticsearch Exporter，用于采集 Elasticsearch 集群的指标并发往 Prometheus Server；另一个是索引管理工具 Curator，负责与索引相关的各种管理功能，例如创建 / 删除、关闭 / 开启、合并、重建、更改分片数量、创建快照及从快照中恢复等。

各个节点的功能简单介绍如下。

❑ 协调节点：数据节点便可作为协调节点使用，但大型集群环境中适量的协调节点能帮助数据节点避免将资源消耗在路由功能之上，一般不推荐将准主节点用作协调节点。bitnami/elasticsearch 默认创建两个协调节点。

❑ 摄取节点：bitnami/elasticsearch 默认不会创建专用的摄取实例，若需要启用，用到两个以上摄取实例的场景也并不多见，因此其副本数通常为 2。

❑ 准主节点：健康的集群必须要有一个稳定的主节点，准主节点的数量取决于公式"（客户端副本数 /2)+1"的计算结果，但一般至少应该为 3 个，或者有两个准主节点加上仅投票节点，以完成选举操作。bitnami/elasticsearch 默认创建 2 个准主节点。

❑ 数据节点：所需的节点数量取决存储与计算的实际需求，因此监视这些资源并在过载时添加更多数据实例非常重要。bitnami/elasticsearch 默认创建两个数据节点。

❑ Metrics 和 Curator 默认均处于禁用状态。

为了确保 Elasticsearch 能够从计划内或计划外的重启恢复，由 StatefulSet 控制器资源编排的主节点 Pod 需要配备专用的 PVC 资源，而 bitnami/elasticsearch 内置的值文件默认定义该 PVC 的大小为 8GiB。同时，值文件中默认为数据节点 Pod 的 PVC 存储卷定义的也是 8GiB，这对于数据节点来说通常会显得太小，因而建议根据具体的数据存储需求进行调整。一个示例性的自定义值文件（bitnami-elasticsearch-values.yaml）如下所示：

```
clusterDomain: cluster.local     # Kubernetes 集群域名
name: elasticsearch              # Elasticsearch 集群名称

master:                          # 准主节点相关的配置
  name: master
  replicas: 2                    # 实例数量
  heapSize: 512m                 # 堆内存大小
  resources:
    limits: {}
    #   cpu: 1000m
    #   memory: 2048Mi
    requests:
      cpu: 500m
      memory: 1024Mi
  persistence:                   # 持久卷相关的配置
    enabled: true                # 禁用时将自动使用 emptyDir 存储卷
    storageClass: "longhorn"     # 从指定存储类中动态创建 PV
    # existingClaim: my-persistent-volume-claim   # 使用现有的 PVC
    # existingVolume: my-persistent-volume        # 使用现有的 PV
    accessModes:
      - ReadWriteOnce
```

```
    size: 8Gi
  service:           # 服务配置
    type: ClusterIP
    port: 9300        # 节点间传输流量使用的端口

coordinating:         # 协调节点相关的配置
  replicas: 2         # 实例数量
  heapSize: 128m
  resources:
    requests:
      cpu: 250m
      memory: 512Mi
  service:            # 协调节点相关的服务，这也是接收 Elasticsearch 客户端请求的入口
    type: ClusterIP
    port: 9200
    # nodePort:
    # loadBalancerIP:

data:                 # 数据节点相关的配置
  name: data
  replicas: 2
  heapSize: 2048m
  resources:          # 数据节点是 CPU 密集及 I/O 密集型的应用，资源需求和限制要谨慎设定
    limits: {}
    #   cpu: 100m
    #   memory: 2176Mi
    requests:
      cpu: 1000m
      memory: 2048Mi
  persistence:
    enabled: true
    storageClass: "longhorn"
    # existingClaim: my-persistent-volume-claim
    # existingVolume: my-persistent-volume
    accessModes:
      - ReadWriteOnce
    size: 10Gi

ingest:               # 摄取节点相关的配置
  enabled: false      # 默认为禁用状态
  name: ingest
  replicas: 2
  heapSize: 128m
  resources:
    limits: {}
    #   cpu: 100m
    #   memory: 384Mi
    requests:
      cpu: 500m
      memory: 512Mi
```

```
  service:
    type: ClusterIP
    port: 9300

curator:                      # curator 相关的配置
  enabled: false
  name: curator
  cronjob:                    # 执行周期及相关的配置
    # At 01:00 every day
    schedule: "0 1 * * *"
    concurrencyPolicy: ""
    failedJobsHistoryLimit: ""
    successfulJobsHistoryLimit: ""
    jobRestartPolicy: Never

metrics:                      # 用于暴露指标的 Exporter
  enabled: true
  name: metrics
  service:
    type: ClusterIP
    annotations:              # 指标采集相关的注解信息
      prometheus.io/scrape: "true"
      prometheus.io/port: "9114"
  resources:
    limits: {}
    #   cpu: 100m
    #   memory: 128Mi
    requests:
      cpu: 100m
      memory: 128Mi
  podAnnotations:            # Pod 上的注解，用于支持指标采集
    prometheus.io/scrape: "true"
    prometheus.io/port: "8080"
  serviceMonitor:           # Service 监控相关的配置
    enabled: false
    namespace: monitoring
    interval: 10s
    scrapeTimeout: 10s
```

开发或测试环境中无须持久保存数据，或者无可用的动态供给 PV 存储时，也可以使用 emptyDir 存储卷。下面的命令将在 logging 名称空间中部署 Elasticsearch 集群的各角色及其相关的其他资源，它通过前面示例中的值文件 els-values.yaml 获取各自定义的配置参数。

```
~$ kubectl create namespace logging
~$ helm install es -f bitnami-elasticsearch-values.yaml bitnami/elasticsearch -n
logging
```

根据 bitnami/elasticsearch 及相关值文件的设定，Elasticsearch 集群的服务在 Kubernetes

集群内部的规范访问入口为协调节点相关的 Service 对象，通常为 RELEASE-elasticsearch-coordinating-only，例如，下面命令结果中的 es-elasticsearch-coordinating-only 便是上面部署的 Elasticsearch 实例 es 的访问入口。

```
~$ kubectl get svc -n logging
NAME                                  TYPE        CLUSTER-IP       PORT(S)
es-elasticsearch-coordinating-only ClusterIP  10.106.226.168   9200/TCP,9300/TCP
es-elasticsearch-data                 ClusterIP   10.109.225.63    9200/TCP,9300/TCP
es-elasticsearch-master               ClusterIP   10.101.195.247   9200/TCP,9300/TCP
es-elasticsearch-metrics              ClusterIP   10.104.205.37    9114/TCP
```

接下来，我们可启动一个测试客户端，在该客户端的交互式接口中对 Elasticsearch 的服务发起测试访问请求。例如，下面的命令用于请求显示 Elasticsearch 集群的 banner 信息。

```
~$ kubectl run client-$RANDOM --image="ikubernetes/admin-toolbox:v1.0" --rm -it \
       --command -- /bin/sh
[root@client-32756 /]# curl http://es-elasticsearch-coordinating-only.logging.
svc:9200
{
  "name" : "es-elasticsearch-coordinating-only-5779847c8-ptltb",
  "cluster_name" : "elasticsearch",
  "cluster_uuid" : "cLS-R57aQrS9lCFI41rkSQ",
  "version" : {
    "number" : "7.8.1",
    "build_flavor" : "oss",
    "build_type" : "tar",
    "build_hash" : "b5ca9c58fb664ca8bf9e4057fc229b3396bf3a89",
    "build_date" : "2020-07-21T16:40:44.668009Z",
    ......
  },
  "tagline" : "You Know, for Search"
}
```

> **提示**　若需要在 Kubernetes 集群之外访问 Elasticsearch 服务，建议为 Elasticsearch 集群启用认证功能之后修改协调器 Service 的类型为 NodePort 或 LoadBalancer，或者使用 Ingress 将该服务暴露至 Kubernetes 集群外部。

进一步来说，我们可以通过类似如下命令了解 Elasticsearch 集群当前的工作状态，它显示当前集群处于正常工作状态（green），共有 6 个节点，其中有 2 个节点为数据节点。该集群目前尚无任何索引数据，因此无任何数据分片。

```
/]# curl http://es-elasticsearch-coordinating-only.logging.svc:9200/_cluster/
health?pretty
{
  "cluster_name" : "elasticsearch",   # 集群名称
```

```
        "status" : "green",              # 集群状态,共有green、yellow和red这3种状态
        "timed_out" : false,
        "number_of_nodes" : 6,           # 节点数量,包括协调节点、主节点、数据节点和摄取节点
        "number_of_data_nodes" : 2,      # 数据节点的数量
        "active_primary_shards" : 0,     # 活动状态的主分片数量
        "active_shards" : 0,             # 活动状态的分片数量
        ......
    }
    [root@client-32756 /]#
```

另外,Elasticsearch 指标暴露器暴露的各项指标也能够通过相关的服务获取,服务对象的名称格式类似于仅协调器,前面获取 logging 名称空间中 Service 对象命令结果中的 es-elasticsearch-metrics 便是该 Release 生成的指标服务名称,下面是在交互式客户端中执行的获取相关指标的测试命令及部分结果。

```
[root@client-32756 /]# curl http://es-elasticsearch-metrics.logging.svc:9114/
metrics
......
# HELP elasticsearch_cluster_health_number_of_nodes Number of nodes in the
cluster.
# TYPE elasticsearch_cluster_health_number_of_nodes gauge
elasticsearch_cluster_health_number_of_nodes{cluster="elasticsearch"} 6
```

随后,部署在同一集群中的 Prometheus 根据 Elasticsearch 指标暴露器中的设定便可从该 Pod 上抓取指标数据,在 Grafana 中添加适用的 Dashboard 后即可图形化展示 Elasticsearch 的相关状态,感兴趣的读者可自行创建或导入相关的模板进行测试。

16.2.2 日志采集器 Fluent Bit

Fluentd 是基于 Elastic Stack 的日志记录管道中最流行的日志采集代理之一,以至于 EFK Stack 的热度已经高出传统的 ELK Stack。Fluentd 于 2011 年首次推出,它基于 C 和 Ruby 语言开发,目前有数百种 Ruby Gem 形式的独立可选插件,用于连接多种数据源和数据输出组件等,其工作模型如图 16-8 所示,fluent-plugin-elasticsearch 便是将采集到的数据发送给 ElasticSearch 的常用插件之一。

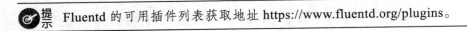 提示 Fluentd 的可用插件列表获取地址 https://www.fluentd.org/plugins。

而 2015 年推出的 Fluent Bit 则充分考虑了高度分布式环境中的使用需求,它完全基于 C 语言开发,是非常轻量的日志收集器。相较于 Fluentd 进程 40MB 左右的内存开销来说, Fluent Bit 仅需要 450KB 左右,但后者的生态系统较小,仅支持有限的几十个输入、输出及过滤器插件。因此,二者是协作而非互斥关系,Fluent Bit 常作为日志转发器(forwarder)使用,而 Fluentd 则是日志聚合器(aggregator),Fluent Bit 部署在节点上收集日志信息并转

给 Fluentd 完成日志聚合，由后者统一缓冲后定期将数据推送给指定的后端存储系统，例如 Elasticsearch 或 InfluxDB 等，如图 16-9 所示。当然，分布式环境中的各 Fluent Bit 也可不经过 Fluentd 的聚合而直接将数据发往后端存储系统。

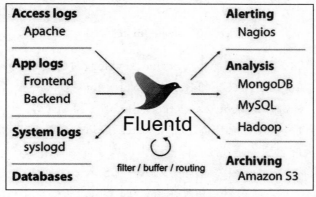

图 16-8　Fluentd 工作模型

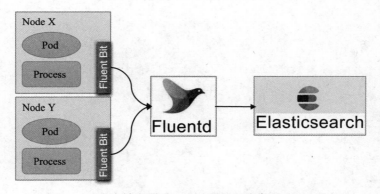

图 16-9　日志转发器（Fluent Bit）和聚合器（Fluentd）

　　多数情况下，Fluent Bit 完全可以满足 Kubernetes 集群上日志收集的功能需求，而且其轻量化的特性所节约的资源在大规模部署环境中亦不忽略，因而它取代 Fluentd 成为最受欢迎的日志转发器，如图 16-9 所示。

　　Fluent Bit 将由其处理的数据视为"事件"或"记录"，这些数据通常由时间戳和消息两部分组成。这些事件由 Fluent Bit 上各类 Input 插件从其适配的数据源收集并打上特定的标签，它们随后由可选的解析器将非结构化数据转换为结构化数据，再通过可选的过滤器来匹配、排除或丰富某些特定的元数据。接下来，这些不再可变的数据便可临时存储到缓冲区，以便等待路由器基于标签将它们路由至一个或多个目标。后端目标存储系统则由 Output 插件定义，不同类型的插件分别适配各种常见的目标，例如本地文件系统、远程服务或其他存储接口。这个处理流程在 Fluent Bit 中称为数据管道，如图 16-10 所示，而各常用插件则包括如下列举的这些。

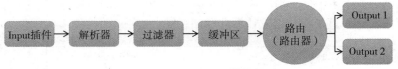

图 16-10　Fluent Bit 数据管道

- ❑ Input 插件：Tail（文件数据源）、Systemd、Syslog、TCP 和 MQTT 等。
- ❑ 解析器插件：Logfmt、LTSV 和 Regular Expression 等。
- ❑ 过滤器插件：Grep、Kubernetes、Record Modifier 和 Lua 等。
- ❑ Output 插件：Forward、Kafka、Elasticsearch、File、InfluxDB 和 TCP 等。

Fluent Bit 的常规配置途径是使用主配置文件，该文件通常由 Service、Input、Filter 和 Output 4 个配置段组成，Parser 相关的配置文件将由 Service 配置段通过 Parsers_File 参数导入。另外，Fluent Bit 的配置文件也可使用 Include 参数进行模块化组织。fluent/fluent-bit Chart 的配置请参照下面值文件（fluent-fluent-bit-values.yaml）中的配置文件。

```
kind: DaemonSet        # Fluent Bit 应用的上层控制器类型，使用 Deployment 时要定义副本数
replicaCount: 1        # Pod 副本数，仅对 Deployment 类型的控制器有意义

service:               # Fluent Bit 服务资源的相关配置信息
  type: ClusterIP
  port: 2020
  annotations:
    prometheus.io/path: "/api/v1/metrics/prometheus"
    prometheus.io/port: "2020"
    prometheus.io/scrape: "true"

resources:             # 计算资源限制及需求，建议合理配置
  # limits:
  #   cpu: 1000m
  #   memory: 1024Mi
  requests:
    cpu: 500m
    memory: 128Mi

tolerations:     # 设置 Kubernetes Master 节点的污点容忍度，以便抓取该类节点上的日志
  - key: node-role.kubernetes.io/master
    effect: NoSchedule

config:          # 用于生成 Fluent Bit 主配置文件的 ConfigMap 资源数据
  service: |
    [SERVICE]            # Service 配置段
        Flush 1          # 将日志刷写至 Output 插件的时间周期
        Daemon Off       # 是否运行为守护进程模式，不可用于 systemd 模式的系统上
```

```
        Log_Level info                      # fluent-bit 进程的日志级别
        Parsers_File parsers.conf           # 加载的 Parser 配置文件路径, 可重复使用多次
        Parsers_File custom_parsers.conf    # 加载指定的自定义解析器配置文件
        # Plugins_File /PATH/TO/SOMEWHERE   # 插件配置文件路径
        HTTP_Server On                      # 是否启用内置的 HTTP 服务器
        HTTP_Listen 0.0.0.0                 # 内置 HTTP 服务器监听的 IP 地址
        HTTP_Port 2020                      # 内置 HTTP 服务器监听的端口

    inputs: |
      [INPUT]                              # Input 插件配置段, 可重复定义多次
        Name tail             # 使用的插件名称, tail 插件能够持续跟踪日志文件的增量消息
        Path /var/log/containers/*.log     # 日志文件路径, 支持通配符
        Parser docker    # 指定解析结构化消息的解析器名称
        Tag kube.*   # 为该 Input 插件导入事件添加的标签, 可被 Output 和 Filter 引用
        Mem_Buf_Limit 5MB        # 该插件可用的内存空间
        Skip_Long_Lines On       # 是否跳过超长的日志事件; 不跳过意味着终止处理该文件

      [INPUT]
        Name systemd             # systemd 插件, 用于读取 systemd 日志
        Tag host.*               # 添加的自定义标签
        Systemd_Filter _SYSTEMD_UNIT=kubelet.service  # 过滤出的 systemd 单元
        Systemd_Filter _SYSTEMD_UNIT=docker.service
        Systemd_Filter _SYSTEMD_UNIT=node-problem-detector.service
        Read_From_Tail On        # 是否跳过 Journald 中已有的日志, 直接读取尾部的新消息

    filters: |
      [FILTER]                              # Filter 插件配置段, 可重复使用多次
        Name kubernetes    # Kubernetes 过滤器能够分析并提取 Pod 名称、名称空间、容器
                           # 名称和容器 ID, 并且可通过查询 API Server 获取 Pod 的 ID、
                           # 标签和注解信息
        Match kube.*    # 匹配的日志事件标签, 它们由 Input 插件定义
        Kube_URL  https://kubernetes.default.svc:443   # API Server 的服务端点
        Merge_Log On   # 当 log 字段的内容为 JSON 格式的数据时, 是否将其添加为日志的一部分
        Merge_Parser  catchall   # 合并时使用的分析器
        Keep_Log Off   # Off 意味在将 log 字段的内容合并到日志中之后, 移除原有的 log 字段
        K8S-Logging.Parser On     # 是否允许 Pod 通过注解建议要使用的预定义解析器
        K8S-Logging.Exclude On    # 是否允许 Pod 通过注解建议将自身排除在日志处理器之外

    outputs: |
      [OUTPUT]                     # Output 插件, 可重复定义多数
        Name es            # 插件名称, es 是指直接将日志发往指定的 Elasticsearch 存储后端
        Match kube.*       # 匹配要存储的日志事件标签
        # Host 用于定义 ES 访问入口的地址, 下面配置的是此前部署的 ES 的协调器服务名称
        Host es-elasticsearch-coordinating-only.logging.svc.cluster.local.
        Logstash_Format On       # 是否启用 Logstash 兼容的日志格式
        Logstash_Prefix k8s-cluster # Logstash 兼容日志格式的索引前缀
        Type  flb_type           # 类型名称
        Replace_Dots On          # 将字段名称中的点号换成下划线, 偶用于标签或注解处理

      [OUTPUT]
```

```
        Name es
        Match host.*
        Host es-elasticsearch-coordinating-only.logging.svc.cluster.local.
        Logstash_Format On
        Logstash_Prefix k8s-node
        Type  flb_type
        Replace_Dots On

customParsers: |
  [PARSER]                    # 自定义解析器，可重复使用多次
      Name docker_no_time
      Format json      # 解析器格式，用于解析处理 JSON 格式的原始数据
      Time_Keep Off      # 是否保留原有的时间键
      Time_Key time      # 事件发生时使用的键名
      Time_Format %Y-%m-%dT%H:%M:%S.%L   # 时间格式

  [PARSER]
      Name    catchall            # 自动解析日志合并后的 message 字段
      Format   regex             # 解析器类型
      Regex   ^(?<message>.*)$       # 正则表达式模式

  [PARSER]
      Name     ingress-nginx     # 用于解析 ingress-nginx 中的访问日志
      Format    regex            # 解析器类型
      Regex     ^(?<message>(?<remote>[^ ]*) - (?<user>[^ ]*)
\[(?<time>[^\]]*)\] "(?<method>\S+)(?: +(?<path>[^"]*?)(?: +\S*)?)?"
(?<code>[^ ]*) (?<size>[^ ]*) "(?<referer>[^\"]*)" "(?<agent>[^\"]*)"
(?<request_length>[^ ]*) (?<request_time>[^ ]*) \[(?<proxy_upstream_
name>[^ ]*)\] \[(?<proxy_alternative_upstream_name>[^ ]*)\]
(?<upstream_addr>[^ ]*) (?<upstream_response_length>[^ ]*)
(?<upstream_response_time>[^ ]*) (?<upstream_status>[^ ]*) (?<req_
id>[^ ]*).*)$
      Time_Key    time                 # 事件发生时使用的键名
      Time_Format %d/%b/%Y:%H:%M:%S %z     # 时间格式
```

特定的解析器通常用于解析特定格式的日志，例如上面示例中的 ingress-nginx 通过指定的正则表达式匹配每个日志事件中的 message 字段，而后分解可匹配的消息，并分别为各字段添加相应的标签。类似地，其他各类应用日志也可通过自定义解析器转换为 JSON 格式文档数据，以便 Elasticsearch 更好地进行数据索引。

结合 fluent/fluent-bit Chart 和上面示例的自定义值文件即可在 Kubernetes 集群上以 DaemonSet 控制器资源编排，在各节点部署一个日志收集代理，它把日志信息直接发给了此前部署的 Elasticsearch 集群，而没有再通过聚合器（通常为 Deployment 控制器资源编排的 Fluentd 应用）统一缓冲及推送。事实上，日志信息量较大的场景中，可借助 Kafka 一类的消息队列进行日志事件的异步推送，而非 Fluentd。

```
~$ helm install fb -f fluent-fluent-bit-values.yaml fluent-bit -n logging
```

确认 Fluentd 相关的各 Pod 对象正常运行之后，即可到 ElasticSearch 集群中查看其收集并存储的日志事件索引。

```
~$ kubectl get pods -n logging -l "app.kubernetes.io/name=fluent-bit,app.
kubernetes.io/instance=fb"
NAME              READY    STATUS      RESTARTS      AGE
fb-fluent-bit-6rb7q  1/1    Running      0           3m38s
......
```

随后，启动一个临时的 Pod 资源，基于交互式接口向 Elasticsearch 集群的协调器发起访问请求，查看已生成的索引：

```
~$ kubectl run client-$RANDOM --image="ikubernetes/admin-toolbox:v1.0" \
        --rm -it --command -- /bin/sh
[root@client-20922 /]# curl es-elasticsearch-coordinating-only.logging.svc:9200/_
cat/indices
green open k8s-cluster-2020.08.13 MBgyzkQ5R2iVpTYA6EuTPQ 1 1   5366 0     6.1mb
3mb
green open k8s-node-2020.08.13    rnJO4FydTU-CBl7eP_Ue-w 1 1      9  0   128.7kb
64.3kb
green open k8s-cluster-2020.08.12 L0h3jngiSJ2g_9INCaGx7Q 1 1  14533 0    21.4mb
11.1mb
......
```

命令结果中显示的类似以 k8s-cluster-YYYY.MM.DD 格式命名的索引列表，即表示 fluent-bit 能够采集到日志数据并输出到了指定的 Elsticsearch 集群中，接下来可按需使用日志搜索、分析和聚合等功能，较为便捷的方式是使用 Kibana 的用户接口。

16.2.3　可视化组件 Kibana

Kibana 是 Elasticsearch 的数据分析及可视化平台，能够用来搜索、查看存储在 Elasticsearch 索引中的数据，它允许用户基于 Web GUI 快速创建仪表板，以实时显示查询结果，并通过各种图表进行高级数据分析及展示。Kibana 配置过程简单便捷，图形样式丰富，它支持创建柱形图、折线图、散点图、直方图、饼图和地图等数据展示接口，极为有效地增强了 Elasticsearch 的数据分析能力，从而让用户能够更加智能地分析和展示数据。

Kibana 以指定的 Elasticsearch 存储系统为数据源，可以在指定的索引模式匹配到的索引上检索（通过 Discover 接口）数据，如图 16-11 所示。这些检索条件也能够保存下来，并通过可视化控件（即 Visualize）展示为更直观的图形形式，而多个可视化控件组合起来即为仪表板。

bitnami 组织提供了与 Elasticsearch 应用版本同步的 Kibana Chart，目前二者的应用版本为 7.8.1。下面示例适用于前面配置的 Elasticsearch 集群环境自定义值文件（kibana-values.yaml），它加载了向外暴露 Prometheus 格式指标的插件，并将数据源指向了 16.2.2 节部署的 Elasticsearch 集群中的仅协调器的 Service 对象。

图 16-11 在 Kibana 上检索数据

```
replicaCount: 1    # Kibana Pod 的副本数量，默认为 1

plugins:            # 加载的插件列表；下面加载的插件用于输出 Prometheus 格式的指标
  - https://github.com/pjhampton/kibana-prometheus-exporter/releases/
  download/7.8.1/kibana-prometheus-exporter-7.8.1.zip

persistence:        # 持久卷相关的配置
  enabled: true
  storageClass: "longhorn"
  accessMode: ReadWriteOnce
  size: 10Gi

service:    # Kibana 相关的服务配置，可以经由 NodePort 或 LoadBalancer 暴露到集群外部
  port: 5601
  type: ClusterIP
  # nodePort:
  externalTrafficPolicy: Cluster
  # loadBalancerIP:
  # extraPorts:

ingress:            # 通过 Ingress 将 Kibana 暴露到集群外部
  enabled: true
  certManager: false
  annotations:
    kubernetes.io/ingress.class: nginx    # 适配的 Ingress 控制器类型
  hosts:            # Ingress 规则相关的关键信息
    - name: kibana.ilinux.io
```

```
            path: /
            tls: false      # 是否启用 TLS
            # tlsHosts:      # TLS 虚拟主机
            #   - kibana.ilinux.io
            # tlsSecret: kibana.local-tls      # 通过指定的 Secret 加载 TLS 证书和私钥

    configuration:          # Kibana 相关的配置
      server:
        basePath: ""        # 基础路径，默认为指定虚拟主机上的 "/"，通过其他路径暴露时指定
        rewriteBasePath: false  # 是否需要进行基础路径重写

    metrics:                # 指标相关的配置
      enabled: true         # 是否向外暴露 Prometheus 兼容的指标
      service:              # 指示 Prometheus 如何拉取指标数据
        annotations:        # 关键注解
          prometheus.io/scrape: "true"
          prometheus.io/port: "80"
          prometheus.io/path: "_prometheus/metrics"

    elasticsearch:          # 后端数据源
      hosts:                # Elasticsearch 主机
      - es-elasticsearch-coordinating-only.logging.svc.cluster.local.
      # - elasticsearch-2
      port: 9200            # Elasticsearch 使用的服务端口
```

为了便于访问，部署在 Kubernetes 上的 Kibana 一般会暴露到集群外部，上面的值文件选择使用 Ingress 资源进行，相应的虚拟主机为 kibana.ilinux.io，我们也可以选择使用 NodePort 或 LoadBalancer 类型的 Service 资源进行服务暴露。但 Kibana 默认不启用认证功能，安全起见，建议为其设置合理的认证方式，并经由 HTTPS 协议提供服务。各参数值调试并设定完成后，使用类似如下命令即可完成 Kibana 部署。

```
~$ helm install kib -f bitnami-kibana-values.yaml bitnami/kibana -n logging
```

确认相关的 Pod 资源正常运行后，即可通过相应的主机名称进行访问。首次访问 Kibana 时需要设定索引模式，以加载 Elasticsearch 中适配的索引，前面部署 Fluent Bit 分别将容器日志和节点上的 kubelet 及 docker 进程日志保存到了以 k8s-cluster- 与 k8s-node- 为前缀的索引中，并且每天的日志保存为单独的索引，因此，跨多个索引检索日志信息就必须以通配符机制指定索引名称匹配模式，设定方式如图 16-12 所示。

创建好索引模式后，即可通过 Discover 接口搜索并展示数据，或者在 Visualize 界面中定义可视化图形，并将它们集成到 Dashboard 中创建的仪表板里。不同的业务需求或场景需要从日志挖掘的价值也有不同，具体实践应该根据实际需求进行。

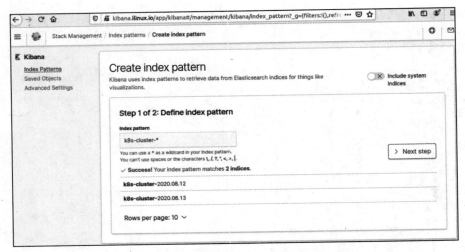

图 16-12 设定 Kibana 中的索引模式

16.3 本章小结

目前来说，Kubernetes 部署及管理应用程序的接口仍然相当复杂，在维护较多的资源时，用户必然会受困于其复杂多变的资源配置清单，好在 Helm Hub 中提供了多种不同类型的部署方案可供选择，大大降低了其运营难度。

❑ Kubernetes 集中式日志管理系统有 EFK 和 PLG 两种类型的堆栈，前者成熟、稳定且有着丰富的功能集，而受 Prometheus 启发的后者因轻量和高效的特性也正在受到越来越多的关注。

❑ Elasticsearch 是一款开源文档存储及检索系统，是业内采用非常广泛的搜索引擎解决方案，日志存储及检索也是其最为常用的场景之一。

❑ 以 Fluentd、Fluent Bit、Logstash、Filebeat 等为代表的日志收集代理程序各具特色，不同的组织或个人完全可以根据需求或已有的使用经验进行选择。

❑ Kibana 是 Elasticsearch 标配的用户接口，也是提升其使用效率和价值的不可多得的工具。